AF368941

# COURS

DE

# BOTANIQUE ÉLÉMENTAIRE

EN VENTE CHEZ LE MÊME ÉDITEUR

# BOTANIQUE

## AGRICOLE ET MÉDICALE

ou

### ÉTUDE DES PLANTES

QUI INTÉRESSENT PRINCIPALEMENT LES MÉDECINS
LES VÉTÉRINAIRES ET LES AGRICULTEURS

Accompagnée de 155 Planches représentant plus de 900 figures intercalées dans le texte

## PAR H.-J.-A. RODET

DIRECTEUR-PROFESSEUR DE L'ÉCOLE VÉTÉRINAIRE DE LYON

### DEUXIÈME ÉDITION

REVUE ET CONSIDÉRABLEMENT AUGMENTÉE AVEC LA COLLABORATION

DE

## C. BAILLET

Professeur d'hygiène, de zoologie et de botanique, à l'École vétérinaire d'Alfort.

1 très-fort volume in-8 de plus de 1100 pages, cartonné à l'anglaise.
Prix : 17 francs.

CORBEIL. — Typ. de CRETE FILS.

# COURS

## DE

# BOTANIQUE ÉLÉMENTAIRE

COMPRENANT

L'ANATOMIE, L'ORGANOGRAPHIE
LA PHYSIOLOGIE, LA GÉOGRAPHIE, LA PATHOLOGIE
ET LA TAXONOMIE DES PLANTES

AVEC 341 FIGURES INTERCALÉES DANS LE TEXTE

SUIVI D'UN VOCABULAIRE

Contenant les mots techniques les plus généralement usités en botanique

PAR

## H.-J.-A. RODET

DIRECTEUR-PROFESSEUR A L'ÉCOLE VÉTÉRINAIRE DE LYON
Membre de la Société d'agriculture et de la Société Linnéenne de la même ville
Membre correspondant de la Société centrale de médecine vétérinaire
de la Société médicale de Toulouse, etc.
Officier de la Légion d'honneur.

### TROISIÈME ÉDITION

REVUE, CORRIGÉE ET AUGMENTÉE, AVEC LA COLLABORATION DE

## E. MUSSAT

LICENCIÉ ÈS SCIENCES NATURELLES,
PROFESSEUR DE BOTANIQUE ET DE SYLVICULTURE A L'ÉCOLE DE GRIGNON.

---

# PARIS

P. ASSELIN, SUCCESSEUR DE BÉCHET JEUNE ET LABÉ

LIBRAIRE DE LA FACULTÉ DE MÉDECINE

et de la Société centrale de médecine vétérinaire

PLACE DE L'ÉCOLE-DE-MÉDECINE

—

## 1874

# PRÉFACE

Nous voudrions, en publiant cette troisième édition de notre *Cours de botanique élémentaire*, pouvoir penser qu'elle sera digne du bienveillant accueil qui a été fait aux deux premières.

Réduit à nos propres forces, il nous eût été peut-être difficile d'arriver à ce résultat. Mais nous avons été assez heureux pour obtenir le concours d'un botaniste fort distingué et bien connu, M. Mussat, aide de botanique à la Faculté de médecine de Paris, et récemment nommé, à la suite d'un brillant concours, professeur de botanique et de sylviculture à l'École d'agriculture de Grignon.

M. Mussat, parfaitement initié aux progrès qui se sont accomplis en botanique dans ces dernières années, a bien voulu nous aider à mettre notre troisième édition tout à fait au niveau de l'état actuel de la science, soit en faisant disparaître quelques lacunes qui existaient dans la deuxième édition, soit en rajeunissant pour ainsi dire plusieurs points qui avaient vieilli; il a bien voulu aussi, pour rendre les descriptions plus faciles à comprendre, introduire dans notre livre un certain nombre de figures nouvelles qui, ajoutées aux anciennes, en font un ouvrage plus riche et plus complet.

On devine combien nous nous félicitons d'avoir obtenu le concours si sympathique et si éclairé de ce professeur ; on devine combien nous sommes heureux d'avoir, en rédigeant cette préface, une occasion de lui en exprimer publiquement toute notre gratitude.

M. Asselin, notre éditeur, a cru devoir, pour rendre notre nouvelle édition plus portative et par conséquent d'un usage plus commode, la faire imprimer sous le format grand in-18, aujourd'hui si généralement adopté.

Quant à l'ordre qui a été suivi dans cette édition, il est resté le même que dans la deuxième.

Ainsi, après avoir présenté, comme introduction, quelques considérations générales sur les végétaux et sur la botanique, nous examinons les éléments anatomiques des plantes ; nous décrivons, en second lieu et tour à tour, leurs organes composés ; puis nous passons successivement en revue les diverses fonctions qu'exécutent ces organes. Cette partie de notre tâche étant terminée, nous étudions les lois qui président à la distribution des végétaux à la surface du globe ; nous faisons ensuite connaître les principales maladies de nos plantes utiles ; et nous finissons par l'exposé des méthodes employées, soit pour arriver au nom des végétaux, soit pour montrer en même temps leurs affinités naturelles.

Nous avons tâché de faire entrer dans ce cadre tout ce que la botanique élémentaire a d'essentiel ; nous avons surtout cherché à faciliter l'étude de cette science, en observant, dans l'exposition de nos sujets, l'ordre qui nous a paru le plus simple et le plus naturel, en évitant, autant que possible, toute redite inutile, en éloignant tout détail superflu.

Cet ouvrage, comprenant les principes de la botanique, peut être considéré comme une introduction à un autre volume que nous avons intitulé *Botanique agricole et médicale,* volume ayant pour objet l'étude des familles, la description, l'examen détaillé d'un grand nombre de plantes.

Les deux ouvrages dont il s'agit se complètent réciproquement.

Celui que nous publions aujourd'hui s'adresse à plus de monde que l'autre; nous ne l'avons pas rédigé seulement en vue des étudiants et des agriculteurs; nous avons tâché de te mettre à la portée de toutes les personnes qui désirent s'initier aux principes de la botanique.

Pour le rendre plus complet et d'un usage aussi facile que possible, nous avons cru devoir le terminer par un petit *Vocabulaire* qui manquait aux premières éditions, et où se trouve indiquée la signification des mots techniques les plus généralement employés dans la science des végétaux.

H. RODET.

# COURS

## DE

# BOTANIQUE ÉLÉMENTAIRE

---

## INTRODUCTION

PARALLÈLE ENTRE LES CORPS BRUTS, LES VÉGÉTAUX
ET LES ANIMAUX.

Les corps innombrables qui composent la nature peuvent être, par la pensée, divisés en deux groupes immenses, d'après l'ensemble de leurs propriétés générales. Les uns, se formant sous l'influence des forces physiques, sont caractérisés par une structure uniforme et une composition chimique très-simple; par un accroissement illimité, consistant dans la juxtaposition de particules similaires; par une durée qui n'a de limite que l'intervention de forces extérieures à l'individu. Ces corps, en effet, une fois formés, n'éprouvent dans leur structure aucune modification, tant que les conditions restent les mêmes. Ils sont, en outre, incapables de se reproduire. On les désigne sous le nom de *corps bruts, inorganisés, minéraux.*

Les autres sont également soumis à l'empire des forces physiques ; mais ils présentent une structure et une composition chimique plus complexes, bien que formés par la réunion d'un petit nombre de corps élémentaires. De plus, ils sont le siége de changements intérieurs incessamment renouvelés, et leur accroissement, leur durée ont une fin irrévocablement fixée. Enfin, on voit, à certaines époques, se séparer de leur propre substance des parties destinées à reproduire, par des développements ultérieurs, l'être dont elles sont issues. On les réunit sous la dénomination générale d'*êtres organisés* ou *vivants*.

Exposés dès leur formation aux actions diverses des agents extérieurs qui tendent à les détruire, les êtres organisés luttent plus ou moins longtemps contre les causes de destruction qui les assiégent, et c'est cette lutte incessante qu'on appelle *la vie*. Les phénomènes d'où résulte la résistance à la décomposition, les lois suivant lesquelles ils s'accomplissent, sont encore loin de nous être bien connus. C'est là un vaste champ ouvert à l'observation et à l'expérience, où chaque jour apporte un nouveau progrès, et voit s'augmenter peu à peu l'ensemble des connaissances positives sur les propriétés des êtres vivants. Ces propriétés ont été jadis exclusivement attribuées à l'action d'une force mystérieuse et surnaturelle (la *force vitale*), hypothèse qui éludait la difficulté au lieu de la résoudre, et qui paraît d'ailleurs peu favorable au développement de la science, s'il est vrai, comme on peut le croire, que c'est retarder indéfiniment la solution d'un problème que de déclarer *à priori* cette solution en dehors des limites de l'intelligence humaine.

Considérés dans leur ensemble, les êtres vivants ont été, dès la plus haute antiquité, séparés en deux groupes secondaires ; car s'il est facile de constater chez eux des propriétés communes, il en est aussi qui paraissent tout d'abord être l'apanage exclusif de quelques-uns. Ce sont ces différences qui ont amené la distinction entre les *Animaux* et les *Végétaux*.

Les êtres vivants sont formés d'un certain nombre d'*organes*, instruments plus ou moins compliqués chargés d'accomplir les phénomènes de la vie, comme l'estomac, le cœur et le poumon dans les animaux ; la racine, les feuilles et les fleurs dans les plantes.

Les actes effectués par les organes reçoivent le nom de *fonctions*.

Il est deux grandes fonctions qui appartiennent à tous les êtres organisés, aux végétaux comme aux animaux : la première est la *nutrition*, fonction de l'individu, par laquelle il s'approprie les matériaux de son développement et de son entretien ; la seconde, qu'on peut appeler fonction de l'espèce, est la *génération*. C'est par la génération que les individus, avant de mourir, donnent naissance à leurs descendants, condition sans laquelle leurs espèces disparaîtraient bientôt et nécessairement avec eux.

Mais, chez les animaux, la vie se complique de fonctions en quelque sorte plus nobles, ayant pour but de les mettre en rapport avec le monde extérieur. Sensibles et doués de la propriété de se mouvoir spontanément, les animaux éprouvent, au contact des autres corps, des sensations plus ou moins vives de plaisir ou de douleur. Ils se déplacent, franchissent les distances pour se rapprocher de ces corps ou pour les fuir. Ils choisissent leurs aliments; ils les déposent dans une cavité intérieure où la nutrition commence par une élaboration préparatoire appelée *digestion*.

Quant aux végétaux, privés de la faculté de sentir, ils vivent passifs, indifférents au milieu du monde qui les entoure. Incapables de se mouvoir, ils grandissent et meurent dans le lieu même où ils ont pris naissance. Ne pouvant aller à la recherche de leurs aliments, ils s'emparent sans choix de ceux qui viennent s'offrir à leur racine dans la terre, à leurs feuilles dans l'air, et c'est par une simple absorption extérieure qu'ils se les approprient, car ils sont toujours dépourvus de *cavité digestive*.

La distinction entre les animaux et les plantes est toujours facile quand on ne considère que les types supérieurs de chacun de ces groupes ; rien de plus simple, en effet, que de différencier, par exemple, un chêne d'un lion. Mais il s'en faut de beaucoup qu'il en soit de même à l'extrémité opposée de l'échelle organique, où l'on rencontre une foule d'êtres ambigus dont la classification offre la plus grande incertitude. A mesure que les observations, en se multipliant, ont acquis plus de précision, on a dû reconnaître que les caractères invoqués comme marquant la limite entre les deux règnes, tels que la composition chimique, la sensibilité, la motilité, etc., perdent ici à peu près toute leur valeur. Dans les animaux inférieurs la simplicité de l'organisation, la promiscuité des fonctions rendent ces propriétés physiologiques de plus en plus difficiles à constater, et il n'est maintenant douteux pour personne que la plupart des végétaux les plus simples ou leurs produits se meuvent spontanément et se montrent sensibles à l'influence des agents extérieurs. Il y a un moment où, suivant l'expression d'un illustre savant, *la plante se fait animal*. Il est bon toutefois de remarquer que cet état particulier constitue dans leur existence une période transitoire, et que ces petits êtres reviennent tôt ou tard aux conditions ordinaires de la vie végétale.

Nous ne devons donc pas nous étonner de voir, encore de nos jours, les esprits les plus autorisés rester dans l'incertitude sur la place à assigner à tel ou tel organisme inférieur, les uns réclamant pour les cadres zoologiques des êtres que les botanistes considéraient depuis longtemps comme faisant partie de leur domaine, tandis que la Botanique inscrit dans ses catalogues des organismes regardés jusqu'alors comme des animaux.

Cet aperçu rapide sur l'état de la question suffit pour montrer qu'au point de vue de la philosophie générale des sciences, elle est encore loin d'avoir reçu une solution définitive. Cependant, ces réserves faites, comme nous n'avons pas à nous occuper ici de toute la série des êtres vivants, ni même à approfondir tous les problèmes que peut présenter l'histoire des végétaux, et comme aussi la distinction anciennement établie est commode pour l'étude et nous suffira dans beaucoup de cas, nous pouvons l'adopter, et définir les végétaux : *des êtres organisés, vivants, dépourvus de cavité digestive proprement dite, privés de sensibilité et de mouvements volontaires.*

## CONSIDÉRATIONS PRÉLIMINAIRES SUR LES VÉGÉTAUX.

Toutes les plantes n'emploient pas le même temps à parcourir le cercle naturel de leur existence ; elles offrent, sous ce rapport, la plus grande diversité.

Beaucoup ne fleurissent qu'une fois, mais parmi celles-ci, les unes, nées au printemps, se développent, fleurissent et meurent dans la même année, avant le retour de la saison rigoureuse ; les autres franchissent un hiver, ne fructifient, ne périssent qu'après avoir vu deux printemps ; beaucoup d'autres enfin vivent au delà de ces limites, et on les voit chaque année se couvrir de fleurs et de fruits.

Les premières sont *annuelles*, comme l'Avoine ; les secondes *bisannuelles*, comme la Carotte ; les troisièmes *vivaces*, comme le Dahlia, comme le Chêne. Il y a toutefois une différence entre ces deux dernières espèces : dans la première, toutes les parties aériennes périssent après chaque floraison, la portion souterraine persistant seule ; dans la seconde, les portions aériennes subsistent après la floraison. On appelle *vivaces par la racine* (1) les plantes qui présentent le premier mode de végétation ; les autres ont reçu le nom de *plantes ligneuses*.

Mais ces distinctions, hâtons-nous de le dire, n'ont rien d'absolu, la même plante pouvant subsister plus ou moins longtemps, suivant le climat qu'elle habite. C'est ainsi, par exemple, que le Ricin, annuel chez nous, est vivace en Afrique, sa patrie, où il constitue un arbre aux grandes dimensions.

Pour remédier à l'imperfection de cette classification, De Candolle en a proposé une autre basée sur la fructification considérée dans sa fréquence, indépendamment de la durée de l'individu. Il divise, en conséquence, toutes les plantes en *monocarpiennes* ou *monocarpiques* et *polycarpiennes* ou *polycarpiques :* la première division renferme celles qui ne fleurissent qu'une fois avant de périr ; toutes les autres composent la seconde. Quoique beaucoup plus rationnelle que celle qui repose sur la durée, la classification de De Candolle est moins généralement suivie.

Quel que soit, du reste, leur degré de longévité, les végétaux produisent, avant de mourir, des individus à l'état rudimentaire, n'ayant qu'à se développer pour leur ressembler sous tous les rapports. Ainsi leurs générations se succèdent ; ainsi se perpétuent leurs innombrables espèces.

C'est dans une graine, sorte d'œuf végétal, que la plupart des plantes sont contenues à l'état de rudiment. Elles y restent à l'état de repos apparent jusqu'à l'épo-

---

(1) Nous verrons plus tard que c'est là une expression impropre.

que de la germination, qui est pour elles ce que l'incubation est au germe des animaux ovipares. La forme qu'elles affectent pendant cette période de leur existence est d'une étude difficile : il suffira pour le moment d'en donner une idée.

Prenons, dans ce but, une graine de Haricot. Après l'avoir fait macérer dans un peu d'eau, enlevons la pellicule qui l'enveloppe, et nous aurons sous les yeux une ébauche de plante à laquelle nous donnerons désormais le nom d'*embryon* (fig. 1).

Si on enlève l'une des deux masses qui en forment la plus grande partie, on remarque (fig. 2) dans cet

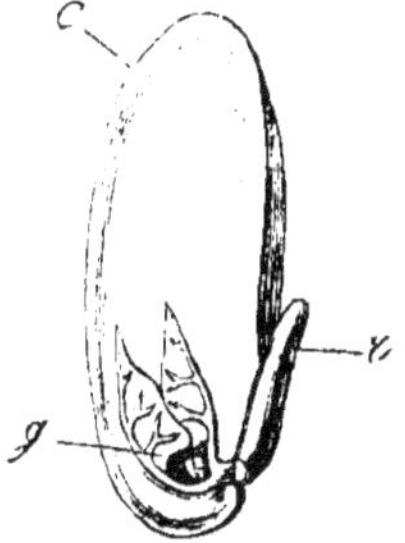


Fig. 1. — Embryon du Haricot (*Phaseolus vulgaris*), dépouillé de ses enveloppes.

Fig. 2. — Le même embryon dont on a détaché un des cotylédons : *r* est la radicule ; *g*, la gemmule. Le second cotylédon, *c*, est resté en place.

embryon un corps tout petit, s'offrant en quelque sorte comme un végétal en miniature, un peu courbé sur lui-même, et dont les extrémités constituent : l'une la *radicule* (*r*), l'autre la *gemmule* (*g*).

Déjà visible aussitôt que la graine a été dépouillée de son enveloppe, la radicule était appelée à s'accroître, à s'enfoncer dans la terre pour y former la racine. La gemmule qui, au contraire, était cachée, se distingue par deux petites feuilles, et n'est autre chose qu'un bourgeon d'où seraient sortis, si la graine eût germé, tous les organes aériens de la plante, c'est-à-dire une tige pourvue de feuilles, ornée de fleurs, et devant produire, par un dernier effort, de nouvelles graines renfermant chacune un nouvel embryon.

Au-dessous de la gemmule, est le point où s'attachent les deux parties que nous avons séparées pour la mettre en évidence. Ces deux parties, épaisses, volumineuses, sont composées d'une matière féculente, destinée à nourrir le petit végétal pendant l'acte de la germination. Elles s'élèvent alors au-dessus de la surface du sol, s'amincissent insensiblement, prennent bientôt la forme de deux feuilles qui se flétrissent et tombent au bout de quelques jours. On les désigne sous le nom de *cotylédons*, et l'on accorde l'épithète de *dicotylédonées* aux plantes fort nombreuses dont l'embryon présente une structure analogue.

Si maintenant, au lieu d'une graine de Haricot, nous examinons le fruit d'une Graminée quelconque, du Maïs, par exemple (fig. 3), nous aurons à noter d'importantes différences.

Ici l'embryon ne constitue pas la graine à lui tout

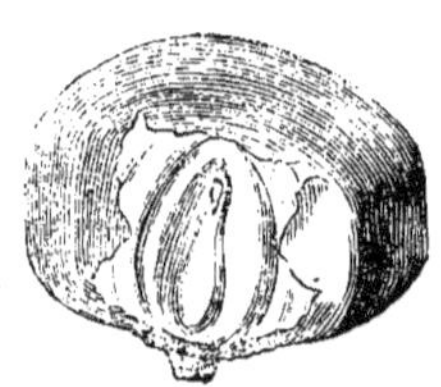

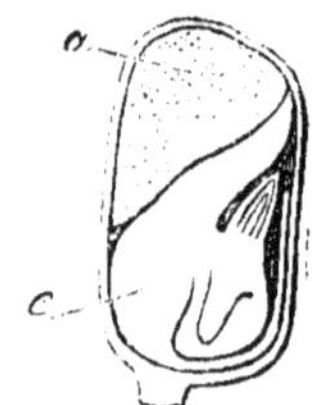

Fig. 3. — Fruit du Maïs (*Zea Maïs*, L.). Les enveloppes ont été déchirées pour montrer l'embryon.

Fig. 4. — Coupe verticale de ce fruit de Maïs. On voit l'embryon *e* surmonté de l'albumen *a*, dont il est indépendant.

seul. Il est comme accolé à une partie accessoire, nommée *albumen* (fig. 4, *a*,) et dont nous étudierons plus tard le rôle physiologique. Plus petit et d'une forme difficile à déterminer, il est pourvu d'un cotylédon

unique, dans la cavité duquel la gemmule se trouve
contenue. Or, toutes les plantes chez lesquelles l'embryon ne présente ainsi qu'un seul cotylédon sont dites
*monocotylédonées*.

Mais beaucoup de végétaux se propagent à l'aide de
germes particuliers, appelés *sémi-
nules* ou *spores*, germes microscopiques, d'une structure bien plus
simple que celle des graines, et
que l'on peut étudier, par exemple, sur les feuilles des Fougères
parvenues au terme de leur développement (fig. 5). Ces végétaux, privés de véritables graines,
et par conséquent de cotylédons,
ont reçu la qualification d'*aco-
tylédonés*. Tels sont, avec les Fougères, les Champignons,
les Mousses, les Algues, etc.

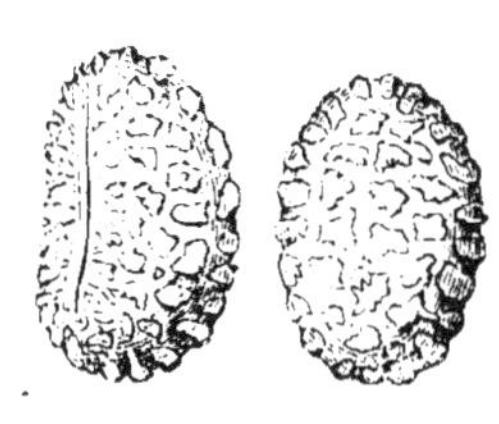

Fig. 5. — Spore d'une fougère (*Polypodium vulgare*.
L.), grossie environ 300
fois, vue de deux côtés
différents.

Il est donc trois grandes classes de plantes distinctes
et appelées *Dicotylédones*, *Monocotylédones* et *Acotylédones*.

Disons tout de suite aussi que, dans chacune de ces
classes, les végétaux ont été rangés, d'après leurs affinités, en un certain nombre de groupes désignés sous
le nom de *familles;* que la plupart des familles sont
elles-mêmes formées de groupes secondaires, appelés
*genres;* et que ceux-ci, à leur tour, se composent ordinairement de plusieurs *espèces*.

Ajoutons enfin qu'on entend par *espèce*, en botanique, une réunion de végétaux ayant absolument les
mêmes caractères, et susceptibles de produire d'autres
individus leur ressemblant aussi sous tous les rapports, à moins qu'ils n'aient subi quelque modification
particulière sous l'influence du climat ou de la culture.

Ainsi, par exemple, tous les Coquelicots constituent
une seule et même espèce, sous le nom de *Papaver*

*Rhœas.* Cette espèce fait partie du genre *Papaver* ou *Pavot*, qui concourt lui-même à former la famille des *Papavéracées*, comprise, à son tour, dans la grande classe des Dicotylédones.

Ces notions, quoique bien simples et fort abrégées, suffiront pour nous donner le sens et la valeur d'un certain nombre d'expressions dont nous aurons à chaque instant l'occasion de faire usage. Il importait de les acquérir avant d'entrer franchement en matière, avant d'aborder le véritable terrain de la science qui va faire l'objet de nos études.

## DÉFINITION DE LA BOTANIQUE ; — ATTRAIT, — IMPORTANCE ET PRINCIPALES DIVISIONS DE CETTE SCIENCE.

On appelle *Botanique* ou *Phytologie* la science qui a pour but la connaissance des végétaux. Elle est une des trois branches de l'histoire naturelle, celle dont l'étude offre le plus d'attrait.

Pour pressentir tout le charme qui s'attache à l'étude de la botanique, il suffit de jeter un coup d'œil autour de soi. Quelle scène riche et variée ! Cette multitude de plantes si diverses qui s'y pressent partout pour l'animer ; cette végétation toujours renaissante qu'une main invisible a jetée sur la surface du globe comme une magnifique parure... tel est le gracieux objet de la science dont il s'agit.

La Botanique prend aussi rang parmi les sciences les plus utiles. Elle fournit de précieux renseignements sur la vie, sur les conditions d'existence des végétaux que l'homme cultive pour ses nombreux besoins ; elle nous apprend à distinguer les espèces alimentaires, médicinales ou industrielles de celles qui sont inutiles ou malfaisantes ; elle seconde ainsi puissamment l'agriculture, la médecine et l'industrie.

Un aussi vaste champ d'observations est difficile à embrasser dans tout son ensemble ; aussi l'a-t-on divisé, pour la commodité de l'étude, en un certain nombre de parties que nous devons indiquer, bien que quelques-unes d'entre elles ne rentrent que d'une manière accessoire dans le cadre restreint que nous nous sommes tracé. Ce sont les suivantes :

1° *Anatomie végétale* ou *Phytotomie ;* pénétrant au delà des caractères extérieurs des plantes, elle étudie leurs tissus élémentaires, et les modes divers suivant lesquels ils s'agencent pour constituer l'individu. Elle ne procède que le scalpel à la main et l'œil au microscope ; elle est donc d'origine relativement récente.

2° *Organographie végétale ;* elle décrit les organes au moyen desquels les végétaux vivent et se reproduisent : recherche et explique leurs innombrables modifications de forme et de position relative, leur couleur ; en un mot, c'est la science des caractères extérieurs ; c'est aussi la branche de la Botanique la plus anciennement cultivée.

3° *Organogénie végétale ;* suivre les organes ainsi que les tissus dans toutes les phases par lesquelles ils passent depuis leur première apparition jusqu'à leur état définitif ; déduire de ces observations les lois qui régissent ces changements multiples, c'est là une des branches les plus difficiles de la botanique ; mais aussi la plus féconde, puisque seule elle peut remonter à travers les modifications successives des organes jusqu'à leur type primitif. Inaugurée au commencement de ce siècle par Mirbel, elle a fait depuis d'immenses progrès dont la série est loin encore d'être terminée.

4° *Physiologie végétale ;* les organes une fois constitués sont chargés chacun d'un rôle plus ou moins important dans la vie de l'individu ; la physiologie étudie ces fonctions diverses, leur importance relative, leurs résultats. Les mœurs, les habitudes des plantes sont donc essentiellement de son domaine. Disons toutefois que la variété et la complication de tous les problèmes dont elle s'occupe, et en même temps la localisation imparfaite des fonctions chez les végétaux ont beaucoup retardé l'avancement de cette partie de la science, et on doit avouer, malgré les travaux d'esprits éminents, que la vraie méthode générale des recherches est encore à créer.

5° *Tératologie végétale*. Nous avons vu l'organogénie suivre les organes dans leur développement normal; mais qu'une circonstance particulière vienne à troubler l'ordre habituel de cette évolution, l'organe considéré, s'il n'avorte pas, prendra une autre direction et apparaîtra plus tard avec des formes qui ne lui sont pas ordinaires. Il y aura, comme on dit, *monstruosité, anomalie*. L'étude de ces anomalies et des causes qui les produisent constitue la *tératologie végétale*.

6° *Pathologie végétale ;* de même que des causes extérieures peuvent entraver et modifier le développement des organes, de même aussi diverses influences peuvent altérer les fonctions physiologiques, et amener dans la vie de l'individu des troubles plus ou moins profonds qui constituent des maladies. Les plantes y sont sujettes comme les animaux, et leur étude à ce point de vue particulier forme une des branches de la botanique les plus fécondes en applications pratiques, puisque la connaissance méthodique des maladies des plantes est le plus sûr moyen de les en préserver ou de les guérir.

7° *Phytographie* ou *Taxonomie végétale ;* née de la diversité même des plantes qui vivent à la surface du globe, diversité qui exigeait la création de procédés généraux au moyen desquels l'esprit pût arriver à s'y reconnaître au milieu de cet assemblage immense, la *phytographie* nous apprend à distinguer les végétaux entre eux. Pour cela, elle étudie les caractères propres à chacun, et les distribue ensuite en groupes d'étendue variable, en mettant ensemble ceux qui se ressemblent le plus. Tout le monde sait que c'est à Linné que revient l'honneur d'avoir posé le premier d'une manière méthodique les règles qui guident encore de nos jours les botanistes du monde entier.

8° *Géographie botanique ;* les plantes sont aussi variées que les conditions extérieures dans lesquelles elles vivent ; des pôles aux tropiques, les différentes régions du globe ont leurs habitants particuliers, distribués, suivant leurs aptitudes physiologiques, depuis les sommets arides des plus hautes montagnes, jusque dans la profondeur des eaux. Rechercher les lois de la distribution des végétaux à la surface de la terre constitue une science de premier ordre, car elle seule peut fournir des données précises pour nous guider dans les tentatives d'acclimatation.

9° *Botanique appliquée* ou *Technologie végétale ;* l'histoire des usages auxquels peuvent servir les plantes, d'après leur composition chimique et leurs propriétés, c'est, à proprement parler, la *Botanique appliquée.*

La phytographie et la technologie se trouvent confondues dans tous les ouvrages où la botanique est considérée au point de vue de ses applications. Après avoir donné la description d'une plante utile, il est naturel, en effet, d'en faire connaître tout de suite les vertus, les qualités et les services qu'on peut en obtenir.

Envisagée ainsi, la *botanique appliquée* reçoit les épithètes d'*agricole,* de *médicale* ou d'*industrielle,* suivant qu'elle a pour but les intérêts de l'agriculture, de la médecine ou de l'industrie.

Nous en avons fait l'objet d'un autre volume, sous le titre de *Botanique agricole et médicale,* celui-ci ne devant comprendre que ce qui a trait à la botanique proprement dite.

# ANATOMIE VÉGÉTALE

C'est aux découvertes faites par Grew et Malpighi, vers le milieu du siècle dernier, que revient l'honneur d'avoir inauguré l'étude de *l'anatomie végétale*. Grâce aux perfectionnements successifs apportés par les physiciens à la construction des instruments d'investigation, les progrès de cette partie de la botanique ont été immenses, et elle représente le dernier degré d'analyse auquel nous puissions arriver aujourd'hui dans la détermination des organes élémentaires des plantes.

Ses problèmes sont sans doute difficiles et leur solution nécessite une grande habitude du microscope. Ils offrent cependant moins de complication qu'on ne serait d'abord tenté de le penser, car les végétaux, si variés par leur aspect, par leurs formes extérieures, présentent beaucoup plus d'uniformité dans leur structure intime.

C'est la *cellule* qui fait la base de toute organisation végétale. Elle revêt des caractères divers ; elle constitue l'élément de trois tissus que nous devons étudier tour à tour, sous les noms de *tissu cellulaire*, de *tissu fibreux* et de *tissu vasculaire*.

## TISSU CELLULAIRE.

Si l'on coupe, sur un végétal à l'état d'embryon ou sur les parties en voie de formation d'un végétal âgé, une tranche assez mince pour être transparente, et qu'on l'examine au moyen du microscope, on s'assure qu'elle est entièrement formée d'une foule de tout petits sacs arrondis, à parois distinctes, à cavité close de toutes parts.

Or, ces espèces de sacs en miniature, sortes d'outres (fig. 6, *c*) si petites que l'œil nu serait impuissant à les apercevoir, ne sont autre chose que des *cellules ;* on les nomme encore *utricules.* Elles laissent entre elles des espaces vides (*m*) plus ou moins irréguliers, appelés naturellement *méats intercellulaires* ou *interutriculaires.* Le tissu, qu'elles forment par leur ensemble reçoit lui-même la dénomination de

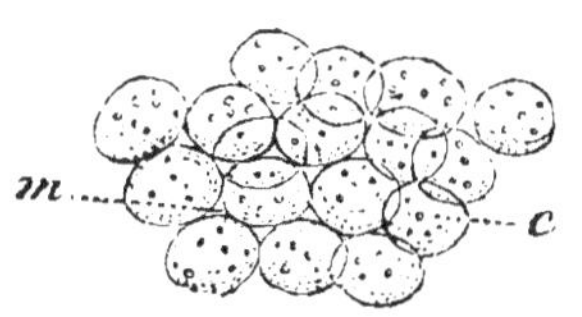

Fig. 6. — Fragment de tissu cellulaire jeune. Les cellules sont lâchement unies et laissent entre elles de nombreux méats, *m*.

*tissu cellulaire* ou de *tissu utriculaire.*

Sous cette forme simple et primitive, le tissu cellulaire fait partie de tous les végétaux. Il compose même à lui seul un grand nombre de plantes Acotylédones. On n'en trouve pas d'autre non plus dans les Cotylédonées au commencement de leur existence.

Mais les cellules, dont ce tissu n'est qu'un assemblage, sont susceptibles d'éprouver, plus tard, des modifications notables et dans leur forme et dans la texture de leurs parois ; en outre, la plupart renferment des substances qui peuvent, à leur tour, les faire différer les unes des autres. De là une certaine complication dans leur histoire ; de là la nécessité de les étudier successivement au point de vue de leur forme, de leur structure et des matières contenues dans leur cavité.

**Formes des cellules.** — A mesure qu'un tissu nouvellement formé s'accroît, les cellules dont il se compose augmentent en nombre, en volume, et, par suite, se rapprochent chaque jour davantage ; elles ne tardent pas à se toucher. D'abord arrondies à la manière d'une sphère ou d'un ellipsoïde, elles conservent cette forme partout où il leur est permis de se développer librement. Leur contiguïté ne pouvant alors s'établir que par quelques points de leur surface, elles laissent entre elles des méats nombreux et considérables (fig. 6).

Le tissu qu'elles constituent sous cet état existe seul, avons-nous dit, dans les plantes encore très-jeunes. Dans les autres, il fait la base des parties les plus molles, comme la moelle, la chair des fruits succulents, etc.

Au contraire, les cellules se déforment lorsque, se développant dans un espace en quelque sorte trop étroit, elles se pressent mutuellement de tous côtés. Contiguës par des surfaces planes, elles ne peuvent, dans cette condition, laisser de vides entre elles (fig. 7), ou bien ces méats seront très-petits, et leur forme étant celle d'un polyèdre, elles reçoivent le nom de *cellules polyédriques*. On les rencontre, avec ces caractères, dans la plupart des feuilles.

Un tissu à cellules polyédriques doit être, on le conçoit, un peu plus dense que celui dont les cellules sont

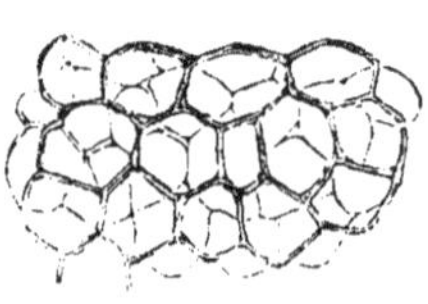

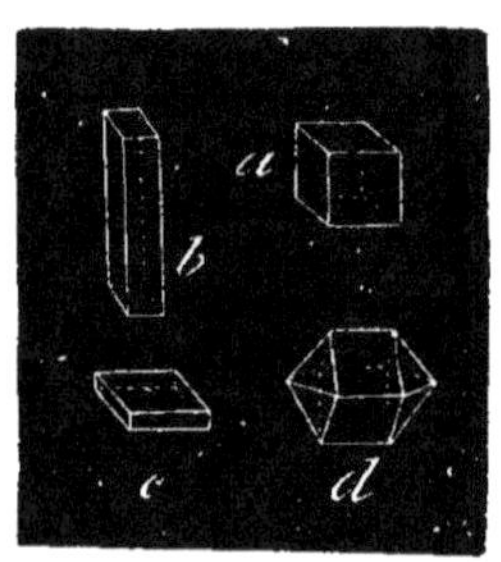

Fig. 7. — Fragment de tissu cellulaire âgé. Les cellules se sont comprimées réciproquement, et les méats intercellulaires ont disparu.

Fig. 8. — Schéma des principales formes que peuvent affecter les cellules.

arrondies. On trouve souvent, du reste, ces deux sortes de tissus cellulaires associées l'une avec l'autre dans un même organe. Elles constituent, isolées ou réunies, ce qu'on appelle communément le *parenchyme*, dans les parties peu consistantes des végétaux.

Mais les utricules polyédriques affectent des formes variées. Il en est de cubiques (fig. 8, *a*); d'autres, plus ou moins allongées, figurent un prisme à quatre pans (*b*); d'autres encore sont tabulaires, c'est-à-dire aplaties en tables (*c*); la plupart enfin se montrent pourvues de douze faces et représentent conséquemment un dodécaèdre (*d*). Le nom de *cellules* leur convient particulièrement dans ce dernier cas, leur coupe transversale donnant un hexagone qui rappelle tout à fait la forme des nombreuses cellules contenues dans un gâteau de mouches à miel. ·

Ajoutons, pour être exact, que généralement les cellules n'ont pas, à beaucoup près, toute la régularité des solides géométriques auxquels on les compare. Il en est même qui se montrent courbes sur une partie de leur surface et planes dans l'autre. On en voit qui, s'étant allongées sur plusieurs points de leur surface, dans des directions différentes, sont rameuses et fort irrégulières (fig. 9, *c*). Réunies par le bout de leurs

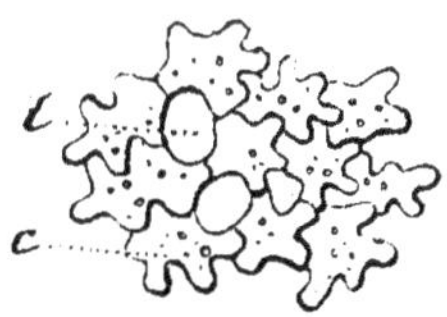

Fig. 9. — Cellules étoilées telles qu'on les observe dans un grand nombre de feuilles. Le mode d'union de ces cellules donne lieu à la formation de vastes lacunes, *l*.

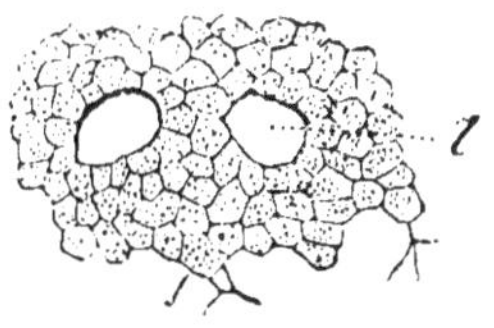

Fig. 10. — Tissu cellulaire d'une plante aquatique (*Ranunculus aquatili*, L.). Les cellules, en général serrées les unes contre les autres, laissent de distance en distance de grands espaces vides, *l*.

prolongements, elles laissent entre elles des méats très-considérables, désignés sous le nom de *lacunes* (*i*).

Du reste, on appelle *lacune* tout espace vide, remarquable par son étendue, et situé entre plusieurs cellules, quelle que soit la forme de celles-ci (fig. 10, *l*).

**Structure des cellules.** — Rien n'est simple comme la structure d'une cellule au commencement de son existence. D'autant plus petite qu'elle est plus jeune, elle est alors formée d'une membrane mince, molle, diaphane, ayant même épaisseur, même apparence dans toute son étendue. En vieillissant, cette membrane se dessèche, devient plus dure, et ces changements, abstraction faite de la forme et du volume, sont quelquefois les seuls que la cellule ait à subir.

En général, cependant, elle cesse bientôt d'être aussi simple : il s'organise dans sa cavité, plus tôt ou plus tard, une nouvelle membrane qui s'appliquant exactement sur ses parois, en augmente partout l'opacité en même temps que l'épaisseur.

Cette seconde membrane est sujette à des modifications bien remarquables : plus jeune, plus molle que la première, et ne pouvant pas toujours la suivre assez vite dans son développement, il arrive, pour ainsi dire, qu'elle s'éraille, ou pour mieux dire se résorbe en partie, et cela de diverses manières.

Souvent elle se déchire en une multitude de points très-circonscrits. La cellule, dès lors, n'étant pas doublée dans ces points, s'y montre plus transparente qu'ailleurs, et paraît, au premier abord, comme percée d'autant de petits trous (fig. 11); elle n'est que *ponctuée*.

Ou bien ces déchirures, un peu allongées, se traduisent au dehors en courtes lignes, en raies horizontales ou obliques, et la cellule est dite *rayée* (fig. 12).

D'autres fois, elles se font d'une manière très-irrégulière, et l'on voit se dessiner une espèce de réseau sur les parois de l'utricule, qui reçoit alors l'épithète de *réticulée* (fig. 13).

Il arrive aussi que les déchirures s'effectuent de

façon à transformer la membrane interne en petits rubans ou en fils diversement disposés.

Tantôt ces rubans ou ces fils constituent des anneaux

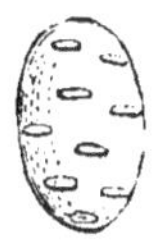

Fig. 11. — Cellule ponc- Fig. 12. — Cellule rayée Fig. 13. — Cellule réti-
tuée provenant de la      de même provenance.      culée extraite du Gui
moelle d'une jeune                                  (*Viscum album*, L.).
branche de Sureau
(*Sambucus nigra*, L.).

séparés et placés à peu près horizontalement, ce qui
caractérise les cellules *annulaires* (fig. 14).

Tantôt ils décrivent une spirale ou plutôt une hélice

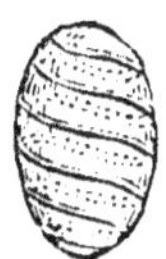

Fig. 14. — Cellule annulaire extraite   Fig. 15. — Cellule spiralée extraite
du Gui. Les anneaux sont indépen-            du Gui.
dants et parallèles.

à tours plus ou moins rapprochés, s'étendant d'une
extrémité à l'autre de l'utricule (fig. 15). Cette petite
spirale a reçu le nom de *spiricule*, et la cellule elle-
même est dite *spiralée*.

Mais ce n'est pas tout : au dedans de la membrane
en question, il peut s'en former une troisième ; au dedans de celle-ci, une quatrième, et ainsi de suite. De là
résulte une augmentatioh progressive dans l'épaisseur et dans la complexité des parois de l'utricule.

Les membranes dont il s'agit se superposent, s'appliquent sur la seconde, la suivent dans tous ses contours.
Elles subissent aussi des solutions de continuité qui,
pour l'ordinaire, correspondent parfaitement aux sien-

nes. On peut se faire une idée précise de cette singulière organisation en examinant des utricules ainsi
composées et préalablement coupées, soit en long, soit
en travers (fig. 16), telles qu'on les trouve, par exemple,
dans les parties pierreuses des Poires.

On distingue alors nettement plusieurs cercles concentriques autour d'une cavité d'autant plus petite que
le nombre des cercles est
lui-même plus grand. On
remarque, en outre, di-
vers petits canaux ouverts
d'un côté dans la cavité
centrale, et fermés de l'autre par la membrane exté-
rieure, du moins dans la
majorité des cas.

Fig. 16. — Représentation à moitié
schématique de cellules pierreuses.
Les couches superposées n'ont laissé
qu'une très-petite cavité de laquelle
partent des canaux très-fins qui se
rendent jusqu'à la membrane externe.

Évidemment les cercles
représentent les membra-
nes superposées. Quant aux canaux, ils résultent des
solutions de continuité de ces membranes ; ils sont la
preuve que les interruptions de l'une coïncident d'une
manière exacte avec celles de toutes les autres.

Il faut observer toutefois que le dépôt des couches
internes ne se fait pas toujours avec une aussi grande
régularité. Il n'est pas rare de rencontrer des cellules
où l'épaississement n'a lieu que d'un seul côté, le côté
opposé conservant sa minceur primitive, ou à peu près.
C'est ce qu'il est facile de constater, par exemple, dans
l'enveloppe extérieure d'un grand nombre de graines.

Ainsi, malgré la complexité de leurs parois, les cellules ne sont souvent closes, dans beaucoup de points,
que par leur membrane extérieure.

Cette membrane, qu'on a longtemps considérée
comme percée de pores et de fentes, est assez perméable pour expliquer la communication qui s'établit
entre les cavités des cellules en contact, pour laisser

passer les gaz et les liquides en circulation dans la
masse tissulaire de la plante. Elle se détruit même
quelquefois dans plusieurs de ces points où elle est
mise à nu, et la communication devient par là plus
facile, plus complète.

Les canaux de deux cellules contiguës se correspondent ordinairement de telle sorte que deux d'entre eux,
pris dans les deux cellules, peuvent n'être séparés que
par un double diaphragme (fig. 16) dont la destruction
suffit pour les confondre en un seul.

**Union des cellules.** — Comment les cellules qui se
touchent sont-elles unies entre elles ; quelle est la force
qui les maintient en contact ? La solution de cette
question a longtemps occupé les observateurs les plus
sagaces, et plusieurs explications ont été données auxquelles se rattache nécessairement la question de l'origine des cellules. L'exposition et la comparaison des
opinions émises sur ces sujets difficiles ne sauraient
trouver place dans un ouvrage élémentaire, et nous
devons nous en tenir aux faits reconnus de nos jours
par la grande majorité des botanistes.

Les cellules, une fois formées, sont unies par une
substance interposée dont l'origine peut être contro-
versée, mais dont l'existence, constatée à plusieurs
reprises, ne fait plus de doute. Cette substance, ou *matière intercellulaire*, abondante et très-visible dans certains végétaux à structure simple, comme certains Varechs, devient beaucoup moins abondante dans le plus
grand nombre des autres plantes ; mais on parvient à
la manifester, sur des coupes très-minces, au moyen de
divers réactifs chimiques. Elle ne paraît pas, en effet,
être de même nature que la substance dont se compose
la paroi propre des cellules et qu'on appelle *cellulose*.
Celle-ci se colore en bleu par l'action successive de
l'iode et de l'acide sulfurique, ou d'une solution d'iode
dans le chlorure de zinc ; phénomène que ne présente

pas la matière intercellulaire. La cellulose résiste très-bien à l'action d'un mélange d'acide azotique et de chlorate de potasse, lequel dissout plus ou moins rapidement la matière unissante. Tel est, du reste, le moyen le plus commode pour isoler les cellules les unes des autres, et qui montre bien qu'elles sont des organes distincts, et non de simples cavités creusées dans la masse d'une substance amorphe, ainsi que l'ont prétendu plusieurs botanistes.

Passons maintenant, pour achever l'histoire du tissu cellulaire, à l'examen des matières contenues dans ses cavités. Nous aurons plus tard l'occasion de revenir sur ce sujet, en le considérant au point de vue de la physiologie végétale. Pour le moment, nous devons nous contenter d'en dire quelques mots.

**Matières contenues dans les cavités du tissu cellulaire.** — Au commencement de leur existence, les cellules se montrent pourvues d'un petit corps globuleux ou lenticulaire, appliqué le plus souvent contre un point de leurs parois (fig. 17). On nomme ce corps *noyau* ou *nucleus*. La solution d'iode le colore en brun. Il offre souvent lui-même un noyau central plus petit, formé de corpuscules, appelés *nucléoles*, qui se reconnaissent facilement à la propriété dont ils sont doués de réfracter fortement la lumière transmise par le miroir du microscope.

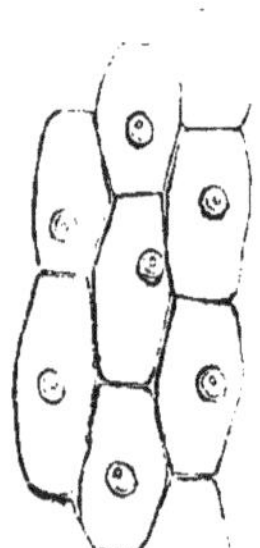

Fig. 17. — Jeunes cellules avec *nucleus;* dans chacun de ceux-ci on aperçoit un *nucléole.*

En général, le *nucleus* diminue de volume à mesure que la végétation fait des progrès; souvent même il finit par disparaître. Aussi manque-t-il dans beaucoup d'utricules complétement développées. M. Schleiden lui fait jouer un rôle fort important : il le considère comme une sorte de bourgeon d'où serait sortie la cellule qui le porte. Il propose de lui donner le nom de *cytoblaste*, lequel veut dire germe d'utricule.

Il existe aussi, dans toute cellule à son début, un liquide azoté, visqueux, trouble, tenant en suspension quelques petits granules, et entourant le *nucleus*. Ce liquide est appelé *protoplasma*.

Par une sorte de coagulation périphérique, le protoplasma s'enveloppe bientôt d'une membrane mince, granuleuse, qui s'applique sur la paroi cellulaire sans y adhérer, et dont elle se détache assez facilement sous l'influence de divers réactifs et notamment de l'eau sucrée. C'est là l'*utricule primordiale* de De Mohl.

Si l'on traite une jeune cellule par la teinture d'iode et par l'acide sulfurique, on voit ses propres parois se colorer en bleu ou en violet, tandis que l'utricule primordiale et son contenu prennent une teinte jaunâtre.

A mesure que la cellule s'accroît, le protoplasma, ne pouvant plus remplir la cavité qui le contient, se creuse de petites vacuoles, ou se dispose en petits filaments irréguliers qui vont du *nucleus* à la paroi. Il finit par disparaître, ainsi que l'utricule primordiale, ou bien il subsiste en partie, sous forme de petits granules ou sous celle d'une couche incrustant les parois cellulaires.

Celles-ci, qui d'abord se coloraient en bleu au contact de l'iode, prennent dès lors une teinte jaune sous l'action de ce réactif. On peut, en les plongeant quelques instants dans une solution de potasse caustique, les dépouiller de la matière azotée qui les imprègne, et on constate, après un lavage à l'eau distillée, qu'elles ont repris leurs caractères primitifs.

Quand on étudie les cellules complétement développées, leur contenu se montre beaucoup plus variable dans sa structure et dans sa composition.

Il est des cellules qui paraissent absolument vides. Elles laissent pourtant échapper, lorsqu'on les ouvre sous l'eau, une bulle gazeuse dont la nature est loin d'être constante. On trouve fréquemment aussi des gaz dans les méats intercellulaires, surtout dans les lacunes.

La plupart des cavités du tissu utriculaire sont remplies d'un liquide très-variable sous tous les rapports. Tantôt ce liquide est incolore; c'est le plus souvent la séve elle-même qui, se propageant partout de cellule en cellule, dépose dans la masse du végétal les matériaux de son développement. Tantôt il est, au contraire, diversement coloré, comme celui, par exemple, qui donne aux fleurs leurs nuances plus ou moins vives.

En beaucoup de points, le liquide cellulaire, aqueux, incolore comme les cellules qui le renferment, est le véhicule d'une substance particulière, à la présence de laquelle est due la couleur la plus répandue dans les plantes; je veux dire la couleur verte.

On ne trouve cette substance, ou *matière verte*, que dans les organes qui sont exposés à la lumière. Elle a reçu le nom de *chlorophylle*, parce que c'est elle qui communique aux feuilles leur teinte habituelle. Sa consistance est celle d'une gelée. Elle devient jaune ou brune par l'action de l'iode. L'alcool et l'éther la dissolvent. Aussi les parties végétales vertes se décolorent-elles quand elles restent plongées quelque temps dans un de ces liquides.

A l'état ordinaire, la chlorophylle se dépose en couches plus ou moins épaisses à la surface de petits granules dont la composition chimique varie beaucoup, ce qui peut être facilement constaté après qu'on a enlevé par les dissolvants l'auréole gélatiniforme qui les entoure. On voit alors tantôt qu'ils sont azotés, tantôt qu'ils présentent tous les caractères de l'amidon, ce qui est le cas le plus fréquent.

Les teintes jaune et rouge que la plupart des feuilles prennent en vieillissant sont attribuées à une altération de la chlorophylle d'où résulteraient deux matières colorantes encore mal définies, qu'on a appelées *xantho-phylle* et *érythrophylle*.

La *fécule*, encore appelée *amidon*, *matière amylacée*, existe aussi, dépouillée de chlorophylle, dans la plupart des parties de la plante. Beaucoup de graines et plusieurs tubercules souterrains, comme ceux de la Pomme de terre, la contiennent en grande quantité. Nous verrons plus tard combien est important le rôle qu'elle joue dans l'acte de la nutrition.

Attachés à la face interne des parois cellulaires, ou libres au milieu de la cavité qu'elles circonscrivent (fig. 18), les grains de fécule, très-petits et toujours incolores, diffèrent beaucoup par leurs dimensions. Ils n'ont guère que 0,004 de millimètre dans la graine de la Betterave, mais ils sont plus gros dans le Froment et surtout dans la Pomme de terre, où ils peuvent atteindre jusqu'à 0,18 de millimètre. Ils se montrent aussi très-variables dans leur forme : globuleux, ovoïdes, discoïdes, allongés ou irrégulièrement polyédri-

Fig. 18. — Une cellule de la Pomme de terre ouverte pour montrer les grains amylacés de différentes grosseurs qui y sont contenus.

ques. Toutefois leur forme et leurs dimensions moyennes sont constantes dans chaque espèce et l'on a là un moyen de les reconnaître que l'habitude, aidée des réactions chimiques, rend fort précieux.

Les grains d'amidon sont tantôt simples, tantôt composés, suivant les plantes que l'on étudie, et leur mode de formation, qui a toujours lieu aux dépens du protoplasma, paraît également variable. Toutefois ils consistent la plupart du temps en une vésicule renfermant la matière amylacée qui, d'abord fluide, se condense peu à peu en couches superposées, susceptibles elles-mêmes de s'accroître en épaisseur par une sorte de végétation qui leur est propre. Presque toujours il subsiste à l'intérieur une petite cavité, rendue excentrique par l'inégal développement des couches d'accroissement, et qui apparaît sous la forme d'un point ou d'une étoile plus ou moins foncée. C'est ce qu'on a appelé le *hile* des grains d'amidon.

Dans tous les cas, l'amidon prend par la solution d'iode une coloration qui permet d'en constater facilement la présence ; cette coloration varie du violet clair au bleu foncé, suivant le degré de concentration de la liqueur, et aussi suivant l'état d'agrégation moléculaire de la substance.

Une autre formation vésiculaire, peut-être aussi répandue que l'amidon dans le règne végétal, et que l'on observe tantôt seule, tantôt accompagnée de ce dernier, est celle que l'on connaît sous le nom d'*aleurone* et dont la connaissance est due à Hartig. Formée de grains de dimensions et de formes très-variables, elle présente comme caractères généraux une facile solubilité dans l'eau (c'est certainement cette propriété qui a retardé sa découverte, les observations microscopiques se faisant le plus habituellement au sein de ce liquide), l'insolubilité dans les huiles fixes, dans l'éther et l'alcool absolu, la propriété de se colorer en jaune par l'iode, en rouge brique par l'azotate de mercure.

D'une composition chimique encore imparfaitement connue, l'aleurone semble se rapprocher, par l'ensemble de ses propriétés, des substances azotées, et diffère essentiellement, sous ce rapport, de l'amidon. On la rencontre surtout en grande abondance dans les graines oléagineuses (1).

Dans la plupart des fruits de nos céréales l'amidon

---

(1) Le lecteur trouvera de plus amples renseignements sur ces deux substances dans le beau mémoire sur les *Formations vésiculaires*, publié par M. Trécul dans les Annales des Sciences naturelles. 4e série, t. X.

est accompagné par une substance azotée particulière, molle, élastique, désignée sous le nom de *gluten*.

L'*inuline* est une matière granuleuse, analogue à l'amidon, mais soluble dans l'eau bouillante, qu'on observe principalement dans les racines de certaines plantes appartenant à la famille des Composées. Elle ne bleuit pas par l'iode.

On trouve fréquemment dans les cellules des plantes, ou même en dehors, au sein des méats et des lacunes, du mucilage, des gommes dissoutes dans la séve, des huiles grasses, des huiles volatiles tenant souvent en dissolution des principes résineux.

Le tissu utriculaire peut aussi renfermer des matières minérales, et celles-ci peuvent même s'y montrer à l'état cristallisé. Il n'est pas rare d'y trouver, par exemple, des cristaux d'oxalate et de carbonate de chaux. On rencontre quelquefois un seul, mais ordinairement plusieurs de ces cristaux dans une même cellule, dont les dimensions sont alors, en général, très-grandes.

Tantôt ils s'y trouvent réunis en une masse sphéri-

Fig. 19. — Fragment de tissu de la feuille d'une Rhubarbe (*Rheum palmatum*, L.). Une cellule plus grande que ses voisines contient des cristaux d'oxalate de chaux réunis en une petite masse hérissée.

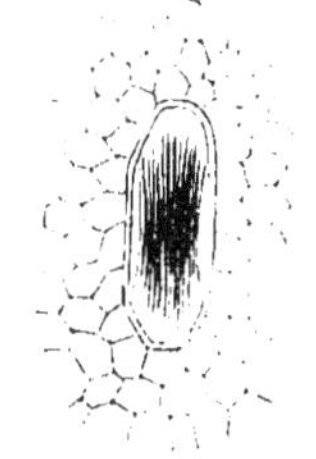

Fig. 20. — Fragment de tissu de la feuille d'une Aroïdée. Une grande cellule montre un faisceau de *raphides* dans son intérieur.

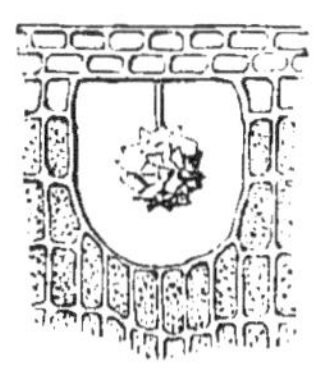

Fig. 21. — Fragment de feuille d'une espèce indéterminée de Figuier. Un *cystolithe* est contenu dans une des cellules.

que ou ovoïde, hérissée de pointes (fig. 19); tantôt ils se présentent sous la forme de nombreuses aiguilles extrêmement déliées, parallèles, groupées en faisceau, et désignées sous le nom de *raphides* (fig. 20). Enfin dans certaines parties des tissus des Figuiers, par exemple, on rencontre assez fréquemment de grandes cellules à la paroi desquelles est suspendu une sorte de petit lustre de matière protoplasmatique plus ou moins organisée, et sur le renflement duquel apparaissent de petits cristaux prismatiques. Ces corps ont reçu le le nom de *cystolithes* (fig. 21).

Ajoutons que la présence de cristaux dans une cellule en exclut généralement les divers granules organiques dont nous venons de nous occuper.


## TISSU FIBREUX.


Au lieu de rester arrondies ou de devenir polyédriques, comme nous l'avons supposé tout à l'heure, les utricules peuvent s'allonger sous la forme d'autant de petits tubes qui reçoivent la dénomination de *fibres*, et dont la réunion constitue le *tissu fibreux*.

Ce tissu existe dans les parties les plus compactes des végétaux, notamment dans le bois et les parties profondes de l'écorce, qu'il constitue presque à lui tout seul. On lui donne quelquefois le nom de *prosenchyme*, par opposition à celui de *parenchyme* que nous avons vu appliquer aux parties les plus molles formées de tissu cellulaire proprement dit.

Les fibres n'étant que des cellules modifiées dans leur forme, leur étude va se trouver singulièrement simplifiée par ce que nous avons dit des cellules ordinaires.

Habituellement très-déliées, elles sont presque toujours disposées parallèlement à l'axe des organes qu'elles concourent à former. Les plus courtes ont la forme de fuseaux ; les autres, beaucoup plus allongées, se montrent quelquefois cylindriques, mais le plus souvent elles sont devenues prismatiques par compression réciproque. Dans l'un et l'autre cas, leurs extrémités sont comme coupées obliquement, ou plus ou moins effilées (fig. 22).

Toutes les fibres placées à la même hauteur se touchent par leurs côtés, laissant entre leurs extrémités amincies des espaces qui sont occupés par les extrémités des fibres situées immédiatement au-dessus ou au-dessous. Cet agencement donne au tissu fibreux une partie de la ténacité qui le caractérise.

La consistance de ce tissu s'explique par la structure et par la composition de ses éléments.

De même que les cellules proprement dites, les fibres n'ont d'abord pour parois qu'une seule membrane. Mais elles se compliquent peu à peu de plusieurs couches qui se forment successivement dans leur cavité, où elles s'appliquent les unes en dedans des autres. Tantôt ces couches restent intactes, et tantôt elles se déchirent de diverses manières. Dans le premier cas, la fibre est également opaque partout ; dans le second, elle peut, comme une cellule ordinaire, se montrer ponctuée, rayée, spiralée, etc.

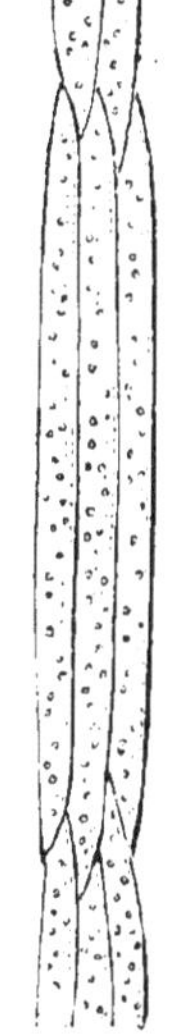

Fig. 22. — Fibres ligneuses de la Clématite (*Clematis vitalba*, L.). Elles présentent des ponctuations.

La complication des parois est ici beaucoup plus fréquente que dans les utricules, et la présence de couches intérieures superposées y devient la règle à peu près générale.

Leur cavité, toujours très-allongée, se rétrécit quelquefois au point d'être à peine perceptible, ce qui fait qu'elles peuvent paraître entièrement solides. La section d'un tissu fibreux quelconque met toujours en évidence une masse compacte dans laquelle les vides n'occupent que bien peu de place (fig. 23). Il va sans dire, du reste, que la cavité des fibres est plus distincte, plus grande dans les tissus tendres que dans les durs ; plus grande, par exemple, dans le bois de Peuplier que dans celui de Chêne.

Fig. 23. — Coupe transversale des mêmes fibres de la Clématite. Elles sont très-serrées et leur cavité est très-réduite.

Deux fibres placées l'une à côté de l'autre entretiennent entre elles les mêmes rapports que ceux qui existent entre deux utricules ordinaires contiguës. Si on les fend en long et dans le même plan, on y voit correspondre deux à deux de petits canaux qui vont de l'une à l'autre.

Dans les végétaux connus sous le nom d'*arbres verts*, c'est-à-dire les Pins, Sapins, Cèdres, etc., les fibres ligneuses montrent une sorte de ponctuations très-remarquables et qui méritent d'être décrites parce qu'elles sont communes à toutes ces plantes. Au point de contact de deux fibres ligneuses, les parois s'écartent l'une de l'autre (fig. 24), et s'infléchissent vers la cavité de chaque fibre, laissant entre elles un petit vide comparable à celui qui existerait entre deux verres de montre appliqués par leur contour. Au centre de chacune des petites cupules ainsi formées existe une perforation ; si l'on sépare l'une de l'autre les deux fibres et qu'on examine de face leurs plans de contact, on y observe des ponctuations régulièrement espacées, entourées chacune d'une sorte d'aréole circulaire. Celle-ci n'est autre chose que le léger enfoncement dont nous venons de parler, au fond duquel apparaît la perforation centrale, et qui est rendu visible parce qu'il est différemment éclairé que les autres parties de la surface de la fibre. C'est ce mode particulier d'éclairage qui a fait croire pendant longtemps à l'existence d'un bourrelet épais et opaque autour de la ponctuation. On voit que c'est précisément le contraire qui a lieu.

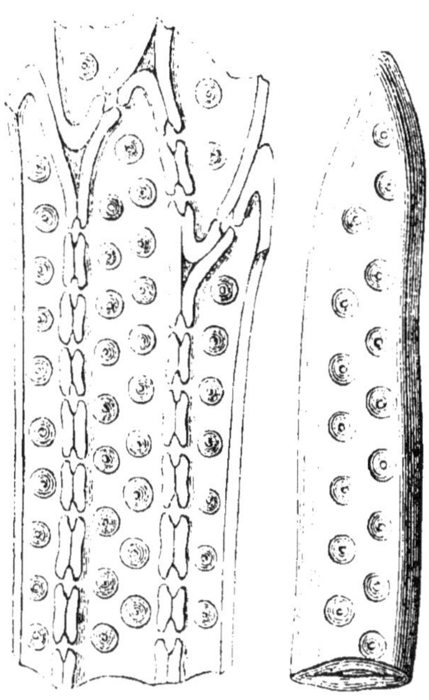

Fig. 24. — Fragment de tissu ligneux d'un arbre vert du genre Cèdre. Les fibres sont fendues suivant leur longueur, et la coupe a été dirigée au niveau d'un certain nombre de ponctuations pour montrer les détails de leur structure. — A droite est une portion de fibre isolée et non fendue.

Dans les végétaux dont nous parlons, chaque fibre porte habituellement, sur deux faces opposées, deux séries de ces singulières ponctuations.

Quant au moyen d'union des fibres entre elles, il est absolument le même que pour les cellules proprement dites.

Les fibres peuvent aussi contenir la plupart des substances que nous avons rencontrées dans les cavités du tissu cellulaire; mais elles se montrent surtout imprégnées de *ligneux*, matière incrustante et très-dure, communiquant au tissu fibreux, au bois de nos arbres, par exemple, une grande partie de la consistance et de la solidité qui le distinguent.

Aussi donne-t-on souvent aux fibres le nom de *fibres ligneuses*, et au tissu qu'elles forment celui de *tissu ligneux*.

Ce n'est pas seulement à la surface des fibres que le ligneux s'applique ; il pénètre dans l'épaisseur de leurs parois, pour s'y fixer à la manière d'un liquide qui, après avoir imbibé une éponge, se solidifierait dans ses innombrables cavités.

Telles sont les principales particularités que nous avions à signaler dans la forme, la disposition des éléments anatomiques du tissu fibreux.

Ce que nous avons dit de certaines cellules à parois incrustées montre combien il est difficile d'établir une démarcation tranchée entre la cellule et la fibre, puisque, dans certains cas, la forme seule est variable. Il n'y a, en effet, entre une fibre ligneuse proprement dite et une cellule du tissu pierreux d'une Poire, d'autre différence que celle consistant en ce que la première est beaucoup plus allongée dans un sens que dans l'autre, tandis que la seconde présente un diamètre à peu près égal dans toutes les directions. Nous devons donc conclure que ces distinctions sont plutôt justifiées par la commodité de l'étude que par la saine interprétation des faits tels qu'ils se présentent à l'observation.


## TISSU VASCULAIRE.


Le *tissu vasculaire* consiste en un assemblage de tubes microscopiques, plus longs, plus complexes que les simples fibres, et désignés sous le nom de *vaisseaux*.

De même que les fibres, ces vaisseaux se forment de bonne heure, au sein du tissu cellulaire, dans toutes les plantes dicotylédones et monocotylédones, ainsi que dans quelques acotylédonées, telles que les Fougères, les Lycopodes, etc.

On nomme *végétaux vasculaires* ceux qui contiennent des vaisseaux. Les autres, privés de vaisseaux et tous acotylédonés, sont appelés *végétaux cellulaires.*

Les vaisseaux, avons-nous dit, constituent autant de tubes microscopiques, mais ils se distinguent presque toujours à première vue de tous les éléments anatomiques voisins par un diamètre transversal beaucoup plus considérable, et par leur longueur, qui égale quelquefois à peu près celle du végétal entier.

Ils offrent, de distance en distance, des étranglements plus ou moins marqués, très-rapprochés et ré-

Fig. 25. — Fragment de vaisseau de la Vigne. Il présente des étranglements très-rapprochés.

Fig. 26. — Fragment de vaisseau d'une Fougère (*Osmunda regalis,* L.). Les étranglements sont beaucoup plus espacés.

gulièrement espacés (fig. 25), ou bien séparés par de grands intervalles tantôt égaux, tantôt inégaux (fig. 26).

Traités par l'acide azotique étendu et bouillant, ils se divisent dans tous les points qui correspondent à ces étranglements. Les tronçons qui en résultent représentent chacun une cellule arrondie ou polyédrique, le plus souvent une fibre ou cellule très-allongée ; ils n'en diffèrent qu'en ce qu'ils sont ouverts aux deux extrémités par lesquelles s'était établie leur contiguïté réciproque. Du reste, même structure et mêmes apparences.

Leurs parois, d'abord simples, ne tardent point à se compliquer d'une membrane intérieure diversement brodée à jour, et l'on voit ainsi, à leur surface extérieure, se dessiner des points transparents, des raies, des anneaux, des spirales.... tous ces détails sont même ici généralement plus distincts que dans les utricules ordinaires. Nous devons faire remarquer que jamais, dans les organes dont il est question, la formation des couches internes ne prend un grand développement, et que par conséquent leur cavité demeure très-considérable par rapport à l'épaisseur de leurs parois.

Les fragments de vaisseau commencent par être clos de tous côtés ; un double diaphragme les sépare alors les uns des autres. Mais ce diaphragme, au lieu de s'épaissir à l'instar des parois extérieures, par la juxtaposition de nouvelles membranes, s'amincit de jour en jour ; fréquemment il se détruit de manière à ne laisser qu'un repli circulaire, et plus fréquemment encore il s'efface tout à fait.

C'est ainsi que de véritables utricules, réunies en séries, finissent par composer de longs tubes creusés d'une cavité qui règne sans interruption dans toute leur étendue ; c'est ainsi que s'organisent les vaisseaux dans les plantes.

Sous le rapport de leur structure et de leur forme, ils présentent entre eux des différences qui les ont fait distinguer en plusieurs espèces. Indiquons en quelques mots les caractères de chaque espèce, c'est-à-dire des *vaisseaux ponctués, rayés, réticulés, annulaires* et *trachéens*. Il suffit d'ailleurs, pour bien comprendre l'organisation de ces divers ordres de vaisseaux, de se rappeler les distinctions que nous avons signalées dans la structure des cellules à parois minces, et que nous allons retrouver ici trait pour trait.

**Vaisseaux ponctués.** — Les vaisseaux ponctués (fig. 27), les plus gros de tous, quelquefois même assez volumineux pour que leur canal soit visible à l'œil nu, présentent à leur surface un grand nombre de points transparents, disposés en lignes horizontales, parfois obliques, et toujours très-rapprochées.

Leur forme est celle d'un cylindre sur lequel se dessinent, à des distances peu considérables et à peu près égales, des cercles étroits, dépourvus de ponctuations, et qui limitent entre elles les cellules composantes du vaisseau.

Il en est qui sont fortement rétrécis dans chacun des points où existent ces cercles. Leur coupe verticale permet alors de distinguer dans leur canal des cloisons incomplètes, espèces de replis circulaires qui correspondent aux étranglements.

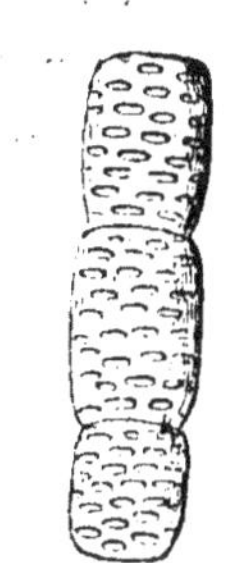

Fig. 27. — Fragment de vaisseau de la Vigne. Sa surface présente de nombreuses ponctuations un peu allongées dans le sens transversal.

Leur forme les a fait comparer, soit à un chapelet, soit à un ver dont le corps est composé d'une suite d'anneaux. On les caractérise en les appelant vaisseaux *moniliformes* ou *vermiformes*.

Simples ou rameux, ils n'ont pas généralement beaucoup de longueur. C'est principalement dans les endroits où les organes naissent les uns des autres qu'on les rencontre : par exemple, dans les points de jonction de la tige avec les branches, des branches avec les rameaux, de ceux-ci avec les feuilles, etc.

**Vaisseaux rayés.** — Que les solutions de continuité de la membrane interne, au lieu de demeurer punctiformes, s'allongent beaucoup dans le sens transversal,

on aura de véritables raies, et c'est ce qui a valu le nom
de *vaisseaux rayés* aux organes où ce phénomène se
produit (fig. 28).

Ces raies sont horizontales, rarement obliques; égales ou inégales en longueur; tantôt très-étroites, tantôt
plus larges; quelquefois arrondies en boutonnière à
leurs extrémités.

Lorsque le tube est prismatique (fig. 29), les raies
sont en général parfaitement horizontales, très-rappro-

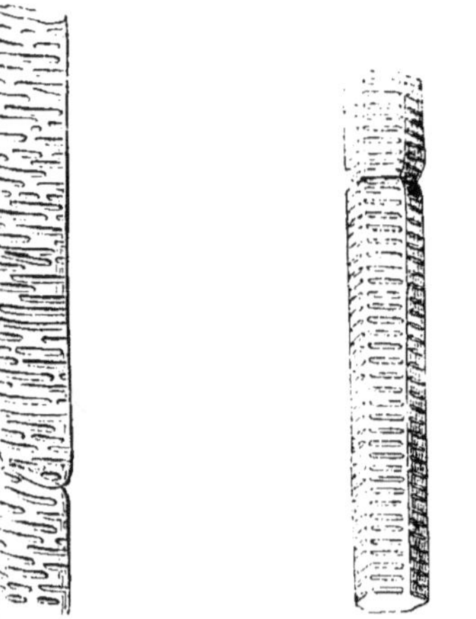

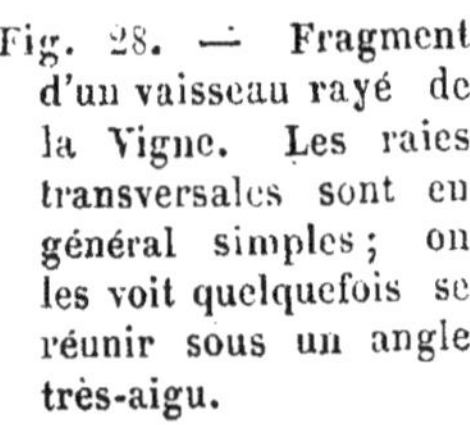

Fig. 28. — Fragment
d'un vaisseau rayé de
la Vigne. Les raies
transversales sont en
général simples; on
les voit quelquefois se
réunir sous un angle
très-aigu.

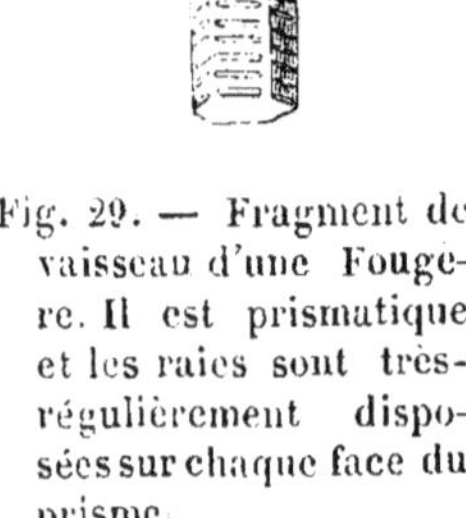

Fig. 29. — Fragment de
vaisseau d'une Fougè-
re. Il est prismatique
et les raies sont très-
régulièrement dispo-
sées sur chaque face du
prisme.

Fig. 30. — Fragment
d'un vaisseau réticulé
de la Balsamine des
jardins.

chées, également distantes, et parcourent toute la largeur de la face qui les porte. Chaque côté du prisme offre
alors, sous le verre amplifiant du microscope, l'apparence d'une petite échelle à échelons régulièrement
disposés, ce qui a valu à ce genre de vaisseaux la qualification de *scalariformes*.

Les vaisseaux rayés sont abondamment répandus

dans les parties denses de tous les végétaux vasculaires. A l'état de vaisseaux scalariformes, on les trouve en grand nombre dans les racines des Monocotylédonées.

**Vaisseaux réticulés.** — Les vaisseaux réticulés offrent la plus grande irrégularité dans leur structure (fig. 30).

Doublée intérieurement d'une couche qui a subi toutes sortes de déchirures, la membrane dont leur tube est formé reste simple dans une foule de petits espaces très-variables sous le rapport de la forme, de l'étendue, et qui, distincts par leur transparence, se traduisent au dehors en une espèce de réseau très-irrégulier ; d'où l'épithète de *réticulés*.

Ces vaisseaux existent dans un grand nombre de plantes ; on les observe très-aisément dans la tige de la Balsamine des jardins.

**Vaisseaux annulaires.** — Il arrive aussi que la membrane interne vient à manquer sur toute la circonférence du vaisseau, et sur une étendue relativement considérable ; il en résulte que le tube primitif ne contient plus que des sortes d'anneaux superposés dans son intérieur, comme pour en soutenir les parois.

Ces anneaux, formés d'un fil ou d'une bandelette plus ou moins étroite, sont quelquefois incomplets. Ils affectent, pour la plupart, une position horizontale ; certains sont diversement inclinés. Il n'est pas rare d'en voir deux se rapprocher et s'unir d'un côté, pendant qu'ils se maintiennent écartés de l'autre. Souvent aussi l'on remarque entre deux anneaux un fragment de spirale qui les rattache l'un à l'autre ou reste indépendant (fig. 31).

On trouve des vaisseaux annulaires dans beaucoup de plantes, soit monocotylédones, soit dicotylédones ; ils accompagnent ordinairement les trachées.

**Vaisseaux trachéens ou trachées.** — Les trachées (fig. 32), ainsi appelées de leur comparaison avec les organes respiratoires des insectes, reçoivent aussi le nom de *vaisseaux spiraux vrais*, par opposition avec les précédents que l'on désigne quelquefois par la dénomination générale de *vaisseaux trachéens faux* ou *fausses trachées*. Elles sont toujours composées de longues fibres. Voici quelle est leur origine : que la membrane intérieure se coupe suivant une hélice, il en ré-

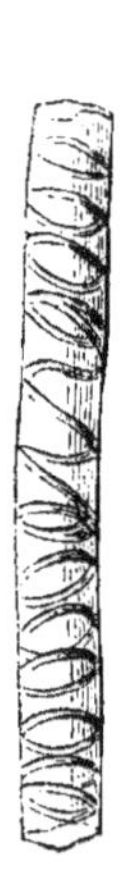

Fig. 31. — Fragment d'un vaisseau annulaire de la Balsamine des jardins. Les anneaux sont assez irréguliers.

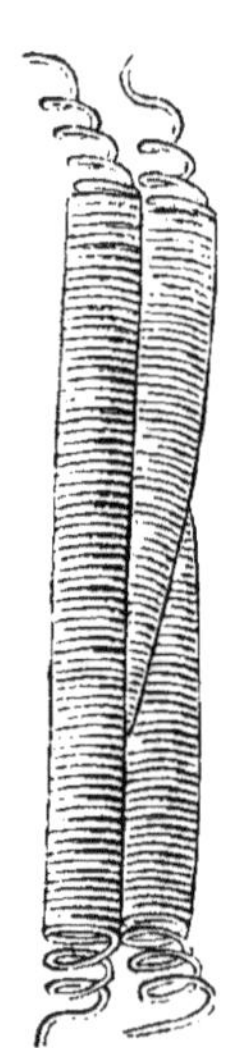

Fig. 32. — Fragments de trachées du Sureau (*Sambucus nigra*, L.). Les tours de spire ont été écartés à chaque extrémité, pour montrer leur disposition.

sultera un fil spiral roulé à l'intérieur du tube représenté par la membrane primitive. A une certaine période de la vie de l'organe, cette dernière se rompt précisément suivant la ligne de séparation des tours de la spire intérieure, et une légère traction suffit pour dérouler tout l'ensemble.

Quand on casse avec précaution une jeune pousse, sur un Rosier ou sur un Sureau, par exemple, il arrive quelquefois que le fragment détaché reste suspendu, au lieu de la fracture, par des filaments extrêmement déliés. Or, il est facile de s'assurer, au moyen d'une loupe, que ces filaments ne sont autre chose que les fils dont nous parlons.

On peut se faire une idée assez exacte de la spiricule des trachées en la comparant au fil de cuivre qui formait autrefois l'élastique des bretelles. Ordinairement d'un blanc nacré, elle se présente tantôt sous la forme d'un fil arrondi ou comprimé, tantôt sous celle d'un ruban uniformément mince ou bien un peu épaissi et comme ourlé sur ses bords; on a même prétendu qu'elle était quelquefois canaliculée, c'est-à-dire creusée intérieurement d'un petit conduit, ce qui est erroné.

Elle se contourne avec une admirable régularité, quelquefois de droite à gauche, plus souvent de gauche à droite (l'observateur étant supposé placé dans l'axe du vaisseau).

Les tours qu'elle décrit sont fréquemment rapprochés au point de·se toucher exactement; à peu près horizontaux, ils doublent alors dans toute son étendue, en le rendant partout opaque, le tube qui les enveloppe et dont la présence est par cela même difficile à démontrer. D'autres fois, au contraire, ces tours de spire, plus obliques, laissent entre eux des espaces plus ou moins considérables où la membrane extérieure devient évidente par le seul fait de sa transparence.

La propriété que possède la spiricule des vraies trachées de se dérouler, quand on tire ses deux extrémités en sens contraire, leur a fait donner le nom de *trachées déroulables;* mais il est bon de remarquer que cette propriété n'existe pas à tous les âges, parce que dans celles qui sont trop jeunes le tissu est encore trop délicat pour résister à la traction.

Chaque trachée ne comporte pour l'ordinaire qu'une spiricule. Un même vaisseau peut cependant en présenter deux, trois.... dix; on en compte plus de vingt dans les trachées du Bananier. Parallèles entre elles et soudées les unes aux autres, elles forment, dans ce cas, un ruban roulé en hélice, comme chacune d'elles en particulier, et d'autant plus large qu'elles sont plus nombreuses.

Les trachées, presque toujours simples, sans ramifications, sont généralement éparses, non groupées en faisceaux. On les rencontre dans les parties des Dicotylédones les plus voisines de la moelle, comme aussi dans la queue et dans les nervures des feuilles de presque toutes les plantes vasculaires, etc.

Tels sont les principaux traits qui distinguent les divers vaisseaux que nous devions faire connaître, tout en montrant sommairement en quoi ils se ressemblent et comment ils diffèrent les uns des autres.

De ce que nous avons dit il résulte que les vaisseaux sont déjà des organes moins élémentaires que les utricules et les fibres, puisque nous venons de les voir se former par la réunion d'un certain nombre de celles-ci nécessairement préexistantes. Ainsi se trouve justifiée la proposition que nous avons émise précédemment, c'est-à-dire que, d'après l'état actuel de nos connaissances, *tout végétal*, quelle que soit du reste la complication de ses tissus, *procède de la cellule*.

**Métamorphoses des vaisseaux spiraux.** — Ainsi qu'on a pu le remarquer en suivant la description que nous venons de donner des principales espèces de vaisseaux spiraux, c'est d'une manière insensible, et non par de brusques transitions que l'on passe des unes aux autres.

On pourrait supposer que la spiricule des trachées se brise en fragments, et que la plupart de ceux-ci se transforment en anneaux pour constituer les vaisseaux annulaires; que ces fragments, que ces anneaux, par de nombreuses modifications de forme, de position, et en se soudant sans ordre, sans symétrie, donnent aux vaisseaux réticulés leurs caractères particuliers; tandis que, en restant à peu près uniformes et en s'unissant avec plus de régularité, ils formeraient les vaisseaux rayés. Si les soudures étaient beaucoup plus multipliées; si les raies étaient pour ainsi dire à chaque instant interrompues, il en résulterait les vaisseaux ponctués.

Et il est bon de savoir que certains vaisseaux présentent plusieurs de ces caractères réunis : trachées dans un point, ils sont annulaires dans un autre ; réticulés ici et rayés plus loin, ils peuvent se montrer ponctués ailleurs. Ces tubes complexes ont été décrits sous le nom de *vaisseaux mixtes ;* ils résument en quelque sorte toutes les modifications du tissu vasculaire.

Mais est-il bien démontré que les vaisseaux des plantes soient susceptibles d'éprouver de véritables métamorphoses, comme on l'a dit et comme nous venons de le supposer? En d'autres termes, un vaisseau qui commence par être trachée peut-il devenir tour à tour annulaire, réticulé, etc. ?

On s'entend assez généralement aujourd'hui pour répondre d'une manière négative. On croit qu'un vaisseau ayant acquis ses caractères particuliers les conserve sans en changer jamais, et que ces prétendues métamorphoses n'existent que dans l'esprit de ceux qui les ont présentées comme un fait d'observation.

Toutes les cellules dont le tissu d'une plante est composé paraissent identiques au moment de leur naissance. Mais cette uniformité dure en général fort peu de temps, et chacune d'elles revêt bientôt les formes et la structure qui sont en rapport avec la nature de l'organe auquel elle appartient. Les unes resteront arrondies, les autres deviendront polyédriques; celles-ci sont destinées à former des trachées, celles-là des vaisseaux d'un autre ordre ; et dans tous les cas la direction une fois prise dans tel ou tel sens ne paraît pas devoir être modifiée plus tard.

Les vaisseaux que nous avons passés en revue paraissent servir particulièrement à la circulation des gaz contenus dans la plante. Mais il existe dans la plupart des végétaux, des vaisseaux d'un ordre bien différent : chargés de charrier un liquide particulier qui porte le nom de *latex*, ces tubes reçoivent eux-mêmes la dénomination de *vaisseaux laticifères*.

**Vaisseaux laticifères.** — Généralement rameux, les vaisseaux dont il s'agit (fig. 33) communiquent les uns avec les autres par de nombreuses branches, ce qui fait de leur ensemble comme un vaste réseau. Leur membrane, transparente et homogène, est quelquefois plus épaisse dans certains points qu'ailleurs, mais jamais doublée de lames intérieures. Elle n'offre ni ponctuations, ni raies..., aucun des dessins que nous avons signalés à la surface des vaisseaux spiraux.

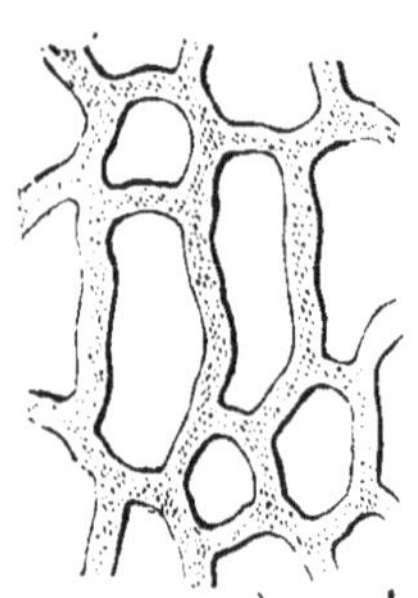

Fig. 33. — Vaisseaux laticifères d'une Euphorbe (*Euphorbia dul is*). Ils sont très-rameux et forment un réseau assez serré.

On a admis pendant longtemps que les laticifères ne consistaient, au début de leur existence, qu'en de simples lacunes creusées au sein du tissu cellulaire et dépourvues de parois propres. Le suc qu'ils renferment déposerait peu à peu la couche qui constitue plus tard les parois qui en font de véritables vaisseaux. Mais, d'après les observations les plus récentes, cette opinion doit être abandonnée, et il paraît démontré que ces conduits ont la même origine que les vaisseaux proprement dits, et résultent comme eux de files de cellules qui se sont unies pour les former.

D'abord très-déliés et cylindriques, les vaisseaux laticifères ne tardent pas à se dilater de loin en loin par l'effet sans doute de la stase du fluide contenu. Ils subissent aussi, entre ces dilatations, des rétrécissements très-marqués, espèces d'articulations au niveau desquelles ils finissent quelquefois par se cloisonner.

Les vaisseaux du latex existent dans la généralité des plantes monocotylédones et dicotylédones ; on a même constaté leur présence dans plusieurs familles de végétaux acotylédonés.

Ils sont quelquefois gorgés de liquides spéciaux, de *sucs propres* dont la couleur, très-variable, est, par exemple, blanche dans les Euphorbes, jaune dans la Chélidoine, etc. La plupart des auteurs les appellent alors des *vaisseaux propres*, dénomination que certains auteurs appliquent aussi à de simples réservoirs, lacunes ou méats intercellulaires, toujours dépourvus de parois particulières, et accidentellement agrandis par l'accumulation de sucs gommeux ou résineux.

Ces réservoirs, que l'on rencontre en abondance dans les Pins et les Sapins, sont souvent allongés, cylindracés. Le nom de vaisseaux est bien loin toutefois de leur convenir ; on les trouve souvent dans les ouvrages spéciaux désignés sous celui de *canaux du latex*.

Là se borne ce que nous avions à dire sur le tissu vasculaire des plantes, après avoir étudié leur tissu cellulaire et leur tissu fibreux. Le tissu cellulaire, nous l'avons dit, suffit à composer les végétaux les plus simples. Ailleurs, on trouve à la fois des cellules, des fibres et des vaisseaux, réunis en diverses proportions pour former des organes plus compliqués, signes d'une organisation plus élevée dans l'échelle végétale.

Il est temps d'ajouter que ces tissus, que ces organes sont, dans la plupart des cas, enveloppés d'une membrane jetée comme une enveloppe protectrice sur presque toute la surface de la plante, et désignée sous le nom d'*épiderme*. C'est cette membrane que nous allons étudier avec quelques détails.

## ÉPIDERME.

L'épiderme est une membrane cellulaire qui recouvre les organes aériens de tous les végétaux, à l'exception de ceux qui présentent l'organisation la plus simple, et chez lesquels (Algues, Champignons, par exemple) il est représenté par les cellules les plus extérieures légèrement durcies au contact de l'air.

L'épiderme, constant dans le jeune âge, s'altère quelquefois et disparaît avec le temps : ainsi ni les vieux troncs, ni les branches adultes ne le présentent plus. Deux lames superposées le composent habituellement : l'interne, qui est seule celluleuse, et qui en est la base, peut être considérée comme l'*épiderme proprement dit* ; la plus extérieure a reçu le nom de *cuticule*. Nous allons les examiner séparément.

**Epiderme proprement dit.** — L'épiderme proprement dit n'existe qu'à la surface des organes en rapport avec l'atmosphère. Il manque dans les racines (1) ainsi que dans toutes les parties submergées. On le trouve, par exemple, à la face supérieure d'une feuille étalée sur l'eau, tandis que la face inférieure en est constamment dépourvue.

Les cellules qui le composent sont en général aplaties dans le sens de la surface de l'organe que l'on considère, et, dans tous les cas, toujours différentes de celles qui appartiennent aux tissus placés au-dessous. Elles sont étroitement unies par leurs faces latérales (fig. 34), sans jamais laisser entre elles de méats intercellulaires, ce qui explique la solidité relative et l'imperméabilité de la membrane qu'elles constituent. Leur forme est tantôt des plus irrégulières, tantôt au contraire bien

______

(1) Nous verrons plus tard que l'absence d'épiderme sur les racines n'est pas un fait aussi absolu qu'on pourrait le croire.

définie, de sorte que leurs lignes de contact sont très-sinueuses ou rectilignes. Ce qui les caractérise spéciale-ment au point de vue anatomique, c'est l'absence, dans leur contenu, de particules solides, d'où résulte pour l'ensemble une transparence presque parfaite qui laisse voir sans difficulté la couleur des organes sous-jacents.

Presque toujours dispo-sées sur un seul rang, les cellules épidermiques for-ment une membrane conti-nue, sauf de très-petites solutions de continuité cor-respondant à des organes particuliers que nous étu-dierons bientôt sous le nom de *Stomates*.

Fig. 34. — Lambeau d'épiderme pris sur la face supérieure d'une feuille de la Renoncule aquatique. Les cellules sont in-timement unies.

**Cuticule.** — La cuticule est une lame extrêmement mince, non celluleuse, qui revêt la couche précédente, comme une sorte de vernis non organisé, s'étend au delà, sur les racines, sur les parties submergées. Son existence est donc plus générale.

Quand on examine une coupe verticale pratiquée au travers des tissus de certaines plantes, on voit que la paroi externe des cellules épidermiques est beaucoup plus épaisse que les autres, et, à l'aide d'un grossisse-ment suffisant, on peut s'assurer que cet épaississement présente plusieurs couches superposées. La plus exté-rieure, toujours très-mince, constitue la cuticule pro-prement dite ; les couches situées au-dessous sont pro-bablement des dédoublements successifs de la paroi cellulosique. Il est toujours possible, en effet, de consta-ter dans ces couches la présence de la cellulose, ce qui n'a pas lieu pour la véritable cuticule.

Sous l'action de l'iode, la couche celluleuse de l'épiderme reste incolore, tandis que la cuticule prend une teinte d'un jaune plus ou moins foncé. L'acide sulfurique dissout la première en laissant la seconde intacte. Il suffit, au reste, d'une macération très-prolongée dans l'eau pour isoler la cuticule, plus lente à se détruire que les cellules épidermiques.

La cuticule s'applique exactement sur la surface de l'épiderme proprement dit; elle la suit dans tous ses contours, se moule sur ses saillies comme sur ses dépressions, fournit une gaîne à chaque poil, et se montre percée d'une foule de petites fentes qui correspondent aux stomates (fig. 35). Elle présente souvent à sa face interne des lignes en relief formant un réseau dont les mailles sont les compartiments occupés par les cellules sous-jacentes.

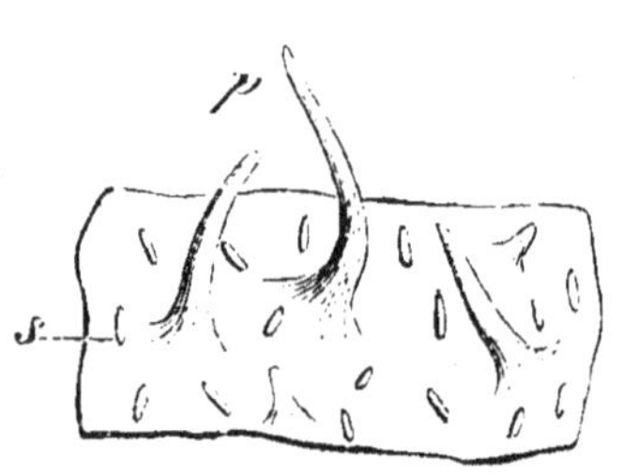

Fig. 35. — Lambeau de cuticule de la feuille du Chou. Il montre les gaînes où étaient logés les poils, et les petites boutonnières correspondant aux stomates.

On n'est pas d'accord sur son origine. Pour certains auteurs, elle résulterait du dédoublement de la paroi externe des cellules épidermiques. Il est plus probable, comme le pense H. Mohl, qu'elle n'est qu'un dépôt de matière coagulée exsudée par ces cellules. M. Brongniart, à qui on en doit la découverte, la regarde comme une pellicule indépendante, sans organisation appréciable, ou formée de granulations diversement disposées.

La cuticule est constituée par une substance particulière que M. Frémy propose de nommer *cutine.* Cette substance offre la même composition élémentaire que les corps gras; elle se saponifie comme eux par l'action des alcalis; mais elle se montre complétement insoluble dans l'éther.

Il est facile de comprendre, si l'on tient compte de ses

propriétés physiques et chimiques, que la cuticule complète par sa présence les facultés protectrices de l'épiderme, et pourquoi cette membrane ainsi constituée peut opposer une grande résistance à l'influence de la plupart des agents atmosphériques.

**Stomates.** — On désigne sous le nom de *stomates* des ouvertures microscopiques dont l'épiderme est percé dans la plupart des parties en contact avec l'atmosphère (fig. 36), et que De Candolle appelait *pores corticaux*.

Ces petites bouches, ovales, plus ou moins allongées, se montrent comme encadrées d'un bourrelet composé de deux moitiés en forme de lèvres.

Deux utricules courbées en sens contraire, soudées

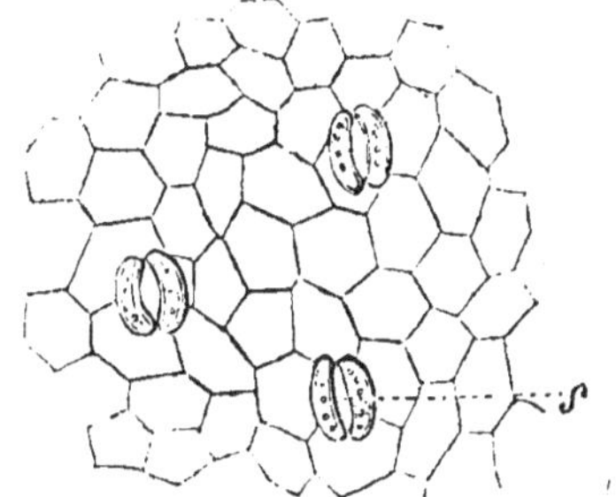

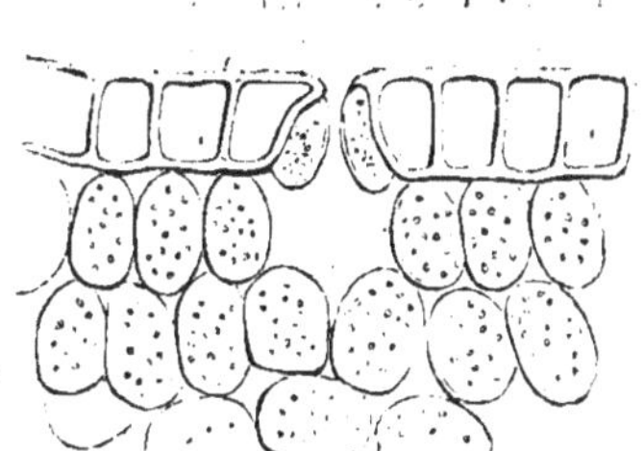

Fig. 36. — Lambeau d'épiderme de la Renoncule aquatique, portant trois stomates, s.

Fig. 37. — Fragment de la coupe verticale d'une feuille de Garance (*Rubia tinctorum*, L.), destiné à montrer comment le stomate établit une communication entre l'air ambiant et les tissus intérieurs de l'organe.

par leurs extrémités et renfermant quelquefois des grains de chlorophylle, font la base de cet appareil. Leur courbure augmente et l'ouverture s'agrandit sous l'influence de l'humidité ; la sécheresse produit l'effet contraire, ce qui ne veut pas dire que les deux causes en question amènent toujours le même effet dans toutes les plantes, attendu que ces mouvements sont nécessairement soumis à l'influence que les cellules environnantes exercent sur celles du stomate et qui peuvent, suivant les cas, produire des résultats tout contraires.

Les stomates correspondent par leur fond avec des lacunes ou méats intercellulaires placés sous l'épiderme, presque toujours en communication entre eux, et ouverts à la circulation des fluides aériformes (fig. 37).

Ils n'existent pas sur tous les organes en rapport avec l'atmosphère : les parties essentielles des fleurs et les fruits charnus n'en présentent jamais. Ce sont les feuilles qui en offrent le plus, principalement à leur face inférieure. Celles du Lilas, par exemple, en contiennent plusieurs milliers dans les limites d'un centimètre carré. Il est vrai que leur nombre est rarement aussi considérable.

Plus les stomates sont rapprochés, plus ils sont petits. Ceux qui se font remarquer par leurs dimensions plus qu'ordinaires sont toujours très-éloignés les uns des autres.

La disposition des stomates est aussi variable que leur nombre et leurs dimensions. Tantôt dispersés sans ordre, tantôt rangés en séries rectilignes, ils se rapprochent quelquefois dans des cavités plus ou moins étendues, pour y former des agglomérations, tandis que les autres parties de la surface épidermique en restent totalement privées. Cette dernière disposition se remarque, par exemple, sur les feuilles des Saxifrages, comme aussi sur la face inférieure de celles du Laurier-rose, où les cavités contenant les stomates se montrent hérissées de nombreux poils.

Le développement de ces petits organes, qu'il est assez facile de suivre chez les plantes où ils se montrent relativement volumineux, s'opère toujours aux dépens d'une seule cellule. En examinant au microscope l'épiderme très-jeune, on remarque que certaines cellules diffèrent de leurs voisines par la présence d'un *nucléus*. Chacune de ces cellules se divise bientôt, par une cloison née dans son intérieur, en deux cellules filles qui en se disjoignant forment les deux lèvres du stomate.

**Des poils.** — Les poils sont des productions épidermiques ordinairement capillaires, très-communes à la surface des organes aériens, notamment sur les tiges, les rameaux et les feuilles.

On trouve aussi des espèces de poils sur un grand nombre de jeunes racines, à la surface de diverses graines, et jusque dans les lacunes de certaines plantes aquatiques. Les poils proprement dits se développent au sein de l'atmosphère; on les nomme *poils lymphatiques* pour les distinguer des *poils glanduleux*, plus complexes et beaucoup moins répandus. Occupons-nous d'abord des poils proprement dits.

Les *poils proprement dits* varient à l'infini par leurs dimensions, leur forme, leur consistance, leur structure et leur degré de rapprochement. Tous sont enve-

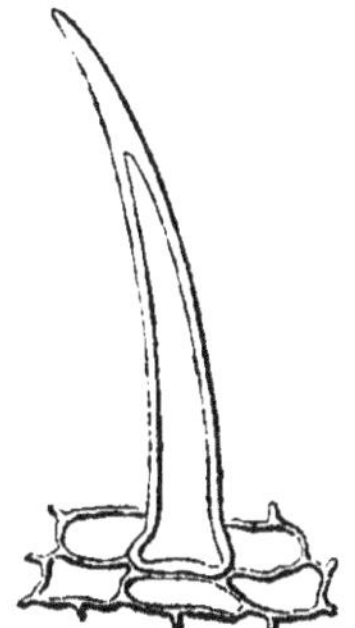

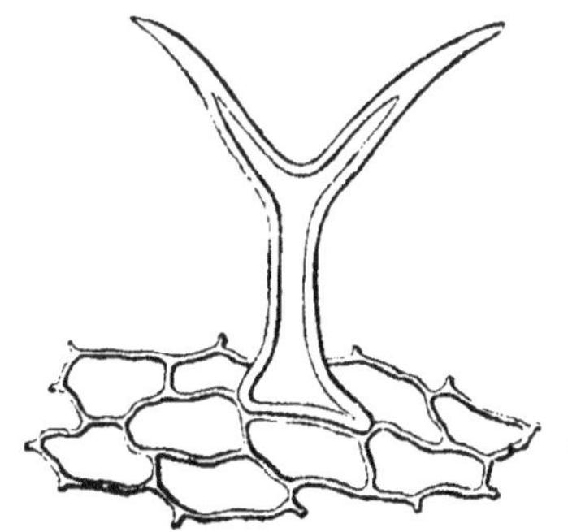

Fig. 38. — Poil unicellulaire, aiculé, pris sur la Capucine (*Tropæolum majus*). On voit clairement qu'il est formé par une cellule de l'épiderme.

Fig. 39. — Poil unicellulaire de la Capucine. Il se divise en deux branches a sa partie moyenne, la cavité restant unique.

loppés d'une gaîne fournie par la cuticule, ainsi que nous l'avons déjà annoncé.

Les plus répandus, composés d'une cellule unique, sont appelés *poils simples* ou *unicellulés*. Leur forme ordinaire est conique comme celle d'une aiguille (fig. 38); leur direction perpendiculaire, oblique ou parallèle à la surface de l'épiderme. Mais leur forme ne reste pas toujours aussi simple. On les voit souvent se diviser dès leur base ou à une certaine hauteur pour devenir bifurqués ou rameux (fig. 39); il en est qui se ramifient en quelque sorte à la manière d'un petit arbre (fig. 40).

Beaucoup de poils, formés de plusieurs utricules

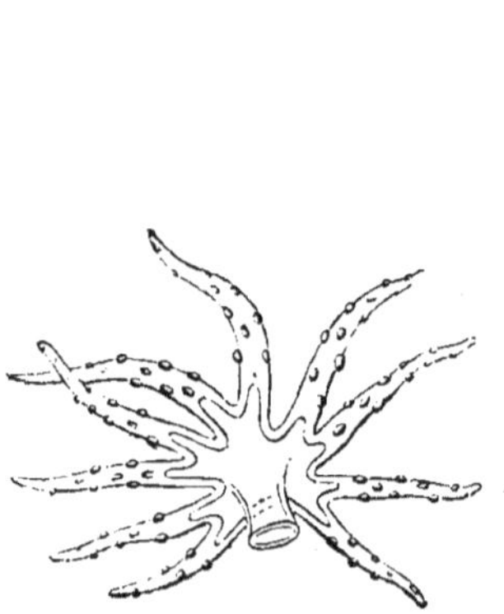

Fig. 40. — Poil unicellulaire d'une Crucifère (*Alyssum calycinum*, L.). Il se divise un peu au-dessus de sa base en cinq branches principales qui se bifurquent elles-mêmes. La cavité est unique. La surface des ramifications est chargée de petites verrues.

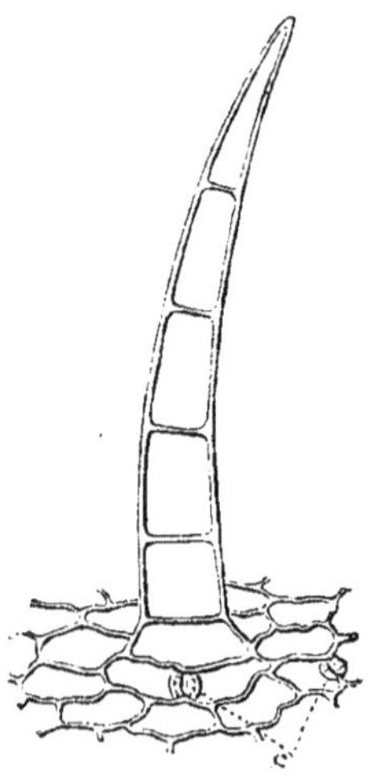

Fig. 41. — Poil composé de la Capucine. Il est formé de six cellules superposées. Deux stigmates *s* s'aperçoivent sur le fragment d'épiderme auquel il est fixé.

soudées bout à bout (fig. 41), présentent à l'intérieur autant de cavités séparées par des cloisons; on les dit *composés* ou *cloisonnés*. Ils sont, en général, régulièrement coniques, quelquefois cylindriques, en massue ou moniliformes, mais il n'est pas rare d'en observer qui se ramifient comme les précédents (fig. 42).

Il est aussi des poils que l'on dit *écailleux* ou *en*

*écusson* (fig. 43). Partis d'un centre commun, ils divergent horizontalement et se montrent réunis par la cuticule de manière à représenter une espèce de soleil. Ils

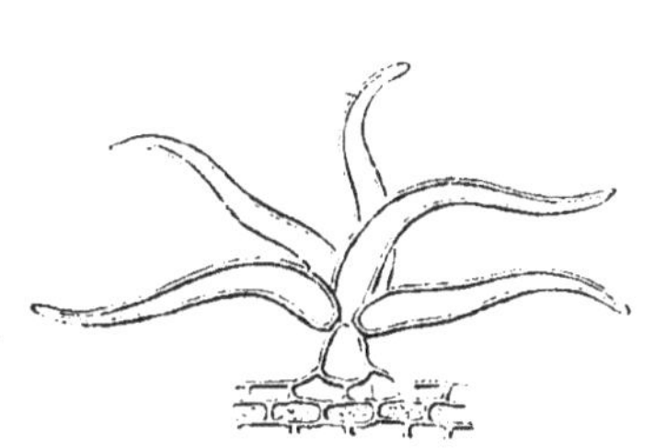

Fig. 42. — Poil composé du Lierre (*Hedera Helix*, L.). Cinq grandes cellules arquées sont fixées autour d'une cellule basilaire attenante à l'épiderme (1).

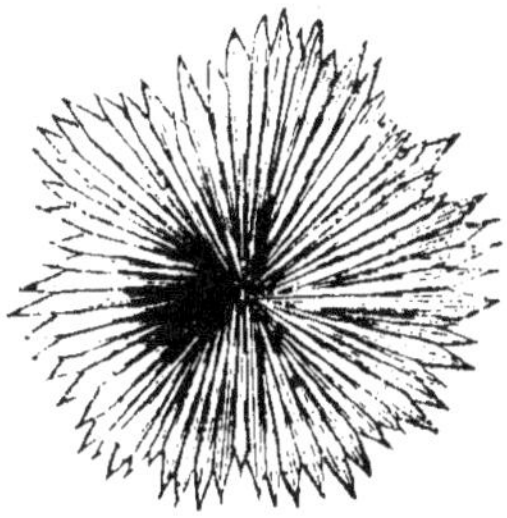

Fig. 43. — Poil en écusson d'une Élæagnée (*Hippophae rhamnoïdes*, L.), vu en dessus.

(1) Les figures 38, 39, 40, 41 et 42 ont été dessinées à un grossissement d'environ 300 diamètres.

offrent, en général, un reflet brillant et comme métallique, ainsi qu'on peut le voir sur les feuilles des Élæagnées.

Enfin les poils qui existent non à la surface, mais sur les bords des organes membraniformes, des feuilles, par exemple, reçoivent le nom particulier de *cils;* ils sont ordinairement un peu roides.

Quels sont les usages des poils proprement dits? On pense qu'ils sont appelés à garantir les organes des impressions trop vives de l'atmosphère, à les protéger contre les excès de la température.

Ils se montrent nombreux, très-rapprochés, et déjà leur croissance est complète sur les parties naissantes, délicates, comme les bourgeons, le sommet des tiges et les feuilles encore très-jeunes.

A mesure que ces parties se développent, se fortifient, ils tombent pour la plupart. Ou bien ils persistent; mais, leur nombre restant le même, ils s'éloignent chaque jour davantage les uns des autres, car la surface qui les porte acquiert une étendue de plus en plus considérable. Leur présence est devenue moins nécessaire.

Les poils sont fort nombreux sur les plantes qui ont poussé dans un lieu sec, bien exposé aux rayons du soleil. Ils sont rares, au contraire, sur celles qui végètent à l'ombre ou dans un sol humide, et ils disparaissent tout à fait de la surface des individus étiolés. Une même espèce peut en offrir beaucoup ou en manquer entièrement, selon qu'elle est venue sur une colline découverte ou dans un bois frais et ombragé.

Rien n'est variable comme l'aspect que les poils donnent aux végétaux ou à leurs organes. On exprime cet aspect par des mots dont la signification doit être connue.

Une partie peut être *pubescente*, c'est-à-dire garnie de poils mous, assez courts, très-fins et un peu clair-semés;

*Poilue*, pourvue de poils longs, mous et peu nombreux;

*Velue*, couverte de poils longs, mous et très-rapprochés;

*Tomenteuse*, quand ses poils, courts et entremêlés semblent tissés comme un drap;

*Laineuse*, lorsqu'ils sont longs, un peu rudes et entre-croisés comme de la laine;

*Cotonneuse*, s'ils sont blancs, longs, entremêlés et doux au toucher comme du coton;

*Soyeuse*, dans le cas où ses poils, longs et doux, sont luisants, couchés et non entremêlés;

*Hispide*, ou hérissée de poils roides, non couchés;

Enfin elle est dite *glabre* quand sa surface est dépourvue de poils.

Les *poils glanduleux* se distinguent nettement des poils ordinaires par leur structure, beaucoup plus compliquée en général et surtout par ce fait qu'ils ont pour fonction principale de sécréter des liquides doués de propriétés spéciales.

Leur extrémité se termine souvent par un renflement glanduleux, ovoïde ou en massue, creusé d'une cavité intérieure que remplit un liquide particulier sécrété par ses parois.

Quand le poil est unicellulé, ce renflement n'est qu'une dilatation de l'utricule qui le forme (fig. 44, *a*). Il est composé d'une utricule entière (*b*), ou même de plusieurs réunies lorsque le poil est pluricellulé, (*c, d*).

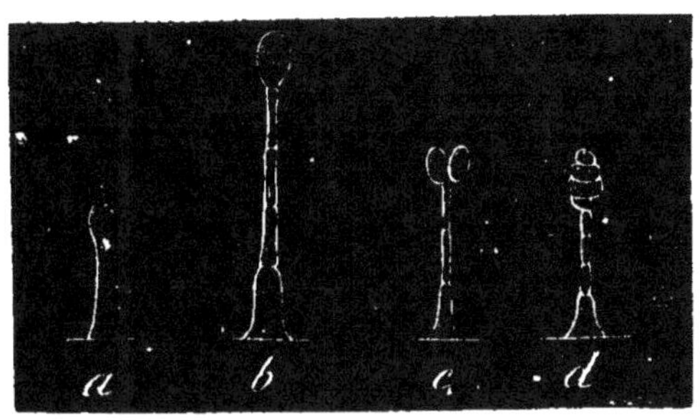

Fig. 44. — Types de poils glanduleux : *a*. Poil unicellulaire d'une crucifère. — *b*. Poil composé du grand Muflier (*Antirrhinum majus*); la cellule terminale est sécrétante. — *c*. Poil de la Lysimaque (*Lysimachia vulgaris*); il porte deux cellules sécrétantes. — *d*. Poil de la Benoîte (*Geum urbanum*); il se termine par quatre cellules sécrétantes superposées.

Dans tous les cas, il peut être considéré comme une glande pédicellée, et le poil reçoit l'épithète de *glandu-lifère.*

Certains poils unicellulés, dilatés en bulbe à leur base et terminés directement ou un peu de côté par un petit bouton (fig. 45), sont gorgés d'un liquide brûlant. Lorsqu'ils s'enfoncent dans la peau, ils déterminent une cuisson très-vive, en y laissant leur extrémité retenue par le bouton terminal, et en y versant leur contenu; ils perdent une grande partie de leur faculté irritante par la dessiccation. On les nomme *poils bulbeux* ou *urticants;* tels sont, par exemple, ceux des Orties.

On voit que, dans ce cas, le poil n'est que le canal excréteur d'un organe glandulaire qu'il termine, au lieu de lui servir de support, comme dans le cas précédent.

Les poils glanduleux sont pour les plantes un puissant moyen de protection contre les insectes et autres animaux destructeurs. Leur examen conduit naturellement à celui des glandes qui existent aussi à la surface de beaucoup de végétaux. On y trouve même des amas de cellules sécrétantes qui, attachées à la surface de l'épiderme par leur base rétrécie, semblent se présenter comme pour établir la transition des uns aux autres.

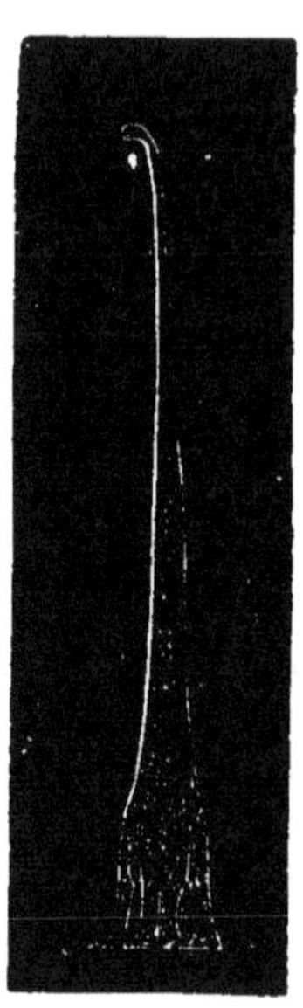

Fig. 45. — Poil de l'Ortie (*Urtica urens*). Son sommet se termine par une sorte de bouton oblique ; sa base renflée est à moitié cachée par une sorte de gaîne celluleuse qui lui est fournie par l'épiderme de la feuille.

**Des glandes.** — Les glandes proprement dites sont toujours composées de plusieurs cellules réunies, et ayant pour office la sécrétion de liquides très-divers. Pleines ou pourvues d'une cavité centrale qui reçoit leur produit, elles sont appliquées sur l'épiderme ou placées immédiatement au-dessous.

Dans ce dernier cas, il en est qui, remplies d'une huile volatile incolore ou à peine colorée, sont dites *vésiculaires* (fig. 46). Quand on regarde à contre-jour la feuille qui les porte, on les voit se dessiner comme autant de points transparents. C'est, par exemple, ce qu'il est facile de vérifier sur les feuilles du Millepertuis, de l'Oranger, du Myrte, etc.

Les réservoirs qui, dans certaines plantes, renferment des gommes, des résines, et que déjà nous avons indiqués à l'occasion des vaisseaux propres, ne diffèrent peut-être des glandes vésiculaires que par leur situation plus profonde.

Ordinairement limpide, la matière sécrétée par les glandes est souvent versée à la surface, où, soumise à l'action de l'air, elle s'épaissit bientôt en prenant telle ou telle couleur. La plante est alors généralement *visqueuse*.

Il existe sur la tige et sur les rameaux des arbres dicotylédons une multitude de petites taches en saillie,

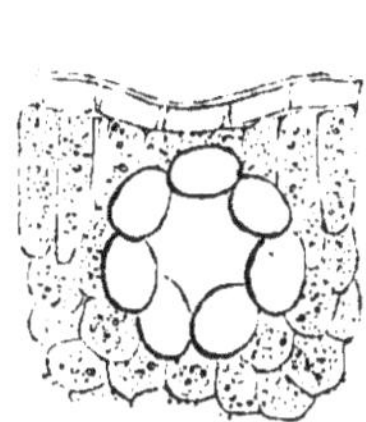

Fig. 46. — Coupe verticale d'une feuille de la Rue commune (*Ruta graveolens*), pour montrer une de ses glandes vésiculaires, formée par de grandes cellules à parois minces entourant une lacune centrale qui sert de réservoir au liquide sécrété.

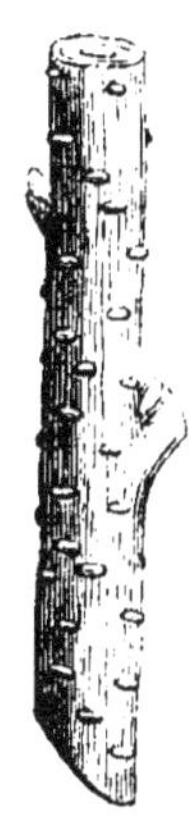

Fig. 47. — Tronçon d'une jeune branche d'Érable dont l'écorce est parsemée de lenticelles.

que l'on désignait autrefois sous le nom de *glandes lenticulaires*. Mais c'est à tort qu'on les regardait comme étant de nature glandulaire, car elles ne sont le siége d'aucune sécrétion. Elles reçoivent aujourd'hui la dénomination de *lenticelles*.

**Lenticelles.** — Les lenticelles (fig. 47) sont de petits corps que l'on voit faire saillie à la surface de la tige ou des branches de presque toutes les plantes ligneuses. Tantôt elles sont elliptiques et allongées suivant l'axe de l'organe ou on les considère, tantôt au contraire arrondies où allongées transversalement. Leur durée est toujours limitée, et on n'en observe plus sur les vieux troncs.

Examinées au microscope, elles se montrent sous la

forme de petits amas d'utricules incolores, vertes ou brunes, et qui, venues du tissu cellulaire sous-jacent à l'épiderme, ont soulevé celui-ci, puis l'ont déchiré, de façon à mettre en communication avec le dehors les couches corticales.

De Candolle les regardait comme des espèces de bourgeons prédestinés à la production des racines qui se développent quelquefois sur la tige ; mais c'était à tort, car on sait que les racines adventives ne naissent qu'exceptionnellement sur les lenticelles.

L'étude des poils nous a conduit, par une pente toute naturelle, à l'examen des glandes et des lenticelles ; elle nous amène aussi à dire un mot des *aiguillons*.

**Aiguillons.** — Les aiguillons sont des productions épidermiques formées de plusieurs cellules qui s'élèvent du même point, se soudent entre elles et se durcissent peu à peu ; ce sont des espèces de poils très-gros et très-durs. Ordinairement coniques, pointus, à base épaisse, ils se montrent quelquefois droits, le plus souvent recourbés en crochet, et presque toujours aplatis dans un sens, ainsi qu'en offrent des exemples les Rosiers, les Ronces, etc.

Les aiguillons, organes tout à fait superficiels, se détachent facilement de la tige qui les porte ; ils diffèrent essentiellement des *épines*. Celles-ci, beaucoup plus solides, et de nature fibro-vasculaire, naissent des profondeurs de la tige ; nous aurons plus tard l'occasion de les montrer comme le résultat de la transformation de certains organes.

Tels sont les détails assez nombreux que nous avons cru devoir ranger dans le domaine de la phytotomie générale. Il était nécessaire de connaître ces détails avant d'aborder l'étude de l'organographie.

# ORGANOGRAPHIE

La plupart des végétaux, soumis à une espèce de polarité, poussent constamment, d'un côté, vers le centre
de la terre, en même temps
qu'ils tendent, de l'autre, à
s'élever vers le ciel. On désigne sous le nom de *collet* le
point où paraissent se rencontrer les forces qui entraî-
nent ainsi leurs parties en
sens contraires. On a cru pendant longtemps devoir attribuer une importance capi-
tale à cette partie, dans la
vie des plantes; mais il est
certain qu'aucune raison physiologique ou anatomique ne
vient confirmer cette manière
de voir.

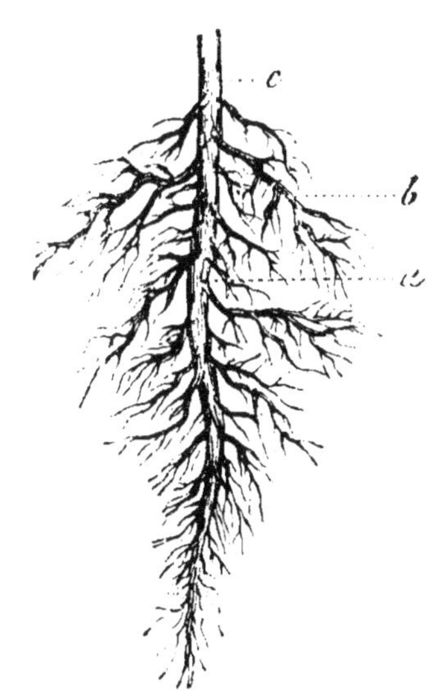

Fig. 48. — Base de la tige et racines d'un jeune Chêne. En *c* se trouve le *collet*.

Quelquefois marqué au de-
hors par une dépression cir-
culaire plus ou moins distincte, le collet (fig. 48) n'est
donc pas un organe, mais bien plutôt un plan idéal
placé à fleur de terre, quelquefois plus haut ou plus
bas, toujours entre le *système descendant* et le *système
ascendant* de la plante.

L'organographie végétale a pour objet de décrire
tour à tour les divers organes compris dans ces deux

systèmes. Nous commencerons par la *racine*, qui compose à elle seule tout le système descendant.

## SYSTÈME DESCENDANT.

### DE LA RACINE.

Aux yeux des personnes étrangères à la botanique, la racine est tout simplement la partie qui, dans les plantes, reste cachée sous la terre. Il est pourtant beaucoup de racines qui flottent au sein de l'eau ; certaines se développent dans l'atmosphère : on en voit même quelques-unes s'enfoncer dans les tissus d'autres plantes, tandis que des tiges en assez grand nombre effectuent leur accroissement en partie ou en totalité sous le sol.

Pour les botanistes, dont le langage doit être plus rigoureux, la racine est *cette portion du végétal qui tend sans cesse à s'accroître de haut en bas*, qu'elle soit située dans la terre, dans l'eau ou dans l'air. Elle fixe la plante et absorbe une grande partie des substances nécessaires à son développement.

### CARACTÈRES DISTINCTIFS DE LA RACINE.

La tendance qu'ont les racines à se diriger vers le centre de la terre constitue leur caractère distinctif essentiel. Elle est surtout bien manifeste pendant l'acte de la germination, et se réalise même quand les conditions paraissent peu favorables.

Ainsi, dans une graine de haricot germante, ayant ses cotylédons placés en terre et sa radicule en l'air, celle-ci, au lieu de pousser de bas en haut, se recourbe bientôt, en s'allongeant, pour aller s'enfoncer dans le sól. Il en est de même des divisions que la racine peut offrir : toutes s'accroissent de haut en bas, le plus souvent, à la vérité, en divergeant, en s'écartant plus ou moins de la ligne verticale. On a vainement cherché l'explication de cette singulière tendance ; la cause en est restée tout à fait inconnue. Nous y reviendrons bientôt avec quelques détails.

Certains auteurs ont présenté, comme faisant exception à la loi commune, divers végétaux parasites, et notamment le Gui.

Le Gui ne puise point sa nourriture dans la terre ; il se développe sur différents arbres, aux dépens de leurs sucs. Que sa graine s'applique à la face supérieure ou à la face inférieure d'une branche, elle y germe également ; et, dans le dernier cas, sa racine, il est vrai, s'accroît de bas en haut. Mais évidemment cette branche est pour lui ce que la terre est aux plantes en général, et ainsi l'exception est plutôt apparente que réelle.

Mais si la distinction est facile à établir entre la racine et la tige au moment de la germination, il est rare que l'on assiste à cette phase de la vie de la plante. Nous devons donc indiquer d'autres caractères plus faciles à vérifier, et d'une durée constante. Ces caractères sont assez nombreux et en grande partie négatifs.

Dans tous les cas, la racine se fait remarquer par la manière dont elle s'accroît en longueur. Ce n'est pas par tous ses points qu'elle s'allonge, comme le font la tige, les branches, etc., mais seulement par son extrémité, ou bien, si elle se compose de plusieurs divisions, par ses extrémités libres.

Ce fait est des plus faciles à mettre en évidence : il suffit, pour cela, de plonger des épingles, par exemple, au travers d'une racine, en les séparant par des intervalles égaux ; on verra que toutes ces épingles conserveront leurs distances respectives, tandis que la racine continuera à s'allonger au-dessous de la dernière.

Jamais la racine n'offre à sa surface aucun de ces points particuliers, nommés *nœuds vitaux,* d'où s'échappe soit une feuille, soit un rameau, et que nous verrons disposés sur la tige avec une régularité mathématique.

C'est ainsi encore qu'elle possède la faculté de ne point devenir verte, même sous l'influence de la lumière, à l'exception pourtant de ses extrémités libres, qui prennent quelquefois cette couleur.

On aurait tort d'attribuer la blancheur habituelle des racines à leur position souterraine, car celles des végétaux qui vivent au sein d'une eau transparente se montrent blanches aussi, à côté des tiges et des feuilles, ordinairement vertes. Les racines que certaines plantes poussent dans l'air sont elles-mêmes blanches, tout au plus grisâtres ou brunes, mais jamais vertes.

Enfin, la racine est constamment privée de stomates, de glandes, de lenticelles, d'aiguillons, et les poils unicellulés dont elle est parfois munie à sa naissance ne tardent point à se détacher.

Tels sont les caractères extérieurs, positifs ou négatifs, qui font de la racine un organe distinct. Examinons maintenant cet organe sous un autre point de vue.

### DIVERSES SORTES DE RACINES.

Au moment où elle commence à se développer, la racine, dans la plupart des plantes, apparaît comme un pivot qui est tantôt permanent, tantôt caduc. Dans le premier cas, ce pivot continue de s'accroître, reste simple ou se ramifie ; dans le second, son extrémité libre se détruit de bonne heure, pendant que des productions nouvelles poussent en grand nombre autour de lui pour le remplacer. De là deux divisions établies dans les plantes considérées dans leur système descendant : celles où la racine principale continue à croître indéfiniment sont appelées plantes à *racine pivotante*, tandis qu'on désigne sous le nom de plantes à *racines fasciculées* celles dont la racine principale se détruit de bonne heure pour céder la place à des racines secondaires.

RACINES PIVOTANTES.

Les racines pivotantes, plus communes que les autres, n'appartiennent guère qu'aux Dicotylédones. Elles offrent, la plupart, sur un axe médian (fig. 49, *a*) qui en est la partie principale, le *tronc* ou le *corps*, des ramifications ou *branches radicales* (*b*), dont les plus petites sont aussi nommées *radicelles*.

Chacune de ces divisions prend son origine dans l'épaisseur de l'écorce qui enveloppe l'axe ligneux médian ou sur cet axe lui-même. Elle y naît sous la forme d'un petit mamelon cellulaire qui s'allonge peu à peu, en se dirigeant de dedans en dehors, horizontalement ou d'une manière plus ou moins oblique.

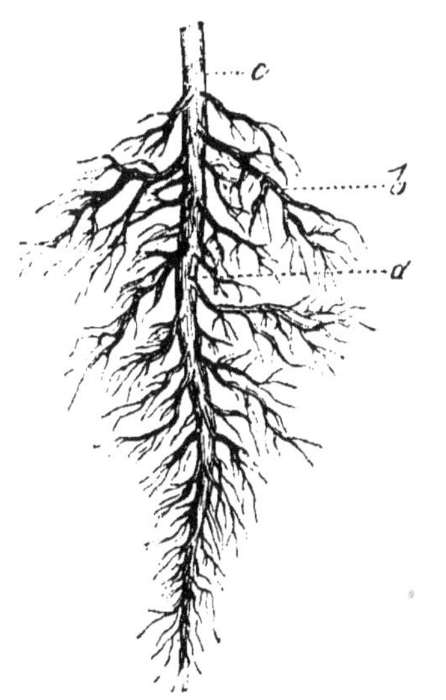

Fig. 49. — Système descendant d'un jeune Chêne. *a*, est le pivot central ; *b*, les racines secondaires, tertiaires, etc.

Arrivée sous la couche épidermique, elle la soulève, la pousse devant elle, et finit par la percer pour se montrer au dehors ; et l'épiderme, ainsi déchiré, lui forme dès lors une espèce de collerette ou de gaîne qui a reçu le nom de *coléorhize*.

Toutes les divisions de la racine sont ainsi munies d'une coléorhize. L'axe primaire en est seul dépourvu.

On peut donc dire que toute partie qui, dans une racine pivotante, se montre coléorhizée n'est qu'une division secondaire.

Les divisions de la racine se montrent souvent disposées, sur l'axe primaire, en séries rectilignes, verticales ou un peu obliques, et le nombre de leurs séries, ordinairement assez restreint, est généralement constant dans la même plante, quelquefois dans les plantes de tout un genre ou même de toute une famille. C'est ainsi que, par exemple, dans les Crucifères (fig. 50), les radicelles sont rangées en deux séries longitudi-

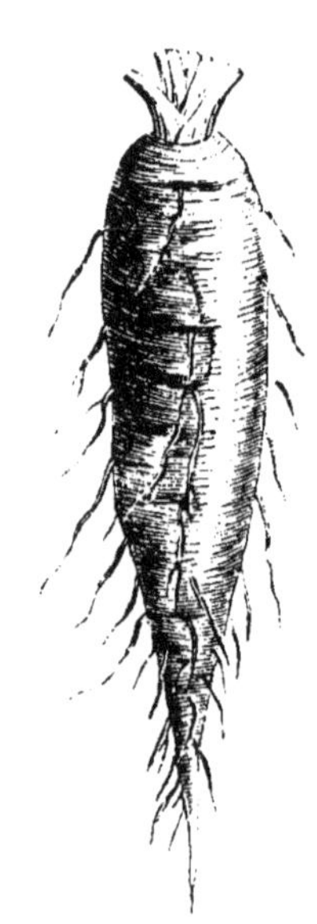

Fig. 50. — Racine de Radis. Les divisions secondaires sont disposées sur deux lignes verticales opposées.

Fig. 51. — Racine de Carotte. Les divisions secondaires forment plusieurs séries verticales.

nales et opposées. Elles en forment cinq dans toutes les Ombellifères (fig. 51), et seulement trois dans un grand nombre de Légumineuses, notamment dans les Trèfles, les Gesses, etc.

Mais cette disposition, bien nette et facile à constater sur les jeunes racines, alors que les divisions viennent de naître de l'axe primaire, devient souvent, au contraire, obscure et confuse à mesure que la racine, en vieillissant, se développe d'une manière inégale, irrégulière.

La racine principale ainsi que les racines secondaires vont habituellement en se ramifiant de plus en plus, et le dernier degré de cette division successive consiste en une infinité de fibrilles capillaires à l'ensemble desquelles on donne le nom de *chevelu*.

Chaque fibrille du chevelu s'allonge, ainsi que la racine elle-même, par son extrémité libre seulement, dont la structure a été fort longtemps méconnue, et qui a reçu le nom de *spongiole* parce qu'on pensait que cette partie de la racine s'imbibait des liquides contenus dans la terre, comme le ferait une petite éponge. Nous verrons, en exposant l'organisation de la racine, que c'est là une interprétation tout à fait fausse, reposant sur des erreurs anatomiques et physiologiques.

Par ses innombrables divisions, le chevelu, dans la plupart des plantes, est l'agent essentiel de l'absorption confiée aux racines. Son abondance varie suivant le degré d'activité que cette fonction doit avoir, suivant les conditions où il se trouve : il est bien plus abondant, toutes choses égales d'ailleurs, dans un terrain meuble et humide, que dans un sol à la fois compacte et aride. Dans les racines qui, en s'allongeant, ont rencontré un courant d'eau, le chevelu, plongé au sein du liquide, devient quelquefois si touffu, si volumineux, que les jardiniers l'ont désigné sous le nom de *queue-de-renard*. Les Saules placés sur le bord des rivières présentent souvent ce développement insolite du chevelu.

**Racines rameuses.** — On donne l'épithète de *rameuses* aux racines pivotantes pourvues, comme nous l'avons supposé, d'un certain nombre de branches radicales.

Ces branches, auxquelles on applique fréquemment aussi le nom de *racines* employé au pluriel, se dirigent de haut en bas, et forment entre elles des angles aigus ou plus ou moins ouverts ; elles s'étendent quelquefois à peu près parallèlement à l'horizon, et dans ce cas on les dit *horizontales*, *rampantes* ou *traçantes*. Leur tronc commun se montre alors généralement très-court ; il est souvent peu distinct des divisions qui en partent.

**Racines rampantes.** — Les racines rampantes, placées tout près de la surface de la terre, sont fréquemment mises à découvert dans quelques-uns de leurs points. Il n'est pas rare de voir alors s'élever de ces points, souvent à une grande distance du corps de la racine, des tiges connues sous le nom de *surgeons*, et susceptibles de végéter à part, quand on les sépare de la plante-mère, en coupant la branche radicale qui les a accidentellement produites.

Tout le monde a pu observer des faits de cette nature sur les racines rampantes de l'Acacia, de l'Orme, du Vernis-du-Japon, etc. Lorsque ces arbres sont plantés dans le voisinage des lieux cultivés, ils poussent partout et sans cesse, quelquefois à plus de cent mètres, des surgeons qui font le désespoir des jardiniers.

Nous verrons tout à l'heure que, si la racine peut ainsi donner naissance à des tiges, dans certaines circonstances, la tige, à son tour, est susceptible de fournir des racines particulières, ce qui, on en conviendra, indique au moins une grande analogie de nature entre le système descendant et le système ascendant de la plante.

**Racines simples.** — Mais, parmi les racines pivotantes, il en est aussi qui, pourvues seulement de quelques radicelles, ou réduites à leur axe principal, sont appelées *racines simples ;* on les nomme encore *racines pivotantes proprement dites*, pour montrer qu'elles s'enfoncent verticalement, dans le sol, en quelque sorte à la manière d'un pivot. Telle est, par exemple, la racine de la Luzerne.

Beaucoup moins communes que les rameuses, ces racines sont généralement épaisses, charnues, à écorce dilatée. Leur chevelu, peu abondant, est réuni en faisceau à leur extrémité libre ; il manque quelquefois tout à fait. Les unes sont *fusiformes*, comme celles de la Carotte (fig. 52). D'autres, très-renflées à leur base, s'a-

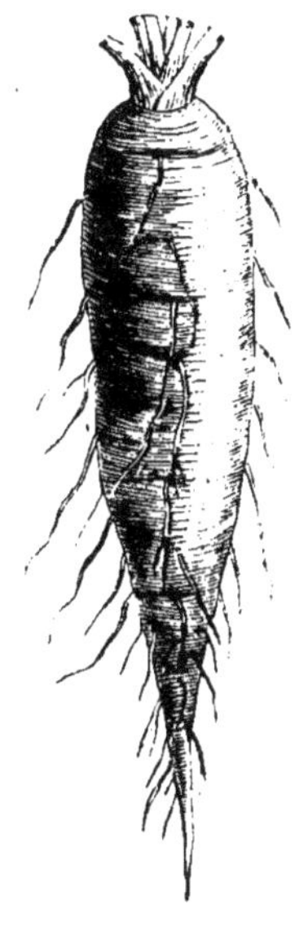

Fig. 52. — Racine fusiforme de la Carotte.

Fig. 53. — Racine napiforme de la Rave.

mincissent brusquement en une pointe plus ou moins allongée, comme dans la Rave (fig. 53); on les dit *napiformes*. Ces deux formes diffèrent peu, et l'on passe insensiblement de l'une à l'autre, ainsi que le prouvent les diverses variétés de Radis.

### RACINES FASCICULÉES.

Les *racines fasciculées*, que l'on nomme souvent *ra-*

*cines multiples*, existent dans la grande majorité des
plantes monocotylédonées ; on les observe également
dans quelques dicotylédonées, telles que les Melons, les
Renoncules, etc. (fig. 54).

Ce n'est pas, à vrai dire, une seule racine que l'on
observe dans chacune de ces plantes, mais plutôt une
réunion de racines nombreuses, nées ensemble du

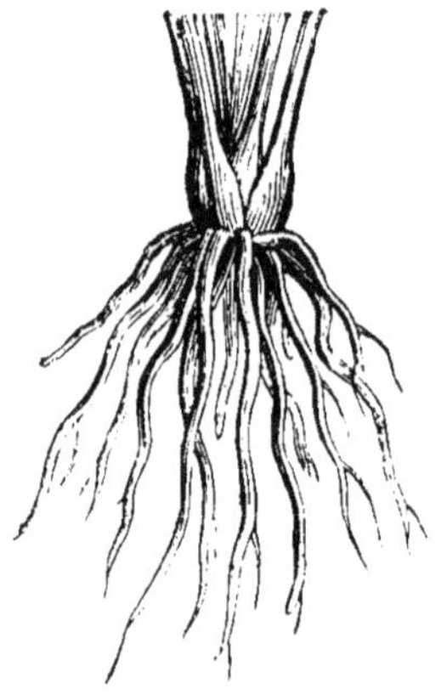

Fig. 54. — Racine fasciculée d'une
Renoncule (*Ranunculus acris*, L.).
Elle est formée de plusieurs racines
ayant à peu près le même volume.

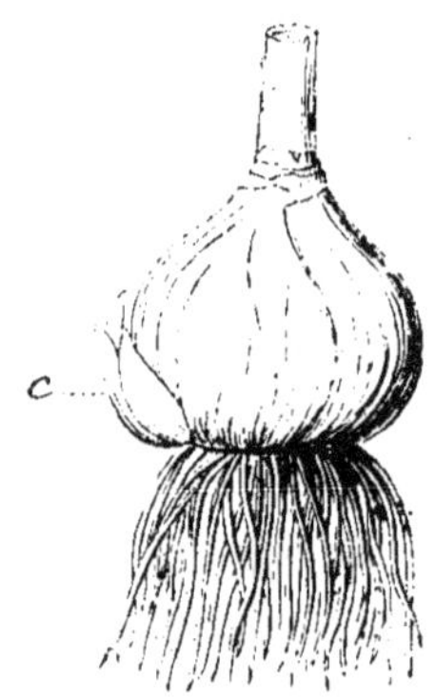

Fig. 55. — Oignon ordinaire (*Allium
Cœpa*). Il porte de nombreuses racines égales entre elles et non ramifiées.

même collet. Ces racines ne possèdent, en général,
que peu de chevelu.

**Racines fibreuses.** — Les racines multiples sont le
plus souvent petites et déliées comme des fibres ; on les
nomme alors *racines fibreuses*, qu'elles soient étalées et
ramifiées, comme dans le Blé, l'Orge et l'Avoine, ou
bien presque parallèles, simples et cylindriques, comme
dans l'Ail, l'Oignon (fig. 55).

**Racines tubéreuses.** — Certaines racines multiples,
renflées en tubercules plus ou moins volumineux,
charnus, réunis en faisceau, reçoivent la dénomination
de *racines tubéreuses* ou *tuberculeuses* ; les Dahlias (fig.

56) en offrent un exemple. Leurs tubercules ne sont autre chose que des dépôts de substances destinées à l'alimentation de la plante.

Il est aussi des racines qui, formées à la fois de fibres

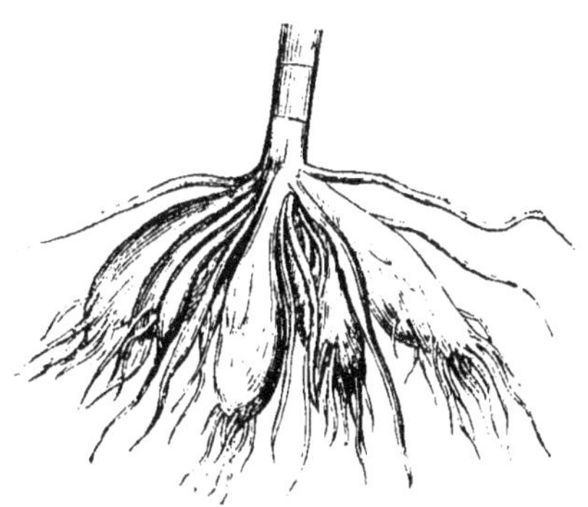

Fig. 56. — Partie inférieure de la tige du Dahlia montrant ses racines, dont plusieurs se sont transformées en tubercules gorgés de substances nutritives.

et de tubercules, tiennent en même temps des fibreuses et des tubéreuses. Celles des Orchis et de la Ficaire sont dans ce cas.

**Racines funiformes.** — Enfin les racines des arbres monocotylédonés, celles des Palmiers, par exemple, volumineuses, longues et cylindriques comme de grosses cordes, sont appelées *racines funiformes*.

Telles sont les principales variétés qu'il importait de signaler parmi les racines proprement dites, racines partant du collet de la plante, et végétant généralement sous le sol ou quelquefois dans l'eau.

Mais il est des racines qui, faisant exception à la règle, sont fournies en plus ou moins grand nombre par la tige, les branches ou même par les feuilles. Nées de points divers, indéterminés, ces racines reçoivent l'épithète d'*adventives*. On les dit *aériennes* lorsqu'elles se développent au sein de l'atmosphère.

RACINES ADVENTIVES. — RACINES AÉRIENNES.

Les racines adventives ont le même mode de formation que nous avons indiqué pour les radicelles. Comme celles-ci, elles naissent sous la forme d'un petit mamelon cellulaire, dans l'épaisseur de l'écorce enveloppant la partie qui les fournit, ou au-dessous d'elle. Ce mamelon s'allonge aussi de dedans en dehors, pousse devant lui les tissus qui le recouvrent, finit par les percer, et bientôt apparaît au dehors entouré à sa base d'une coléorhize.

C'est surtout dans les régions intertropicales, et sur certains arbres monocotylédonés, que l'on trouve les racines aériennes les plus remarquables.

Dans le *Pandanus utilis*, par exemple, un grand nombre de racines sorties de la tige, à des hauteurs différentes, se dirigent vers la terre, s'y enfoncent, et concourent ainsi au soutien de l'arbre, en même temps qu'à l'absorption des sucs qui doivent le nourrir.

Le Figuier des Pagodes présente à son tour des racines qui, nées de ses branches, à des hauteurs souvent très-considérables, descendent verticalement comme autant de fils à plomb. Tant qu'elles n'ont pas atteint le sol, elles restent grêles et flottantes. Mais, dès qu'elles ont pénétré dans la terre, elles s'accroissent rapidement en épaisseur ; elles forment bientôt, autour de la tige, des espèces de colonnes très-fortes et plus ou moins nombreuses. Il est, dans l'Amérique méridionale, des forêts entières rendues impénétrables par ces sortes de racines.

Citons aussi l'exemple de la Vanille.

La Vanille, on le sait, vient naturellement dans les forêts des contrées les plus chaudes de l'Asie et de l'Amérique. Sa tige, toujours très-grêle, y atteint ordi-

nairement une grande hauteur, en s'enroulant autour
des arbres qui lui prêtent un appui. Les sucs absorbés
par la racine proprement dite de la plante auraient de
la peine à parcourir, dans toute son étendue, une tige
à la fois si mince et si longue. Aussi cette tige est-elle
pourvue d'une multitude de racines à l'aide desquelles
elle puise directement dans l'air une partie de sa nourriture. Ces racines, nées de ses
différents points, même de ses
régions les plus élevées, descendent verticalement et restent flottantes au sein de l'atmosphère.

Ajoutons maintenant qu'il
existe, dans nos régions tempérées, des végétaux sur lesquels
peuvent aussi se développer des
racines aériennes. Tel est, entre
autres, le Maïs. Il n'est pas rare,
en effet, de voir le Maïs, surtout
dans les champs humides, pousser, d'un nœud inférieur de sa
tige, des fibres radicales qui s'enfoncent dans le sol après avoir
parcouru une certaine distance
dans l'air.

On cite encore, comme exemple de racines aériennes, les
crampons dont le Lierre grimpant se sert pour se fixer, soit
aux arbres, soit aux murs qui

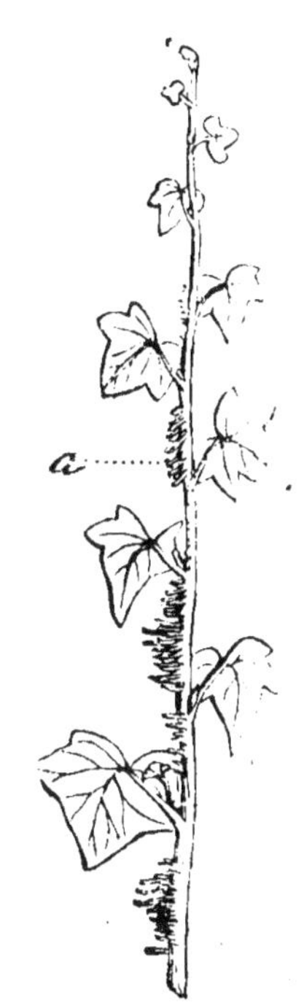

Fig. 57. — Fragment de
la tige du Lierre (*Hedera
Helix*, L.), pourvu de
crampons ou racines aé-
riennes, *a*.

soutiennent ses débiles rameaux (fig. 57, *a*).

Ce sont bien là, en effet, de véritables racines, car s'il
est vrai que ces crampons restent courts et ne paraissent pas servir à l'absorption des sucs nutritifs, tant que
la partie qui les produit est suspendue à quelque mur ou
à l'écorce d'un arbre, il en est tout autrement quand

ils sont au voisinage du sol. On les voit alors s'allonger
rapidement et prendre l'apparence et les fonctions des
véritables racines.

On cite les suçoirs à l'aide desquels la Cuscute pompe
dans les plantes les sucs qui doivent la nourrir. Si
l'on admet que ce sont là des racines, il faut convenir
qu'elles s'éloignent singulièrement du type général.

Au reste, il s'en faut que les racines adventives soient
toutes aériennes ; la plupart, au contraire, ne se développent qu'au contact du sol. Nous aurons bientôt l'occasion d'en parler avec quelques détails.

Les seules racines que l'on trouve dans certains végétaux acotylédonés, notamment dans les Fougères,
s'échappent de divers points de leur tige souterraine,
et peuvent être considérées comme des racines adventives. Quant aux Acotylédonés inférieurs, ils en sont
tout à fait dépourvus.

### RAPPORT DE VOLUME ENTRE LA RACINE ET LE SYSTÈME ASCENDANT.

Nous revenons aux racines proprement dites. Leurs
dimensions, très-variables, sont généralement en rapport avec celles des parties développées au sein de l'air.
Il est néanmoins des exceptions à cette règle. Ainsi les
Palmiers, les Pins et les Sapins, qui élèvent leur tige à
une hauteur souvent prodigieuse, n'ont qu'une racine
relativement petite ; tandis que la Luzerne, dont la
tige ou plutôt les rameaux se dessèchent et meurent
chaque année, est pourvue d'une racine qui s'étend à
plusieurs mètres de profondeur dans le sol. Il en est
de même de l'*Ononis arvensis*, petite plante qui a reçu
le nom vulgaire d'*Arrête-Bœuf*, parce que sa racine est
assez longue et assez dure pour résister quelquefois à
la charrue.

# SYSTÈME ASCENDANT.

Pendant que la racine s'accroît au-dessous du collet,
sa limite, le système ascendant se développe au-dessus,
presque toujours dans l'air. Plus compliqué que la
racine, il offre à l'étude ordinairement deux choses :
un axe ou *tige* plus ou moins ramifié, et des *organes
appendiculaires*, tels que les *feuilles* et les *fleurs*. C'est de
la tige que nous allons nous occuper d'abord.

## DE LA TIGE.

La tige constitue la base du système ascendant. Elle
s'élève ou du moins tend sans cesse à s'élever vers le
ciel. Elle porte ordinairement à sa surface des points
particuliers, appelés *nœuds vitaux*, ou improprement
*yeux*, d'où sortent des feuilles et souvent des branches.
On peut donc la définir : *la partie du végétal intermédiaire à la racine et aux feuilles*. Elle s'accroît en longueur, non plus seulement par son extrémité, comme
la racine, mais par tous ses points. Le fait est rendu
très-évident par une expérience analogue à celle dont
nous avons parlé à propos de la racine (*voy.* page 59) ;
on voit, dans ce cas, que toutes les épingles s'éloignent
les unes des autres.

Toutes les plantes vasculaires sont pourvues d'une
tige. Dans le plus grand nombre elle est évidente ;
mais dans quelques-unes elle est cachée sous terre ou
tellement raccourcie qu'au premier abord elle semble
ne pas exister. On trouve souvent les plantes à tige
courte désignées dans les ouvrages descriptifs, sous
la dénomination de *plantes acaules*, expression défec-

tueuse et qui devrait être abandonnée parce qu'elle représente une idée erronée.

### CONSISTANCE DE LA TIGE.

La tige varie beaucoup sous le rapport de la consistance. Elle est *herbacée*, c'est-à-dire verte, molle, facile à briser, dans presque tous les végétaux annuels ou bisannuels. Ces végétaux sont eux-mêmes des *herbes*.

Parmi les plantes vivaces, il en est dont la tige, très-courte, fournit des rameaux herbacés qui s'élèvent seuls au-dessus de la terre, où ils meurent chaque année. Ce sont des plantes que l'on dit *vivaces par les racines*, parce qu'on prend, à tort, leurs rameaux annuels pour des tiges partant du collet. Nous avons déjà cité le *Dahlia* comme exemple de ce mode de végétation.

Il est aussi des végétaux vivaces chez lesquels la tige, plus ou moins volumineuse et située dans l'air, reste verte, molle, succulente pendant toute leur vie. Telles sont les plantes grasses que l'on entretient dans nos serres sous le nom de *Cactus*.

A part ces exceptions, les végétaux vivaces ont une tige *ligneuse*, c'est-à-dire solide, compacte, dure comme du bois. Ils prennent alors le nom de *végétaux ligneux* ou *arborescents*. On les distingue en *sous-arbrisseaux*, *arbrisseaux* et *arbres*.

**Sous-arbrisseaux.** — Les sous-arbrisseaux reçoivent aussi le nom de *plantes sous-frutescentes*. Leur tige, en général fort courte, se divise dès la base pour donner naissance à de nombreux rameaux ligneux dans une certaine partie de leur étendue, mais dont le sommet reste toujours à l'état herbacé et périt à la fin de la belle saison. Ces rameaux ne dépassent guère la moitié de la hauteur d'un homme, portent des fleurs

chaque année, et sont dépourvus de bourgeons écailleux. La Sauge officinale est un sous-arbrisseau.

**Arbrisseaux.** — Les arbrisseaux, nommés aussi
*arbustes, plantes frutescentes*, ont une tige également
courte et ramifiée dès sa base ; mais ils s'élèvent par
leurs rameaux, entièrement ligneux, à peu près à la
hauteur d'un homme, et sont munis de bourgeons
écailleux, du moins sous notre latitude. Tel est, par
exemple, le Lilas.

**Arbres.** — Quant aux arbres, ils sont pourvus d'une
tige qui reste simple ou se ramifie seulement à une certaine hauteur dans l'air ; ils dépassent en général la
taille d'un homme, sont même souvent gigantesques,
et portent aussi des bourgeons écailleux, comme le
Chêne, l'Orme, le Platane, etc.

Mais cette division populaire, déduite de la consistance et de la grandeur des tiges, n'a rien de précis.
Une plante donnée peut être, suivant les climats, suivant les expositions, une herbe, un sous-arbrisseau ou
même un arbre. Il faut noter que tous les végétaux des
régions équinoxiales, les plus grands comme les plus
petits, sont constamment dépourvus de bourgeons
écailleux, fait sur lequel nous aurons l'occasion de revenir en faisant l'histoire des bourgeons.

Dans les arbres dicotylédonés, la tige est conique,
plus épaisse en bas qu'à sa partie supérieure, où toujours elle se ramifie ; on lui donne le nom de *tronc*.
Celle des arbres monocotylédonés, notamment des Palmiers, est cylindrique, mince, longue et ordinairement
simple ; elle reçoit la dénomination de *stipe*.

DIRECTION DE LA TIGE.

La plupart des tiges s'élèvent verticalement et sont
dites *dressées*.

Il en est qu'on appelle *tiges grimpantes*. Trop faibles pour se soutenir d'elles-mêmes, elles s'appuient sur les plantes plus solides ou autres corps situés dans le voisinage.

Les unes s'y fixent, comme le Lierre, par des crampons particuliers (fig. 58, *a*) ; ou bien, comme les Pois, au moyen de *vrilles*, organes avortés que nous ferons connaître plus tard.

Les autres, se roulant en hélice autour du corps qui

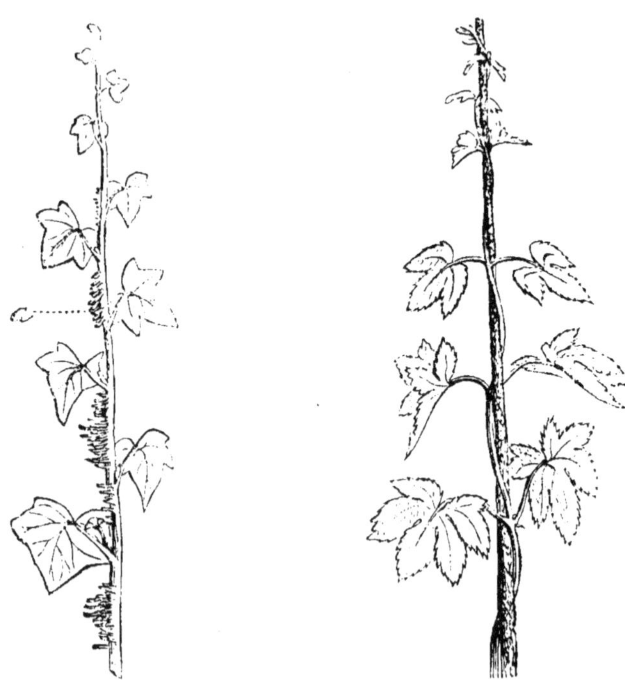

Fig. 58. — Fragment de la tige grimpante du Lierre (*Hedera Helix*, L.).

Fig. 59. — Portion de la tige du Houblon (*Humulus Lupulus*, L.), avec son support. L'enroulement se fait de gauche à droite.

leur prête un appui, reçoivent l'épithète de *volubiles*. Leur torsion, dont la cause est tout à fait inconnue, se fait tantôt de droite à gauche, comme dans le Haricot ; tantôt de gauche à droite, comme dans le Houblon (fig. 59). La même direction s'observe toujours dans les plantes de la même espèce ; on tenterait vainement de la changer (1).

On applique la qualification de *sarmenteuses* aux tiges grimpantes qui offrent une consistance ligneuse, comme celles de la Vigne, comme celles du Chèvrefeuille ou de la Clématite commune, arbrisseaux qui reçoivent eux-mêmes l'épithète de *sarmenteux*. Remarquons en passant que les tiges sarmenteuses sont un des nombreux exemples qui prouvent le peu d'importance des distinctions dont il a été précédemment question. En effet, les végétaux sarmenteux connus sous le nom général de *lianes*, et si abondants dans les pays chauds, atteignent souvent plus de cinquante mètres de longueur, et cependant on est convenu de les ranger parmi les arbrisseaux.

Dans bon nombre de végétaux, la tige, née trop faible pour obéir à sa tendance naturelle en s'élevant vers le ciel, tombe de bonne heure par son propre poids, et s'étend sur la surface du sol, à mesure qu'elle s'allonge ; son extrémité se redresse sans cesse, mais sans cesse elle tombe à son tour, d'où résulte en définitive une *tige couchée*.

Il arrive aussi, et plus souvent, surtout dans les lieux humides, que les tiges couchées produisent, par leur face inférieure, des racines *adventives* qui les fixent à la surface du sol (fig. 60). Elles reçoivent, dans ce cas, la

(1) L'enroulement des tiges se trouve indiqué, dans certains ouvrages, comme s'exécutant dans un autre sens que celui dont nous parlons ; cela tient à ce que le mode d'orientation varie suivant les botanistes. Les uns supposent l'observateur placé au centre de la spire, et la tige passant d'abord devant lui (c'est le cas que nous avons supposé). Les autres imaginent la plante et son support situés devant eux. Il est clair que le sens de l'enroulement s'exprimera alors d'une manière inverse.

dénomination de *tiges rampantes*. Leur végétation est

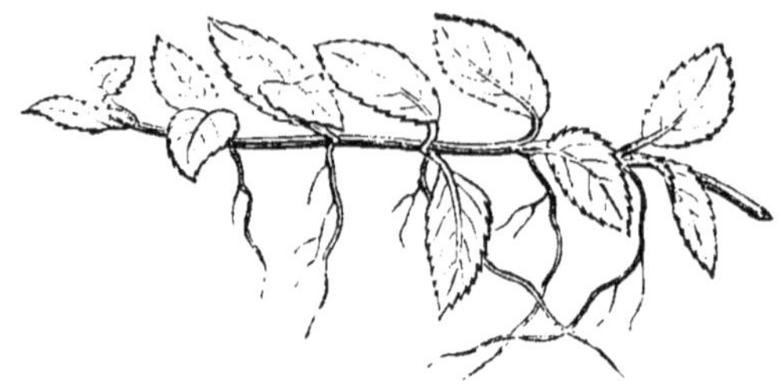

Fig. 60. — Portion de la tige rampante d'une Véronique. De chaque nœud partent des racines adventives.

fort remarquable ; nous en parlerons à l'occasion de leurs rameaux.

## TIGES SOUTERRAINES.

La tige, au lieu de ramper à la surface du sol, peut ramper sous la terre, et émettre des racines adventives ; mais, dans ce cas, elle n'amène au dehors que son extrémité feuillée, c'est ce que l'on appelle *souche* ou *rhizome*.

Les tiges souterraines ont été pendant longtemps prises pour des racines, et on les voit encore désignées sous ce nom, dans la pratique, par suite d'une habitude vicieuse. Elles s'accroissent pourtant en sens contraire des racines ; elles portent des nœuds vitaux à leur surface, et donnent naissance à des organes appendiculaires, à des feuilles, par exemple, propriété qui est le partage exclusif des tiges et de leurs rameaux.

Evidemment il serait peu rationnel de considérer deux organes comme différents l'un de l'autre par cela seul qu'ils n'habitent pas le même milieu. Certaines racines se développent bien au sein de l'atmosphère ;

pourquoi les tiges ne pourraient-elles pas végéter dans le sol ?

Les tiges souterraines ne s'observent que sur des plantes vivaces. Il en existe qui sont obliques ou verticales. Telle est, par exemple, la tige des Primevères (fig. 61). Cette tige, en quelque sorte avortée, et bientôt dépourvue de racine proprement dite, puise sa nourriture dans le sol par une multitude de racines adventives qui naissent de toute sa surface. Son extrémité inférieure se détruit peu à peu, pendant que la supérieure développe dans l'air des feuilles et des fleurs qui se renouvellent chaque année.

On donnait autrefois aux souches de ce genre le nom impropre de *racines mordues*, parce qu'on croyait que des insectes ou autres animaux destructeurs les rongeaient à la base.

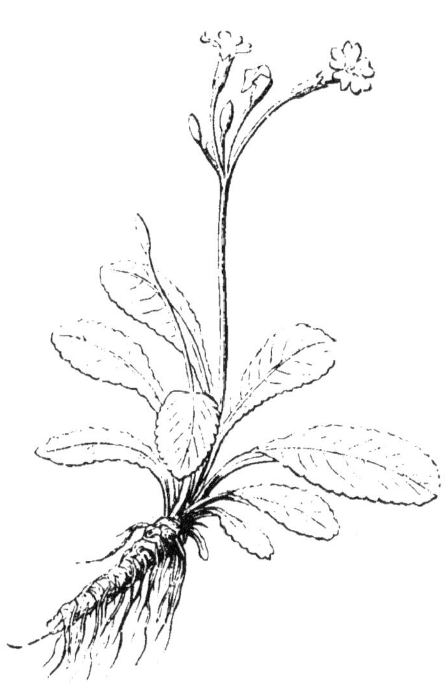

Fig. 61. — Un pied de la Primevère commune (*Primula officinalis*, Jacq.). Le rhizome, pourvu de nombreuses racines adventives, se termine par un rameau aérien qui porte les fleurs.

Mais la plupart des tiges souterraines se montrent horizontales. Privées de bonne heure de racine proprement dite, c'est de leur face inférieure qu'elles émettent leurs racines adventives, ainsi qu'on peut le constater sur le Sceau-de-Salomon (fig. 62).

Dans le rhizome de cette plante, de même que dans

celui des Iris et de beaucoup d'autres espèces, l'extrémité la plus ancienne se détruit, à mesure que l'autre s'allonge et fournit chaque année un rameau aérien, rameau qui naît au printemps, se charge de feuilles et

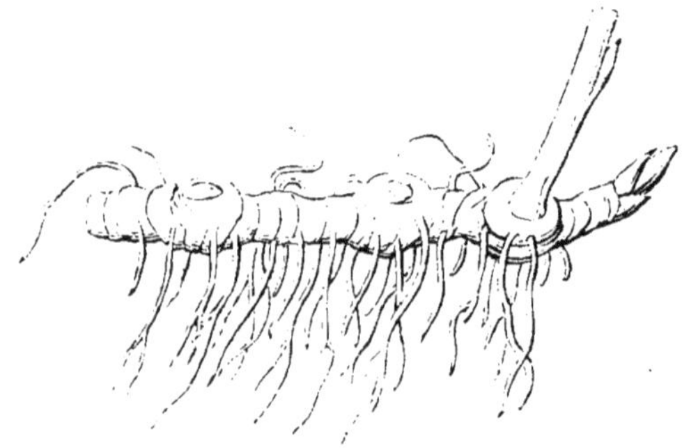

Fig. 62. — Rhizome du Sceau-de-Salomon (*Polygonatum vulgare*, Desf.). Les racines adventives naissent de la face inférieure. A la face supérieure se voient les cicatrices des rameaux aériens.

de fleurs, et disparaît avant la venue de l'hiver. La face supérieure du rhizome offre les cicatrices laissées par les rameaux qui s'y sont succédé.

Les souches qui présentent ce mode particulier de végétation changent donc de place. Elles s'éloignent tous les ans de leur point de départ, en suivant toujours la même direction ; elles marchent pour ainsi dire dans le sol, ce qui leur a valu l'épithète de *progressives*.

Certaines tiges souterraines, en même temps qu'elles élèvent dans l'air des rameaux florifères et annuels, produisent des feuilles avortées, réduites à l'état d'écailles, et entièrement cachées sous le sol. Tel est, par exemple, le cas de la souche qu'on observe dans la plupart des Cypéracées, et particulièrement dans le Scirpe des marais.

Dans ces plantes bulbeuses, telles que l'Oignon, la Tulipe, etc., nous trouvons l'exemple d'un rhizome raccourci au dernier point. Leur *bulbe*, partie renflée

et située dans la terre, n'est pas une simple racine,
comme on le croit vulgairement (1) ; il a pour base un
plateau orbiculaire (fig. 63, *p*), horizontal, qui porte à
sa face inférieure une racine multiple, et supérieurement des feuilles sous forme d'écailles ou de tuniques
épaisses, charnues, appliquées les unes sur les autres.
Ce plateau fournit aussi des fleurs. Il est intermédiaire

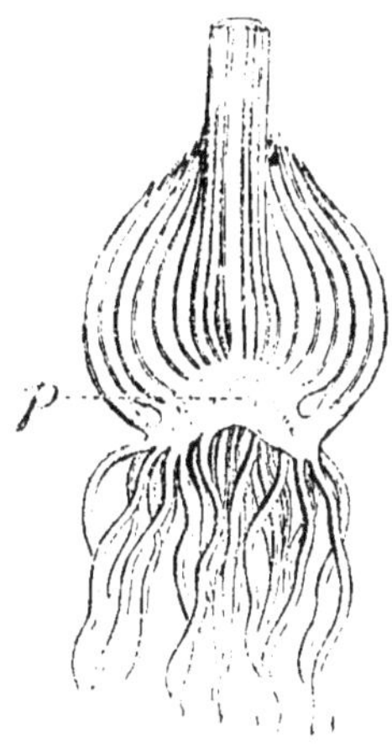

Fig. 63. — Coupe verticale d'un Oignon commun (*Allium Cepa*). La
tige est réduite à un plateau charnu (*p*), d'où partent les racines
et les feuilles.

Fig. 64. — Bulbe du Lis. Les feuilles
affectent la forme d'écailles charnues et nombreuses.

à la racine et aux feuilles ; donc il est une tige. Seulement, cette tige, au lieu de s'allonger et de ramper
sous le sol plus ou moins horizontalement, est verticale
et ramassée sur elle-même.

Disons par occasion que les plantes bulbeuses sont
toutes monocotylédones, et que leur bulbe offre dans
sa structure des caractères divers.

(1) La plupart des dictionnaires attribuent le genre féminin au
mot *bulbe* ; si nous l'employons ici au masculin, c'est pour nous
conformer à l'usage très-généralement adopté dans les ouvrages de
botanique, aussi bien que dans le langage scientifique.

Dans quelques espèces, et notamment dans le Lis blanc (fig. 64), le bulbe est *écailleux*, c'est-à-dire que les feuilles, nées de la tige, se transforment en espèces d'écailles imbriquées, charnues, plus ou moins épaisses, et faciles à détacher.

Mais il arrive souvent que ces feuilles se présentent sous la forme de tuniques charnues et concentriques, s'emboîtant complétement les unes dans les autres, comme on l'observe, par exemple, dans les Jacinthes, l'Oignon (fig. 65), le Poireau, etc. Le *bulbe* reçoit alors l'épithète de *tuniqué*.

On le dit enfin *solide*, lorsque, constitué presque entièrement par un renflement de son axe, c'est-à-dire de la tige, il ne présente qu'un très-petit nombre de

Fig. 65. — Bulbe de l'Oignon coupé en travers, pour montrer que les tuniques sont concentriques. On voit en *c* la coupe d'un bourgeon ou caïeu.

Fig. 66. — Bulbe du Colchique (*Colchicum autumnale*), coupé en long. On voit qu'il est surtout formé par un renflement charnu de l'axe entouré de quelques minces tuniques.

tuniques minces et situées à l'extérieur. Tels sont entre autres, ceux du Safran et du Colchique d'automne (fig. 66).

A l'aisselle des feuilles métamorphosées qui concourent à composer ces diverses sortes de bulbes, il se développe des bourgeons particuliers (fig. 55, *c*, et 65, *c*), désignés sous le nom de *caïeux*. et dont nous aurons plus tard à nous entretenir.

## DIMENSIONS DES TIGES.

On vient de voir que la plupart des bulbes renferment une véritable tige. Or, quelle différence entre cette tige rabougrie, dont la hauteur est à peine de quelques millimètres, et le tronc des Peupliers, des Pins et des Sapins, ou le stipe des Palmiers, qui s'élève parfois à plus de soixante mètres ! Ce sont là les deux extrêmes ; mille nuances conduisent de l'un à l'autre.

La diversité qui règne parmi les tiges sous le rapport de leur dimension en diamètre n'est pas moins grande : tous les degrés sont compris entre la tige filiforme de la Drave printanière, par exemple, et le tronc de certains Baobabs, dont la circonférence est de vingt à trente mètres.

## QUELQUES PARTICULARITÉS DE FORME ET DE STRUCTURE DANS LES TIGES.

La tige peut offrir certaines particularités que nous devons au moins signaler, avant de pénétrer plus profondément dans sa structure.

Elle présente quelquefois, de distance en distance, des *nœuds*, c'est-à-dire des points plus épais, plus consistants et plus solides. Elle est alors *noueuse*, comme on le voit dans le Maïs, le Froment et autres Graminées. La portion qui se trouve entre deux nœuds porte naturellement le nom d'*entre-nœud*.

D'autres fois, elle est également pourvue, comme dans la Vigne, les Géraniums et l'Œillet, de renflements plus ou moins éloignés les uns des autres  mais ces renflements sont des *articulations* plutôt que des nœuds, puisque la tige, au lieu d'y être plus solide qu'ailleurs, s'y brise avec facilité, du moins dans les premiers temps de son existence. Aussi lui donne-t-on l'épithète d'*articulée*. Il va sans dire que l'on nomme *articles* les intervalles compris entre deux articulations.

On désigne sous le nom de *tiges fistuleuses* celles qui sont creusées dans toute leur longueur d'une cavité intérieure, comme dans les Roseaux, la Ciguë, etc. Les autres sont *pleines*.

La plupart des tiges se montrent coniques ou cylindriques. Il en est de comprimées, de triangulaires, de quadrangulaires, etc.

Enfin elles peuvent être striées, sillonnées, glabres, pubescentes, velues, tomenteuses, etc., suivant l'état de leur surface.

## TENDANCE DES TIGES A S'INFLÉCHIR VERS LA LUMIÈRE.

Nous avons vu que lorsqu'une graine germe, sa tige se dirige vers le ciel, tandis que sa racine s'enfonce dans la terre. Ces directions opposées ne sont point accidentelles, et il suffit d'en écarter la jeune plante pour la voir y revenir bientôt invinciblement. Il existe dans les deux systèmes ascendant et descendant une autre propriété tout aussi inexpliquée que la précédente, et tout aussi constante. C'est une observation vulgaire que les plantes cultivées dans les appartements plus éclairés d'un côté que de l'autre s'infléchissent vers les fenêtres d'où vient la lumière. Si l'on sème des graines sur une couche de coton flottant sur l'eau, de manière à apercevoir les jeunes plantes tout entières, on remarque que pendant que les tiges prennent la direction dont nous avons parlé, les racines se courbent au contraire vers le fond de l'appartement. I!

suffit de retourner de temps en temps le vase qui sert à l'expérience, pour s'assurer que la *tendance des tiges à s'infléchir vers la lumière et des racines à fuir cette lumière* se manifeste pendant toute la durée du jour.

Tout ce que l'on sait sur cette action de la lumière, c'est qu'elle ne réside pas dans toute l'étendue du spectre solaire, mais seulement dans la partie la plus réfrangible. Les rayons autres que le violet, l'indigo et le bleu sont, à cet égard, sans action sur les végétaux, qui s'y comportent comme dans l'obscurité.

## ORGANISATION DE LA TIGE.

Ce n'est point assez d'avoir étudié la racine et la tige dans leurs caractères distinctifs extérieurs, dans les nombreuses variétés qu'elles présentent sous le rapport de leur forme, de leur direction, de leur consistance, etc. ; nous devons en connaître aussi l'organisation, la structure intérieure, un des points les plus importants de l'anatomie végétale.

La structure de la tige et celle de la racine ont entre elles beaucoup d'analogie. Mais l'une et l'autre se montrent bien différentes suivant qu'on les considère dans les plantes dicotylédones, monocotylédones ou acotylédones; nous aurons donc à passer en revue les trois grandes divisions du règne végétal. C'est par les Dicotylédones que nous commencerons cette étude.

## STRUCTURE DES TIGES DICOTYLÉDONÉES.

Lorsqu'on pratique une coupe horizontale sur une tige dicotylédonée ligneuse ayant acquis une grande partie ou la totalité de son développement, on remar-

que, sur cette coupe, deux *systèmes* distincts : l'un
central, l'autre périphérique (fig. 67). Nous devons

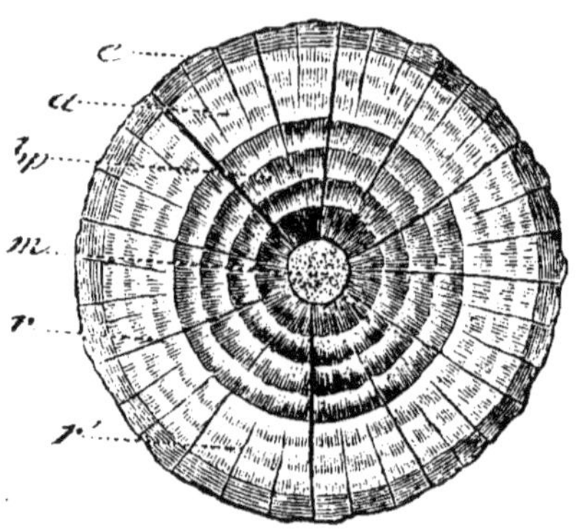

Fig. 67. — Section d'une tige d'Érable âgée de 7 ans. Le système périphérique *e*, est bien distinct du reste de la tige qui comprend la moelle (*m*), le
bois (*a*, *bp*), et les rayons médullaires (*r*, *r'*).

étudier tour à tour ces deux systèmes. Commençons
par le système central.

### SYSTÈME CENTRAL.

Dans le système central sont compris la *moelle* (*m*), le
*canal médullaire* et le *bois*. Sur celui-ci, on voit se dessiner des *rayons médullaires* (*r*).

Pour bien comprendre quelle est la nature de ces différentes parties, il importe de voir en quoi consiste la tige
avant leur formation, et de suivre pas à pas les changements en vertu desquels elles prennent naissance.

Si l'on examine à l'aide du microscope une tranche
horizontale mince enlevée sur la tigelle d'un embryon,
on voit qu'elle consiste uniquement en un tissu cellulaire
formé d'éléments polyédriques, et entouré d'un épiderme. Cette masse cellulaire apparaît nettement divisée en deux parties : l'une centrale volumineuse,
l'autre superficielle, sous-jacente à l'épiderme, for-

mant une sorte d'anneau autour de la première, dont
elle est séparée par une zone d'un tissu à cellules beaucoup plus petites, extrêmement délicates. C'est dans la
masse centrale que vont s'organiser les parties que
nous avons énumérées ; l'anneau superficiel verra s'organiser le système cortical. Quant à la zone intermédiaire, c'est elle qui sera désormais le siége de la plus
grande activité vitale ; aussi lui a-t-on donné le nom de
*couche génératrice* ou de *cambium*.

C'est très-peu de temps après le début de la germination que commencent les changements qu'il nous
importe maintenant d'examiner, ce que nous ferons
en commençant par la masse centrale.

Au milieu du tissu cellulaire qui la forme d'abord à
lui seul, des utricules ne tardent pas à s'allonger en
fibres ; il en est qui s'unissent pour former des vaisseaux. Vaisseaux et fibres, d'abord rares, mais devenant chaque jour plus nombreux, se groupent en un
nombre variable de faisceaux (4, 5, 6, suivant les

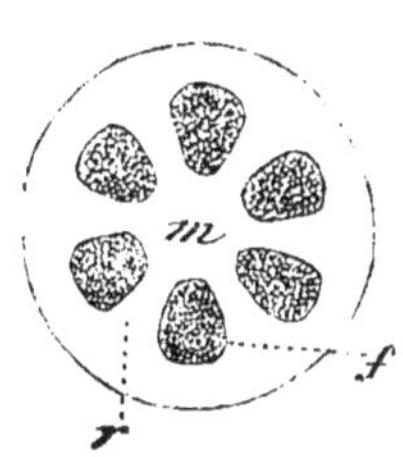

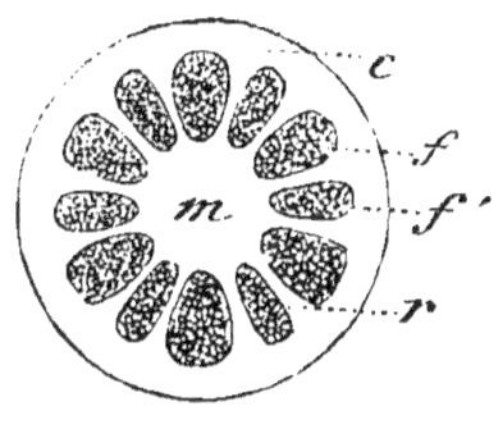

Fig. 68. — Coupe idéale d'une jeune tige au moment où les faisceaux fibro-vasculaires (*f*), commencent à s'y développer. Ils laissent entre eux la moelle (*m*) et les rayons médullaires (*r*).

Fig. 69. — La même tige un peu plus âgée. Des faisceaux secondaires (*f′*) se sont interposés aux faisceaux primitifs (*f*).

plantes), disposés en cercle autour du centre resté cellulaire, et séparés par des intervalles également cellulaires, qui relient le centre à la masse périphérique
(fig. 68).

Qu'à ce moment on observe, non plus une coupe horizontale mais longitudinale de la jeune tige, on pourra constater que chacun de ces faisceaux est formé d'éléments divers, mais uniformément groupés dans chacun d'eux. Dans les points les plus voisins du centre, apparaissent des vaisseaux spiraux de plusieurs sortes : les uns annelés, les autres spiralés sans fil déroulable, enfin de véritables trachées. Le tout est réuni par des fibres allongées en fuseau et ponctuées. Plus extérieurement ces fibres deviennent prédominantes, et finissent par se montrer à peu près seules.

Puis de nouveaux faisceaux apparaissent entre les premiers (fig. 69, *f'* ), et, quand la germination est terminée, la jeune tige, coupée en travers, présente un cercle fibro-vasculaire bien distinct, situé entre la partie centrale ou *moelle* (*m*), qu'il circonscrit, et la partie corticale (*c*), dont il est enveloppé.

La moelle se trouve à ce moment plus ou moins étroitement entourée par les extrémités rapprochées de tous les faisceaux qui forment par leur ensemble une sorte de gaîne appelée *étui médullaire*.

La moelle et l'écorce communiquent directement ensemble par les intervalles cellulaires qui, sous forme de bandes divergentes, plus ou moins larges, séparent les faisceaux fibro-vasculaires. Ces intervalles ( *r* ) sont appelés *rayons médullaires*. Quant aux faisceaux eux-mêmes, ils constituent, à proprement parler, le *bois* de cette jeune tige.

En résumé, *une moelle centrale* enveloppée d'*une couche fibro-vasculaire* qui est elle-même entourée d'une couche constituant l'*écorce ;* telle est l'organisation de la tige dans les plantes dicotylédones annuelles.

Dans les plantes dicotylédonées vivaces, la structure de la tige, au lieu de rester aussi simple, se complique, chaque année, d'une couche fibro-vasculaire nouvelle, venant s'appliquer d'une manière exacte sur celle qui l'a immédiatement précédée dans sa formation. Or, ce sont ces couches successivement produites, et contenues les unes dans les autres (fig. 67, *a*, *bp*), qui composent, dans les tiges dicotylédones ligneuses, la portion du système central que tout à l'heure nous avons nommée le *bois*.

Examinons la manière dont elles se forment.

Au commencement de la seconde période végétative, c'est-à-dire, pour nos climats, au commencement du deuxième printemps, la zone que nous avons appelée *zone génératrice* ou *cambium* devient le siége de changements importants. Toutes ses portions correspondant au côté externe des faisceaux fibrovasculaires primitifs se partagent en deux masses inégales dont la plus mince, qui est la plus voisine de l'écorce, s'organise pour constituer à celle-ci une nouvelle couche, comme nous le verrons plus tard; tandis que la plus interne, qui est en même temps la plus épaisse, ajoute une nouvelle couche extérieure au bois déjà formé. Pendant ce temps, la moelle s'est allongée par son

Fig. 70. — Figure schématique destinée à montrer l'emboîtement des diverses couches dans une tige de 3 ans. Les couches du bois se superposent de dedans en dehors ; celles de l'écorce de dehors en dedans.

sommet, et s'est entourée d'un ensemble de formations de tous points comparables à ce que nous avons vu se développer pendant la première année. Il résulte de tous ces changements que la tige de première année peut être représentée par une sorte de cône plein que vient coiffer, pour ainsi dire, un cône plus allongé que lui et dont la base creuse l'enveloppe entièrement.

Si nous imaginons que la même série de phénomènes se renouvelle chaque année, nous aurons une idée exacte de ce qui se passe en réalité, et que la figure théorique ci-contre (fig. 70) nous paraît propre à rendre plus clair.

Maintenant que nous avons, pour ainsi dire, suivi pas à pas les modifications qui amènent la production des différentes parties du système central de la tige dicoty-lédonée, nous pourrons examiner avec plus de détails les couches toutes formées.

**De la moelle.** — La moelle, ou *médulle interne* (fig. 71, *m*), est une colonne de tissu utriculaire placée au centre de la tige, s'étendant de sa base à son som-

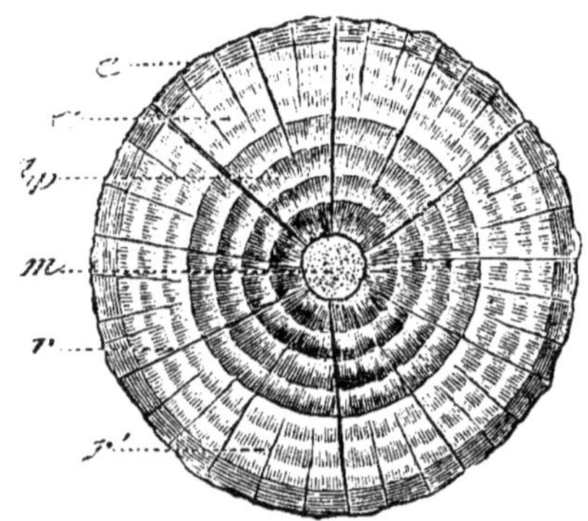

Fig. 71. — Section d'une tige d'Érable âgée de 7 ans. La moelle (*m*) est encore très-large.

met. Elle se compose de cellules arrondies ou polyédriques, lâchement unies entre elles, d'abord gorgées d'un liquide abondant et vert.

Dans beaucoup de cas, à mesure que la tige développe

ses feuilles, la moelle se dessèche, se décolore, de telle sorte que, dès la fin de la première année, elle n'est plus qu'un tissu aride, léger, ordinairement blanchâtre ou brunâtre. Cette modification commence par les cellules qui occupent le milieu de la moelle, les plus grandes, les premières formées; elle s'étend insensiblement aux autres, d'autant plus récentes et plus petites qu'elles se rapprochent davantage de la circonférence.

Tous ces utricules ont, en général, une organisation fort simple. Ils peuvent cependant offrir des ponctuations à leur surface, ce qui démontre la présence de plusieurs membranes dans la texture de leurs parois. La moelle renferme des vaisseaux laticifères dans un assez grand nombre de végétaux; par exemple, dans le Figuier, l'Hièble et les Euphorbes. On y trouve quelquefois aussi des trachées déroulables.

Il arrive que la moelle se rompt, en se desséchant, pendant que la tige s'accroît en longueur et en diamètre. Sa masse alors se sépare en disques nombreux et superposés, comme on peut le voir dans une jeune tige de Noyer (fig. 72); ou bien elle éprouve un retrait excentrique. Dans ce dernier cas, elle se réduit en une couche souvent très-mince, qui tapisse le canal médullaire, et la tige est fistuleuse. C'est ce qui a lieu dans certaines plantes herbacées à végétation rapide, notamment dans la plupart des Ombellifères. Il n'est pas rare de voir la moelle être résorbée en entier.

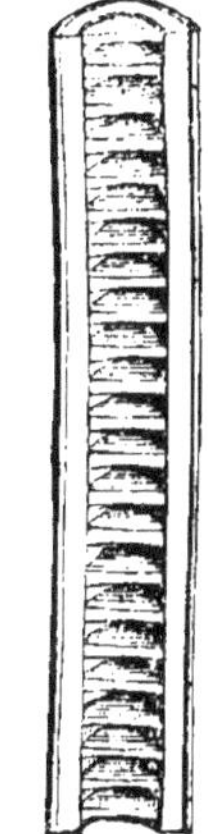

Fig. 72. — Coupe longitudinale d'une jeune tige de Noyer. La moelle s'est divisée en un grand nombre de disques superposés.

On a cru pendant très-longtemps que la moelle n'avait d'activité que pendant les premiers moments de son existence, et on a émis sur ses fonctions de nombreuses hypothèses. Mais les observations les plus récentes ont prouvé qu'on s'était beaucoup trop hâté de généraliser et qu'il s'en faut de beaucoup que la moelle ait, dans toutes les plantes, une existence aussi éphémère. Il est certain que souvent la moelle présente une organisation plus complexe qu'on ne l'avait cru d'abord; que certaines de ses cellules continuent à vivre après la mort de leurs voisines, épaississent leurs parois, élaborent divers produits, et cela pendant un grand nombre d'années consécutives. La moelle ne doit plus être regardée comme un appareil éminemment transitoire, comme une sorte de *caput mortuum* au milieu des tissus vivants de la plante.

**Canal médullaire.** — Le *canal* ou *étui médullaire* n'est autre chose, comme nous venons de le voir, que la cavité destinée à contenir la moelle. Il a pour paroi une couche plus ou moins épaisse, essentiellement formée de vaisseaux de l'ordre spiral, entremêlés de fibres. Nous y avons constaté la présence de trachées déroulables; ajoutons que c'est le seul lieu de la tige où on en rencontre, et que nous n'en verrons plus se former désormais en d'autres points.

Creusé pour l'ordinaire dans toute l'étendue de la tige, il est interrompu de distance en distance, lorsque celle-ci est noueuse ou articulée. Les interruptions correspondent, bien entendu, soit aux articulations, soit aux nœuds.

La moelle qu'il renferme présente d'abord, dans sa coupe horizontale, une forme étoilée, grâce aux larges rayons médullaires qui s'en éloignent en divergeant. Mais bientôt ces rayons se multiplient, augmentent en nombre aux dépens de leur largeur, et le canal se complète en devenant à peu près cylindrique.

Il est pourtant susceptible d'autres formes assez sou-

vent en rapport avec la disposition des feuilles sur la
tige. Dans le Frêne, dont les feuilles sont opposées deux
à deux, l'aire du canal est elliptique, allongée de l'une
à l'autre; et dans le Laurier-rose, où les feuilles sont
réunies au nombre de trois pour embrasser la tige,
le canal est triangulaire, ses angles répondant aux
feuilles.

On sait que l'étui médullaire est plus ou moins dilaté
suivant les espèces; qu'il est souvent beaucoup plus
considérable dans les petites que dans les grandes. Mais,
dans une même plante et en un point déterminé de sa
hauteur, le diamètre de ce canal varie-t-il, ou reste-t-il
le même?

La moelle s'élargit pendant sa première jeunesse, à
la fois par la multiplication et par l'augmentation de
volume de ses utricules. Plus tard, le cercle fibro-vasculaire qui se forme autour d'elle peut la comprimer,
mais l'équilibre ne tarde point à s'établir, et, la première année passée, les dimensions de l'étui médullaire
ne changent plus. Dans beaucoup d'arbres de grande
taille, comme le Chêne, et à une certaine époque de
leur développement, il est si petit, par rapport au volume des parties au milieu desquelles il existe, qu'il
semble, au premier abord, avoir disparu.

**Du bois.** — Le bois, aussi désigné sous le nom de
*corps ligneux*, est la partie la plus compacte des tiges
ligneuses. Nous venons de voir que ses couches fibro-
vasculaires forment autant de cônes creux, ayant leur
base au collet, et emboîtés étroitement les uns dans les
autres.

Sur une section faite horizontalement (fig. 73), ces
couches fibro-vasculaires, appelées aussi *couches ligneuses*, se traduisent en cercles concentriques ($a$, $bp$)
dont le nombre, compté au collet, est égal à celui
des années écoulées depuis la naissance de la plante.
Dans les hauteurs de la tige, la section ne compren-

drait qu'une partie des couches; elle laisserait au-
dessous les premières formées.

Les fibres qui concourent à composer chaque couche
ligneuse sont placées en dehors, et se montrent d'autant plus déliées, d'autant plus rapprochées les unes

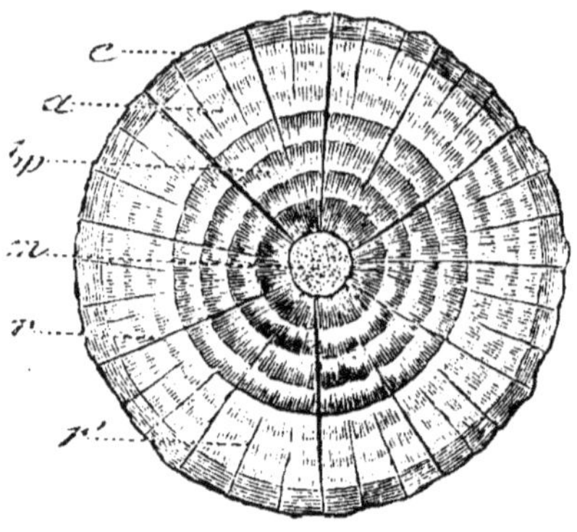

Fig. 73. — Section d'une tige d'Érable âgée de 7 ans. Les couches ligneuses
concentriques (*a*, *bp*) sont bien distinctes les unes des autres.

des autres, qu'elles se trouvent plus près de la surface
extérieure. Les vaisseaux, situés en dedans, et moins
nombreux, sont ponctués ou rayés, presque jamais
annulaires; quant aux véritables trachées, nous avons
déjà dit qu'on n'en rencontre que dans l'étui médullaire.

Lorsque, sur une coupe pratiquée nettement et en
travers, on examine avec soin un des cercles concentriques représentant les couches ligneuses, on y reconnaît
sans peine deux zones différentes : l'une en dedans, criblée de petits trous, orifices des vaisseaux; l'autre en
dehors, d'un tissu plus serré, plus dense et presque
toujours plus coloré, surtout vers son bord externe.
C'est même à cette différence de texture et d'aspect
entre leur bord externe et leur bord interne que les
couches du bois doivent d'être distinctes les unes des
autres.

Leur épaisseur varie beaucoup suivant les espèces, leur exposition, les années qui les ont produites, etc.

Elles sont plus épaisses dans les arbres à bois tendre, qui se développent ordinairement très-vite, que dans ceux à bois dur, dont la venue est toujours lente. Dans une même tige, elles sont plus épaisses près du canal médullaire qu'ailleurs, parce que là se trouvent celles qui ont été formées pendant la jeunesse de la plante, époque où la végétation jouissait de sa plus grande vigueur. Il en est qui se distinguent entre toutes par leur peu d'épaisseur. Elles marquent les années de sécheresse traversées par le végétal. Les autres se sont développées en des temps plus favorables.

Une même couche, du reste, n'est pas toujours également épaisse dans toute sa circonférence, et, lorsqu'il y a inégalité, on la remarque du même côté, sur plusieurs couches successives, ce qui démontre la permanence de la cause à laquelle il faut l'attribuer. En général, les points les plus épais correspondent à une branche radicale qui, s'étant trouvée dans un sol plus fertile, y a pris un développement plus considérable que les autres. Chaque couche naît et accomplit sa croissance dans la même année. Mais elle éprouve ultérieurement des changements notables dans sa couleur, sa densité, sa structure et sa composition.

Les fibres et les vaisseaux dont elle est composée, d'abord à parois minces, transparentes et remplies de sucs abondants, subissent avec l'âge des modifications de toutes sortes.

Leurs parois s'épaississent par le développement, à l'intérieur, de nouvelles membranes entières ou diversement déchirées, telles que nous les avons décrites à l'occasion des tissus cellulaire, fibreux et vasculaire. En même temps, les liquides contenus dans la cavité des fibres s'évaporent, diminuent de quantité, changent de nature...., le ligneux se forme ; il imprègne les parois fibreuses et se solidifie peu à peu à leur surface, ainsi que dans leur épaisseur. Ce ligneux, dont les caractères sont variables, communique à la substance du bois la teinte et en grande partie la consistance qu'elle offre dans les diverses espèces.

Il arrive un moment enfin, au bout de quelques années, plus tôt ou plus tard, selon les plantes, il arrive un moment où la couche, saturée de ligneux, parvient pour ainsi dire à sa maturité complète. Elle est alors tout ce qu'elle sera ; elle doit désormais rester stationnaire, jusqu'à ce que, par les progrès de l'âge, la décomposition vienne à se manifester.

On distingue aisément, en général, sur la coupe d'un tronc déjà vieux, à leur densité plus grande, à leur couleur plus foncée, les couches qui ont éprouvé tous les changements dont elles étaient susceptibles, de celles qui avaient encore des mutations à subir. Les premières (fig. 74, *bp*) constituent ce qu'on appelle le *bois parfait*,

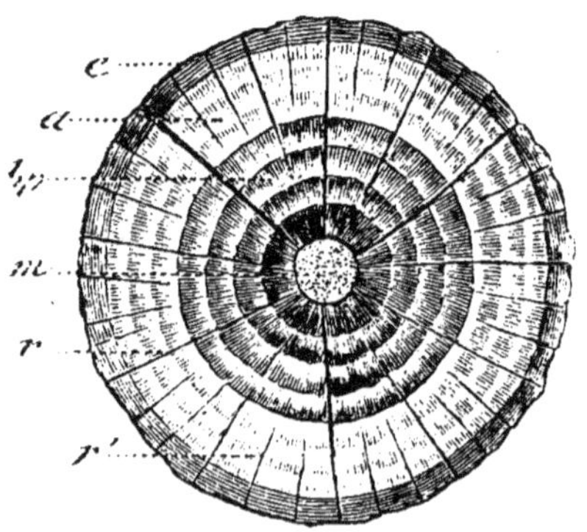

Fig. 74. — Coupe d'une tige d'Érable. Les couches les plus voisines de la moelle (*bp*) sont d'une teinte un peu plus foncée que les couches extérieures (*a*) qui forment l'aubier.

et l'on donne à l'ensemble des secondes (*a*) la dénomination d'*aubier*, parce qu'elles sont plus pâles, généralement blanches.

Le *bois parfait*, nommé aussi *cœur du bois* ou *duramen*, est homogène dans toute sa masse. Les couches qui le composent, quoique formées successivement, possèdent toutes les mêmes qualités, car toutes sont parvenues à leur maturité complète, pour nous servir d'une expression que nous avons déjà employée. Le bois parfait est un produit de l'âge. Il n'existe pas encore dans les jeunes tiges; il est très-abondant dans les vieux troncs.

Quant à l'*aubier* ou *bois imparfait*, il ne peut être homogène; ses couches, modifiées à divers degrés, diffèrent entre elles sous tous les rapports. Elles participent d'autant plus des caractères du bois parfait qu'elles s'en rapprochent davantage. Les moins profondes sont les plus jeunes, les plus blanches, celles dont le tissu offre le moins de densité. L'aubier compose à lui seul les jeunes tiges, et sa proportion, par rapport au *cœur du bois*, diminue à mesure que l'âge augmente.

Il serait à désirer qu'on n'en fît point usage dans les travaux de construction. L'état d'imperfection où il se trouve encore, l'abondance des fluides qu'il renferme et qui s'évaporent pendant la dessiccation, l'exposent à une diminution de volume, à des altérations dans sa composition chimique, et surtout aux ravages des insectes, attirés par les matériaux qui étaient destinés à sa propre nourriture.

Dans les arbres à bois coloré, le cœur et l'aubier sont bien distincts l'un de l'autre. On conçoit, par exemple, combien, dans l'Ébène, l'Acajou et plusieurs autres espèces dont l'ébénisterie fait usage, le bois parfait doit trancher sur l'aubier, qui reste blanc.

Les arbres qui végètent sous notre latitude sont loin de présenter une ligne de démarcation aussi saillante. Néanmoins, dans ceux à bois dur, comme le Chêne, le cœur est toujours sensiblement plus foncé en couleur que le bois imparfait. Il n'en est pas de même des arbres à bois blanc et tendre, tels que le Peuplier et le Saule, ou demi-durs, comme l'Érable, où les deux sortes de bois ont à peu près la même nuance.

En général, la coloration des bois est en raison directe de leur dureté et de la faculté qu'ils ont de résister aux causes de destruction. On cite comme étant les plus compactes et les plus durables le bois d'ébène, le bois de fer, qui sont aussi les plus foncés. Les bois blancs sont à la fois les plus tendres et ceux qui se conservent le moins ; ils possèdent encore en partie les mauvaises qualités de l'aubier.

**Parenchyme ligneux.** — Il existe certains arbres dont le bois présente d'autres éléments que ceux dont nous avons parlé. Ce sont des cellules courtes, habituellement rangées en files serrées, et qui, d'après les observations les plus récentes, proviennent de certaines fibres dans l'intérieur desquelles des cloisons transversales se sont développées. Ces cellules constituent ce qu'on a appelé le *parenchyme ligneux*. Ce tissu est notamment facile à voir dans le bois de chêne, où il forme de petites lignes étroites.

Mais l'aubier, mais le bois parfait sont traversés par des lames divergentes que nous avons appelées *rayons médullaires*, et qui méritent de fixer un moment notre attention.

**Rayons médullaires.** — Ces rayons, d'abord rares, deviennent, nous l'avons dit, plus nombreux et plus minces à mesure que, dans la couche où ils existent, les faisceaux fibro-vasculaires se rapprochent en se multipliant. Bientôt ils se montrent, sur une tranche horizontale de la tige (fig. 74, *r*, *r'*), disposés comme les lignes horaires d'un cadran, et, le plus souvent, assez nettement dessinés par leur teinte différente de celle du tissu environnant.

Les rayons d'une couche ligneuse complétement développée sont d'autant plus nombreux que cette couche est plus grande, c'est-à-dire plus éloignée de la moelle centrale. La plupart, mais non pas tous, correspondent avec ceux des couches précédentes. Il s'ensuit que, parmi les rayons vus dans leur ensemble, certains mesurent en entier la distance comprise entre le canal médullaire et l'écorce (*r*); tandis que d'autres arrivent bien à la circonférence, mais ne partent que d'un point plus ou moins éloigné du centre (*r'*), s'étant formés dans des couches ligneuses postérieures à la couche la plus ancienne. Ceux-là sont les *grands rayons*, et ceux-ci les *petits rayons*.

Formés de cellules quadrilatères allongées en travers et réunies en séries dans le même sens, les rayons médullaires constituent des lames verticales que l'on peut mettre entièrement à découvert en coupant une tige suivant sa longueur et parallèlement à son diamètre (fig. 75, *r*). On a comparé ces lames à un mur, ce qui a valu au tissu qui les compose le nom de *tissu muriforme*.

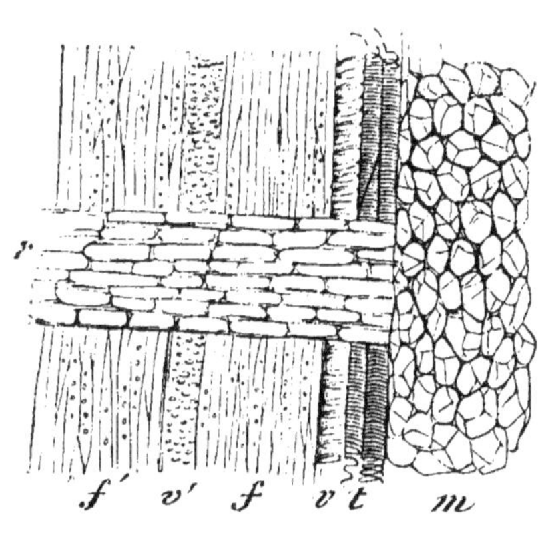

Fig. 75. — Coupe radiale d'une jeune tige d'Érable passant par un rayon médullaire *r*, dont les cellules ont la forme de rectangles allongés dans le sens transversal.

Dans certaines plantes, comme la Clématite, où les faisceaux fibro-vasculaires ont une marche constamment rectiligne, les lames cellulaires et verticales dont il s'agit s'étendent sans interruption d'un entre-nœud à l'autre. Le bois alors se fend suivant ces lames avec la plus grande facilité.

Ordinairement, au contraire, les faisceaux fibro-vasculaires de la tige sont plus ou moins flexueux dans leur trajet de bas en haut (fig. 76, *fv*). Tantôt ils s'écartent pour faire place aux lames cellulaires (*r*), et tantôt ils se rapprochent pour les interrompre, ce qu'il est facile de constater sur la figure ci-contre, représentant une tranche verticale très-mince, perpendiculaire aux rayons. C'est même à cette disposition particulière que certains bois, notamment celui de chêne, doivent les reflets ondoyants qui les caractérisent, lorsqu'on les a travaillés de manière à mettre en évidence ces rayons médullaires, fréquemment et irrégulièrement interrompus.

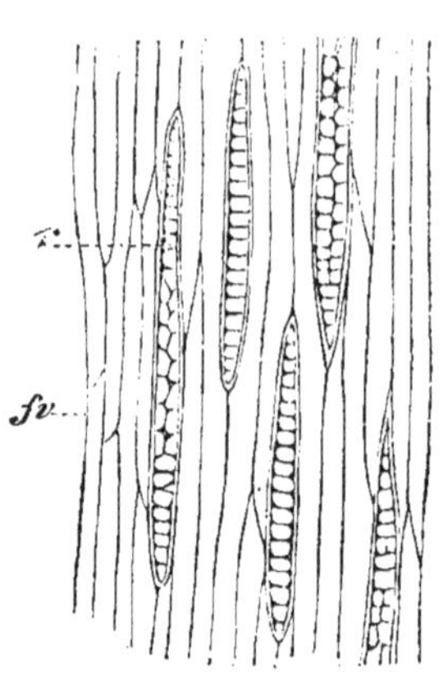

Fig. 76. — Coupe du même Érable menée perpendiculairement aux rayons médullaires *r*. Ceux-ci sont fréquemment interrompus par les faisceaux fibro-vasculaires flexueux, *fv*.

La composition des rayons médullaires est très-variable : formés d'une seule rangée de cellules dans le bois de la plupart des arbres verts, on les voit montrer une épaisseur très-différente dans d'autres arbres, et cela dans les parties les plus voisines. Il est à peine besoin d'ajouter que dans les plantes herbacées ils sont, toutes choses égales d'ailleurs, beaucoup plus larges que dans les tiges ligneuses.

Les cellules qui les composent, examinées dans le cœur du bois, apparaissent fortement comprimées et vides en général. Dans l'aubier, surtout à la périphérie, elles sont plus dilatées, remplies de fécule, de sucs, et souvent colorées par de la chlorophylle. Leur vitalité paraît augmenter à mesure qu'elles se rapprochent de l'écorce.

Nous avons vu que la tige, au moment de sa formation, est divisée par une zone d'un tissu particulier
extrêmement délicat, la *couche génératrice*, en deux
masses cellulaires.

Après avoir passé en revue les modifications qui s'o-
pèrent dans la masse centrale pour former la moelle et
le bois, il nous reste à examiner ce qui se passe dans
les parties périphériques qui vont constituer l'écorce.

En face de chacun des faisceaux qui s'organisent
peu à peu au centre de la jeune tige, le tissu cellulaire périphérique devient le siége de changements analogues.
Un certain nombre de ses cellules s'allongent, leurs
parois s'épaississent et constituent finalement des fibres ;
mais on ne voit pas celles-ci mélangées de vaisseaux
rayés ou ponctués semblables à ceux du bois. Les seuls
que l'on y puisse rencontrer sont de ceux que nous
avons décrits précédemment sous le nom de *laticifères*
(voyez page 42). La formation de ces fibres ne s'étend
d'ailleurs jamais jusqu'à l'épiderme, de sorte que les
tissus immédiatement situés au-dessous de lui conservent indéfiniment leur nature cellulaire. Mais dans cette
zone sous-épidermique on peut toujours, au bout d'un
certain temps, distinguer deux couches concentriques
dont la plus intérieure (celle qui est en rapport avec la
formation fibreuse) se compose de cellules irrégulièrement polyédriques et remplies de chlorophylle, tandis
que la plus externe ne présente que des cellules presque cubiques, à parois minces et dont le contenu liquide
disparaît de bonne heure.

Ainsi constitué, le système cortical comprend donc
trois zones bien distinctes : le *liber* au voisinage du bois,
la *couche subéreuse*, à la périphérie, et la *couche herbacée*

qui occupe l'espace intermédiaire; le tout étant limité en dehors par l'épiderme (1).

Telle est, en effet, la structure de l'écorce dans les tiges âgées au plus d'une année, et telle elle demeure dans les plantes herbacées qui ne vivent qu'une saison. Il n'en est pas tout à fait de même pour celles dont la vie se prolonge au delà de ce terme, et notamment pour les plantes ligneuses. Chez celles-ci, à la partie interne de la couche libérienne primitive, on voit, pendant la seconde année, se développer de nouveaux faisceaux de même nature qui s'ajoutent à ceux antérieurement formés. En même temps, les deux couches parenchymateuses augmentent d'épaisseur par multiplication cellulaire, et les mêmes phénomènes se renouvelant à chaque période végétative, il en résulte une accumulation de couches successives emboîtées les unes dans les autres, comme nous l'avons vu arriver dans la masse ligneuse. Seulement, et c'est là un point d'importance capitale, cette accumulation, qui était centrifuge pour le bois, devient centripète dans le système cortical.

Nous pouvons, maintenant que nous avons assisté à leur naissance, examiner avec un peu plus de détails ces diverses couches corticales considérées dans une tige bien développée (2).

**Couches fibro-vasculaires** ou **Liber.** — Les couches fibro-vasculaires, ou *couches corticales proprement dites* (fig. 77, *fv*), sont très-minces, unies entre elles d'une manière intime. Quoique nombreuses dans les vieilles tiges, elles ne donnent jamais à l'écorce une grande épaisseur, et, pour les séparer les unes des au-

(1) Link a proposé pour les trois zones corticales les noms de *Endophlœum, Mesophlœum* et *Epiphlœum*, qui sont peu usités.

(2) Les théories émises par divers auteurs sur l'accroissement des tiges seront traitées avec de plus amples développements dans un chapitre ultérieur.

tres, il est souvent nécessaire d'avoir recours à la macération.

Leur ensemble a reçu le nom de *liber*, soit parce qu'on
les a comparées aux feuillets d'un livre, soit parce que
les anciens se employaient cette
partie de l'écorce, prise sur divers
arbres, pour s'en servir comme de
papier. Une légère couche de tissu
cellulaire existe, sous le nom de
*cambium*, entre elles et le système
central ; ce cambium, comme nous
l'avons indiqué, se transforme chaque année : d'un côté en une couche d'aubier, et de l'autre en une
couche de liber.

Ce sont surtout des fibres qui
composent les couches corticales.
Plus grêles et plus longues que

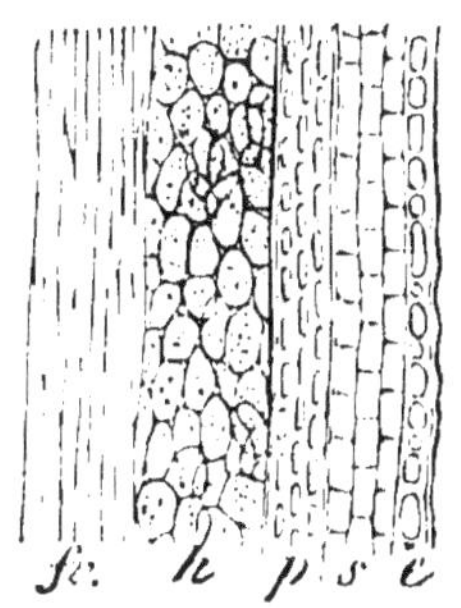


Fig. 77. — Coupe radiale
de l'écorce d'un jeune
Érable montrant la suc-
cession des zones qui la
constituent.

celles du bois, ces fibres se montrent blanches, réunies en nombreux faisceaux. En vieillissant, leurs parois s'épaississent et deviennent ponctuées ; mais cet
épaississement n'est pas dû, comme dans les fibres du
bois, à des dépôts de ligneux. Aucune autre partie du végétal n'offre autant de ténacité que ces fibres ; retirées
de certaines plantes, notamment du Chanvre et du Lin,
elles sont employées à composer nos cordes et nos toiles.

Les faisceaux fibreux des couches corticales s'écartent
pour livrer passage aux rayons médullaires qui, du bois,
se rendent dans l'enveloppe herbacée. Comme ceux du
système central, ils marchent en droite ligne, et alors
les rayons médullaires de l'écorce forment des lames
verticales, étendues de la base au sommet de la tige ;
ou bien, au contraire, ces faisceaux, flexueux (fig. 78,
*fv*), s'éloignent, se rapprochent, s'unissent de mille manières, et les rayons (*r*) se trouvent à tout moment interrompus.

On observe la première de ces dispositions, par exemple, dans la Vigne et le Marronnier d'Inde. La seconde se fait remarquer dans le Chêne, l'Orme, le Tilleul, etc. Chaque couche corticale se présente, dans ces derniers arbres, comme une sorte de toile, comme un réseau dont les mailles, très-inégales, sont occupées par le tissu des rayons médullaires.

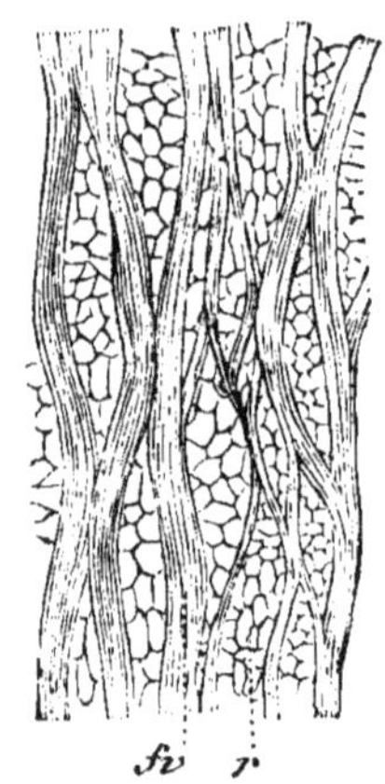

Fig. 78. — Coupe tangentielle du liber d'un *Daphne*. Les faisceaux très-sinueux (*fv*) forment un réseau dont les mailles laissent voir les rayons médullaires, *r*.

Ces derniers ne constituent pas à eux seuls tous les éléments cellulaires que peut présenter le liber. Il n'est pas rare, en effet, de trouver interposé aux fibres elles-mêmes un véritable *parenchyme libérien* analogue à celui que nous avons signalé dans les faisceaux ligneux, et provenant, comme lui, de fibres subdivisées en cellules par des cloisons transversales ultérieurement formées.

Les couches corticales ne contiennent aucune espèce de vaisseaux spiraux. Mais, dans les premiers moments de leur existence, elles renferment, souvent en grande quantité, des vaisseaux laticifères qui ne tardent point à se dessécher et à mourir. Que l'on coupe dans le sens horizontal une jeune tige en végétation, et, sur les couches les plus profondes, les plus récentes du liber, on reconnaîtra ces vaisseaux au liquide ordinairement coloré qui s'échappe de leurs orifices béants.

Un fait de grande importance et qui a été mis en lumière par les travaux les plus récents, c'est que les fibres libériennes peuvent manquer totalement dans certains végétaux, ou bien n'exister que dans la formation de première année, tandis que les couches postérieures n'en renferment plus ou présentent un mélange variable de fibres libériennes avec une sorte d'éléments anatomiques que Hartig, qui les a découverts, nomme *tubes cribreux*. Ces éléments consistent en des cellules allongées et larges, dont les parois minces montrent de grandes ponctuations marquées d'un réseau très-fin qui les fait ressembler à une sorte de petit tamis. Ces cellules (1) sont très-abondantes dans certains végétaux, et dans le Bouleau, par exemple, elles paraissent former à elles seules toutes les couches libériennes postérieures à la première année.

Il résulte de là que la fibre libérienne proprement dite ne paraît plus devoir être regardée comme l'élément essentiel du liber, puisqu'elle joue souvent un rôle très-secondaire dans sa composition.

**Enveloppe herbacée.** — L'enveloppe herbacée ou *cellulaire* (fig. 79, *h*), placée immédiatement en dehors de la précédente, est encore appelée *moelle corticale* ou *médulle externe*. Sa couleur verte apparaît, dans les jeunes tiges, à travers l'épiderme et la couche subéreuse.

Elle est composée de cellules arrondies ou polyédriques, à parois épaisses, lâchement unies, gorgées de chlorophylle. Ces utricules laissent entre eux des méats, souvent même des lacunes où se déposent des liquides particuliers, espèces de réservoirs que l'on a décrits sous le nom de *vaisseaux propres*, et dont nous avons eu déjà l'occasion de parler (voyez page 43).

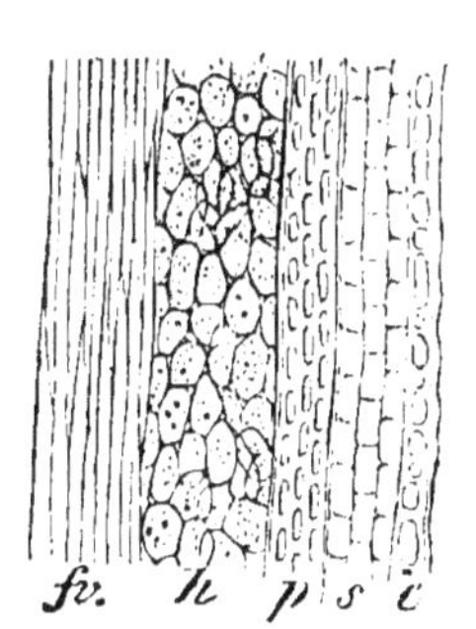


Fig. 79. — Coupe de l'écorce d'un jeune Érable. L'enveloppe cellulaire est formée d'utricules à chlorophylle (*h*). Les cellules des autres couches sont vides.

Mise en communication avec la moelle centrale par

(1) Hugo Mohl les nomme aussi *cellules grillagées*.

les rayons médullaires, l'enveloppe herbacée paraît avoir des fonctions à peu près analogues.

**Couche subéreuse.** — La couche subéreuse (fig. 79, *s*) est située immédiatement au-dessous de l'épiderme, qu'elle paraît destinée à remplacer à un moment donné. Elle n'existe point dans les très-jeunes tiges, et ce n'est souvent qu'après toutes les autres couches qu'on la voit se former. C'est elle qui constitue le produit particulier désigné sous le nom de liége ou de *suber*. Elle se compose d'une ou de plusieurs rangées de cellules cubiques ou un peu allongées dans le sens transversal, intimement unies entre elles, à parois minces, ordinairement transparentes, quelquefois un peu colorées en brun, toujours dépourvues de chlorophylle.

Peu épaisse dans la plupart des plantes, cette couche acquiert dans quelques-unes, particulièrement dans le Chêne-Liége, une épaisseur remarquable, due à l'active multiplication de ses utricules. Assez souvent elle est formée de plusieurs couches secondaires, séparées les unes des autres par des rangées de cellules plus petites, comprimées en tables, de couleur brune, plus ou moins foncée (*p*), et à cavité relativement très-réduite.

Ces cellules forment un tissu particulier nommé *périderme*.

Dans le Chêne-Liége, ces couches secondaires sont nombreuses, mais irrégulières et peu marquées. Elles se montrent, au contraire, bien distinctes dans le *Gymnocladus canadensis*, où les assises formées alternativement par les cellules ordinaires et par les cellules comprimées en tables offrent à peu près la même épaisseur. Dans le Bouleau blanc, les couches composées de cellules brunes et tabulaires prennent beaucoup plus de développement que les autres. On ne trouve enfin que les cellules tabulaires dans l'écorce du Hêtre, où le périderme a complétement remplacé le liége.

MODIFICATIONS DU SYSTÈME CORTICAL PAR L'EFFET DE L'AGE.

Dans le principe, à mesure que la tige s'accroît en
diamètre, l'écorce tout entière se distend pour faire
place aux couches annuelles dont elle se complique, et
surtout aux couches plus épaisses qui s'ajoutent à
l'aubier.

De nouvelles cellules se développent sans cesse dans
la couche subéreuse et dans l'enveloppe herbacée, qui
augmentent ainsi continuellement d'étendue sans éprouver la moindre déchirure. D'un autre côté, les faisceaux
fibreux des couches corticales s'écartent de plus en plus
les uns des autres, et cependant les rayons médullaires
continuent de remplir leurs intervalles, en se dilatant
dans la même proportion, par la multiplication des utricules dont ils sont composés.

Au bout d'un certain nombre d'années, variable selon les espèces, le système cortical subit un autre sort :
ne pouvant plus se prêter à l'extension que nécessite
l'accroissement continuel de la tige, il se fend en diverses directions, à une profondeur plus ou moins considérable. Son tissu, dès lors, s'altère au contact de
l'air : ses couches se détruisent; elles tombent tour à
tour en lambeaux, dans l'ordre de leur développement,
la destruction commençant par les plus superficielles,
qui sont aussi les plus anciennes. Il est bien entendu
que des couches nouvelles viennent remplacer celles
qui se détruisent.

Les cellules tabulaires que nous avons vues se former
au sein de la couche subéreuse de la plupart des arbres
(fig. 79, *p*) jouent un rôle principal dans l'espèce d'exfoliation dont il s'agit.

Dans le Bouleau blanc, le périderme se détache lui-
même, chaque année, sous la forme de feuillets minces,

très-résistants, revêtus d'une légère couche de substance subéreuse qui leur donne, à l'extérieur, une couleur d'un blanc nacré.

Mais il est des cas où le périderme se produit à la
surface de l'enveloppe herbacée. Repoussé, dès lors,
par celui qui se développe au-dessous de lui, il tombe
chaque année, en plaques assez épaisses, comme on
le voit, par exemple, dans le Platane, dont la surface,
toujours lisse, est ainsi toujours formée d'une couche
nouvelle.

Le périderme peut aussi se développer dans l'épaisseur de l'enveloppe herbacée, et même au sein des couches fibreuses, ainsi qu'on le constate dans le Chêne,
l'Orme, le Tilleul, les Cerisiers, les Pruniers, etc. Dans
ce dernier cas, il repousse au dehors des couches de
liber en même temps que la partie parenchymateuse
de l'écorce ; il amène tôt ou tard la chute de plaques
d'autant plus épaisses et compliquées qu'il s'est développé plus profondément.

Dans la Vigne et le Chèvrefeuille, la couche de liber
qui se développe tous les ans fait tomber celle de l'année précédente, d'où résulte une écorce toujours très-
mince et toujours très-simple.

Ajoutons enfin que, dans certains arbres, comme le
Mélèze et le Pin commun, l'enveloppe herbacée, prenant un développement considérable, constitue une espèce de *faux liége* qui tombe peu à peu par écailles.

DE QUELQUES ANOMALIES PARMI LES TIGES DICOTYLÉDONÉES.

Nous savons maintenant que le système central d'une
tige dicotylédonée vivace est formé de zones concentriques plus ou moins nettement dessinées, surtout
dans nos climats, où des saisons bien marquées se succèdent sans cesse, où l'hiver vient chaque année sus-

pendre pour un certain temps la végétation. Chacune
de ces zones ou couches représente, avons-nous dit, le
produit d'une année.

Mais on comprend qu'il pourra se former, dans la
même année, deux ou plusieurs couches, au lieu d'une
seule, si la végétation se trouve accidentellement et momentanément interrompue, par une cause quelconque,
pendant le cours de la belle saison. Que l'on trans-
plante, par exemple, un de nos arbres lorsqu'il est en
pleine activité ; s'il résiste à cette opération intem-
pestive, il se formera en lui, dans la même saison, deux
couches d'aubier plus ou moins distinctes, l'une ayant
précédé la transplantation, et l'autre venue après. Il va
sans dire qu'il se sera développé, en même temps, deux
couches de liber, et que toutes ces couches exceptionnelles se montreront beaucoup plus minces que les normales.

Il est, par contre, certains végétaux où la tige offre
naturellement, dans son système central, plusieurs zones concentriques distinctes, mais dont chacune représente le produit de plusieurs années. Tels sont les *Cycas*,
arbres exotiques, originaires des régions équatoriales
de l'Asie, de l'Afrique orientale et de la Nouvelle-Hollande.

Dans quelques autres espèces, et notamment dans le
*Pisonia aculeata*, qui végète aussi dans plusieurs contrées des régions intertropicales, la tige, quel que soit
son diamètre, ne contient jamais qu'une couche de
bois. Les productions annuelles, au lieu de se déposer
en zones concentriques entre la moelle et l'écorce, s'y
confondent en une masse homogène où rien ne permet
de reconnaître l'âge de la plante.

On rencontre fréquemment, dans les régions tropicales, des végétaux dont la tige présente des anomalies
bien plus singulières : nous voulons parler des plantes
connues sous le nom général de *lianes*, qui sert à dési-

gner des végétaux appartenant aux familles les plus diverses, et n'ayant entre eux de caractère commun que celui d'avoir la tige sarmenteuse. Il arrive quelquefois que ces tiges ne présentent au premier aspect rien de particulier; mais le plus souvent aussi leur forme extérieure trahit déjà les anomalies de leur structure intérieure.

Dans certaines Gnétacées, par exemple, la tige est arrondie, et une coupe transversale la montre formée de couches concentriques régulièrement disposées autour de la moelle. En apparence, rien de différent de ce que nous avons vu jusqu'ici; mais l'examen microscopique dissipe tout d'abord l'illusion. On voit alors que chacune des couches ligneuses est entourée d'une étroite zone dont les éléments offrent tous les caractères du liber.

La tige de certaines Ménispermacées et Légumineuses offre les formes extérieures inusitées d'un ruban aplati ou d'un prisme triangulaire plus ou moins allongé. Cela tient à ce que les couches ligneuses, régulières au début, ont bientôt cessé de se développer tout autour de la moelle et ne se sont plus formées que d'un seul côté ou aux deux extrémités d'un même diamètre.

Les plus remarquables sans doute de toutes ces anomalies nous sont offertes par la tige des lianes de la famille des Sapindacées, où l'on voit un corps ligneux central entouré plus ou moins régulièrement par des corps ligneux plus petits, munis chacun d'une écorce spéciale, le tout étant circonscrit par un système cortical commun. Le développement de ces corps ligneux latéraux n'est pas encore parfaitement connu, mais ils paraissent, la plupart du temps, prendre naissance aux dépens d'îlots cellulaires spéciaux qui apparaissent à des époques variables dans le parenchyme cortical primitif.

## STRUCTURE DES TIGES MONOCOTYLÉDONÉES.

La structure de la tige, dans les plantes monocotylédones, est moins complexe que celle des tiges dicotylédones ; elle ne doit pas nous occuper aussi longtemps.

Étudiée dans la graine, une tige monocotylédone, de même que toute autre, se montre formée simplement de tissu cellulaire. Pendant la germination, elle se complique de faisceaux fibro-vasculaires qui, d'abord rares et rangés en cercles, sont plus tard nombreux et disposés sans ordre, sans régularité.

C'est surtout dans les Palmiers que la structure des plantes monocotylédones apparaît avec tous ses caractères distinctifs.

Lorsqu'on jette les yeux sur la section horizontale d'un stipe de Palmier (fig. 80), on remarque deux choses : une masse de parenchyme répandue partout, et des faisceaux fibro-vasculaires, épars dans cette masse. Du reste, point de canal, point de rayons médullaires, ni de couches concentriques ligneuses distinctes.

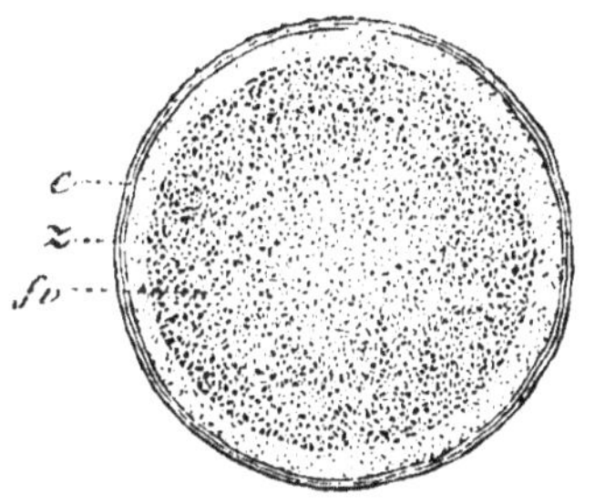


Fig. 80. — Section transversale d'une tige de Palmier. On n'y voit pas de couches concentriques. Le tissu est moins serré au centre que vers la circonférence.

Le parenchyme, base de cette organisation, se compose de cellules arrondies ou polyédriques, à parois simples ou complexes, renfermant d'abord une grande quantité de sucs, de chlorophylle, mais bientôt sèches et décolorées; c'est une moelle qui existe dans tous les points, au lieu d'être contenue dans un étui central.

Cette moelle renferme quelquefois des quantités de fécule assez considérables pour donner lieu à une exploitation lucrative. La fécule connue sous le nom de *sagou* n'a pas d'autre origine.

Répandus aussi partout, les faisceaux fibro-vasculaires (*fv*), assez rares au centre du stipe, sont d'autant plus nombreux, d'autant plus serrés et foncés en couleur, qu'ils se rapprochent davantage de la circonférence, où ils dessinent une zone compacte et noirâtre (*z*).

En dehors de cette zone, on trouve une couche de tissu cellulaire qui représente l'écorce (*e*), et, entre les deux, on observe quelquefois une espèce de liber formé de faisceaux fibreux, grêles, lâchement unis, peu colorés.

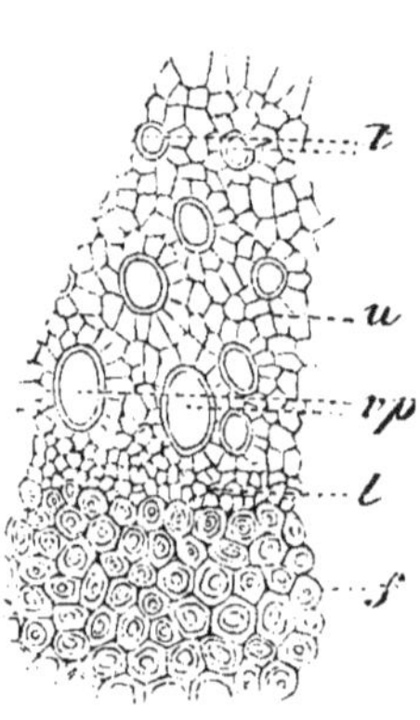

Chaque faisceau fibro-vasculaire est composé d'éléments très-divers, répartis en trois régions distinctes. Vu au microscope, il présente de dedans en dehors, c'est-à-dire quand on l'examine dans son épaisseur en commençant par le côté qui correspond au centre de la tige : 1° une première région formée de une ou plusieurs trachées ou vaisseaux annelés (fig. 84, *t*), auxquels succèdent des vaisseaux plus volumineux, ponctués ou rayés (*vp*). Ces éléments vasculaires sont réunis par des fibres ligneuses (*u*) à parois ponctuées, minces ou épaisses, suivant les espèces ; 2° une seconde zone (*l*), qui se compose uniquement de cellules tubuleuses, plus ou moins larges, arrangées en files longitudinales, carrément tronquées à leurs extrémités ; 3° enfin une zone externe, où l'on n'observe que des fibres longues

Fig. 84. — Coupe horizontale d'un faisceau fibro-vasculaire pris dans la tige d'un Palmier. Les éléments trachéens (*t*) sont placés à la partie la plus voisine du centre de la tige.

(*f*), à parois épaisses, présentant tous les caractères des fibres libériennes. L'assimilation de la zone interne avec le bois des dicotylédones paraît peu douteuse, bien que les fibres qui la composent acquièrent en général peu de dureté. Quant à la zone intermédiaire, les avis sont plus partagés: H. Mohl pense que ses tubes-cellules ne sont autre chose que des sortes de latici-fères; d'autres botanistes y voient l'analogue du *cambium*. Nous ferons remarquer que, d'après les présomptions physiologiques, cette dernière opinion paraît assez peu vraisemblable, parce qu'on sait actuellement que les faisceaux, une fois formés, ne s'accroissent plus en épaisseur.

Mais ce n'est pas dans tous leurs points que les faisceaux dont il s'agit se montrent avec une telle complication de structure. Formés seulement de fibres libériennes à leur extrémité inférieure, où ils sont très-grêles, ils s'épaississent. en s'élevant, par l'addition à leur face interne, d'abord de vaisseaux laticifères, ensuite de vaisseaux rayés ou ponctués, et enfin de vaisseaux-trachées. De sorte qu'ils ne réunissent tous leurs éléments constitutifs que dans leurs parties supérieures.

Tout le monde sait que les Palmiers, comme la plupart des végétaux monocotylédonés ligneux, ont leurs feuilles réunies au sommet de leur stipe. Eh bien ! si l'on prend un faisceau fibro-vasculaire au point où il sort de la tige pour pénétrer dans une de ces feuilles, et qu'on le suive inférieurement dans toute son étendue, voici ce que l'on observe (fig. 82, *f*, *f*.)

Il se dirige d'abord vers le centre du stipe en même temps qu'en bas. Parvenu près du centre, il descend d'une manière à peu près verticale; ensuite il se rapproche peu à peu de la surface, arrive jusqu'à la couche cellulaire qui tient lieu d'écorce et parcourt sous cette couche, un certain trajet rectiligne, puis disparaît ; en un mot, il décrit dans sa course une ligne sinueuse dont la convexité, tournée vers l'axe de la tige, est surtout bien marquée supérieurement.

D'où il résulte que tous les faisceaux contemporains, partis d'un même bouquet de feuilles, commencent par converger entre eux, mais descendent bientôt en divergeant. Ils rencontrent et ils croisent dans leur route les faisceaux plus anciens, qui autrefois communiquaient avec des feuilles moins élevées, maintenant détruites ($a$, $a - b$, $b$, $- c$, $c$) ; et comme ces entre-croisements sans nombre se compliquent encore par ce fait que chaque faisceau n'est point situé dans un même plan vertical, mais produit dans sa descente une sorte de surface gauche, la structure de la tige en est rendue comme inextricable et d'une étude très-difficile.

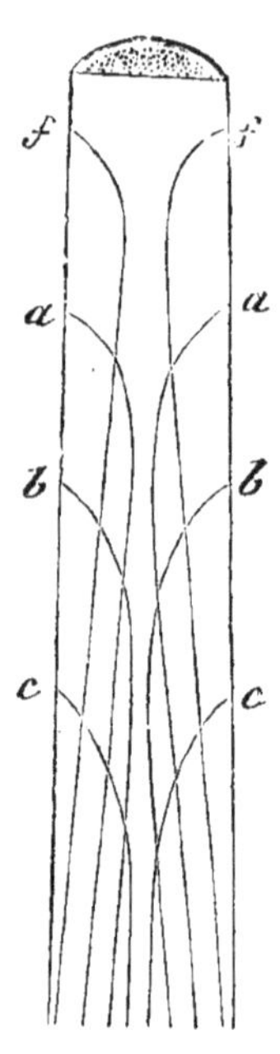

Fig. 82. — Figure schématique destinée à montrer la marche des faisceaux fibro-vasculaires dans la tige des Palmiers.

C'est aux savantes recherches de Hugo Mohl que nous devons ce qu'on sait de plus positif sur tous ces détails. Avant qu'on eût suivi les faisceaux fibro-vasculaires dans toute leur étendue, on croyait qu'ils naissaient du centre de la tige pour aller se répandre dans les feuilles situées autour. De là l'épithète d'*endogènes*, que l'on applique encore à tort aux végétaux monocotylédons, par opposition à celle d'*exogènes*, que reçoivent les plantes dicotylédones.

La tige des plantes dicotylédones, nous l'avons vu, s'accroît, en effet, en dehors, c'est-à-dire par des couches qui se forment chaque année tout près de la surface. Il n'est pas également vrai de dire que les tiges monocotylédones s'accroissent en dedans, puisque c'est à la surface que leurs faisceaux fibro-vasculaires ont leur point de départ en même temps que leur point d'arrivée. Ces faisceaux, du reste, après avoir croisé ceux qu'ils rencontrent au-dessous d'eux, se placent constamment en dehors. On doit donc renoncer, pour les végétaux monocotylédonés, à cette qualification d'*endogènes*, qui exprime une idée reconnue absolument fausse. Celle-ci disparue, celle d'*exogènes* devient inutile.

Dans plusieurs végétaux monocotylédons herbacés, la tige ne présente au centre que du tissu cellulaire, espèce de moelle qui disparaît peu à peu, comme on le voit dans les Roseaux, le Blé, l'Avoine, etc. Cette tige, que l'on désigne souvent sous le nom de *chaume*, présente au niveau du point d'attache de chaque feuille un renflement extérieur ou *nœud* qui correspond à un diaphragme transversal intérieur. Quand on examine la structure de ce diaphragme, on voit qu'il est presque entièrement formé par l'entrelacement des ramifications qui se détachent des faisceaux fibro-vasculaires à ce niveau.


## STRUCTURE DES TIGES ACOTYLÉDONÉES.


Les plantes acotylédonées occupant les degrés inférieurs de l'échelle végétale, on doit s'attendre à y trouver le dernier terme de la simplicité organique. C'est, en effet, ce qui a lieu ; et cette simplicité arrive à être telle, que bon nombre de ces plantes consistent en une seule et unique cellule. La plupart des végétaux cellulaires n'ont donc pas de tige proprement dite, et il ne saurait entrer dans le cadre restreint de ces éléments de donner une idée, même approximative, des formes presque innombrables que l'on peut rencontrer. Les Mousses sont les seules qui présentent une tige bien caractérisée,

dont la structure comporte des cellules plus ou moins
allongées, à parois plus ou moins épaisses.

Mais il est des plantes acotylédones qui offrent aussi,
dans leur composition anatomique, des faisceaux fibro-
vasculaires en même temps que du tissu parenchymateux ; elles constituent, à leur tour, des plantes vasculaires. Telles sont notamment les Fougères.

On désigne sous le nom de Fougères en arbre des
Fougères ligneuses qui végètent dans les régions intertropicales, où elles acquièrent,
en général, des dimensions
considérables. Leur tige, toujours cylindrique, souvent très-
élevée , élancée comme celle
d'un Palmier, offre une organisation toute particulière
(fig. 83).

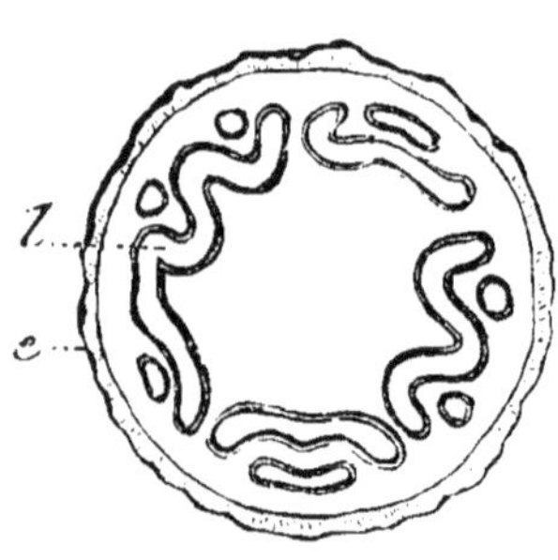

Fig. 83. — Section transversale
de la tige d'une Fougère ar-
borescente. Le tissu fibro-vasculaire apparaît sur la coupe
sous forme de cercles, de bandes sinueuses, l.

Leur tronc, marqué dans
toute sa hauteur de cicatrices
nombreuses causées par la
chute des feuilles, est pourvu
d'une écorce, d'un corps ligneux et d'une moelle centrale.

Épaisse de quelques millimètres seulement, l'écorce
est formée de deux assises assez distinctes : une extérieure, composée de cellules polyédriques ; une intérieure, dans laquelle on ne voit guère que des cellules
allongées à parois épaisses. Ces deux zones forment un
tout habituellement très-dur, recouvert par un épiderme luisant. En dedans de cette écorce, et plongé
dans un parenchyme peu consistant, apparaît le corps
ligneux. Il est formé de faisceaux fibro-vasculaires
très-compliqués dans leur agencement réciproque, et
qui, sur une coupe transversale, affectent le plus souvent la forme d'un croissant simple ou double, à convexité intérieure, dans la concavité duquel on en voit un

plus petit, arrondi ou elliptique. Cette apparence tient, d'après H. Mohl, à ce que tout le système ligneux constitue en réalité un cylindre continu percé de nombreuses ouvertures longitudinales dont les bords sont rejetés en dehors. Quant aux petits faisceaux, ce ne sont, d'après le même anatomiste, que des ramifications qui se détachent du système général pour se rendre aux feuilles.

Examiné dans ses détails, chaque faisceau se montre formé de trois parties anatomiquement différentes : 1° une zone extérieure très-dure, noirâtre, composée de fibres-cellules à parois très-épaisses et ponctuées ; 2° une couche mince de parenchyme tout à fait analogue à celui qui constitue la moelle ; 3° au centre existe un groupe plus ou moins volumineux de vaisseaux rayés, de l'espèce dite *scalariformes* (voyez page 36).

Le cylindre ligneux entoure une moelle très-volumineuse ; celle-ci est formée du même parenchyme mou que nous avons déjà signalé.

Nos Fougères indigènes, toutes herbacées, présentent une structure essentiellement analogue à celle des Fougères ligneuses ; mais on trouve de notables différences dans le nombre et dans l'arrangement des faisceaux fibro-vasculaires. Tantôt ceux-ci sont rangés en cercle, tantôt, au contraire, réunis au centre de la tige en un cylindre plein ; d'autres fois encore on les voit se traduire sur la coupe transversale en dessins fort variables, souvent bizarres ; c'est ainsi qu'une des Fougères les plus répandues chez nous a reçu le nom de *Pteris aquilina*, parce que la coupe

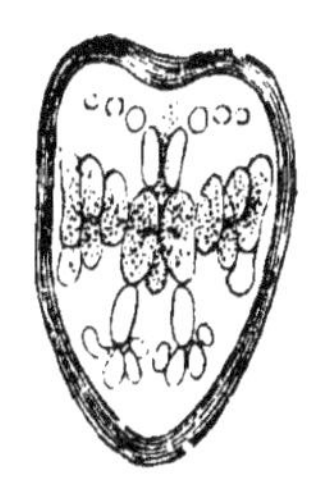

Fig. 84. — Coupe transversale de la tige d'une Fougère (*Pteris aquilina*).

de ses faisceaux fibro-vasculaires représente, jusqu'à un certain point, la figure d'un aigle à deux têtes (fig. 84).

On a cru pendant longtemps que les Fougères ne renferment jamais que des vaisseaux scalariformes ou ponctués; mais cela n'est vrai que pour les tiges adultes ou déjà anciennes. De nombreuses observations, dont les premières sont dues à M. Bert, ont prouvé dans ces dernières années que les tissus des Fougères présentent au très-jeune âge toutes les variétés de vaisseaux spiraux, y compris les trachées, et que ce n'est que plus tard que ces éléments font place aux autres.

A côté des Fougères, on doit encore citer, parmi les Acotylédonés vasculaires, les *Lycopodiacées* et les *Équisétacées* ou *Prêles* Ces végétaux, qui ont pris une part immense à la formation de la houille, sont réduits, dans la végétation actuelle, à un rôle tellement secondaire, que nous croyons devoir renvoyer le lecteur à des ouvrages spéciaux, pour ce qui a rapport à leur structure intime.

## ORGANISATION DE LA RACINE.

La plupart des tissus qui composent la tige se continuent dans la racine, de telle sorte que ces deux parties ont presque la même organisation. Cependant la racine, comparée sous ce rapport à la tige, présente quelques différences que nous devons indiquer, et qui sont variables suivant la classe à laquelle appartient la plante sur laquelle on l'étudie.

Dans les Dicotylédones, l'écorce et le bois de la racine présentent la même organisation que ceux de la tige, à cette différence près que les éléments fibro-vasculaires sont en général plus volumineux, et que l'épiderme ne se rencontre que sur les parties nouvellement formées, attendu qu'il se détruit de très-bonne heure. C'est la couche subéreuse qui le remplace sur toutes les racines un peu âgées.

On a cru pendant longtemps, et on trouve encore
dans beaucoup d'ouvrages classiques, que la racine est
surtout caractérisée par l'absence de moelle à son centre. Quelques plantes, telles que le Noyer, le Marronnier
d'Inde, semblaient seules faire exception à cette loi.
Les recherches de plusieurs anatomistes modernes ont
montré que cette assertion repose sur une généralisa-
tion trop hâtive ou sur des faits mal observés; d'après
M. Schacht, ce serait même le contraire qui serait la
règle générale. Quoi qu'il en soit, il est bien certain que
la moelle existe aussi fréquemment qu'elle manque
dans les racines des Dicotylédones.

Un des points les plus intéressants à étudier dans la
racine, c'est sans contredit son extrémité libre, par où
se fait, nous l'avons déjà annoncé, son élongation.
Cette extrémité a été, jusqu'à ces dernières années, décrite comme uniquement formée d'un tissu cellulaire
lâche, constamment en voie de rénovation, ce qui l'avait
fait comparer à une sorte de petite éponge douée de
la faculté d'absorber les liquides; d'où le nom de *spongiole* qui lui avait été donné. Les beaux travaux de
M. Trécul sur ce sujet ont montré que, loin d'être constituée de cette façon, l'extrémité libre des racines est
au contraire pourvue d'une enveloppe celluleuse relativement consistante, et, en tout cas, plus solide que les
tissus situés un peu plus haut et qui forment le point
végétatif de l'organe. Cette enveloppe, que l'auteur a
nommée *piléorhize*, et qui existe déjà avant que la radicelle naissante ait traversé l'écorce, présente une
forme dont les détails varient d'une plante à l'autre,
mais qui peut en somme se comparer à un petit dé à
coudre qui coifferait l'extrémité de la racine. Il faut
donc remarquer que ce n'est pas à l'extrémité même
que l'allongement se produit, mais à un niveau supérieur, correspondant à peu près au centre de la piléorhize. Cet organe protecteur est particulièrement facile

à observer dans les plantes aquatiques flottantes, telles que les Lentilles d'eau.

Il est bien vrai que le tissu de la piléorhize se renouvelle sans cesse ; mais c'est à sa face interne que s'exécute la multiplication de cellules, tandis que sa surface libre se désagrége peu à peu, phénomène assez comparable à l'exfoliation de l'épiderme chez les animaux.

La piléorhize est constamment dépourvue de tout appendice extérieur; mais il n'en est pas de même dans toute la longueur de la radicelle. Celle-ci, en effet, montre toujours un certain nombre de ses cellules épidermiques prolongées en poils plus ou moins développés, et auxquels certains auteurs attribuent un rôle capital dans la fonction d'absorption ; ce qui est loin d'être prouvé. Il est connu, du reste, que ces poils ont une durée très-limitée, et qu'on ne les rencontre que sur une faible longueur au-dessus de la piléorhize. Ils disparaissent naturellement de bonne heure avec l'épiderme dont ils font partie.

Chez les Monocotylédones, la structure de la racine diffère davantage de celle de la tige, et les Palmiers diffèrent eux-mêmes, sous ce rapport, des plantes herbacées du même groupe. Leurs racines présentent, sous un épiderme résistant, une couche corticale épaisse, formée de cellules lâchement unies, à parois très-minces. En dedans de cette sorte d'écorce apparaît un cylindre ligneux, continu, enveloppant une moelle centrale. Les faisceaux fibro-vasculaires ont une disposition toute particulière : ils affectent chacun la forme d'un V ouvert du côté de la périphérie, de sorte que tout l'ensemble présente, vu sur une coupe transversale, l'aspect d'une sorte de roue dentée. Les vaisseaux qu'on y observe sont, en outre, disposés en sens inverse de celui où nous les avons vus dans la tige, car les gros tubes ponctués sont à l'intérieur (vers le sommet du V) et les tubes rayés à l'extérieur. Tous sont accompagnés de cellules allongées. Plus en dehors existent les fibres ligneuses. Dans chaque intervalle qui sépare ces faisceaux fibro-vasculaires on voit une petite masse de ces cellules particulières que nous avons dit être des laticifères pour quelques-uns, et pour les autres, constituer une couche de cambium.

La racine de la plupart des Monocotylédones herbacées se distingue par une particularité anatomique très-remarquable. Si on examine une tranche mince de la racine de l'Asperge, par exemple, on constate, en dehors d'un corps ligneux assez analogue à celui des Palmiers, un cercle de cellules tout à fait spéciales et qui existe à la limite interne de l'écorce. Ces cellules, volumineuses, ont des parois très-inégales, celle qui est tournée vers l'extérieur restant très-mince, tandis que les latérales et l'interne prennent une grande épaisseur. Elles forment comme un étui protecteur interposé entre l'écorce et la couche génératrice.

Ajoutons, pour terminer, que, chez les Orchidées épiphytes et certaines Aroïdées, les racines aériennes sont recouvertes d'une zone plus ou moins épaisse de cellules caractérisées par l'existence d'un fil spiral à leur intérieur. Ce n'est qu'au-dessous de cette zone que se rencontre une couche cellulaire, regardée par les uns comme le véritable épiderme, par les autres, comme une formation spéciale qui n'aurait pas d'analogue dans les racines ordinaires.

Les Acotylédones vasculaires présentent une structure très-simple dans leurs racines. Ainsi, dans les Fougères, ces organes sont formés d'un faisceau fibro-vasculaire unique, sans trace de moelle, et entouré d'une écorce entièrement celluleuse. Celle-ci est limitée par un épiderme dont plusieurs cellules s'allongent en poils roux, remarquables par la grande épaisseur de leurs parois.

## DES FEUILLES.

Les feuilles se montrent si variées dans leur forme et dans leur structure qu'il serait difficile d'en donner une définition exacte.

Tout le monde connaît ces expansions minces et vertes que portent la plupart des plantes de nos pays, et

Fig. 85. — Un rameau de Peuplier portant des feuilles simples.

Fig. 86.— Une feuille composée du faux Acacia (*Robinia pseudo-Acacia*).

cette notion générale est suffisante pour comprendre ce que nous avons à en dire pour le moment.

Il en est qui restent cachées sous terre ; d'autres sont aquatiques, submergées ou flottantes à la surface de l'eau ; la plupart se développent au sein de l'atmosphère, où elles se présentent, en général, sous la forme de lames vertes, planes, minces, diversement configurées. Elles remplissent des fonctions d'absorption et d'exhalation fort importantes ; elles constituent les principaux agents de la respiration chez les végétaux.

Nous nous occuperons d'abord de ce qui a trait à la forme des feuilles, réservant pour un paragraphe distinct les détails relatifs à la structure intime de ces organes.

Les botanistes admettent deux espèces de feuilles : les unes *simples*, réduites à une seule lame, entière ou plus ou moins divisée sur ses bords (fig. 85) ; les autres *composées*, c'est-à-dire formées de plusieurs lames distinctes (fig. 86). Étudions d'abord les feuilles simples, dont la connaissance facilitera beaucoup celle des feuilles composées.

## FEUILLES SIMPLES.

La feuille simple est essentiellement constituée par une lame mince, plus ou moins étendue, appelée *limbe*, qui tantôt s'unit directement à la tige, tantôt y est fixée par l'intermédiaire d'une partie rétrécie, que l'on désigne dans le langage vulgaire sous le nom de queue de la feuille, et qui porte en botanique celui de *pétiole* (fig. 87, *p*). La feuille, dans ce cas, est elle-même dite *pétiolée ;* autrement on dit qu'elle est *sessile* (fig. 88).

### PÉTIOLE.

Le pétiole (fig. 85 et 87) n'existe que dans les feuilles complètes ; il en supporte le limbe. C'est une espèce de rameau très-grêle, rarement aplati dans le sens latéral, ordinairement cylindrique ou demi-cylindrique, souvent creusé, en dessus, d'une gouttière longitudinale. Il

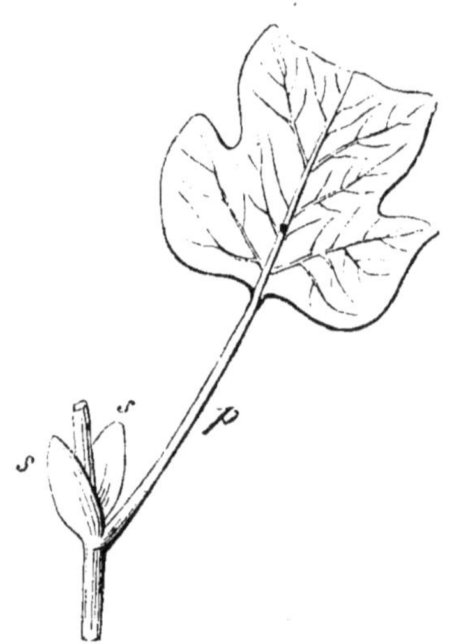

Fig. 87. — Feuille du Tulipier (*Lirio-dendron tulipifera*). Elle est pourvue d'un pétiole (*p*).

Fig. 88. — Sommet de la tige d'une Moutarde (*Sinapis arvensis*). Les feuilles sont sessiles.

peut offrir d'autres formes que nous indiquerons tout à l'heure.

Le pétiole est généralement plus court que le limbe ; quelquefois pourtant il se montre aussi long ou même plus long. Lorsqu'il est très-court, la feuille est dite *brièvement pétiolée, presque sessile* ou *subsessile.* S'il offre une certaine épaisseur en même temps qu'il est court, il soutient le limbe sans se courber. Quand il est, au contraire, mince et long, il fléchit sous le poids du limbe, qui acquiert par là beaucoup plus de mobilité.

Dans la plupart des cas, le pétiole, comme *articulé* sur la tige, s'en détache facilement. La feuille, alors *caduque*, se flétrit et tombe de bonne heure, pendant l'année même de sa naissance, le plus souvent en automne, ainsi qu'on l'observe sur le Platane, sur l'Orme,

le Tilleul, etc. Elle laisse sur la tige une cicatrice qu'il
est facile de reconnaître, et qui repose sur un léger renflement qui servait de base à la feuille et en constituait
le *coussinet* (fig. 89).

Mais il est des végétaux où les feuilles ont une durée
beaucoup plus longue, et en outre ne se renouvellent
pas toutes à la fois, comme dans les cas que nous avons
cités. On dit alors que les feuilles sont *persistantes*.
C'est ce que l'on observe, par exemple, dans le Buis, le

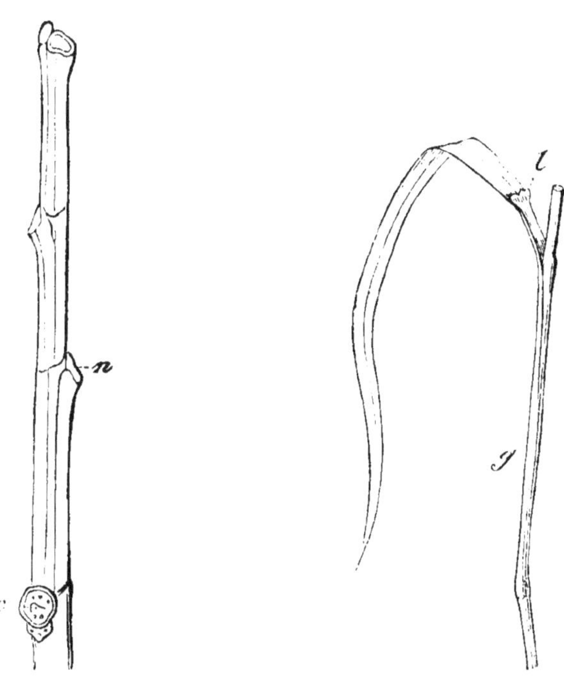

Fig. 89.— Une branche de Châtaignier
dont les feuilles en tombant ont
laissé des cicatrices *c*. A chaque
feuille correspondait un petit renflement nommé *coussinet* (*n*).

Fig. 90. — Fragment de la tige d'une
Graminée portant une feuille dont
la gaine (*g*) est fendue dans sa
longueur.

Laurier, les Pins, les Sapins, en un mot, dans tous les
*arbres verts*, ainsi nommés précisément en raison de la
durée de leurs feuilles, dont ils ne se dépouillent jamais
complétement.

Le pétiole n'est pas toujours de même forme dans toute son étendue. On le voit assez souvent s'élargir à sa base et embrasser la tige dans tout ou partie de son pourtour. Cet élargissement porte le nom de *gaîne*, et le pétiole qui le présente est désigné par les épithètes d'*embrassant*, *engaînant*, *amplexicaule*, etc.

La feuille simple la plus complète qu'on puisse imaginer se compose donc d'un limbe, d'un pétiole et d'une gaîne.

La gaîne, entière dans certains végétaux, tels que les Cypéracées, est fendue longitudinalement dans un assez grand nombre d'autres, notamment dans la plupart des Graminées (fig. 90, *g*), où son point d'union avec le limbe est presque toujours marqué, en dedans, par une membrane blanche, mince, très-petite, désignée sous le nom de *ligule* (*l*), et dont nous aurons bientôt l'occasion de parler avec plus de détails.

Ce qui précède nous amène à dire quelques mots sur la manière dont les feuilles sessiles s'attachent, à leur tour, sur la tige.

### MODES D'INSERTION DES FEUILLES SESSILES.

De même que les pétiolées, les feuilles sessiles, quelquefois persistantes, sont le plus souvent caduques, c'est-à-dire articulées sur la tige, et condamnées à tomber de bonne heure.

Beaucoup de feuilles sessiles sont aussi amplexicaules ou semi-amplexicaules (fig. 91). On donne l'épithète de *perfoliées* aux feuilles amplexicaules qui débordent la tige de toutes parts, ainsi que cela a lieu, par exemple, dans le Buplèvre à feuilles rondes (fig. 92).

Il arrive que deux feuilles opposées et amplexicaules se réunissent base à base, de façon à former, comme on le voit souvent dans le Chèvrefeuille (fig. 93), une seule lame au milieu de laquelle passe la tige ; ces feuilles sont *conjointes* ou *connées*.

Fig. 91. — Sommet de la tige de la Moutarde des champs portant des feuilles sessiles *semi-amplexicaules*.

Fig. 92. — Tige d'un Buplèvre (*Buplevrum rotundifolium*) dont les feuilles sont *perfoliées*.

On donne enfin la qualification de *décurrentes* aux feuilles sessiles pourvues de deux espèces d'ailes qui, de

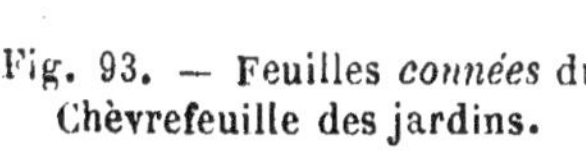

Fig. 93. — Feuilles *connées* du Chèvrefeuille des jardins.

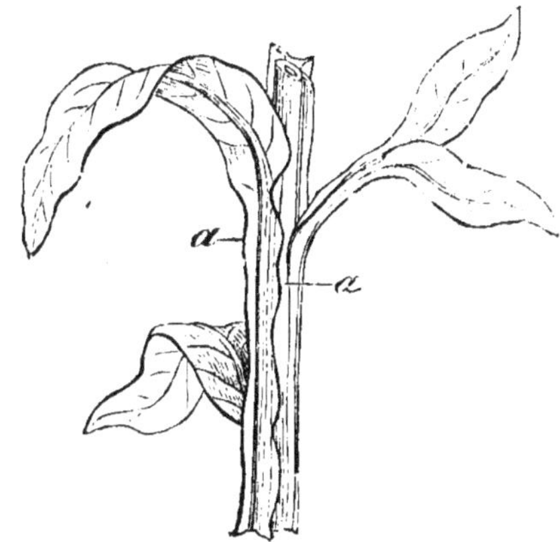


Fig. 94.—Feuilles *décurrentes* de la grande Consoude (*Symphytum officinale*).

leur base, s'étendent inférieurement sur la tige, ainsi

qu'on l'observe sur le Bouillon blanc, la Grande Consoude (fig. 94, *a*, *a*), etc. La tige, dans ce cas, est *ailée*.

Abordons maintenant l'examen du limbe en le considérant dans toutes les feuilles simples, qu'elles soient pourvues ou non d'un pétiole.

### DU LIMBE.

Il est des plantes dont les feuilles s'éloignent singulièrement de la forme générale. Dans le *Mesembryanthemum deltoides*, par exemple, elles s'offrent sous la figure d'autant de pyramides triangulaires et renversées. Dans le *Nepenthes distillatoria*, chaque feuille se termine par une espèce de coupe surmontée d'un couvercle qui s'abaisse ou s'élève selon les circonstances. Et dans l'Oignon que nous cultivons pour nos usages culinaires, les feuilles, longues et cylindriques, se montrent fistuleuses dans toute leur étendue.

Ces exemples, pris parmi beaucoup d'autres, suffiront pour donner une idée des formes exceptionnelles, insolites, dont les feuilles sont susceptibles.

Dans la grande majorité des cas, le limbe de la feuille, nous l'avons déjà dit, se présente sous la forme d'une lame plane et

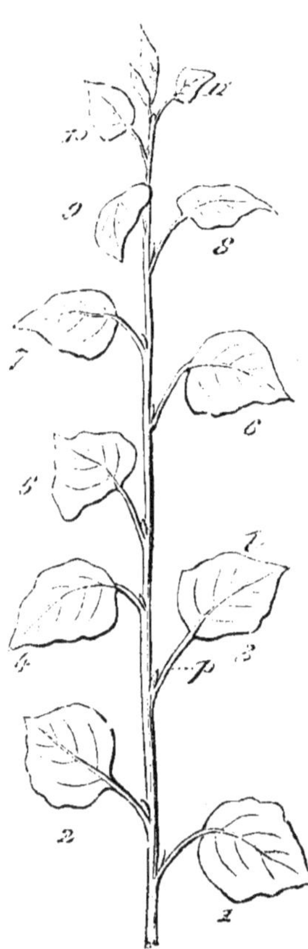

Fig. 95. — Branche de Peuplier avec ses feuilles.

mince (fig. 95, *l*). On y reconnaît deux *faces* : l'une supérieure, l'autre inférieure ; un *bord*, ligne où les deux faces se rencontrent; une *base*, partie en rapport avec le pétiole ou avec la tige; et un *sommet*, extrémité opposée à la base. En général, la face supérieure est plus lisse, d'un vert plus foncé que l'inférieure; celle-ci est chargée pour l'ordinaire d'une plus grande quantité de poils.

Une feuille ne saurait subsister qu'autant que sa face supérieure continue à regarder le ciel et l'autre la terre. Si l'on recourbe un rameau vers le sol, les feuilles qu'il porte à son sommet se trouvent renversées; mais bientôt leur pétiole se tord sur lui-même jusqu'à ce que le limbe ait repris sa position normale.

Ce phénomène s'accomplit dans l'ombre comme à la lumière, la nuit comme le jour; il est tout à fait analogue à la tendance des tiges à s'élever vers le ciel, à celle des racines à se diriger de haut en bas.

**Nervation.** — Quand on examine le limbe d'un peu près, on remarque qu'il est parcouru dans différents sens par des lignes saillantes qui en forment comme la charpente et qui sont plus visibles à la face inférieure que sur la supérieure. Ces lignes portent le nom de *nervures;* on appelle *parenchyme de la feuille* le tissu occupant l'espace qu'elles circonscrivent.

On donne le nom de *nervation* à la disposition qu'affectent les nervures dans une feuille. Elle est susceptible de diverses modifications dont le botaniste tient grand compte dans la distinction des groupes, et qu'il importe par conséquent de connaître.

Dans la plupart des végétaux dicotylédonés, mais non dans tous, les feuilles, comme dans le Tilleul, par exemple (fig. 96), se montrent pourvues d'une nervure principale qui divise leur limbe en deux moitiés égales. Plus saillante, plus prononcée que les autres, cette *nervure médiane* (*m*) est appelée aussi *nervure-maîtresse* ou *côte* de la feuille. Dans une feuille pétiolée, elle continue le pétiole en droite ligne.

De cette nervure médiane ou *primaire* se détachent successivement, sous un angle plus ou moins aigu, des *nervures secondaires* (s), disposées sur ses côtés à peu près comme les barbes d'une plume sur la tige qui les porte;

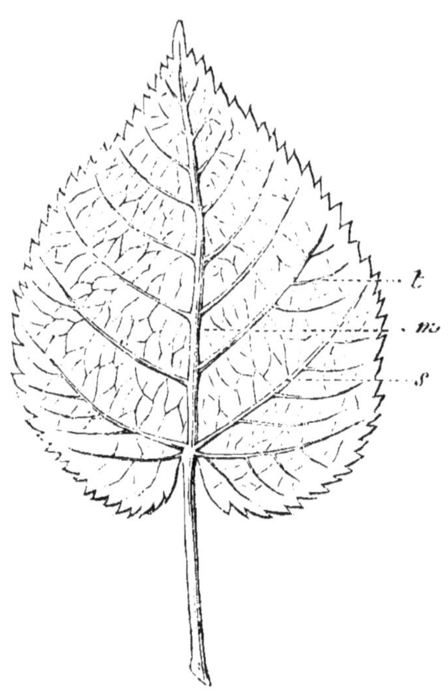

Fig. 96. — Feuille de Tilleul vue par sa face inférieure. De la nervure principale (*m*), partent des nervures de second ordre (*s*), qui produisent elles-mêmes des nervures tertiaires ( ).

aussi donne-t-on à cette disposition le nom de *nervation pennée*, et aux feuilles qui la présentent l'épithète de *penninerves* ou de *penninerviées*.

Quant aux nervures secondaires, elles fournissent à leur tour des branches latérales ou nervures tertiaires (*t*); celles-ci se divisent et se subdivisent de la même manière; d'où résultent, en définitive, une multitude de ramifications de plus en plus ténues, désignées sous le nom de *veines* ou de *veinules*.

Ces ramifications se confondent, s'anastomosent; elles forment un réseau dont les innombrables mailles sont remplies par le tissu parenchymateux.

On rencontre souvent dans nos bois des feuilles desséchées, réduites à leur squelette par la destruction du parenchyme; on peut y admirer la disposition que nous venons de décrire.

Mais il s'en faut que toutes les plantes nous offrent un exemple de nervation pennée. Il en est un grand nombre où plusieurs nervures principales naissent ensemble de la base du limbe.

Ces nervures, partant du sommet du pétiole, peuvent s'en éloigner en divergeant pour ainsi dire à la manière des doigts de la main ouverte ou de ceux d'un palmipède, comme on le voit, par exemple, dans les Mauves, les Guimauves, l'Alchémille vulgaire (fig. 97), etc. La nervation est alors dite *digitée* ou *palmée*, et la feuille *digitinerve*, *digitinerviée*, *palmatinerve* ou *palmatinerviée*.

D'autres fois, mais plus rarement, les nervures prin-

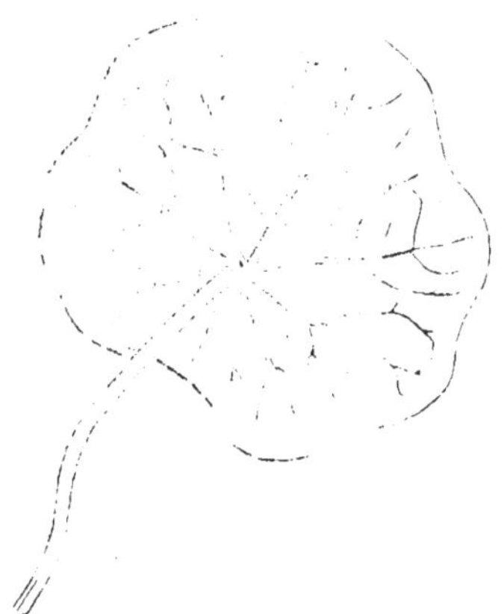

Fig. 97. — Feuille de l'Alchémille vulgaire vue par sa face inférieure. Au lieu d'une nervure principale unique, il y en a plusieurs qui partent du même point.

Fig. 98. — Feuille de la Capucine vue par sa face inférieure. Le pétiole est fixé au milieu du limbe, et de ce point partent plusieurs nervures primaires.

cipales, parties aussi du sommet du pétiole, divergent à l'instar des rayons d'une roue. Dans ce cas, le limbe, ayant jusqu'à un certain point la forme d'un bouclier, tient au pétiole par son milieu, et la feuille est *peltée*, *peltinerve* ou *peltinerviée*. Telles sont, par exemple, les feuilles d'Hydrocotyle, de grande Capucine (fig. 98), etc.

Il est aussi des plantes où les nervures, rapprochées à leur point de départ, s'écartent en s'avançant vers le milieu du limbe, puis convergent et vont se réunir à son sommet; elles décrivent chacune une courbe à concavité interne, ainsi qu'on le remarque dans le grand Plantain, dans le Plantain moyen (fig. 99), etc. Les feuilles qui se distinguent par ce caractère sont dites *curvinerves* ou *curvinerviées*.

Enfin, dans le plus grand nombre des végétaux Monocotylédons, tels que les Iris (fig. 100), les Graminées,

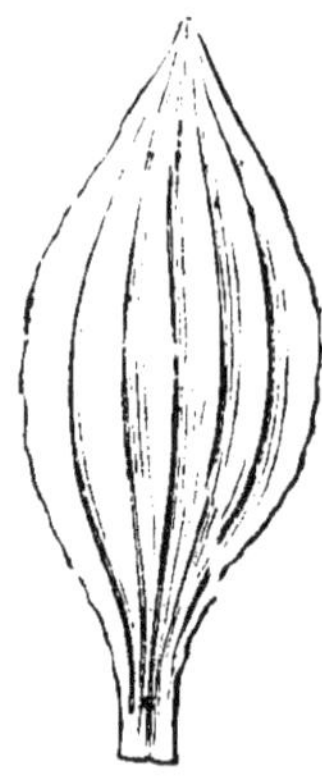

Fig. 99. — Feuille de Plantain (*Plantago media*), dont les nervures primaires s'écartent dès la base pour se rapprocher vers l'extrémité opposée.

Fig. 100. — Feuilles d'Iris. Les nervures sont égales et à peu près parallèles.

les Cypéracées, etc., les nervures, fines et très-rapprochées, se montrent à peu près droites, parallèles entre elles, et les feuilles reçoivent conséquemment l'épithète de *rectinerviées*.

On conçoit que la nervation des feuilles doit avoir une grande influence sur leur forme. Une feuille, en effet, sera nécessairement très-étroite en même temps que rectinerviée; plus large, si elle est curvinerviée ou penninerviée; plus large, encore si elle est palmatinerviée.

**Forme.** — Rien n'est varié comme la forme des feuilles; il n'est pas deux plantes dont les feuilles se ressemblent exactement, et celles d'une même plante diffèrent souvent beaucoup entre elles, comme on peut le voir, par exemple, sur la Renoncule aquatique (fig. 101, *f*, *f'*). Les plantes pourvues de feuilles si différentes reçoivent l'épithète d'*hétérophylles*.

Les principales modifications de forme que présentent les feuilles sont exprimées par des noms la plu-

Fig. 101. — Renoncule aquatique. Les feuilles submergées *f'* sont réduites aux nervures, tandis que les feuilles flottantes *f* ont un limbe bien développé.

part connus de tout le monde, et dont l'application devient facile par l'usage. Elles peuvent être *orbiculées*, *cordiformes*, *réniformes*, *sagittées* ou *en fer de flèche*, *hastées* ou *en fer de pique*, *ovales*, *obovales*, *elliptiques*, *spatulées*, *lancéolées*, *rubanées*, *linéaires*, *subulées* ou *en alène*, *filiformes*, *capillaires*, etc., etc. Une feuille est *obtuse* ou *aiguë*, suivant la forme de son sommet; on la dit *acuminée* quand elle se termine longuement en pointe.

Mais la figure des feuilles dépend souvent de l'état de leur bord, qui peut être indivis ou présenter toutes sortes de découpures. Dans le premier cas, la feuille elle-même est dite *indivise* ou *entière*; dans le second, elle reçoit des noms très-divers. Les feuilles curviner-viées ou rectinerviées sont généralement indivises. Parmi les autres, il en est aussi d'entières, comme celles du Lilas, par exemple ; mais la plupart, au contraire, se montrent plus ou moins divisées.

**Découpures**. — L'état de division d'une feuille résulte, on le comprend, d'un défaut de parenchyme

Fig. 102. — Feuille sinuée du Chêne (*Q.ercus pedunculata*).

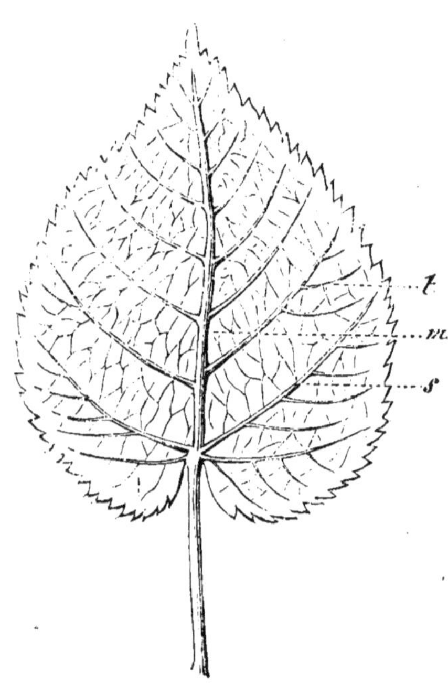

Fig. 103. — Feuille dentée en scie du Tilleul.

dans une certaine partie des interstices qui règnent entre ses nervures. C'est toujours du bord de l'organe que procèdent ces découpures. Quelquefois à peine marquées, elles se montrent souvent, au contraire, très-profondes, et elles peuvent offrir tous les degrés d'étendue compris entre ces deux extrêmes. Quant à leur direction, elle dépend nécessairement de celle des nervures elles-mêmes; elle varie suivant que la nervation est pennée ou palmée.

Une feuille est dite *sinuée* quand son bord décrit des contours largement arrondis, alternativement saillants et rentrants, comme on le voit, par exemple, dans le Chêne (fig. 102).

Elle peut être *dentée*, pourvue, sur son bord, de petites divisions aiguës en forme de triangle isocèle; *dentée en scie*, c'est-à-dire à dents obliques (fig. 103); *crénelée*, munie de crénelures, petites divisions arrondies (fig. 104); *doublement dentée* ou *doublement crénelée*, à dents denticulées ou à crénelures portant elles-mêmes des crénelures plus petites. On dit qu'une feuille est *incisée-dentée* ou *incisée-crénelée* lorsque ses dents ou ses crénelures sont séparées par des incisions plus profondes que dans les cas ordinaires.

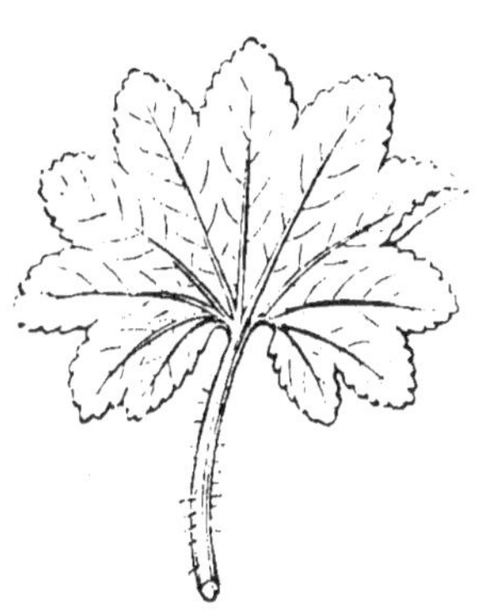

Fig. 104. — Feuille crénelée de l'Alchémille vulgaire.

Mais il est des feuilles qui se font remarquer par des découpures beaucoup plus étendues que celles dont nous venons de parler.

Ces découpures, partant du bord, comme toujours, peuvent intéresser à peu près la moitié de l'étendue du limbe. La feuille est *lobée*, quand les incisions donnent lieu à des découpures élargies; elle est *fendue* ou *fide*, quand les divisions sont relativement étroites. Elle peut être *trifide*…, *quinquéfide*…, *multifide*…, c'est-à-dire pourvue de trois…, cinq…, ou d'un grand nombre de divisions. Elle reçoit l'épithète de *pinnatifide* ou de *palmatifide*, suivant que ces découpures sont latérales ou dirigées du sommet à la base, c'est-à-dire suivant que sa nervation est pennée ou palmée. Les feuil-

les du Chardon bénit (fig. 105) sont pinnatifides, et
celles du Houblon (fig. 106) palmatifides.

On dit qu'une feuille pinnatifide est *lyrée* ou *en lyre*

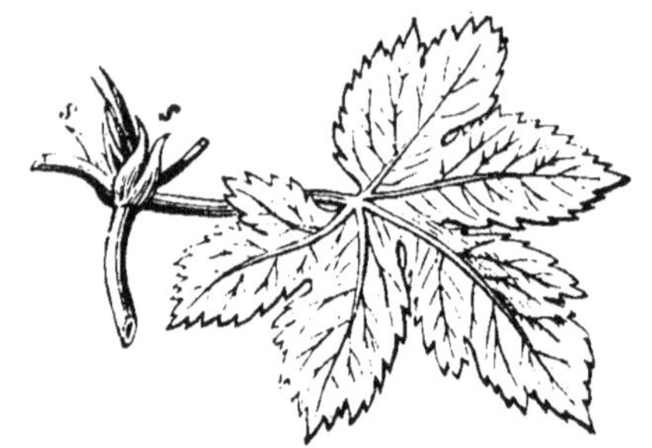

Fig. 106. — Feuille palmitifide du Houblon (*Humulus Lupulus*).

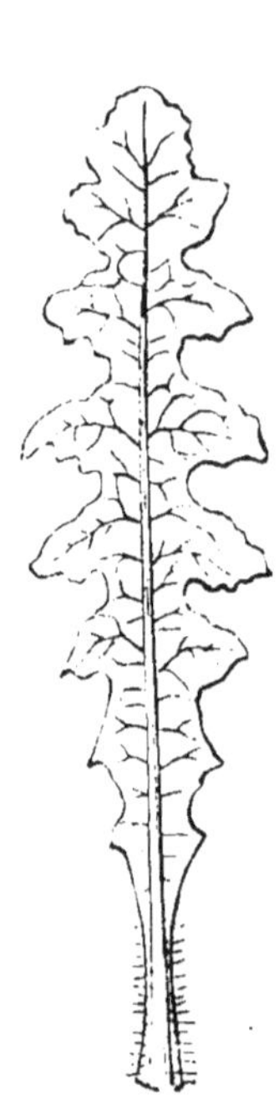

Fig. 105. — Feuille pinnatifide du Chardon bénit (*Cnicus benedictus*).

Fig. 107. — Feuille lyrée de la Valériane officinale (*Valeriana officinalis*).

lorsque sa division terminale est arrondie et beaucoup plus grande que les latérales, comme on l'observe, par exemple, dans les feuilles inférieures de la Valériane officinale (fig. 107). On applique l'épithète de *roncinées* à celles dont les divisions latérales s'inclinent, se recourbent vers la base, ainsi qu'on le remarque souvent dans le Pissenlit (fig. 108).

Ajoutons enfin que, dans les feuilles fendues, les divisions peuvent être elles-mêmes dentées, crénelées, incisées, etc.

Quant aux feuilles lobées, elles peuvent être, à leur tour, *bilobées, trilobées..., multilobées, pinnatilobées, palmatilobées,* etc. Celles de l'Alchémille commune, par exemple (fig. 109), sont palmatilobées, à lobes crénelés.

Il est, en outre, beaucoup de feuilles dont les découpures, plus profondes que celles dont il vient d'être

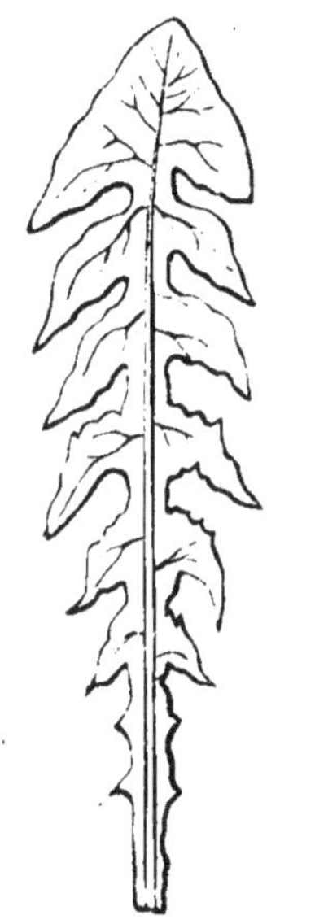

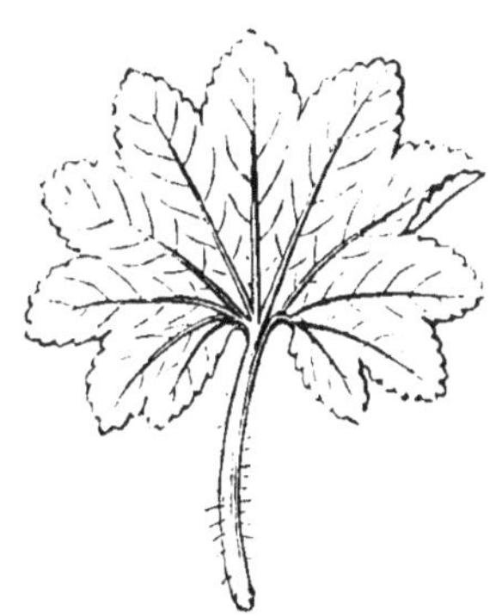

Fig. 108. — Feuille roncinée du Pissenlit (*Taraxacum officinale*).

Fig. 109. — Feuille palmatilobée-crénelée de l'Alchémille vulgaire.

question, ne respectent qu'une très-faible partie du limbe ou le parcourent même dans toute son étendue. Dans le premier cas, les divisions séparées par ces découpures portent le nom de *partitions,* et la feuille reçoit elle-même l'épithète de *partagée* ou *partite ;* tandis que, dans le second cas, les divisions sont appelées *segments,* et la feuille est dite *coupée* ou *séquée.*

On devine qu'une feuille partagée peut être *tri-*

*partite...*, *quinquépartite*, *multipartite*, *pinnatipartite*, *palmatipartite*. Les feuilles de la Centaurée-Chausse-trape (fig. 110) sont *pinnatipartites*.

Il va sans dire aussi qu'une feuille coupée peut être, à son tour, *triséquée...*, *multiséquée*, *pinnatisé-*

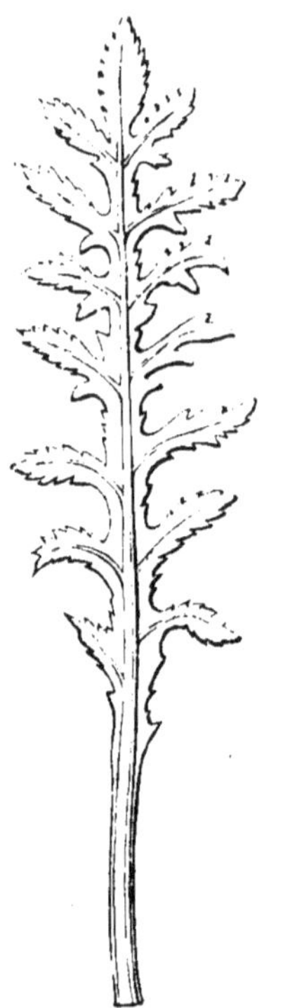

Fig. 110. — Feuille pinnatipartite de la Centaurée chausse-trape (*Centaurea calcitrapa*).

Fig. 111. — Feuille pinnatiséquée de la grande Chélidoine (*Chelidonium majus*).

*quée, palmatiséquée*, etc. Dans la grande Chélidoine (fig. 111), les feuilles sont *pinnatiséquées*.

Les feuilles dont il s'agit ne sont encore que des feuilles simples, malgré la profondeur de leurs découpures. Mais elles se rapprochent beaucoup des feuilles composées, dont il n'est pas même toujours facile de les distinguer. Elles en diffèrent pourtant en ce que leurs divisions, au lieu de ne s'attacher que par leur nervure principale à leur support commun, y adhèrent en même temps par un peu de parenchyme.

Voyons, du reste, quels sont les caractères et les principales modifications des feuilles composées.

## FEUILLES COMPOSÉES.

On donne cette dénomination à des feuilles formées de plusieurs divisions disposées sur un même plan, souvent étroites à leur base, et figurant, sur un support commun, autant de petites feuilles simples (fig. 112). Malgré sa complication, une feuille composée est bien un seul et même organe, car elle tombe d'une seule pièce. Ses divisions, plus ou moins nombreuses, reçoivent le nom de *folioles*, et l'on donne fréquemment celui de *rachis* à leur pétiole commun.

Ici, comme dans les feuilles simples, le pétiole est plus ou moins allongé. Il peut aussi se montrer élargi à sa base, amplexicaule, engaînant.

Les folioles, ordinairement articulées sur le pétiole qui les porte, sont quelquefois *sessiles*, mais plus souvent *pétiolulées*, c'est-à-dire munies d'un petit pétiole appelé *pétiolule*. Leur nervation et leur forme varient aussi comme dans les feuilles ; leur bord lui-même se montre, à son tour, indivis ou diversement découpé.

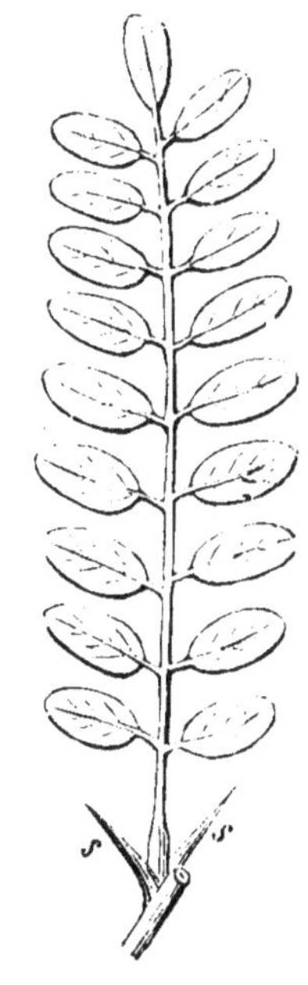

Fig. 112. — Feuille composée pennée du Faux-Acacia. Les folioles sont indépendantes les unes des autres et latérales.

Les pétioles secondaires, au lieu de porter un petit

limbe terminal, peuvent se ramifier eux-mêmes, et
donner naissance à des pétioles tertiaires, qui portent
les folioles, etc. La feuille alors n'est pas seulement
composée, mais *doublement* ou *triplement composée*. On la
dit encore *décomposée* (1).

Occupons-nous d'abord des feuilles simplement composées.

La nervation, dans les feuilles composées, de même

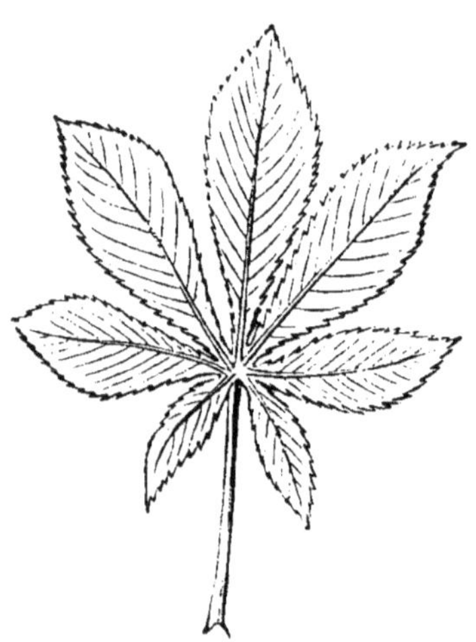

Fig. 113. — Feuille composée-palmée
du Marronnier d'Inde (*Æsculus
hippocastanum*). Les folioles sont
indépendantes et partent d'un
même point.

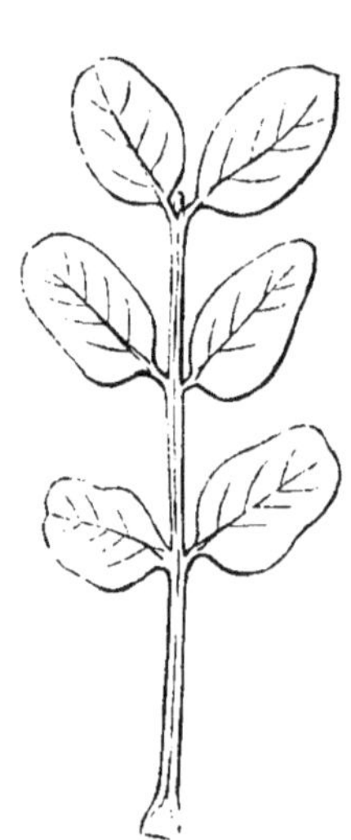

Fig. 114. — Feuille du Caroubier
(*Ceratonia siliqua*). Elle est pari-
pennée.

que dans les feuilles simples, peut être pennée ou digitée. De là deux formes bien différentes.

Dans les feuilles *composées-pennées*, les folioles se
montrent disposées sur les côtés du rachis, comme des
nervures secondaires sur les côtés d'une nervure médiane (fig. 112); tandis que, dans les feuilles *composées-*

(1) On trouve souvent dans les ouvrages descriptifs l'expression
de feuilles *surdécomposées*, appliquée aux cas dont il s'agit ; cette
expression défectueuse devrait être abandonnée.

*digitées* ou *composées-palmées* (fig. 113), les folioles naissent ensemble du sommet du pétiole commun.

Les feuilles composées-pennées reçoivent l'épithète
d'*oppositi-pennées* ou *alterni-pennées*, suivant que leurs
folioles sont disposées par paires ou isolées sur le rachis.
Et une feuille oppositi-pennée, dite encore *conjuguée*,
peut être *unijuguée, bijuguée, trijuguée.., multijuguée*,
c'est-à-dire composée d'une seule paire de folioles, ou
de deux, de trois..., d'un grand nombre.

Beaucoup de feuilles composées-pennées, munies
d'une feuille terminale, ainsi qu'on l'observe sur l'Acacia (fig. 112), sont dites *impari-pennées*, ou *pennées avec
impaire*. Les autres, réduites à leurs folioles latérales,
comme dans le Caroubier (fig. 114), l'Orobe tubéreux, etc., sont *pari-
pennées* ou *pennées
sans impaire*.

Quant aux feuil-
les *composées-digitées*,
elles reçoivent des épi-
thètes différentes, sui-
vant le nombre de
leurs folioles : elles
sont *trifoliolées* dans
le Trèfle et la Lu-
zerne, *quinquéfoliolées*
dans les Pavias, *septi-
foliolées* dans le Mar-
ronnier d'Inde, *uni-
foliolées*, réduites par
avortement à une
seule foliole, dans l'O-
ranger, etc.

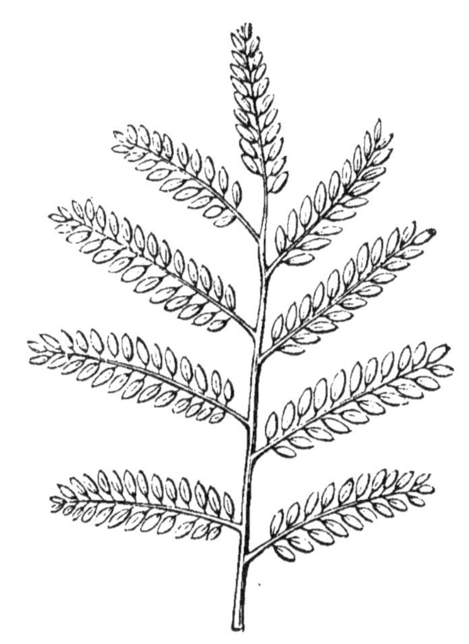

Fig. 115. — Feuille doublement pennée de
l'Acacia épineux (*Gleditschia triacanthos*).

Les feuilles décomposées sont de deux sortes, comme
les feuilles simplement composées. Les unes, en effet,
sont deux ou plusieurs fois composées-pennées, les

autres deux ou plusieurs fois composées-digitées. »

Les feuilles du *Gleditzchia triacanthos*, par exemple (fig. 115), sont *doublement pennées*, c'est-à-dire *deux fois composées pennées;* celles de l'Actée en épi (fig. 116) se montrent *trois fois composées-digitées.* On voit que dans les feuilles simplement composées, ce sont des pétioles secondaires qui portent les folioles ; tandis que, dans les autres, les folioles ont chacune pour support immédiat un pétiole tertiaire.

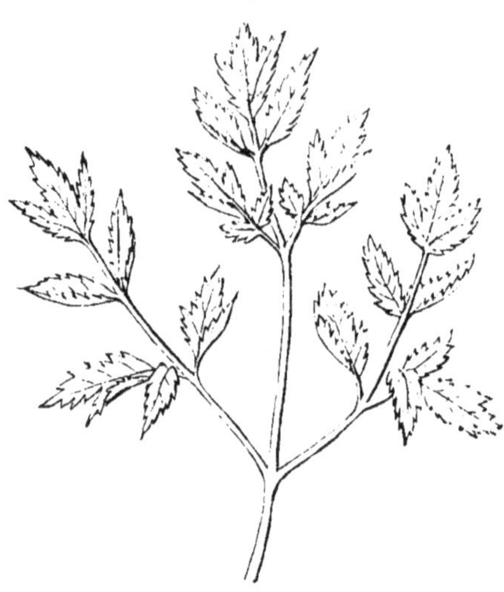

Fig. 116. — Feuille triplement digitée de l'Actée en épi (*Actœa spicata*).

Au reste, il est facile de remarquer que les modifications des feuilles décomposées, de même que celles des feuilles simplement composées, sont toujours en rapport avec le genre de nervation, les pétioles secondaires, tertiaires ou quaternaires n'étant autre chose que des nervures sur lesquelles le parenchyme ne s'est pas développé de manière à remplir exactement les intervalles.

Enfin il est des cas où deux modes de nervation se trouvent réunis, comme on peut le constater, par exemple, sur les feuilles du Marronnier d'Inde. Dans ces feuilles, en effet, les folioles se montrent digitées quand on les considère dans leur ensemble, tandis que chacune d'elles est penninerviée.

Tels sont les détails que nous avions à faire connaître à propos des caractères extérieurs des feuilles normales. Il nous reste à dire quelques mots des avortements et des métamorphoses dont elles peuvent être le siége.

## AVORTEMENTS ET MÉTAMORPHOSES DES FEUILLES.

Beaucoup de feuilles, au lieu de se développer d'une manière normale, éprouvent, dans une ou dans plusieurs de leurs parties, ou même dans leur ensemble, des modifications profondes, des espèces d'avortements d'où résultent des métamorphoses, des transformations souvent très-remarquables.

Ainsi, par exemple, dans la plupart des feuilles composées, et paripennées, c'est-à-dire pennées sans impaire, la foliole terminale se montre réduite à sa nervure médiane, qui prolonge le rachis pour former une *vrille,* organe filiforme, ordinairement roulé en spirale, espèce de doigt à l'aide duquel la plante, dite alors *grimpante*, s'attache aux corps qui doivent lui servir de soutien. Telle est l'origine des vrilles simples.

Mais il existe des plantes grimpantes pourvues de vrilles ramifiées, dont les divisions représentent non pas une seule foliole, mais trois, cinq ou un plus grand nombre, comme on peut le voir dans les Pois, dans les Gesses (fig. 117), etc.

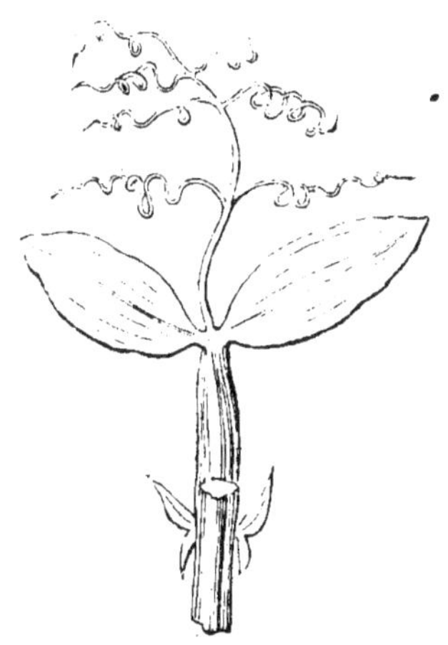

Fig. 117. — Feuille d'une Gesse (*Lathyrus sylvestris*). Les folioles de la paire inférieure sont seules développées. Les autres se sont transformées en vrilles.

Il en est dont les feuilles se trouvent réduites à leurs divers pétioles, ou même à leur pétiole commun, ainsi qu'en offre un exemple le *Lathyrus aphaca*, où chaque feuille apparaît sous la forme d'une vrille simple.

De même que le pétiole peut manquer dans une

feuille, de même ce peut être le limbe qui fasse défaut. Le pétiole s'élargit alors et affecte la forme d'une lame plus ou moins étendue que l'on pourrait prendre, au premier abord, pour un limbe sessile. Il est cependant facile d'éviter l'erreur, parce que, au lieu de présenter une face supérieure et une inférieure, ce pétiole est comprimé latéralement et montre deux faces latérales. Cette disposition est très-habituelle sur plusieurs Acacias de la Nouvelle-Hollande, notamment sur l'*Acacia heterophylla*, et donne à ces végétaux un aspect tout particulier. On désigne ces pétioles modifiés sous le nom de *phyllodes*.

Les feuilles peuvent se montrer réduites, par avortement, à un état tout à fait rudimentaire. C'est ce qui arrive, par exemple, dans l'Asperge, où elles se trouvent représentées par de toutes petites écailles.

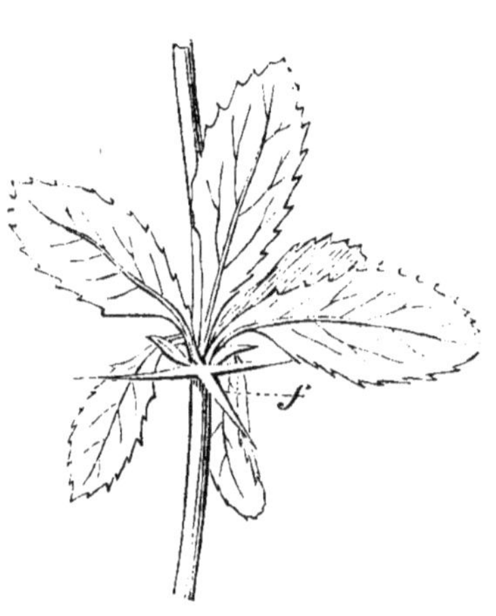

Fig. 118. — Bouquet de feuilles de l'É-pine-Vinette (*Berberis vulgaris*), dont l'inférieure s'est transformée en une épine à trois branches, *f*.

Nous verrons plus tard que les feuilles les plus rapprochées des fleurs sont surtout exposées à rester ainsi à l'état de simple ébauche.

Ajoutons enfin que les feuilles peuvent éprouver des modifications d'un autre genre, et qui méritent aussi d'être signalées. Dans beaucoup de végétaux, tels que le Houx, les Chardons et les Cirses notamment, les feuilles se montrent épineuses sur leurs bords, ce qui est dû à leurs nervures principales, dont le sommet se convertit en une petite épine. Dans l'Épine-Vinette, il est des feuilles qui se métamorphosent complétement en une épine simple ou rameuse (fig. 118, *f*).

Nous devons maintenant examiner sommairement la structure anatomique de la feuille.

## STRUCTURE ANATOMIQUE DES FEUILLES.

Deux sortes de tissus s'associent pour constituer les feuilles : le tissu fibro-vasculaire et le tissu cellulaire. Au niveau de chaque organe il se sépare de la tige un nombre variable de faisceaux fibro-vasculaires qui se réunissent dans le pétiole, se séparent de nouveau à la base du limbe, et se subdivisent plus ou moins pour constituer les nervures principales, d'où naissent les nervures secondaires. Celles-ci fournissent à leur tour des branches latérales ou nervures tertiaires qui se subdivisent de la même manière. De là résulte un réseau à mailles plus ou moins serrées, suivant les plantes que l'on étudie, et qui constitue pour la feuille une sorte de squelette solide.

**Pétiole et nervures. —** L'ensemble des faisceaux qui règnent dans toute la longueur du pétiole affecte généralement la forme d'un arc à concavité supérieure, et l'examen microscopique y montre les mêmes éléments que nous avons déjà signalés dans la tige. Chacun d'eux présente à l'analyse, de dessus en dessous, des trachées (fig. 119, *t*) ; des vaisseaux d'un autre ordre,

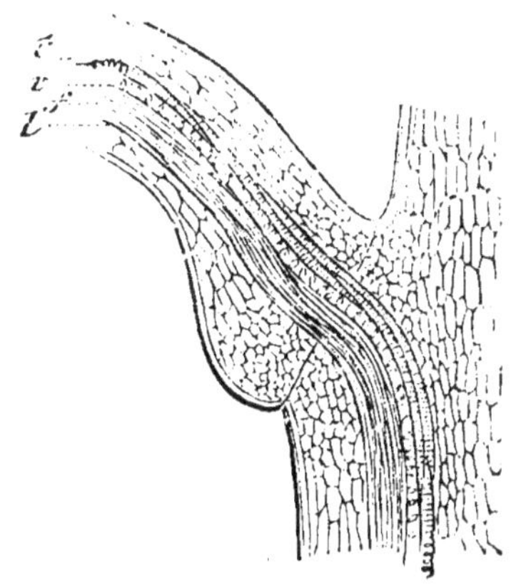

Fig. 119. — Figure destinée à montrer le passage des éléments fibro-vasculaires de la tige dans le pétiole d'une feuille.

annulaires, rayés ou ponctués (*v*); des fibres ligneuses
(*f*); enfin des fibres libériennes (*l*) associées à des vaisseaux laticifères. La disposition de ces éléments anatomiques est des plus faciles à comprendre si l'on considère qu'une partie du bois et de l'écorce de la tige s'est
rabattue en dehors pour entrer dans la feuille, et que,
par suite, les éléments doivent se trouver d'autant plus
supérieurement situés qu'ils étaient plus voisins du
centre, d'autant plus inférieurs au contraire qu'ils se
rapprochaient le plus de la circonférence.

Une gaîne cellulaire enveloppe la masse fibro-vasculaire du pétiole, qui est enfin limité extérieurement par
un épiderme analogue à celui de la tige dont il est la
continuation.

Les nervures n'étant que des ramifications des faisceaux pétiolaires, elles en ont naturellement la structure; cependant il est important de remarquer que, à
mesure qu'elles se multiplient, elles s'amincissent et
perdent de leurs éléments; si bien que dans les plus
ténues on n'observe plus en général que des trachées
déroulables accompagnées de quelques cellules fusiformes.

**Tissu parenchymateux.** — C'est dans l'intervalle
des nervures que réside le tissu propre de la feuille,
tissu que nous avons déjà indiqué sous le nom de *parenchyme de la feuille*. Ce tissu est entièrement cellulaire,
et contenu entre deux lames épidermiques situées sur
l'une et l'autre face de l'organe. Ses utricules, renfermant la chlorophylle qui donne aux feuilles leur couleur habituelle, sont diverses par leur forme, par leur
agencement; elles constituent pour l'ordinaire deux
couches superposées et distinctes.

Les cellules qui font partie de la couche supérieure
(fig. 120, *a*) se montrent disposées sur plusieurs rangs;
elles sont allongées, cylindroïdes, perpendiculaires à
la surface de la feuille, et pressées les unes contre les

autres de manière à ne laisser entre elles que d'étroits méats. Celles qui appartiennent à la couche inférieure (*b*) sont fort irrégulières, quelquefois rameuses, accolées par le bout de leurs branches. On trouve entre leurs parois de nombreuses lacunes remplies d'air, communiquant souvent les unes avec les autres, en même temps qu'avec les stomates dont la face inférieure de la feuille est ordinairement criblée (*s, s*). C'est surtout dans ces lacunes que s'accomplit la respiration chez les plantes.

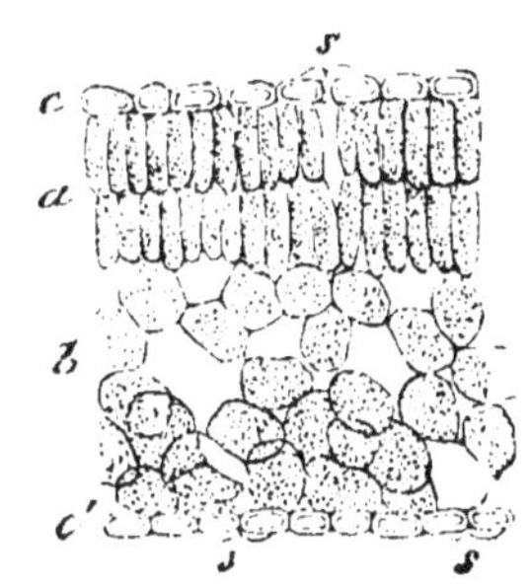

Fig. 120. — Coupe verticale d'un fragment de la feuille du Lis. Les cellules formant la couche *a*, sous-jacente à l'épiderme supérieur *c*, sont allongées et étroitement unies. Celles de la zone inférieure *b* constituent un tissu lacuneux. En *s* sont des stomates.

Ainsi le mésophylle est, en général, plus lâche, plus poreux en dessous qu'en dessus, ce qui explique pourquoi la face inférieure des feuilles est presque toujours d'une couleur moins foncée que leur face supérieure.

**Épiderme.** — L'épiderme qui recouvre les deux faces du limbe consiste habituellement en une seule rangée de cellules aplaties, à contenu liquide ou gazeux, et reliées par la pellicule cuticulaire. Cependant il n'est pas très-rare de voir une, deux et même trois autres couches épidermiques se surajouter à la surface des feuilles coriaces et roides. La forme de ces cellules est très-variable ; cependant on peut dire, d'une manière générale, qu'elles sont surtout rectangulaires et allongées dans les plantes monocotylédones ; essentiellement sinueuses au contraire dans les dicotylédones, excepté au niveau des nervures dont leur grand axe suit habituellement la direction.

L'épiderme foliaire se fait surtout remarquer par la

présence des stomates, petits organes dont nous avons
déjà étudié la forme et le développement, et dont l'histoire doit être complétée par quelques mots sur leur
distribution à la surface des feuilles.

Relativement rares à la face supérieure, ils se montrent, sauf quelques exceptions, beaucoup plus fré-
quents à la face inférieure ; jamais on n'en observe au
niveau des nervures. Tantôt répartis à peu près également sur la surface du limbe, tantôt réunis par groupes
serrés que séparent des espaces presque totalement dépourvus, les stomates ne sont pas moins variables sous
le rapport de leur fréquence. MM. Morren et Duchartre
ont publié à ce sujet des résultats intéressants que les
limites de ces éléments ne nous permettent pas de reproduire en entier. Nous dirons seulement que, d'après
ces observateurs, le nombre des stomates par millimètre
carré peut varier entre les nombres 40 (*Lolium perenne*,
L.) et 250 (*Quercus pedunculata*, Ehrh.).

Un autre caractère très-habituel de l'épiderme foliaire, c'est de donner naissance à des poils. Ces organes,
dont nous avons décrit précédemment les principales
formes, se montrent surtout abondants à la face inférieure, c'est-à-dire que leur développement paraît se
faire dans le même sens que celui des stomates.

**Feuilles submergées.** — Tout ce qui précède se rap-
porte surtout à la généralité des feuilles qui vivent dans
l'atmosphère ; chez les plantes aquatiques la structure
de la feuille présente des particularités assez importantes pour que nous devions nous y arrêter un instant.

Dans toutes les feuilles qui flottent au sein de l'eau,
l'épiderme fait défaut et avec lui les stomates. Cette
absence de membrane protectrice explique pourquoi
ces feuilles se fanent si rapidement quand on les extrait
du milieu où elles vivent. Le parenchyme est seulement
recouvert par une mince cuticule, et on n'y observe
plus la distinction en deux couches différentes. Les

cellules, toutes semblables, se serrent les unes contre les autres, laissant quelquefois entre elles de larges lacunes qui ne communiquent pas ensemble, ni avec l'extérieur, et qui semblent uniquement destinées à diminuer le poids spécifique des organes.

Les nervures existent également dans les feuilles submergées, mais elles s'y font remarquer par l'absence de vaisseaux, et sont réduites à leurs éléments fibreux.

La présence d'un épiderme et de stomates étant liée à la vie aérienne des feuilles, on conçoit d'avance qu'il doit exister une structure en quelque sorte intermédiaire pour les plantes dont les feuilles flottent à la surface de l'eau. C'est ce qu'il est facile de constater dans les Nénuphars de nos rivières. Les feuilles de ces belles plantes ont en effet à la face supérieure un épiderme percé de très-nombreux stomates ; tandis que la face inférieure, absolument dépourvue de l'un et des autres, rappelle la structure des feuilles submergées.

**Développement des feuilles.** — Nous avons vu que presque toutes les feuilles présentent un limbe plus ou moins profondément découpé sur ses bords, et que ces découpures peuvent atteindre un degré tel qu'elles ont nécessité la division des feuilles en simples et composées. Un des points importants de l'histoire de ces organes est de savoir dans quel ordre se développent ces différentes parties, et si cet ordre est toujours le même. Cette étude est certainement des plus délicates et ne peut être menée à bonne fin qu'à la condition de suivre pas à pas la formation des feuilles ; c'est à quoi l'on parvient en examinant à l'aide d'un grossissement suffisant l'extrémité d'une tige ou d'une branche en voie de végétation.

Cette extrémité apparaît sous la forme d'un petit cône surbaissé, sur les côtés duquel se montrent des mamelons proéminents, d'autant plus volumineux, et par conséquent d'autant plus âgés qu'ils s'éloignent davantage de son sommet. Ces mamelons ne sont autre chose que des feuilles très-jeunes. Si l'on applique ce genre d'étude à un Rosier, par exemple, on verra que chacun de ces mamelons prend bientôt la forme d'une sorte de spatule dont le manche représente le pétiole commun de la feuille, et dont l'élargissement terminal sera la foliole impaire. Sur les côtés apparaîtront successivement des saillies disposées par paires, et d'autant plus petites qu'elles seront situées plus bas ; ces saillies formeront plus tard les folioles latérales. Tout cet ensemble grandira et deviendra peu à peu une feuille parfaite ; mais la foliole impaire s'est montrée la première, et a toujours été plus grande que les autres, lesquelles ne sont venues que plus tard et successivement de haut en bas. C'est ce que M. Trécul a nommé le développement *basipète* des feuilles.

Si, au lieu du Rosier, nous avions choisi pour sujet d'étude l'Acacia de nos promenades (*Robinia pseudo-Acacia*), nous aurions vu que l'ordre d'apparition des folioles latérales est précisément inverse, c'est-à-dire qu'elles se montrent d'autant plus jeunes qu'elles sont situées plus haut sur le pétiole commun. Nous aurions eu là un exemple de développement *basifuge*.

On peut rapporter à ces deux modes d'évolution la formation de toutes les feuilles composées qu'on a soumises à l'observation. Quant aux feuilles simples plus ou moins profondément lobées, le développement de leurs divisions suit les mêmes lois.

## PHYLLOTAXIE.

Les feuilles ne sont point disposées sur la tige sans ordre, sans régularité, comme on pourrait le croire, mais, au contraire, avec symétrie et constamment de la même manière dans toutes les plantes d'une même espèce. Elles suivent dans leur arrangement, dans leurs rapports de position, des lois fort remarquables qui ont appelé l'attention des botanistes, surtout dans ces dernières années, et dont l'étude a reçu le nom de *phyllotaxie*.

La *phyllotaxie* est donc cette partie de la science qui a pour objet l'étude des lois qui président à l'arrangement, à la disposition des feuilles sur le végétal.

On donne aux feuilles de la tige l'épithète de *caulinaires* pour les distinguer des *raméales*, ornement des rameaux. Il en est qui, réunies à la base de la tige, semblent partir de la racine, comme on le voit, par exemple, dans le Pissenlit (fig. 121) ; elles sont dites *radi-*

Fig. 121. — Un pied de Pissenlit (*Taraxacum officinale*). La tige très-courte porte les feuilles qui semblent naître de la racine.

*cales*, expression impropre, car la racine, nous le savons, **ne** produit jamais de feuilles.

Du reste, que les feuilles occupent telle ou telle région de la plante, et quelque variée que soit leur disposition, considérée dans l'ensemble des végétaux, on observe toujours l'un des cas suivants : ou bien, sur un même plan horizontal, il n'existe qu'une seule feuille; ou bien il y en a deux situées à l'extrémité d'un même diamètre de la tige; ou bien enfin il y en a plus de deux. Dans le premier cas, les feuilles reçoivent l'épithète d'*alternes;* on les dit *opposées* dans le second; les dernières sont *verticillées,* et leur ensemble à chaque niveau s'appelle un *verticille.*

**Feuilles opposées et verticillées.** — Les lois qui régissent la disposition des feuilles opposées et verticillées sont les mêmes, ce qu'il est facile de prévoir si l'on remarque que les feuilles opposées ne représentent que le cas le plus simple de l'arrangement par verticilles. Ces lois sont au nombre de deux.

1° Les feuilles d'un verticille ne correspondent point à celles du verticille immédiatement voisin, mais aux intervalles de ces feuilles; de sorte que les verticilles ne sont superposés que de deux en deux.

2° Les feuilles d'un même verticille sont séparées entre elles par des intervalles égaux. D'où il suit que l'arc interposé entre deux feuilles voisines égale la circonférence divisée par le nombre des feuilles du verticille; c'est-à-dire une demi-circonférence s'il n'y a que deux feuilles, un tiers s'il y en a trois, et ainsi de suite.

Il résulte de là que si les feuilles sont opposées (fig. 122), chaque paire croise sa voisine à angle droit, et leur ensemble compose quatre séries rectilignes longitudinales. Le nombre de ces séries est de six quand chaque verticille réunit trois feuilles, de huit lorsqu'il en renferme quatre, et ainsi successivement; et ces séries sont respectivement séparées par un quart, un douzième, un seizième de circonférence.

**Feuilles alternes.** — Si l'on prend une jeune tige

d'Orme, par exemple (fig. 123), et qu'on la parcoure
de la base au sommet, en passant par les points d'insertion des feuilles dont elle est pourvue, on s'assure que
la ligne qui réunit ces feuilles est une spirale régulière.

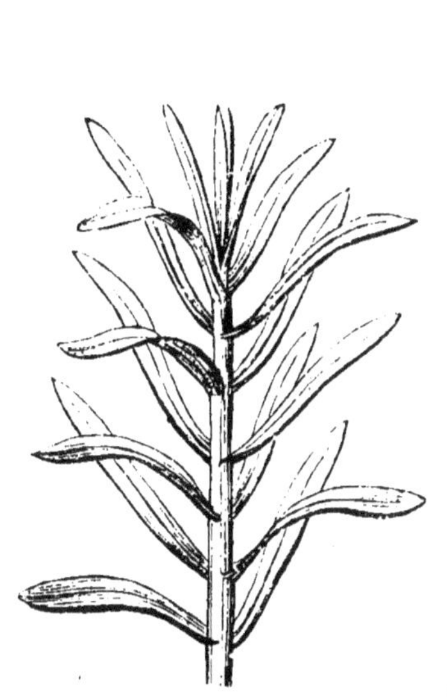

Fig. 122. — Rameau d'Epurge (*Euphorbia Lathyris*) portant des feuilles opposées dont les paires successives se croisent à angle droit.

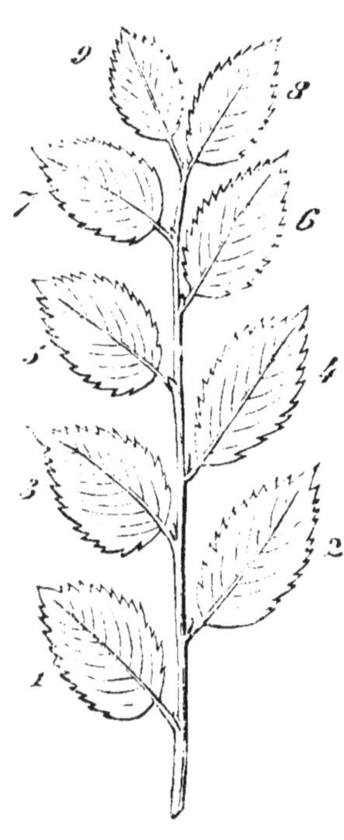

Fig. 123. — Rameau d'Orme portant
des feuilles alternes distiques.

Exactement au-dessus de la première, on remarque la
troisième, la cinquième, la septième, etc. De même, la
quatrième, la sixième, etc., se montrent, en ligne verticale, au-dessus de la deuxième, et ainsi de suite; en
sorte que toutes les feuilles sont situées sur deux lignes
verticales distantes de 180 degrés.

On donne le nom de *cycle* au nombre de feuilles que
l'on compte ainsi en partant d'une quelconque pour
arriver à celle qui est située sur la même verticale. Un
cycle, dans l'Orme, comprend donc deux feuilles; et,

pour l'obtenir, on ne fait qu'une fois le tour de la tige. On caractérise d'une manière nette et prompte cette disposition par la formule $\frac{1}{2}$, le chiffre supérieur

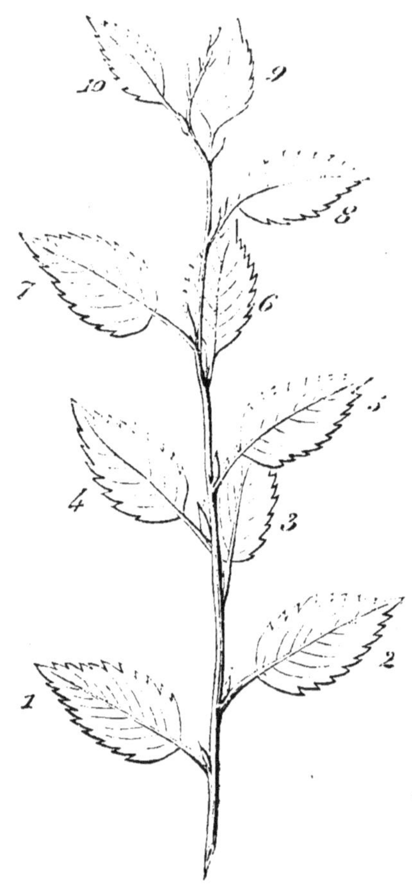

Fig. 124. — Rameau de l'Aulne (*Alnus Betula*). Les feuilles forment trois séries verticales qui comprennent respectivement les 1re, 4e, 7e ; 2e, 5e, 8e, etc.

indiquant que le cycle ne fait qu'un seul tour, et l'inférieur exprimant le nombre de ses feuilles.

Les feuilles du cycle sont disposées de telle sorte que des lignes tirées de leurs points d'attache au centre de la tige forment entre elles des angles égaux. Chacun de ces angles mesure donc une même quantité de la circonférence de la tige; il détermine le degré d'écartement de deux feuilles successives; on le nomme *angle de divergence*. Sa valeur peut être représentée dans le cas actuel par la fraction $\frac{1}{2}$, car elle est bien la moitié d'une circonférence.

Si, au lieu de l'Orme, nous examinons au même point de vue une jeune tige de l'Aulne glutineux (fig. 124), nous verrons que les feuilles y sont encore disposées sur une spirale, mais qu'elles occupent trois lignes verticales au lieu de deux, et que par conséquent leur angle de divergence est égal à un tiers de circonférence. Pour le bien comprendre, il suffira de supposer que les feuilles d'un cycle, diversement élevées sur la tige, sont tout à coup amenées sur un même plan horizontal (fig. 125), au niveau de la première, par exemple. La formule foliaire de l'Aulne sera donc $\frac{1}{3}$.

Fig. 125. — Projection horizontale d'un cycle foliaire de l'Aulne. L'angle de divergence des feuilles est égal à un tiers de circonférence.

Dans le Pêcher ou le Peuplier, nous constaterions de même (fig. 126, 127) que les feuilles forment une spirale et sont rangées sur cinq lignes verticales. Mais ici le cycle se compose de cinq feuilles, et il fait deux fois le

tour de la tige. De plus, la feuille n° 2 ne se trouve
pas sur la verticale la plus voisine de celle qui comprend la feuille n° 1, mais sur celle qui vient après, et

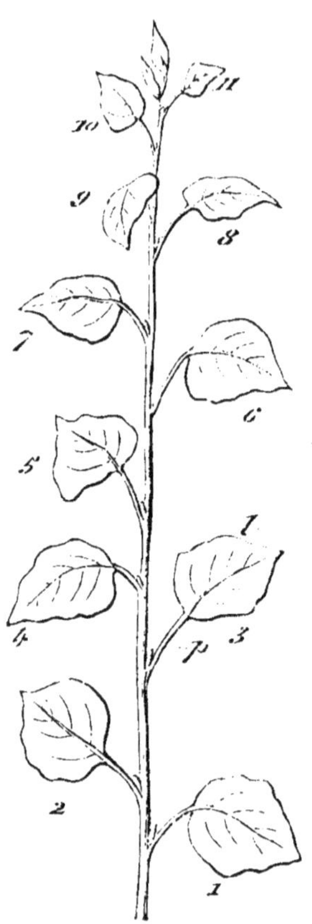

Fig. 126. — Rameau de Peuplier
muni de feuilles alternes.

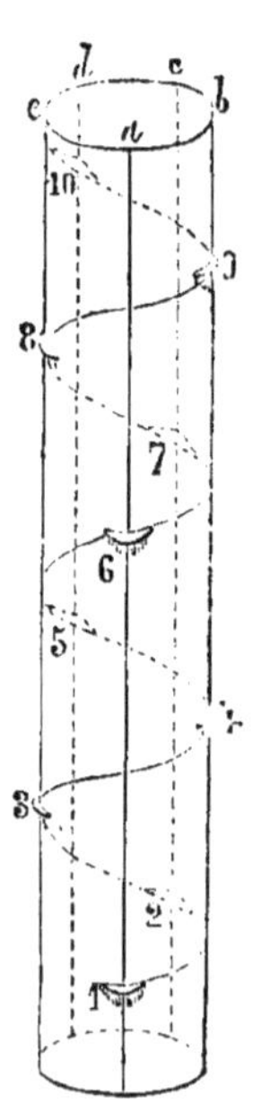

Fig. 127. — Figure théorique d'une
portion de ce même rameau de
Peuplier, destinée à montrer la spirale foliaire et la disposition des
feuilles sur son trajet.

par conséquent ces deux feuilles sont séparées par un
angle égal à $\frac{2}{5}$ de circonférence. La disposition foliaire
sera donc exprimée par cette formule qui représente
ici, comme toujours, non-seulement le nombre de
tours décrits par le cycle et le nombre des feuilles qui le
composent, mais, en outre, la valeur de l'angle de divergence de ces feuilles, valeur qui doit être, en effet,

le cinquième de deux tours de spire, c'est-à-dire de deux circonférences, c'est-à-dire encore les deux cinquièmes d'une circonférence.

La disposition que nous venons de décrire est dite *en quinconce;* elle est très-répandue. On la retrouve dans le Pommier, dans le Poirier, dans le Cerisier, etc.

Ajoutons qu'il est des cas encore plus compliqués; mais contentons-nous de dire que l'on peut exprimer les dispositions les plus ordinaires des feuilles alternes par les fractions $\frac{1}{2}$, $\frac{1}{3}$, $\frac{2}{5}$, $\frac{3}{8}$, $\frac{5}{13}$, $\frac{8}{21}$, $\frac{13}{34}$, etc.

Une remarque curieuse à faire dans cette série de fractions, c'est que l'une d'elles est toujours composée des numérateurs et des dénominateurs des deux fractions qui la précèdent immédiatement : additionnons à part les numérateurs et les dénominateurs de $\frac{1}{2}$ et de $\frac{1}{3}$, nous aurons, en effet, $\frac{2}{5}$; opérons de même sur $\frac{1}{3}$ et $\frac{2}{5}$, nous obtiendrons $\frac{3}{8}$, et ainsi de suite. On possède ainsi un moyen très-simple pour retrouver au besoin chacune de ces expressions, puisqu'il suffit de se rappeler les deux premières, $\frac{1}{2}$ et $\frac{1}{3}$.

La spirale formée par les feuilles autour de la tige porte le nom de *spirale génératrice.*

Cette spirale est toujours bien distincte lorsque les feuilles, dispersées sur une tige d'une certaine longueur, laissent entre elles des espaces considérables. Elle est, au contraire, difficile à suivre dans le cas où les feuilles sont réunies en rosette à la base de la tige, ainsi qu'en offrent des exemples le Pissenlit, la Joubarbe, etc.

Il devient surtout impossible de la reconnaître, au premier abord, quand les feuilles, pressées en grand nombre sur un axe très-raccourci, se développent incomplétement, et se montrent imbriquées, comme on le voit à la base des fleurs de l'Artichaut, des Chardons, sur le cône des Pins, etc.

On observe alors que les feuilles avortées dont il

s'agit forment, de droite à gauche, et de gauche à droite, plusieurs spirales parallèles, ordinairement bien distinctes, désignées sous le nom de *spirales secondaires*. Chacune de ces spirales ne comprend qu'une partie des feuilles ; tandis que la spirale principale les renferme toutes.

Le nombre des spirales secondaires dirigées dans un même sens n'est pas le même que celui des spirales dirigées dans le sens opposé; et ce qui paraîtra sans doute fort remarquable, c'est que la somme de ces deux nombres représente toujours le cycle de la disposition qu'il s'agit de déterminer, c'est-à-dire le dénominateur de la fraction qui l'exprime. *Il suffira donc, dans tous les cas, de compter les spirales secondaires qui vont dans un sens, et celles qui vont en sens opposé. La somme de ces deux nombres est le dénominateur de la fraction cherchée et que l'on trouvera facilement dans la série que nous avons indiquée ci-dessus.* Ainsi dans le cône du Pin maritime il existe trois spirales allant de gauche à droite et cinq allant de droite à gauche; la disposition de ses écailles correspond donc à la fraction $\frac{3}{8}$, parce que cette fraction est la seule, dans la série, qui ait le nombre 8 pour dénominateur.

La plupart des ouvrages de botanique font connaître avec soin et assez longuement le procédé à employer pour numéroter chaque feuille, suivant la place qu'elle occupe dans ces sortes d'arrangements, où la spirale génératrice se dérobe ainsi à la vue. Mais, ce point de la science étant plutôt intéressant au point de vue philosophique que fécond en applications pratiques, nous croyons devoir le passer sous silence.

Il est bon d'ajouter que, dans le langage descriptif des flores, où l'on indique les caractères distinctifs de chaque plante, on ne désigne spécialement, parmi les feuilles disposées en spirale, que celles rangées dans l'ordre $\frac{1}{2}$, auxquelles on réserve la qualification de *disti-*

*ques ;* toutes les autres dispositions sont réunies sous la
dénomination générale de *feuilles alternes.*

La disposition des feuilles alternes ne varie pas seulement d'une plante à l'autre ; elle peut encore varier
sur le même individu suivant le point que l'on considère. Ce fait est surtout visible sur beaucoup des végétaux connus sous le nom de *plantes grasses.* Chez eux,
en effet, les feuilles sont le plus souvent disposées sur
des sortes de côtes saillantes ; celles-ci, à mesure que
la plante s'allonge, se multiplient par bifurcation, si
bien que la fraction qui exprime leur phyllotaxie va
sans cesse se modifiant.

La spirale formée par les feuilles alternes se montre
peu constante dans sa direction. Elle marche tantôt de
droite à gauche, tantôt de gauche à droite, et varie fréquemment, sous ce rapport, même dans les rameaux
d'une même tige. Quand le sens de la spirale génératrice reste le même en passant de la tige aux rameaux, et
entre ces derniers, on dit qu'il y a *homodromie.* Il y a
*hétérodromie* quand c'est le contraire qui arrive. Nous
verrons plus tard que cette propriété de la spirale génératrice a une grande importance pour l'explication
morphologique de certaines inflorescences.

### STIPULES.

Les stipules (fig. 128) sont des productions foliacées,
ordinairement très-petites, placées à la base des feuilles, l'une à droite, l'autre à gauche. Elles sont rares
dans les végétaux monocotylédons, très-communes
dans les dicotylédonés. Lorsqu'elles existent dans une
plante, on est à peu près sûr de les trouver dans toutes
les plantes du même genre, de la même famille. Ainsi
sont stipulées toutes les plantes Légumineuses, de
même que les Rosacées, les Malvacées, les Tiliacées, etc.

Très-diverses suivant les espèces, mais constantes
dans les végétaux d'une même espèce, les stipules
fournissent des caractères distinctifs importants.

C'est quelquefois sous la forme d'une membrane
mince, diaphane, ou d'une petite écaille, qu'elles se
présentent. En général, néanmoins, elles sont vertes,

Fig. 128. — Un fragment de rameau
du Tulipier portant une feuille *p*
munie de ses deux stipules, *s, s*.

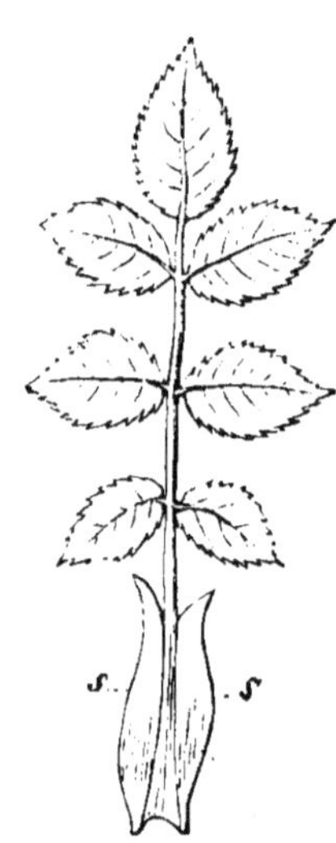

Fig. 129. — Une feuille complète de
Rosier. Les deux stipules *s, s* font
corps avec la base du pétiole.

munies de stomates, de poils....; on les prendrait pour
de petites feuilles. Leur forme est orbiculaire, ovale,
sagittée, linéaire, etc.; leur bord entier ou diversement divisé.

Les stipules ne sont pas toujours libres de toute
adhérence. Il en est qui, soudées à la base et sur les
côtés du pétiole, sont dites *pétiolaires*. Telles sont, par
exemple, celles du Trèfle, celles des Rosiers (fig. 129,
*s, s*), etc.

Lorsque deux feuilles stipulées sont opposées, les
deux stipules de l'une, séparées entre elles, peuvent
s'unir avec les deux stipules de l'autre, d'où résultent

deux stipules composées et *interpétiolaires*. On trouve un exemple de ce cas dans le Houblon (fig. 130, *s, s*), où le sommet bilobé des stipules indique leur origine binaire.

Dans les plantes à feuilles alternes, les deux stipules se soudent quelquefois, mais rarement, par leurs bords

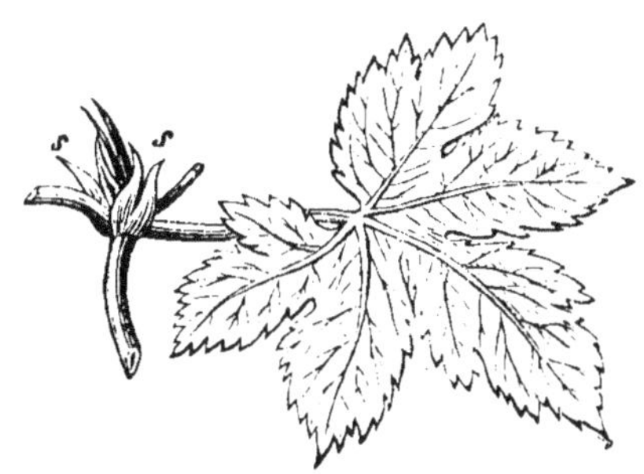

Fig. 130. — Fragment de tige du Houblon, montrant le point d'attache de deux feuilles opposées et leurs stipules interpétiolaires, *s, s.*

internes, de manière à former une lame unique, placée à l'aisselle de la feuille, et désignée sous le nom de *stipule axillaire*.

D'autres fois, au contraire, les deux petits organes se rencontrent et s'unissent par leurs bords externes. Il s'ensuit encore une seule et même stipule, mais celle-ci se montre placée en face de la feuille.

Enfin, deux stipules latérales peuvent être assez larges pour se souder à la fois par leurs bords internes et par leurs bords externes. Elles forment alors une espèce de gaîne qui entoure la tige ; elles se confondent en une seule stipule que l'on dit *vaginale*. On trouve des exemples de stipules vaginales dans les plantes Polygonées, notamment dans le Sarrazin, dans la Bistorte, la Renouée d'Orient (fig. 131, *s, s*), etc. (1).

(1) Cet organe est souvent désigné dans les ouvrages descriptifs sous le nom d'*Ocrea*.

Les stipules, quoique naissant après les feuilles qu'elles accompagnent, grandissent souvent beaucoup plus rapidement qu'elles et les protégent pendant leur première jeunesse, ainsi qu'il est facile de le constater sur la plupart de nos arbres, et plus particulièrement sur le Tulipier, où elles présentent de bonne heure un grand développement. Elles ont, en outre, les mêmes usages que les feuilles, du moins lorsqu'elles sont

Fig. 131. — Portion de tige de la Renouée d'Orient (*Polygonum orientale*). Les stipules *s,s* se sont réunies en une gaine qui entoure la tige au niveau de chaque feuille.

Fig. 132. — Rameau de la Bryone (*Bryonia dioïca*). Les stipules *s,s* se sont métamorphosées en vrilles.

vertes, et présentent une structure analogue. Elles subissent la même destinée que la feuille quand elles adhèrent au pétiole. Celles qui sont libres, beaucoup plus fugaces, se détachent pour l'ordinaire bien avant les feuilles.

De même que les feuilles, les stipules sont susceptibles de se convertir en vrilles ; c'est ce qui arrive, par exemple, dans le Melon, dans la Bryone (fig. 132, *s, s*).

et dans la plupart des autres Cucurbitacées. Les feuilles, dans ces plantes, se montrent généralement accompagnées d'une ou de deux vrilles occupant, en effet, la position des stipules.

Nous savons aussi que les stipules peuvent se transformer en épines. Telle est l'origine des deux épines qui accompagnent les feuilles dans le Câprier, dans l'Acacia commun (fig. 133, *s*, *s*), etc.

Les plantes du groupe des Graminées ont les feuilles sessiles et dont le limbe s'attache directement à une

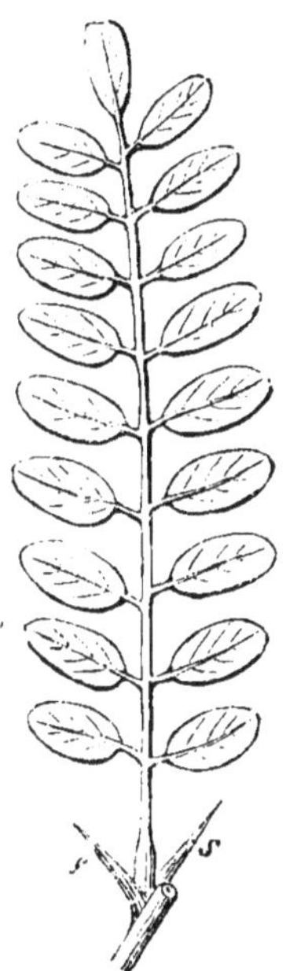

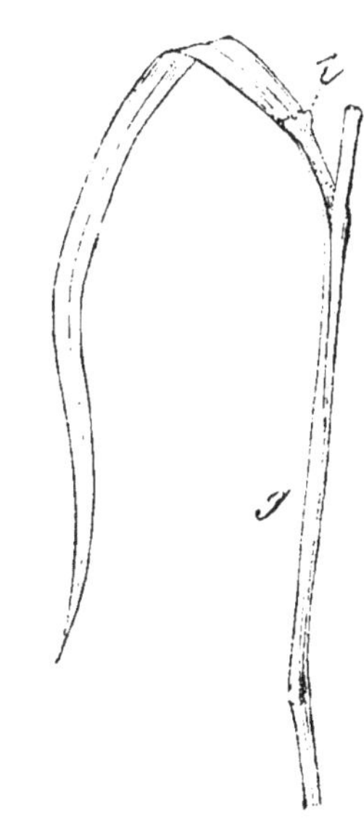

Fig. 133. — Une feuille complète de l'Acacia commun. Les stipules *s*, *s* se sont métamorphosées en épines.

Fig. 134. — Portion de tige d'une Graminée portant une feuille. A l'union de la gaine *g* avec le limbe se voit la ligule *l*.

gaine considérable qui entoure la tige. Au point où s'opère cette réunion, à l'aisselle du limbe, on observe un prolongement membraneux, plus ou moins considérable, qui est désigné sous le nom de *ligule*. Cette sorte de collerette, dont l'origine n'est pas très-bien

connue, a été comparée, par quelques botanistes, à une
stipule axillaire (fig. 134).

## STIPELLES.

On désigne sous le nom de *stipelles* de petits organes
qui, dans certaines feuilles composées, accompagnent
les folioles, comme les stipules accompagnent un grand
nombre de feuilles simples ; avec cette différence néanmoins que chaque foliole *stipellée* n'est le plus souvent
pourvue que d'une stipelle, tandis que les feuilles *stipulées* sont généralement munies, nous venons de le
voir, de deux stipules distinctes ou plus ou moins soudées entre elles.

Les stipelles passent inaperçues pour beaucoup de

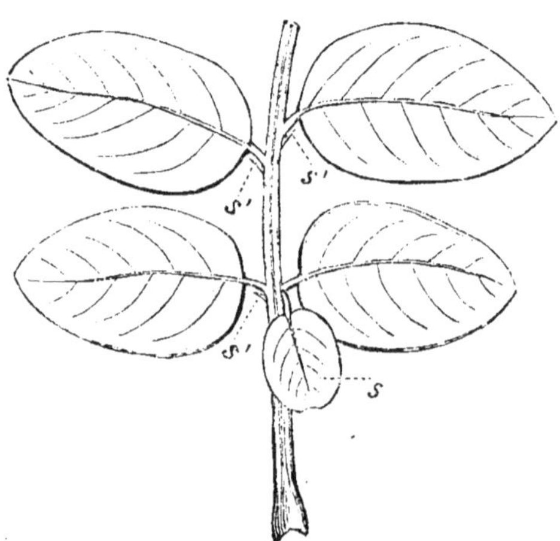


Fig. 135. — Base d'une feuille de l'Acacia commun. Les folioles sont accompagnées chacune d'une stipelle, s'. Une de ces dernières, s, a pris un développement inusité.

botanistes, la plupart des auteurs ayant négligé d'en
faire mention. On peut cependant en trouver des exemples sur des végétaux très-répandus, notamment sur

la Glycine de Chine, sur l'Acacia commun (fig. 135, *s'*, *s'*, *s'*), etc.

Ces organes, vus à la loupe, se montrent généralement chacun sous la forme d'un gros poil situé à côté du pétiolule d'une foliole. Mais il arrive assez souvent que les stipelles qui accompagnent les premières folioles d'une feuille s'épanouissent en lame, et prennent ainsi elles-mêmes l'apparence d'une foliole ou plutôt d'une stipule foliacée, ce qu'on remarque assez fréquemment sur l'Acacia commun (*s*).

D'un autre côté, de même que les stipules, dans cet arbre, se transforment en épines, de même les stipelles s'y montrent souvent spinescentes. Il y a donc une grande affinité de nature entre les stipelles et les stipules, de même qu'entre les stipules et les feuilles.

Nous allons retrouver ces divers organes dans les bourgeons, où ils sont contenus à l'état rudimentaire.

## BOURGEONS.

A l'aisselle de chaque feuille caulinaire, il se développe, en général, un *bourgeon* (fig. 136, *b*), rudiment

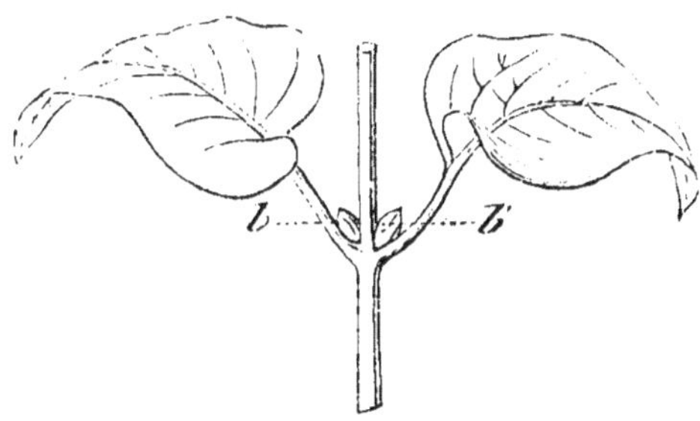

Fig. 136. — Une paire de feuilles du Lilas (*Syringa vulgaris*). A l'aisselle de chacune d'elles se voit un bourgeon, *b*, *b'*.

d'un rameau qui fournit à son tour des feuilles, souvent aussi de nouveaux bourgeons, de telle sorte que la plante alors peut être considérée comme un agrégat d'individus nés successivement les uns des autres.

Les bourgeons, espèces d'embryons fixes, sont aux rameaux ce que la graine est à la tige. Leur rôle, dans l'évolution du végétal, a donc une grande importance.

Un bourgeon prend naissance au-dessous de l'écorce. Il n'est d'abord qu'un petit amas de cellules, placé sur le système ligneux, à l'extrémité d'un rayon médullaire. Ensuite, augmentant peu à peu de volume, et s'ouvrant un passage à travers le tissu de l'écorce, il apparaît au dehors, à l'abri d'une feuille sortie avant lui du même nœud vital. Bientôt enfin il se montre à l'extérieur comme un petit organe conique, ovoïde ou globuleux, à la surface duquel se dessinent déjà des feuilles rudimentaires.

Fig. 137. — Coupe longitudinale (grossie) d'un bourgeon de Lilas.

En fendant le bourgeon du sommet à la base, on s'assure que ces feuilles sont attachées à un axe central, formé seulement de tissu cellulaire (fig. 137, *a*). Cet axe doit un jour se compliquer dans sa structure; il doit s'allonger pour devenir un rameau, répétition de la tige.

Toutefois, il est un bourgeon qui, occupant le sommet de la tige, ne peut la répéter comme les latéraux. Il la prolonge; il la continue.

## BOURGEONS NUS ET BOURGEONS ÉCAILLEUX.

Le développement des bourgeons s'accomplit sans interruption dans la plupart des végétaux herbacés, dans nos sous-arbrisseaux indigènes, ainsi que dans un grand nombre d'arbres des régions équinoxiales. Ces bourgeons, dépourvus de tout moyen de protection, sont nommés *bourgeons nus.*

Mais les choses se passent autrement sur les arbres et sur presque tous les arbrisseaux qui végètent dans les climats froids ou tempérés, dans nos contrées, par exemple. Leurs bourgeons, nés dans la belle saison, restent stationnaires pendant tout l'hiver, après la chute des feuilles. Ils ne reprennent leur activité suspendue et ne se transforment en rameaux qu'au retour du printemps, sous l'influence d'une température plus douce, plus favorable.

Dans ces bourgeons, que l'on dit *écailleux,* les feuilles proprement dites, appelées à parcourir toutes les phases de leur croissance, sont, en effet, recouvertes et protégées contre les intempéries de la saison rigoureuse par des espèces *d'écailles* qui tomberont dès que le froid cessera d'être à craindre.

Il est des arbres où les bourgeons, comme dans les Peupliers, par exemple, se montrent en outre enduits d'un liquide visqueux, d'une substance résineuse imperméable à l'eau, ayant pour but d'agglutiner leurs écailles entre elles, en les rendant réfractaires à l'action de la pluie. Dans certains autres, notamment dans beaucoup de Saules, les bourgeons portent, au-dessous de leurs écailles, un duvet abondant, mauvais conducteur du calorique, et remplissant à son tour le rôle d'un moyen protecteur.

Quelques-uns de nos arbrisseaux, tels que la Viorne et le Nerprun Bourgène, sont cependant pourvus de bourgeons qui se montrent nus, quoique condamnés à rester longtemps stationnaires, comme les écailleux. Leur structure particulière leur permet de résister aux chaleurs de l'été et aux rigueurs de l'hiver sans le secours d'aucune écaille.

A part ces rares exceptions, les bourgeons nus, nous l'avons dit, se développent sans interruption, et les végétaux qui les portent peuvent, par suite, se ramifier beaucoup en peu de temps. Tel est, par exemple, le cas de la plupart de nos plantes annuelles. A mesure que leurs premiers bourgeons s'allongent en rameaux, ceux-ci produisent, à l'aisselle de leurs jeunes feuilles, de nouveaux bourgeons qui se comportent de même, et ainsi de suite, jusqu'à ce que l'agrégat soit complet. Une seule saison suffit à l'évolution de ces bourgeons et de ces rameaux issus les uns des autres.

Quant à nos arbres et à nos arbrisseaux, ils sont loin de se ramifier avec autant de promptitude. Leurs bourgeons, généralement écailleux, ont été désignés aussi sous le nom de *bourgeons dormants*. Nés au printemps, peu de temps après les feuilles, ils restent, en effet, comme endormis pendant tout le reste de l'année, et ne s'ouvrent qu'au printemps suivant. Ils ne fournissent donc, chaque année, qu'une seule génération de rameaux.

**Prompts-bourgeons.** — Le Pêcher et la Vigne offrent pourtant une exception à cette règle. Les bourgeons qui, dans ces plantes, restent endormis pendant l'automne et l'hiver ne s'ouvrent, comme à l'ordinaire, qu'au printemps. Mais les rameaux qui en sortent présentent bientôt, à l'aisselle de leurs feuilles, de nouveaux bourgeons qui, se développant sans interruption, donnent immédiatement naissance à une seconde génération de rameaux. Et c'est sur ces derniers qu'apparaissent les bourgeons dormants, appelés à devenir, l'année suivante, le point de départ de semblables phénomènes.

Les horticulteurs donnent le nom de *prompts-bourgeons* à ces bourgeons qui, nés sur des rameaux sortis de bourgeons dormants, fournissent, la même année, une seconde génération de rameaux. Il est possible,

par une taille particulière, d'en provoquer la production sur la plupart de nos arbres fruitiers, et ce moyen est
souvent usité sur de jeunes sujets, Pommiers ou Poiriers, par exemple, pour les rendre plus précoces, en les
amenant plus tôt au degré de ramification où ils sont
susceptibles de produire des fleurs et des fruits.

**Bourgeons à fleurs et bourgeons à feuilles.** —
Suivant la nature des parties qu'ils contiennent à l'état
rudimentaire, les bourgeons se distinguent en *bour-*
*geons florifères* et en *bourgeons foliifères*.

Les premiers, appelés encore *bourgeons à fleurs* ou
*bourgeons à fruits*, sont renflés, arrondis, ordinairement subglobuleux. Le rameau qui en sort se montre chargé de fleurs, puis de fruits; il porte souvent
aussi quelques feuilles. Il reste court, généralement
marqué de cicatrices, de nœuds vitaux très-rapprochés.

Quant aux bourgeons foliifères ou *à feuilles*, on les
nomme aussi *bourgeons à bois*. Moins renflés que les
précédents, ils se montrent, en général, pointus et
plus ou moins allongés. Ce sont eux qui donnent naissance à ces rameaux, à ces branches qui, chargées de
feuilles, mais privées de fleurs, reçoivent des jardiniers
le nom de *branches gourmandes*, branches ordinairement
longues, à feuilles nombreuses, à nœuds vitaux largement espacés.

On devine combien il est utile de distinguer ces
deux sortes de bourgeons, lorsqu'il s'agit de procéder
à la taille d'un arbre fruitier. Il importe, en effet, de
respecter, autant que possible, ses bourgeons à fleurs,
tandis que l'on doit sacrifier, comme parasites, ses
bourgeons à bois, c'est-à-dire ses branches gourmandes, lesquelles absorberaient en pure perte une grande
partie de la séve indispensable au développement des
fleurs et des fruits.

Quelques plantes tiennent en quelque sorte le milieu entre ces deux formes extrêmes. Ainsi dans la Vigne il sort de chaque bourgeon une branche qui, après avoir produit quelques feuilles, donne naissance à un nombre variable de grappes, pour continuer ensuite le développement de nouvelles feuilles. De semblables bourgeons sont habituellement désignés sous le nom de *bourgeons mixtes*.

Il est, du reste, bien entendu que tous les bourgeons dont nous venons de parler naissent d'une manière normale à l'aisselle des feuilles, où ils constituent, comme nous l'avons dit, des espèces d'embryons fixes.

**Nombre des bourgeons**. — Il s'en faut de beaucoup que chaque feuille ne porte jamais à son aisselle qu'un seul bourgeon. Le Noyer est connu depuis fort longtemps pour former souvent un grand nombre de ces organes à chaque entre-nœud, et la grande fréquence de la multiplicité des bourgeons est un fait actuellement mis hors de doute par les observations les plus récentes.

Toutes les fois que plusieurs bourgeons naissent à l'aisselle d'une même feuille, ils sont rangés en série verticale le long de l'axe. Tantôt c'est le plus élevé qui se développe le premier, tantôt c'est le plus inférieur ; rarement le développement commence au milieu de la série pour s'étendre ensuite vers les deux extrémités.

Ajoutons maintenant qu'il peut se développer, en de hors de l'aisselle des feuilles ou de l'extrémité des tiges et des branches, des *bourgeons adventifs ;* qu'il existe aussi des *bourgeons souterrains,* et enfin des *bourgeons mobiles* destinés à se détacher tôt ou tard de la plante qui les a produits.

BOURGEONS ADVENTIFS.

On désigne sous ce nom des bourgeons qui naissent d'une manière irrégulière, hors des nœuds vitaux, par

suite de quelque circonstance accidentelle. Ils peuvent
se former partout où la séve afflue en grande quantité, notamment à la surface d'une plaie ou dans son
voisinage.

C'est, en effet, ce qui arrive lorsqu'on *étête* un jeune
arbre, un jeune Saule, par exemple : la séve qui était
destinée à ses branches s'accumule alors au sommet de
son tronc, et là se développent bientôt, en grand
nombre, des bourgeons adventifs d'où émanent autant
de rameaux disposés sans ordre, sans régularité.

Il peut se former de semblables bourgeons non-seulement sur tous les points de la tige et des rameaux,
mais encore sur la racine elle-même; il suffit pour
cela d'un simple accident. Que la charrue du laboureur
atteigne, par exemple, une branche radicale étendue
horizontalement près de la surface du sol..., il en ré-
sultera une plaie. Or, il n'est pas rare de voir s'élever
de cette plaie des bourgeons adventifs, et, par suite,
un ou plusieurs de ces *surgeons* dont nous avons eu
l'occasion de parler en faisant l'histoire de la racine.

Nous aurons, du reste, l'occasion de revenir sur cette
propriété que possèdent beaucoup de plantes de produire des bourgeons adventifs, lorsque nous traiterons
en détail de la botanique appliquée.

### BOURGEONS SOUTERRAINS.

Au lieu de se former accidentellement sur la racine,
certains bourgeons naissent normalement sur le rhizome de quelques plantes vivaces. Ils représentent le
jeune âge des rameaux qui, chaque année, sortent de
terre pour se développer au sein de l'air.

Ces bourgeons, auxquels on a donné le nom de
*turions*, s'allongent considérablement par leur base avant
de s'ouvrir pour laisser échapper les parties qu'ils ren-

ferment à l'état de rudiment. Il va sans dire que cet
allongement est d'autant plus marqué que le rhizome
est plus profondément situé au-dessous de la surface

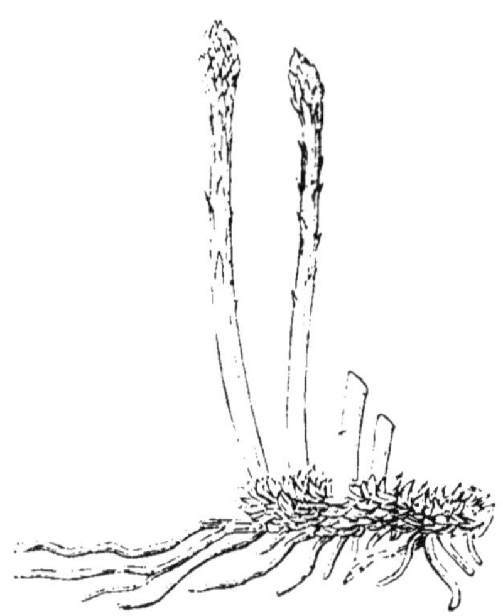

Fig. 138. — Portion du rhizome de l'Asperge avec des bourgeons souterrains,
ou *turions*, en voie de développement.

du sol. Les pointes d'Asperges (fig. 138) qui se consomment en si grande quantité comme aliment sont des
turions.

### BOURGEONS MOBILES.

Il existe aussi des bourgeons qui, au lieu de rester
fixés sur la plante où ils sont nés, comme le font tous
les bourgeons normaux ou adventifs dont il vient d'être
question, s'en séparent, à une certaine époque de leur
développement, pour produire non pas un simple rameau, mais un individu complet et distinct. Ces bourgeons mobiles ou caducs se comportent donc tout à fait
à la manière des embryons-graines.

On en distingue de deux sortes : les uns sont connus
sous le nom de *caïeux ;* les autres reçoivent celui de
*bulbilles.*

**Caïeux.** — Les caïeux n'appartiennent qu'aux plantes bulbeuses, telles que la Tulipe, le Lis blanc, l'Oignon (fig. 139, *c*, et 140, *c*), etc. Ils se forment à l'ais-

Fig. 139. — Bulbe de l'Oignon ordinaire portant un bourgeon mobile, ou *caïeu, c.*

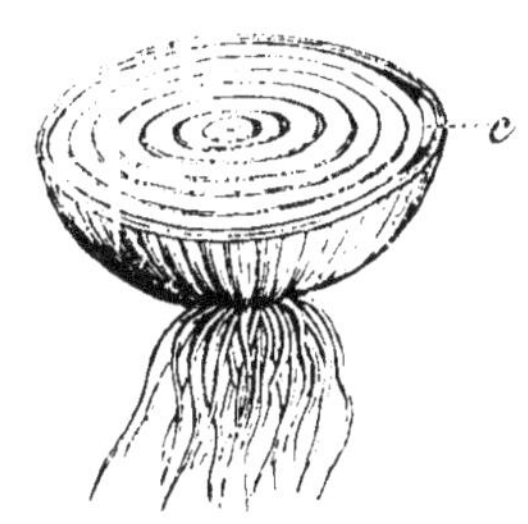


Fig. 140. — Un autre bulbe d'Oignon coupé en travers. On voit en *c* la coupe d'un bourgeon mobile, ou *caïeu.*

selle des feuilles modifiées qui constituent les tuniques ou les écailles du bulbe.

Or, comme ces feuilles, s'amincissant peu à peu, finissent par se détruire, les caïeux peuvent se détacher tôt ou tard, et chacun d'eux, devenu indépendant, produit un nouvel individu d'où se détacheront un jour de nouveaux caïeux, et ainsi de suite.

**Bulbilles.** — Quant aux bulbilles, ils ont une organisation un peu différente qui mérite de nous arrêter un moment. Si l'on examine attentivement la Ficaire, plante très-commune chez nous et qui, au premier printemps, émaille nos bois de ses fleurs jaunes, on remarque qu'après la floraison les feuilles inférieures produisent à leur aisselle de petits bourgeons. Ces bourgeons, d'abord semblables aux bourgeons nus des autres plantes herbacées, s'en différencient bientôt. Ils se gonflent rapidement (fig. 141), et il est facile de s'assurer que cette augmentation de volume est produite par l'accumulation de substances nutritives à la base de l'organe (fig. 142). Arrivé à cet état, le bourgeon est devenu capable, grâce aux provisions dont il est muni, de vivre indépendamment de la plante mère, et, quand

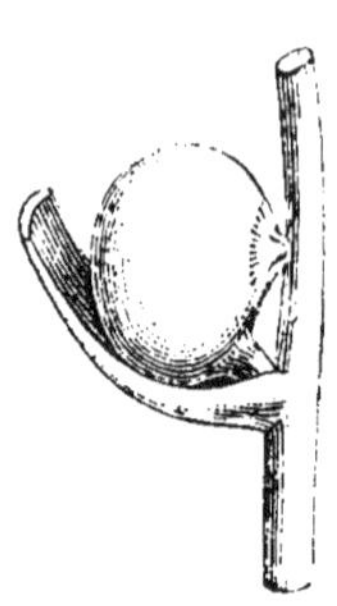

Fig. 141. — Bourgeon mobile ou *bulbille* de la Ficaire (*Ficaria ranunculoïd*s*), développé à l'aisselle d'une feuille.

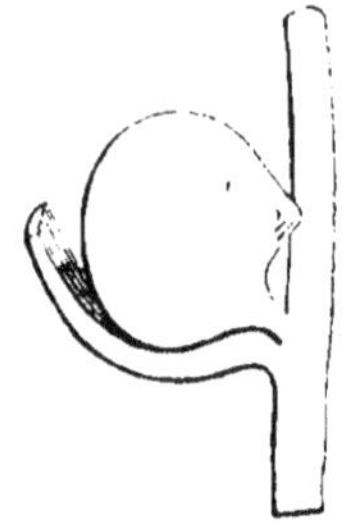

Fig. 142.— Coupe de ce bulbille, destinée à montrer que son sommet est resté à l'état rudimentaire, tandis que sa base s'est convertie en un vaste réservoir de substances nutritives.

celle-ci viendra à périr, il aura tous les éléments nécessaires pour s'enraciner au contact du sol et reproduire une plante semblable.

Mais les bulbilles n'occupent pas toujours l'aisselle des feuilles caulinaires ou raméales, c'est ainsi que dans diverses espèces du genre Ail (*Allium*) on les trouve entremêlés aux fleurs, ou développés en leur lieu et place.

Les végétaux pourvus de ce moyen particulier de propagation sont dits *vivipares* ou *bulbifères*. Il conviendrait sans doute de réserver cette dernière épithète aux plantes bulbeuses, en appliquant celle de *bulbillifères* aux végétaux munis de bulbilles.

### MÉTAMORPHOSES DES BOURGEONS.

Il arrive dans quelques plantes que les jeunes feuilles qui entrent dans la composition d'un bourgeon avorlent de bonne heure. L'axe qui les porte, et qui, dans les cas ordinaires, devient une branche, n'en continue pas moins sa croissance pendant un certain temps ; mais il ne tarde pas à s'arrêter lui-même, et prend alors la forme d'un organe mince, plus ou moins long, et terminé en pointe acérée. En un mot, il s'est transformé en *épine*. C'est ce qu'il est très-facile de voir sur l'Aubépine (*Mespilus oxyacantha*), l'Hippophaë (*Hippophae rhamnoides*), et sur le Néflier commun vivant dans nos bois à l'état sauvage.

Nous avons déjà vu que les feuilles et les stipules peuvent présenter des cas de semblables métamorphoses.

### ÉCAILLES DES BOURGEONS.

Les écailles dont la présence constitue le caractère distinctif des bourgeons écailleux n'ont pas la même origine dans toutes les plantes. Linné leur donnait le nom d'*hibernacula*, expression qui veut dire *logements d'hiver*.

Toujours situées à l'extérieur du bourgeon, de manière à protéger ses parties intimes, ces écailles sont quelquefois assez amples pour s'envelopper les unes les autres ; mais elles se montrent le plus souvent, au contraire, très-petites, imbriquées comme les tuiles d'un toit, les inférieures couvrant seulement la base de celles qui se trouvent situées immédiatement au-dessus. Il est ordinairement facile de reconnaître dans cet arrangement la disposition en spirale, si commune parmi les véritables feuilles et parmi les divers organes qui en dérivent.

Elles peuvent représenter tour à tour le limbe d'une feuille dont le pétiole a complétement avorté (Érable, Sycomore), ou, au contraire, un pétiole élargi et privé de limbe (Frêne, Groseillier), ou encore autant de sti-

pules dont les feuilles ne se sont pas du tout développées (Charme, Coudrier), ou bien enfin à la fois un pétiole et ses deux stipules,
réunis tous trois en une
seule lame (Rosiers).

Du reste, il n'y a pas
toujours une ligne de dé-
marcation bien prononcée
entre les écailles d'un bourgeon et les véritables feuilles qu'il renferme ; c'est
souvent d'une manière in-
sensible que l'on passe des
unes aux autres. Que l'on
effeuille, par exemple, un
bourgeon de Rosier en voie
d'évolution. Les premières
écailles qu'on enlèvera
n'offriront rien de particulier (fig. 143, *a*) ; mais les
autres se montreront d'a-
bord munies d'une ébau-
che de foliole terminale,
puis, en outre, de deux latérales, puis de quatre, et
l'on arrivera ainsi aux feuilles véritables, qui en ont
cinq.

Fig. 143. — Bourgeon de Rosier en
voie d'évolution. Il montre tous les
passages entre les écailles extérieures *a* et les vraies feuilles.

Passons maintenant aux parties essentielles des bourgeons. Voyons d'abord quelle est la disposition de leurs
feuilles proprement dites.


## PRÉFOLIATION.


On donne le nom de *préfoliation* ou de *vernation* au
mode de disposition qu'affectent les feuilles contenues
dans un bourgeon.

Cette disposition se montre très-variable quand on la considère dans un grand nombre de plantes. Elle est, au contraire, constante dans les végétaux d'une même espèce, souvent dans ceux de tout un genre, quelquefois dans ceux d'une famille entière. On comprend dès lors de quelle importance peut être cette étude, la connaissance de la vernation étant à peu près le seul moyen rapide et vraiment scientifique que l'on ait pour distinguer les diverses essences forestières pendant la saison d'hiver.

Dans l'étude des principaux modes de préfoliation dont les plantes sont susceptibles, il importe d'examiner les feuilles, d'abord isolément, indépendamment les unes des autres, et ensuite dans leurs rapports mutuels.

1° — Considérée du premier de ces points de vue, la préfoliation peut être *plissée, involutée, révolutée, convolutée, condupliquée, réclinée* et *circinée*.

Elle est dite *plissée*, quand la feuille présente, à la

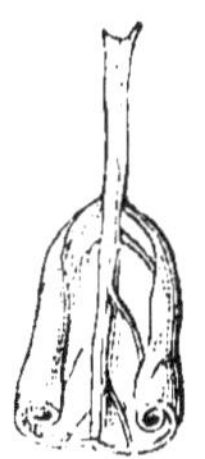

Fig. 144. — Jeune feuille d'Érable en préfoliation plissée.

Fig. 145. — Jeune feuille de Peuplier en préfoliation involutée.

Fig. 146. — Jeune feuille d'Oseille en préfoliation révolutée.

Fig. 147. — Jeune feuille d'Abricotier en préfoliation convolutée.

manière d'un éventail, des plis nombreux, profonds et longitudinaux (Erable, fig. 144) ;

*Involutée*, lorsque la feuille est roulée par ses bords en dedans, c'est-à-dire sur sa face supérieure (Peuplier, fig. 145) ;

*Révolutée*, dans le cas où la feuille, au contraire, est roulée par ses bords en dessous, c'est-à-dire sur sa face inférieure (Oseille, fig. 146) ;

*Convolutée*, quand la feuille se montre roulée en cornet (Abricotier, fig. 147) ;

*Condupliquée*, si, la feuille étant pliée dans sa lon-

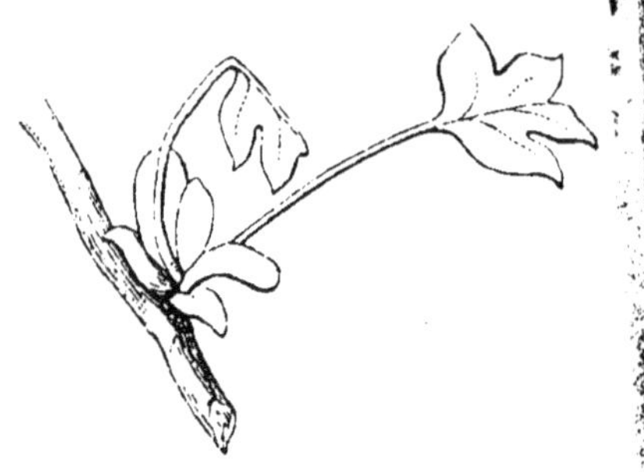

Fig. 149. — Bourgeon du Tulipier en voie d'évolution. La plus jeune feuille se montre encore en préfoliation réclinée.

Fig. 148. — Jeune feuille de l'Amandier en préfoliation condupliquée.

gueur, l'une de ses moitiés latérales s'applique exactement sur l'autre (Amandier, fig. 148) ;

*Réclinée*, dans le cas où la feuille se montre pliée

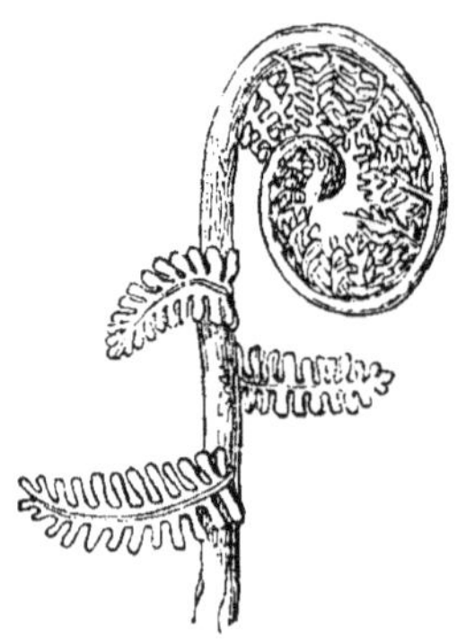

Fig. 150. — Jeune feuille de Fougère en préfoliation circinée.

Fig. 151. — Coupe d'un bourgeon de Lilas. La préfoliation est imbriquée.

transversalement, de façon que sa partie supérieure s'applique sur l'inférieure (Tulipier, fig. 149) ;

Et *circinée*, lorsque la feuille se roule du sommet à la base, à la manière d'une crosse (Fougère, fig. 150).

2° — Envisagée au point de vue des rapports qui existent entre les feuilles renfermées dans un bourgeon, la préfoliation présente aussi divers modes.

Elle est dite *imbriquée*, lorsque les feuilles extérieures recouvrent en partie les intérieures (Lilas, fig. 151).

*Équitante*, dans le cas où, les feuilles étant condupli-

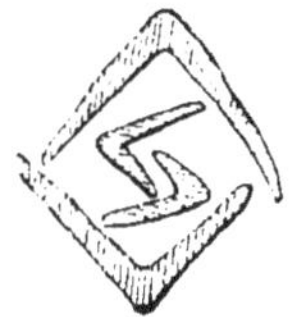

Fig. 152. — Coupe d'un bourgeon d'Iris. La préfoliation est équitante.

Fig. 153. — Coupe d'un bourgeon de Sauge. La préfoliation est semi-équitante.

quées, chacune d'elles embrasse, entre ses deux moitiés latérales, toutes celles qui sont plus intérieures (Iris, fig. 152);

Et *semi-équitante*, quand, les feuilles étant aussi condupliquées, chacune d'elles ne reçoit, entre ses deux moitiés, que la moitié d'une autre (Sauge, fig. 153).

### ÉPANOUISSEMENT DES BOURGEONS.

La tige, née de la gemmule, s'accroît pendant la saison favorable, et meurt avant l'hiver, si la plante dont elle fait partie n'est qu'annuelle.

Dans les végétaux ligneux, elle produit dans la belle saison un bourgeon terminal qui en est comme le couronnement, et qui demeure longtemps stationnaire. Au retour du printemps, ce bourgeon terminal se ranime; il s'ouvre pour laisser échapper un *jet*, une *pousse* qui s'ajoute à la tige et la prolonge d'autant. Ses premières écailles tombent au moment même de l'épanouissement; les autres ne se détachent ordinairement qu'un peu plus tard.

Une fois l'impulsion donnée, la jeune pousse fait des progrès rapides. Ses entre-nœuds ou mérithalles s'allongent successivement; d'abord le plus inférieur, puis le second, le troisième, etc., comme le font les tubes d'une lunette d'approche sortant les uns des autres. Les feuilles issues du bourgeon s'éloignent ainsi peu à peu les unes des autres; elles se développent graduellement dans l'ordre de leur superposition.

Toutes les parties constituantes de la tige se continuent dans la jeune pousse, où l'on trouve, si la plante est dicotylédone, une moelle centrale, ainsi que la couche ligneuse et la couche corticale formées pendant cette seconde année de végétation.

Puis la tige, ainsi prolongée, fournit encore un bourgeon terminal d'où sortira l'année suivante un nouveau jet; et, tous les ans, les mêmes phénomènes auront lieu.

Ainsi la tige se compose de pousses annuelles superposées et intimement unies; ainsi dans une tige dicotylédone, le nombre des couches concentriques formant le système ligneux diminue à mesure qu'on s'éloigne de la base, où il correspond exactement à celui des années du végétal; tandis que, au sommet, il est toujours réduit à une seule.

En général, le bourgeon qui termine la tige se développe seul dans la plupart des plantes monocotylédones, telles que les Palmiers, dont le stipe, par suite, reste ordinairement simple, sans ramifications.

Au contraire, dans presque tous les végétaux dicotylédonés, d'autres bourgeons se montrent en même temps à l'aisselle des feuilles, et de chacun de ceux-ci naît une pousse latérale, c'est-à-dire un *scion* ou jeune rameau.

## RAMEAUX.

Un rameau, toujours produit par un bourgeon latéral, n'est à vrai dire qu'une répétition de la tige. Il en a généralement et la forme et la structure ; il peut être, comme la tige qui le porte, cylindrique, tétragone, dressé, ascendant, étalé, grimpant, volubile, etc. Une grande partie de ce que nous avons dit de la tige s'applique donc aux rameaux, dont l'étude se trouve ainsi considérablement simplifiée.

Les feuilles d'un rameau offrent la même disposition que celles de la tige ; elles sont rangées, comme celles-ci, en verticilles ou en spirale, et, dans ce dernier cas, la spirale des feuilles raméales a toujours pour point de départ la feuille caulinaire à l'aisselle de laquelle est né le rameau, et que l'on appelle pour cela *feuille mère*.

En effet, si nous supposons que la disposition des feuilles de la plante considérée est représentée par la fraction $\frac{2}{5}$, la première feuille du rameau sera séparée par $\frac{2}{5}$ de circonférence de la feuille mère.

Mais la spirale des feuilles raméales peut se faire dans le même sens que celle des feuilles caulinaires, ou s'effectuer, au contraire, dans un sens opposé. Dans le premier cas, on dit qu'il y a *homodromie;* dans le second, il y a *hétérodromie*.

Supposons, par exemple, que la spirale des feuilles caulinaires se fasse de gauche à droite. Il y aura homodromie si la première feuille du rameau se montre placée à droite de la feuille mère, car la seconde se trouvera située à droite de la première, la troisième à droite de la seconde, et ainsi de suite. Il y aura, au contraire, hétérodromie si la première feuille raméale est placée

à gauche de la feuille mère, car la seconde se montrera
à gauche de la première, la troisième à gauche de la
seconde, etc.

Les rameaux reçoivent le nom de *scions* dans leur
première jeunesse. Ils s'accroissent absolument de la
même manière que le jet terminal dont nous avons
parlé tout à l'heure. Leurs mérithalles s'allongent successivement et semblent sortir les uns des autres. Leurs
feuilles, placées sur les limites de ces mérithalles, s'é-
loignent peu à peu en se développant graduellement
de la base au sommet du rameau.

C'est à peu près en six semaines que les scions, dans
la plupart de nos arbres, acquièrent toute leur longueur,
et se transforment en véritables rameaux. Leurs entre-
nœuds offrent alors sensiblement la même étendue, et
leurs feuilles les mêmes dimensions. Le scion grossit
pendant qu'il s'allonge. Le rameau grossit encore alors
qu'il ne s'allonge plus.

Les vaisseaux et les fibres de la tige se continuent
dans le scion pour y former deux couches : l'une ligneuse, l'autre corticale. Quant au canal médullaire
du rameau, il est habituellement fermé à son origine.

Au reste, chaque rameau, pourvu de feuilles, comme
la tige, produit souvent aussi des fleurs, et, en outre,
il donne naissance à des bourgeons, dont un terminal.

Alors, l'année suivante, pendant qu'il s'allonge et
s'accroît en épaisseur de deux couches nouvelles, on
voit se développer à sa surface d'autres rameaux qui
se comporteront comme lui, et ainsi de suite.

Issus de la tige ou les uns des autres, les rameaux
représentent donc plusieurs générations successives ;
ils se distinguent en *primaires, secondaires, tertiaires*, etc.
On donne aussi le nom de *ramules* aux plus petits, et
celui de *branches* aux plus gros, qui sont en même
temps, bien entendu, les plus vieux. Il va sans dire,
du reste, qu'il suffit, pour déterminer l'âge d'un ra-

meau, de compter à sa base les couches concentriques
de son système ligneux.


### DIRECTION DES RAMEAUX.


Les rameaux, dont l'ensemble constitue la *tête* ou la
*cime* du végétal, varient à l'infini, suivant les espèces,
par leur direction relativement à la tige. De là, en
grande partie, cette diversité qui frappe dans la forme
et dans le port des différents arbres.

On dit que les rameaux sont *ouverts* lorsqu'ils s'élèvent de manière à former avec la tige un angle d'environ 45 degrés, ce qui constitue le cas le plus commun.
Ils peuvent être *dressés*, comme on le remarque, par
exemple, dans le Peuplier d'Italie, où ils montent presque verticalement. Ils peuvent être *étalés* ou *divariqués*, c'est-à-dire s'étendre d'une manière à peu près
horizontale, ainsi que cela a lieu notamment dans les
Pins. Quelquefois enfin ils sont *pendants*.

Dans le Saule et dans le Frêne *pleureurs*, les rameaux
sont pendants. Ceux du premier s'élèvent d'abord plus
ou moins obliquement; mais, trop faibles pour se soutenir, ils fléchissent sous leur propre poids, ils tombent
en décrivant une courbe. Ceux du second s'inclinent
vers le sol presque dès leur naissance, non pas par
l'effet de leur propre poids, mais en obéissant à une
tendance qui fait exception à la règle générale.

A peu près constante dans les végétaux d'une même
espèce, la direction des rameaux varie souvent beaucoup, au contraire, dans un même individu.

Les branches inférieures des grands arbres, les plus
grosses, les plus longues, en même temps que les plus
vieilles, se trouvent constamment dans l'ombre que
projettent sur elles les rameaux qui les dominent.
Elles s'abaissent peu à peu sous l'influence de leur

poids et pour aller chercher la lumière; elles finissent presque toujours par devenir à peu près horizontales.

Quant aux rameaux situés au-dessus, ils sont d'autant plus jeunes, d'autant plus courts et d'autant plus dressés, qu'ils se rapprochent davantage du sommet de la tige; d'où résulte la forme plus ou moins conique ou pyramidale que l'on observe dans la cime d'un grand nombre d'arbres.

Mais il est une circonstance qui imprime d'innombrables modifications au port, à la physionomie des végétaux; c'est la position relative des rameaux sur la tige.

### POSITION RELATIVE DES RAMEAUX.

On conçoit que la position des rameaux doit reproduire celle des feuilles lorsque les bourgeons placés à l'aisselle de celles-ci se développent sans avortement, ce qui est assez commun parmi les végétaux herbacés.

Les choses se passent bien autrement dans la plupart des plantes ligneuses, dont la vie plus longue entraîne une ramification beaucoup plus compliquée. Ici, les bourgeons avortent généralement en grand nombre, et alors les rameaux nés de ceux qui se développent ne présentent qu'un arrangement en quelque sorte anormal, dans lequel il serait difficile de reconnaître celui des feuilles.

Quoi qu'il en soit, la disposition générale des feuilles joue un rôle considérable dans l'aspect de nos arbres, et c'est là qu'il faut chercher la cause principale des différences qu'on observe dans leur port. Le lecteur comprendra facilement, sans que nous puissions nous appesantir sur ce sujet, qu'un arbre tel que l'Orme, par exemple, dont les feuilles sont alternes-distiches, ne saurait avoir ses branches disposées dans le même ordre que celui dont la phyllotaxie répondra à la formule $\frac{2}{5}$, comme le Pommier. Nous ajouterons que la forme des feuilles et leur dimension entrent aussi pour beaucoup dans les différences de port que présentent souvent des plantes à formule foliaire identique.

Ce sont les bourgeons inférieurs, soit de la tige, soit des rameaux, qui avortent le plus fréquemment, ce qui paraît dépendre de deux causes différentes. En effet, dans la plupart des cas, ces bourgeons se trouvent moins bien exposés que les autres à l'heureuse influence de la lumière; et, en outre, la nourriture qu'ils reçoivent est souvent insuffisante, car, en général, la séve afflue surtout vers les extrémités.

Néanmoins, si la tige des arbres dicotylédones se montre, pour l'ordinaire, dépouillée de branches à sa base, jusqu'à une certaine hauteur, ce n'est pas précisément à cette double circonstance qu'il faut l'attribuer, mais plutôt au soin qu'ont presque toujours les agriculteurs d'enlever les rameaux qui tendent à se former sur le tronc de ces arbres, pendant leur jeunesse.

L'avortement des bourgeons s'effectue quelquefois avec une régularité vraiment digne de remarque.

Ainsi, dans les Sapins, où les feuilles, très-petites, très-nombreuses et très-serrées, sont disposées en spirale, les rameaux paraissent comme étagés en verticilles plus ou moins distants. C'est que, dans ces arbres, les bourgeons avortent alternativement par séries, et se développent seulement à l'aisselle de quelques feuilles successives dont les tours de spire sont tellement rapprochés, que les différences de hauteur deviennent à peine appréciables dans les rameaux.

Ainsi, encore, dans certaines plantes à feuilles opposées, notamment dans plusieurs Caryophyllées, des deux bourgeons nés à l'aisselle de deux feuilles composant une paire, un seul se développe en rameau; et, dans la paire immédiatement située au-dessous, la feuille qui fournit le rameau est toujours celle qui occupe l'autre côté de la tige. De telle sorte que le végétal, avec des feuilles opposées, présente des rameaux disposés en spirale.

Dans les plantes à feuilles opposées, la tige porte en général, à son extrémité, trois bourgeons, dont un terminal et deux latéraux.

Or, il est des espèces où ces bourgeons se développent tous les trois, et dont la tige est par conséquent *trifurquée* ; tandis que, chez d'autres, le bourgeon terminal avortant constamment, la tige n'est que *bifurquée*. Souvent, en outre, les rameaux se trifurquent ou se bifurquent à leur tour, et, dans ce cas, la ramification prend le nom de *trichotomie* ou de *dichotomie*.

Les botanistes distinguent une *vraie* et une *fausse dichotomie*.

Dans la vraie dichotomie, les deux rameaux formant bifurcation appartiennent à une même génération et sont par conséquent du même âge, comme cela a lieu dans beaucoup de plantes à feuilles opposées, et notamment dans le Gui, dans les Valérianelles (fig. 154), etc.

Il faut remarquer que dans ces plantes, ainsi que dans toutes celles qui leur ressemblent, la tige se termine par une fleur ou un bouquet de fleurs (1), et dépasse par conséquent très-peu les branches de la dichotomie. Celles-ci se comportent de même par rapport aux suivantes, et le phénomène se continue régulièrement de génération en génération.

Toutes les fois que la tige se termine par une fleur, elle est dite *déterminée*. On l'appelle *indéterminée* quand elle se termine par un bourgeon à bois. Les mêmes dénominations s'appliquent aux branches.

Dans la fausse dichotomie les deux branches en bifurcation appartiennent à deux générations différentes,

(1) Ces fleuves avortent quelquefois de très-bonne heure.

ainsi qu'on peut le remarquer, par exemple, dans la Benoîte officinale.

Ici, chaque rameau naît sur la tige, à l'aisselle d'une feuille alterne. Sa croissance est rapide; il se redresse,

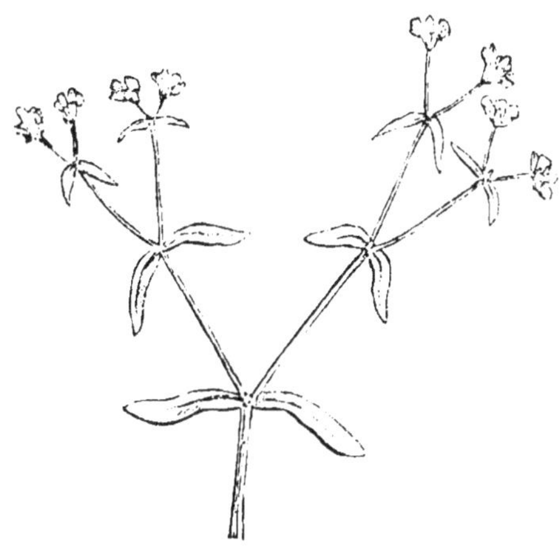

Fig. 154. — Dichotomie vraie de la Valérianelle comestible (*Valerianella olitoria*).

devient bientôt presque l'égal de la tige, qui s'incline un peu du côté opposé, et se comporte de même avec tous les rameaux qu'elle a fournis. De sorte que les bifurcations, dans cette plante, ont lieu entre la tige et des rameaux de première génération.

Mais il est des cas de fausse dichotomie plus complexes, et où les rameaux de seconde ou de troisième génération se conduisent avec ceux qui les ont immédiatement précédés comme nous venons de voir les rameaux primaires se conduire avec la tige elle-même.

Parmi les plantes à feuilles alternes, il en est dont les rameaux ont une tendance encore plus marquée à prendre la place de la tige, ce qu'on peut constater, par exemple, dans la Vigne vierge, dans la Morelle Douce-amère (fig. 155), etc.

Après avoir fourni plusieurs feuilles, la véritable

tige, dans ces plantes, s'épuise et se termine par un groupe de fleurs; elle cesse dès lors de s'allonger. Mais à l'aisselle de la feuille située immédiatement au-

dessous de ces fleurs, il naît un rameau qui s'accroît rapidement, se redresse et se place exactement sur le prolongement de la tige dont l'extrémité affaiblie et chargée de fleurs est obligée, par suite, de prendre une position latérale.

Puis le rameau usurpateur subit, à son tour, le même sort que la tige : il se termine par un groupe de fleurs ; il donne naissance à un rameau qui usurpe sa direction , et ainsi de suite.

De ce mode de végétation il résulte, en définitive, un ensemble plus ou moins compliqué, et auquel les botanistes ont donné le nom de *pseudo-tige*,

Fig. 155. — Pseudo-tige de la Douce-amère (*Solanum dulcamara*). L'extrémité de l'axe principal, chargé de fleurs, a été rejetée sur le côté par un rameau né à l'aisselle de sa dernière feuille.

axe composé, ainsi qu'on vient de le voir, de la véritable tige et de plusieurs rameaux issus les uns des autres, placés bout à bout et dans la même direction, bien que de génération différente.

Il est facile de distinguer une pseudo-tige d'une tige véritable ; il suffit, pour cela, de jeter un coup d'œil sur les rameaux qui portent les fleurs. Dans la véritable tige, chacun de ces rameaux s'est développé à l'aisselle d'une feuille qui existe encore, ou dont on trouve au

moins les traces, si elle est tombée. Tandis que, dans
une pseudo-tige, les prétendus rameaux chargés de
fleurs n'étant chacun que l'extrémité épuisée de la tige
ou d'un rameau qui s'y est substitué, se montrent non
axillaires, mais au contraire oppositifoliés. C'est en
vain que l'on chercherait, au-dessous de leur base, les
traces d'une feuille.

Dans le plus grand nombre des végétaux ligneux
pourvus de feuilles en spirale, il arrive souvent que le
bourgeon terminal de la tige avorte tôt ou tard, et alors
le bourgeon latéral le plus voisin fournit un rameau
chargé en quelque sorte de remplacer la tige, en prenant néanmoins une direction plus ou moins différente.
Cet avortement se répète ensuite dans les branches,
dans les divers rameaux; il nous explique pourquoi,
dans la majorité de nos arbres, tels que le Tilleul,
l'Orme, etc., il est impossible de suivre le tronc au milieu de la cime, où il se perd de bonne heure, caractère qui lui a fait donner l'épithète de *déliquescent*.

Mais les choses ne se passent pas toujours ainsi. Il
est, en effet, des arbres dont la tige, ne cessant jamais
de s'allonger, conserve sa place, sa direction, et reste
distincte au milieu des branches et des rameaux qui
composent la cime. Tels sont, entre autres, le Peuplier
d'Italie et les Sapins, si remarquables par leur port
élancé, par la longueur et par la rectitude de leur tronc.

Le bourgeon qui termine la tige d'une plante peut
avorter de bonne heure, et l'on devine ce qui doit
alors arriver. La tige reste courte, souvent même cachée sous terre, et les rameaux qu'elle développe,
nés de sa base, s'étendent eux-mêmes sous le sol, ou
bien s'élèvent au-dessus pour accomplir leur végétation
dans l'air.

Dans les sous-arbrisseaux et les arbustes, par exemple,
il arrive souvent que la tige principale demeure cachée
dans le sol, et ce sont les rameaux qui viennent se dé-

velopper dans l'air, comme autant de tiges distinctes, d'où vient l'épithète de *multicaules* que l'on applique quelquefois à ces plantes.

Les rameaux dont il s'agit poussent ordinairement, de leur base, des racines adventives ; ils peuvent aussi fournir d'autres rameaux qui s'enracinent comme eux. De sorte que, chaque année, le végétal se complique en occupant une place plus grande. On coupe quelquefois ces rameaux à leur base, et, en les plantant séparément, on obtient autant d'individus nouveaux, végétant à part, vivant de leur vie propre ; c'est ce qu'on nomme des *surgeons* ou des *drageons*.

Voici, d'un autre côté, ce qui a lieu dans un grand nombre de végétaux herbacés, vivaces ou *pérennes*.

Pendant la première année de leur existence, leur tige, très-courte, cachée sous terre, émet des feuilles que l'on dit radicales. Ces feuilles meurent à la fin de la belle saison, laissant sur la tige les bourgeons qu'elles couvraient de leur base souterraine. Mais la tige persiste ; de même que la racine, elle brave l'hiver, et, au printemps qui suit, des rameaux nés de ces bourgeons apparaissent au-dessus du sol, où ils meurent comme autant de tiges annuelles, après avoir fourni des feuilles, des fleurs et des fruits.

Et chaque année ultérieure de la plante voit se reproduire la même série de phénomènes.

Fréquemment, dans les végétaux herbacés, les rameaux, trop débiles pour se maintenir dressés dans l'air, s'étalent sur la surface de la terre. On les dit *étalés* ou *couchés* quand ils restent libres, et *rampants* lorsqu'ils s'y enracinent.

Les rameaux rampants se séparent tôt ou tard de la plante par destruction de leur base. Mais, au lieu de mourir, après cette séparation, ils vivent d'une vie particulière, grâce aux racines adventives qui les attachent au sol ; ils fournissent même, à leur tour, des rameaux qui doivent avoir la même destinée, et ainsi successivement. On peut citer, comme exemple de cette singulière végétation, de cette multiplication en progression géométrique, la Bugle rampante, la Renon-

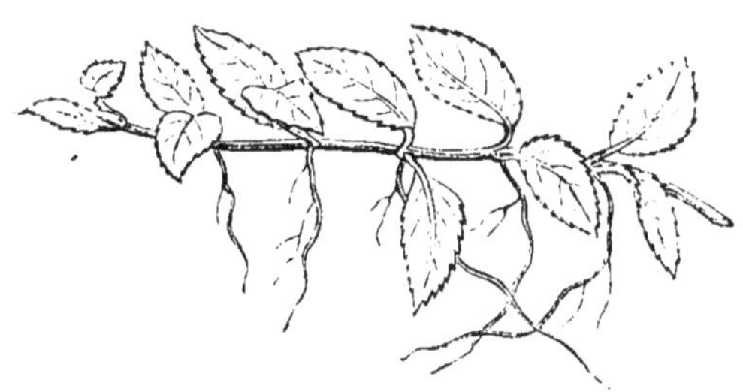

Fig. 156. — Rameau rampant de la Véronique officinale, muni de racines adventives au niveau de chaque nœud.

cule rampante, la Véronique officinale (fig. 156), etc. Les racines adventives des rameaux rampants naissent en général de la face inférieure de leurs nœuds vitaux.

Il est des plantes où les rameaux, grêles et longs, ne s'enracinent et ne produisent des feuilles qu'à leur extrémité. Ces rameaux, dont le Fraisier commun offre un exemple connu de tout le monde (fig. 157), sont appelés *stolons* ou *coulants*.

Après une végétation d'un certain nombre d'années,

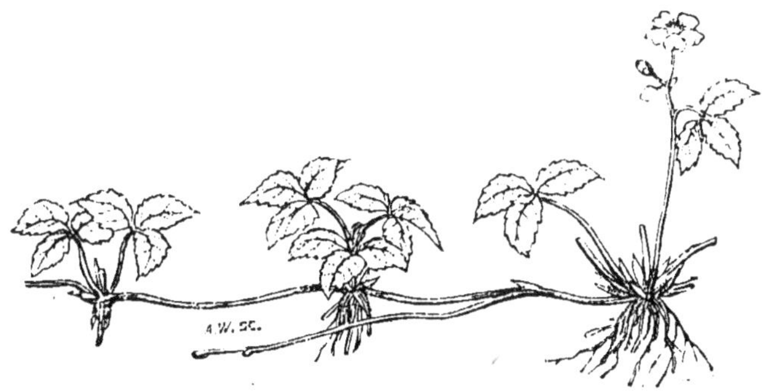

Fig. 157. — Un pied de Fraisier (*Fragaria vesca*). Il a donné naissance à des stolons munis de feuilles et de racines.

ils relient entre elles plusieurs touffes de feuilles, touffes enracinées, issues les unes des autres. Mais ils finissent par se flétir, par se désarticuler, et chaque touffe, dès lors, devient une plante isolée, distincte. Tous les végétaux qui présentent ces particularités sont dits *traçants* ou *stolonifères*.

Nous verrons plus tard comment on tire parti, dans la pratique, de ces divers modes de végétation, pour multiplier certaines plantes sans avoir recours à leurs graines.

Au lieu de ramper à la surface du sol, les rameaux peuvent s'étendre, soit horizontalement, soit d'une manière oblique sous la terre, où ils produisent des racines adventives, des feuilles à l'état d'écailles et des bourgeons. Puis ces rameaux s'allongent en même temps qu'ils donnent naissance à de nouveaux rameaux condamnés, les uns à végéter à leur tour sous la terre, et les autres appelés à s'élever au-dessus du sol, à fleurir, à fructifier dans l'air.

Beaucoup de plantes, des Cypéracées, des Graminées, des Joncs, etc., suivent ce mode particulier de végétation. Elles sont susceptibles de s'étendre à de grandes distances, en *traçant* ainsi sous la terre. On les sème avec avantage sur les terrains sablonneux en pente, que l'on veut fixer, dont on désire prévenir les éboulements.

### TRANSFORMATIONS DES RAMEAUX.

Il est quelques plantes dont les rameaux, venus sous le sol, y subissent des modifications de forme et de structure si profondes, qu'on les prend, en général, pour des organes tout particuliers. Tels sont, par exemple, les tubercules arrondis et féculents de la Pomme de terre (fig. 158).

A la surface d'un tubercule, on remarque un certain

nombre de légères dépressions plus ou moins nettement circonscrites, disposées avec symétrie, et contenant chacune une petite éminence (*a*) cachée à l'aisselle
d'une petite écaille caduque. Or, il y a là tout ce qui
caractérise un rameau : en
effet, les dépressions sont
autant de nœuds vitaux ;
les petites éminences qu'elles portent, et qu'on ap-
pelle vulgairement *yeux*,
constituent de véritables
bourgeons ; et la petite
écaille qui les couvre représente une feuille avortée. Qu'un tubercule sé-
paré de la tige se trouve

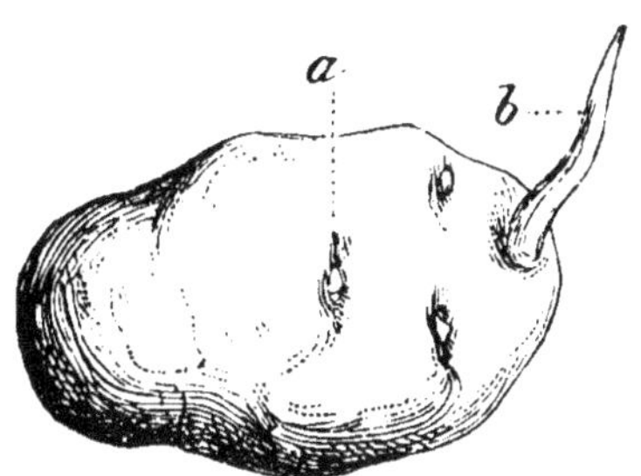

Fig. 158. — Tubercule de Pomme de terre. On voit à sa surface un certain nombre de bourgeons dont l'un, *b*, commence à se développer.

placé dans des conditions favorables, et il donnera
naissance par un de ses yeux, à un rameau aérien (*b*),
ou plutôt à une plante nouvelle.

Tous les agriculteurs savent que, pour obtenir de la
Pomme de terre une récolte plus abondante, il suffit
de *butter* le végétal, c'est-à-dire d'enterrer sa tige aussi
haut que possible. C'est donc bien la tige, et non la
racine, qui produit les tubercules, ces singuliers rameaux.

On voit aussi, dans quelques plantes, des rameaux
aériens subir eux-mêmes des modifications étranges,
de véritables métamorphoses.

C'est ainsi, par exemple, que, dans le Fragon piquant,
les principaux rameaux sont cylindriques, comme la
tige elle-même, tandis que les ramuscules, au contraire, se montrent aplatis en forme de feuilles coriaces, ovales-aigus, à sommet très-acéré. Ces rameaux
modifiés donnent naissance, vers le milieu de leur
face plane, à une feuille squameuse à l'aisselle de laquelle apparaissent des bouquets de fleurs.

Dans certaines espèces de Lis (*Lilium bulbiferum*) (fig. 159), les branches, nées à l'aisselle d'un grand nombre de feuilles, au lieu de s'allonger, restent très-courtes, se gorgent de sucs nutritifs, et finalement se détachent spontanément comme des fruits mûrs. Au con-

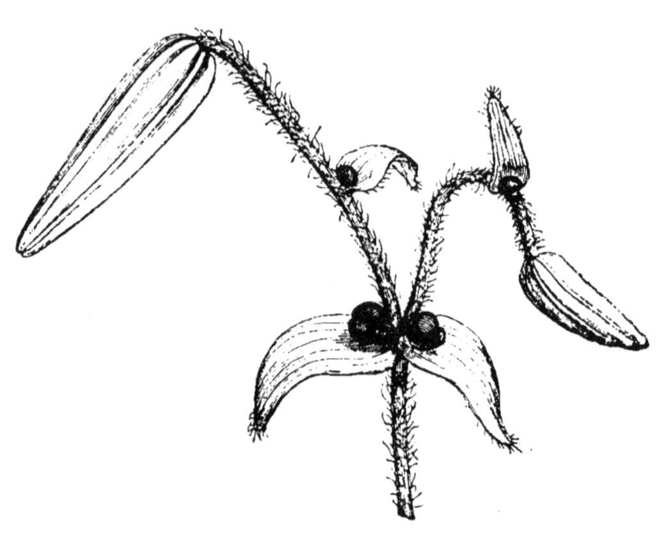

Fig. 159. — Sommet de la tige du *Lilium bulbiferum*. A l'aisselle des feuilles
se trouvent des rameaux transformés en bulbilles.

tact du sol humide, elles peuvent pousser des racines adventives et produire une plante nouvelle. De telles branches portent le nom de *bulbilles*. D'après ce que nous avons dit à propos des métamorphoses des bourgeons, on voit que les bulbilles peuvent représenter, sous le même nom, des organes différents.

Dans les végétaux pourvus d'une pseudo-tige, tels que la Vigne et la Douce-amère, entre autres, il n'est pas rare de voir l'extrémité de la véritable tige ou celle de l'un des rameaux qui ont usurpé sa direction, se convertir en vrille au lieu de porter des fleurs et des fruits, comme cela a lieu normalement. Les vrilles de la Vigne (fig. 160, *a*), en effet, sont toujours opposées à une feuille, ce qui suffit pour dénoncer leur origine.

Mais il est des espèces où les rameaux, au lieu de perdre une partie de leur consistance pour se transformer en vrilles, se durcissent, au contraire, pour constituer autant d'épines. Tantôt alors le rameau s'aiguise et se durcit seulement au sommet, comme dans le Prunier épineux, par exemple ; tantôt il se métamorphose entièrement , comme dans le Févier à trois épines. Dans le premier cas, il peut encore porter des feuilles et même des fleurs à sa base; dans le second, il est toujours complétement nu.

Il est rare que tous les rameaux d'une plante éprouvent les singulières modifications dont il s'agit. C'est pourtant ce qui arrive dans quelques-unes, et particulièrement dans les Ajoncs.

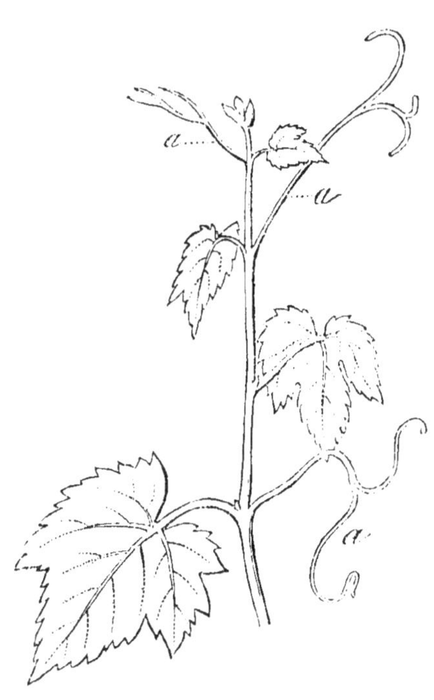

Fig. 160. — Pseudo-tige de la Vigne. Les extrémités des axes de diverses générations se sont transformées en vrilles.

En résumé, puisque les branches sont placées à l'aisselle des feuilles, on a là un excellent moyen de reconnaître leur véritable nature, quelles que soient les modifications de consistance ou de forme qui viennent changer leur aspect ordinaire. Il sera surtout toujours très-facile de les distinguer de certaines feuilles transformées qui peuvent leur ressembler beaucoup. Un organe de nature douteuse est-il placé à l'aisselle d'un autre ? Ce dernier est nécessairement une feuille, et l'autre par conséquent est un rameau ; l'organe ne présente-t-il rien au-dessus de lui ? Il est de nature appendiculaire.

### TENDANCE DES BRANCHES VERS LE CIEL ET VERS LA LUMIÈRE.

Les branches n'étant, pour ainsi dire, que des tiges d'âges successifs nées les unes des autres, on doit s'attendre à y observer les mêmes propriétés que dans les tiges proprement dites. Parmi ces propriétés, une des plus remarquables que nous ayons dû signaler est la tendance à se diriger vers le ciel et vers la lumière. Elle se retrouve tout entière dans les branches. Qu'on examine un arbre quelconque, on s'apercevra facilement que ses branches s'écartent d'autant moins de la verticale qu'elles sont plus élevées, c'est-à-dire moins gê_nées par celles placées au-dessus d'elles. Le fait devient encore plus manifeste quand le sommet de la tige principale vient à être détruit par une cause ou par une autre. Il est très-rare que dans ce cas la branche la plus voisine de la section ne prenne pas une direction verticale, de manière à remplacer la partie de tige absente.

Tout le monde a remarqué que sur la lisière des bois les branches des arbres tournées vers l'extérieur sont beaucoup plus développées que les autres, parce qu'elles reçoivent plus directement les rayons lumineux. Le même phénomène se produit encore sur les plantes cultivées dans nos appartements, si l'on n'a pas soin de les retourner de temps en temps pour leur répartir également la lumière qui vient des fenêtres.

Nous n'avons pas besoin de faire remarquer que les arbres pleureurs constituent de rares exceptions à la règle dont il s'agit.

## PÉDONCULES.

Lorsqu'une tige ou une branche doit se terminer par une ou plusieurs fleurs, elle change habituellement d'aspect dans une partie variable de son étendue au-dessous de celles-ci. Tantôt elle se montre absolument nue ; tantôt elle porte un certain nombre de petites feuilles de forme et de couleur spéciales que nous étudierons bientôt sous le nom de *bractées*. Cette partie de l'axe florifère constitue ce qu'on appelle vulgairement la *queue de la fleur ;* les botanistes l'appellent le *pédoncule*.

Le pédoncule est donc souvent formé par le sommet affaibli de la tige ou d'un rameau ; il peut l'être aussi

Fig. 161. — Tige de Pervenche (*Vinca minor*) dont un rameau nu *a* constitue le pédoncule d'une fleur.

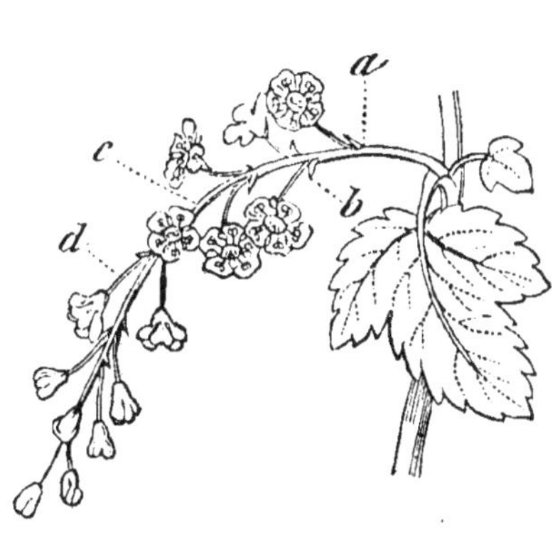

Fig. 162. — Fleurs de Groseillier (*Ribes rubrum*). Un rameau *ac* porte des bractées *b* à l'aisselle desquelles sont nés d'autres rameaux *d*, ou pédicelles, qui portent les fleurs.

par un rameau tout entier, très-grêle et comme épuisé dès sa naissance (fig. 161, *a*, et 162. *c*).

Les pédoncules varient beaucoup par leur degré de longueur. Ils sont quelquefois si courts, qu'on a de la peine à les découvrir, ce qui fait dire alors que les fleurs sont *sessiles*. Le plus souvent, au contraire, ils ont assez de longueur pour être bien manifestes, et les fleurs, dans ce cas, sont dites *pédonculées*.

On distingue les pédoncules en *simples* et en *rameux*. Les premiers sont toujours *uniflores*; les seconds peuvent être *biflores*, *triflores* ou *multiflores* (fig. 162).

Un pédoncule rameux présente un axe primaire ou *rachis*, des axes secondaires diversement disposés, quelquefois aussi des axes tertiaires, quaternaires, etc. On nomme *pédicelles* ses dernières divisions, supports immédiats des fleurs (fig. 162, *d*, et 163, *a*). Celles-ci reçoivent naturellement l'épithète de *pédicellées*.

Fig. 163. — Groupe de fleurs du Tilleul (*Tilia europæa*). Le pédoncule commun se ramifie plusieurs fois.

C'est ordinairement à l'aisselle d'une feuille ou d'une bractée que chaque pédoncule prend naissance; il est alors *axillaire*.

Ainsi que les feuilles, il peut être *caulinaire, raméal* ou *radical* (1). On donne le nom spécial de *hampe* à celui qui s'élève d'une rosette de feuilles radicales, comme on en trouve un exemple dans les Primevères, le Pissenlit (fig. 164), etc.

_________________

(1) Nous faisons, à propos de cette dénomination, la même réserve que pour les feuilles dites *radicales*.

Les fleurs, nous l'avons dit, sont souvent portées par un *pédoncule terminal* qui, au lieu de consister en un rameau particulier, n'est autre chose que l'extrémité

Fig. 164. — Pied de Pissenlit où les pédoncules partent de l'aisselle de feuilles radicales.

épuisée, soit d'un rameau ordinaire, soit de la tige elle-même.

Dans les végétaux à pseudo-tige, tels que la Vigne et la Douce-amère (fig. 155), le pédoncule terminal prend une position latérale et devient oppositifolié. Nous avons vu qu'il était dévié de sa direction primitive par le rameau qui se forme à l'aisselle de sa feuille la plus élevée.

Le pédoncule, support de la fleur, est aussi celui du fruit, qui l'entraîne habituellement dans sa chute à l'époque de sa maturité.

Il arrive parfois que la fleur avorte ou tombe, et que le pédoncule néanmoins persiste, acquiert même un certain accroissement. C'est ainsi, par exemple, que, dans le Fustet (*Rhus cotinus*), on voit, après la chute des fleurs, les pédoncules s'allonger, se couvrir de longs poils, et former des espèces de plumets rougeâtres. Dans d'autres plantes (Ex. *Podocarpus*), ils se gorgent de sucs particuliers et deviennent comestibles.

## BRACTÉES.

Toujours muni d'une ou de plusieurs fleurs, le pédoncule porte souvent aussi des *bractées*, organes accessoires, représentant presque toujours des feuilles incomplètes, quelquefois des stipules modifiées.

Il est des plantes dans lesquelles les feuilles passent insensiblement de leur état ordinaire à celui de bractées, et où, par conséquent, la nature de celles-ci ne saurait faire l'objet du moindre doute. Il suffit, par exemple, de jeter les yeux sur un pied d'Ellébore fétide (fig. 165), pour assister à cette espèce de transformation, pour observer toutes les transitions entre les feuilles les plus complètes et les bractées les plus minimes, qui apparaissent alors comme formées par les pétioles élargis, dont le limbe a avorté. Cet avortement va plus loin encore dans les *Magnolias*, dont les bractées résultent de l'union des deux stipules de chaque feuille disparue.

Les bractées, quelquefois presque aussi grandes que les feuilles ordinaires, se trouvent fréquemment réduites à de très-petites dimensions. Elles sont, pour la plupart, sessiles et entières ; leur forme varie à l'infini.

Il est des bractées qui conservent en grande partie la structure et la couleur verte des feuilles normales ; on les dit *foliacées*. D'autres, participant des nuances de la fleur, prennent l'épithète de *colorées*. Certaines sont *membraneuses*, c'est-à-dire minces et transparentes.

Beaucoup enfin, plus profondément modifiées, se présentent comme autant de petites écailles.

Fig. 165. — Pied d'Ellébore (*Helleborus fœtidus*) montrant le passage des feuilles aux bractées.

De même que les feuilles, les bractées peuvent être verticillées ou alternes.

**Involucre.** — Lorsqu'elles se montrent réunies en
certain nombre à la base des fleurs, plus près ou plus
loin, de manière à leur former comme une enveloppe
accessoire, on donne à leur ensemble le nom d'*involucre*
ou de *collerette* (fig. 166. *a*).

Les bractées ou les espèces de folioles qui composent un involucre sont tantôt libres et tantôt plus ou

Fig. 166. — Fleur d'Ané-
mone (*Anemone mon-
tana*), munie d'un in-
volucre *a*.

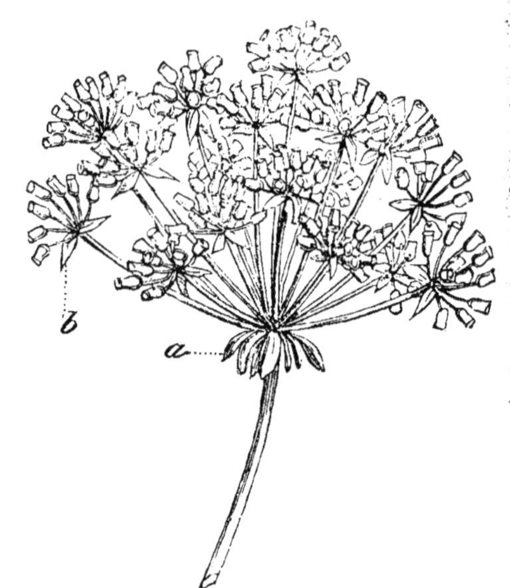

Fig. 167. — Fleurs du Buplèvre ligneux (*Bu-
pleurum frutescens*) munies d'un involucre *a*,
et d'involucelles *b*.

moins soudées entre elles. Un involucre à folioles libres
est dit *triphylle*, *tétraphylle*, *pentaphylle* ou *polyphylle*,
suivant qu'il est composé de trois, de quatre, de cinq,
ou d'un plus grand nombre de bractées.

Celles-ci sont tantôt unisériées, tantôt plurisériées ;
c'est-à-dire disposées en un cercle unique ou sur plusieurs rangs.

On trouve dans la plupart des Ombellifères, telles que
la Carotte, le Buplèvre ligneux (fig. 167), etc., deux
sortes d'involucres polyphylles, à folioles unisériées :

l'un à la base de plusieurs pédoncules réunis (*a*); les autres au-dessous des pédicelles (*b*). Ces derniers sont désignés sous le nom d'*involucelles*, diminutif d'involucre.

Dans certaines plantes, les fleurs, rassemblées en tête au sommet du pédoncule, comme on le voit dans l'Artichaut, les Chardons, etc., ont pour enveloppe commune un involucre polyphylle, à folioles plurisériées. Ces folioles (fig. 168), très-rapprochées les unes des autres, sont imbriquées, les extérieures couvrant la base des intérieures. Leur nombre est souvent considérable, et alors elles dessinent, de chaque côté, plusieurs spirales secondaires, disposition dont nous nous sommes suffisamment entretenus à l'article *Phyllotaxie*.

**Calicule.** — L'involucre, dans quelques plantes, telles que les Mauves, les Guimauves, le Fraisier

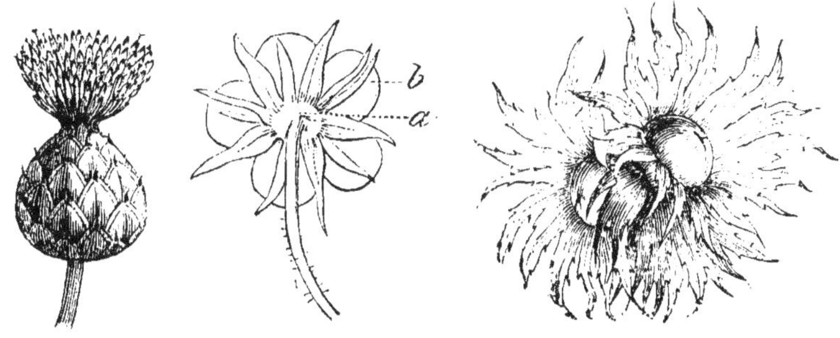

Fig. 168.— Fleur d'une Composée (*Microlonchus*) avec involucre plurisérié.

Fig. 169.— Fleur de Fraisier vue en dessous pour montrer le calicule, *b*.

Fig. 170. — Fruits du Noisetier (*Corylus Avellana*) entourés de leur cupule foliacée.

(fig. 169, *b*), etc., accompagne immédiatement chaque fleur en particulier, lui forme en quelque sorte une enveloppe supplémentaire, et reçoit le nom d'*involucre caliculé* ou simplement celui de *calicule*.

Dans quelques plantes, et notamment dans le Frai-

sier, il arrive assez souvent que les folioles du calicule
se montrent divisées à leur sommet, comme pour indiquer leur origine binaire (*b*). Chacune de ces folioles
représente, en effet, non pas une feuille atrophiée, mais
deux stipules plus ou moins réunies.

**Cupule.** — L'involucre est désigné sous le nom de
*cupule* lorsque, formé de folioles plus ou moins soudées entre elles, il persiste après la fécondation de la
fleur, et recouvre le fruit, en partie ou en totalité, jusqu'à son complet développement.

*Foliacée* dans le Noisetier (fig. 170), *squamiforme*
dans le Chêne, la cupule est *péricarpoïde* dans le Châtaignier, le Hêtre, etc. Dans ce dernier cas, elle enve-

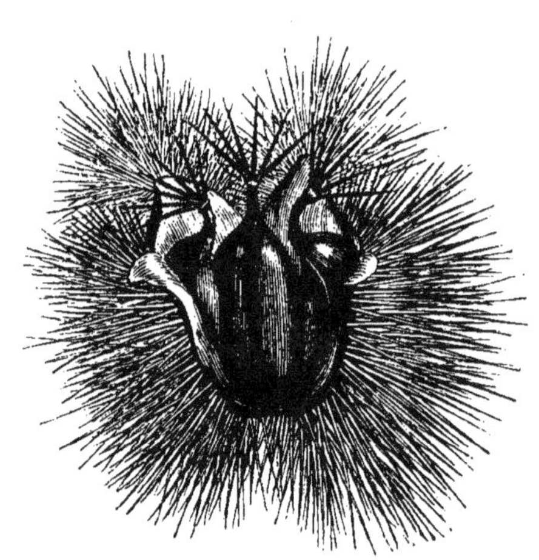

Fig. 171. — Fruit du Châtaignier (*Castanea vulgaris*). L'involucre épineux
s'entr'ouvre pour laisser sortir les graines.

loppe complétement les fruits, et ne s'ouvre qu'à l'é-
poque de leur maturité pour les laisser sortir (fig. 171).
Elle a souvent été regardée, à tort, comme une partie
constituante du fruit.

**Spathe.** — On nomme *spathe* une bractée particulière qui, dans certaines Monocotylédones, enveloppe
les fleurs en entier pendant leur jeunesse, et ne se dé-

roule ou ne se déchire que pour permettre leur épanouissement. Le Gouet (fig. 172) et les Palmiers nous en offrent des exemples remarquables.

Fig. 172. — Feuille et spathe du Gouet (*Arum maculatum*).

La spathe est quelquefois *diphylle*, c'est-à-dire composée de deux bractées réunies, comme on l'observe dans l'Ail, dans l'Oignon, etc. On la dit *uniflore*, *biflore*, *triflore* ou *multiflore*, selon le nombre des fleurs qu'elle renferme.

Chacune des fleurs contenues dans une spathe peut être enveloppée, en outre, d'une *spathelle* ou petite spathe particulière. C'est ce qu'on remarque, par exemple, dans les Iris.

**Glumes.** — Dans les Graminées, les fleurs se montrent généralement réunies en groupes qui offrent, à

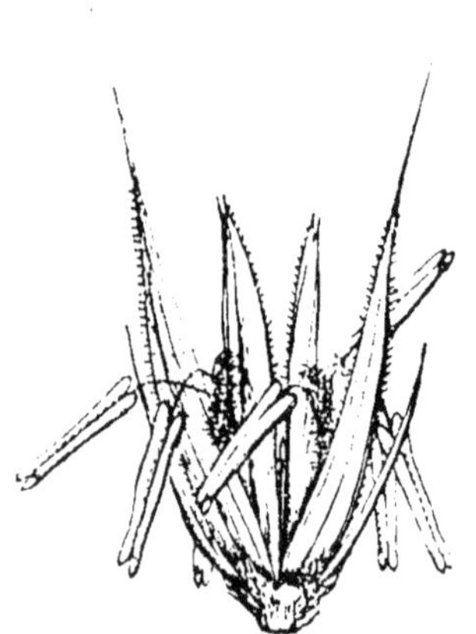

Fig. 173. — Fleurs du Seigle (*Secale cereale*) enveloppées de leurs glumes.

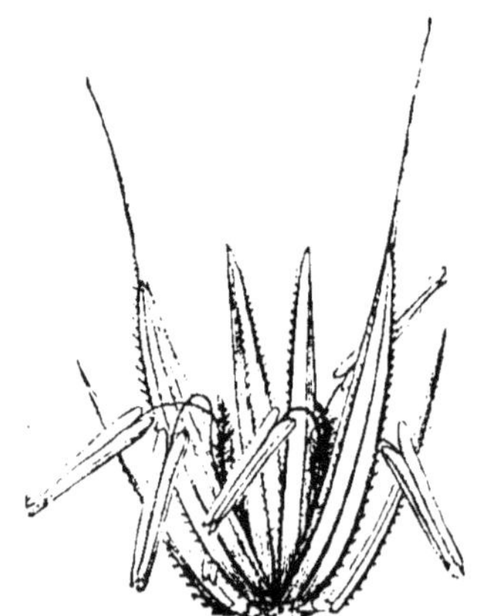

Fig. 174. — Les mêmes fleurs dont on a écarté les glumes.

leur base, deux petites écailles ordinairement en forme de nacelle, espèces de spathes connues sous le nom de *glumes* (fig. 173, 174). Nous ajouterons que chaque fleur, dans ces plantes, est communément accompagnée de deux petites écailles appelées *glumelles*, et que l'on en trouve souvent, en dedans de celles-ci, deux autres plus petites nommées *glumellules*.

## ÉTUDE DE LA FLEUR.

Il est des végétaux qui, dépourvus de fleurs pendant toute leur existence, reçoivent l'épithète de *cryptogames* ou d'*agames* (1); ils sont tous acotylédonés, comme les Fougères, les Champignons, etc.

Les autres, beaucoup plus nombreux et généralement plus importants, produisent tôt ou tard une ou plusieurs fleurs. On les nomme *végétaux phanérogames;* ils sont monocotylédonés ou dicotylédonés.

Une fleur est le dernier produit d'une plante phanérogame; elle est le plus beau, le plus brillant de ses organes, l'agent essentiel de sa reproduction.

Extrêmement diverses par leurs nuances, leur forme, leur structure, comme nous le verrons bientôt, les fleurs varient aussi beaucoup, suivant les espèces, par leur disposition sur le végétal qui les porte, et c'est sous ce dernier point de vue que nous devons d'abord les envisager.

## INFLORESCENCE.

Cet arrangement des fleurs, toujours le même dans les individus d'une même espèce, concourt pour une grande part à leur donner la physionomie qui les distingue; on le nomme *inflorescence*, expression que l'on applique, en outre, à l'ensemble des fleurs groupées sur une partie quelconque de la plante.

L'inflorescence, comprise d'après la première accep-

(1) L'expression d'*agames* est impropre, parce qu'elle suppose que les plantes en question se reproduisent toujours sans le secours d'organes sexuels, ce qui n'est pas exact.

tion du mot, fut longtemps l'un des points les plus
vagues, les plus confus de l'organographie végétale,
et, de nos jours encore, malgré la lumière qu'y ont
répandue les importants travaux de plusieurs botanistes modernes, cette partie de la science est loin d'offrir toute la rigueur, toute la précision désirable; elle
est restée difficile surtout dans les applications de la
pratique.

Essayons de la présenter avec autant de simplicité
que possible, en la réduisant à ce qu'elle a d'indispensable dans la détermination des espèces les plus communes.

Les *fleurs* peuvent être *solitaires* ou *groupées*. Elles
sont solitaires quand elles sont séparées les unes des
autres par de vraies feuilles, comme dans la Pervenche; on les dit groupées lorsqu'on ne trouve entre elles
que des feuilles modifiées, des bractées, ou quand on
n'y aperçoit aucun organe appendiculaire.

Sous le rapport de l'inflorescence, la tige et les rameaux peuvent se comporter de deux manières pour
ainsi dire inverses : tantôt le nombre des fleurs de
même génération est rigoureusement déterminé à l'a-
vance; tantôt, au contraire, il ne l'est pas, n'ayant de
limite que la vigueur de la plante que l'on considère.
Dans le premier cas, l'inflorescence est *définie*; elle est
*indéfinie* dans le second.

## INFLORESCENCE INDÉFINIE.

L'inflorescence indéfinie ou *indéterminée* est susceptible d'un grand nombre de modifications qui ont reçu
chacune un nom particulier. Il importe tout d'abord
de distinguer si les fleurs sont solitaires ou groupées.

## FLEURS SOLITAIRES,

### TERMINALES OU AXILLAIRES.

Dans le cas où les fleurs sont solitaires, elles ne présentent et ne peuvent présenter que deux dispositions particulières ; ou bien elles terminent chacune un rameau feuillé, et on les appelle *fleurs terminales* (Ex. : *Pivoine*) ; ou bien elles sont portées par des pédoncules nus situés à l'aisselle des feuilles, et elles reçoivent alors la dénomination de *fleurs axillaires* (fig. 175). Leur dis-

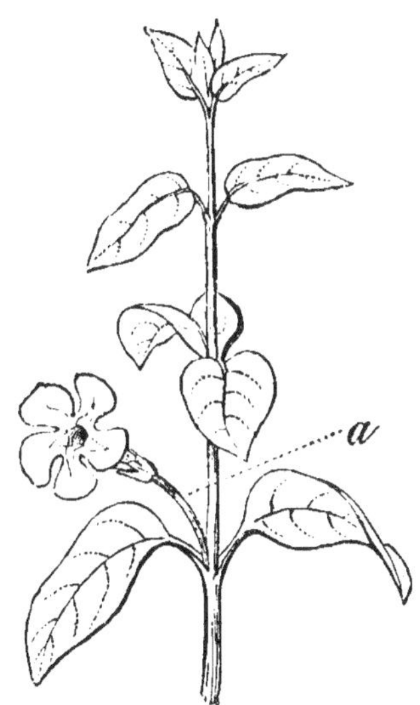



Fig. 175. — Fleur solitaire et axillaire de la Pervenche.

position doit, en général, être la même que celle des feuilles ; des avortements peuvent néanmoins la rendre différente. Ainsi la Grande-Pervenche a les feuilles opposées ; mais comme, à chaque paire de feuilles, il n'y a jamais qu'un pédoncule qui se développe, il en résulte que ses fleurs sont alternes.

## FLEURS GROUPÉES.

### DEUX DEGRÉS DE VÉGÉTATION.

Le plus fréquemment, dans l'inflorescence indéfinie, les fleurs se développent sur des axes privés de vraies feuilles, pourvus tout au plus de bractées. Elles forment dès lors des groupes d'aspect variable, et auxquels le degré de ramification imprime un cachet particulier. Nous étudierons d'abord ceux où elle s'arrête à la seconde génération, et qui constituent les formes les plus simples de ce mode d'inflorescence. On les désigne sous les noms de *grappe, corymbe, ombelle, épi* et *capitule.*

**Grappe.** — L'inflorescence est désignée sous le nom de *grappe* lorsque, l'axe primaire du pédoncule étant très-allongé, ses axes secondaires, plus ou moins nombreux, assez longs et à peu près égaux entre eux, se terminent chacun par une fleur (1). Elle offre ces caractères dans beaucoup de plantes, particulièrement dans le Muflier et dans le Groseillier rouge (fig. 176).

Fig. 176. — Grappe du Groseillier rouge.

La grappe se montre *dressée* dans la première de ces plantes, tandis qu'elle est *pendante* dans la seconde. Elle peut être *multiflore*, c'est-à-dire munie d'un grand

_______________

(1) L'axe principal est ou n'est pas terminé lui-même par une fleur.

nombre de fleurs; on la dit, au contraire, *pauciflore* ou *peu fournie* lorsqu'elle se trouve réduite à un petit nombre de fleurs.

**Corymbe.** — Que les axes secondaires deviennent inégaux, qu'ils se redressent et s'allongent d'autant plus qu'ils sont plus inférieurs, les fleurs qui les terminent se trouveront toutes reportées à la même hauteur, et on aura un *corymbe*, inflorescence dont nous offrent des exemples l'Arbre de Sainte-Lucie, le Poirier (fig. 177).

Dans le corymbe, l'ensemble des fleurs présente supérieurement une surface tantôt plane, tantôt un peu convexe.

**Ombelle.** — Supposons maintenant que les axes secondaires, simples, uniflores et à peu près égaux,

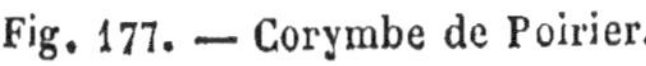

Fig. 177. — Corymbe de Poirier.

Fig. 178. — Ombelle de Cerisier (*Prunus cerasus*).

s'élèvent tous, en divergeant, du sommet élargi de l'axe principal resté très-court. Les fleurs, dès lors, placées à la même hauteur ou à peu près, imitent, par leur ensemble, une sorte de parasol; elles composent ce qu'on nomme une *ombelle*, inflorescence dont nous trouvons un exemple dans le Cerisier (fig. 178), etc.

**Épi.** — Les axes secondaires de l'inflorescence peuvent rester très-courts, tandis que l'axe principal s'allonge plus ou moins; d'où résulte un *épi*. L'épi n'est donc autre chose qu'une inflorescence dans laquelle des fleurs sessiles se trouvent réunies en nombre indéfini à la surface d'un axe primaire plus ou moins allongé; il est, pour ainsi dire, une grappe dont les fleurs sont devenues sessiles. Telle est, par exemple, l'inflorescence du Plantain, de l'Esparcette (fig. 179), etc.

On passe insensiblement de la grappe à l'épi. Il est même des grappes qui, munies de fleurs presque sessiles, sont dites *spiciformes*.

Quelquefois courts, ovoïdes ou subglobuleux, les épis sont ordinairement plus allongés, coniques ou cylindriques. Ils peuvent être, comme la grappe, dressés ou pendants, multiflores ou peu fournis.

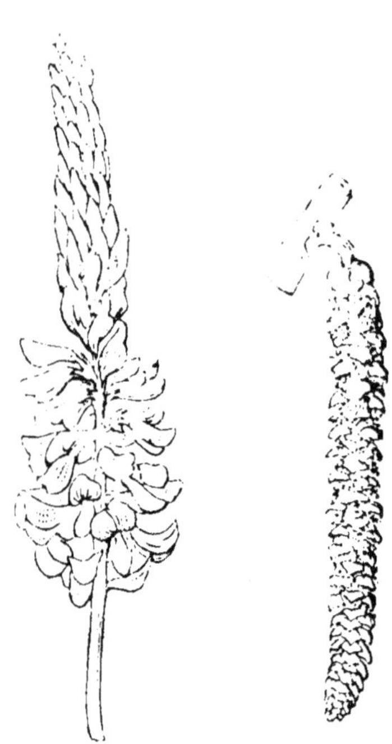

Fig. 179. — Épi de l'Esparcette ou Sainfoin (*Onobrychis sativa*).

Fig. 180.—Chaton de Noisetier.

En dehors des épis ordinaires, les botanistes distinguent, sous le nom de *chaton* et de *spadix*, deux espèces d'épis particuliers.

Le *chaton* est formé de fleurs très-petites, unisexuelles (1), ayant chacune à la base une bractée en écaille. Ordinairement articulés, ils tombent plus tôt ou plus tard, toujours d'une seule pièce.

On trouve un exemple de fleurs en chatons dans le

_________

(1) Nous verrons bientôt ce qu'il faut entendre par ce mot.

Noyer, dans le Noisetier (fig. 180), dans les Peupliers et les Saules.

Quant au *spadix*, appelé encore *spadice*, il est, lui aussi,

Fig. 181. — Spadice de Pied-de-veau enfermé dans sa spathe.

composé de petites fleurs unisexuelles; mais ces fleurs, très-rapprochées et comme incrustées dans l'épaisseur d'un axe charnu, sont complétement enveloppées par une large spathe, comme on le voit, par exemple, dans le Pied-de-veau (fig. 181).

Le spadix porte des fleurs des deux sexes. Les végétaux qui présentent cette inflorescence sont tous monocotylédonés.

**Capitule.** — Lorsque l'axe principal de l'inflorescence, renflé à son extrémité, porte des fleurs sessiles, c'est-à-dire des axes secondaires eux-mêmes très-raccourcis, on a ce qu'on appelle un *capitule* dont le Souci commun nous offre un exemple (fig. 182).

Un capitule peut donc être considéré comme une ombelle dont les fleurs seraient devenues sessiles.

Les fleurs d'un capitule, ordinairement très-rappro-

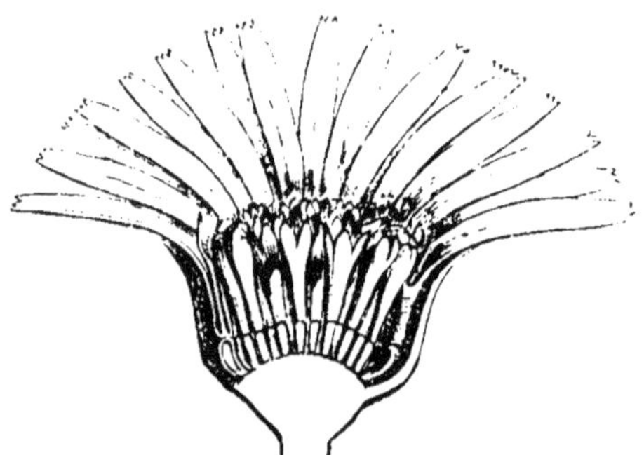

Fig. 182.— Capitule de Souci (*Calendula arvensis*). Il est coupé en long pour montrer les fleurs sessiles insérées sur l'axe primaire élargi.

chées les unes des autres et munies chacune d'une bractée extrêmement petite, en paillette ou soyeuse, sont en général enveloppées à leur base par un involucre commun, à folioles quelquefois réunies sur un seul rang, mais presque toujours imbriquées et disposées en spirale. Le capitule est généralement alors désigné sous le nom de *fleur composée* (1) et ce genre d'inflorescence

(1) On trouve dans beaucoup d'ouvrages descriptifs la fleur composée désignée sous le nom de *calathide*, mot qui signifie *petite corbeille de fleurs*.

est un des principaux traits d'une vaste famille de plantes dont font partie les Chardons, les Camomilles, les Chrysanthèmes, etc.

Les fleurs qui composent un capitule peuvent être toutes semblables entre elles, comme cela arrive dans les Chardons et l'Artichaut, par exemple. Mais il est à remarquer que souvent aussi elles sont différentes, comme on peut le voir dans les Chrysanthèmes (fig. 183), où celles de la circonférence sont blanches et allongées, tandis que celles du centre se montrent très-réduites et de couleur jaune.

La surface qui termine l'axe principal et où sont insérées les fleurs sessiles d'un capitule se nomme *réceptacle*

Fig. 183. — Capitule de Chrysanthème (*Chrysanthemum leucanthemum*) dont les fleurs du centre diffèrent de celles de la circonférence.

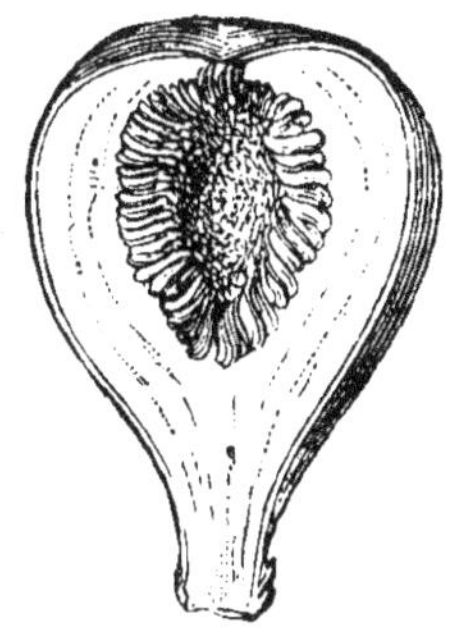

Fig. 184. — Figue coupée en long, pour montrer les fleurs insérées sur les parois intérieures du réceptacle commun creusé en forme de bourse.

*commun* (1). Sa forme peut varier beaucoup et donner à l'inflorescence des aspects très-différents. Généralement conique, comme dans la Matricaire, le réceptacle commun se montre souvent hémisphérique (Ex. : Sou-

(1) On la désigne aussi, dans l'ordre des Composées, sous les noms de *phoranthe* ou *clinanthe*.

ci), aplati (Ex. : Aster), concave (Ex. : quelques espèces de Centaurées). Dans certaines plantes, la concavité du réceptacle commun s'exagère beaucoup; ses bords se relèvent et se rapprochent de manière à former une sorte d'urne sur les parois intérieures de laquelle sont insérées les fleurs qu'il est impossible d'apercevoir d'abord. La Figue (fig. 184) est un exemple de cette singulière inflorescence, à laquelle on a quelquefois imposé le nom de *sycone*. Cette dénomination nous paraît inutile à conserver, car on peut trouver tous les degrés intermédiaires entre le réceptacle conique des Matricaires et celui de la Figue, et il n'y a pas de raison pour créer des noms particuliers pour des formes qui ne sont, en somme, que des passages entre les deux dispositions extrêmes de la même inflorescence.

## FLEURS GROUPÉES.

### PLUS DE DEUX DEGRÉS DE VÉGÉTATION.

Nous avons supposé jusqu'ici que les axes secondaires de l'inflorescence indéfinie se terminent chacun par une fleur sans se subdiviser ; mais il s'en faut de beaucoup qu'il en soit toujours ainsi. Très-souvent ces axes secondaires se ramifient eux-mêmes en donnant naissance à des axes tertiaires florifères. Il est important de remarquer que cette ramification des axes secondaires peut se faire de deux manières différentes.

Quand elle s'accomplit suivant le même mode que celle de l'axe principal, on ajoute simplement l'épithète de *composé* au nom de l'inflorescence. Ainsi dans le Troène (fig. 185) l'axe principal porte des axes secondaires allongés qui produisent un certain nombre d'axes tertiaires assez longs, égaux, et terminés chacun par une fleur. L'inflorescence consiste donc en de petites

grappes disposées elles-mêmes sur l'axe primaire dans
l'ordre qui constitue la grappe; nous avons en somme

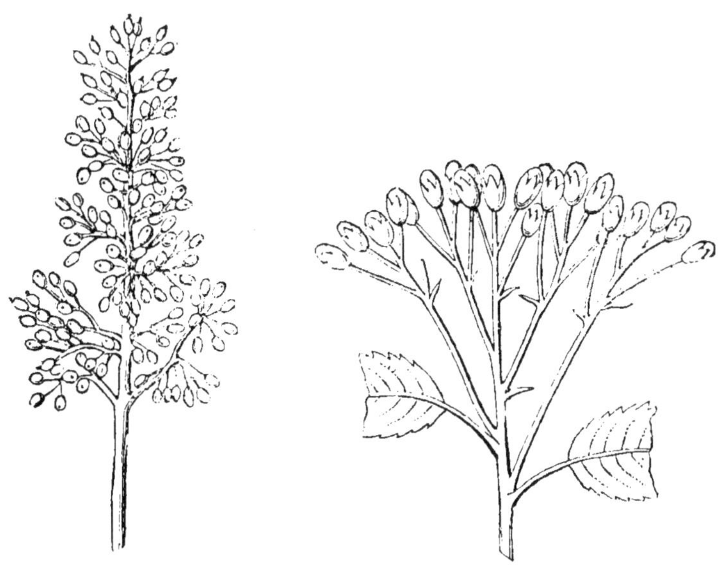

Fig. 185. — Grappe composée du
Troène (*Ligustrum vulgare*).

Fig. 186. — Corymbe composé de
l'Alisier des bois (*Sorbus Aria*).

une grappe formée de grappes; c'est ce qu'on appelle
une *grappe composée*.

De même dans l'Alisier des bois (fig. 186), l'inflorescence consiste en un corymbe dont chaque rameau
secondaire se divise pour former un corymbe partiel;
c'est un *corymbe composé*.

Il est facile de s'assurer que l'inflorescence est un
*épi composé*, dans le Blé; une *ombelle composée*, dans la
Carotte, les Buplèvres (fig. 187).

Lorsque les axes secondaires de l'inflorescence ne se
ramifient pas de la même manière que l'axe principal,
il en résulte des inflorescences de nature plus compliquée et qu'on ne peut définir qu'au moyen d'une péri-
phrase.

Ainsi dans la Millefeuille, la partie fondamentale de

l'inflorescence est un corymbe composé; mais les dernières ramifications, au lieu de se terminer par une
seule fleur, portent chacune un capitule (fig. 188). Nous

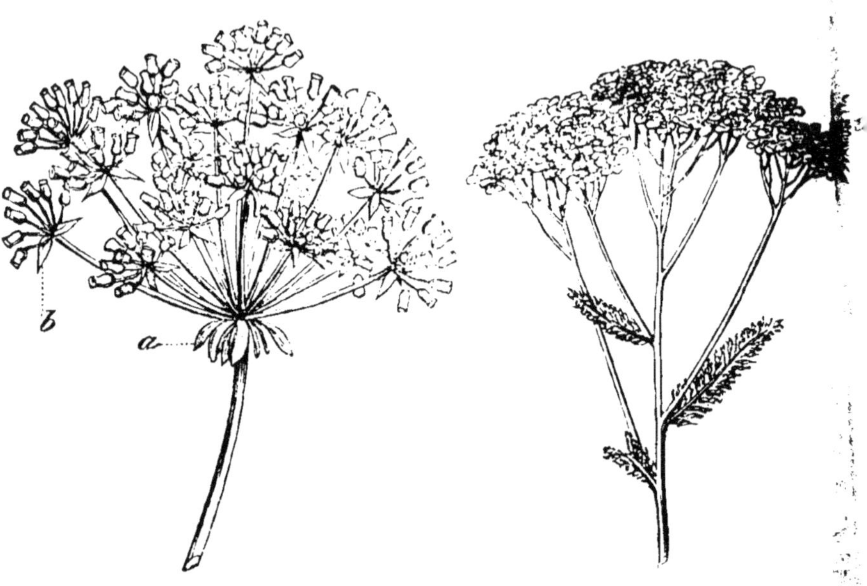

Fig. 187. — Ombelle composée du Buplèvre ligneux.

Fig. 188. — Corymbe de capitules
de la Millefeuille (**Achillea mil-
lefolium**).

dirons donc que, dans cette plante, l'inflorescence est
un *corymbe de capitules*, ou bien qu'elle a des capitules
disposés en corymbe.

On verra de la même manière que le Lierre présente
des *grappes d'ombelles*, le *Petasites* des *épis de capitules*, etc.

## INFLORESCENCE DÉFINIE.

Dans l'inflorescence définie, comme dans l'indéfinie,
nous devons considérer les cas où les fleurs sont solitaires et ceux où elles sont réunies par groupes.

## FLEURS SOLITAIRES.

Si on examine l'inflorescence de la Stellaire des
haies (fig. 189), on voit que la tige se termine par une
fleur (*a*); mais, avant de se terminer, cette tige a produit deux feuilles opposées (*b*, *b*). A l'aisselle de cha-

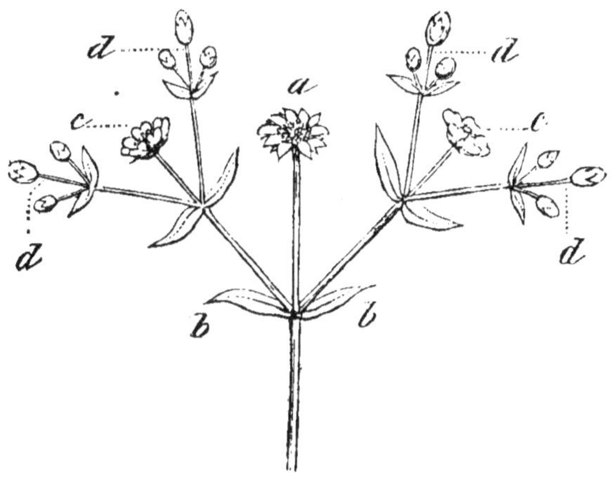

Fig. 189. — Inflorescence de la Stellaire des haies (*Stellaria holostea*)
les fleurs sont solitaires dans la dichotomie.

cune de ces feuilles naît un rameau de seconde génération qui se termine aussi par une fleur (*c*, *c*) et porte
au-dessous de celle-ci une nouvelle paire de feuilles
qui seront le point de départ de deux rameaux uniflores (*d*, *d*, *d*, *d*); et les choses se continueront de
même tant que la vigueur du sujet considéré le permettra. Dans le cas présent, les fleurs sont *solitaires*,
puisqu'elles sont toutes séparées par des feuilles, et de
plus chacune d'elles est située dans une bifurcation
de la tige. L'inflorescence est manifestement *définie*,
car nous savons maintenant combien il se produira de
fleurs à chaque génération : il n'y aura qu'une fleur

de première génération; il y en aura deux de deuxième, quatre de troisième, huit de quatrième, et ainsi de suite. La seule chose que nous ne puissions prévoir à l'avance, c'est le nombre de générations d'axes qui se succéderont, nombre qui est forcément lié aux conditions plus ou moins favorables dans lesquelles la plante se développe.

Toutes les fois que les fleurs présentent la disposition que nous venons de décrire, on dit qu'elles sont *solitaires dans la dichotomie.*

Lorsque les feuilles sont alternes, l'inflorescence définie offre nécessairement un aspect tout différent. Prenons pour exemple un *Nemophila* (fig. 190); nous

Fig. 190. — Fleurs solitaires oppositifoliées du *Nemophila atomaria.*

constaterons sans peine que les fleurs sont solitaires et que chacune d'elles est opposée à une feuille. Pour bien comprendre comment se forme une telle inflorescence, il suffit de se reporter à ce que nous avons dit précédemment des pseudo-tiges (page 186). Voici, en effet, ce

qui se passe : la tige se termine par une fleur; mais
un peu au-dessous de celle-ci se trouve une feuille à
l'aisselle de laquelle s'est développé un rameau de
deuxième génération qui, grandissant rapidement, a
forcé l'extrémité florifère de l'axe principal à se déjeter
sur le côté. Ce deuxième rameau, après avoir produit
quelques feuilles, se termine lui-même par une fleur
au-dessous de laquelle il développe un axe de troisième
génération et qui se comporte vis-à-vis de lui comme il
s'est comporté lui-même vis-à-vis de l'axe primaire. Et
ainsi de suite. On comprend que dans la plante qui
nous occupe, et dans toutes celles qui lui ressemblent,
il ne peut y avoir qu'une seule fleur à chaque génération.

On désigne les fleurs ainsi disposées sous le nom de
*fleurs solitaires oppositifoliées.*

## FLEURS GROUPÉES.

Lorsque les fleurs ne sont séparées que par des bractées, les inflorescences définies auxquelles elles peuvent
se rapporter sont désignées sous le nom général de
*cymes.* Nous allons voir par quelques exemples qu'il
est très-facile de se rendre compte de l'organisation de
ces inflorescences, si l'on tient compte de ce que nous
venons de voir à propos des fleurs solitaires.

**Cyme bipare.** — Imaginons, en effet, que dans la
Stellaire des haies les feuilles soient remplacées, par
des bractées, la forme de l'inflorescence et sa nature
n'auront point changé (à ce détail près), et nous aurons
une idée exacte de ce qui se passe dans les Gypsophiles,
les Céraistes, etc., en un mot dans un grand nombre
de plantes à feuilles opposées et à fleurs groupées. Nous
pourrions donc répéter tout ce que nous avons dit de

la Stellaire, en ayant soin de remplacer le mot *feuille*
par le mot *bractée*.

On donne le nom de *cyme bipare* à toute inflorescence dont les groupes de fleurs constituent une succession de vraies dichotomies.

Les fleurs d'une cyme sont plus ou moins éloignées les unes des autres, suivant la longueur des rameaux successifs qui les portent. Elles peuvent s'élever à peu près, au même niveau, de façon à imiter jusqu'à un certain point l'inflorescence indéfinie que nous avons décrite sous le nom de *corymbe*.

On retrouve dans les plantes à feuilles alternes quelque chose de tout à fait analogue à ce que nous avons constaté dans les plantes à fleurs solitaires oppositifoliées, avec cette différence que les fleurs ne sont plus accompagnées par des feuilles, mais par des bractées. Dans ce cas, la tige ne présente au-dessous de sa fleur terminale qu'une seule bractée ; à l'aisselle de cette bractée, naît un rameau qui se redresse, usurpe la place de la tige, puis se termine par une fleur accompagnée de même d'une bractée d'où s'élève un second rameau qui se comporte en tout à la manière du premier, et ainsi successivement.

Ici encore, toutes ces fleurs terminales, produites par des rameaux issus les uns des autres, semblent au premier abord s'être développées sur des axes d'une même évolution, nés directement de la tige pour former, soit une grappe, soit un épi, selon qu'elles se montrent pédonculées ou sessiles ; mais il suffit, pour éviter toute erreur, d'observer qu'elles sont opposées aux bractées, au lieu d'être axillaires, comme dans la grappe et autres inflorescences indéfinies.

Ces sortes de *cymes unipares* sont susceptibles de deux principales modifications, suivant qu'il y a homodromie ou hétérodromie dans la disposition des bractées de la plante qui les présente.

Dans le cas d'homodromie, les axes de l'inflorescence étant nés les uns des autres à l'aisselle de bractées formant par leur ensemble une seule et même spirale, les fleurs elles-mêmes se montrent disposées en
spirale, en hélice complète et régulière, d'où résulte
l'apparence d'une grappe ou d'un épi ordinaires. On
donne à cette inflorescence le nom de *cyme hélicoïde*.

Dans le cas d'hétérodromie, l'inflorescence prend un
aspect et des caractères bien différents, ainsi qu'on peut
le constater, par exemple, sur la Jusquiame noire. Ici,
lès axes floraux, très-courts et issus les uns des autres,
portent chacun une bractée assez développée. Or, ces
bractées étant hétérodromes entre elles, si la seconde
est à gauche de la première, la troisième sera à droite
de la seconde, la quatrième à gauche de la troisième,
et ainsi de suite. Et, comme les fleurs sont fournies par
des axes nés chacun à
l'aisselle d'une de ces
bractées, elles se mon-
trent elles-mêmes dis-
posées d'un seul côté et
sur deux rangs parallè-
les, celles d'un rang al-
ternant avec celles de
l'autre ; elles donnent
ainsi l'apparence d'une
grappe ou d'un épi uni-
latéral.

Fig. 191. — Cyme scorpioïde de la
Grande-Consoude (*Symphytum majus*).

Cette inflorescence se
fait souvent remarquer
par sa forme plus ou
moins courbée, ce qui lui a valu le nom de *cyme
en crosse, en queue de scorpion* ou *scorpioïde*. On
trouve un exemple de cette singulière forme dans la
plupart des Borraginées, notamment dans les Hélio-
tropes, dans la Grande-Consoude (fig. 191, *a*). Elle est

la conséquence d'une disposition particulière des axes floraux : le premier s'élève de la tige en formant avec elle un certain angle ; le second, plus grêle et plus court, fait avec lui, dans le même sens, un angle moins ouvert, et ainsi de suite, les ultérieurs, de plus en plus minces et courts, naissent les uns des autres sous des angles de plus en plus fermés, d'où résulte, comme nous l'avons dit, une courbe roulée en crosse, en queue de scorpion et portant les fleurs sur sa convexité.

La forme générale des cymes scorpioïde et hélicoïde peut varier suivant les plantes, mais ce qui est fixe et constitue le caractère fondamental de ces inflorescences, c'est que *toutes les fleurs y sont de génération différente*.

Il est impossible dans un ouvrage aussi élémentaire que celui-ci d'indiquer toutes les particularités que peuvent présenter les inflorescences en cyme, sous le rapport de l'allongement plus ou moins considérable des axes successifs. Nous signalerons cependant, parce qu'il se rencontre très-fréquemment dans la pratique, le cas où ces axes sont tous, et dans toutes leurs parties, de dimensions très-réduites. On distingue ces sortes de *cymes* par l'épithète de *contractées*. On en trouve des exemples nombreux dans certaines espèces d'Œillets, dans les Sauges, les Menthes, etc. (1).


## INFLORESCENCES MIXTES.


Un bon nombre de plantes réunissent les caractères des deux sortes d'inflorescence : c'est-à-dire qu'étant

---

(1) Les cymes contractées sont quelquefois appelées, dans les livres descriptifs, des *glomérules*, mot qui doit être abandonné, puisqu'il s'applique indistinctement à des inflorescences de nature très-différente, les cymes contractées pouvant être bipares ou unipares.

définies dans une partie de leur inflorescence, elles sont indéfinies dans l'autre. On dit que ces plantes sont à *inflorescence mixte.*

Dans le Marronnier d'Inde, par exemple, on observe une grappe composée dont les axes secondaires, au lieu d'être eux-mêmes des petites grappes, se terminent par autant de cymes unipares scorpioïdes; on peut dire, si l'on veut, que l'inflorescence est ici formée de cymes unipares scorpioïdes ras-semblées en grappe, ou encore, qu'elle est une grappe de cymes scor-pioïdes.

On trouvera de même dans le Jonc fleuri (*Bu-tomus umbellatus*), dans la Primevère (fig. 192), l'exemple d'une ombelle formée de cymes unipares; dans le Laurier-tin, celui d'une ombelle de cymes bipares; le *Dastica cannabi-na* montre un épi de cymes bipares contractées; etc.

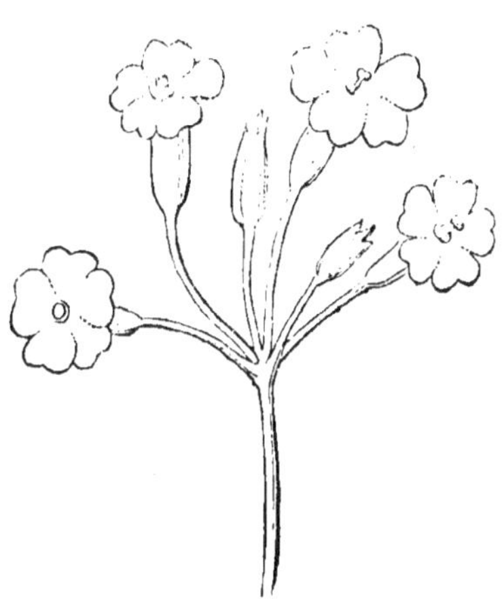

Fig. 192. — Ombelle de cymes uni-pares de la Primevère (*Primula of-ficinalis*).

Mais il se présente souvent, parmi ces diverses com-binaisons d'inflorescences, des cas moins bien caracté-risés, des nuances dont il n'est pas toujours facile de tenir compte dans les applications de la pratique. Nous pensons pourtant que ce que nous venons de dire suf-fira pour mettre sur la voie de ces applications.

On pourrait supposer que, dans ces groupes de fleurs, comme aussi dans ceux qui appartiennent sim-plement au mode indéfini ou au mode défini, chaque division, chaque pédicelle est accompagné d'une brac-tée située à sa base. Or, il est bon de savoir que ces bractées manquent souvent, ou parce qu'elles ont avorté dès leur naissance, ou parce qu'elles sont tombées de bonne heure. Nous ajoutons, du reste, que leur absence ne change en rien la nature de l'inflorescence (1).

### INFLORESCENCES ANOMALES.

Nous connaissons déjà un assez grand nombre de cas où la véritable disposition des fleurs se trouve en quelque sorte dissimulée. C'est ce qui arrive, par exemple, dans les plantes à pseudo-tige, dont les fleurs, nous l'avons dit, peuvent se montrer latérales, quoique terminant en réalité, soit la tige, soit un rameau; c'est quelquefois même tout un groupe de fleurs qui, au lieu de conserver sa position terminale, s'incline, devient latéral, extraxillaire, oppositifolié. Telles sont, en effet, les cymes de la Douce-amère (fig. 193).

Certaines inflorescences peuvent encore être rendues méconnaissables, au premier abord, par l'avortement d'une partie de leurs axes, avortement qui s'effectue parfois avec une régularité remarquable.

Il n'est pas très-rare de voir, par exemple, au-dessous de la fleur qui couronne la tige, un seul rameau se développer, bien qu'il y ait en ce point deux bractées opposées, comme dans le cas de dichotomie. A son tour, le rameau ne produit au-dessous de sa fleur terminale qu'un seul axe, et ainsi de suite. La cyme offre

(1) Nous citerons ici, pour mémoire, une expression qui se retrouve fréquemment dans les auteurs anciens et dans beaucoup d'ouvrages descriptifs; c'est celle de *panicule.* Cette dénomination, pleine de vague et d'indécision, s'applique, la plupart du temps, à des inflorescences très-différentes. C'est ainsi qu'on peut voir la panicule attribuée à la fois aux Bromes, au Troène, au Marronnier d'Inde. Nous pensons qu'il suffira de ces quelques indications pour montrer que ce mot doit disparaître du langage scientifique. — Nous en dirons autant du mot *thyrse*, dont la signification n'est pas plus précise.

alors, en général, l'apparence d'une grappe ; mais elle s'en éloigne, au fond, de toute la différence qui sépare l'inflorescence définie de l'inflorescence indéfinie. Son

Fig. 193. — Inflorescence de la Douce-amère. C'est une cyme unipare op-positifóliée.

Fig. 194. — Inflorescence épi-phylle du Tilleul.

rachis, formé de rameaux nés les uns des autres, présente ordinairement une série de courbes ou de coudes, au lieu d'être rectiligne, ce qui suffirait au besoin pour dévoiler sa véritable origine.

Cette disposition des axes rappelle également la cyme unipare proprement dite, mais elle s'en distingue nettement en ce que les bractées sont opposées et non pas alternes.

Il est aussi des inflorescences dont les véritables caractères se trouvent pour ainsi dire masqués par une adhérence plus ou moins étendue du pédoncule avec

les parties voisines, et ce sont ces inflorescences qui
reçoivent généralement l'épithète d'*anomales*.

Dans le Tilleul (fig. 194), l'axe principal de l'inflorescence, né à l'aisselle d'une grande bractée foliacée, adhère dans une partie de son étendue avec cette bractée, du milieu de laquelle il semble émerger. Il en résulte ce qu'on appelle une *inflorescence épiphylle*. Nous avons déjà vu que dans le Petit-Houx l'inflorescence apparaît aussi vers le milieu d'organes aplatis et verts, mais nous savons qu'il n'y a là qu'une ressemblance apparente avec le Tilleul, parce que les expansions vertes du Petit-Houx ne sont pas des feuilles, mais des rameaux métamorphosés.

Dans quelques plantes, comme la Morelle Mélongène, le Piment annuel, etc., le pédoncule, né à l'aisselle d'une feuille, se montre appliqué et soudé par sa base à la tige ou au rameau qui l'a produit, de manière que sa fleur paraît extraxillaire, insérée au-dessus de la feuille, ce qui a valu à cette inflorescence la qualification de *suprafoliacée*.

Il est bien entendu que cette soudure du pédoncule, soit avec la tige, soit avec un rameau, peut aussi s'observer sur les végétaux à feuilles opposées. Dans l'*Asclepias Cornuti*, par exemple, l'adhérence dont nous parlons a lieu dans toute l'étendue d'un mérithalle, de telle sorte que le pédoncule *b* (fig. 195), portant le groupe de fleurs *a*, semble faire son insertion entre les deux feuilles situées immédiatement au-dessus de celle dont l'aisselle est son véritable point d'origine ; on donne à cette inflorescence l'épithète d'*interfoliacée*.

Les pédoncules peuvent enfin se réunir et adhérer entre eux, comme on le voit souvent dans la Grande-Consoude. L'inflorescence, dans cette plante, se compose, en effet, de plusieurs cymes unipares scorpioïdes, soudées entre elles à divers degrés, ce qui lui donne l'apparence d'une grande irrégularité.

Tels sont les principaux cas d'inflorescences anomales que nous avions à signaler. Nous passons maintenant à un autre point qui se rattache aux inflorescen-

Fig. 195. — Inflorescence interfoliacée de l'*Asclepias Cornuti*.

ces en général, et dont l'examen peut jeter beaucoup
de jour sur la nature de celles qui sont compliquées ou
obscures ; nous voulons parler de l'ordre dans lequel les
fleurs se développent et s'épanouissent.

## ORDRE DE DÉVELOPPEMENT DES FLEURS.

Un pédoncule, dans l'inflorescence indéfinie, s'allonge par son extrémité, de même que les rameaux ordinaires, et, par suite, les fleurs qu'il porte, sessiles ou
pourvues d'un pédicelle, se développent, s'épanouissent

successivement de sa base à son sommet, comme on le remarque dans l'épi et dans la grappe.

Mais nous avons vu les divisions du pédoncule se dresser ou se grouper de manière à former tantôt un corymbe, tantôt une ombelle, c'est-à-dire une inflorescence à surface supérieure plus ou moins plane ou hémisphérique. Or, dans ce cas, les pédicelles supérieurs se plaçant en dedans des inférieurs, qui deviennent externes, l'épanouissement des fleurs, au lieu de s'opérer de bas en haut, s'effectue de la circonférence au centre. Il va sans dire que le même mode d'évolution doit se présenter dans le capitule, espèce d'ombelle privée de rayons.

Telle est la raison qui a fait donner à l'inflorescence indéfinie le nom d'*inflorescence à évolution centripète*.

On devine ce qui se passe dans les cas plus complexes que ceux dont nous venons de parler, par exemple dans la grappe composée, formée, comme on sait, de plusieurs petites grappes réunies en une grappe générale. Ici le développement des fleurs commence par les grappes partielles de la base, et se continue successivement dans les autres, de même que, dans chaque grappe partielle, il s'effectue de la base au sommet. On conçoit que l'évolution des fleurs doit suivre aussi cette double marche dans les épis composés d'épis simples, dans les corymbes formés de corymbes partiels.

Quant à l'inflorescence définie, elle est dite à *évolution centrifuge*, parce que, en effet, ses fleurs se trouvent d'autant plus éloignées du centre, qu'elles sont plus nouvelles. C'est ainsi que, dans une cyme bipare, par exemple, les axes, nés de la tige et les uns des autres, se développent successivement; et il en est de même des fleurs qui les terminent. De telle sorte que la fleur la plus ancienne, la première à s'épanouir, est toujours celle qui couronne la tige, au milieu de l'inflorescence. Viennent après les fleurs qui terminent les axes secondaires, puis celles des axes tertiaires, et ainsi de suite.

Ce point étant établi, supposons qu'une inflorescence douteuse nous présente au centre une fleur plus près de s'épanouir que toutes celles dont elle est entourée : nous conclurons aussitôt que cette inflorescence est définie. Nous dirions, au contraire, qu'elle est indéfinie dans le cas où ses fleurs les plus développées occuperaient, soit la périphérie, soit la base.

Le lecteur comprendra facilement, d'après les explications qui précèdent, que les divers modes d'épanouissement des fleurs peuvent être résumés en deux lois d'un énoncé très-simple :

1. *Les fleurs terminant des axes de même génération s'épanouissent de bas en haut.*

2. *Les fleurs terminant des axes de génération différente s'épanouissent dans l'ordre de formation de ces axes.*

Le mode suivi par l'évolution des fleurs peut être d'un grand secours dans la détermination de certaines inflorescences douteuses ; il peut y révéler des dispositions qui passeraient inaperçues sans ce moyen de contrôle. Disons toutefois qu'il est un mode d'investigation dont les résultats sont encore plus certains ; nous voulons parler de l'étude des développements, ou autrement dit de l'organogénie, laquelle est seule capable de donner des notions d'une valeur incontestable sur l'ordre d'apparition des parties de la plante.

## BOUTONS.

La fleur se montre d'abord sous la forme d'un corps plus ou moins arrondi, sorte de bourgeon qui prend le nom de *bouton*. Ce bourgeon, très-petit dans le principe, se gonfle, grossit insensiblement ; il s'ouvre tôt ou tard pour mettre en évidence les diverses parties dont il est composé, et son épanouissement reçoit le nom de *floraison*.

Un bouton de fleur peut être *nu*, *écailleux*, ou enfermé dans un de ces bourgeons écailleux que nous avons décrits autrefois sous le titre de *bourgeons à fleurs* ou *à fruits*.

Les boutons nus s'accroissent aussitôt après leur naissance et sans interruption jusqu'à leur complet épanouissement. On les observe sur toutes les plantes annuelles et même sur quelques arbres, comme le Tilleul par exemple, où ils apparaissent en mai, pour s'épanouir au bout d'un mois ou d'un mois et demi.

Il en est tout autrement des boutons écailleux. Ceux-ci naissent de même, il est vrai, dans la belle saison; mais, abrités contre les intempéries par des écailles plus ou moins nombreuses et étroitement appliquées, ils restent stationnaires pendant tout l'hiver; ils ne s'épanouissent qu'au retour du printemps. Il n'existe souvent qu'un seul bouton de fleur sous une même enveloppe écailleuse et protectrice, ainsi qu'on peut le constater sur l'Amandier, le Pêcher, l'Abricotier, etc. Chaque enveloppe en contient, au contraire, deux ou trois dans le Prunier, quatre ou cinq dans le Cerisier.

Quant aux boutons qui prennent naissance au sein des bourgeons écailleux, appelés, pour cette raison, *bourgeons à fleurs* ou *à fruits*, ils s'y montrent plus ou moins nombreux, et, comme les boutons à bois, ils ne s'épanouissent qu'après être restés pour ainsi dire endormis pendant tout un hiver. Tels sont, par exemple, les boutons à fleurs du Marronnier d'Inde, du Pommier, etc.

Les écailles protectrices des boutons ne sont habituellement que des bractées déformées. Leur nature et leur aspect sont d'ailleurs extrêmement variables.

La connaissance de l'époque et du lieu où se développent de préférence les boutons a une grande importance, surtout quand il s'agit de nos arbres fruitiers, les diverses opérations de la taille de ces arbres reposant en partie sur cette connaissance. Nous aurons plus tard l'occasion de revenir sur ce sujet.

## ÉPANOUISSEMENT. — FLORAISON.

On appelle *épanouissement* le phénomène par lequel les enveloppes d'un bouton s'écartent pour laisser voir les divers organes qui le composent. On donne le nom de *floraison* ou d'*anthèse* à l'époque pendant laquelle a lieu l'épanouissement des fleurs.

L'épanouissement des fleurs ne se fait pas indifféremment à tous les moments du jour. Pour beaucoup de plantes, en effet, il a lieu à des heures à peu près fixes, toujours les mêmes dans un pays donné, mais variables suivant les latitudes.

C'est ainsi que, dans nos contrées, le Liseron des haies entr'ouvre ses fleurs à trois heures du matin, le Salsifis des prés à quatre heures, la Belle-de-jour à six, le Nénuphar blanc à sept, le Mouron rouge à huit, le Souci des champs à neuf, l'Ornithogale en ombelle à onze, le Pourpier à midi, la Belle-de-nuit à cinq heures du soir, les Volubilis à dix, etc.

Linné a dressé une longue liste de plantes rangées ainsi d'après l'heure où s'effectue l'épanouissement de leurs fleurs, et il a donné à cette liste le nom d'*Horloge de Flore*.

Mais on comprend que cette horloge, faite à Paris, je suppose, retarderait comparativement à celle qu'on établirait dans un pays plus méridional, à Toulouse ou à Madrid, par exemple ; il résulte des observations d'Adanson qu'elle avancerait, au contraire, d'environ une heure sur celle dressée par Linné à Upsal, en Suède.

Le temps pendant lequel une fleur reste épanouie ne est fort variable suivant les espèces. Quelques-unes, surtout parmi les Orchidées, se montrent ouvertes plusieurs jours de suite. Mais, en général, les fleurs se ferment au bout de quelques heures, les unes pour toujours, les autres pour s'épanouir de nouveau le lendemain, comme cela arrive, par exemple, dans beaucoup de Liliacées. Linné nommait *fleurs éphémères* celles qui se ferment définitivement après un épanouissement très-court (Ex : Lin, Lysimaque).

La chaleur, la lumière, l'état du ciel ont une influence marquée sur l'épanouissement. Il y a des plantes dont les fleurs se ferment dès que le ciel se couvre, ou dès que la température diminue. On en connaît, au contraire, qui ne s'épanouissent qu'à l'ombre et qu'il suffit de placer au soleil pour les voir se fermer très-rapidement.

La durée de la floraison varie encore selon les espèces dans lesquelles on la considère. Elle n'est généralement que de quelques jours dans les végétaux où les boutons de fleur, nés avant l'hiver, n'attendent que le retour du printemps pour s'épanouir, comme nous l'avons vu dans l'Amandier, le Pêcher, etc.

Au contraire, dans les plantes où les boutons de fleur naissent et s'épanouissent la même année, la floraison est souvent très-longue. C'est ainsi, par exemple, que la Bourse-à-pasteur et le Mouron des oiseaux fleurissent pendant une grande partie de l'année. On observe, dans les pays chauds, des plantes qui, une fois qu'elles ont atteint l'âge de la floraison, produisent des fleurs sans interruption pendant toute leur vie.

L'époque de la floraison est très-variable, suivant les espèces, que l'on pourrait distinguer, sous ce rapport, en *printanières, estivales, automnales* et *hivernales*. Linné a dressé, sous le nom de *Calendrier de Flore*, un tableau indiquant l'époque de la floraison d'un grand nombre de plantes. On comprend facilement que ce calendrier doit varier avec chaque climat, suivant la latitude.

## ASPECT DE LA FLEUR.

C'est pendant la floraison qu'il importe surtout d'étudier la fleur. Accomplissant alors son développement, elle déploie dans l'air tous les organes qui la composent; elle étale à nos yeux ses mille particularités de couleur, de forme, etc.

Certaines plantes se font remarquer par le volume considérable de leurs fleurs; tel est, par exemple, le *Magnolia grandiflora*. D'autres, comme les Graminées, ne sont munies que de fleurs en quelque sorte microscopiques, et l'on observe, entre ces deux extrêmes, des fleurs de toutes les dimensions.

Le volume d'une fleur n'est pas toujours en rapport, comme on pourrait le croire, avec la taille du végétal qui la porte. C'est ainsi que, dans presque tous les grands arbres de nos forêts, notamment dans le Chêne, les fleurs sont si petites qu'elles passent inaperçues pour le vulgaire; tandis que des végétaux herbacés et de petite taille, la Tulipe, le Lis, etc., sont parés de fleurs remarquablement grandes.

Une foule de fleurs, sans éclat et inodores, n'ont rien qui attire notre attention. Dans la plupart, au contraire, nous admirons l'élégance des formes, la richesse des couleurs; il en est un grand nombre qui embaument l'air des plus suaves parfums.

## PARTIES CONSTITUANTES DE LA FLEUR.

La fleur est l'ensemble des organes qui concourent à la reproduction sexuelle des plantes. Elle se compose, en général, du *périanthe*, de l'*androcée*, du *gynécée* et du *réceptacle*.

Ces différentes parties, distinctes les unes des autres, diffèrent principalement par le rôle qui leur est confié. Prenons pour exemple l'Orpin rouge (*Sedum rubens*) et cherchons dans une de ses fleurs les organes dont il s'agit.

Nous trouvons à la base de cette fleur (fig. 196, *a,a*) et tout à fait en dehors cinq petites pièces foliacées, vertes ou jaunâtres. Immédiatement au-dessus nous en remarquons cinq autres plus développées (*b,b*). Ces dix pièces constituent le *périanthe* et peuvent être divisées en deux groupes secondaires dont l'inférieur constitue ce qu'on appelle le *calice*, tandis que le supérieur prend le nom de *corolle*. Le périanthe représente un ensemble d'organes protecteurs et ne paraît pas indispensable.

Fig. 196. — Fleur grossie du *Sedum rubens*. Les différentes parties ont été plus ou moins écartées les unes des autres.

Un peu plus près du milieu de la fleur, on observe, disposés en cercle, cinq petits corps filiformes, terminés par une partie renflée en tête (*c*). Ce sont des organes mâles ; ils constituent l'*androcée*.

Enfin, au centre même, apparaît le *gynécée*, formé de cinq organes femelles (*d*).

L'extrémité du pédoncule floral se renfle légèrement pour donner attache à toutes ces parties ; c'est elle qui constitue le *réceptacle* (1). Celui-ci est donc de nature axile, et sa forme varie beaucoup suivant les plantes.

Les autres parties constituantes de la fleur sont de

_______________

(1) On le désigne quelquefois sous les noms de *torus*, ou *thalamus*.

nature appendiculaire ; elles diffèrent également beaucoup entre elles par leurs apparences, et cependant on s'accorde aujourd'hui pour ne voir en elles que des organes de même nature, que des feuilles plus ou moins modifiées.

Au premier abord, il est vrai, l'esprit se refuse à l'idée d'admettre toute assimilation entre les feuilles et ces divers organes de la fleur. C'est par l'étude comparative des faits que l'on parvient à reconnaître combien le rapprochement est naturel. Nous ne tarderons point à en fournir la démonstration.

**Disposition des parties sur le réceptacle.** — Les organes appendiculaires de la fleur sont disposés sur le réceptacle en verticilles ou en spirale. Nous avons, à propos de la phyllotaxie, donné des détails assez étendus pour n'avoir pas à répéter ici les définitions de ces expressions.

Il est des fleurs où la disposition en spirale est bien évidente. Ce sont, en général, celles dont le réceptacle est sensiblement allongé, comme dans les Magnoliers, par exemple, ou dont le réceptacle offre une large surface circulaire, comme on le voit dans les Nénuphars. Les folioles de la fleur dessinent, dans ces deux cas, des spirales secondaires d'où l'on peut déduire la spirale primitive, par un procédé qui nous est connu.

Mais, dans le plus grand nombre des végétaux, les parties constituantes de la fleur, pressées sur un réceptacle très-circonscrit, s'insèrent en des points si rapprochés, que leur position relative devient difficile à saisir. Il n'est plus possible, à l'état adulte, de suivre la spirale qu'elles sont censées décrire, du moins en théorie ; telle est la raison pour laquelle on est convenu de regarder, dans la pratique, les organes de la fleur comme formant toujours de véritables verticilles superposés ou concentriques.

Les parties élémentaires d'un verticille floral reçoivent aussi des noms particuliers : on les nomme *sépales*, *pétales, étamines*, ou *pistils*, selon qu'elles appartiennent au calice, à la corolle, à l'androcée ou au gynécée.

Le nombre des parties de la fleur dans chaque verticille varie suivant les espèces ; on peut dire néanmoins que, dans les Dicotylédones, il est souvent de cinq ou un multiple de cinq, de trois ou un multiple de trois dans les Monocotylédones.

**Superposition et alternance.** — Quand deux verticilles floraux comprenant un même nombre de parties sont situés immédiatement au-dessus l'un de l'autre, les pièces de l'un peuvent affecter, par rapport à celles de l'autre, deux positions différentes :

Dans le plus grand nombre des cas, les pièces du verticille supérieur correspondent aux intervalles qui séparent celles du verticille inférieur ; ainsi, dans l'Orpin que nous examinions tout à l'heure, les organes de l'androcée se comportent de cette façon relativement à ceux de la corolle. On dit alors que les deux verticilles sont *alternes*.

D'autres fois, deux verticilles consécutifs ont leurs pièces situées sur les mêmes lignes verticales ; on dit alors qu'ils sont *superposés*. Nous en trouvons un exemple dans la Vigne, dont l'androcée est superposé à la corolle (1).

Au lieu d'être toujours libres et indépendants, comme nous l'avons supposé jusqu'ici, les éléments constitutifs des verticilles floraux contractent fréquemment entre eux des adhérences qui impriment à la fleur d'innombrables modifications.

C'est surtout dans le calice, la corolle et le gynécée

---

(1) Un grand nombre de botanistes disent, dans ce cas, que l'androcée est *opposé* à la corolle. Il suffit de se reporter à ce que nous avons dit à propos de la phyllotaxie, pour voir combien cette expression est défectueuse.

que cette adhérence est commune; les étamines la présentent plus rarement. Elle peut être partielle, s'é-
tendre à divers degrés, troubler ou respecter la symétrie, la régularité de la fleur ; elle peut être complète ;
et alors le verticille n'offre plus qu'une pièce dans laquelle il n'est pas toujours facile de reconnaître un assemblage de plusieurs folioles.

Le réceptacle est susceptible de prendre des formes
très-variées d'où résultent souvent, dans le mode d'insertion des parties, des apparences diverses que nous
aurons plus tard à examiner en détail.

**Fleurs hermaphrodites, unisexuées, nues.** —
Toutes les fleurs qui renferment à la fois un androcée
et un gynécée, et c'est la majorité, reçoivent l'épithète
d'*hermaphrodites*. L'hermaphrodisme, qui est l'exception parmi les animaux, est au contraire la règle dans
le règne végétal.

Cependant un grand nombre de plantes ne présentent
pas des fleurs aussi complètes, et on appelle fleurs *unisexuées* celles où l'un des deux verticilles fait défaut. La
fleur est *femelle* quand elle n'a pas d'androcée, *mâle*,
quand le gynécée ne s'est pas développé. Ces deux sortes
de fleurs existent dans le Buis commun (*Buxus semper-
virens*).

Quelquefois les organes sexuels existent, mais le périanthe a disparu; on dit alors que la fleur est *nue;*
nous en voyons un exemple dans le Frêne. Cette absence de périanthe caractérise également certaines
fleurs unisexuées, comme on peut s'en assurer en examinant de près les fleurs des Saules.

**Plantes monoïques, dioïques, polygames.** — Dans
les espèces végétales pourvues de fleurs unisexuées, les
fleurs présentent des variations dans la manière dont
elles sont réparties sur les différents individus. Certaines
plantes, telles que le Melon, le Noisetier, le Noyer, les
Pins, etc., portent à la fois des fleurs mâles et des fleurs

femelles ; on les appelle *plantes monoïques*. D'autres ne présentent jamais qu'un seul sexe sur le même individu, de sorte que deux pieds différents sont nécessaires pour assurer la reproduction ; on les appelle *dioïques* ; le Chanvre, les Saules sont des exemples communs de plantes dioïques.

Il est enfin des plantes qui se montrent, comme la Pariétaire, les Érables et les Frênes, munies en même temps de fleurs hermaphrodites, de fleurs mâles et de fleurs femelles ; ces fleurs, ainsi mêlées, ont valu à ces végétaux l'épithète de *polygames*.

## POSITION DE LA FLEUR.

Une fleur latérale, située entre l'axe qui la porte (tige ou rameau) et la feuille ou la bractée à l'aisselle de laquelle elle a pris naissance, fait toujours avec l'axe un certain angle. On y distingue deux parties opposées : l'une, dite *antérieure* ou *inférieure* (fig. 197, *a*),

Fig. 197. — Fleur de l'Aconit Napel à l'aisselle de sa bractée-mère.

est en rapport avec la feuille ou avec la bractée ; l'autre, *postérieure* ou *supérieure* (*b*), répond à l'axe. Cette fleur présente aussi deux côtés, l'un droit et l'autre gauche.

La bractée qui accompagne la fleur est appelée *bractée-mère*.

## PORT, DIAGRAMME, COUPE DE LA FLEUR.

Il est impossible de se faire d'une fleur quelconque

une idée exacte si on n'en connaît pas au moins trois aspects principaux qui sont connus en botanique sous les noms de *port*, *diagramme* et *coupe*.

Le *port* d'une fleur est la projection sur un plan vertical des parties qui la composent. Dessiner le port d'une fleur, c'est en quelque sorte faire son portrait. La figure 197 représente le port d'une fleur de l'Aconit Napel.

On nomme *diagramme* d'une fleur sa projection horizontale ; il équivaut à une section horizontale

Fig. 198. — Diagramme de Géranium (*Geranium Robertianum*).

de la fleur. C'est une espèce de plan où sont représentées, dans leur position respective, toutes les parties

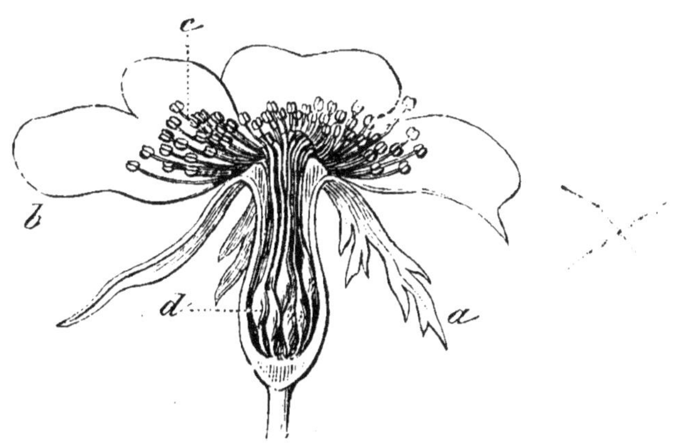



Fig. 199. — Coupe de la fleur d'un Rosier.

constituantes d'une fleur. On y indique habituellement, comme points de départ, la position de la bractée-mère, et celle de l'axe (fig. 198) (1).

_______

(1) Les traits noirs représentent la corolle.

La *coupe* est la section verticale d'une fleur. On a l'habitude, pour simplifier, de faire passer la section suivant un plan qui divise la fleur en deux moitiés semblables, ce qui permet de ne représenter qu'une de ces moitiés (fig. 199). Il y a cependant quelques fleurs dans lesquelles le plan dont nous parlons n'existe pas; on est alors obligé de représenter l'une à côté de l'autre les deux moitiés de la fleur.

Après avoir présenté au lecteur ces généralités sur la structure de la fleur, nous devons maintenant étudier avec quelques détails les parties qui la composent, et nous renvoyons après cette étude ce que nous avons à dire sur la *régularité*, la *symétrie*, la *préfloraison*, toutes choses qui seront alors, croyons-nous, plus faciles à comprendre.

## PÉRIANTHE.

Le *périanthe* est formé, comme nous l'avons déjà dit, par l'ensemble des enveloppes florales. Dans toute fleur complète, il comprend deux verticilles de feuilles modifiées dont le plus extérieur, nommé *calice*, est habituellement vert, tandis que le plus intérieur, ou *corolle*, est coloré de nuances diverses.

Le nombre de ces verticilles peut s'augmenter dans quelques cas ; c'est ainsi que le périanthe des Magnolias, de la Ficaire, etc., en présente plusieurs.

Il arrive aussi que le périanthe est simple, c'est-à-dire ne présente qu'un seul verticille ; c'est ce que l'on observe dans les Chénopodées (fig. 200) et dans le Populage des marais, par exemple. Seulement, dans les premières de ces plantes, il est de couleur verte, et coloré (1)

_______

(1) En botanique, l'épithète de *coloré* s'applique à tout organe qui est d'une autre teinte que le vert.

dans la seconde. Il est d'usage, dans la pratique, d'admettre que le périanthe simple est toujours un calice; dans les cas où il n'est pas vert, on le distingue par une épithète indiquant sa nuance particulière.

Nous devons ajouter enfin que le périanthe, bien que manifestement formé de deux verticilles, peut présenter la même couleur dans toutes ses parties, que celles-ci soient toutes vertes, comme on le voit dans l'Oseille, ou toutes colorées, ainsi qu'on l'observe dans la Tulipe, le Lys, etc. On a beaucoup discuté sur les noms qu'il convient de donner à ces verticilles isochromes du périanthe. Celui de l'Oseille doit-il être regardé comme un double calice, celui de la Tulipe comme une dou-

Fig. 200. — Fleur de *Chenopodium album*. Le périanthe est formé d'un seul verticille.

Fig. 201. — Rameau fleuri de Sceau de Salomon. Le périanthe est double et soudé en tube à sa base.

ble corolle? Ou encore les deux verticilles doivent-ils ici conserver leurs noms respectifs? Ce sont là autant de questions qui doivent évidemment recevoir une solution différente, suivant qu'on attachera plus ou moins d'importance aux caractères de coloration et de forme. Nous pensons que ces caractères n'ont qu'une valeur très-secondaire, et qu'il y a avantage, dans la pratique, à négliger ces distinctions, en employant l'expression de *périanthe double sépaloïde* ou *pétaloïde*, suivant les cas.

Il n'est pas rare que les deux verticilles également colorés d'un périanthe s'unissent à leur base pour former une sorte de tube plus ou moins divisé vers le sommet. C'est ce que nous voyons dans la fleur du Sceau-de-Salomon (fig. 201).

## CALICE.

Première production de l'axe floral, le *calice*, quand le périanthe est double, constitue l'enveloppe la plus extérieure des organes sexuels. Il compose à lui seul le périanthe simple. Dans les fleurs nues, il manque en même temps que la corolle. On appelle *sépales* les parties qui le composent.

### FORME, INSERTION, NOMBRE, POSITION DES SÉPALES.

Très-peu variables dans leur forme, les folioles du calice affectent généralement celle d'un ovale à sommet plus ou moins obtus ou aigu. Leur bord, rarement denté, porte plus rarement encore de profondes découpures.

Cependant on les voit quelquefois présenter une disposition plus compliquée. Ainsi l'un des sépales de la Grande-Capucine se prolonge à sa base en une sorte de cornet creux qui a reçu le nom d'*éperon* (fig. 202, *a*). Dans l'Aconit (fig. 203), un des sépales se courbe en casque (*b*) ; etc.

Quant à leur insertion, elle est le plus souvent horizontale, si bien que la cicatrice qu'ils laissent sur le réceptacle a la forme d'un croissant plus ou moins ouvert.

Certaines fleurs font exception à cette règle ; dans les diverses espèces du genre *Pelargonium* (que l'on désigne à tort, dans le langage vulgaire, sous le nom de *Geranium*), il y a cinq sépales dont quatre s'insèrent

Fig. 202. — Fleur de Capucine (*Tropæolum majus*). Un des sépales se prolonge en un long éperon creux, *a*.

Fig. 203. — Fleur d'Aconit Napel. Un des sépales *b* se courbe en forme de casque.

comme nous venons de le dire, tandis que le cinquième présente, quand on le coupe, une cicatrice en forme de fer à cheval très-allongé, dont les branches, dirigées de bas en haut, laissent entre elles et le réceptacle une sorte de puits profond. Nous pourrions multiplier ces exemples que la pratique enseignera au lecteur.

Le nombre des sépales varie beaucoup suivant les plantes ; nous n'avons pas à énumérer ici ces variations. Nous devons seulement donner quelques indications relatives à leur situation les uns par rapport aux autres et par rapport à l'ensemble de la fleur.

Dans le cas où il y a deux sépales seulement au calice, ils sont toujours opposés, et situés tantôt l'un en avant et l'autre en arrière de la fleur (Ex. : *Circæa lutetiana*), tantôt un de chaque côté (Ex. : *Fumeterre*).

Quand il y en a quatre, ils sont toujours opposés par paires, et celles-ci en réalité situées à des hauteurs différentes sur le réceptacle; mais comme la distance qui les sépare est très-petite en général, nous avons dit qu'on était convenu de les considérer comme ne formant qu'un seul verticille. Dans les plantes qui ont un calice de quatre pièces, les paires s'insèrent de telle sorte que l'une est antéro-postérieure et l'autre dirigée latéralement (fig. 204). On ne connaît guère qu'une exception à cette règle, et elle est offerte par

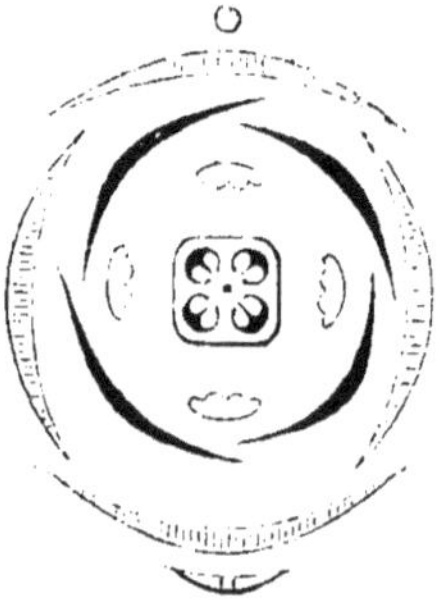

Fig. 204. — Diagramme du Fusain  Fig. 205. — Diagramme de Plantain
(*Evonymus Europæus*).  (*Plantago media*).

les Plantains, qui ont quatre sépales dont deux postérieurs et deux antérieurs (fig. 205).

Toutes les fois que les sépales sont en nombre impair, ils sont en réalité disposés suivant une spirale; mais, par suite de la même convention, on les considère comme ne formant qu'un seul verticille. Quand il y en a trois, on en trouve généralement un en avant et deux en arrière. La grande majorité des calices à cinq sépales en montre deux en avant, un de chaque côté et un en arrière (fig. 206); dans quelques espèces, il y a

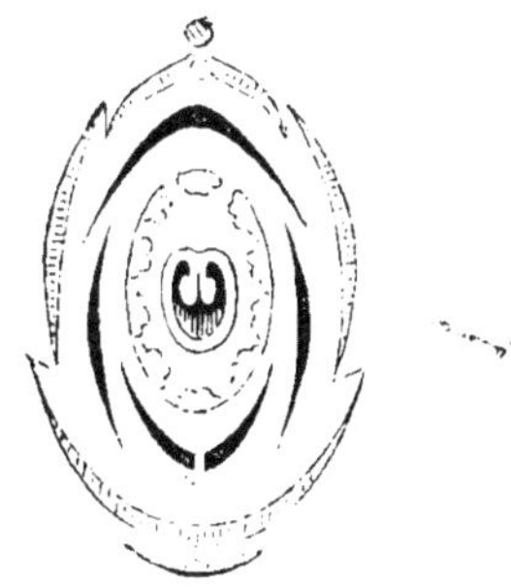

Fig. 206.— Diagramme de Géranium.  Fig. 207. — Diagramme de la Fève
(*Vicia Faba*).

un sépale en avant et deux en arrière, les deux autres
restant latéraux (fig. 207).

### NATURE MORPHOLOGIQUE ET ANATOMIE DU CALICE.

Les sépales présentent la plupart des caractères qui
appartiennent aux feuilles. C'est surtout avec les bractées qu'ils offrent de l'analogie; il est même des plantes
où, comme dans les Camellias, par exemple, il devient
difficile de distinguer les folioles calicinales des bractées qui les avoisinent.

Il y a plus: les sépales d'un même calice peuvent offrir divers degrés de modification et ressembler ainsi
plus ou moins à de véritables feuilles. Tel est notamment le cas des Rosiers, où le calice comprend cinq
sépales, dont deux munis de rudiments de folioles sur
leurs deux bords, un troisième ne portant de semblables rudiments que sur un seul bord, et deux autres
qui en sont tout à fait dépourvus; disposition qui a
donné lieu au distique suivant:

> *Quinque sumus fratres, unus barbatus et alter,*
> *Imberbesque duo ; sum semiberbis ego.*

De même que les feuilles et les bractées, les sépales sont ordinairement verts. Quelquefois cependant ils participent des nuances de la corolle, ainsi qu'en offrent un exemple le Grenadier, la Capucine, etc.; on dit alors que le calice est *corolliforme* ou *pétaloïde*.

La structure des sépales, comme celle des feuilles, présente, au milieu d'un mésophylle à cellules habituellement uniformes, un certain nombre de faisceaux fibro-vasculaires où sont compris des vaisseaux-trachées. L'épiderme qui les enveloppe est aussi muni de stomates, principalement à la face inférieure.

Leur nervation, en général peu distincte à cause de la petitesse des parties, suit les mêmes lois que celle des feuilles; la nervure médiane est souvent la seule qui s'y montre bien évidente.

Lorsque les feuilles, dans un végétal, sont pourvues de poils ou de glandes, les folioles du calice en portent généralement de semblables.

Enfin, sous l'influence d'un excès de nourriture, on voit assez fréquemment les sépales acquérir des dimensions exagérées qui leur donnent les apparences d'une véritable feuille, comme si l'organe retournait ainsi à son type primitif.

## DEUX SORTES DE CALICES.

Suivant que les folioles calicinales sont libres ou réunies entre elles par leurs bords, le calice est dit *polysépale* ou *gamosépale*.

**Calice polysépale.** — Un calice polysépale, dit aussi *polyphylle*, peut être *disépale*, *trisépale*, *tétrasépale*, *pentasépale*, etc., c'est-à-dire formé de deux, trois, quatre, cinq ou d'un plus grand nombre de parties. Le calice du Pavot est disépale ou *diphylle*; celui des Renoncules est pentasépale.

Un calice polysépale peut être *régulier* ou *irrégulier*. Il est *régulier* lorsqu'il est formé de parties égales entre elles, insérées à la même hauteur sur le réceptacle, et équidistantes ; c'est parce qu'il remplit ces conditions que le calice du *Chenopodium album* (fig. 200) est régulier ; il en est de même dans les Anémones (fig. 208). Mais les sépales peuvent être inégaux et insérés à des hauteurs différentes, sans que pour cela le calice cesse d'être

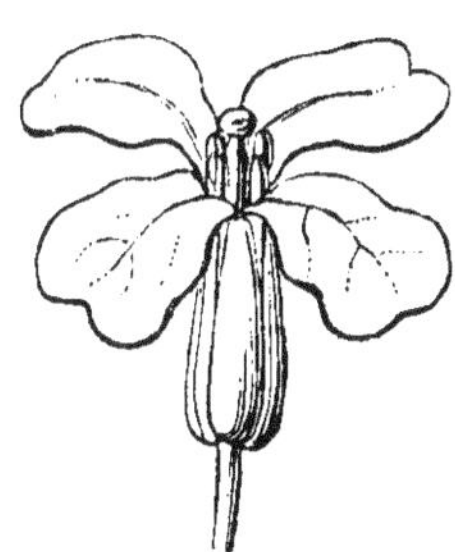

Fig. 208. — Fleur de l'Anémone de montagne. Le calice est régulier.

Fig. 209. — Fleur de Giroflée. Le calice est régulier.

régulier ; il suffit que ces irrégularités se succèdent autour du réceptacle suivant une loi uniforme. Ainsi le calice de la Giroflée (fig. 209), bien que formé de quatre sépales inégaux et insérés à des hauteurs différentes, est régulier parce que l'on y trouve alternativement un sépale plus grand inséré plus bas, et un sépale plus petit inséré plus haut.

Le calice polysépale est *irrégulier* quand il ne remplit aucune des conditions que nous venons d'énumérer. Ainsi, dans les Aconits, le calice est irrégulier, parce qu'il est formé de cinq sépales pétaloïdes, dont un supérieur, plus grand que les autres et courbé en casque; il est encore irrégulier dans les Dauphinelles, où le sépale supérieur diffère des autres par sa base prolongée en éperon (fig. 210, *a*).

**Calice gamosépale.** — Le calice gamosépale ou *gamophylle* reçoit aussi l'épithète de *monosépale* ou de *monophylle*, bien qu'il ne soit point composé d'une seule pièce, mais de plusieurs soudées ensemble. En effet, les folioles d'un calice gamosépale considérées au moment de leur naissance se montrent distinctes les unes des autres. Mais elles ne tardent pas à se souder, soit partiellement et à divers degrés, soit d'une manière complète; et ces soudures sont l'origine de nombreuses modifications désignées par des expressions qui nous sont familières, car on les a empruntées aux découpures des feuilles (1).

Fig. 210. — Fleur de Dauphinelle (*Delphinium Ajacis*). Le calice est irrégulier et porte un éperon, *a*.

Ainsi le calice monophylle peut être *denté*, pourvu de divisions aiguës et très-courtes, comme dans les Primevères; *fendu*, c'est-à-dire divisé, comme dans la Jusquiame, à peu près jusqu'au milieu de sa hauteur; ou bien enfin il est *partagé* ou *partit*, présentant des incisions qui s'étendent tout près de sa base, comme dans la Bourrache (fig. 211, *a*). Et l'on devine qu'on le dira,

(1) Il est important de remarquer que ces dénominations, bien qu'identiques, ne s'appliquent pas à des objets de même nature. Dans les feuilles, en effet, les divisions se font avec les progrès de l'âge, tandis que dans le calice gamosépale ce sont des pièces d'abord libres qui se réunissent plus tôt ou plus tard. Cette réserve faite, il est avantageux de conserver ces expressions, afin de n'avoir pas à créer des mots nouveaux.

suivant le nombre des pièces qui le composent, et suivant la hauteur à laquelle elles se réunissent, *bidenté*, *tridenté*, *quadridenté*, etc.; *bifide*, *trifide*, *quadrifide*, etc.; *bipartit*, *tripartit*, *quadripartit*, etc.

Dans un calice monosépale plus ou moins divisé, l'on distingue un *tube*, portion inférieure où les folioles sont réunies, et un *limbe*, comprenant les parties séparées. L'entrée du tube se nomme *gorge*.

Il arrive parfois que les divisions du limbe calicinal, très-étroites, réduites pour ainsi dire à leurs nervures, se transforment en autant de poils particuliers, roides ou mous,

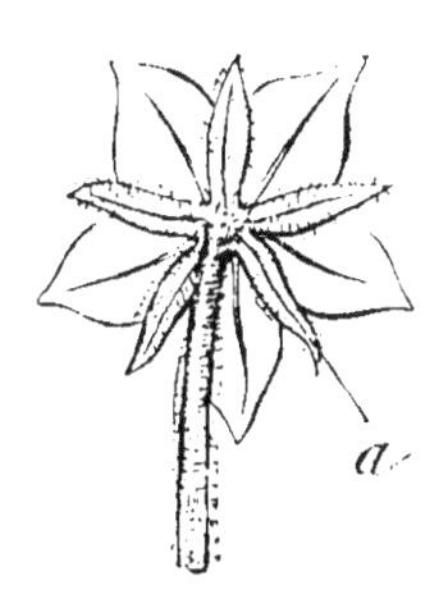

Fig. 211. — Fleur de Bourrache (*Borrago officinalis*), vue en dessous, pour montrer son calice quinquépartit.

simples ou munis sur les côtés de petites barbes disposées comme celles d'une plume. Cette disposition, que l'on observe dans les Valérianes et plusieurs Scabieuses, est surtout fort commune dans la vaste famille des Composées. Ici, les poils calicinaux en question se réunissent ordinairement en grand nombre, de manière à former une espèce de petite ombelle que l'on est convenu de nommer *aigrette*. Tout le monde connaît sans doute les aigrettes qui se montrent sur le Pissenlit (fig. 212), peu de temps après la fécondation de ses fleurs.

Très-variable dans sa forme, le calice gamosépale se montre le plus souvent tubuleux, cylindrique, plus ou moins anguleux, évasé en coupe, en cloche, etc.

Il peut être *régulier* ou *irrégulier*. Les conditions de la régularité sont à peu près les mêmes que pour le calice polysépale ; cependant il faut de plus que les pièces, dans le cas où elles sont égales entre elles, équidistantes et insérées à la même hauteur, *se réunissent d'une quantité égale*, sans quoi le calice serait irrégulier.

Il est *irrégulier* quand il ne remplit pas les condi-

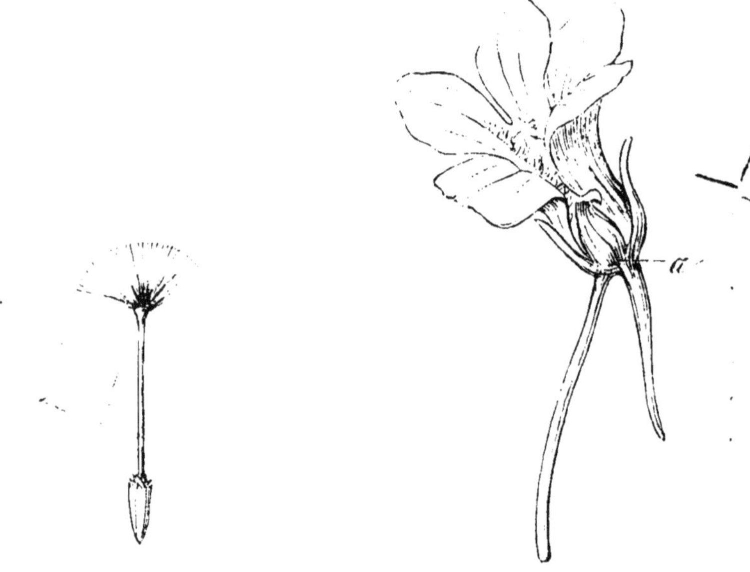

Fig. 212. — Fruit du Pissenlit portant une aigrette produite par le calice.

Fig. 213. — Fleur de la Capucine. Le calice est gamosépale et irrégulier.

tions énumérées. Ainsi le calice de la Capucine (fig. 213) est irrégulier, parce qu'il a un sépale prolongé en éperon, les autres ne l'étant pas.

DURÉE DU CALICE.

Lorsque le calice est polysépale, il tombe généralement peu de temps après que la fleur s'est épanouie ; on dit alors qu'il est *caduc*. Quant il se maintient au-dessous de la fleur ouverte, on l'appelle *persistant* ou *marcescent ;* on le voit alors envelopper plus ou moins le fruit et l'accompagner dans son développement. Dans

.nn assez bon nombre de plantes, il grandit beaucoup
et prend des consistances diverses; charnu dans le Mûrier, il reste membraneux dans l'Alkékenge, où il affecte
à la fin la forme d'un grand sac de couleur rouge.


## COROLLE.


La *corolle* n'existe que dans les fleurs à périanthe
double. Elle en est le second verticille ; elle entoure
immédiatement leurs organes sexuels. Ses parties constituantes portent le nom de *pétales*.

De toutes les parties de la fleur, la corolle est la plus
remarquable par la beauté, par la diversité de ses
nuances et de ses formes. C'est en elle que le parfum
des fleurs possède le plus d'intensité. Pour les gens du
monde, elle est toute la
fleur.

Souvent d'un blanc par-
fait, et quelquefois d'un
pourpre noir, la corolle
peut offrir toutes sortes
de teintes intermédiaires,
mais jamais elle n'est d'un
noir pur.

FORME, INSERTION, NOMBRE, PO-
SITION DES PÉTALES.

Dans un pétale isolé, sé-
paré de tous les autres, on

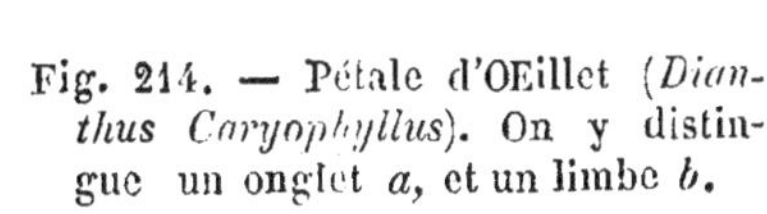

Fig. 214. — Pétale d'OEillet (*Dian-
thus Caryophyllus*). On y distingue un onglet *a*, et un limbe *b*.

reconnaît en général deux choses : un *onglet* (fig. 214
*a*), qui en est la base ordinairement rétrécie, et un
*limbe* (*b*) (1), partie plus ou moins large, à bord entier ou

(1) On l'appelle quelquefois la *lame* du pétale.

découpé de diverses manières. L'onglet peut manquer; on dit alors que l'organe est *sessile*.

Les pétales varient par leur forme encore plus que les sépales. Il en est d'*elliptiques*, d'*ovales*, de *lancéolés*, de *linéaires*, d'*arrondis*, de *cordiformes*, de *spatulés*, etc.

Plans pour la plupart, ils sont quelquefois concaves, roulés sur eux-mêmes, en dessus ou en dessous, soit en long, soit dans le sens de leur largeur. Ils peuvent imiter tour à tour un cornet, une corne d'abondance, même un casque, ainsi qu'on le voit, par exemple, dans les Ellébores (fig. 215), les Ancolies (fig. 216, *a*) et les Aconits (fig. 217).

Certains n'ont qu'une forme irrégulière, bizarre, qui rend difficile toute comparaison entre eux et un objet déterminé.

Il en est enfin qui se montrent pourvus d'appendices

 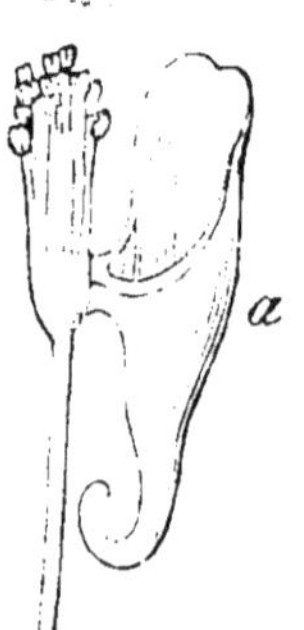  

Fig. 215. — Pétale d'Ellébore grossi.

Fig. 216. — Pétale d'Ancolie (*Aquilegia vulgaris*) fixé au réceptacle de la fleur.

Fig. 217. — Pétale isolé de l'Aconit Napel.

Fig. 218. — Pétale de Renoncule portant à sa base un appendice charnu *a*.

divers. C'est ainsi, par exemple, que, dans les Renoncules, les pétales portent en dedans, à la base de l'onglet, une petite écaille charnue (fig. 218, *a*); tandis que, dans les Lychnides et la plupart des Silènes, chaque pétale présente à sa face interne, sur le point de jonction de l'onglet avec la lame, deux petites écailles étroites, plus ou moins allongées (fig. 219). Dans les Violettes, un pétale, plus large que les autres, offre

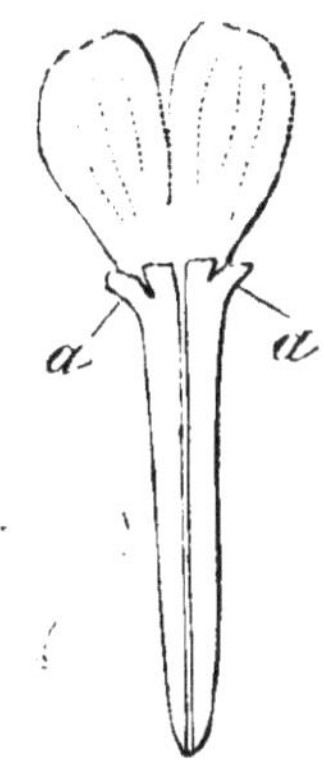

Fig. 219. — Pétale isolé de Silène, avec ses appendices squameux, *a*.

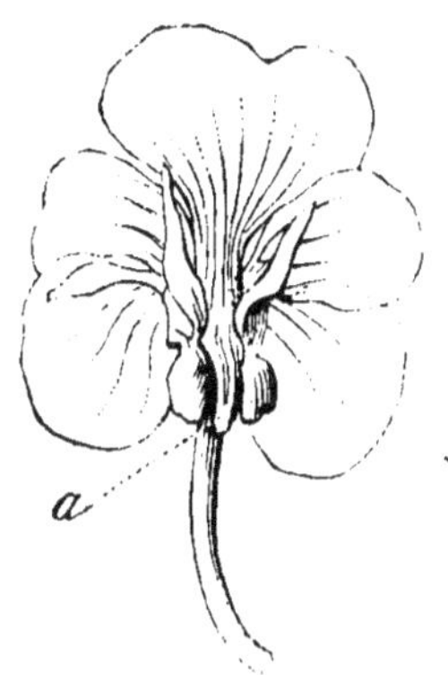

Fig. 220. — Fleur de Violette vue en dessous, pour montrer l'éperon *a*, produit par un de ses pétales.

une espèce d'éperon qui descend au-dessous de son point d'attache (fig. 220, *a*).

L'insertion des pétales se fait tantôt par une assez large surface en forme de croissant, tantôt par une surface très-étroite ; les pétales qui manquent d'onglet rentrent seuls dans le premier cas, bien que le fait soit loin d'être général ; quant à ceux qui sont onguiculés, la cicatrice qu'ils laissent sur le réceptacle est presque toujours ovale ou arrondie.

Le nombre des pièces dont se compose la corolle est très-variable, rarement considérable et indéterminé ; on les voit, dans ce cas, disposées en spirale sur le réceptacle.

Le plus souvent les pétales sont peu nombreux, et l'étude du développement montre qu'ils forment toujours de véritables verticilles, lesquels alternent entre eux, quand il y en a plus d'un.

Lorsque le calice et la corolle sont formés chacun

d'un seul verticille, les pétales alternent avec les sépales, c'est-à-dire sont situés vis-à-vis des intervalles
qui séparent ces derniers. On ne connaît à cette règle

Fig. 221. — Diagramme de l'Orpin
rouge.

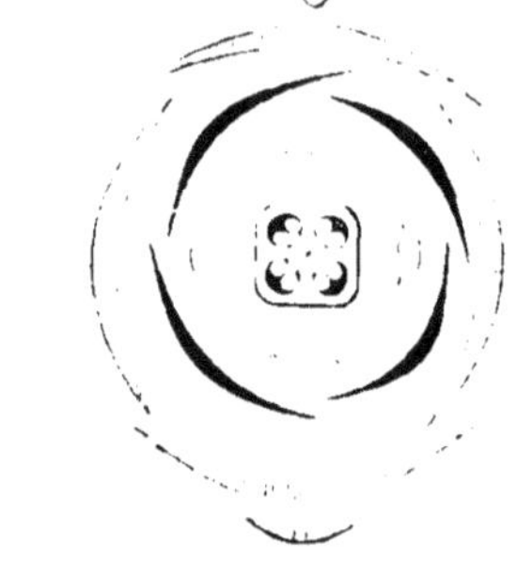

Fig. 222. — Diagramme de Fusain.

qu'un très-petit nombre d'exceptions. Il en résulte que
ce que nous avons dit de la position des sépales dans la
fleur nous dispense d'entrer dans de longs développements sur celle des pétales. Il est clair, en effet, que, pour

Fig. 223. — Diagramme du Plantain.

Fig. 224. — Diagramme de la Fève.

chaque cas particulier, les pièces de la corolle occupe-
ront un ordre inverse de celui des pièces calicinales.
C'est ce dont il est facile de se rendre compte en examinant les figures 221, 222, 223, et 224.

NATURE MORPHOLOGIQUE ET ANATOMIE DES PÉTALES.

Les pétales ne sont, comme les sépales, que des
feuilles modifiées, ayant subi des changements plus
nombreux, plus profonds. Leur limbe répond à celui de
la feuille ; l'onglet en représente le pétiole.

Dans les fleurs à pétales nombreux et spiralés, il
n'est pas rare de trouver tous les intermédiaires entre
les sépales proprement dits et les véritables pétales ;
c'est ce dont on s'assure facilement en examinant la
fleur des *Calicanthus*.

L'analogie des pétales avec les feuilles véritables est
d'ailleurs si évidente, dans beaucoup de plantes, malgré
leur couleur particulière et la délicatesse de leur tissu,
qu'elle a été consacrée depuis longtemps dans le langage vulgaire, où on applique, par exemple, le nom de
*feuilles de rose* aux pétales des Rosiers.

Des faisceaux fibro-vasculaires se ramifient, s'anastomosent dans l'épaisseur d'un pétale, comme dans les
folioles du calice ; et ces faisceaux, très-déliés, apparaissent aussi fréquemment au dehors, sous la forme
de petites nervures, dont une médiane plus saillante,
quelquefois la seule appréciable. En un mot, la nervation de la corolle, quand elle est distincte, présente les
mêmes caractères que celle du calice, que celle des
feuilles proprement dites. Toutefois nous remarquerons
que les nervures sont ici réduites aux éléments trachéens
qu'accompagnent de rares fibres molles et peu allongées.

Le tissu cellulaire qui, occupant les intervalles des
faisceaux, constitue le parenchyme ou, si l'on veut, le
mésophylle du pétale, est généralement privé de chlorophylle. Il renferme pour l'ordinaire des grains de fécule, un liquide coloré, souvent aussi des gaz (1).

_________

(1) Ce dernier fait est général dans les fleurs blanches.

Quant à l'épiderme dont les pétales sont revêtus, il contient en général un liquide semblable à celui du parenchyme; il offre, en outre, à peu près la même structure que l'épiderme des feuilles. A la face externe ou inférieure du pétale, il est quelquefois percé d'un petit nombre de stomates; presque toujours il en est tout à fait dépourvu sur la face interne.

En examinant au microscope les utricules superficielles de l'épiderme, on observe qu'elles sont planes ou relevées en cônes plus ou moins saillants, élégamment plissés du sommet à la base. Dans le premier cas, la corolle est lisse, luisante, comme celle des Renoncules; dans le second, elle est terne ou d'un bel aspect velouté, comme dans la Pensée, comme dans les Dahlias. La corolle est assez souvent revêtue d'un duvet à la fois très-court et très-fin.

## DEUX SORTES DE COROLLES.

De même que les sépales, les pétales peuvent être libres ou plus ou moins réunis entre eux, d'où résultent des *corolles polypétales* et des *corolles gamopétales*.

### COROLLES POLYPÉTALES.

Une corolle *polypétale* ou *polyphylle* est donc celle qui est formée de pétales libres et distincts. On devine qu'elle peut être *dipétale, tripétale, tétrapétale, pentapétale*, etc. En général, le nombre des pétales est le même que celui des sépales. Il peut être cependant plus considérable; quelquefois il est moindre par avortement.

Les corolles polypétales sont *régulières* ou *irrégulières.*

**Corolles polypétales régulières.** — Comme le calice, la corolle polypétale est *régulière* quand ses pétales sont égaux, équidistants et insérés à la même hauteur; ou bien encore quand les pétales étant inégaux et insérés à des hauteurs diverses, ces inégalités se reproduisent dans un ordre uniforme autour du réceptacle (1).

Parmi les corolles polypétales régulières, il en est de *cruciformes*, de *rosacées* et de *caryophyllées*.

Une corolle est dite *cruciforme* quand ses pétales, au nombre de quatre, sont opposés deux à deux en manière de croix, comme dans les Choux, la Julienne, la Giroflée jaune (fig. 225), etc.

On la dit *rosacée* lorsqu'elle se montre formée de trois à cinq pétales disposés en rosace, comme dans le

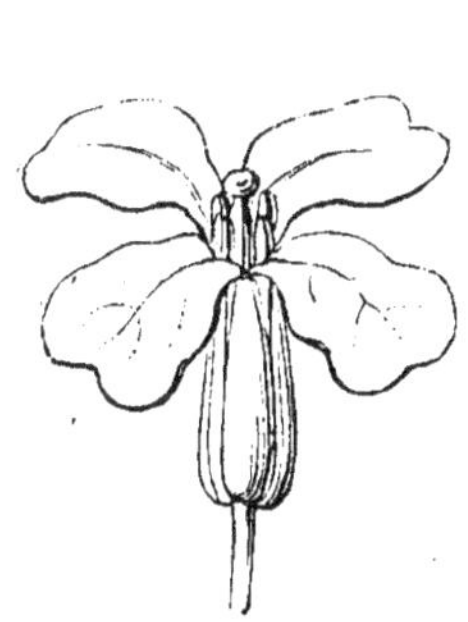

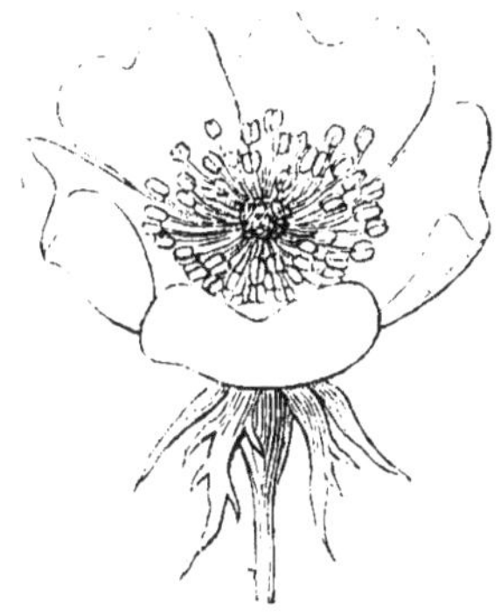

Fig. 225. — Corolle cruciforme de la Giroflée jaune (*Cheiranthus Cheiri*).

Fig. 226. — Corolle rosacée de Rosier sauvage (*Rosa canina*).

Fraisier, le Cerisier, le Rosier sauvage (fig. 226), etc.

Elle reçoit enfin l'épithète de *caryophyllée* dans certaines plantes où elle réunit cinq pétales pourvus chacun

(1) Un pétale iso'é est *régulier* quand il est divisible en deux moitiés symétriques; *irrégulier*, dans le cas contraire. Il est évident qu'une corolle peut être régulière bien que formée de pétales irréguliers, à la condition qu'ils le soient tous de la même manière.

d'un onglet très-long, très-étroit et caché dans le calice.
Telle est, par exemple, celle de l'Œillet (fig. 227).

**Corolles polypétales irrégulières.** — La corolle
polypétale est *irrégulière* lorsqu'elle ne satisfait pas à
toutes les conditions que nous venons d'énumérer. Ainsi,
dans le Pois, la corolle est irrégulière, parce que les
pétales sont inégaux, bien qu'équidistants et insérés tous à la même hauteur.

Quelques-unes de ce

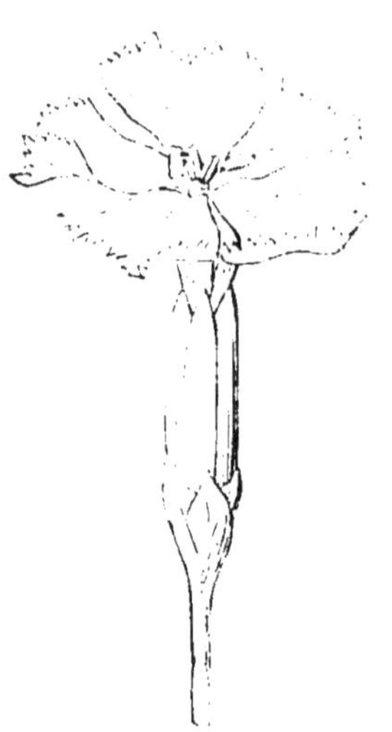

Fig. 227. — Corolle caryophyllée d'OEillet.

Fig. 228. — Fleur papilionacée du Pois (*Pisum sativum*).

corolles sont dites *papilionacées* et les autres *anomales*.

Les corolles *papilionacées*, ainsi nommées parce que
leur forme rappelle jusqu'à un certain point celle d'un
papillon prenant son vol (fig. 228), se montrent composées de cinq pétales désignés par des noms particuliers : l'un supérieur, le plus grand, porte le titre
d'*étendard* ; deux autres placés en bas et ordinairement unis dans une partie de leurs bords contigus
pour former une espèce de nacelle appelée *carène* ;
les deux derniers occupent les côtés et constituent
les *ailes*. Organisation singulière dont on trouve un
exemple dans le Pois, le Haricot, les Gesses, l'Acacia
commun, etc.

Quant aux corolles polypétales *anomales*, ce sont toutes celles qui, plus ou moins irrégulières, ne peuvent être rapportées au type papilionacé. Telles sont, entre autres, les corolles de la Violette, de la Balsamine, de la Capucine, etc.

### COROLLES GAMOPÉTALES.

Les pétales, au lieu de rester libres, s'unissent fréquemment par leurs bords, soit en partie, soit en totalité, d'où résulte une corolle *gamopétale*, dans laquelle on distingue un *tube*, un *limbe* et une *gorge*. La gorge, ordinairement nue, porte quelquefois des appendices particuliers, de forme diverse, et dont on trouve un exemple dans la Bourrache, la Consoude, le Laurier-Rose (fig. 229, *a*), etc.

Il va sans dire qu'une corolle gamopétale sera, suivant le degré de soudure et le nombre de ses parties constituantes, *entière*, ou *bidentée*, *tridentée*, etc.; ou *bifide*, *trifide*, etc.; ou bien enfin *bipartite*, *tripartite*, etc.; absolument comme dans le calice gamosépale.

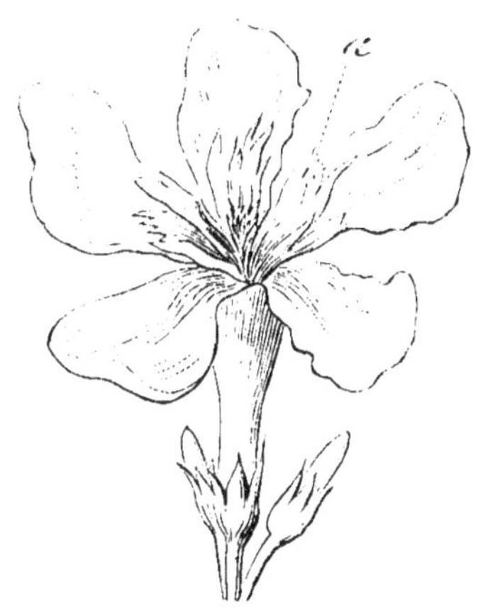

Fig. 229. — Fleur de Laurier-Rose. La gorge de la corolle gamopétale est munie d'appendices *a*.

Les corolles gamopétales ou monopétales sont aussi *régulières* ou *irrégulières ;* les conditions de la régularité et de l'irrégularité sont absolument les mêmes que pour le calice; nous n'avons donc pas à les répéter ici.

**Corolles gamopétales régulières.** — Les corolles

gamopétales régulières sont *campanulées, campaniformes* o...

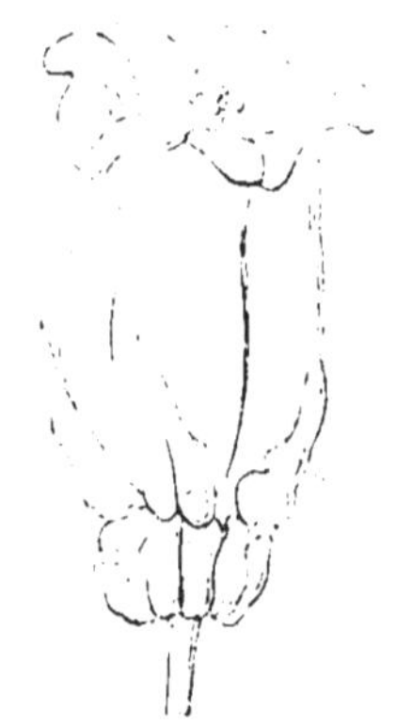

Fig. 230. — Fleur de Campanule (*Campanula Trachelium*). La corolle est gamopétale campanulée.

Fig. 231. — Fleur de Bourrache (*Borago officinalis*). La corolle e... gamo pétale rotacée.

ou en cloche, comme dans les Liserons et les Campa... nules (fig. 230); *rotacées*, comme dans la Pomme de... terre et la Bourrache (fig... 231); *infundibuliformes*... comme dans le Tabac (fig.... 232); *hypocratériformes* ou... en coupe, comme dans le... Lilas (fig. 233); *urcéolées*... ou en grelot, comme dans... l'Arbousier (fig. 234).

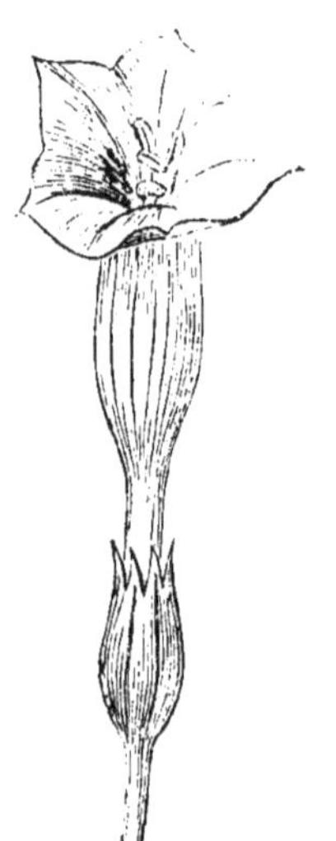

Fig. 232. — Fleur de Tabac (*Nicotiana Tabacum*). La corolle est gamopétale_infundibuliforme.

Fig. 233. — Fleur de Lilas (*Syringa vulgaris*). La corolle est gamopétale hypocratériforme.

**Corolles gamopétales irrégulières.** — On distingue trois formes principales parmi ces corolles : les unes sont *labiées*, les autres *personées* et les troisièmes *ligulées*.

Les corolles *labiées* ou *bilabiées* ont un limbe à deux lèvres inégales (fig. 235) : l'une supérieure, formée de deux pétales réunis ; l'autre inférieure, à trois

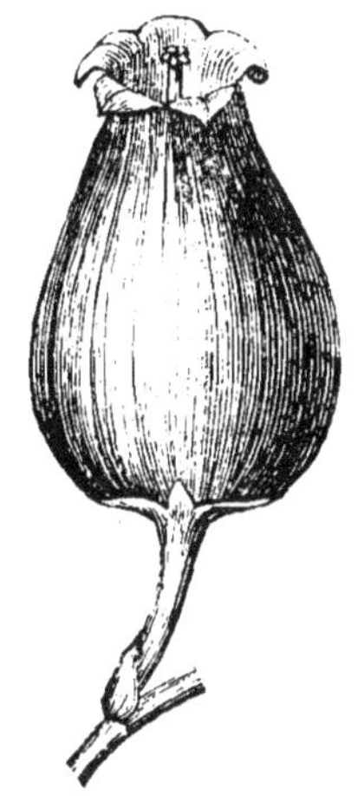

Fig. 234. — Fleur d'Arbousier (*Arbutus unedo*). La corolle est gamopétale urcéolée.

Fig. 235. — Fleur d'Ortie blanche (*Lamium album*). La corolle est bilabiée.

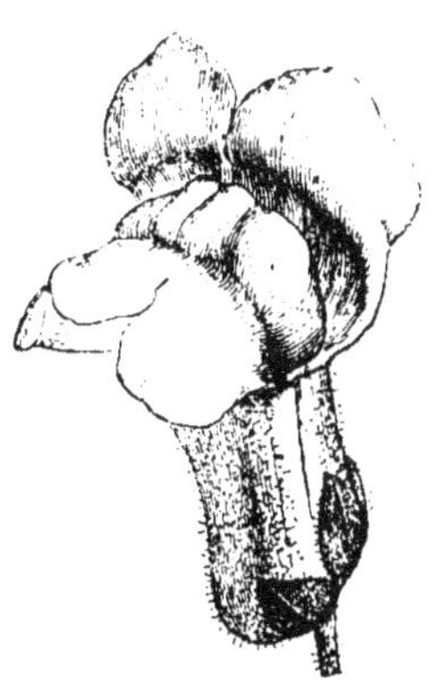

Fig. 236. — Fleur de Muflier (*Antirrhinum majus*). La corolle est personée.

lobes plus ou moins marqués et représentant trois pétales. La gorge, dans ces corolles, est largement ouverte, ainsi qu'on le voit, par exemple, dans les Sauges, dans les Lamiers, etc.

Dans les corolles *personées*, le limbe est aussi formé de deux lèvres inégales (fig. 236); mais ces lèvres sont disposées de façon à imiter, soit un masque, soit la gueule d'un animal ; l'inférieure est munie d'un renflement particulier qui ferme plus ou moins exactement la gorge. Leur tube présente à sa base tantôt une simple bosse, comme dans le Grand Muflier, tantôt un éperon, comme dans les Linaires.

Les corolles *ligulées* se reconnaissent à ce que leur

limbe se fend d'un côté sur une certaine longueur, et se déjette du côté opposé en une sorte de languette plane terminée à son sommet par un nombre variable de petites dents.

## DE LA COROLLE DANS LES FLEURS COMPOSÉES.

Dans la famille des Composées, dont l'inflorescence est celle que nous avons décrite précédemment sous le nom de *capitule*, on trouve, sur un même réceptacle ou sur des réceptacles différents, deux sortes de petites

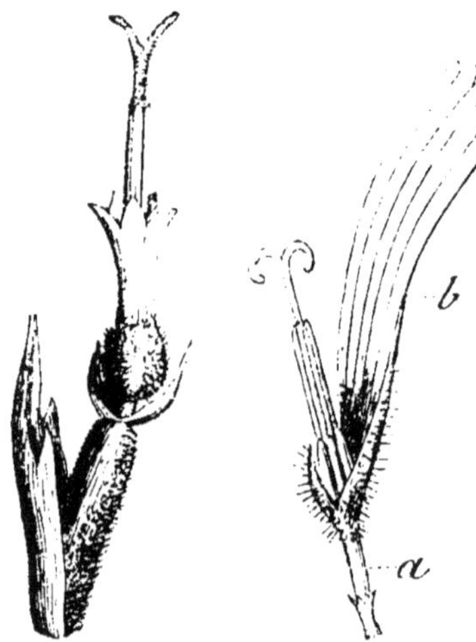

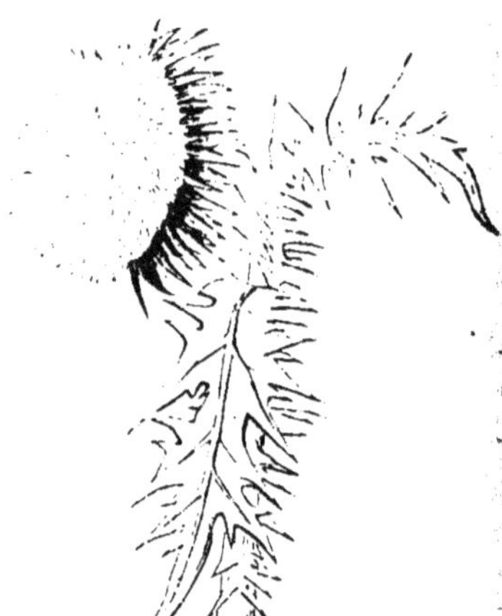

Fig. 237. — Fleuron du Grand Soleil (*Helianthus annuus*). La corolle est régulière infundibuliforme. A sa base est la bractée-mère.

Fig. 238. — Demi-fleuron de la Chicorée (*Cichorium Intybus*). La corolle est irrégulière ligulée.

Fig. 239. — Capitule flosculeux du Chardon commun (*Carduus nutans*).

fleurs : des *fleurons* et des *demi-fleurons*, distincts par la forme de leur corolle monopétale.

En effet, la corolle des fleurons, ordinairement régulière, est infundibuliforme (fig. 237) ; tandis que celle

**des** demi-fleurons (fig. 238, *ab*), toujours irrégulière,
**est** ligulée.

Or, l'on dit qu'un capitule est *flosculeux* ou *tubuliflore* quand il est formé seulement de fleurons, comme dans les Chardons, par exemple (fig. 239); *demi-flosculeux* ou *liguliflore* si ses fleurs, au contraire, ne sont que des demi-fleurons, comme dans le

Fig. 240. — Capitule demi-flosculeux
de la Chicorée.

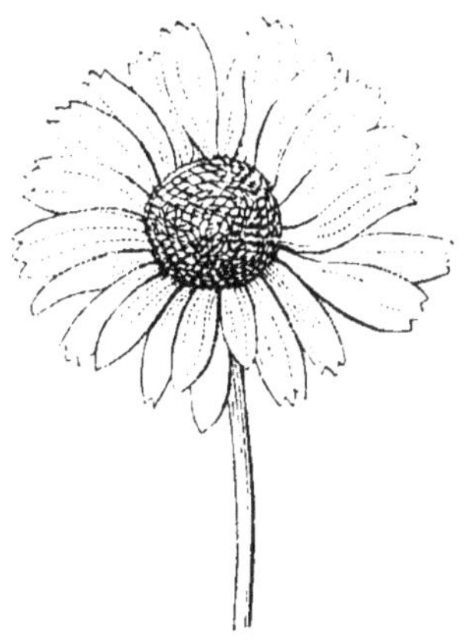

Fig. 241. — Capitule radié de
la Chrysanthème commune.

Pissenlit, les Chicorées (fig. 240); et l'on réserve l'épithète de *radiés* à ceux qui se composent de fleurons au centre, de demi-fleurons à la circonférence, comme dans les Camomilles, le Grand-Soleil, les Chrysanthèmes (fig. 241), etc.

## DURÉE DES COROLLES.

La plupart des corolles tombent peu de temps après

l'épanouissement de la fleur. Quelques-unes pourtant se dessèchent sur place et persistent dans cet état plus ou moins longtemps. On les dit alors *marcescentes;* telles sont, entre autres, celles des Campanules et surtout celles des Bruyères. Les corolles gamopétales tombent toujours d'une seule pièce.

## ANDROCÉE.

L'*androcée*, troisième verticille d'une fleur complète, se compose d'un certain nombre d'organes mâles nommés *étamines* (fig. **242,** *c*). Enveloppé par la corolle, il entoure le gynécée.

Fig. 242. — Fleur de l'Orpin rouge.

Chaque étamine présente à l'étude trois choses distinctes : une *anthère*, qui en est la partie principale ; du *pollen*, sorte de poussière fécondante contenue dans l'anthère ; et un *filet*, qui sert de support à cette dernière. Avant d'examiner avec quelques détails chacune de ces parties, essayons de nous rendre compte de ce que c'est qu'une étamine, au point de vue morphologique.

### NATURE MORPHOLOGIQUE DES ÉTAMINES.

Dans la plupart des plantes, la forme des étamines se montre tout à fait différente de celle que présentent les pétales. Mais il n'en est pas de même dans quelques-unes, notamment dans le Nénuphar blanc (fig. 243), où les pétales, nombreux et disposés en spirale, ressemblent de plus en plus aux étamines, à mesure qu'on se rapproche du centre de la fleur; et l'on peut dire que les transitions y sont si bien ménagées entre le pétale et l'étamine proprement dite, qu'il devient difficile de dire où finit la corolle et où commence l'androcée.

D'un autre côté, lorsqu'on examine comparativement un grand nombre de fleurs appartenant à des espèces diverses, on voit les étamines et les pétales subir des modifications graduelles qui établissent entre les uns et les autres une ressemblance frappante : les étamines,

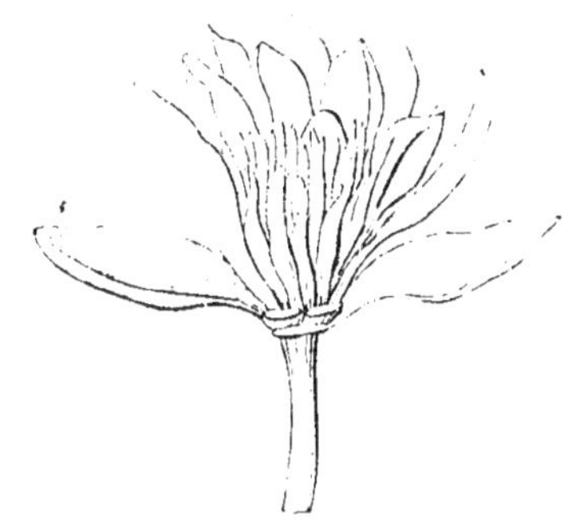

Fig. 243. — Fleur de Nénuphar blanc (*Nymphæa alba*), dont les pièces antérieures ont été coupées pour rendre visibles les intérieures.

filiformes ou linéaires dans la plupart des fleurs, acquièrent, dans certaines, une largeur notable; tandis que les pétales, généralement très-développés, se rétrécissent, dans quelques-unes, au point de prendre à peu près la forme d'une étamine.

Cette métamorphose est surtout évidente et complète dans les fleurs qui deviennent *doubles* sous l'influence d'un excès de nourriture; car les étamines, dans ces fleurs, se convertissent tout à fait en larges pétales. Il n'est pas rare d'en rencontrer qui, n'ayant éprouvé qu'une partie de la transformation, ont pris, d'un côté, les caractères des pétales, et ont conservé, de l'autre, ceux des étamines.

On trouve dans une fleur de Rosier sauvage, par exemple (fig. 244), une multitude d'étamines entourées seulement de cinq pétales; tandis qu'on chercherait vainement des organes mâles non altérés au milieu des nombreux pétales qui composent certaines roses de nos jardins. Ces fleurs brillent à nos yeux d'un éclat en quelque sorte artificiel; mais c'est au prix de leur fécondité: elles sont *doubles*, mais stériles.

Ainsi, malgré leur rôle spécial, les étamines ne sont bien qu'une modification des pétales; ainsi, l'androcée lui-même n'est autre chose qu'une corolle plus ou moins déguisée. Mais, l'analogie des étamines avec les pétales une fois établie, comme nous avons montré précédemment que ces derniers ne sont que des feuilles modifiées, il en résulte que l'androcée doit être considéré, ainsi que les bractées, le calice et la corolle, comme un ensemble d'organes appendiculaires.

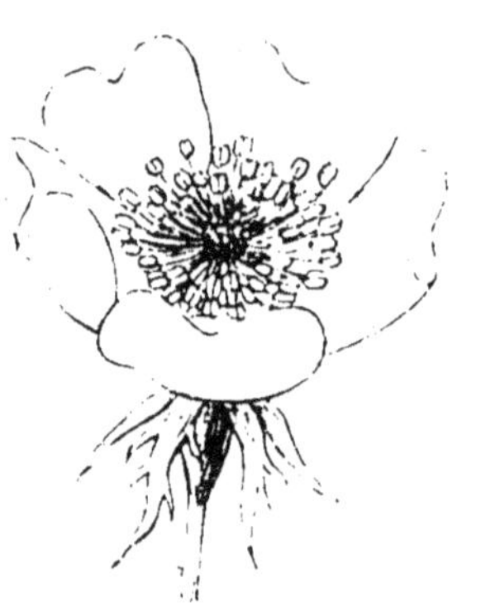

Fig. 244. — Fleur de Rosier sauvage.

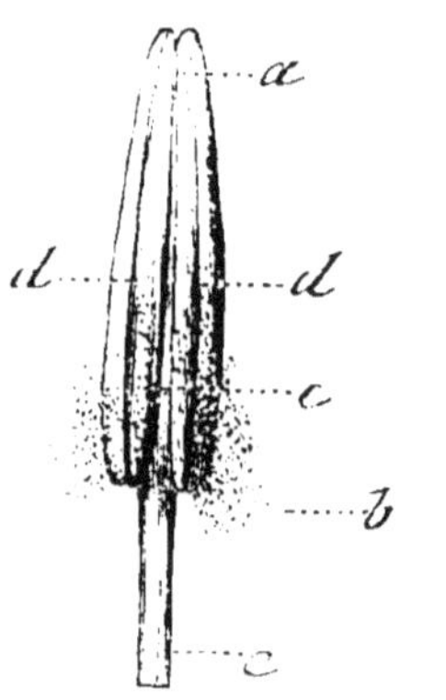

Fig. 245. — Étamine d'Iris (*Iris pseudo-acorus*) grossie. Le filet *c* supporte deux loges *d*, *d*, séparées par le connectif *e*, et qui laissent échapper du pollen, *b*.

## DU FILET.

Le *filet* (fig. 245, *c*) sert de support à l'anthère; il est donc par rapport à celle-ci ce que l'onglet est par rapport au pétale, ce que le pétiole est par rapport à la feuille; donc aussi c'est un organe accessoire. On le voit souvent se raccourcir au point de paraître manquer absolument; on dit alors que l'anthère est *sessile*.

Comme son nom l'indique, le filet se présente ordinairement sous la forme d'un corps très-grêle, plus ou moins allongé. Il peut être cylindrique, s'effiler à mesure qu'il s'élève ; se renfler à son sommet ; devenir pétaloïde en s'élargissant, soit dans une partie, soit dans la totalité de son étendue ; s'accompagner à sa base d'appendices particuliers, comme on peut le voir, par exemple, dans les étamines de la Bourrache. Il est fréquemment *filiforme* ou même *capillaire*, mince et flexible à la manière d'un fil ou d'un cheveu. Sa couleur, aussi très-variable, est le plus souvent blanche.

Au point de vue anatomique, le filet rappelle beaucoup le pétiole dont il est une modification. Il consiste habituellement en une masse celluleuse au centre de laquelle on trouve un faisceau fibro-vasculaire presque toujours unique, et dans la composition duquel les trachées dominent. Il est limité à l'extérieur par un épiderme mince percé de stomates plus ou moins nombreux.

### DE L'ANTHÈRE.

L'*anthère* (fig. 245, *a*), soutenue par le filet, consiste généralement dans la réunion de deux petites poches où le pollen se forme et séjourne jusqu'à l'époque de la fécondation, et qu'on appelle les *loges* de l'anthère.

Il va sans dire que, quand celle-ci avorte, ce qui arrive quelquefois, l'étamine, privée de matière fécondante, n'a plus d'action sur les organes femelles.

*Biloculaire*, ou pourvue de deux loges dans le plus grand nombre des végétaux (fig. 245, *a*, et fig. 246, *a*), l'anthère, dans quelques-uns, notamment dans les Mauves, n'est qu'*uniloculaire*, c'est-à-dire réduite à une seule poche, à une seule cavité. Dans les Lauriers, les anthères sont *quadriloculaires*, chacune des deux loges ordinaires y étant divisée en deux par une cloison horizontale.

On observe toutes sortes de formes parmi les **an-thères** : il en est d'*ovales*, d'*oblongues*, de *lancéolées*, **de** *linéaires*, de *globuleuses*, de *réniformes*, de *cordiformes*, de *sagittées*, d'*aiguës*, d'*obtuses*, de *bifides*, etc. Le jaune est leur nuance la plus habituelle.

**Connectif.** — Les deux poches d'une anthère biloculaire sont toujours réunies par un corps intermé-

Fig. 246. — Étamine d'Iris coupée en travers pour montrer la cavité des loges.

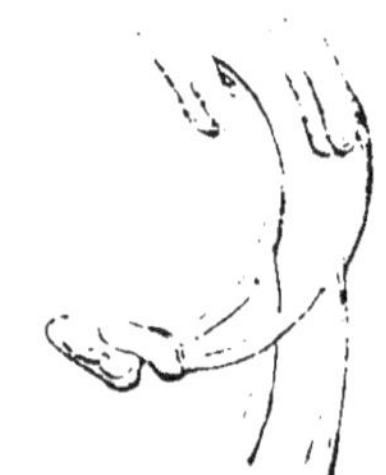

Fig. 247. — Étamines de Sauge (*Salvia pratensis*).

diaire que l'on désigne sous le nom de *connectif* (fig. 245, *e*, et fig. 246, *b*).

Celui-ci, presque toujours très-mince et allongé dans le sens du filet, s'articule avec lui. Il occupe une partie seulement ou la totalité de l'intervalle compris entre les deux poches ; quelquefois il s'élève au-dessus d'elles en revêtant telle ou telle forme.

Dans les Sauges (fig. 247), il affecte une disposition toute particulière : allongé transversalement et suspendu au sommet du filet, en quelque sorte comme le fléau d'une balance, il porte une loge fertile de l'anthère à l'une de ses extrémités, et à l'autre, une loge atrophiée.

L'anthère est le plus souvent *basifixe* ou *médiifixe*, c'est-à-dire attachée au filet par sa base, comme dans les Tulipes et les Iris (fig. 245), ou par son milieu comme dans le Lis blanc (fig. 248). Il est pourtant des anthères fixées par leur sommet ; on les dit *apicifixes*. Les anthères apicifixes et même les médiifixes se montrent généralement *oscillantes*, c'est-à-dire très-mobiles autour de leur point d'attache.

**Déhiscence.** — Lorsque le moment de la fécondation est arrivé, l'anthère doit s'ouvrir pour donner issue au pollen qu'elle contient ; c'est ce qu'on appelle la *déhiscence* de l'anthère. Sur chaque lobe, on remarque en général un sillon longitudinal, espèce de suture dont les deux lèvres s'écartent à la maturité. C'est ce qui a lieu, par exemple, dans la Tulipe, dans les Iris (fig. 215, *d*, *d*), etc.; on dit alors que la déhiscence est *longitudinale*. Quelquefois cependant le sillon est dirigé en travers, comme on le voit dans l'Alchémille, et la déhiscence est dite *transversale*. L'anthère peut encore s'ouvrir par un trou, nommé *pore*, situé tantôt au sommet de la loge (ex. : Pomme de terre), tantôt

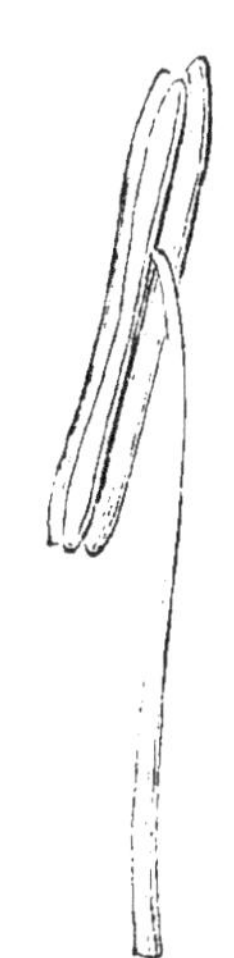

Fig. 218. — Étamine du Lis blanc. L'anthère est fixée au filet par son milieu.

à la base. Dans l'Épine-vinette, c'est une sorte de valvule qui se soulève pour offrir au pollen un plus large passage.

**Orientation.** — On appelle *face* de l'anthère le côté qui regarde le centre de la fleur, et *dos* celui qui est tourné vers l'extérieur. Lorsque le connectif qui unit les deux loges est de même épaisseur en avant et en arrière, celles-ci sont dirigées de telle sorte que leurs sillons regardent à droite et à gauche; c'est ce que l'on désigne en disant que les loges sont *latérales* (ex. : Renoncule). Mais, le plus souvent, le connectif a une forme telle que sa section transversale est plus ou moins triangulaire; il en résulte que les deux loges se trouvent plus rapprochées l'une de l'autre tantôt du côté de la face, tantôt du côté du dos de l'anthère. Dans le premier cas, celle-ci est dite *introrse ;* on l'appelle *extrorse*, dans le second. La disposition introrse est de beaucoup la plus fréquente.

NOMBRE ET POSITION DES ÉTAMINES.

Rien ne varie plus que le nombre des étamines, suivant les espèces. Il est des fleurs *monandres, diandres, triandres, tétrandres, pentandres, hexandres, heptandres, octandres, ennéandres, décandres, dodécandres, polyandres*, c'est-à-dire renfermant une seule étamine, ou deux, trois, quatre, cinq, six, sept, huit, neuf, dix, douze ou davantage; dans ce dernier cas, le nombre des étamines est indéterminé et souvent très-considérable.

Les fleurs sont monandres dans le Centranthe rouge, diandres dans les Véroniques, triandres dans les Iris, tétrandres dans la Garance, pentandres dans la Pomme de terre...., polyandres dans les Pavots.

Des avortements viennent parfois réduire le nombre normal des étamines, de même que ce nombre est susceptible d'être augmenté par une sorte de dédoublement.

Une étamine qui avorte peut ne laisser aucune trace de son existence. Le plus souvent néanmoins elle est représentée par un filet, par une glande ou par une simple écaille dont la position trahit facilement la nature, sur laquelle, du reste, l'organogénie ne laisse aucun doute. Dans une fleur de Scrofulaire, par exemple, on remarque quatre étamines bien développées, et, de plus, une écaille glanduleuse, vestige d'une cinquième. On désigne sous le nom de *staminodes* les étamines ainsi transformées.

D'autres fois, au lieu d'avorter, chaque étamine semble, au contraire, se multiplier, se diviser, soit en deux, soit même en un plus grand nombre. C'est, par exemple, ce qui a lieu dans les Millepertuis, où l'on observe un faisceau d'étamines à la place de chaque organe mâle.

Comme les sépales et les pétales, les étamines peuvent être insérées en spirale ou en verticilles. Dans le premier cas, elles sont d'habitude fort nombreuses (Ex. : Renoncules, Magnolia, Nymphæa, etc.). Quand elles sont en verticilles, on les trouve le plus généralement en nombre défini et constant pour la même espèce.

Il n'y a qu'un verticille dans les fleurs gamopétales ; il y en a souvent deux dans les polypétales, mais rarement plus de deux. Le nombre des étamines à chaque verticille est très-variable, tantôt moindre que celui des pétales, tantôt égal, tantôt plus grand. On appelle *diplostémones* les fleurs qui ont deux fois plus d'étamines que de pétales.

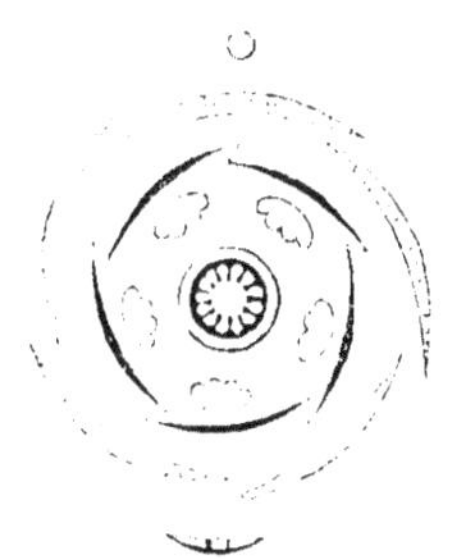

Fig. 249. — Diagramme d'une Primulacée (*Cyclamen europæum*). Les étamines sont superposées aux pétales.

Quant à la position des organes mâles par rapport aux pièces de la corolle, on peut dire d'une manière générale qu'ils sont alternes avec elles. Il y a cependant quelques exceptions à cette règle, puisque nous voyons que dans la Vigne, dans les Primulacées, etc., les étamines sont superposées aux pétales (fig. 249).

LONGUEUR DES ÉTAMINES.

Les étamines reçoivent l'épithète d'*incluses* quand,

plus courtes que la corolle, elles se trouvent cachées dans son intérieur. On les dit *exsertes* lorsque, plus longues, elles élèvent leur anthère au-dessus de la corolle.

Généralement égales entre elles, les étamines sont inégales dans un petit nombre de végétaux. Dans certaines fleurs, entre autres celles de la plupart des Labiées et des Scrofulariées (fig. 250), on en compte quatre : deux grandes et deux petites ; on les appelle

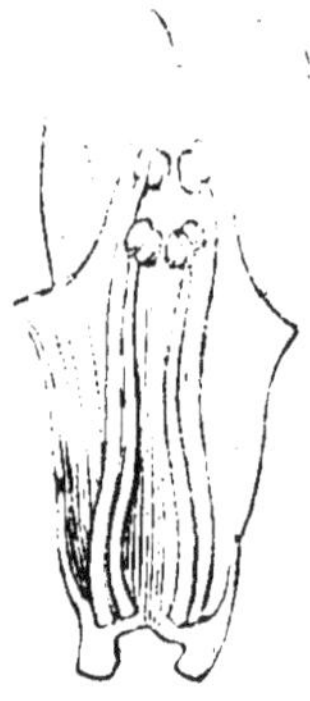

Fig. 250. — Corolle du Grand Muflier ouverte pour montrer ses étamines didynames.

Fig. 251. — Fleur d'une Crucifère dont on a enlevé le périanthe pour montrer les étamines tétradynames.

étamines *didynames*. D'autres, celles des Crucifères (fig. 251), sont dites *tétradynames*, parce qu'elles sont au nombre de six, dont quatre grandes, et deux plus petites.

Dans les Géraniums et les Oxalides, où la corolle se compose de cinq pétales, l'androcée comprend dix étamines en deux verticilles, dont cinq longues, alternes avec les divisions de la corolle, et cinq courtes, souvent stériles, superposées aux pétales. Cette particularité de l'androcée est, du reste, assez générale dans les fleurs diplostémones.

Les étamines sont ordinairement *libres,* c'est-à-dire indépendantes les unes des autres. Assez fréquemment néanmoins elles s'unissent entre elles tantôt par leurs anthères, tantôt par leurs filets.

Une fleur reçoit l'épithète de *synanthérée* lorsque ses étamines sont réunies par leurs anthères, comme on le voit, par exemple, dans toutes les plantes de la famille des Composées (fig. 252).

Il est des fleurs dont les anthères sont seulement *conniventes,* c'est-à-dire rapprochées, appliquées les unes contre les autres, mais sans contracter d'adhérence, comme on le voit notamment dans la Pomme de terre, dans la Douce-amère, etc.

Quand les étamines sont adhérentes par leurs filets, il en résulte, soit un seul, soit plusieurs faisceaux

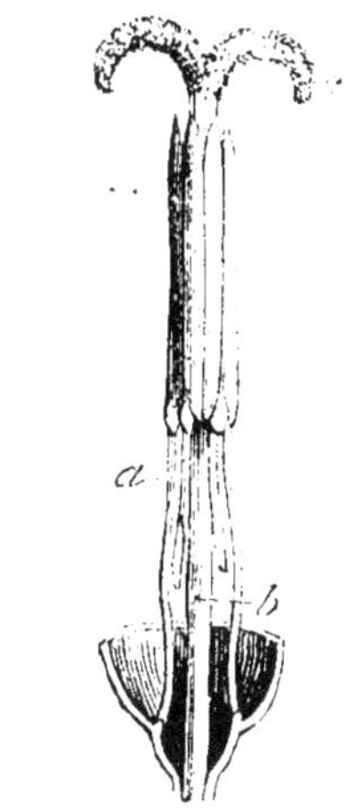

Fig. 252. — Fleuron du Grand-Soleil dont on a enlevé en grande partie le périanthe pour montrer les étamines réunies par leurs anthères, tandis que les filets *a* sont libres.

qu'on appelle *adelphies.* De là des fleurs *monadelphes, diadelphes..... ou polyadelphes.*

Les étamines sont monadelphes dans le Lin, les Mauves (fig. 253, *a*). Elles sont diadelphes dans un grand nombre de Légumineuses, comme le Pois (fig. 254), où neuf étamines (*a*) composent une adelphie, tandis qu'une dixième (*b*) reste libre. Elles sont triadelphes dans certains Millepertuis; on les trouve polyadelphes dans l'Oranger (fig. 255, *a*) (1).

(1) L'étude des développements prouve que dans les étamines

L'androcée peut être *régulier* ou *irrégulier*, et cela
pour les mêmes raisons que nous avons énumérées à

Fig. 253. — Coupe d'une fleur de
Mauve. L'androcée est monadelphe.

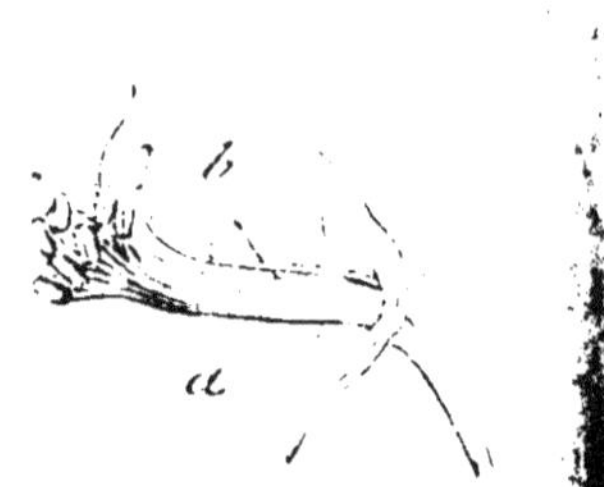

Fig. 254. — Fleur de Pois dont on
enlevé la corolle. L'androcée est
diadelphe.

propos du calice et de la corolle. Ainsi, dans les Géraniums et les Oxalides dont nous parlions il y a un ins-

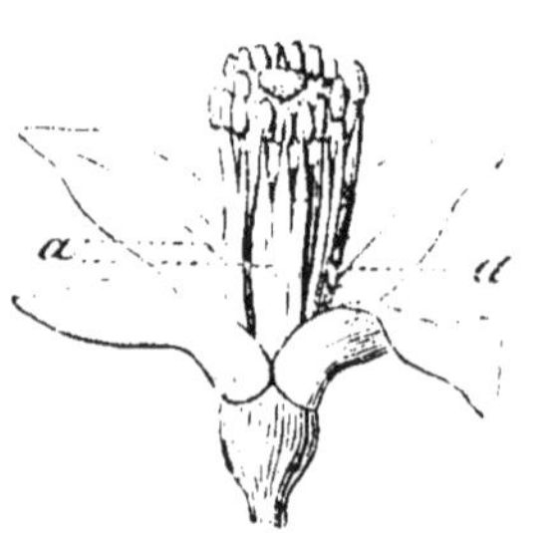

Fig. 255. — Fleur d'Oranger. L'androcée est polyadelphe.

tant, l'androcée est régulier, bien que formé d'étamines inégales et insérée
à des hauteurs différente
sur le réceptacle, parce
que ces inégalités dans la
longueur et l'insertion se
répètent autour de la fleur
suivant une loi uniforme.
Les Violettes ont, au contraire, un androcée irré-
gulier, parce qu'il comprend cinq étamines dont deux
ont le connectif prolongé inférieurement en un large
appendice crochu, tandis que les trois autres en sont
dépourvues.

réunies, la soudure est tantôt congéniale, tantôt postérieure à la
naissance des organes ; tel est le cas, par exemple, des étamines
synanthères ; au contraire, les étamines monadelphes du Lin se
montrent réunies dès leur apparition.

## UNION DES ÉTAMINES AVEC LE PÉRIANTHE.

Les étamines, qu'elles soient libres entre elles ou diversement réunies, peuvent aussi contracter des adhérences avec le périanthe. Ainsi, dans le Mouron rouge (*Anagallis arvensis*), l'androcée est à la fois monadelphe et fixé à la corolle. Il nous est impossible de citer toutes les modifications de forme et de situation qu'on observe sous ce rapport, mais on peut les réunir sous deux chefs principaux.

Dans les Dicotylédones à corolle gamopétale, les étamines sont soudées avec elle, si bien qu'elles semblent au premier abord s'y insérer en réalité. Les Campanules et les Bruyères font exception à cette règle.

Quand le périanthe des Monocotylédones est double et formé de pièces pétaloïdes réunies en tube, l'adhérence de l'androcée avec celui-ci a également lieu. C'est ce que l'on voit facilement dans le Sceau-de-Salomon, les Narcisses, etc.

## DU POLLEN.

Le pollen, renfermé dans les loges de l'anthère, est l'agent immédiat de la fécondation. Il se compose d'utricules particulières, très-petites, nommées *grains* ou *granules polliniques*.

Dans quelques plantes, ces granules sont réunis, même à la maturité, en masses plus ou moins volumineuses, par une matière comparable à de la glu ; leur pollen est dit *en masse* ou *solide*. Tel est, par exemple, celui des Onagres, des Asclépias et des Orchis (fig. 256). Dans la plupart de ces plantes, les masses polliniques présentent une partie amincie nommée *caudicule*, terminée elle-même par un petit corps glanduleux, de forme variable et que l'on appelle *rétinacle*.

A part ces exceptions peu nombreuses, le pollen se montre sous la forme d'une poussière presque impalpable (fig. 245, *b*); il est pulvérulent, c'est-à-dire formé de grains libres, indépendants les uns des autres.

Fig. 256. — Masses polliniques d'un orchis, fortement grossies.

La quantité de poussière pollinique renfermée dans chaque anthère est ordinairement très-considérable. C'est elle qui, à l'époque de la fécondation, saupoudre d'une couche épaisse le périanthe éclatant du Lis. On la voit, le matin, s'élever comme un brouillard des champs de blé dont les fleurs s'épanouissent. Celle des Pins et des Sapins est tellement abondante qu'elle a pu quelquefois, en tombant sur la terre après avoir franchi de grandes distances dans l'air, faire croire à des *pluies de soufre*.

De même que les anthères, le pollen, variable par ses nuances, est le plus souvent jaune. Sa couleur dépend d'une matière particulière, sécrétée par ses granules et soluble dans les huiles grasses ou volatiles; aussi devient-il à peu près incolore lorsqu'on le traite par un de ces liquides.

Chaque grain pollinique, invisible à l'œil nu, présente, sous le microscope, des apparences diverses, et même temps qu'une structure fort compliquée.

Tantôt globuleux ou polyédriques, les granules du pollen affectent, dans la majorité des végétaux, la forme d'un ellipsoïde à extrémités plus ou moins amincies. Très-rarement ils s'allongent en filaments tubuleux (ex. : *Zostera*).

Le pollen se compose, dans certaines espèces, de granules secs, diaphanes et à surface lisse, unie. En général, cependant, les grains polliniques ont leur surface parsemée de ponctuations ou hérissée de petites éminences disposées avec ou sans ordre.

Ces éminences, arrondies en mamelons, allongées en pointes ou amincies en lames, dessinent quelquefois, sur chaque granule, une sorte de réseau remarquable par sa régularité. Dans tous les cas, elles sécrètent un liquide huileux et coloré qui rend plus ou moins visqueuse la matière fécondante. On observe, en outre, sur les granules de presque tous les pollens, des plis et des pores dont la destination paraît être de faciliter leur déhiscence. Ces plis et ces pores varient par leur nombre : on en trouve ordinairement un seul sur les granules polliniques des plantes monocotylédonées, souvent trois dans les dicotylédonées, rarement deux, quatre, six ou davantage.

Les dimensions des grains de pollen, bien que très-réduites, sont renfermées entre des limites assez étendues. Sans pouvoir entrer à ce sujet dans des détails circonstanciés, nous dirons qu'on a observé des pollens dont chaque grain ne mesure que de sept à dix millièmes de millimètre, tandis que d'autres atteignent jusqu'à trois ou quatre centièmes.

Les parois des grains polliniques sont ordinairement formées de deux membranes : l'une externe, nommée *extine*; l'autre interne, appelée *intine*. Il est rare qu'elles en offrent trois, plus rare encore qu'elles soient réduites à une seule. Ces exceptions n'ont été constatées que dans quelques espèces.

C'est à l'enveloppe extérieure, relativement épaisse, ferme et résistante, que le grain de pollen doit sa forme et ses aspects divers. L'intine, habituellement très-mince, homogène, transparente, et surtout très-extensible, est à peu près la même dans toutes les sortes de pollens. Elle s'attache quelquefois à l'extine par certains points ou par sa surface entière; le plus souvent elle est libre de toute adhérence.

Chaque grain pollinique est rempli d'un liquide trans-

parent, généralement incolore, épais, comme mucilagineux, au sein duquel nagent une foule de corpuscules
extrêmement petits. Les botanistes donnent à ce liquide
le nom de *fovilla*.

Mis en contact avec l'eau pure, les grains de pollen
l'absorbent par endosmose avec une si grande avidité
que leur rupture en est toujours la conséquence plus ou
moins rapide. La fovilla s'en échappe alors sous la forme
d'une petite traînée granuleuse. Les corpuscules qu'elle
renferme s'accompagnent fréquemment de goutte-
lettes huileuses. Leur forme et leur dimension varient
beaucoup. Ils sont en général de nature amylacée. Au
moment de leur sortie du granule, ils exécutent des
mouvements rapides et singuliers qui les ont fait
comparer aux spermatozoïdes contenus dans la liqueur
fécondante des animaux.

De nos jours, on les regarde comme des corps inertes, incapables de mouvements spontanés, agités d'un
simple mouvement brownien (1). Ils passent néanmoins
pour être les agents principaux de la fécondation.

Quand, au lieu d'eau pure, on met en expérience un
liquide d'une densité convenable, tel que du sirop de
sucre ou une solution épaisse de gomme, les phénomènes présentés par les grains de pollen sont différents,
parce que l'absorption se fait lentement.

On voit d'abord le grain se gonfler, perdre ses plis,
s'il en présentait, et augmenter un peu de volume. Cependant sa membrane interne, très-hygroscopique, apparaît en saillies à travers les pores de l'externe, qui
refuse de s'étendre davantage. Ces saillies, espèces de
hernies, s'allongent insensiblement et finissent par con-

---

(1) On appelle *mouvement brownien* une sorte de trépidation dont
paraissent agités, sous le microscope, tous les corps très-ténus, même
d'origine inorganique, quand ils sont en suspension dans un liquide.

stituer autant de longs tubes que l'on nomme *tubes* ou *boyaux polliniques* (fig. 257, *b*).

Dans les granules privés de pores, la membrane externe se déchire en ses points les plus faibles, et les tubes dont nous parlons s'échappent par ces ouvertures accidentelles.

Le plus souvent, dans les conditions que nous avons admises, il ne se forme qu'un seul tube pollinique, et c'est toujours sur le point qui reçoit directement l'action de l'humidité. A mesure que le boyau s'allonge, on voit la fovilla s'y accumuler, et si l'expérience se prolonge, la faculté d'extension de l'intine venant à s'épuiser, le boyau se rompt brusquement à son extrémité libre, et la fovilla s'en échappe comme poussée par la tension intérieure du liquide.

Fig. 257. — Un grain de pollen vu au microscope après que le contact de l'eau sucrée a amené la production d'un boyau pollinique, *b*.

Les conditions expérimentales dont nous parlons sont précisément celles qui se trouvent réalisées dans la nature, comme nous le verrons en traitant de la fécondation.

## STRUCTURE DE L'ANTHÈRE; DÉVELOPPEMENT DU POLLEN.

Pour se faire une idée suffisamment nette de la structure anatomique de l'anthère et de la manière dont le pollen s'y développe, il est indispensable de suivre l'organe pas à pas, depuis son apparition sur le réceptacle, jusqu'à son entière évolution, c'est-à-dire jusqu'au moment de sa déhiscence. C'est ce que nous allons essayer de faire le plus brièvement possible.

Toute étamine se présente au début sous l'apparence d'un petit mamelon arrondi, sessile et formé d'un tissu cellulaire parfaitement homogène. Ce n'est qu'au bout d'un certain temps que ce mamelon, qui n'est autre chose que la future anthère, sera soulevé par le développement du filet. L'homogénéité de son tissu dure très-peu de temps, et on voit bientôt se dessiner dans son intérieur quatre régions bien distinctes situées deux par deux de chaque côté de la ligne médiane, et dont chaque paire, en se confondant plus tard, donnera naissance à une des loges de l'anthère. Ces régions sont caractérisées par l'apparition de cellules arrondies plus grandes que leurs voisines, remplies d'un liquide granuleux. On les appelle *cellules polliniques* ou *cellules mères du pollen*, parce que c'est dans leur intérieur que les grains de celui-ci vont prendre naissance. En effet, chacune de ces cellules produira bientôt aux dépens de son contenu quatre masses granuleuses qui s'entoureront chacune d'une membrane propre et constitueront autant de grains de pollen, lesquels, par suite de la résorption des parois des utricules mères, deviendront libres dans les deux cavités produites par la réunion deux à deux des quatre régions primitives.

A mesure que ces changements se sont opérés dans les parties profondes de l'anthère, des phénomènes non moins importants se sont accomplis dans celles qui doivent former ses parois. Les cellules périphériques, en effet, d'abord homogènes, comme toutes les autres, se différencient rapidement de manière à constituer trois couches dont l'extérieure devient un épiderme souvent percé de stomates, et dont l'intérieure, en contact direct avec les cellules mères du pollen, prend une consistance gélatineuse et ne tarde pas à être résorbée. La couche moyenne, plus épaisse que les deux autres, est formée de cellules qui se munissent d'un fil épais, spiralé ou réticulé. Par les progrès du développement, la partie mince de leur membrane disparaît souvent et il ne reste plus que leurs fils plus résistants. Le tissu tout particulier que ceux-ci forment dès ce moment paraît jouer un rôle important dans la déhiscence de l'anthère, mais ce sont là des détails dont le développement ne saurait trouver place dans ce cours élémentaire.

Nous n'avons qu'un mot à dire maintenant du connectif, qui est constitué par la partie médiane du mamelon initial. En continuité avec le filet, il en présente à peu près la structure, et c'est dans son intérieur que vient s'épuiser le faisceau fibro-vasculaire dont nous avons signalé la présence dans le support de l'anthère.

Arrivée à cette phase de son développement, l'anthère, comme on dit, est mûre; il ne lui reste plus qu'à s'ouvrir pour laisser sortir son contenu. Nous avons vu que cette déhiscence s'opère de différentes manières.

## RÉCEPTACLE.

Le *réceptacle* est l'extrémité du pédoncule sur laquelle s'insèrent les différents verticilles de la fleur.

Nous avons vu précédemment que, dans les fleurs dites composées, le réceptacle commun peut affecter les formes les plus variées. La même chose a lieu pour le réceptacle particulier de chaque fleur. Ainsi, dans les Hellébores, les Renoncules (fig. 258), il représente un cône plus ou moins considérable sur

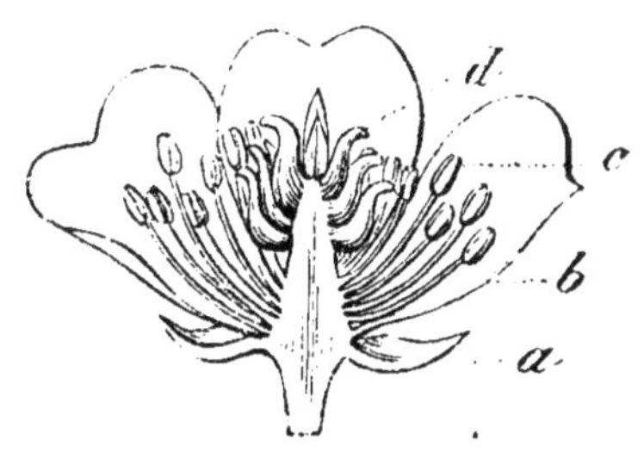

Fig. 258. — Coupe d'une fleur de Renoncule, destinée à montrer la forme conique du réceptacle.

la surface duquel s'étagent les verticilles floraux. Dans

une petite plante commune parmi les moissons, le *Myosurus minimus*, le réceptacle acquiert une longueur de plusieurs centimètres, portant à sa base le **calice**, la corolle et l'androcée, et recouvert dans tout le reste de son étendue par les organes femelles.

Les Céraistes ont, au contraire, le réceptacle creusé en coupe peu profonde ; cette forme s'accentue davantage dans certaines plantes, et atteint son maximum dans les Rosiers, où le réceptacle représente une sorte de bouteille, à goulot plus ou moins long, suivant les espèces (fig. 259). Quelque degré qu'atteigne l'exca-

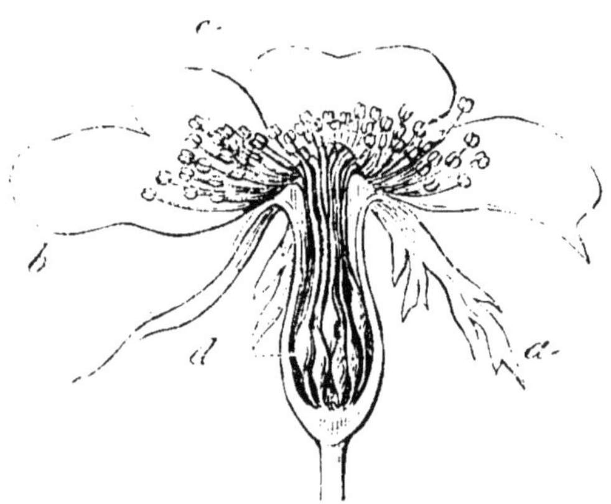

Fig. 259. — Coupe d'une fleur de Rosier, destinée à montrer la disposition sacciforme du réceptacle.

vation du réceptacle, c'est toujours sur les bords de celle-ci qu'on voit s'insérer les trois premiers verticilles de la fleur.

Si l'on cherche à se rendre compte de la manière dont se produisent les réceptacles creux, l'organogénie montre que cette forme est due à ce fait qu'à un certain moment le sommet du pédoncule s'arrête dans son développement, tandis que les parties latérales, continuant à grandir, le dépassent bientôt. Il est donc facile de comprendre que, dans de semblables réceptacles, le *sommet géométrique* ne correspond pas du tout au sommet organique, puisque celui-ci est en réalité représenté par le *fond* de la coupe plus ou moins creuse, dont les bords représentent celui-là. Nous ne devons pas nous étonner, d'après cela, de voir le gynécée s'insérer, en général, au fond des réceptacles creux. Du reste, il n'est pas très-rare que cette partie de l'organe se bombe plus ou moins, de manière à représenter une sorte d'assiette dont le fond aurait été soulevé ; c'est ce qui arrive, par exemple, dans les Fraisiers.

Il résulte de la nature des réceptacles creux que, puisque le calice, la corolle et l'androcée naissent sur les bords de la cavité, tandis que le gynécée s'insère vers le fond, il existe toujours un certain espace nu entre les trois premiers verticilles et le dernier, cet espace étant d'autant plus étendu que la concavité est plus prononcée. Il n'en est pas de même sur les réceptacles coniques, où tous les verticilles se suivent habituellement de près. Cependant les exceptions à cette règle ne sont pas très-rares. Il suffit, en effet, d'examiner la fleur des diverses espèces de Silènes, communs dans les champs ou les jardins, pour s'assurer que la corolle, l'androcée et le gynécée sont placés ensemble au sommet du réceptacle et très-loin du calice qui s'insère plus bas. Tout le monde a admiré dans les serres les magnifiques plantes connues sous le nom vulgaire de *Fleurs de la Passion* (*Passiflora*). Leurs fleurs ont un réceptacle très-long qui, après avoir donné naissance au périanthe, se continue en une colonne cylindrique au sommet de laquelle on trouve les deux verticilles sexuels.

Nous pourrions multiplier beaucoup ces exemples que l'observation enseignera mieux qu'une énumération forcément incomplète.

**Insertion des étamines.** — Suivant que le réceptacle sera conique ou creusé en coupe, puisque le gynécée s'insère toujours à son sommet *organique*, il est clair que la position de l'androcée par rapport aux organes femelles sera très-variable. Or, cette position relative, désignée en botanique sous le nom d'*insertion des étamines*, a été considérée par beaucoup d'auteurs comme un caractère d'une grande valeur dans le groupement des végétaux. Nous verrons même plus loin que de Jussieu en a fait la base de son système de classification.

Quand les étamines ont leur point d'attache au-dessous du gynécée ou, ce qui revient au même, quand le réceptacle est franchement conique, on dit qu'elles sont *hypogynes* ; elles sont *périgynes* quand elles s'insèrent plus ou moins haut autour des organes femelles, c'est-à-dire quand le réceptacle est plus ou moins creux. Enfin, dans quelques cas rares, cette conformation est poussée assez loin pour que le gynécée tout entier soit situé au-dessous d'un plan reposant sur les bords de la concavité et comprenant le point d'insertion des étamines; on dit alors que celles-ci sont *épigynes* (1).

Nous n'avons rien à ajouter ici sur la structure intime du réceptacle, puisque, n'étant que l'extrémité d'un rameau, il doit nécessairement présenter les mêmes éléments anatomiques. Quant aux modes divers d'arrangement de ces éléments concordant avec des modifications dans la forme extérieure, ce sont là des détails qui ne sauraient trouver place ici, et pour lesquels nous renvoyons le lecteur aux ouvrages spéciaux.

Ces considérations succinctes sur la nature et la con-

---

(1) Disons tout de suite que le caractère tiré de l'insertion des étamines ne paraît point avoir toute l'importance qu'on lui a attribuée, car on voit, parmi des plantes appartenant évidemment au même genre, certaines espèces avoir le réceptacle conique, tandis qu'il est plus ou moins creux chez les autres. Ce fait est manifeste dans les Pivoines, par exemple.

figuration du réceptacle devaient précéder l'étude du gynécée que nous allons maintenant aborder, et dont certaines particularités seront par là même plus faciles à saisir.

## GYNÉCÉE.

Le *gynécée* constitue le dernier verticille floral. Il est placé au centre de la fleur (fig. 260, *d*). Dans les fleurs femelles, il existe sans les étamines ; il manque dans les fleurs mâles. Il se compose d'un ou plusieurs organes femelles, qu'on nomme *pistils* et qui renferment de petits corps nommés *ovu·les*, lesquels deviendront plus tard des graines.

Qu'il y ait au gynécée un seul pistil ou plusieurs, ces organes sont toujours semblables. Chaque pistil

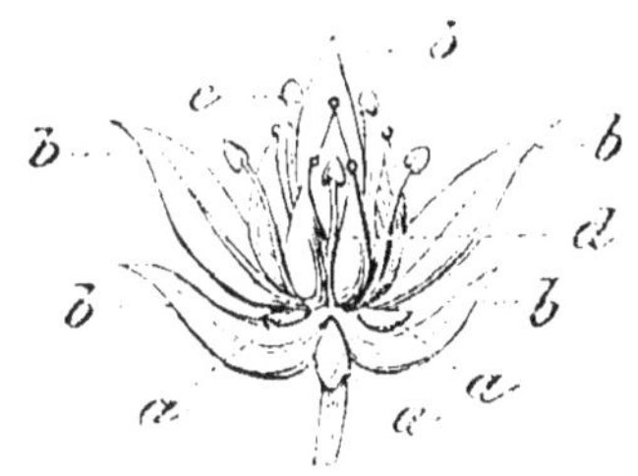

Fig. 260. — Fleur de l'Orpin rouge. On voit en *d* les organes qui composent le gynécée.

comprend, en général, un renflement inférieur, creux, qu'on appelle l'*ovaire*, et que surmontent un ou plusieurs prolongements filiformes, les *styles*. Ceux-ci portent à leur extrémité libre un nombre variable de papilles dont l'ensemble prend le nom de *stigmate* et qui jouent un rôle de premier ordre dans la fécondation.

Nous étudierons d'abord les pistils au point de vue de la structure générale, de la forme et du nombre, pour nous occuper ensuite de leur nature morphologique et de leur anatomie.

## STRUCTURE GÉNÉRALE, COMPOSITION ET FORME
## DES PISTILS.

### OVAIRE ET PLACENTAS.

L'*ovaire* est une cavité située à la base du pistil (fig. 261), tantôt unique, tantôt divisée en un nombre variable de compartiments qu'on appelle *loges*. On dit que l'ovaire est *uniloculaire* quand il ne présente qu'une seule cavité ; il prend le nom de *biloculaire, triloculaire,*

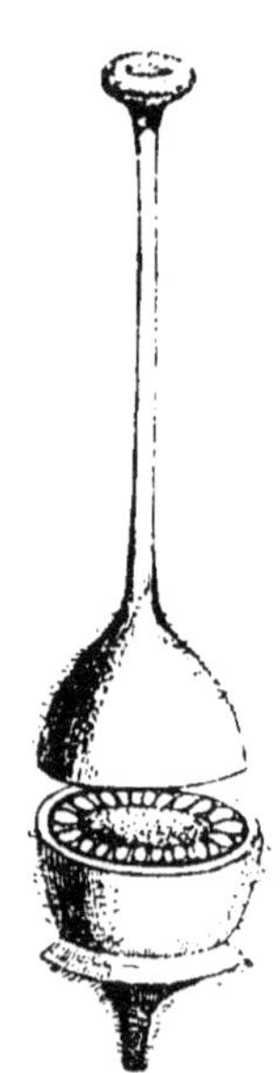

Fig. 261. — Pistil de Primevère entier.

Fig. 262. — Le même pistil de Primevère coupé en travers, pour montrer sa cavité unique et son placenta central.

*quadriloculaire...*, *multiloculaire*, suivant qu'il est divisé en deux, trois, quatre, ou un grand nombre de loges.

L'ovaire, avons-nous dit, renferme les ovules ; la manière dont ces ovules sont fixés dans son intérieur a une grande importance ; elle présente trois modifications différentes.

Quand l'ovaire est uniloculaire, les ovules peuvent se montrer sur un corps central, isolé au milieu de la cavité et complétement indépendant des parois latérales ; c'est ce que l'on voit très-facilement dans les Primevères (fig. 262), le Mouron rouge, etc. D'autres fois, ce sont un ou plusieurs cordons charnus, fixés le long des parois intérieures de l'ovaire qui portent les ovules ; on voit des exemples de cette disposition dans la Violette, le Réséda, le Pavot (fig. 263, 264), etc. On appelle *placentas* les corps particuliers sur lesquels sont attachés les ovules. D'après la position, le placenta est *central* dans les

Fig. 263. — Ovaire de Violette (*Viola odorata*) coupé en travers pour montrer sa cavité unique et ses trois placentas pariétaux.

Fig. 264. — Ovaire de Pavot coupé en travers pour montrer sa cavité unique et ses nombreux placentas pariétaux.

Fig. 265. — Ovaire du Sceau-de-Salomon coupé en travers. Il possède trois loges et les ovules sont insérés dans l'angle interne de celles-ci.

Primevères et toutes les plantes analogues ; les placentas sont *pariétaux* dans la Violette. On dit aussi que ces diverses plantes ont la *placentation centrale* ou *pariétale*.

Lorsque l'ovaire est pluriloculaire, les ovules sont généralement attachés sur la partie de chaque loge la plus voisine du centre, ou, comme on dit, dans son *angle interne*. Les placentas et la placentation sont alors *axiles*. Tel est le cas de la Tulipe, du Lis, du Sceau-de-Salomon (fig. 265). On connaît cependant quelques plantes où l'ovaire, tout en étant à plusieurs loges, présente des placentas pariétaux, mais nous verrons bientôt que ces exceptions ne sont qu'apparentes.

Les formes que peuvent affecter les placentas sont tellement variables que nous ne saurions entrer à ce sujet dans aucun développement. Quant à leur nombre, s'il est toujours réduit à l'unité dans la placentation centrale, il varie beaucoup pour les autres modes de placentation, mais il est constant dans chaque espèce végétale. Ainsi on trouve un placenta dans l'Hellébore, trois dans la Violette et le Réséda, cinq dans quelques Millepertuis, etc. Quand l'ovaire est à plusieurs loges, il n'y a en général qu'un placenta dans chacune d'elles.

Fig. 266. — Fleur d'Iris; l'ovaire est infère. Il a été coupé pour montrer la placentation axile et les ovules.

**Ovaire supère; ovaire infère.** — Quand on examine l'intérieur d'une fleur de Tulipe ou de Cerisier, le gynécée tout entier se montre au centre de cette fleur, et on en voit facilement toutes les parties. Au contraire, dans le Pommier, dans l'Iris (fig. 266), on n'aperçoit au centre de la fleur que les styles, et c'est seulement au-dessous de la fleur qu'apparaît un renflement correspondant à l'ovaire, et dans lequel on trouve les ovules. Quand l'ovaire est visible au centre de la fleur, on dit qu'il est *supère;* on appelle ovaire *infère* celui qu'il faut chercher au-dessous de la fleur.

STYLES.

La forme la plus habituelle des *styles* est celle d'une petite colonne plus ou moins allongée et filiforme. On les voit cependant réduits à leur partie papilleuse dans un assez bon nombre de plantes, comme dans la Chélidoine, le Pavot. On dit alors que le *stigmate* est *sessile*. Quand les styles sont nombreux au-dessus de l'ovaire, ils peuvent rester indépendants dans toute leur longueur, ou bien se réunir par la base dans une étendue variable, et on leur applique les mêmes épithètes que nous avons indiquées à propos des organes divisés. On appelle *bifide, trifide…, multifide*, le style dont les *branches* se séparent non loin du sommet; *bipartite, tripartite…, multipartite*, celui où la division dépasse la moitié de la hauteur.

Le nombre des styles est variable suivant les plantes, mais on peut établir à ce sujet quelques règles qui, sans être absolues, présentent cependant un certain degré de généralité. Ainsi les ovaires à placentation centrale n'ont habituellement qu'un style. Ceux à placentation pariétale ont souvent autant de styles que de placentas, et alternes avec eux; toutefois le Blé et toutes les Graminées en général nous montrent deux styles surmontant un ovaire muni d'un seul placenta pariétal. Enfin, dans les ovaires pluriloculaires, il n'y a souvent qu'un seul style; mais quand il y en a plusieurs, ceux-ci sont habituellement en nombre égal à celui des loges et leur sont superposés (fig. 267).

Le style s'élève presque toujours du sommet de l'ovaire. Assez souvent néanmoins il s'insère sur ses côtés, quelquefois même à sa base. En d'autres termes, il est *terminal*, comme dans le Cerisier, le Lis (fig. 268); *latéral*, comme dans les Rosiers, ou *basilaire*, comme dans les Fraisiers (fig. 269, *c*).

A vrai dire, le style part toujours du sommet de l'ovaire, et l'organogénie montre qu'au moment de sa naissance, il est toujours terminal. S'il devient plus tard latéral ou basilaire, c'est que l'ovaire se développe

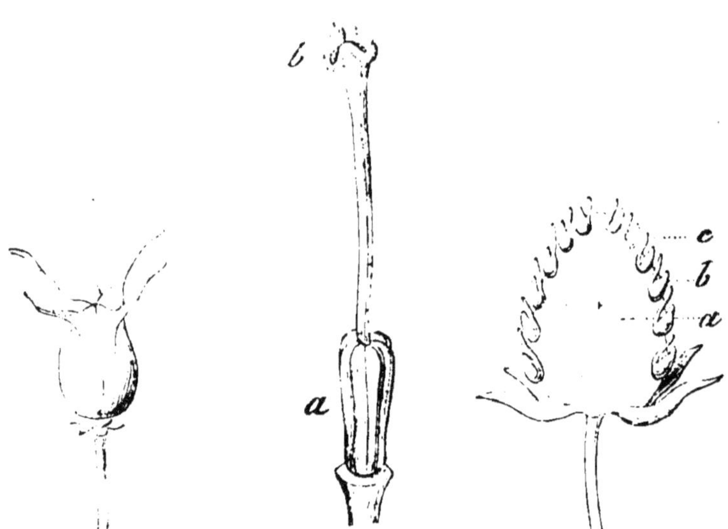

Fig. 267. — Pistil de Nigelle. L'ovaire supporte cinq styles distincts.

Fig. 268. — Pistil du Lis. Le style est terminal.

Fig. 269. — Coupe d'un réceptacle de Fraisier. Il porte de nombreux pistils *b* dont les styles sont basilaires.

plus d'un côté que de l'autre, et que, son sommet géométrique venant à dépasser plus ou moins son sommet organique, celui-ci se trouve plus ou moins abaissé avec le style qu'il porte. De même, dans les Labiées, les Borraginées, etc., les loges qui forment l'ovaire se gonflent beaucoup par leurs parties extérieures et arrivent à former autant de tubercules circonscrivant une sorte de petit puits intérieur au fond duquel s'insère un style unique. Celui-ci porte alors le nom de *gynobasique*.

Le style se flétrit habituellement et tombe peu de temps après la fécondation. Il est cependant des plantes où il persiste et fait partie du fruit. Dans les Clématites, les **Benoîtes**, les **Pulsatilles**, on le voit acquérir un développement considérable après que la fécondation s'est opérée, ce qui lui vaut, dans ces plantes, l'épithète d'*accrescent*.

STIGMATE.

Le *stigmate* est cette partie terminale du pistil, couverte de papilles spéciales destinées à recevoir les grains de pollen au moment où la fécondation doit s'opérer.

Il termine le style ou bien il est *sessile* quand celui-ci fait défaut, comme dans la Tulipe, les Pavots (fig. 270, *a*). Sa surface est toujours enduite d'une humeur visqueuse, et présente un aspect glanduleux.

Ses formes sont très-diverses ; il peut être *globuleux*,

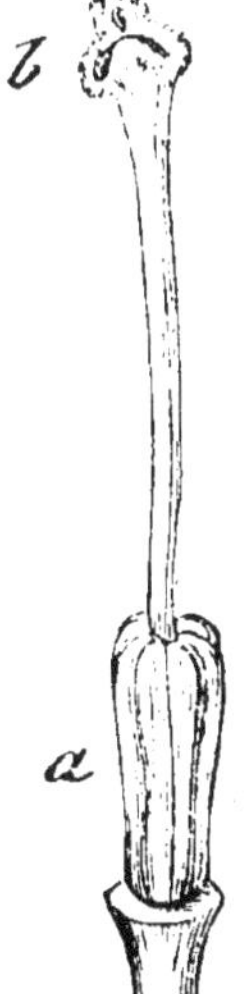

Fig. 270. — Fleur de Pavot privée de son périanthe. On voit en *a* le stigmate sessile à la surface de l'ovaire.

Fig. 271. — Pistil de Lis. Le stigmate est trigone.

Fig. 272. — Pistil du Blé. L'ovaire est surmonté de deux styles à stigmates plumeux.

*hémisphérique, bilobé, trilobé.., multilobé; bifide, trifide..,
multifide, trigone*, comme dans le Lis (fig. 271), etc.
Dans la plupart des Graminées, il est *plumeux*, c'est-à-

dire muni, sur les côtés, de petits poils disposés comme
les barbes d'une plume (fig. 272). On dit qu'il est *pelté*,
quand il s'élargit en une sorte de bouclier crénelé qui
couronne l'ovaire, comme on le voit dans les Pavots.

## NOMBRE ET SITUATION RELATIVE DES PARTIES DU GYNÉCÉE.

**Plusieurs pistils.** — Lorsqu'il y a dans une même
fleur plusieurs pistils, ceux-ci sont disposés soit sur
une spirale unique (ex. : *Myosurus*, Renoncules, Magnolias), soit sur un ou plusieurs verticilles (ex. : *Crassula*,
fig. 260, *d*); mais dans tous les cas ils sont uniloculaires et munis d'un placenta pariétal plus ou moins
développé, fixé sur la paroi qui regarde le centre de la
fleur, et que l'on appelle *paroi ventrale* de l'ovaire.

Dans le cas de pistils disposés en verticille, on ne
trouve le plus souvent qu'un seul verticille, et le nombre des organes femelles qui le composent est très-
variable, mais habituellement très-limité, puisqu'il est
rare que ce nombre dépasse celui des pétales. Il est important d'ailleurs de remarquer que, lorsqu'il y a autant
de pistils que de pièces à la corolle, ceux-ci sont superposés à celles-là, ce qui est conforme à la loi d'alternance.

**Un seul pistil.** — Mais il n'y a souvent qu'un seul
pistil dans chaque fleur, et nous devons examiner les
particularités qu'il présente suivant qu'il est à une ou
plusieurs loges.

Si l'ovaire unique est à placentation centrale, il n'y a
rien de particulier à en dire au point de vue où nous
sommes placés en ce moment.

Si l'ovaire est à placentation pariétale, et muni d'un
seul placenta, celui-ci est presque toujours placé sur
la paroi ventrale, comme dans le cas des gynécées mul-

tiples. Le nombre des placentas pariétaux est très-variable, mais leur position est assez constante. Ainsi, quand il y en a deux, ils sont antérieur et postérieur ; quand il y en a trois, deux se trouvent en avant, le troisième étant postérieur ; deux en arrière, deux latéraux et un en avant représentent les positions relatives des placentas pariétaux qui sont au nombre de cinq.

Dans les ovaires pluriloculaires, le nombre trois paraît être le plus fréquent pour les divisions de la cavité, tandis que le nombre quatre est le plus rare (1). Deux et cinq sont les nombres intermédiaires.

Un fait important à noter, c'est que le nombre absolu des loges varie quelquefois dans la même plante, selon l'âge auquel on l'étudie, et cela, par la formation de cloisons supplémentaires, ou par l'atrophie de quelques-unes de celles qui existaient primitivement. Que l'on examine, par exemple, l'ovaire très-jeune des Labiées : on n'y trouvera que deux loges ; si, plus tard, il en présente quatre, cela tient à ce que deux cloisons nouvelles ont pris naissance dans son intérieur, à une certaine époque de son développement. Par contre, l'ovaire adulte des Œillets est uniloculaire, avec une colonne placentaire qui en occupe le centre. Il est facile de s'assurer que, plus jeune, cet ovaire possède cinq loges et des placentas axiles occupant l'angle interne de chacune d'elles ; seulement, par les progrès de l'âge, les cloisons se sont atrophiées et ont, par leur disparition, donné lieu à l'apparence que nous venons de signaler.

L'ovaire des Choux, du Cresson, en un mot de toutes les Crucifères, est primitivement uniloculaire avec deux placentas pariétaux portant chacun deux rangées d'ovules. Un peu plus tard, il se forme une cloison qui naît précisément entre les rangées d'ovules, de sorte que l'ovaire paraît faire exception à la règle que nous

_______

(1) Il y a cependant un très-petit nombre de plantes dont les loges ovariennes sont en nombre *indéterminé* ; ex. : l'Oranger.

avons énoncée pour la placentation des ovaires pluriloculaires (Voy. page 287).

On appelle *vraies cloisons* celles qui séparent à tout
âge les compartiments des ovaires pluriloculaires, et
on donne le nom de *fausses cloisons* à celles qui se développent plus ou moins longtemps après la naissance
de l'ovaire.

La position des loges de l'ovaire par rapport à l'o-
rientation de la fleur rappelle sous beaucoup de rapports ce que nous avons dit à propos des placentas pariétaux. Ainsi, quand il n'y en a que deux, elles sont le
plus souvent l'une antérieure, l'autre postérieure. Dans
le cas de trois loges, on en trouve une en arrière et
deux du côté de la bractée mère. Sont-elles en nombre
égal avec les pétales, on voit généralement qu'elles se
superposent à ces organes dans les plantes dicotylédones,
tandis que, dans les monocotylédonées, elles sont toujours superposées aux divisions externes du périanthe.

### NATURE MORPHOLOGIQUE ET ANATOMIE DU GYNÉCÉE.

Tout pistil est formé en partie par le réceptacle, en
partie par un nombre variable de feuilles modifiées qui
naissent à sa surface.

**Ovaire supère.** — Prenons pour exemple le pistil
de la Primevère (fig. 273). Ici la placentation est centrale ; le placenta s'élève dans la cavité ovarienne sous
la forme d'un corps plus ou moins volumineux, et l'examen le plus superficiel suffit pour s'assurer qu'il est
évidemment la continuation du réceptacle de la fleur.
Quant aux parois de l'ovaire, il faut remonter à la naissance du gynécée pour pouvoir se faire une idée exacte
de leur nature. On voit alors qu'elles sont formées par
cinq petites feuilles nées en verticille autour de la base
du placenta, et dont les limbes se sont de bonne heure

soudés bord à bord, exactement de la même manière
que les pétales se soudent pour former une corolle gamopétale. Ces petites feuilles modifiées ont reçu le nom
de *feuilles carpellaires* (1).
Donc, ici, pas de doute
possible ; le pistil com-
prend une partie *axile* qui
forme la base de l'ovaire

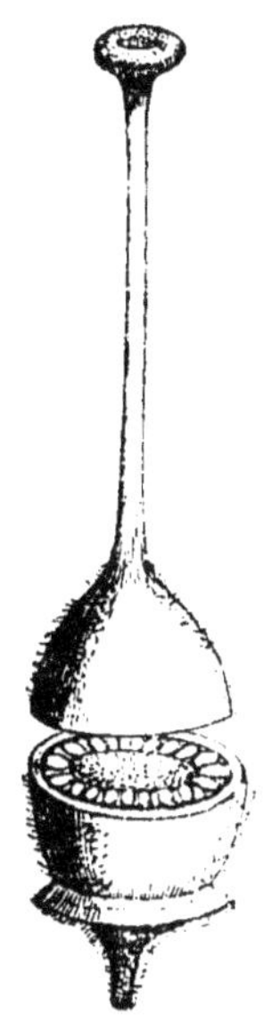

Fig. 273. — Ovaire su-
père et uniloculaire de
Primevère, coupé en
travers.

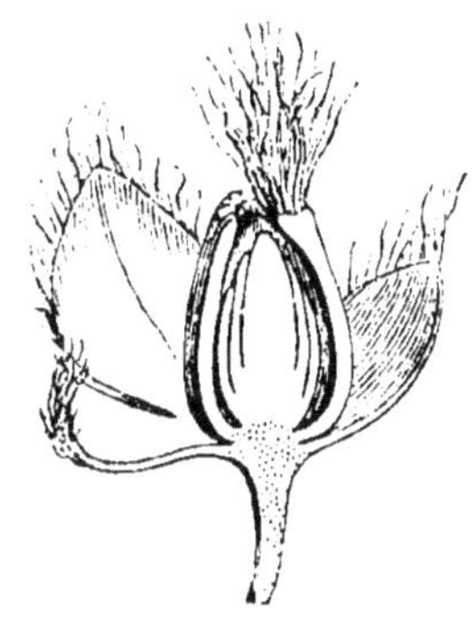

Fig. 274. — Coupe d'une fleur d'Ortie.
La partie axile a été ponctuée.

ainsi que le placenta, et une partie *appendiculaire* dont
sont constituées les parois latérales de l'ovaire et son
prolongement stylaire.

Le volume du placenta central et le nombre des
feuilles carpellaires varient beaucoup. Ainsi, dans les
plantes de l'ordre des Plombaginées, par exemple, le
placenta se réduit à un long fil grêle qui s'élève du fond
de l'ovaire et porte à son sommet un seul ovule. Dans
les Orties et les Rhubarbes, le réceptacle se bombe à
peine (fig. 274) et donne naissance à un seul ovule ;
seulement dans les premières de ces plantes les parois

(1) C'est pour cette raison que les pistils sont souvent désignés
sous le nom de *carpelles*.

de l'ovaire comprennent une seule feuille carpellaire enroulée sur elle-même, tandis qu'on en observe trois dans les secondes.

Si nous supposons que le placenta, au lieu de se dresser sous la forme d'un corps unique et libre, donne lui-même attache à une seule feuille carpellaire, ou bien qu'il se partage en un certain nombre de branches et que sur celles-ci se fixent les bords d'autant de feuilles carpellaires, nous aurons l'explication des ovaires à placentation pariétale (fig. 275) (1).

Fig. 275. — Ovaire de Violette coupé en travers.

Dans certains ovaires multiloculaires, le réceptacle s'élève encore au centre de la cavité pour former les placentas ; mais, en outre, il donne naissance à un nombre variable de lames qui, en s'avançant transversalement, vont se réunir aux bords plus ou moins infléchis des feuilles carpellaires, pour former autant de cloisons. Dans beaucoup de plantes la marche des parties s'exécute en sens inverse ; c'est-à-dire que les placentas, pariétaux dans l'origine, se prolongent peu à peu vers le centre de l'ovaire, entraînant avec eux les ovules qu'ils portent, et vont s'y réunir finalement. C'est ce qu'il est très-facile de constater dans les Fusains, par exemple, où la rencontre définitive des placentas ne se fait que tardivement. Dans ces

(1) On trouve, dans beaucoup d'ouvrages, que les placentas pariétaux sont formés par les bords des feuilles carpellaires plus ou moins repliés vers la cavité ovarienne. Cette manière de voir, qui attribue aux placentas une nature appendiculaire, ne nous paraît pas justifiée par l'étude organogénique. Elle est d'ailleurs basée sur des considérations théoriques tirées de certaines analogies qui ne sauraient prévaloir contre les faits bien étudiés. Dans les sciences, il n'importe pas surtout d'imaginer comment les choses peuvent se passer, mais bien de voir comment elles se passent en réalité.

végétaux la placentation est donc axile *à posteriori*, si l'on peut ainsi dire.

**Ovaire infère.** — Dans toutes les plantes qui ont l'ovaire supère, les parois de l'ovaire sont en grande partie formées par les feuilles carpellaires, et il n'y a guère que le plancher de l'ovaire et les placentas qui soient de nature axile.

Il en est tout autrement dans les fleurs à ovaire in-fère. Ici c'est le réceptacle lui-même qui se creuse d'un nombre variable de loges que viennent fermer par en haut les feuilles car-pellaires nées sur le bord du réceptacle. Ainsi le pis-til du *Samolus* (fig. 276) ne diffère de celui de la

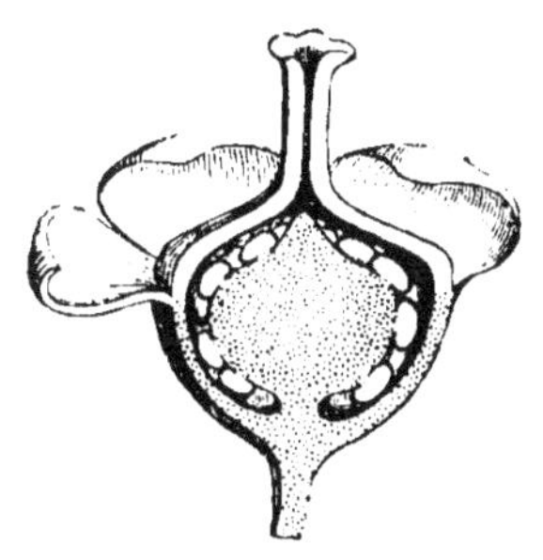

Fig. 276. — Coupe d'un pistil de *Sa-molus*. La partie axile de l'ovaire infère a été ponctuée.

Primevère que par ce fait que les parois de son ovaire sont formées inférieurement par la coupe réceptacu-laire elle-même ; c'est sur les bords de cette coupe que se sont développées les cinq feuilles carpellaires qui ferment l'ovaire à sa partie supérieure (1).

**Structure anatomique.** — Maintenant que nous connaissons sommairement la nature morphologique du gynécée, il nous est facile de prévoir quelle doit être sa structure anatomique. Les parties axiles rap-pellent la structure du pédoncule, les parties appendi-

(1) Quelques botanistes admettent que, dans l'ovaire infère, les parois sont toujours formées par des feuilles carpellaires, comme dans les ovaires supères ; seulement ils pensent que les sépales se soudent entre eux en un tube qui se soude lui-même aux parois de l'ovaire dans une étendue variable. Nous pensons que l'étude at-tentive du développement de l'ovaire infère ne permet pas d'admet-tre cette interprétation. On ne voit jamais les sépales se souder pour former le tube en question.

culaires, celle des feuilles. Les feuilles carpellaires présentent, comme les feuilles normales, un tissu parenchymateux, renfermant de la chlorophylle et parcouru par des nervures fibro-vasculaires. Ce mésophylle est limité par deux épidermes perforés de stomates nombreux du côté extérieur, très-rares au contraire du côté intérieur de l'ovaire, mais non pas complétement absents, comme on l'a dit souvent. Ces deux épidermes peuvent donner naissance à des poils, et l'on voit souvent ceux de l'épiderme intérieur acquérir un développement énorme, et se gorger de sucs. La pulpe comestible de l'orange, par exemple, n'a pas d'autre origine.

Le style est tantôt plein, tantôt creux : les faisceaux fibro-vasculaires des nervures s'y prolongent jusque près de son sommet. Le centre en est habituellement occupé par un tissu cellulaire particulier, formé d'éléments allongés, lâchement unis entre eux et que nous verrons jouer un rôle important dans la fécondation. On le nomme *tissu conducteur*.

Le stigmate est toujours cellulaire. Les cellules saillantes à sa surface, et qui en constituent les papilles, sont de forme très-variable, coniques, cylindriques, en massue, allongées en poils, etc. Elles sont remplies d'un liquide plus ou moins visqueux qui suinte à travers leurs parois pour les tenir constamment lubrifiées.

## OVULES.

**Nombre; Position.** — Les *ovules*, rudiments des graines et dernière production du végétal, sont de petits corps contenus dans l'ovaire, portés et nourris par le placenta. Comme l'œuf auquel on les compare en les nommant ovules, ils se séparent, plus tôt ou plus tard, de l'individu qui les a produits, et, s'ils ont éprouvé l'influence de l'organe mâle, ils emportent avec eux le germe d'un être nouveau, semblable sous tous les rapports à ceux dont il descend.

Un ovule est donc en même temps le terme et le point de départ de la végétation. Il finit une plante; il en commence une autre. Il est un lien entre plusieurs générations qui se succèdent; il maintient, il perpétue l'espèce.

Le nombre des ovules est très-variable, que l'ovaire soit à une ou à plusieurs loges. Ainsi, l'ovaire unilo-culaire des Primevères, des Violettes et des Ancolies renferme des ovules en nombre considérable et indé-terminé; l'ovaire également uniloculaire de l'Ortie et de l'Oseille n'en renferme jamais qu'un seul. De même, chacune des nombreuses loges de l'ovaire des Mau-ves est *uniovulée*, tandis que les loges de l'ovaire du Coignassier sont *pluriovulées*. Quand le nombre des ovules est très-petit, il est généralement défini, c'est-à-dire constant dans tous les individus de la même espèce.

Les ovules, toujours fort petits à l'époque de la fé-condation, sont en général ovoïdes ou globuleux, droits, plus ou moins courbés sur eux mêmes. Ils naissent di-rectement du placenta auquel ils restent souvent im-médiatement fixés (fig. 277). Souvent aussi on les trouve reportés à l'extrémité d'un support particulier, très-mince, qui se détache des côtés du placenta (fig. 278), sous les noms de *podosperme*, de *funicule* ou de *cordon ombilical*. Dans le premier cas, les ovules sont dits *sessiles*.

On appelle *hile* ou *ombilic* le point par lequel un ovule tient, soit au placenta, soit au funicule. Ce point dé-termine sa base, et, par suite, son sommet.

Les ovules, quand ils sont en grand nombre, ont ordi-nairement le sommet tourné vers la circonférence de la loge ovarienne lorsque les placentas sont centraux ou axiles, et, au contraire, vers son centre lorsque les pla- lu centas sont pariétaux. Dans les deux cas, on les appelle des horizontaux. Lorsque les ovules sont solitaires ou très- 51

Fig. 277. — Coupe d'une fleur d'Or-tie. L'ovule unique est directement fixé au placenta.

Fig. 278. — Ovaire d'Ellébore ou-vert pour montrer les ovules portés chacun par un funicule.

peu nombreux dans l'ovaire, leur position est diffé-rente. On dit que l'ovule est *dressé*, quand il est fixé au bas de la loge ovarienne et que son extrémité libre en regarde le sommet (ex. : Vigne, Ortie, fig. 277), etc. ; on l'appelle *renversé*, quand c'est le contraire qui a lieu (ex. : Carotte, Persil, etc.). L'ovule peut en-core être fixé le long de la paroi même de la loge, et son extrémité libre dirigée tantôt vers le sommet, tan-tôt vers le fond de celle-ci : dans le premier cas, il est *ascendant* (ex. : Pariétaire); dans le second, il est dit *suspendu* ou *descendant* (ex. : Fraisier, Cerisier, etc.).

Les ovules sont *unisériés* ou *bisériés*, suivant qu'ils sont disposés en une ou deux rangées verticales sur chaque placenta.

**Organisation.** — L'organisation des ovules est d'une étude fort délicate, et difficile à cause de l'extrême pe-titesse des parties. Nous nous contenterons d'en dire quelques mots.

Chaque ovule, né sous la forme d'un mamelon celluleux presque imperceptible, grossit insensiblement, devient ovoïde, et constitue bientôt une espèce de noyau homogène, appelé *nucelle*. Plus tard, le nucelle se complique, pour l'ordinaire, d'une, puis de deux membranes superposées et concaves, dans lesquelles il se montre enchâssé par sa base comme un gland dans sa cupule.

Ces deux membranes, d'abord sous l'apparence d'un double bourrelet circulaire (fig. 279) qui entoure le nucelle et s'élève peu à peu vers sa pointe, finissent par l'envelopper complétement, à la manière d'un double sac (fig. 280). Elles n'adhèrent néanmoins qu'à sa base (fig. 281), et conservent vers son sommet une pe-

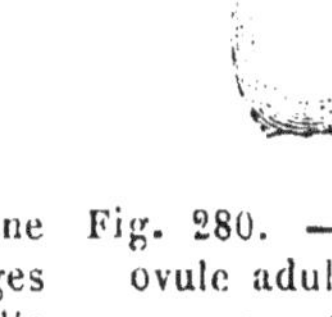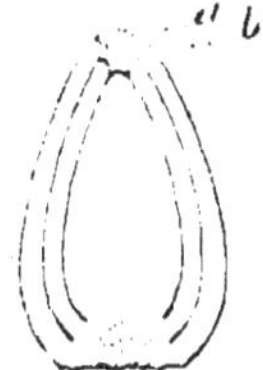

Fig. 279. — Un jeune ovule à deux âges successifs. Le nucelle n'a d'abord qu'une enveloppe qui devient double un peu plus tard.

Fig. 280. — Le même ovule adulte. On voit au sommet l'ouverture des enveloppes, ou micropyle.

Fig. 281. — Le même ovule coupé pour montrer le rapport des parties. *a* est l'exostome, *b* l'endostome.

tite ouverture désignée sous le nom de *micropyle*. On appelle en outre *exostome* l'ouverture de la membrane externe (*a*), et *endostome* celle de l'interne (*b*).

Mais le nucelle est quelquefois réduit à une seule enveloppe, comme dans le Noyer, par exemple. Il peut être même tout à fait nu, comme dans le Gui.

Que l'ovule soit nu, couvert d'un seul ou de deux téguments, il ne tarde pas à se produire dans son intérieur des changements de la plus grande importance. Une des cellules centrales qui forment le nucelle prend un développement considérable, refoulant peu à peu celles qui l'entourent et qui se résorbent au fur et à mesure, en totalité ou en partie. Cette cellule constitue finalement une cavité, sorte de sac intérieur qui a reçu le nom de *sac embryonnaire*, et qui est rempli d'un liquide protoplasmatique plus ou moins pourvu de granules en suspension. Nous verrons plus tard que c'est dans ce sac que s'organise l'embryon après la fécondation.

Ainsi les ovules, dans leur état le plus compliqué, se composent d'un *nucelle* couvert de *deux téguments* et creusé d'une cavité ou *sac embryonnaire* destiné à contenir directement l'embryon. Les deux téguments ont reçu de Mirbel les noms de *primine* et *secondine*, appliqués aux deux membranes considérées dans leur ordre de superposition de dehors en dedans (1).

Le funicule n'étant, comme nous l'avons vu, qu'une sorte de ramification du placenta, participe de sa structure ; il est parcouru dans toute sa longueur par un faisceau fibro-vasculaire.

C'est par le hile que les vaisseaux du placenta pénètrent dans l'ovule, dont ils ne dépassent pas la base. Ils rencontrent en ce point l'espace plus ou moins circonscrit par lequel les téguments adhèrent entre eux et au nucelle ; cet espace, on est convenu de l'appeler la

---

(1) Il est important de remarquer que cet ordre est précisément inverse de celui de la formation des deux enveloppes. C'est, en effet, la plus intérieure qui apparaît la première ; d'où il résulte que dans les ovules à une seule enveloppe, c'est en réalité la *secondine* qui existe.

On trouve, dans certaines plantes, une sorte d'enveloppe supplémentaire, tantôt complète, tantôt incomplète, mais qui diffère essentiellement des enveloppes vraies, en ce qu'elle part du sommet de l'ovule et non pas de sa base. Cette production particulière, qu'on appelle généralement *arille*, procède tantôt du funicule, tantôt du micropyle. On en voit un très-bel exemple dans le Fusain où elle prend une couleur rouge vif.

*chalaze.* C'est dans la chalaze que le faisceau fibro-vasculaire se divise pour envoyer dans les enveloppes des ramifications plus ou moins nombreuses, sans jamais pénétrer dans dans le nucelle (1).

*I.* Les différentes manières d'être de l'ovule pendant son développement l'amènent à présenter, suivant les espèces végétales, trois formes principales qu'il importe de connaître.

**Forme des ovules.** — L'ovule est dit droit ou *orthotrope* lorsqu'il s'est développé uniformément dans tout son pourtour. Le micropyle, toujours situé à son sommet, est alors aussi éloigné que possible de sa base, où se trouvent réunis le hile et la chalaze, comme nous l'avons supposé jusqu'à présent (fig. 282). L'ovule, dans ce cas, présente la forme d'un petit œuf. C'est ce que l'on voit facilement dans les Orties, les Rhubarbes, le Sarrasin, etc.

Les plantes à ovules orthotropes sont relativement rares. Le plus souvent, l'ovule se développant beau-

Fig. 282. — Ovule orthotrope d'Oseille. Le micropyle est à une extrémité, tandis que le hile et la chalaze se confondent à l'extrémité opposée.

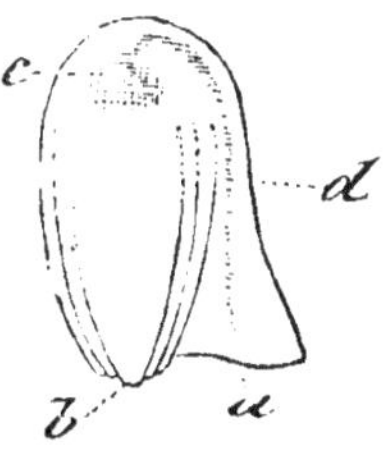

Fig. 283. — Coupe longitudinale d'un ovule anatrope d'Ellébore. Le micropyle et le hile sont voisins; la chalaze occupe l'extrémité opposée. Il y a un raphé latéral.

coup plus d'un côté que de l'autre, se courbe de manière à rapprocher du hile (fig. 283) son sommet organique, c'est-à-dire le micropyle (*b*), tandis que la

(1) Quand il y a deux enveloppes à l'ovule, la secondine seule reçoit habituellement des vaisseaux.

chalaze (*c*) s'en est fort éloignée en se portant à l'autre extrémité. Il est facile de voir, par la simple inspection de la figure, qu'ici encore la chalaze et le micropyle sont situés chacun à une extrémité du grand diamètre de l'ovule; seulement le hile est à côté du micropyle; c'est comme si le funicule s'était appliqué et soudé à un des côtés de l'organe. En effet, les vaisseaux qui vont du hile à la chalaze dessinent un petit cordon longitudinal saillant (*d*) que l'on nomme le *raphé*. Les ovules ainsi conformés sont appelés *anatropes*.

L'orientation de l'ovule anatrope, par rapport au placenta qui le porte, a une grande importance pour la classification, parce qu'elle est généralement très-constante dans les plantes. Ainsi, pour n'en citer qu'un exemple, supposons une plante, telle que le Fraisier, dont l'ovaire renferme un seul ovule anatrope, suspendu et fixé à un placenta pariétal; si on examine cet ovule au point de vue dont nous parlons, on verra qu'il est orienté de telle sorte que son raphé est contigu au placenta, tandis que son micropyle est situé en haut et en dehors (1). Eh bien, dans toutes les plantes voisines des Fraisiers, les ovules sont orientés de la même façon (ex. : Rosiers, Ronces, etc.).

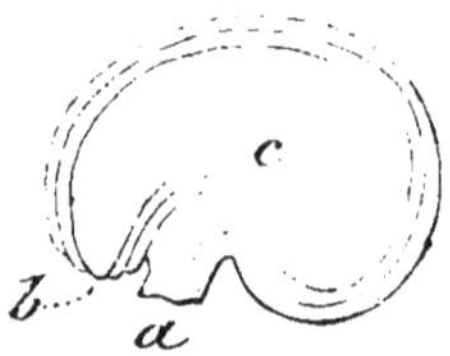

Fig. 284. — Ovule campylotrope de Haricot. Le micropyle, le hile et la chalaze sont contigus. Il n'y a pas de raphé.

Il est enfin des ovules qui, courbés sur eux-mêmes en forme de rein, par suite d'un développement plus ou moins inégal, reçoivent l'épithète de *campylotropes;* tels sont, par exemple, ceux du Haricot (fig. 284). Le

_______________

(1) *En dehors* s'entend ici par rapport au placenta; cela veut dire, en d'autres termes, que le micropyle regarde la paroi de l'ovaire qui ne porte pas d'ovule.

chile (*a*) et le micropyle (*b*) s'y montrent très-rapprochés, mais la chalaze (*c*) s'y étant à peine déplacée, le
graphé y est nul ou très-court. Nous remarquerons,
de plus, que dans cette sorte d'ovules, le nucelle n'a
plus son grand axe rectiligne comme dans les deux
autres, mais courbé en arc de cercle.

**Nature morphologique de l'ovule.** — La plupart
des botanistes s'accordent aujourd'hui pour considérer
l'ovule comme une sorte de bourgeon modifié dont le
nucelle est la partie axile, tandis que les enveloppes
représentent les feuilles ou organes appendiculaires.

Les hypothèses les plus variées, et même, on peut le
dire, les plus étranges, ont été proposées pour expliquer la nature des ovules. On a été, dans ces derniers
temps, jusqu'à les assimiler à autant de *poils* développés sur le bord des feuilles carpellaires! Le lecteur
trouvera dans les mémoires spéciaux des développements qui ne peuvent prendre place ici.

## DISQUE.

Dans un assez bon nombre de fleurs, le réceptacle
porte, outre le périanthe et les organes sexuels, d'autres
organes accessoires appelés *nectaires* et dont l'ensemble
constitue ce qu'on nomme le *disque*. De nature glandulaire, les nectaires sécrètent habituellement un liquide visqueux plus ou moins sucré dont les insectes
se montrent très-friands ; c'est le *nectar* des fleurs.

Les nectaires ont été considérés par beaucoup d'auteurs comme des organes spéciaux, comparables aux
autres parties de la fleur. L'organogénie montre que ce
sont de simples protubérances du réceptacle, dont la
naissance est toujours très-tardive. Il est facile de comprendre dès lors pourquoi le disque occupe sur le réceptacle les positions les plus variables, et pourquoi le

nombre de ses parties ne paraît soumis à aucune règle générale. On trouve, en effet, des nectaires entre tous les verticilles floraux, et aussi entre les pièces de chacun de ces verticilles, quand elles sont libres.

Les parties constituantes du disque présentent les formes les plus diverses, et sont tantôt indépendantes, tantôt réunies en un seul corps. Ainsi, dans la Giroflée jaune, on trouve des nectaires isolés, à la base des étamines (fig. 285, a); au contraire, dans la Sauge et dans la Rue, le disque a la forme d'une coupe à bords plus ou moins sinueux.

Fig. 285. — Fleur de Giroflée dont on a enlevé le périanthe. A la base des étamines on aperçoit des nectaires *a*, *a*.

Suivant que le réceptacle est conique ou creux, la position du disque par rapport au gynécée considéré dans sa hauteur présente les mêmes variations que nous avons signalées pour l'insertion des étamines. Aussi distingue-t-on les disques en *hypogynes* (ex. : Rue, Giroflée), *périgynes* (Fusain), et *épigynes* (Carotte, Garance).

Lorsque les nectaires sont en même nombre que les pièces d'un verticille voisin, elles leur sont tantôt superposées, tantôt alternes, sans qu'il y ait rien de bien fixe à cet égard.


## PRÉFLORAISON.


Les diverses parties comprises dans un bouton de fleur ou bourgeon floral s'y montrent exactement appliquées les unes sur les autres, comme les petites feuilles d'un bourgeon ordinaire. On donne le nom de *préflo-raison* ou d'*estivation* à la disposition, au mode d'arrangement qu'elles y affectent avant l'épanouissement. Il est donc juste de dire que la préfloraison est au bouton ce que la préfoliation est au bourgeon.

Cet arrangement, très-variable dans l'ensemble des végétaux, est, au contraire, constant dans les plantes d'une même espèce, d'un même genre, fréquemment dans celles de toute une famille. C'est surtout dans le calice et dans la corolle que nous devons l'étudier ; nous l'examinerons d'abord dans ce dernier verticille.

**Préfloraison de la corolle.** — Que les pétales d'une corolle soient libres ou plus ou moins soudés entre eux, ils peuvent affecter, dans le bouton, sept dispositions principales.

1° — La préfloraison est dite *valvaire* lorsque les pétales, rapprochés et contigus par leurs bords, ne se recouvrent point, même partiellement. Tel est le cas de la Vigne, dont la corolle offre, en effet, le diagramme suivant (fig. 286).

2° — On dit que la préfloraison est *tordue* quand les pétales se montrent disposés de telle manière que chacun d'eux recouvre en partie un de ses voisins et se

Fig. 286. — Diagramme de la corolle de la Vigne, en préfloraison valvaire.

Fig. 287. — Diagramme de la corolle du Lin, en préfloraison tordue.

Fig. 288. — Diagramme de la corolle du Houx, en préfloraison alternative.

trouve en partie recouvert par l'autre, comme on le voit, par exemple, dans les fleurs du Lin ou de la Mauve (fig. 287).

3° — La préfloraison prend l'épithète d'*alternative* si les pétales sont disposés en deux verticilles, ceux du rang externe couvrant plus ou moins les autres. Le Houx nous fournit un exemple de cette disposition (fig. 288).

4° — Les pétales peuvent être en *préfloraison spirale*; ils sont alors nombreux et se recouvrent successivement dans l'ordre de leur position, ainsi qu'on le remarque, par exemple, dans les fleurs du Nénuphar blanc.

5° — Il y a *préfloraison quinconciale* quand les pétales, au nombre de cinq, se montrent disposés de telle façon que deux sont externes, deux autres internes, le cinquième moitié recouvert et moitié recouvrant. On trouve un exemple de ce mode de préfloraison dans la Belladone (fig. 289) (1).

6° — Dans une autre préfloraison, dite *cochléaire*, l'un des pétales recouvre ses deux voisins, et ceux-ci, à leur tour, recouvrent le ou les autres pétales, suivant

Fig. 289. — Diagramme de la corolle de la Belladone, en préfloraison quinconciale.

Fig. 290. — Diagramme de la corolle du Pois, en préfloraison cochléaire.

Fig. 291. — Diagramme de la corolle du *Malpighia urens*, en préfloraison imbriquée.

qu'il y a quatre ou cinq pièces à la corolle. Telle est la préfloraison du Pois (fig. 290). Remarquons qu'il y a toujours un pétale extérieur et un pétale intérieur, et

(1) La préfloraison quinconciale n'est évidemment qu'un cas particulier de la préfloraison spiralée, dans lequel les pétales sont peu nombreux et disposés dans l'ordre phyllotaxique représenté par la fraction $\frac{2}{5}$.

qu'ils ne peuvent jamais être contigus. Le pétale recouvrant peut d'ailleurs être tantôt à l'avant (ex. : Bouillon-
blanc), tantôt à l'arrière de la fleur (ex. : Pois, Haricot).

7° — Enfin la préfloraison est *imbriquée* lorsque,
deux pétales voisins étant l'un externe et l'autre interne,
tous les autres sont en partie externes et en partie
internes, comme dans le *Malpighia urens*, par exemple
(fig. 291).

Il s'en faut que l'on tienne toujours compte de ces
différences dans la pratique. En effet, dans la plupart
des ouvrages descriptifs, on trouve bien indiquées les
préfloraisons *valvaire* et *tordue*, telles que nous les
avons mentionnées, mais on réunit sous le nom de
*préfloraison imbriquée* toutes les autres sortes. Nous
pensons que c'est là une habitude fâcheuse qui, sous
prétexte de simplifier, conduit à se priver sans profit
d'un caractère souvent important, et qui, dans tous les
cas, doit trouver sa place parmi ceux dont l'ensemble ne constitue une bonne description qu'à la condition d'être complet. On nous accordera d'ailleurs, sans
doute, que la précision est une des premières qualités
du langage scientifique.

**Préfloraison du calice.** — La préfloraison du calice
est susceptible d'offrir les mêmes particularités que
celle de la corolle. Nous n'avons donc que peu de choses
à dire sur ce point ; nous noterons seulement que, dans
certaines fleurs, le calice et la corolle offrent le même
genre de préfloraison, tandis qu'ils présentent, dans
d'autres, des dispositions différentes. Ainsi, dans les
Cyclamens (fig. 292), le calice et la corolle s'offrent
l'un et l'autre en préfloraison tordue ; de même, la
Fève a les deux verticilles de son périanthe en préfloraison cochléaire (fig. 293). Au contraire, dans les
Mauves, où la corolle est à préfloraison tordue, le
calice est valvaire.

**Préfloraison des étamines.** — La disposition des
étamines dans le bouton tient quelquefois de celle des
pétales. Dans les fleurs du Lin, par exemple, où la co-

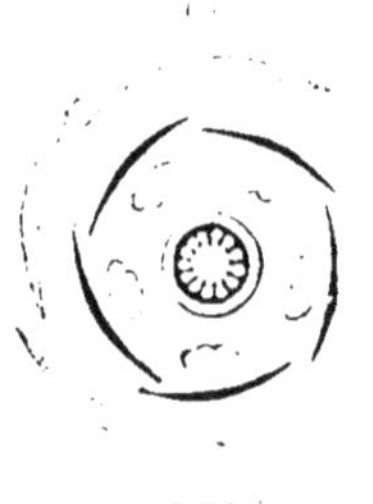

Fig. 292. — Diagramme du *Cyclamen europæum*. Le calice et la corolle sont tous les deux en préfloraison tordue.

Fig. 293. — Diagramme de la Fève. Le calice et la corolle sont tous les deux en préfloraison cochléaire.

rolle est à préfloraison tordue, les étamines, à leur
tour, se montrent sensiblement tordues les unes sur les
autres.

Ajoutons que lorsque, dans un bouton de fleur, les
étamines sont plus longues que les pétales, leur filet se
recourbe plus ou moins sur lui-même, sauf à se redresser après l'épanouissement.

**Préfloraison du gynécée.** — Le gynécée ne présente
le plus souvent rien de particulier à noter relativement
à sa manière d'être dans le bouton. Cependant, dans
quelques plantes, le style a une croissance très-rapide
et on peut le voir alors se courber de différentes façons
pour se redresser après l'épanouissement. Il n'est pas
non plus très-rare de constater que les stigmates mul-
tilobés tiennent leurs lobes accolés les uns aux autres,
et ne les écartent que lorsque la fleur s'est ouverte. Ce
fait, par exemple, est fréquent dans les Campanules et
dans presque toutes les Composées.

## RÉGULARITÉ ET SYMÉTRIE.

Nous avons vu précédemment qu'un sépale, un pétale ou une étamine peuvent être réguliers ou irréguliers, et qu'il en est de même de l'ensemble de ces organes, c'est-à-dire du calice, de la corolle et de l'androcée. Nous avons dit quelles sont les conditions de la régularité et de l'irrégularité, dans les trois cas. Ajoutons qu'elles sont exactement les mêmes pour le gynécée.

Si l'on applique ces considérations à la fleur tout entière, on arrive nécessairement à cette conclusion, qu'une *fleur* est *régulière* lorsque tous ses ensembles d'organes sont réguliers eux-mêmes. Cette condition est suffisante, mais elle est aussi nécessaire, car il suffit de l'irrégularité de l'un des verticilles pour entrainer celle de la fleur elle-même.

On dit qu'il y a *symétrie* dans un verticille floral lorsque, par un plan vertical, on peut le séparer en deux moitiés exactement semblables ; ce plan est appelé *plan de symétrie.*

La symétrie est tout autre chose que la régularité, quand on considère, non pas un organe isolé, mais un ensemble d'organes. C'est au point, qu'il est des verticilles floraux, calices, corolles, androcées ou gynécées, qui n'ont aucun plan de symétrie, bien qu'ils soient réguliers ; tandis que d'autres, quoique irréguliers, peuvent être partagés en deux moitiés symétriques.

Dans le Laurier-Rose, par exemple, la corolle se montre régulière (fig. 294); mais, comme chacun de ses pétales est irrégulier, non symétrique, on ne saurait la diviser en deux moitiés semblables. Nous citerons aussi comme exemple le Nénuphar blanc, dont la corolle est régulière, mais non symétrique, puisque ses pétales sont disposés en spirale, et qu'une spirale ne peut avoir ᵒ de plan de symétrie. Par contre, la corolle du **Pois** ᵒ et celle de la Sauge peu ᵃ vent très-bien, quoique ᵈ irrégulières, se partager ⁱ en deux moitiés symétri ques.

Il est des verticilles flo raux qui ont autant ᵈ plans de symétrie que ᵈ parties constituantes. C'e ᵃ ainsi, par exemple, que dans les fleurs du *Sedum rubens*, la corolle, régulière et formée de cinq pétale libres (fig. 295), a cinq plans de symétrie passant chacun par le milieu d'un pétale et entre deux autres pétales.

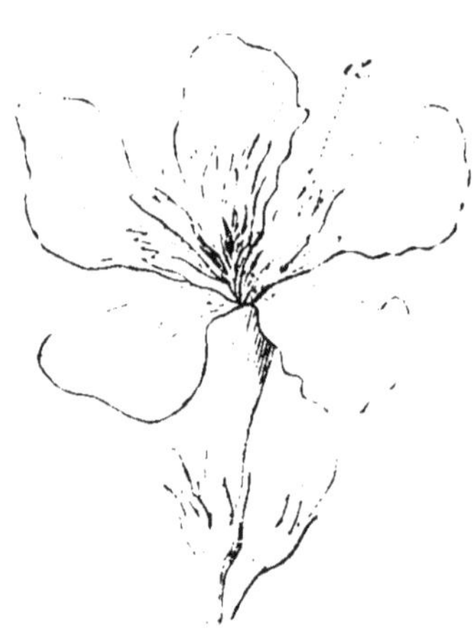

Fig. 294. — Fleur de Laurier-Rose ; la corolle est régulière, mais n'a pas de plan de symétrie.

Dans le Plantain (fig. 296), la corolle, régulière aussi et composée de quatre pétales, a quatre plans de

Fig. 295. — Diagramme de l'Orpin rouge (*Sedum rubens*). La fleur a cinq plans de symétrie.

Fig. 296. — Diagramme du Plantai La corolle a quatre plans de symétrie.

symétrie : deux passant par le milieu des pétales, et deux autres passant par leurs intervalles.

Une fleur n'a aucun plan de symétrie lorsque l'un quelconque de ses verticilles en manque. Il en est de même, bien que tous les verticilles en aient un, si ce plan n'est pas le même pour tous.

Enfin une fleur peut avoir un ou plusieurs plans de symétrie. Dans l'Orpin rouge (fig. 295), chaque verticille est régulier et formé de cinq parties; de plus, ces verticilles alternent régulièrement. Ils ont chacun cinq plans de symétrie; et il en est de même de la fleur tout entière.

Dans la Vigne, le calice, la corolle et l'androcée ont chacun cinq plans de symétrie, le gynécée deux et la fleur un seul. Dans la Fève (fig. 293), chacun des verticilles n'a qu'un plan de symétrie, et la fleur en a un également, parce que le plan est le même pour tous les ensembles d'organes.

Ces considérations, fort intéressantes sur la structure générale de la fleur, sont susceptibles de recevoir des développements variés sur lesquels il nous est impossible de nous étendre davantage, et qui sont d'ailleurs faciles à saisir, puisqu'ils se rapportent à des notions élémentaires de mathématiques.

## DU FRUIT.

Peu de temps après la fécondation, la plupart des éléments de la fleur, ayant accompli leurs fonctions, se flétrissent et tombent, devenus désormais inutiles. Ainsi l'on voit se faner et disparaître les étamines, les pétales, presque toujours le style avec son stigmate, le plus souvent aussi le calice lui-même.

Cependant, au milieu de cette destruction générale, un organe persiste qui vient d'acquérir une importance, une activité nouvelles, et dont l'accroissement va faire chaque jour de nouveaux progrès. On devine que nous voulons parler de l'ovaire, ou plutôt du *fruit*, car la fécondation a tout changé dans la fleur, jusqu'au nom de ses parties constituantes.

Le fruit, résultat de la fécondation et produit ultime de la fleur, peut donc être défini : *un ovaire fécondé et accru.*

Arrivé au terme de leur accroissement, les fruits nous présentent, suivant les espèces, la plus grande diversité, soit dans leur structure, soit dans leurs caractères extérieurs.

### CARACTÈRES EXTÉRIEURS DU FRUIT.

Il est des fruits de toutes les dimensions, depuis les plus petits, à peine visibles, jusqu'aux plus gros, dont le diamètre peut atteindre soixante, soixante-dix centimètres. Leur volume, souvent en rapport avec celui des fleurs, contraste fréquemment, au contraire, avec la taille du végétal qui les porte. C'est ainsi, par exemple, que le gland, dont les dimensions sont assez minimes, se développe sur le plus majestueux de nos arbres ; tandis que la citrouille, si remarquable par son grand volume, est, comme on sait, le produit d'une herbe faible, étalée sur le sol.

Le fruit ne varie pas moins par sa forme que par ses dimensions. Il peut être *globuleux*, *ovoïde*, *turbiné*, en forme de toupie; *oblong*, *cylindrique*, *comprimé*, aplati latéralement; *déprimé*, aplati de haut en bas; *anguleux*, *moniliforme*, *droit*, *arqué*, *contourné en spirale*, etc.

Son sommet, obtus ou aigu, se montre couronné soit par les cicatrices du calice, de la corolle et de l'androcée, soit par leurs restes s'ils ont persisté, toutes les fois que l'organe provient d'un ovaire infère, comme on le voit dans la Poire, la Pomme (fig. 297), la Nèfle, etc. Il est quelquefois surmonté d'une aigrette *sessile* ou *stipitée*, *simple* ou *plumeuse*, produite par le calice, et très-commune dans la famille des Composées, ainsi que nous avons eu l'occasion de le dire ailleurs (fig. 212). D'autres fois, le fruit porte à son sommet une pointe, un bec, un appendice très-variable sous tous les rapports. Cet appendice, dont on trouve des exemples dans les Crucifères et les Clématites, n'est autre chose qu'un style persistant.

Tantôt lisse, tantôt rugueuse, la surface des fruits peut être striée, sillonnée, relevée de tubercules, garnie de pointes molles ou roides. Elle offre souvent, comme dans le Melon, des côtes plus ou moins distinctes, correspondant habituellement chacune à une feuille carpellaire. Il est des fruits pourvus à leur surface de

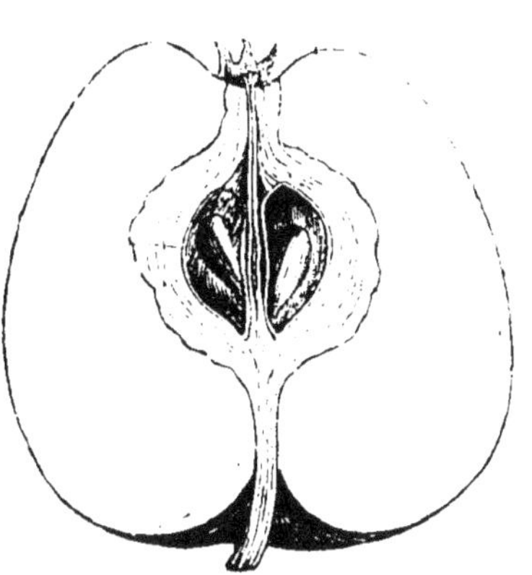

Fig. 297. — Coupe d'une Pomme. On voit le calice persistant au sommet du fruit.

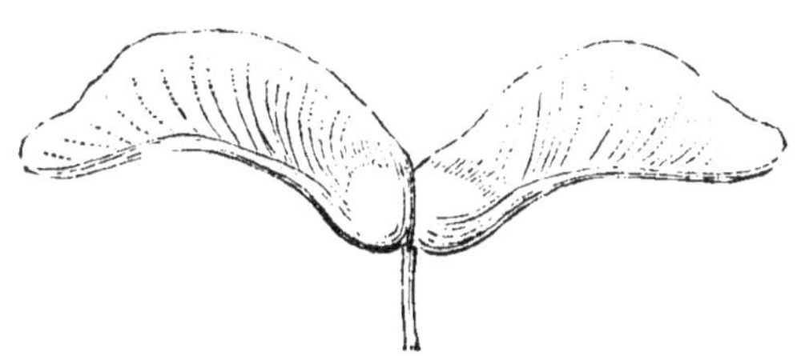

Fig. 298. — Fruit d'Érable pourvu d'ailes membraneuses.

larges membranes en forme d'ailes; tels sont, entre autres, ceux des Érables (fig. 298).

A l'époque de leur maturité, les fruits épais et charnus se parent fréquemment des plus vives couleurs: les uns deviennent rouges, les autres d'un beau jaune doré; ceux-ci se montrent blancs, ceux-là bleus ou violets, ou pourpres, noirs, etc.; certains réunissent plusieurs teintes différentes. Quant aux fruits secs, ils n'ont en général que des nuances ternes : ils sont pâles, grisâtres, roussâtres, bruns ou noirs.

La plupart des fruits sont inodores; quelques-uns cependant ont une odeur plus ou moins forte, qui décèle presque toujours la nature de leurs propriétés. Un fruit comestible est inodore ou d'une odeur agréable; un fruit à odeur vireuse, repoussante, n'est jamais comestible.

## STRUCTURE DU FRUIT.

Puisque le fruit n'est qu'un ovaire fécondé, sa structure doit être essentiellement la même que celle de l'ovaire, et, en effet, les différences qu'on y observe ne dépendent, en général, que de modifications survenues au cours de son développement.

Deux sortes de parties concourent à la composition du fruit : l'une, extérieure, accessoire, est appelée *péricarpe;* l'autre, profonde, essentielle, consiste en une ou plusieurs *graines.* Occupons-nous d'abord du péricarpe; nous décrirons ensuite la graine.

## PÉRICARPE.

Le *péricarpe* (fig. 299, *a*), représente les parois de l'ovaire; c'est une espèce de boîte close de toutes parts, creusée d'une ou de plusieurs cavités qui renferment la graine ou les graines (*e*).

Dans certains fruits, notamment ceux des Graminées, le péricarpe, très-mince et adhérant d'une manière intime à la graine, semble, au premier abord, ne point exister. Dans beaucoup d'autres, au contraire, il acquiert une épaisseur remarquable.

On reconnaît dans le péricarpe trois parties super-posées et distinctes : en dehors, une membrane appe-lée *épicarpe* (fig. 299, *b*) ; à l'intérieur , une autre membrane que l'on nomme *endocarpe* (*c*) ; et, entre les deux, une substance vas-culo-parenchymateuse, dé-signée sous le nom de *mé-socarpe* (*d*).

**Épicarpe.** — L'épicarpe (*b*), nommé vulgairement la *peau* du fruit, l'enve-loppe en effet comme une espèce de tégument très-mince, adhérant plus ou moins au mésocarpe. Ce

Fig. 299. — Fruit de Pois coupé en travers, pour montrer ses différentes parties constituantes.

n'est autre chose que l'épiderme extérieur de l'ovaire, qui s'est plus ou moins épaissi après la fécondation.

**Mésocarpe.** — Le mésocarpe (*d*), base du péricarpe, contient, en même temps que du tissu cellulaire, des vaisseaux nourriciers. Il acquiert fréquemment beau-coup d'épaisseur ; c'est lui qui constitue la chair, la sub-stance succulente que nous mangeons dans la Pomme, la Poire, la Pêche, le Melon et autres fruits charnus. Il mérite alors à juste titre le nom de *sarcocarpe* qu'on lui donne quelquefois.

Au contraire, dans les fruits qui demeurent secs, le mésocarpe est si mince qu'on serait tenté de révoquer en doute son existence, surtout après la dessiccation qui, dans ces fruits, accompagne toujours la maturité. Ce-pendant il suffit, dans ce cas, de regarder avec soin entre l'épicarpe et l'endocarpe pour y découvrir quel-ques vaisseaux rompus et desséchés, c'est-à-dire les vestiges d'un mésocarpe, puisque celui-ci est, de toutes les parties du péricarpe, la seule qui renferme des vaisseaux.

**Endocarpe.** — L'endocarpe (*c*) se montre en général sous la forme d'une membrane très-fine qui, adhérant au mésocarpe, tapisse toute la cavité séminifère du fruit. Il représente l'épiderme intérieur de l'ovaire.

Assez souvent néanmoins il acquiert une épaisseur considérable aux dépens du mésocarpe, en même temps que, s'imprégnant de matière ligneuse, il devient extrêmement dur. L'endocarpe forme alors ce qu'on appelle un *noyau*.

Nous trouvons l'exemple d'un endocarpe mince, membraneux, dans le fruit du Pois ; celui d'un noyau dans la Cerise et la Noix ; celui de cinq noyaux dans la Nèfle.

**Loges, — cloisons, — placentas.** — Le péricarpe, constamment formé des trois parties que nous venons

Fig. 300. — Fruit de *Pancratium* coupé en travers, pour montrer les cloisons qui séparent les loges.

de décrire, est *uniloculaire* ou *pluriloculaire*, comme l'ovaire lui-même. Dans ce dernier cas (fig. 300), les loges plus ou moins nombreuses du péricarpe sont séparées, de même que celles de l'ovaire, par des cloisons longitudinales, complètes ou incomplètes.

Il est des fruits où de fausses cloisons, simples replis de l'endocarpe, se développent après la fécondation, presque toujours transversalement, de manière à diviser chaque loge en un certain nombre de compartiments superposés. C'est, par exemple, ce qui arrive dans le fruit de plusieurs Légumineuses, notamment dans la Casse.

Les placentas eux-mêmes, en s'élargissant, donnent quelquefois naissance à de fausses cloisons complètes,

comme dans les Crucifè-
res, ou incomplètes, com-
me dans les Pavots (fig.
301, *a*). Ces fausses cloisons des Pavots, portant
les graines à leur surface,
ne peuvent être confon-
dues avec les cloisons
vraies , qui séparent les
graines sans jamais y ad-
hérer. On les distingue facilement, en outre, de ces
dernières , à ce qu'elles
sont toujours superposées
aux stigmates, au lieu d'al-
terner avec eux, comme
les vraies cloisons.

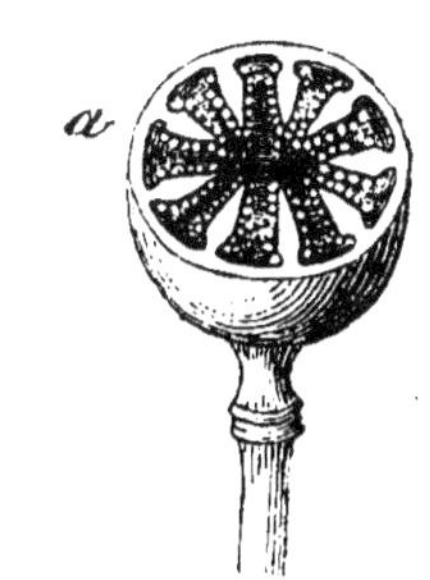

Fig. 301. — Fruit de Pavot coupé en travers, pour montrer les placentas développés en fausses cloisons.

Les placentas n'affectent
que par exception cette
forme de lames divisant
plus ou moins la cavité du
péricarpe. Chacun d'eux
consiste, ordinairement ,
dans le fruit comme dans
l'ovaire, en un cordon simple, ou en un double cor-
don (fig. 302, *b, b*), espèce
de rameau cellulo-vascu-
laire, émané de l'axe floral, et chargé de nourrir
la graine ou les graines,

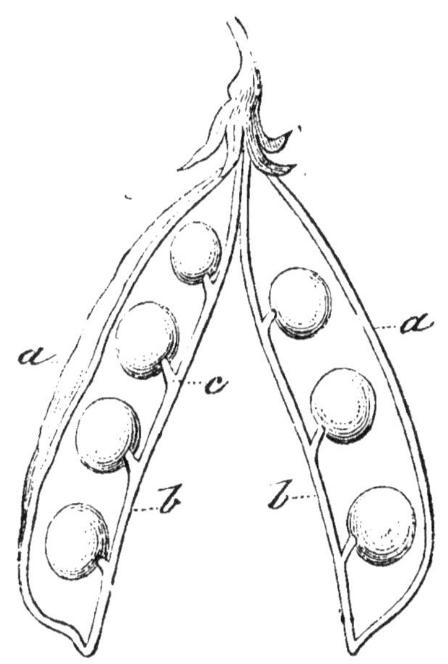

Fig. 302. — Fruit du Pois ouvert pour montrer le double cordon placentaire qui porte les graines.

en leur servant en même temps de support, soit directement, soit par une division secondaire (*c*) que nous avons déjà nommée *funicule*.

Ajoutons enfin que les placentas, conservant dans le fruit la position qu'ils avaient dans l'ovaire, sont centraux, *axiles* ou *pariétaux;* distinction dont nous nous sommes suffisamment occupés ailleurs, et que nous devons nous contenter de rappeler ici.

On pourrait croire, d'après ce qui précède, que toutes les parties constituantes de l'ovaire se développent, dans le fruit, constamment et avec régularité. Hâtons-nous de dire qu'il n'en est rien, et que, dans beaucoup de cas au contraire, des avortements viennent modifier l'organe d'une manière notable, en troublant, en masquant la symétrie de son organisation primitive.

Ainsi, pour ne citer qu'un exemple, le fruit du Chêne, toujours pourvu d'une seule loge et d'une seule graine attachée sur le côté, provient cependant d'un ovaire à trois loges, renfermant chacune deux ovules fixés à des placentas axiles.

On devine sans doute ce qui s'est passé dans cet ovaire après la fécondation. Tous les ovules ont avorté, à l'exception d'un seul, devenu la graine. Celle-ci, en se développant, a dilaté sa loge, au point d'effacer les deux voisines dont les cloisons, insensiblement comprimées, ont fini par disparaître. Et, en même temps, l'unique placenta qui a persisté s'est éloigné peu à peu du centre, pour prendre une position de plus en plus latérale.

Les graines sont quelquefois noyées au milieu d'une matière pulpeuse qui se développe après la fécondation et qui remplit

Fig. 303. — Orange coupée en travers pour montrer ses loges remplies d'une substance pulpeuse.

les loges du péricarpe. Dans l'Orange, par exemple (fig. 303), chaque *quartier* n'est autre chose qu'une loge contenant des graines, et remplie d'une pulpe très-succulente qui est la seule partie bonne à manger. Nous avons déjà dit quelle est l'origine de cette pulpe (voy. page 298). Quant à la *peau* de l'Orange, elle est formée par la réunion de l'épicarpe et du mésocarpe, tandis que l'endocarpe reste habituellement adhérent aux quartiers quand on les sépare.

Entourées ou non de matière pulpeuse, les graines acquièrent tout leur développement à l'époque de la maturité du fruit, et ce n'est qu'après s'être échappées de leur loge protectrice qu'elles sont susceptibles de germer, c'est-à-dire d'accomplir leur destination, en fournissant une plante nouvelle.

Dans les fruits charnus et dans bon nombre de fruits secs, c'est en se décomposant, plus tôt ou plus tard, que le péricarpe libère ses graines ; tandis que, dans les autres, il s'ouvre naturellement à la maturité, sans se détruire. De là deux espèces de fruits : les premiers nommés *indéhiscents*, et les seconds *déhiscents*.

### DÉHISCENCE DU PÉRICARPE.

Parmi les fruits déhiscents, il en est quelques-uns dont le péricarpe est dit *ruptile*, parce qu'il se rompt en fragments irréguliers. D'autres, notamment ceux des Linaires et des Mufliers, livrent passage à leurs semences au moyen de simples trous qui se forment à leur partie supérieure. Certains s'ouvrent à leur sommet par des dents qui s'écartent peu à peu les unes des autres ; tels sont, par exemple, les fruits de beaucoup de Caryophyllées.

Dans un grand nombre de fruits déhiscents, le péricarpe se partage régulièrement en pièces distinctes que l'on désigne sous le nom de *valves*, et reçoit lui-même, suivant le nombre de ces pièces, les qualifications de *bivalve, trivalve, quadrivalve..., multivalve.* Le péricarpe est multivalve dans la Balsamine; il n'est que bivalve dans le Pois (fig. 302).

Avant la déhiscence, les valves sont généralement indiquées à la surface du fruit par des lignes plus ou moins saillantes, et que l'on désigne, dans les ouvrages descriptifs, sous le nom de *sutures* (1).

Fig. 304. — Fruit du Lis coupé en travers, au moment de la déhiscence, qui est loculicide.

Lorsque la déhiscence a lieu par des fentes longitudinales, elle peut s'effectuer de trois manières différentes que nous devons apprendre à distinguer.

**Déhiscence loculicide.** —Beaucoup de fruits, tels que celui de la Tulipe, du Lis (fig. 304), s'ouvrent de telle sorte que les lignes de déhiscence occupent le dos des loges, ou, autrement dit, le milieu des feuilles carpellaires. Il en résulte que chaque valve, composée de deux moitiés de carpelle, reste adhérente par son milieu à une cloison. On dit, dans de semblables fruits, que la déhiscence est *loculicide.*

**Déhiscence septifrage.** —Supposons, au contraire, que la déhiscence s'opère suivant les lignes de réunion du péricarpe avec les cloisons, nous aurons une idée de ce qui se passe dans les Liserons. Ici les valves sont indépendantes des cloisons et tombent, en général, d'assez bonne heure, laissant à découvert les graines situées entre les cloisons restées en place. On est convenu de donner le nom de *septifrage* à ce mode de déhiscence qui, du reste, est relativement très-rare.

**Déhiscence septicide.** — Il arrive assez fréquemment, dans les fruits multiloculaires, que chaque cloison

_______

(1) Ces lignes correspondent soit à la partie médiane des feuilles carpellaires, soit à leurs bords.

se dédouble en deux lames. Chaque loge devient ainsi indépendante et s'écarte de ses voisines ; en outre, plus tôt ou plus tard, elle s'ouvre elle-même par son angle interne, pour laisser échapper son contenu. C'est là ce qu'on appelle la déhiscence *septicide*, dont nous trouvons des exemples dans le Tabac, le Colchique d'automne (fig. 305), etc.

Il n'est pas très-rare de voir la masse placentaire axile persister, après que les autres parties sont tombées, et s'élever en forme de colonne plus ou moins prismatique. Les botanistes lui donnent alors le nom de *colu-*

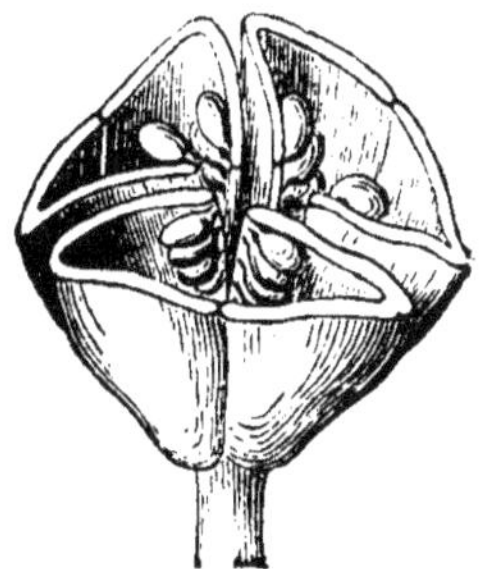

Fig. 305. — Fruit du Colchique d'automne coupé en travers, au moment de sa déhiscence, qui est septicide.

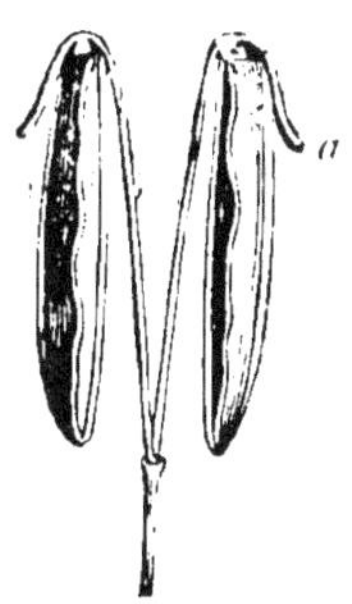

Fig. 306. — Fruit d'Angélique au moment de la maturité. Il est muni d'une double columelle *a*.

*melle.* On en voit des exemples très-fréquents dans le groupe des Euphorbiacées. Il existe également une double columelle filiforme dans les Ombellifères (fig. 306).

**Fruits induviés.** — Une ou plusieurs parties de la fleur peuvent persister et même s'accroître autour du fruit, comme nous l'avons dit en son lieu ; elles prennent alors le nom d'*induvies* et le fruit est dit *induvié.* Tels sont le fruit du Rosier, couronné par le calice et les débris de l'androcée, la Fraise et la Framboise, entourées à leur base par le calice persistant de la fleur. Les induvies sont assez souvent fournies par des organes étrangers à la fleur, par des bractées plus ou moins métamorphosées et réunies en involucre. Ainsi le **fruit** du Châtaignier et celui du Hêtre sont induviés **par** des bractées soudées pour former cette boîte **épi-** neuse que tout le monde connaît. Dans le Chêne, **la** cupule du gland n'est qu'une induvie formée **par un** repli du pédoncule floral couvert de petites **bractées** squameuses.

## CLASSIFICATION DES FRUITS (1).

Nous venons de voir que le péricarpe est tantôt **sec,** tantôt au contraire plus ou moins succulent : de là **une** première division en *fruits charnus* et *fruits secs*.

### FRUITS CHARNUS.

Tous les fruits à péricarpe charnu peuvent se rap- porter à deux types principaux, la *baie* et la *drupe*. Ils sont indéhiscents.

**Baie.** — On appelle *baie* tout fruit qui se montre en- tièrement charnu, avec des graines disséminées dans la pulpe. Tels sont les Groseilles, les Raisins, les Oranges (fig. 303), etc.

**Drupe.** — Les *drupes* sont des fruits charnus dans les- quels l'endocarpe s'est lignifié pour former un ou plu- sieurs noyaux. La Cerise, la Prune, l'Amande sont des drupes à noyau unique et uniloculaire ; le fruit du Cor-

---

(1) Un grand nombre de classifications des fruits ont été propo- sées que nous ne saurions indiquer dans un ouvrage aussi restreint. La plupart, du reste, multiplient presque à l'infini des distinctions et des noms qui sont pour le moins inutiles. Celle que nous adop- tons ici nous paraît la plus simple et la plus rationnelle en même temps.

nouiller est une drupe à noyau biloculaire. La Nèfle est une drupe à cinq noyaux munis d'une seule cavité.

La Pomme, la Poire ne sont elles-mêmes que des drupes dans lesquelles l'endocarpe, au lieu de devenir tout à fait ligneux, a conservé une faible épaisseur et la consistance du parchemin.

Les fruits charnus, suivant qu'ils proviennent d'un ovaire supère ou d'un ovaire infère, ne montrent à leur sommet que les débris du style, comme on le voit dans le Raisin et la Cerise, ou bien sont couronnés par le calice et les restes de l'androcée, ce qu'il est facile de voir dans la Pomme et dans la Nèfle.

## FRUITS SECS.

Parmi les fruits secs, les uns s'ouvrent à la maturité pour laisser échapper leurs graines ; les autres restent complétement clos. Nous les étudierons séparément.

### FRUITS INDÉHISCENTS.

**Akène.** — L'*akène* (ou *achaine*) est un fruit sec, indéhiscent, uniloculaire et renfermant une seule graine qui n'adhère au péricarpe que par son point d'attache. Tel est le fruit des Renoncules, des Pigamons, du Sarrasin, des Composées, etc.

**Cariopse.** — C'est un fruit qui ne diffère de l'akène qu'en ce que la graine est soudée au péricarpe et ne forme avec lui qu'un corps unique. Remarquons toutefois que cette soudure ne se fait que tardivement et qu'elle est peu solide. Toutes les Graminées, ou à peu près, présentent cette sorte de fruit.

**Samare.** — La *samare* est un akène dans lequel le péricarpe se développe extérieurement en une sorte de membrane qu'on appelle *aile*. Cette aile occupe tout le pourtour du fruit dans l'Orme ; elle est unilatérale dans les Érables (fig. 307).

Les fruits secs indéhiscents ont, comme on le voit, pour caractère commun d'être uniloculaires et mono-spermes. Comme les fruits charnus, ils peuvent provenir

Fig. 307. — Fruit d'Érable, c'est une samare.

d'ovaires infères ou supères, formés de une ou plusieurs feuilles carpellaires. Un bon nombre succèdent à des ovaires multiloculaires dont les loges se séparent à la maturité (ex. : Mauve), ou avortent toutes à l'exception d'une seule, comme dans le Chêne. Enfin dans les Labiées, chaque fruit représente en réalité une demi-loge. On a essayé de donner des noms spéciaux à chaque sorte de fruit suivant son origine. Outre que ces déno-minations sont absolument inutiles et surchargent sans profit la mémoire, comment fera-t-on pour les fruits dont l'origine n'est pas connue?

FRUITS SECS DÉHISCENTS.

Les fruits secs déhiscents sont souvent désignés sous le nom général de *fruits capsulaires*. Ils sont extrêmement nombreux et peuvent se rapporter à cinq types distincts.

**Follicule.** — C'est un fruit uniloculaire qui s'ouvre par une fente longitudinale située habituellement sur la paroi ventrale, et sur les deux bords de laquelle sont fixées des graines plus ou moins nombreuses. Il provient d'un ovaire uniloculaire à placenta pariétal. Les Aconits, les Dauphinelles, les Ellébores (fig. 308) nous en offrent des exemples.

**Gousse.** — La *gousse* (appelée aussi *légume*) diffère du follicule en ce qu'elle s'ouvre par deux fentes longitudinales au lieu d'une, et forme ainsi deux valves qui portent chacune une rangée de graines. On l'observe dans presque

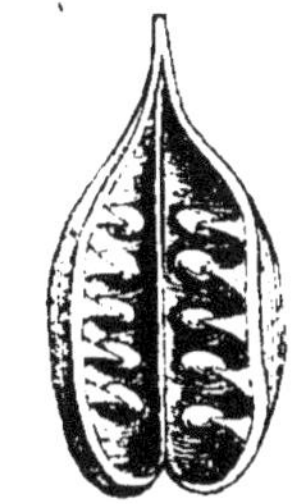

Fig. 308. — Fruit d'Ellébore ouvert, c'est un follicule.

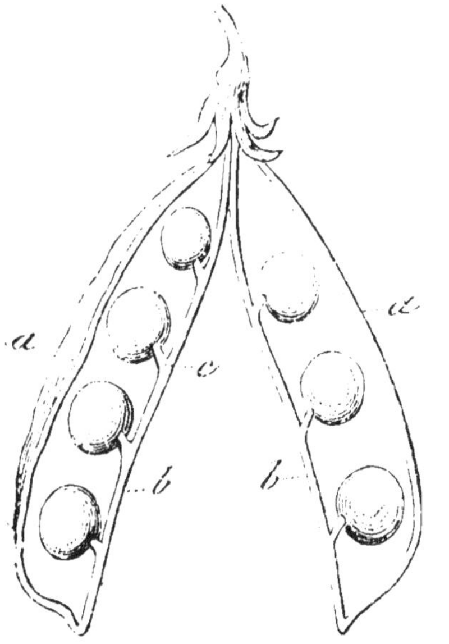

Fig. 309. — Fruit de Pois ouvert, c'est une gousse.

Fig. 310. — Fruit de Chou (*Brassica campestris*), c'est une silique.

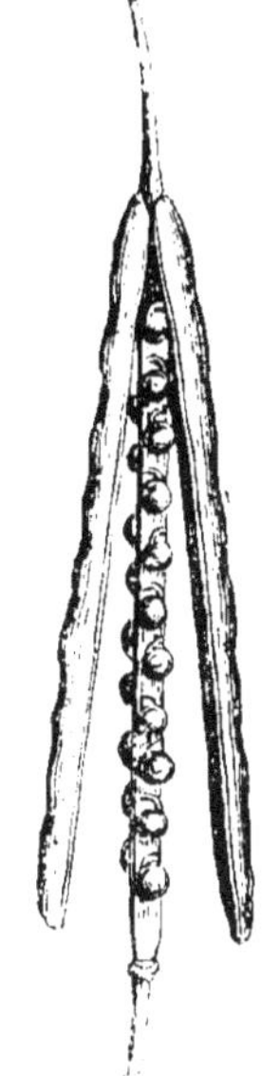

Fig. 311. — Le même au moment où il s'ouvre.

toutes les Légumineuses (ex. : Haricot, Pois, fig. 309).

**Silique.** — C'est un fruit biloculaire dont le péricarpe se détache en deux valves, tandis que la cloison persiste sous la forme d'une sorte de cadre qui porte les graines sur ses bords. Nous avons vu précédemment que cette cloison est formée par les placentas. Ce fruit appartient à presque toutes les Crucifères, notamment à la Giroflée et aux Choux (fig. 310 et 311). Il arrive quelquefois que ce fruit s'étrangle de distance en distance et se rompt à la maturité en fragments monospermes et comme articulés les uns à la suite des autres. La Ravenelle (*Raphanus raphanistrum*) offre un exemple de cette disposition.

Lorsque la silique est très-courte, comme dans le Pastel, la Bourse-à-berger (fig. 312), elle prend le nom de *silicule*. C'est là une distinction qui a son utilité dans

Fig. 312. — Fruit de la Bourse-à-berger (*Capella bursa pastoris*), au moment de la déhiscence.

Fig. 313. — Fruit induvié de la Jusquiame (*Hioscyamus niger*). C'est une pyxide biloculaire.

Fig. 314. — Le même fruit dégagé de ses induvies, au moment de la déhiscence.

la pratique, mais il importe de remarquer que la différence dans les dimensions du fruit ne change absolument rien à sa nature.

**Pyxide.** — La *pyxide* est un fruit capsulaire qui s'ouvre par une fente circulaire, de sorte que la valve supérieure se détache et tombe comme le couvercle d'une boîte à savonnette. La pyxide est uniloculaire dans le Mouron rouge, biloculaire dans la Jusquiame (fig. 313 et 314).

**Capsule.** — Tous les fruits qui ne rentrent pas dans un des quatre genres qui précèdent sont des *capsules*, quel que soit d'ailleurs leur mode de déhiscence. Nous

Fig. 315. — Fruit de Pavot (*Papaver somniferum*). C'est une capsule qui s'ouvre par des trous à sa partie supérieure.

avons déjà dit que celle-ci est très-variable, citons comme exemples le fruit de la Tulipe, de l'Œillet, du Pavot (fig. 315).

## FRUITS COMPOSÉS.

De même que des fleurs rapprochées en grand nombre sur un réceptacle commun peuvent figurer une seule fleur, de même des fruits nombreux et serrés simulent quelquefois un fruit unique. On appelle *fruits composés* ces groupes plus ou moins nombreux. Il est seulement important de remarquer que chacun des fruits composants provient d'une fleur distincte. Ainsi, dans le Hêtre, les faînes que l'on trouve enfermées dans une sorte de boîte épineuse proviennent chacune d'une fleur ; le fruit du Hêtre est donc un fruit composé. Il en est de même absolument pour le Châtaignier, les Pins, les Mûriers, les Figuiers, etc. On doit toujours indiquer, dans les descriptions, la nature des fruits composants.

## FRUITS MULTIPLES.

Bon nombre de fruits, tels que ceux de la Ronce, du Rosier, du Fraisier, rappellent, au premier abord, l'aspect des fruits composés; ce sont, comme eux, des réunions de plusieurs fruits portés sur un réceptacle commun. Cependant il existe une différence considérable; c'est que ces fruits succèdent à une fleur unique qui était pourvue de plusieurs ovaires. On les appelle *fruits multiples.* Rien de plus facile que de distinguer les fruits composés des fruits multiples; puisque ces derniers proviennent d'une seule fleur, on trouvera à la base ou autour du groupe les restes des verticilles floraux ou leurs cicatrices, tandis que, dans les fruits composés, c'est à la base ou autour de chaque fruit partiel qu'il faudra les chercher. La nature de chacun des fruits partiels varie également beaucoup; ce sont des akènes dans la Fraise, ce sont des drupes dans la Framboise.

Les fruits composés ou multiples sont souvent comestibles, mais la partie pour laquelle on les recherche n'est pas la même dans toutes les plantes. Ainsi, dans le Châtaignier, dans le Hêtre, c'est la graine qui est alimentaire; dans le Mûrier, c'est le périanthe qui persiste et devient succulent; dans les fruits du Figuier et du Fraisier, le réceptacle est seul important, les fruits proprement dits consistant en de petites drupes ou de petits akènes durs et secs que tout le monde a senti craquer sous la dent.

Nous résumons dans le tableau suivant ces quelques détails sur la classification des fruits.

# CLASSIFICATION DES FRUITS.

**FRUITS**

**SIMPLES ; formés par un seul ovaire.**

- **CHARNUS**
  - Pas de noyau. . . . . . . . . . . . . . . . . . . . . . . . | **BAIES.** — Ex. : Groseille, Raisin, Orange.
  - Un ou plusieurs noyaux. . . . . . . . . . . . . . | **DRUPES.** — Ex. : Cerise, Amande, Nèfle, Pomme.
- **SECS.**
  - *Indéhiscents* (uniloculaires et monospermes)
    - Péricarpe non adhérent à la graine. . . . . | **AKÈNE.** — Ex. : Renoncules, Sarrasin.
    - Péricarpe adhérent à la graine. . . . . . . . | **CARIOPSE.** — Ex. : Blé, Orge, Riz.
    - Péricarpe non adhérent ; une aile. . . . . . | **SAMARE.** — Ex. : Ormes, Érables, Frêne.
  - *Déhiscents*
    - Uniloculaire ; une fente longitudinale. . . | **FOLLICULE.** — Ex. : Aconits, Dauphinelles.
    - Uniloculaire ; deux fentes longitudinales. | **GOUSSE.** — Ex. : Haricot, Pois, Lentille.
    - Biloc. ; quatre fen es long. ; deux valves. | **SILIQUE.** — Ex. : Chou, Giroflée ; Pastel *(silicule)*.
    - Unilocul. ou bilocul. ; une fente horizont. | **PYXIDE.** — Ex. : Mouron rouge, Jusquiame.
    - Une ou plus. loges ; déhiscence variable. | **CAPSULES.**
      - Déhiscence par des dents. — Ex. : Mouron des oiseaux.
      - Déhiscence par des trous. — Ex. : Pavot, Muflier.
      - Déhiscence par des valves en nombre variable. — Ex. : Violette, Tulipe, Liseron, etc , etc.

**MULTIPLES.** Formés par plusieurs fruits simples réunis sur le réceptacle d'une même fleur. — Ex. : Fraise *(akènes)*, Framboise *(drupes)*.

**COMPOSÉS.** Formés de fruits simples réunis en grand nombre sur un réceptacle commun et provenant d'autant de fleurs distinctes. — Ex. : Châtaigne, fruits des Composées *(akènes)*, des Pins *(samares)* ; Figue, Mûre *(drupes)*, etc.

## GRAINE.

La *graine* n'est autre chose qu'un ovule qui a été fécondé, et qui a été le siége des développements consécutifs à ce phénomène; c'est la partie essentielle du fruit, puisqu'elle doit, sous l'influence de conditions favorables, donner naissance à une plante semblable à celle qui l'a produite. Une graine aussi complète que possible présente à considérer des enveloppes, dont l'ensemble porte le nom de *spermoderme* (fig. 316, *a*); un *embryon* (*c*) et un *albumen* (*b*) (1). Comment ces parties se forment dans l'ovule, c'est ce que nous étudierons avec quelques détails quand nous traiterons de la fécondation, car c'est à ce moment seulement qu'il nous sera facile de comprendre leur nature, en suivant attentivement leur mode d'évolution.

Fig. 316. — Coupe grossie d'une graine de Digitale (*Digitalis purpurea*).

Nous supposons, pour le moment, la graine ayant subi toutes les modifications dont elle est susceptible, et, sans nous préoccuper de ce qu'elle fut, nous allons l'examiner telle qu'elle est à l'époque de son développement complet, c'est-à-dire au moment de sa maturité.

La graine, comme l'ovule, tient au placenta par un point qui, sous la dénomination de *hile* ou *ombilic*, détermine sa base. Elle offre les mêmes particularités de forme, de position, de direction, et les mêmes noms servent à les désigner.

(1) L'embryon et l'albumen réunis sont souvent désignés sous le nom d'*amande.*

## SPERMODERME.

Le spermoderme, ou tégument propre de la graine, enveloppe de toutes parts ses parties intérieures. Il est composé la plupart du temps par deux membranes dont une, interne, mince et transparente, s'appelle le *tegmen;* l'autre, externe, plus épaisse, plus dure, porte le nom de *test* ou *testa.*

Beaucoup de graines n'ont qu'une enveloppe, ce qui tient soit à ce qu'il n'y en avait qu'une à l'ovule, soit à ce que les deux téguments ovulaires se sont confondus en un seul, ou que l'un d'eux a disparu. Enfin nous avons vu qu'il y a des ovules nus; dans les graines qui en proviennent, le spermoderme ne peut être évidemment que la partie extérieure du nucelle plus ou moins profondément modifiée.

En général, le spermoderme, simplement appliqué sur l'amande, s'en sépare avec facilité. Dans certaines graines cependant, il y adhère d'une façon si intime que, pour l'enlever, il faut le gratter avec un couteau, ou bien avoir recours à la macération.

On observe quelquefois, à sa surface, des arêtes, des plis, des appendices membraneux, même des poils. Ce sont, par exemple, les poils fournis par le spermoderme du Cotonnier qui constituent le coton. Les graines des Peupliers et des Saules sont elles-mêmes enveloppées de poils abondants. Dans les Asclépias, chaque graine est surmontée d'une aigrette longue et soyeuse. Quelques graines ont un spermoderme charnu (ex. : Grenade).

L'ombilic apparaît constamment sur le spermoderme comme une cicatrice de forme et d'étendue variables. Souvent très-circonscrit, comme dans les Pois et les Haricots (fig. 317, *a*), il occupe une assez grande surface dans certains végétaux, notamment dans le Marronnier d'Inde, où sa couleur est blanche, tandis que le reste de la graine réfléchit une teinte brune.

C'est aussi sur le spermoderme que l'on distingue le micropyle (*b*); on y remarque également le raphé quand il existe; toutes choses qui sont dans la graine à peu près ce qu'elles étaient dans l'ovule.

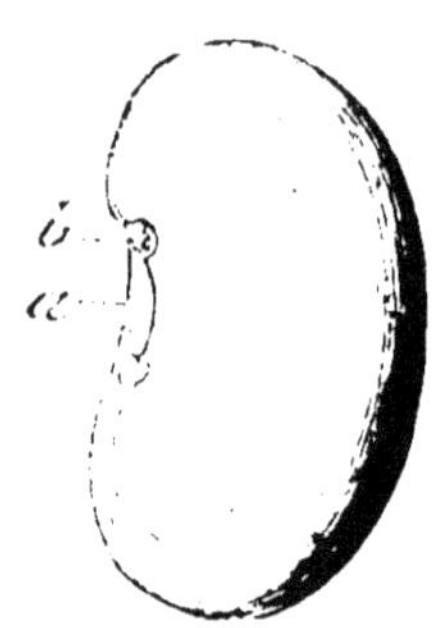
Fig. 347. — Graine de Haricot. On voit l'ombilic en *a* et le micropyle en *b*.

Nous savons que, dans certains cas, le placenta ou le podosperme donne naissance à une expansion membraneuse qui recouvre, sous le nom d'*arille*, une partie plus ou moins considérable de la graine, et l'enveloppe même quelquefois entièrement, comme on peut le voir dans les Passiflores, par exemple.

Il est aussi des graines recouvertes d'une membrane particulière que l'on confond souvent avec l'arille, et qui pourtant n'a pas la même origine, car elle part du micropyle, au lieu d'émaner du trophosperme. Cette membrane, qu'on a proposé d'appeler *arillode*, peut être regardée comme un simple renversement du tégument propre de la semence. Dans la Noix muscade, elle est rose, charnue, déchirée en lanières; elle porte en pharmacie le nom de *macis* (1).

La structure anatomique du spermoderme est extrèmement variable, comme il est facile de l'imaginer d'après ce que nous venons de dire sur son origine. Elle

____

(1) Sans pouvoir entrer ici dans de grands détails, nous croyons devoir avertir le lecteur que la distinction entre l'arille et l'arillode n'est pas en réalité aussi absolue qu'on pourrait le croire. Il existe, en effet, de ces téguments accessoires qui semblent tenir à la fois au funicule et aux enveloppes de l'ovule.

le est souvent très-compliquée ; et nous ne pouvons, pour
de plus amples détails, que renvoyer le lecteur aux ouvrages spéciaux.

## EMBRYON.

L'*embryon* (fig. 318, *c*), germe d'un végétal nouveau,
constitue la partie indispensable de la graine, par conséquent du fruit. Tout, autour de
lui, n'est qu'accessoire, disposé
pour le nourrir et pour l'abriter
contre les accidents extérieurs.

Dans quelques espèces, et particulièrement dans l'Oranger, chaque
graine contient deux ou trois, quelquefois même un plus grand nombre d'embryons. Mais ce sont là des
exceptions. En général, les graines
ne renferment chacune qu'un seul
embryon, et celui-ci tantôt remplit

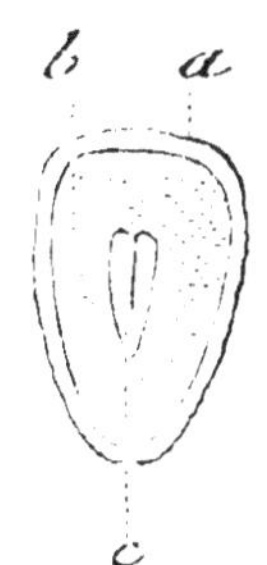

Fig. 318. — Coupe d'une
graine de Digitale.

à lui seul le spermoderme, tantôt s'accompagne d'un
albumen.

Dans ce dernier cas, l'embryon varie dans ses rapports avec l'albumen. Le plus souvent il est caché tout
entier dans la substance de celui-ci, comme la Digitale
(fig. 318) en offre un exemple. D'autres fois il est situé
en dehors, comme dans le Blé (fig. 319). Dans quelques cas rares, il s'enroule autour de l'albumen et l'enveloppe plus ou moins ; tel est celui de la Belle-de-
nuit ; tel est aussi celui des Chénopodées (320).

Pésentant en général de petites dimensions, l'embryon peut être globuleux, ovoïde, allongé, cylindrique,
plus ou moins aplati, droit ou courbé, annulaire, contourné en spirale, etc. Il offre déjà, sous un petit volume,
les principales parties constituantes du végétal adulte.
On y distingue généralement une *radicule* (fig. 321, *r*),

une *tigelle*, un ou deux *cotylédons* (*c*), et une *gemmule* (*g*).

**Radicule.** — Appelée à se transformer en racine, la *radicule* est une des extrémités de l'embryon, celle qui

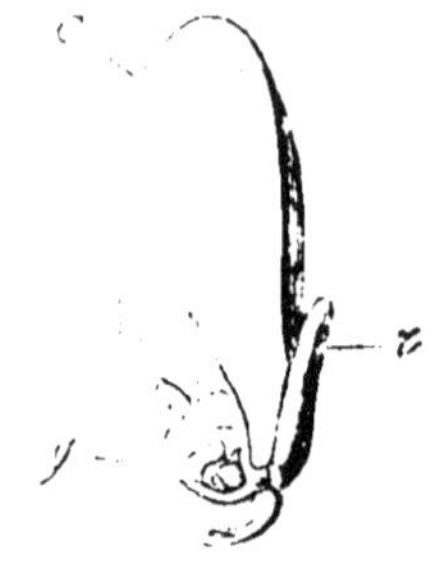

Fig. 319. — Cariopse du Blé grossi et coupé pour montrer le rapport des parties. On voit l'embryon accolé à un albumen abondant.

Fig. 320. — Coupe grossie d'une graine du *Chenopodium album*. L'albumen est enveloppé par l'embryon.

Fig. 321. — Embryon de Haricot dont on a enlevé un des cotylédons.

en constitue la base. Elle se dirige ordinairement vers le micropyle, de sorte qu'elle se montre opposée au hile et correspond au sommet de la graine quand celle-ci provient d'un ovule orthotrope, tandis qu'elle se rapproche plus ou moins du hile dans les graines anatropes ou campylotropes. Dans tous les cas, sa tendance caractéristique, pendant la germination, est de s'accroître de haut en bas, quelle que soit la position de la graine.

La radicule est tantôt libre, tantôt emprisonnée sous une membrane particulière que l'on nomme *coléorhize*. Elle est libre dans les plantes dicotylédones en général. Elle se présente alors comme une petite pointe n'ayant qu'à s'allonger pour former une racine dont la base est nécessairement unique.

Dans les plantes monocotylédones, la radicule (fig. 322) consiste en un mamelon ou tubercule qui s'allonge lors de la germination, pousse devant lui la coléorhize, et la déchire pour s'enfoncer dans le sol. Nous avons déjà vu que ce pivot dure peu et est remplacé par des racines multiples nées autour de lui.

**Tigelle.** — Au-dessus de la radicule, s'élève la *tigelle*, support très-mince, plus ou moins court, qui

Fig. 322. — Coupe grossie d'un fruit de Maïs, montrant le rapport des parties.

Fig. 323. — Embryon entier de Haricot, dépourvu de ses enveloppes.

soutient le corps cotylédonaire, et se termine supérieurement par la gemmule. La tigelle est peu facile à distinguer dans certaines plantes.

**Corps cotylédonaire.** — Le *corps cotylédonaire* (fig. 323), formant en quelque sorte les *mamelles* du petit végétal contenu dans la graine, s'épuise pendant la germination en le nourrissant de sa substance, et disparaît peu de temps après.

Lorsque l'embryon est seul dans le spermoderme, le corps cotylédonaire, chargé de fournir à son développement, présente souvent une épaisseur assez considérable ; tandis qu'il est toujours minime quand il a pour auxiliaire un albumen un peu volumineux.

Très-variable par sa forme, le corps cotylédonaire est composé d'une seule ou de deux pièces que l'on nomme *cotylédons*. Dans le premier cas (fig. 322, *e*), le cotylédon unique porte, sur un de ses côtés, une petite fente, entrée d'une cavité fort étroite où la gemmule est enfermée. Cette disposition tient à ce que le cotylédon s'insère toujours sur la tigelle à la manière d'une feuille engaînante. Dans le second cas (fig. 323), les deux cotylédons, appliqués l'un contre l'autre, cachent la gemmule entre leurs deux bases, et leur insertion se fait en arc de cercle.

Nous savons que la distinction des plantes en Monocotylédones et Dicotylédones repose sur cette différence de leurs embryons. Il est bon de savoir aussi que certains végétaux, quoique rangés dans la classe des Dicotylédons, présentent, non pas deux, mais trois, quatre, cinq et jusqu'à douze cotylédons; tels sont, par exemple, les Sapins et les Pins. Ajoutons cependant que plusieurs botanistes n'admettent, dans l'embryon de ces végétaux, que deux cotylédons, divisés chacun en un plus ou moins grand nombre de lanières.

**Gemmule.** — Quant à la *gemmule* (fig. 321, *g*), elle n'est autre chose qu'un tout petit bourgeon terminant l'embryon du côté opposé à la radicule, et formé d'une ou de plusieurs feuilles en miniature, presque imperceptibles. Pendant la germination, elle s'accroît en sens inverse de la radicule. C'est de son sein que s'échappent la tige, les feuilles, tous les organes du système ascendant.

Les feuilles de la gemmule, dans les embryons dicotylédonés, sont en général finement plissées et diversement appliquées entre elles. Dans les monocotylédones, on ne trouve qu'une seule feuille roulée sur elle-même, ou plusieurs emboîtées les unes dans les autres.

ALBUMEN.

L'*albumen* (1) est un dépôt de nourriture que l'em-

_____

(1) On l'appelle aussi *endosperme, périsperme,* etc.

mbryon absorbera pour se développer en plante. Simplement en contact avec l'embryon, il ne contracte jamais
avec lui aucune continuité organique.

C'est une masse de tissu cellullaire imprégnée de
principes divers, et très-variable par ses caractères physiques. Il est *farineux*, gorgé de fécule, dans le Blé,
l'Orge, le Maïs, etc. ; *charnu, oléagineux*, dans le Ricin
et autres Euphorbiacées ; *coriace*, en quelque sorte *car-
tilagineux*, dans un grand nombre d'Ombellifères ; *corné*
dans le Caféier ; *mince, membraneux*, dans la plupart des
Labiées.

Souvent très-volumineux par rapport à la masse to-
tale de la graine, il présente quelquefois les mêmes
proportions que l'embryon ; il peut enfin être beaucoup plus petit. Nous venons de voir qu'il varie beaucoup dans ses rapports avec lui.

Beaucoup de graines n'ont pas d'albumen. Quelques-
unes en ont deux. Ainsi dans les Nénuphars, à côté de
l'embryon, se trouve un albumen peu volumineux,
charnu, au-dessous duquel on en voit un autre de nature farineuse, très-considérable et qui achève de remplir la cavité du spermoderme. Les Poivres possèdent
également deux albumens.

A cela se bornent les détails assez minutieux que
nous avions à présenter sur le péricarpe et sur la graine.
Ils nous ont montré le fruit comme un organe extrêmement complexe, susceptible des plus nombreuses modifications dans sa structure, ainsi que dans ses apparences extérieures. Or, ces modifications, la plupart
d'une constance remarquable, constituent des caractères que le botaniste fait puissamment concourir à la
détermination et à la coordination des espèces. Leur
étude offre donc une grande importance, et nous devions
en présenter au lecteur les points principaux.

# PHYSIOLOGIE

Parvenus à l'époque de leur maturité, les fruits, dont nous nous occupions tout à l'heure, ne tardent point à se détacher de la plante sur laquelle ils ont pris naissance. Leur péricarpe s'ouvre, ou bientôt il se décompose, et les graines, devenues libres, n'attendent plus, pour germer, qu'un concours de circonstances favorables.

Mais ces graines, souvent fort nombreuses, ne germent point généralement au pied du végétal qui les a produites. Les individus qui en proviennent seraient trop rapprochés les uns des autres ; ils se nuiraient mutuellement ; ils ne sauraient venir à l'ombre de la plante mère. Ce n'est qu'après avoir été dispersées au loin, par des moyens très-divers, que la plupart des graines, subissant les phénomènes de la germination, fournissent de nouveaux individus, séparés ainsi par des distances quelquefois très-considérables.

Or, cette dispersion, cette *dissémination* des graines ou des fruits qui les renferment se présente à nous comme une transition naturelle entre l'organographie et la physiologie végétales ; elle sera le point de départ de nos études physiologiques. études qui auront pour objet les fonctions exécutées par les divers organes des plantes, ou si l'on veut, les nombreux phénomènes dont l'accomplissement assure la vie des végétaux.

# I DISSÉMINATION DES FRUITS ET DES GRAINES.

La dissémination des fruits ou de leurs graines se fait de différentes manières, suivant qu'ils sont charnus ou secs, déhiscents ou indéhiscents.

**Dissémination des fruits charnus.** — Il est des fruits charnus dont le péricarpe se détruit avant leur chute, sur le végétal même qui les porte ; telles sont, entre autres, les cerises. La plupart, au contraire, comme les pommes, les poires, les pêches, etc., tombent d'abord à la surface de la terre, où leur péricarpe se désorganise ensuite plus tôt ou plus tard.

Certains fruits charnus, produits par des herbes faibles, étalées à la surface du sol, se développent sur la terre, et ne deviennent indépendants que par la destruction de la tige ou du rameau qui les a nourris ; tel est le cas des courges, des melons, des concombres et autres fruits cucurbitacés.

Dans quelques-uns de ces fruits, notamment dans celui de l'Ecballion élastique, appelé vulgairement Concombre sauvage, le tissu de la partie centrale du sarcocarpe se détruit et se résout en un liquide mucilagineux pendant la maturation. Trop abondant pour être contenu dans la cavité du péricarpe, ce liquide presse fortement sur ses parois extérieures, résistantes, élastiques, et, s'ouvrant un passage, finit par s'élancer au dehors, à une assez grande distance, entraînant les graines avec lui. Sa sortie s'effectue par le point de jonction du fruit avec le pédoncule qui s'en sépare subitement.

Dans certaines drupes, le péricarpe devient un agent très-efficace de dissémination. Ainsi dans le *Dorstenia contrayerva*, plante du groupe des Morées, le péricarpe charnu se fend irrégulièrement à son sommet, et l'élaslicité de ses parois force le noyau à s'échapper brusquement par cette ouverture, par l'effet d'un mécanisme tout à fait analogue à celui au moyen duquel les enfants chassent entre leurs doigts des noyaux de cerise encore humides. M. le professeur Baillon, à qui l'on doit des observations très-précises sur ce sujet (1), a vu ces petits noyaux ainsi lancés à plus d'un mètre de distance.

C'est l'eau de la pluie qui se charge le plus souvent de transporter loin du lieu de leur naissance les fruits charnus ou les graines qui en proviennent.

En général, les semences des fruits charnus sont pourvues d'un spermoderme épais, ou même sont contenues dans un noyau très-solide qui en assure la conservation, en leur permettant de résister longtemps à l'action destructive des agents extérieurs, surtout de l'humidité. Le péricarpe succulent qui les enveloppe peut être considéré comme un engrais destiné à favoriser le développement de la plante qui en sortira ; il est aussi un appât pour les animaux qui s'en nourrissent et concourent, ainsi que nous le dirons tout à l'heure, à la dissémination des espèces auxquelles ces graines appartiennent.

**Dissémination des graines contenues dans les fruits secs et déhiscents.** — Parmi les fruits secs et déhiscents, il en est beaucoup dont le péricarpe, s'ouvrant peu à peu, ne laisse échapper les semences que d'une manière lente et graduelle. C'est le plus souvent de haut en bas qu'a lieu leur déhiscence, comme on peut le voir, par exemple, dans les capsules des Caryophyllées et dans la plupart des gousses des Légumineuses. Les graines supérieures, alors appelées à devenir libres les premières, sont aussi les premières à mûrir. On conçoit combien les secousses imprimées par le vent aux fruits

(1) Voy. *Adansonia*, 1870.

o dont nous parlons doivent favoriser la sortie, la dispersion de leurs semences.

La dissémination des graines reconnaît quelquefois
pour cause principale une élasticité vraiment remarquable des parties qui composent le péricarpe. Dans la
Balsamine, par exemple, le fruit a pour parois cinq
valves qui. à l'époque de la maturité, se disjoignent, se
courbent, se roulent tout à coup sur elles-mêmes, et
s'élancent au loin, emportant chacune avec elle une
partie des nombreuses semences contenues dans la cavité du péricarpe. Il suffit de toucher une capsule de
Balsamine pour provoquer ce singulier phénomène ;
il en est même une espèce que l'on nomme, à cause
de cela, Balsamine-n'y-touchez-pas (*Impatiens noli
tangere*, L.).

Dans les Géraniums, le fruit est à cinq loges, au milieu desquelles persiste la base accrue du style. A la maturité, les loges s'ouvrent du côté extérieur, en même
temps qu'elles se séparent les unes
des autres. Elles restent fixées chacune à une portion du style qui,
se détachant de bas en haut d'une
columelle centrale, se recourbe
brusquement en forme d'arc, de
manière à projeter à une certaine
distance les graines devenues libres.
Le fruit se présente alors sous la
forme d'une espèce de candélabre
à cinq branches (fig. 324) qui ne
tardent point à se détacher entièrement de l'axe qui les porte.

Parmi les fruits capsulaires, il
en est dans lesquels chaque graine
se montre munie d'un moyen par-
ticulier de dissémination. Dans plusieurs Bignoniacées,
par exemple, les graines ont pour moyen de dispersion

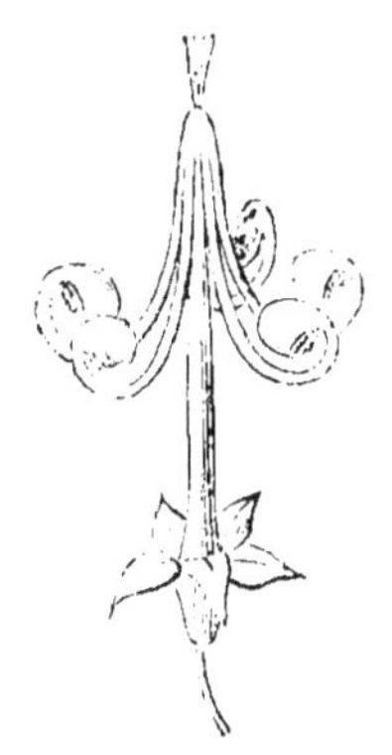

Fig. 324. — Fruit de Gé-
ranium, au moment de
la dissémination des
graines.

des espèces d'ailes membraneuses. Celles des Épilobes, des Saules, des Peupliers, des Asclépias, etc., sont munies d'une houpe de poils qui, divergeant par la sécheresse, les font sortir de leur péricarpe, et les soutiennent au sein de l'air, pendant que le vent les transporte à des distances plus ou moins grandes. Dans le Cotonnier, les semences sont garnies, sur leur surface entière, de poils abondants qui ont le même office à remplir; nous avons déjà dit que ces poils ne sont autre chose que le coton.

**Dissémination des fruits secs et indéhiscents.** — Beaucoup de fruits secs et indéhiscents ont aussi leurs moyens de dissémination.

Les uns, ceux de la Bardane, par exemple, hérissés de pointes aiguës, s'attachent à la toison de certains animaux, lesquels ne s'en débarrassent ordinairement qu'après avoir franchi des espaces plus ou moins étendus. Tels sont aussi les fruits du Gratteron (*Galium aparine*, L.).

D'autres, munis d'une ou de plusieurs expansions membraneuses faisant en quelque sorte office d'ailes, sont emportés par le vent à de grandes distances. Telles

Fig. 325. — Fruit ailé d'Érable.        Fig. 326. — Samare de Pin isolée.

sont les samares des Ormes, des Frênes, des Érables (fig. 325), des Pins (fig. 326), etc.

Les samares des Pins, indéhiscentes comme tous les

fruits du même genre sont enfermées dans un appareil particulier et déhiscent. Ces fruits se développent deux à deux à l'aisselle de pédoncules imbriqués qui, devenus ligneux, se soudent entre eux, et forment par leur ensemble ce qu'on appelle *cône* ou *pomme de Pin* (fig. 327).

Or, à la maturité, sous l'influence de la chaleur et de la sécheresse, ces pédoncules se séparent du sommet à la base du cône ; ils s'é-cartent peu à peu pour laisser sortir les fruits qu'ils abritaient, et qui se montrent alors munis de leur petite aile membraneuse.

Si la pluie survient pendant la déhiscence du cône, les écailles, sous l'influence de l'humidité, ne tardent pas à se rapprocher pour abriter de nouveau les fruits qui n'ont pas eu le temps de s'échapper, et que l'eau pourrait altérer s'ils restaient à découvert.

Fig. 327. — Fruit de Pin, au moment où les pédoncules lignifiés s'écartent pour laisser tomber les samares qui le composent.

Puis, aux premiers rayons du soleil, les écailles s'é-cartent encore, et ainsi de suite, jusqu'à ce que la dissémination se soit complétement effectuée.

Ces mouvements alternatifs des écailles comprises dans les cônes des Pins ne sont, comme on le voit, que de simples phénomènes d'hygroscopicité ; ils ont à la fois pour but la dissémination et la conservation des fruits.

Un mode de dissémination très-remarquable aussi est celui des Erodiums.

Dans ces plantes, comme dans les Géraniums dont nous parlions tout à l'heure, le fruit se compose de cinq loges pourvues d'un style dont la base persiste **sous** la forme d'une colonne centrale, longue et pointue.

A la maturité, et par l'effet de la dessiccation, **cette** colonne se divise en cinq lanières qui, se détachant **du** sommet à la base, s'isolent, se roulent en tire-bouchon (fig. 328), et, s'éloignant ainsi peu à peu de l'axe, finissent par désunir les loges qu'elles surmontent et où les graines sont contenues. En même temps, de longs poils, d'abord couchés à la surface de chaque lanière, s'étalent, comme pour donner **plus** de prise aux vents qui doivent transporter à des distances plus ou moins considérables cet appareil préparé de la sorte.

Fig. 328. — Portion d'un fruit d'*Erodium*, au moment de la dissémination.

Le vent transporte bien plus facilement encore les akènes qui, dans beaucoup de Composées, sont pourvus d'une aigrette. On peut citer comme un des plus curieux le mécanisme par lequel s'effectue la dissémination de ces fruits.

Ces aigrettes, dont nous avons indiqué ailleurs la nature morphologique, sont formées de poils très-hygroscopiques. D'abord humides et rapprochés les uns des autres, ces poils, à la maturité, deviennent secs, roides, et s'écartent en divergeant de bas en haut. Les aigrettes, prenant dès lors la forme d'autant de petites ombelles, doivent occuper une plus grande place; elles se pressent les unes contre les autres, s'inclinent vers la circonférence du capitule, et, dans ce mouvement, les akènes qu'elles couronnent s'ébranlent, se détachent de leur réceptacle commun.

Que le vent vienne à souffler....., et bientôt ces fruits seront dispersés dans l'atmosphère, où leur aigrette étalée les soutiendra comme une espèce de parachute. Ils tomberont cependant tôt ou tard à la surface du sol pour y germer loin, souvent bien loin du lieu qui les vit naître.

C'est ainsi, par exemple, que la Vergerette du Canada, apportée d'Amérique comme moyen d'emballage, s'est multipliée d'une manière prodigieuse dans la plupart des contrées de l'Europe. Chacun, du reste, a pu suivre ce mode particulier de dissémination sur des Composées plus communes, notamment sur le Pissenlit (fig. 329).

Ajoutons que, dans quelques-unes de ces plantes, le réceptacle, à la maturité, change de forme, devient convexe, de plan ou de concave qu'il était, ce qui facilite la séparation et, par suite, la dissémination des fruits dont il est le support commun.

Fig. 329. — Fruit de Pissenlit, muni de son aigrette soyeuse.

Il existe bien des fruits, bien des semences dont la structure n'offre aucune des dispositions que nous venons d'indiquer comme propres à favoriser leur dispersion sur la surface du sol. C'est par d'autres moyens non moins remarquables, que la nature, si féconde et si variée dans ses ressources, opère la dissémination de leurs espèces.

**Action des vents.** — La plupart des semences, dans nos climats, mûrissent pendant l'automne, saison de vents et de pluies. A chaque instant, alors, d'innombrables graines, d'innombrables fruits, pris parmi les plus légers, sont séparés de leur plante mère par de violents tourbillons qui les transportent loin de leur point de départ, souvent à de grandes hauteurs, quelquefois sur le faîte de nos maisons et de nos édifices. Ainsi s'explique, par exemple, la présence si commune de divers Orpins sur nos toits, de la Giroflée jaune sur nos vieux murs.

**Courants d'eau.** — D'autres moyens puissants de dispersion pour les fruits, pour les graines, sont les courants d'eau. En descendant du haut des montagnes, l'eau de la pluie entraîne bien des semences dans les torrents, qui les versent à leur tour dans les rivières. Ces semences, légères ou lourdes, flottent à la surface du liquide ou roulent au fond avec le sable. Elles peuvent être jetées tôt ou tard par les flots sur le rivage, et produire ainsi, dans une vallée, dans une plaine, des végétaux dont la station naturelle est le sommet des montagnes.

**Animaux frugivores ou herbivores.** — Les animaux eux-mêmes qui dévorent tant de fruits, tant de graines, contribuent néanmoins à la dissémination d'un grand nombre d'espèces végétales.

Certains oiseaux se nourrissent de fruits charnus. Lorsque, protégées par un noyau, les graines de ces fruits résistent à l'action digestive, l'animal les rend intactes avec ses excréments, presque toujours après avoir franchi d'un vol plus ou moins soutenu des distances fort considérables. Beaucoup de quadrupèdes vivant à l'état sauvage se nourrissent de plantes herbacées. Or, au lieu de digérer toutes les semences que ces plantes peuvent porter, ils vont, à leur insu, dans des localités nouvelles, en déposer plusieurs qui ont conservé leur faculté germinative.

**Concours de l'homme lui-même.** — L'homme concourt puissamment, à son tour, à répandre bien des espèces végétales, celles surtout qu'il cultive ou comme utiles ou comme agréables. Nous avons transporté dans les pays les plus lointains une foule de plantes européennes, et il n'est pas rare de voir réunis, dans un

de nos plus modestes jardins, des végétaux venus de
toutes les parties du monde.

Ce ne sont pas seulement des espèces utiles ou agréables que nous répandons, par la culture, à la surface
du globe, mais aussi, sans le vouloir, beaucoup de
plantes nuisibles qui suivent partout les bonnes. C'est
ainsi, par exemple, que nous avons introduit dans nos
champs, au grand détriment de l'agriculture, le Bluet
et le Coquelicot, en même temps que les Céréales, com-
pagnes inséparables de l'homme civilisé.

Telle est, dans ses principaux moyens, la dissémination des graines à la surface de la terre.

## LES GRAINES SONT PRODUITES AVEC PROFUSION DANS LA PLUPART DES ESPÈCES.

On devine à combien de chances de destruction sont
exposées ces graines, livrées à elles-mêmes, emportées
loin de la plante qui leur donna naissance. Beaucoup
d'entre elles, il est vrai, rencontrent tôt ou tard les
conditions favorables à leur germination ; mais combien
d'autres sont dévorées par les animaux, pourries par un
excès d'humidité, ou desséchées par la chaleur trop intense des rayons du soleil !

Aussi, pour assurer la conservation de leurs innombrables espèces, la nature les produit-elle généralement
avec une incroyable profusion. Une capsule de Pavot
somnifère peut contenir plus de trois mille graines;
et l'on a compté sur un pied d'Orme, dans une seule
saison, jusqu'à cinq cent mille fruits.

Parmi les végétaux qui se font remarquer par la facilité, par la promptitude avec laquelle ils se propagent,
on trouve en première ligne un grand nombre d'espèces
qui, n'ayant aucune utilité, nuisent à l'agriculture en
souillant nos récoltes, en prenant la place des bonnes.

On sait, en effet, combien de soins assidus sont nécessaires pour débarrasser nos terres arables des Ronces, du Chiendent, des Chardons et de mille autres mauvaises plantes qui tendent sans cesse à les envahir.

## GERMINATION.

Il existe dans les contrées équinoxiales, où règne une température élevée et à peu près uniforme, des espèces dont la puissance de végétation n'est jamais suspendue.

Leur embryon ne subit aucun arrêt, aucun intervalle de repos dans son développement; il commence à se transformer en plante adulte aussitôt après, ou même avant la chute de la graine qui le contient. Les générations, dans ces espèces végétales exotiques, se succèdent sans interruption, comme dans les espèces animales qui, mettant bas des petits vivants, reçoivent l'épithète de *vivipares*.

Mais ce n'est là qu'une exception à la règle générale. Dans la grande majorité des plantes, notamment dans toutes celles qui peuplent nos régions tempérées, l'embryon, au lieu de s'accroître d'une manière continue, reste quelque temps stationnaire, après que la semence s'est détachée de la plante qui l'a produite. Il cesse alors de donner signe de vie, pendant un laps de temps plus ou moins considérable. Puis, si les circonstances le permettent, il s'anime d'une activité nouvelle, grandit insensiblement, et, s'ouvrant un passage à travers l'enveloppe de la graine, il s'enracine dans la terre, il s'élève dans l'air; il quitte enfin l'état d'embryon pour se convertir en véritable végétal.

Or, on est convenu d'appeler *germination* l'ensemble des phénomènes qui se produisent dans la semence, pendant que l'embryon, sorti de son engourdissement plus ou moins prolongé, se transforme ainsi en un végétal semblable sous tous les rapports à ceux dont il descend. La germination est donc aux plantes ce que l'incubation est aux oiseaux et aux autres animaux *ovipares*.

## CONDITIONS NÉCESSAIRES A LA GERMINATION.

**Age de la graine.** — Pour qu'une graine ait la faculté de germer, il faut qu'elle soit mûre ou à peu près mûre. Lorsqu'elle est trop jeune, elle reste stérile; elle se décompose au milieu des circonstances les plus favorables à la germination.

Il est des graines, entre autres celles du Caféier, des Lauriers, de la Fraxinelle, etc., qui perdent en quelques jours leur faculté germinative. Beaucoup d'autres, au contraire, se montrent susceptibles de germer très-longtemps après leur récolte; il en est même qui conservent cette faculté en quelque sorte indéfiniment.

On a vu lever des graines de Melon qui n'avaient pas moins de quarante ans. On a fait germer, à Paris, des graines de Haricot restées cent ans environ dans l'herbier de Tournefort. On cite aussi des graines de Sensitive comme ayant germé après plus de cent ans d'existence. Et enfin, s'il fallait en croire les Arabes, certaines graines trouvées dans les tombeaux de l'ancienne Thèbes germeraient encore de nos jours tout aussi bien que celles de la dernière récolte. On a même conseillé, dans ces derniers temps, la culture d'un prétendu *blé de momie* qu'on présentait comme doué d'une fertilité prodigieuse. Mais des expériences récentes ont fait justice de ces exagérations, et l'on sait aujourd'hui que les Blés des vieux tombeaux égyptiens ne sont plus susceptibles de germer. Ce sont, en général, les semences des Cucurbitacées et des Légumineuses qui conservent le plus longtemps leur faculté germinative.

La germination exige, pour s'effectuer, le concours de trois agents indispensables : l'air, l'eau, le calorique.

**Influence de l'air.** — Toujours impossible en l'absence complète de l'air, la germination est déjà nulle dans le vide imparfait de la machine pneumatique. Il en est de même au sein de l'hydrogène, de l'azote, de l'acide carbonique purs, tandis qu'elle a lieu dans ces gaz. quoique avec lenteur, dès qu'ils renferment un huitième d'oxygène, surtout quand on a soin de renouveler fréquemment le mélange gazeux. Jamais elle ne s'opère mieux que dans un mélange où l'oxygène entre pour un quart. proportion très-voisine de celle qui existe naturellement dans l'atmosphère. L'oxygène pur ou une atmosphère trop riche en oxygène empêchent la germination, non pas, comme on l'a si souvent répété, parce que le gaz imprime à la graine une suractivité vitale qui l'épuise bientôt, mais, tout au contraire, parce que, dans ces circonstances, les combustions organiques sont retardées ou arrêtées par l'excès de tension de l'oxygène. C'est ce qui découle d'une manière évidente des belles recherches de M. le professeur Bert sur l'influence qu'exercent les variations de la pression barométrique sur les êtres vivants.

Une semence enfouie trop profondément dans la terre, à l'abri du contact de l'air, y reste inerte ; elle ne germe point. Lorsqu'on défriche une forêt, lorsqu'on défonce plus ou moins profondément un terrain quelconque resté longtemps sans culture, on le voit ordinairement se couvrir tout à coup de végétaux qui n'y avaient point paru depuis vingt, trente, cinquante ans, ou même depuis plusieurs siècles, suivant le laps de temps pendant lequel ce terrain fut inculte.

Or, comment concevoir la venue de ces plantes nouvelles sans admettre que leurs semences existaient dans les profondeurs du sol, attendant, pour sortir de leur longue inertie, pour subir les phénomènes de la germination, qu'une circonstance les ramenât à la surface, au contact vivifiant de l'atmosphère ?

L'oxygène de l'air est indispensable à la germination ; cela résulte des observations qui précèdent. Reste à savoir quel est son rôle, sa manière d'agir dans cet acte important.

Au commencement de leur existence, avant leur maturité, les graines sont formées d'un tissu très-délicat, gorgé d'humidité ; elles contiennent une quantité considérable de substances solubles dans l'eau, du mucilage, du sucre, etc. Mais, en mûrissant, elles absorbent peu à peu l'acide carbonique de l'air, dont elles s'approprient le carbone, et de notables changements surviennent dans leur composition, ainsi que dans leurs caractères physiques.

Examinées à l'époque de leur complet développement, la plupart des graines fournissent à l'analyse, en proportions très-diverses, de la fécule, de la gomme, une matière azotée, une matière grasse, et plusieurs principes de nature inorganique. Leur substance est devenue compacte, sèche, à peu près insoluble. Elles sont alors susceptibles d'une conservation plus ou moins prolongée ; tandis que, dans leur jeunesse, elles se corrompent très-promptement.

L'oxygène de l'air, pendant la germination, imprime à ces semences mûres des modifications profondes, en leur enlevant une partie du carbone qu'elles s'étaient incorporé dans la dernière phase de leur développement ; il les ramène en quelque sorte à leur état primitif. Une expérience bien simple suffit pour démontrer cette action chimique de l'oxygène.

On fait germer une ou plusieurs semences à la surface d'un bain de mercure, sous une cloche remplie d'air ; et, au bout de quelques jours, le phénomène étant accompli, l'on constate que l'air contenu dans la cloche a perdu une partie notable de son oxygène, sans avoir toutefois sensiblement changé de volume, car, en même temps, il s'y est formé de l'acide carbonique en proportion à peu près équivalente.

Or, chacun sait que le carbone, en brûlant dans un volume déterminé d'oxygène, donne un volume égal d'acide carbonique. Il est donc hors de doute que les graines éprouvent, en germant, une véritable décarburation, et que l'acide carbonique produit à ce moment est le résultat d'une combinaison entre une partie de leur carbone et l'oxygène de l'air.

En même temps que cette soustraction de carbone s'opère, il se forme au sein de la graine, sous l'influence de la chaleur et de l'électricité développées par l'action de l'oxygène, un principe particulier, désigné sous le nom de *diastase*. Cette substance, encore incomplétement connue dans sa composition, jouit de la propriété (1) d'agir sur la fécule et d'en amener la transformation, d'abord en *dextrine*, puis en sucre ou *glucose*, c'est-à-dire en produits solubles dans l'eau, susceptibles par conséquent de nourrir la jeune plante; tandis que la fécule, tout à fait insoluble, du moins à la température ordinaire, est impropre à être assimilée telle quelle.

La germination, que Mirbel comparait à une fermentation, et que nous présentions tout à l'heure comme une simple décarburation des substances contenues dans la graine, peut donc être considérée aussi comme une

(1) Cette propriété mal connue (ce qui tient sans doute à ce que la chimie n'est pas encore parvenue à isoler la diastase à l'état de pureté), a été rangée, sous le nom d'*action catalytique*, au nombre de ces prétendues forces mystérieuses dont l'intervention commode a servi si longtemps à masquer notre ignorance des phénomènes naturels. Un nombre assez considérable de faits attribués à la force catalytique ont déjà reçu une explication scientifique, pour qu'il soit permis d'espérer qu'il en sera bientôt de même dans le cas dont il est ici question.

saccharification, comme une espèce de glycogénie. Mais il paraît qu'elle s'accompagne de phénomènes accessoires, car MM. Becquerel, Edwards et Colin ont constaté dans les graines germées, en même temps qu'une grande quantité de sucre, une certaine proportion d'acide acétique (1).

La composition des graines est d'ailleurs extrêmement variable et complexe, et si les phénomènes chimiques de la germination sont à peu près connus dans leur ensemble, dans leur résultat final, il s'en faut de beaucoup que nous puissions en dire autant quand on les considère dans leurs détails; et il est certain que cette partie de l'histoire des plantes appelle de patientes et sérieuses recherches.

Voyons maintenant quelle est l'action de l'eau dans les phénomènes de la germination.

**Influence de l'eau.** — Si quelques semences paraissent, au premier abord, germer sans le secours de l'eau, c'est qu'elles se trouvent dans un air humide, ou bien en contact avec un corps spongieux qui leur communique, à notre insu, de faibles doses d'humidité.

L'eau s'insinue dans toutes les parties d'une graine germante. Après en avoir imbibé, ramolli l'enveloppe, elle pénètre dans son intérieur, la gonfle au point d'en doubler quelquefois le volume, d'où résulte ordinairement la rupture du spermoderme. En même temps, l'eau dissout les substances contenues dans le corps cotylédonaire et dans l'albumen, quand il existe ; elle les transforme en une sorte d'émulsion qui devient la première nourriture, pour ainsi dire le lait de la jeune plante. Celle-ci, dès lors, s'accroît insensiblement, et, à la fin de la germination, sa radicule et sa gemmule sortent

(1) La production d'un acide pendant la germination est très-facile à constater. Il suffit, pour cela, de faire germer des graines sur du papier humide de tournesol bleu ; celui-ci rougit fortement.

sans peine de la semence par les fissures qui se sont préalablement formées dans les enveloppes.

C'est donc en gonflant la graine et en servant de dissolvant, de véhicule indispensable aux principes nutritifs de la plante naissante, que l'eau concourt à la germination. Il est probable, en outre, qu'elle subit dans la graine une décomposition partielle, et que ses éléments, une fois séparés, prennent une certaine part aux phénomènes chimiques dont la germination s'accompagne.

Quoi qu'il en soit, dans une eau trop abondante, les graines, au lieu de germer, ne tardent point à se corrompre, à l'exception pourtant de celles qui appartiennent à des espèces aquatiques. Encore, dans ce cas, faut-il que le liquide renferme de l'air; il n'y a pas de germination possible au sein de l'eau dépourvue d'oxygène en dissolution.

Nous devons remarquer aussi que la continuité de l'action de l'eau n'est pas absolument nécessaire pour que la germination arrive à bonne fin. Quand des graines en germination viennent, par une cause quelconque, à se dessécher, elles ne sont pas pour cela fatalement destinées à périr. Beaucoup d'entre elles, au contraire, reprennent leur activité vitale au retour de l'humidité, et l'expérience prouve que cette alternative peut être plusieurs fois répétée sans faire perdre à l'embryon la faculté de se développer en plante; ce développement se trouve seulement retardé. On comprend quel rôle important ces phénomènes doivent jouer dans la grande culture, sans que nous ayons à nous étendre plus longuement sur ce sujet.

**Influence du calorique.** — L'action combinée de l'air et de l'eau, que nous venons de reconnaître comme indispensable à la germination, resterait toujours impuissante sans le concours d'une certaine température tout aussi nécessaire. Au-dessous du zéro thermométrique, l'eau se congèle, et la germination, conséquemment, ne saurait avoir lieu. Sous l'influence d'une forte chaleur, à 45 ou 50 degrés, par exemple, l'eau s'évapore promptement, le sol devient aride, les graines elles-mêmes se dessèchent au lieu de germer.

La germination se montre languissante ou même nulle, pour le plus grand nombre des graines, à quelques degrés seulement au-dessus de zéro. C'est de 15° à 30°, qu'elle offre toute l'activité dont elle est susceptible, surtout lorsque cette température s'accompagne d'une humidité suffisamment abondante. Aussi n'est-ce point en hiver, ni même en été, mais au printemps et en automne, saisons à la fois tempérées et humides, que la plupart des graines entrent en germination dans nos climats.

Il va sans dire, au reste, que le degré de chaleur le plus favorable à la germination varie suivant les pays, comme aussi suivant les espèces. Dans tous les cas, le calorique est l'excitant spécial qui fait sortir l'embryon de son état de torpeur, et rien, sous ce rapport, ne saurait le remplacer.

Des expériences déjà anciennes ont montré que les graines peuvent être soumises à des variations de température très-étendues sans perdre la faculté de germer. L'élévation du calorique peut être portée jusque vers 100° centigrades dans l'air sec, les graines ayant été elles-mêmes préalablement desséchées autant que possible, à une basse température. Beaucoup de graines germent encore après avoir subi pendant plusieurs minutes le contact du mercure congelé (1).

_______

(1) La congélation du mercure a lieu vers 40° au-dessous de zéro.

## INFLUENCES ACCESSOIRES.

L'air, la chaleur et l'eau constituent les trois agents indispensables à l'accomplissement des phénomènes germinatifs, et il est facile de s'assurer par des expériences très-simples qu'ils sont en même temps suffisants. Toutefois les graines se trouvent dans la nature constamment soumises à d'autres influences, telles que la lumière, l'électricité, dont le rôle ne saurait être totalement passé sous silence. De plus, certains agents sont quelquefois mis en pratique, dont nous devons aussi examiner l'action.

**Influence de la lumière.** — On admet généralement dans la pratique que les semences ne lèvent bien qu'à l'ombre; que la lumière a la faculté de ralentir sensiblement la germination. Cependant, de Saussure a fait quelques expériences qui tendent à infirmer cette opinion. En mettant séparément des graines de même espèce sous deux cloches, dont une opaque et l'autre transparente; en les exposant ensuite à la même clarté et à la même température, il vit, dit-il, qu'elles germaient également bien. Il en conclut que, si la germination languit, s'arrête même sous l'action trop vive du soleil, ce n'est pas la lumière qu'il faut accuser, mais les rayons calorifiques qui l'accompagnent, et qui provoquent avec plus ou moins de promptitude la dessiccation de la semence. La pratique de l'enfouissement des graines s'explique donc naturellement par ce fait que la couche de terre qui les recouvre s'oppose à la fois à un échauffement trop considérable et à une dessiccation trop rapide.

**Influence de l'électricité.** — Il résulte d'expériences faites par M. Becquerel, qu'une semence électrisée négativement germe bien, avec une rapidité plus qu'ordinaire ; tandis que les graines électrisées positivement ne germent qu'avec lenteur. Ajoutons même que, dans ce dernier cas, l'embryon ne tarde point à périr.

Quant à l'influence que l'électricité de l'air atmosphérique exerce naturellement sur la germination, elle est jusqu'ici peu connue.

**Influence de la chaux.** — La chaux est avide d'acide carbonique ; elle facilite la germination sans doute en absorbant celui qui se produit pendant cet acte et en accélérant ainsi la décarburation de la graine.

Les agriculteurs en font souvent usage pour *chauler* les semences de Froment ou d'autres Céréales, au moment où ils vont les confier à la terre ; ils les humectent avec de l'eau tenant en suspension une certaine quantité de cette substance, opération dont le but principal est de prévenir la *carie* et le *charbon*, en détruisant les germes cryptogamiques qui pourraient se trouver mêlés aux grains de la Céréale (1).

**Influence du chlore et de quelques autres agents.** — On sait, d'après des expériences de Humboldt, que le chlore imprime à la germination une activité vraiment remarquable. Sous son influence, les graines du Cresson alénois germent en cinq ou six heures, tandis qu'il leur en faut de trente-six à trente-huit dans les conditions ordinaires. De vieilles semences qui avaient refusé de lever par les moyens habituels ont germé facilement lorsqu'on a pris la précaution de les plonger dans une solution de chlore avant de les mettre en terre.

Comment ce gaz se comporte-t-il pour produire de tels résultats ? S'empare-t-il d'une certaine quantité de l'hydrogène de l'eau, et met-il ainsi en liberté de l'oxygène appelé à s'unir au carbone de la graine ? On

_______________

(1) On emploie fréquemment dans le même but le sulfate de cuivre ou le sulfate de soude.

ne peut admettre à cet égard, dans l'état actuel de la science, que de simples conjectures.

Les acides sulfurique et nitrique étendus d'une grande quantité d'eau, le sulfate de peroxyde de fer, la litharge, et en général toutes les substances qui cèdent facilement leur oxygène, exercent une action analogue sur les graines en germination.

Nous devons ajouter toutefois que les germinations qui s'effectuent sous l'empire de ces excitants artificiels, surtout s'ils sont employés à trop forte dose, n'arrivent que rarement à bonne fin : la jeune plante pousse d'abord avec vigueur, mais bientôt elle se ralentit dans sa croissance et ordinairement elle ne tarde pas à périr.

**Influence du sol.** — C'est dans le sol que la plupart des graines sont appelées à subir les phénomènes de la germination.

Le sol n'est point indispensable à cet acte ; mais il peut, selon sa nature, le faciliter ou le retarder. Il est en quelque sorte pour les semences un régulateur chargé de leur communiquer peu à peu la chaleur et l'humidité nécessaires ; il doit aussi permettre aisément leur contact avec l'air atmosphérique.

S'il est meuble, léger, siliceux, très-perméable à l'air, il convient d'y placer les graines à une certaine profondeur, afin d'éviter la sécheresse qui règne ordinairement à sa surface. Dans un sol argileux, humide et compacte, c'est au contraire tout près de la surface que les semences doivent être déposées. Elles y trouvent une humidité suffisante ; plus profondément, elles manqueraient d'air.

Les agents qui déterminent la germination ou qui sont susceptibles d'en modifier la marche nous étant sommairement connus, nous devons maintenant considérer cet acte en lui-même, et dire un mot sur les phénomènes qui le constituent, sur l'ordre qu'ils suivent dans leur succession.

## PHÉNOMÈNES DE LA GERMINATION.

Placée dans des conditions favorables à la germination, une semence, nous l'avons dit, s'imprègne peu à peu d'humidité. Par suite, elle augmente insensiblement de volume, au point que bientôt son enveloppe se déchire. En même temps, la substance qui en compose le corps cotylédonaire et l'albumen change de nature, se dissout, devient émulsive, et l'embryon, dès lors, absorbant cette nourriture, commence à se développer.

La radicule est toujours la partie de l'embryon que l'on voit sortir la première par l'ouverture des téguments rompus. Dès cette époque, l'espèce de polarité dont nous avons déjà parlé exerce son action sur la direction des diverses parties de la jeune plante, et, quelle que soit la position de la graine, la radicule s'infléchit vers le centre de la terre. Un peu après elle, plus tôt ou plus tard suivant les espèces, la jeune tige fait également son apparition au dehors, et se dirige vers le ciel.

Nous avons déjà dit que la cause déterminante de cette direction inverse est invincible et nous avons cité quelques expériences à l'appui. En voici une autre fort concluante :

Duhamel introduisit, dans des tubes d'un certain diamètre, plusieurs graines d'un diamètre à peu près égal ; puis, après avoir couvert ces graines avec de la terre humide, il suspendit les tubes de telle manière que les radicules étaient tournées en haut, et les gemmules en bas. Or, les premières ne pouvant monter, pas plus que les secondes descendre, les unes et les autres, en poussant, se contournèrent en spirale.

Dans les semences des Dicotylédones, la radicule,

libre, sous forme d'un cône plus ou moins allongé, s'accroît sans obstacle, du moins dans les circonstances ordinaires, et devient bientôt une racine à base unique.

Bien différente dans les Monocotylédones, la radicule s'y montre emprisonnée sous une coléorhize. Pendant la germination, elle s'allonge, pousse devant elle cette membrane, finit par la déchirer ; en même temps, de petits mamelons cellulaires se développent autour de sa base et se comportent de même. Il en résulte autant de fibres radicales dont l'ensemble constitue une racine multiple.

Pendant que la radicule se développe, la tigelle à son tour s'allonge, et la gemmule, s'échappant du corps cotylédonaire, ne tarde point à paraître au-dessus du sol où elle vient étaler ses petites feuilles au sein de la lumière et de l'air.

Lorsque la tigelle de l'embryon demeure très-courte, les cotylédons restent cachés sous terre ; ils y diminuent peu à peu de volume, se flétrissent et disparaissent ; on les dit alors *hypogés*. Tel est celui des Graminées ; tels sont ceux du Marronnier d'Inde, du Chêne, etc.

Dans la plupart des plantes, au contraire, les cotylédons sont *épigés*. La tigelle, en poussant, les élève au-dessus du sol, comme on le voit, par exemple, dans le Tilleul, dans le Haricot, etc.

Exposés à l'action de l'air et de la lumière, les cotylédons épigés revêtent bientôt, en général, l'apparence des feuilles. Ils s'étalent, deviennent verts, s'amincissent insensiblement ; puis ils s'épuisent et tombent. On les nomme *feuilles séminales*, et l'on donne l'épithète de *primordiales* aux premières feuilles sorties de la gemmule.

L'albumen, quand il existe, s'épuise et finit par disparaître à son tour comme les cotylédons, car il sert comme eux à nourrir la plantule. Aussi les cotylédons sont-ils alors minces, foliacés ; tandis qu'ils ont plus d'épaisseur, beaucoup plus de volume dans les embryons qui manquent de ce puissant auxiliaire.

Pour empêcher la germination d'une graine, il suffit d'enlever, soit son albumen, soit son cotylédon ou ses cotylédons. Si l'on prive d'un cotylédon une semence qui en possède deux, l'embryon se développera, mais incomplétement et avec lenteur, comme un être mal nourri et débile. Si l'on coupe en deux moitiés symétriques un embryon dicotylédoné, chacune de ces moitiés, pourvue d'un cotylédon, germera à peu près aussi bien qu'un embryon entier.

### DURÉE DE LA GERMINATION.

Ajoutons enfin, en supposant la graine intacte et placée dans des conditions favorables, que la germination est loin de mettre le même temps à s'effectuer dans toutes les espèces; qu'il y a sous ce rapport la plus grande diversité. Le Cresson alénois, par exemple, germe en moins de deux jours; les Haricots en trois ou quatre jours; les Melons en cinq ou six; les Graminées en une semaine.

Beaucoup de graines, entourées d'un spermoderme épais et dur, ou contenues dans un noyau ligneux, séjournent fort longtemps en terre sans donner aucun signe de germination. Ce n'est qu'au bout d'un an que les semences de l'Amandier et du Pêcher commencent à germer. Celles du Noisetier, des Rosiers, du Cornouiller, etc., restent inertes pendant un an ou deux.

Du reste, les graines germent plus vite, toutes choses égales d'ailleurs, quand on les sème immédiatement après la récolte, que lorsqu'on les a laissées vieillir. Si l'on avait à semer des graines desséchées, racornies par l'âge, on pourrait en accélérer la germination en les faisant macérer, pendant quelques heures, dans de l'eau à une douce température, avant de les confier au sol.

# ABSORPTION, ASCENSION ET CIRCULATION
# DE LA SÈVE.

## ABSORPTION DE LA SÈVE.

Après la germination, le végétal, ayant épuisé le dépôt de nourriture contenu dans la graine, absorbe, au sein de la terre et de l'air, tous les matériaux désormais nécessaires à son développement. Telle est la première condition de sa nouvelle existence.

C'est dans le sol, et au moyen de sa racine, que la plante puise, sous forme liquide, la plus grande partie de sa nourriture.

La racine, dans cet acte, agit principalement par la partie terminale et celle de ses nombreuses divisions.

Pour empêcher une racine d'accomplir sa fonction d'absorption, il suffit, en effet, de la priver entièrement de son chevelu. Aussi les agriculteurs, au lieu de le détruire, en laissent-ils le plus possible aux racines des arbres qu'ils ont à transplanter; ils savent que le succès de la transplantation dépend en grande partie de ce soin.

Voici, du reste, une expérience bien propre à démontrer que c'est l'extrémité des racines qui est surtout pourvue de la faculté d'absorption.

Dans deux verres pleins d'eau, l'on plonge séparément deux végétaux arrachés depuis peu, deux Radis, par exemple. On les dispose de telle façon que l'un d'eux s'enfonce au sein de l'eau seulement par l'extrémité de sa racine; tandis que, dans l'autre, le corps de la racine étant immergé, l'extrémité se recourbe et paraît au-dessus du liquide.

Or, l'on constate, au bout d'un certain temps, que

la première de ces plantes, continuant à végéter presque aussi bien qu'à l'état normal, conserve à peu de
chose près toute sa fraîcheur. Donc l'extrémité de sa
racine suffit à l'absorption de l'humidité nécessaire à
son entretien. Quant à l'autre, placée dans des conditions inverses, elle ne tarde point à se flétrir. D'où il
faut bien conclure que toutes les parties de la racine,
sauf l'extrémité, n'absorbent que d'une manière insuffisante.

Ce fait n'est pas sans importance en agriculture :
il nous apprend que les engrais, de même que l'eau
des irrigations, ne doivent point être déposés près du
tronc des arbres, comme on le pratique ordinairement,
mais loin de là, dans la région circulaire où vont se terminer les divisions de la racine. C'est ce qui arrive pour
l'eau de la pluie, qui tombe naturellement à une certaine distance du pied des arbres après avoir glissé sur
leur feuillage.

On peut se rendre compte assez facilement du rôle
que remplissent dans le sol les extrémités radicellaires.
Il suffit pour cela de se rappeler que, la racine s'allongeant sans cesse par ses extrémités, celles-ci sont formées d'un tissu toujours nouveau, très-délicat, très-
hygroscopique, et d'autant plus apte à pomper les sucs
en contact avec lui, que les parois de ses cellules sont
plus minces.

Les racines, éminemment propres à absorber les liquides, se montrent au contraire impuissantes à saisir les
matières solides contenues dans le sol ; elles n'y puisent
que des liquides, dont elles s'emparent avec plus ou
moins de facilité, suivant qu'ils sont plus ou moins
fluides, leur choix n'étant jamais déterminé par les
besoins du végétal.

Du sulfate de cuivre dissous dans l'eau constitue
pour la plante un véritable poison, et pourtant la racine
s'en empare avec avidité ; tandis qu'elle agit faiblement

et avec lenteur dans une solution de gomme, laquelle est alimentaire, bienfaisante, mais très-visqueuse, moins fluide que le solutum de sulfate de cuivre.

Toute substance insoluble dans l'eau, comme le carbone et la silice, par exemple, résiste à l'action des racines, même lorsqu'elle est suspendue à l'état pulvérulent dans ce liquide, et quelle que soit sa ténuité. L'absorption, n'ayant de prise que sur le liquide, devient en quelque sorte une filtration pour la substance insoluble.

Nous verrons tout à l'heure que c'est par endosmose que ces liquides s'introduisent dans la racine. Il n'est donc pas étonnant que les plus fluides, c'est-à-dire les moins denses, y pénètrent avec le plus de facilité.

Jamais l'eau ne cède plus facilement à l'action absorbante des racines que lorsqu'elle est à l'état de pureté (1). Mais alors, contrairement à l'opinion des anciens, elle est incapable de suffire à la nutrition du végétal. Formée seulement d'oxygène et d'hydrogène, comment pourrait-elle, en effet, fournir aux plantes la plupart de leurs principes constituants, tels que le carbone, l'azote, différents sels, divers oxydes, etc.?

Aussi, loin d'être pure, l'eau qui se trouve naturellement dans le sol, à la portée des racines, renferme-t-elle en solution beaucoup de substances qui lui sont étrangères, et qui, introduites par elle dans le tissu des végétaux, concourent puissamment à leur alimentation et à leur composition chimique. Elle est le véhicule de toutes ces substances, et, comme telle, indispensable à la végétation. Elle cède, en outre, ses propres éléments à la plante... Nous aurons plus tard à revenir sur son rôle, qui est complexe, comme on le voit.

Pendant que la racine pompe, au sein de la terre,

(1) Il est bien entendu qu'il s'agit ici de la pureté chimique, c'est-à-dire de l'eau distillée.

cette eau chargée de principes nutritifs, les parties vertes du végétal, notamment les feuilles, peuvent puiser
dans l'air une humidité plus ou moins abondante, nécessaire aussi à la végétation.

Il n'est pas absolument nécessaire que la plante soit
en contact avec l'eau par ses racines, pour que l'absorption puisse se faire, au moins pendant quelque temps.
Celle ci s'exerce encore sur des parties de végétal plongées dans le liquide. On sait en effet qu'une branche
détachée de son tronc, plantée comme *bouture*, dans
une terre humide, peut s'y entretenir fraîche jusqu'à
ce qu'elle ait développé des racines qui en feront un
végétal à part et complet. Il faut, dans ce cas, pour que
l'absorption s'effectue, que la section de la tige ou du
rameau soit nette et récente.

Les racines elles-mêmes perdent leur pouvoir d'absorption, en se desséchant au contact de l'atmosphère.
Aussi les jardiniers ont-ils le soin de placer dans un
milieu toujours humide la racine des arbres qu'ils ont
arrachés pour les replanter tôt ou tard ailleurs. Ils cou-
pent même souvent l'extrémité des divisions radicellaires, lesquelles, mutilées ainsi, viennent au secours
des extrémités restées intactes (1).

Quant à la faculté d'absorption dont les feuilles sont
douées, elle est aussi mise en évidence par des faits naturels qui se passent chaque jour sous les yeux de tout
le monde. On sait, par exemple, que les végétaux de nos
parterres souffrent, se fanent en été, sous l'action des-
séchante d'un soleil de midi; tandis qu'ils reprennent
leur force, leur fraîcheur, pendant la nuit ou le matin,
sous l'heureuse influence de la rosée, condensée par l'a-
baissement de la température, et saisie par les feuilles.

Il est vrai que M. Duchartre a rendu compte de

_______

(1) Cette mutilation a d'ailleurs pour effet de hâter la production
de nouvelles radicelles.

quelques expériences tendant à démontrer que les parties aériennes des plantes n'absorbent point la rosée qui peut se déposer à leur surface, et qu'elles ne s'emparent même pas de l'humidité contenue dans l'atmosphère à l'état de vapeur. Mais ces expériences sont peu nombreuses, et leur résultat est trop opposé aux faits généralement admis, pour qu'il nous soit permis de l'accepter, du moins avant qu'il n'ait été contrôlé par de nouvelles observations.

Il existe d'ailleurs des expériences qui prouvent d'une manière irréfutable que les feuilles peuvent absorber l'eau, dans des conditions particulières. Si l'on sème, par exemple, des Pois dans une bouteille ordinaire en partie remplie de terre humide, les jeunes plantes ne tardent pas à sortir par le goulot. Lorsqu'elles ont acquis une certaine longueur, on cesse d'arroser la terre et on les voit se flétrir de plus en plus. L'ouverture du vase étant alors mastiquée avec de la cire molle, de façon à empêcher l'entrée de l'humidité, sans rompre les tiges, il suffit de plonger dans l'eau la partie extérieure des plantes pour les voir reprendre en peu de temps leur turgescence primitive et toute l'apparence de la santé. Cette expérience, due à M. Baillon, montre que si les feuilles n'absorbent pas l'eau dans les conditions ordinaires, elles sont capables de suppléer les racines, au moins pendant un certain temps, lorsque celles-ci viennent à manquer de l'humidité nécessaire à la vie de la plante.

Ajoutons qu'il est des espèces, entre autres les *Cactus*, chez lesquelles les organes aériens paraissent prendre la plus grande part à l'absorption des substances nutritives. Les *Cactus*, à l'état de nature, se fixent par leurs racines sur les rochers, ou bien s'enfoncent dans le sable brûlant des déserts, où ils acquièrent, en général, un développement considérable. Leur tige et leurs rameaux s'y maintiennent verts, épais, gorgés de sucs qu'ils puisent directement au sein de l'atmosphère. Ceux qu'on élève dans nos serres sont entretenus dans de petits vases contenant un peu de terreau qu'on n'arrose jamais, et cependant ils y végètent, aux dépens de l'air, avec une activité remarquable.

Ainsi, les plantes peuvent s'approprier leurs aliments par toutes leurs parties vertes, surtout par leurs feuilles, en même temps que par leur racine. Mais, dans la grande majorité, c'est la racine qui est l'agent principal de l'absorption.

Les sucs puisés par elle au sein de la terre se réunissent dans son tissu pour y former un liquide aqueux, incolore, plus ou moins riche en principes alibiles, et connu sous le nom de *séve*.

## ASCENSION DE LA SÉVE.

La séve, liquide nourricier comparable jusqu'à un certain point à ceux des animaux, s'élève peu à peu de la racine jusqu'au sommet de la plante, en se répandant partout. Elle reçoit, pendant sa longue route, le produit de l'absorption exercée par les feuilles, subit d'importantes élaborations, et dépose enfin, dans la trame de tous les organes, leurs matériaux d'entretien et de développement.

L'ascension de la séve, quoi qu'en aient dit certains physiologistes, n'a lieu ni par la moelle ni par l'écorce; elle s'effectue par les couches ligneuses. En effet, lorsqu'on dissèque la tige d'un végétal tenu quelque temps plongé, par sa racine, dans un liquide coloré, on ne remarque aucune trace de ce liquide ni dans la moelle ni dans l'écorce; tandis qu'on le retrouve sans peine dans les couches ligneuses qui constituent le bois.

On sait, du reste, que la végétation se maintient, que la séve, par conséquent, suit encore son cours ascensionnel dans les arbres dont la moelle est obstruée, détruite, et dont l'écorce a été circulairement enlevée sur une étendue plus ou moins considérable de leur tronc. Au contraire, si l'on détruit les couches ligneuses dans un point quelconque de la tige, on amène aussitôt la mort du végétal, en arrêtant la marche de la séve ascendante.

Il suffit de laisser quelques-unes de ces couches appliquées contre l'écorce, pour voir la séve continuer son cours, et la plante végéter encore avec une certaine activité. C'est ce qui arrive naturellement dans les vieux Saules dont le tronc, creusé par l'âge, semble au premier abord réduit à son système cortical. En y regardant de plus près, on s'assure qu'ils portent, à la face interne de ce système, un certain nombre de couches ligneuses ayant échappé à la destruction. On a voulu, mais à tort, s'appuyer de leur exemple pour prouver l'ascension de la séve par l'écorce.

Dans les végétaux monocotylédonés qui n'ont pas un corps ligneux continu comme les Dicotylédons, c'est encore par la partie de chaque faisceau correspondante au bois que s'effectue principalement l'élévation des liquides séveux.

Nous voilà donc conduits à admettre que la séve absorbée par la racine monte vers les parties supérieures du végétal en choisissant pour chemin les couches fibreuses du système central. Elle envahit tout le corps ligneux dans les plantes jeunes encore et dans les arbres à bois tendre; tandis que, dans les autres, c'est seulement par l'aubier qu'elle effectue son ascension.

A l'époque du printemps, alors que la végétation présente son maximum d'activité, la séve ascendante abonde; elle remplit tous les organes élémentaires du corps ligneux, ses vaisseaux et ses fibres comme son tissu cellulaire. Mais, plus tard, la végétation se ralentit, et la séve, moins abondante, moins rapide dans ses mouvements, abandonne les vaisseaux pour faire place à des gaz qui viennent les occuper à leur tour. En effet, si l'on plonge sous l'eau, dans ce moment, une jeune tige coupée depuis peu, l'on ne voit sortir de ses vaisseaux ouverts que des bulles gazeuses, tandis que la séve s'échappe de ses fibres, de ses cellules mutilées.

La séve qui circule dans le tissu cellulaire ou fibreux ne peut s'élever qu'avec une certaine lenteur, car elle doit passer successivement d'un élément à l'autre. Le passage est toutefois facilité par les pores que nous avons vus établissant entre eux de nombreuses communications. Son ascension est bien plus prompte lorsqu'elle a lieu dans les voies librement ouvertes que lui présente le tissu vasculaire. Il importe cependant qu'elle cède tôt ou tard cette voie facile à la circulation de l'air, gaz vivifiant, chargé de lui imprimer par son contact des modifications notables dont nous aurons bientôt à nous entretenir. Au reste, le tissu vasculaire n'est point indispensable à l'ascension de la séve, puisque ce fluide s'élève aussi de la base au sommet dans les plantes cellulaires, dépourvues, comme on le sait, de toute espèce de vaisseaux.

On se tromperait si l'on pensait que la séve suit toujours, dans sa marche ascendante, un trajet rectiligne. Hales est l'auteur d'une expérience qui prouve le contraire.

Il fit au tronc d'un arbre quatre entailles horizontales, à différentes hauteurs, sur quatre faces opposées deux à deux. Ces entailles, pénétrant chacune jusqu'à la moelle, équivalaient à une section complète, et pourtant elles n'empêchèrent pas l'arbre de continuer le cours de sa végétation. La séve parvenait donc encore dans les régions supérieures; elle se déviait donc de la ligne droite pour éviter les entailles placées sur son chemin.

En même temps qu'elle se meut de bas en haut, la

séve est entraînée par un mouvement horizontal vers le centre et vers la périphérie de la tige ou de la branche, et c'est ainsi qu'elle abreuve tous les tissus, tous les organes. Elle suit surtout, dans ce mouvement, la voie des rayons médullaires, qui la conduisent directement aux feuilles, aux rameaux, etc.

## CIRCULATION INTRA-CELLULAIRE.

La séve est animée, en outre, dans chaque cellule, d'un mouvement de rotation tout particulier. C'est du moins ce qu'on observe nettement sur plusieurs végétaux aquatiques d'une structure très-simple, tels que les Naïades, les Hydrocharis, les Vallisnéries, et surtout les Charas.

Les Charas sont de petites plantes composées de cellules cylindriques, accolées bout à bout. Leur tige offre en quelque sorte des entre-nœuds ayant pour centre une grande utricule entourée de plusieurs petites. Dans quelques espèces, chaque entre-nœud est réduit à la cellule centrale.

Si l'on examine cette cellule au microscope, on aperçoit, dans sa cavité close, une foule de corpuscules opaques et divers qui exécutent ensemble, au sein d'un liquide incolore, un mouvement de translation plus ou moins rapide : ils montent le long d'une des parois de la cellule ; arrivés tout à fait en haut, ils prennent une direction horizontale, en suivant la paroi supérieure ; puis ils descendent le long de la paroi opposée à la première ; et enfin, un second mouvement horizontal leur faisant franchir la paroi inférieure, ils reviennent à leur point de départ, pour recommencer aussitôt le même parcours.

Dans cette circulation intra-cellulaire, les corpuscules dont il s'agit se meuvent autour d'une série de granula-

tions vertes qui adhèrent aux parois de la cavité. Leur
courant suit une direction parallèle ou plus ou moins
oblique par rapport à l'axe de la cellule. Une remarque
à faire, c'est que le mouvement de *giration* qui a lieu
dans une cellule est toujours indépendant de celui qui
se passe dans les cellules voisines.

Tels sont les singuliers phénomènes offerts par la séve
dans les Charas.

Ces phénomènes ne leur sont point exclusifs non plus
qu'aux autres végétaux aquatiques réduits, comme eux,
à une structure très-simple; on a pu les observer aussi
dans plusieurs plantes appartenant à tous les degrés
d'organisation, notamment dans les poils cloisonnés qui
s'élèvent du calice ou des filets staminaux de l'Ephé-
mère de Virginie, plante que l'on cultive pour sa beauté
dans la plupart de nos jardins d'agrément.

Le courant, dans les plantes phanérogames, n'est pas
toujours unique; assez souvent il se bifurque ou se
divise de diverses manières. On le voit parfois entraîner
avec lui des granules qui restent libres, puis s'agglomè-
rent et finissent par se fixer en un point des parois de
l'utricule, où, d'après quelques auteurs, ils formeraient
le *nucleus*.

Ainsi, la circulation intra-cellulaire, d'abord considérée comme particulière aux végétaux aquatiques inférieurs, est un fait beaucoup plus général. Elle n'est
appréciable qu'au mouvement des globules opaques
charriés par la séve. S'il est impossible d'en constater
l'existence dans la plupart des espèces, c'est sans doute
parce que la séve n'y contient pas de corpuscules solides.

## INTENSITÉ DE LA FORCE AVEC LAQUELLE S'EFFECTUENT L'ABSORPTION ET L'ASCENSION DE LA SÈVE.

La séve pénètre dans la racine et monte dans les régions les plus élevées de la plante avec une force con-

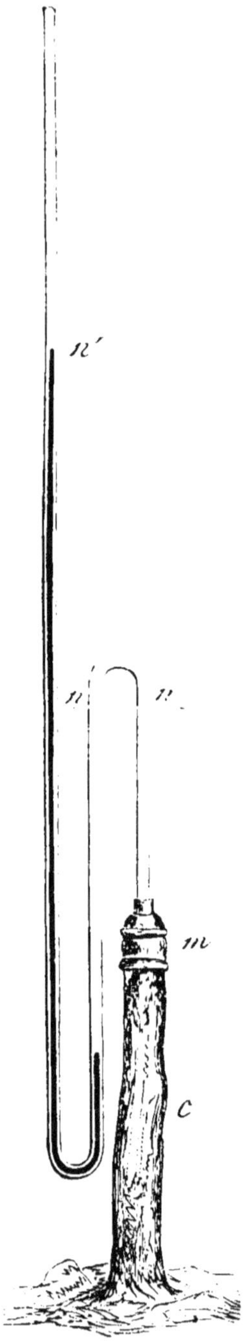

Fig. 330. — Appareil destiné à mesurer la force ascentionelle de la séve.

sidérable dont l'intensité peut être déterminée d'une manière approximative par voie d'expérience.

Lorsqu'on pratique, au printemps, une entaille sur la tige ou sur les branches d'un végétal quelconque, on en voit sortir aussitôt une quantité notable de séve, appelée *séve du printemps*. Celle qui s'écoule, en grande abondance, après la taille de la Vigne, est désignée vulgairement sous le nom de *pleurs de la Vigne*. Hales en fit l'objet d'une expérience bien connue.

Ayant coupé transversalement, en avril, un cep de Vigne, il adapta sur la section (fig. 330, *m*) un tube de verre à double courbure, et contenant une certaine quantité de mercure dans sa courbure inférieure. Or, il constata que la séve, en s'introduisant dans la branche interne du tube, poussait le mercure, dans la branche externe, au point de le faire monter jusqu'à 1 mètre, ce qui correspond à une colonne de 13 mètres et demi d'eau. Hales conclut de cette expérience que la séve est poussée de bas en haut, dans la Vigne, par une force cinq fois plus considérable que celle qui meut le sang dans une grosse artère d'un cheval.

Il est, au reste, un fait journalier qui suffirait pour montrer combien est grande non pas la force, mais la promptitude avec laquelle s'exécutent l'absorption et l'ascension de la séve : une plante commençait à se flétrir sous l'influence de la sécheresse... ; on vient de l'arroser, et tout à coup elle a repris sa fraîcheur, sa rigidité normales. Il n'a donc fallu qu'un moment pour que l'eau versée dans la terre ait été prise par sa racine et répandue dans tous ses organes.

On sait, en effet, combien nos champs sont prompts à reprendre leur belle couleur verte sous l'action d'une pluie bienfaisante, venue à la suite d'une sécheresse qui commençait à les faire jaunir.

## CAUSES QUI COOPÈRENT A L'ABSORPTION ET A L'ASCENSION DE LA SÉVE.

On a fait longtemps de vains efforts pour expliquer le mécanisme de l'absorption et de l'ascension de la séve. Aujourd'hui, grâce à la découverte précieuse de l'*endosmose*, on s'en rend compte d'une manière assez satisfaisante, et c'est ce qu'il nous reste à démontrer.

Lorsque deux liquides différents et miscibles entre eux ne se trouvent séparés que par une membrane organique (animale ou végétale), il s'établit bientôt, à travers cette membrane, deux courants inverses qui les font passer l'un dans l'autre. Mais ces deux courants, découverts par Dutrochet, sont loin, en général, d'offrir le même degré d'intensité ; c'est le plus fort qui a reçu le nom d'*endosmose* (1).

On a d'abord attribué ce phénomène à une différence de densité entre les deux liquides mis en présence ; on admettait que c'était surtout le liquide le moins dense

(1) L'endosmose n'est elle-même qu'une des formes d'un phénomène physique plus général, appelé *diffusion*.

qui était attiré vers le plus pesant. Mais on sait aujour-d'hui que cette règle souffre de nombreuses exceptions, et que l'eau, par exemple, est promptement entraînée vers l'alcool, dont la densité est pourtant beaucoup moindre.

Il paraît, d'après un grand nombre d'expériences faites par M. J. Béclard, et consignées dans son excellent *Traité de physiologie*, que le liquide qui cède à l'endosmose est toujours celui qui possède le plus de capacité pour le calorique.

Or, parmi les corps liquides ou solides, c'est l'eau qui, à ce point de vue, occupe le premier rang. De sorte qu'il suffit d'y faire dissoudre une certaine quantité d'une substance quelconque pour amoindrir plus ou moins sa chaleur spécifique ; de sorte aussi que, lorsque le phénomène d'endosmose a lieu entre de l'eau pure et une solution aqueuse, ou entre deux solutions aqueuses inégalement concentrées, il est vrai de dire que le courant le plus fort est celui qui entraîne le liquide le moins dense vers le liquide le plus dense.

Que l'on prenne, par exemple, un tube de verre d'un petit calibre. Après l'avoir fermé par une extrémité seulement, au moyen d'une membrane végétale (un péricarpe de Baguenaudier, si l'on veut), qu'on y introduise un peu d'eau sucrée, et qu'on le plonge ensuite, par cette extrémité, dans un vase contenant de l'eau pure. On ne tardera pas à voir celle-ci s'abaisser insensiblement : tandis que la colonne d'eau sucrée, s'élevant peu à peu, finira par remplir le tube, dont l'ouverture laissera bientôt échapper le trop-plein. Le repos ne se rétablira que lorsque les deux liquides, à la suite de leurs échanges continuels, auront acquis une égale densité.

Ainsi l'eau pure, dans cette expérience, traverse peu à peu la membrane organique pour se rendre en grande quantité dans la solution de sucre, liquide plus dense ; elle subit le phénomène de l'endosmose.

Au lieu d'un tube droit, l'on fait ordinairement usage d'un tube à deux courbures contenant du mercure dans l'inférieure, et dont la branche externe est plus ou moins longue (fig. 331). Dès lors, le liquide introduit par le courant dans la branche interne soulève le mercure dans l'externe, et le degré de hauteur atteint par la colonne mercurielle devient l'expression de la force avec laquelle s'effectue l'endosmose.

Des expériences faites en grand nombre, au moyen d'un semblable endosmomètre, ont permis de constater que la force du courant est constamment en rapport avec sa vitesse, et que l'une et l'autre, toujours considérables, sont, dans la plupart des cas, proportionnelles à l'excès de densité d'un liquide sur l'autre.

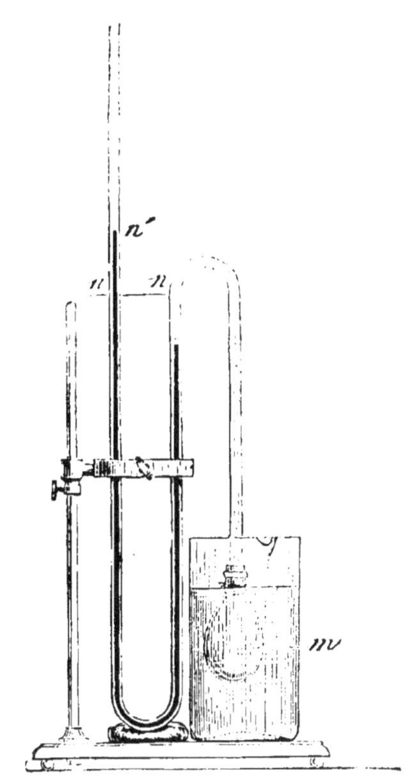

Fig. 331. — Endosmomètre.

Il nous sera maintenant facile de comprendre comment on peut rattacher à l'endosmose l'absorption et l'ascension de la séve.

Chaque extrémité radicellaire est, en quelque sorte, un petit endosmomètre fonctionnant au sein de la terre. L'eau que renferme le sol s'introduit d'abord dans les cellules superficielles, où l'attire la séve, liquide plus ou moins élaboré et partant plus dense. En se mêlant avec

cette eau, la séve de ces premières cellules doit diminuer de densité; elle passe, par cela même, dans les
cellules immédiatement plus profondes, plus élevées.
Elle y trouve une séve un peu moins récente et qui,
perdant aussi, par ce mélange, une partie de sa densité, pénètre à son tour dans les cellules voisines, situées au-dessus. Et l'impulsion, partie des extrémités, se transmet ainsi, de cellule en cellule, dans
le corps de la racine, dans la tige, dans les branches,
dans les feuilles; en un mot dans toutes les parties du
végétal.

Ajoutons que la séve, dans ce mouvement ascensionnel, rencontre à chaque pas des dépôts de substances
nutritives qu'elle dissout, et qui lui donnent une densité
de plus en plus considérable, circonstance qui accélère
notablement son cours en favorisant le phénomène d'endosmose. Si, après avoir perforé profondément et à
différentes hauteurs le tronc d'un arbre en végétation,
on introduit un tube dans chaque trou, et qu'on re-
cueille séparément la séve qui s'en écoule, on peut s'assurer que ce liquide est d'autant plus dense qu'il a été
pris plus haut.

D'un autre côté, arrivée dans les hauteurs de la
plante, à la surface des parties vertes, surtout des feuilles, la séve éprouve, au contact de l'air, une évaporation
plus ou moins active qui, à son tour, favorise puissamment la circulation.

En effet, l'évaporation de ce fluide s'effectuant aux
dépens de sa portion aqueuse, le maintient en un certain état de concentration, et lui conserve ainsi sa densité. Elle débarrasse en quelque sorte le végétal du trop-
plein; elle tend sans cesse à produire, dans les parties
supérieures, un vide que les liquides, en s'élevant,
viennent aussitôt remplir. Ce vide exerce constamment
sur la séve inférieure une espèce de succion ou d'aspiration qui la soulève de proche en proche, et lui im-

prime, de la sorte, un mouvement qui se confond avec celui de l'endosmose.

Gaudichaud a fait, sur une espèce de Liane venant au Brésil, et à laquelle il a donné le nom de *Cissus hydrophora*, une observation qui suffirait pour démontrer l'influence qu'exerce sur l'ascension de la séve l'évaporation dont il s'agit.

Cette plante, ligneuse et grimpante, comme toutes les Lianes, choisit pour tuteur un des grands arbres qui se trouvent dans son voisinage. Si l'on coupe transversalement sa tige en deux points différents, de manière à en détacher un fragment d'une certaine longueur, la séve que contient ce fragment s'écoule aussitôt et avec abondance par l'extrémité inférieure. Mais si l'on se contente de couper la tige en un seul point, et qu'on examine l'extrémité inférieure de la partie située au-dessus de la section, on y voit les vaisseaux se vider promptement de bas en haut, au lieu de laisser échapper la séve par leurs orifices béants.

La séve continue donc à monter dans les parties supérieures de la tige, bien que ces parties aient cessé de communiquer avec la racine ; elle monte avec une activité remarquable sous l'influence de l'espèce d'aspiration qui résulte de l'évaporation de la séve à la surface des feuilles. Cette propriété a été mise à profit par M. Boucherie pour faire absorber aux arbres des solutions salines capables d'aider à la conservation de leur bois.

Disons, en outre, que l'évaporation de la séve est secondée, dans cet acte d'aspiration, par le développement de tous les organes aériens. Un bourgeon qui s'ouvre, une feuille qui s'élargit, un rameau qui s'allonge puisent les matériaux de leur accroissement dans les sucs les plus voisins, dans la séve qui les abreuve à leur base. Il n'en résulte pourtant aucun vide, car les liquides situés immédiatement au-dessous y affluent aussitôt pour y réparer les pertes à mesure qu'elles ont lieu. Ces liquides eux-mêmes sont bientôt remplacés à leur tour par ceux qui se trouvent un peu plus bas, et ainsi la séve se déplace successivement depuis l'organe qui se développe jusqu'à la racine ; elle monte sous l'influence de cette nouvelle cause d'aspiration ou d'*affluxion*, comme le dit Dutrochet.

Cette action n'est toutefois que secondaire, car il est des cas où la séve opère son mouvement ascensionnel sans le concours de l'espéce d'appel résultant de la double aspiration dont nous venons de parler. C'est, en effet, ce qui arrive dans un cep de vigne que l'on vient de tailler, ou dans un arbre quelconque dont on a coupé toutes les branches : la séve s'échappe en abondance de la surface des plaies que présente le végétal ainsi mutilé ; elle s'effectue donc sans le secours de l'évaporation, en attendant que de nouveaux rameaux et de nouvelles feuilles se soient formés.

Il est une autre force physique qui doit nécessairement jouer un rôle important dans la marche des liquides à l'intérieur des végétaux, et qu'on appelle la *capillarité*. Tout le monde sait que, lorsqu'un liquide est susceptible de mouiller les parois d'un tube capillaire quelconque, il s'y élève d'une certaine quantité, contre son propre poids. De plus l'adhérence du liquide aux parois est assez considérable pour représenter une force égale, dans certains cas, à plusieurs atmosphères. Or, les éléments anatomiques des plantes constituent des appareils capillaires par excellence, vu leur extrême ténuité ; il est donc au moins probable que la capillarité concourt, pour une part importante, à l'entretien des mouvements ascensionnels du fluide nourricier, en ajoutant son action à celle déjà si puissante de l'endosmose.

Nous devons encore signaler, comme agissant dans le même sens, l'*imbibition* proprement dite des parois

mêmes des éléments anatomiques, qui tend sans cesse
à s'opposer à leur dessiccation provoquée par l'évaporation. Unger a même été jusqu'à admettre que la séve
monte par les parois et non pas par les cavités des éléments, proposition évidemment exagérée.

## INFLUENCE DES SAISONS SUR LE COURS DE LA SÉVE.

La plupart des végétaux, dans nos climats, restent
engourdis et comme frappés de mort pendant tout
l'hiver.

Au retour du printemps, sous l'action de l'électricité,
de la lumière et surtout de la chaleur renaissante, ils se
réveillent de cette espèce de sommeil hibernal ; leurs
bourgeons, depuis longtemps stationnaires, se gonflent,
et leur racine retrouve bientôt son activité suspendue.

L'atmosphère, après l'hiver, s'échauffant beaucoup
plus vite que le sol, les parties aériennes, l'écorce et
les bourgeons, doivent ressentir plus tôt que la racine
l'action vivifiante du printemps. Et, en effet, si l'on introduit dans une serre, en hiver, une branche d'un cep
de Vigne situé en dehors, on voit cette branche développer ses bourgeons et se couvrir de feuilles ; tandis
que les autres, exposées au froid, ne donnent aucun
signe de vie, ce qui prouve que la racine elle-même n'a
point encore subi l'influence de la chaleur.

Néanmoins, dans un végétal qui reprend son activité
sous l'empire du printemps, l'excitation des organes
en contact avec l'atmosphère ne tarde point à se communiquer à la racine. Les bourgeons, en se développant, exercent une espèce de succion qui ébranle, qui
met en mouvement la séve jusque-là stagnante. En
même temps, la terre s'échauffe, et la racine entre en
action. Une séve de plus en plus abondante est alors
introduite dans la racine, puis dans la tige, dans les

branches, etc. Elle inonde tous les tissus, les vaisseaux, les fibres, les cellules ; elle dissout et entraîne avec elle toutes les matières solubles qu'elle trouve sur son passage, et qui s'étaient amassées en dépôt pendant l'hiver ; c'est la *séve du printemps*.

Ainsi chargée de principes alimentaires, la séve, poussée principalement par endosmose, arrive enfin jusqu'aux bourgeons. Ceux-ci, trouvant en elle une nourriture copieuse et sans cesse renouvelée, se développent avec une rapidité remarquable ; la plupart se convertissent promptement en rameaux munis de feuilles dont la surface devient le siége d'une évaporation d'autant plus active que la température de l'atmosphère est elle-même plus élevée. Sous la double influence de cette évaporation et du rapide accroissement des organes aériens, la séve ascendante précipite son cours ; elle atteint le maximum de sa vitesse.

Mais le printemps touche à sa fin ; les feuilles ont acquis toutes leurs dimensions, et les rameaux qui les portent une grande partie de leur consistance. Devenue moins abondante et surtout moins rapide, la séve n'y arrive plus qu'en petite quantité ; elle abandonne les vaisseaux pour faire place à l'air ; elle se porte sur de nouveaux organes, sur les fleurs, qui viennent de s'épanouir.

Puis au printemps succède l'été, dont la chaleur brûlante et la sécheresse ralentissent encore la végétation. La séve, alors, de moins en moins abondante, semble arrêter son cours ; elle devient presque immobile.

Cependant, de nouveaux bourgeons se sont formés à l'aisselle des feuilles et à l'extrémité des rameaux, et il n'est pas rare de voir, à la fin de l'été, quelques-uns d'entre eux se gonfler et s'épanouir. Ce phénomène, pour ainsi dire anticipé ou printanier, s'observe sur la majorité des arbres, mais principalement sur les plus précoces ; il imprime une impulsion nouvelle et manifeste au mouvement ascensionnel de la séve, qui prend dès lors le nom de *séve d'août.*

Pendant l'automne, la séve modère encore une fois sa marche. Les tissus se durcissent ; les feuilles, du moins dans la plupart de nos arbres, jaunissent, meurent et tombent ; et le végétal, ainsi dépouillé, ne donne plus aucun signe de vie durant toute la saison d'hiver.

Dans les régions intertropicales, où règne en quelque sorte un printemps perpétuel, la séve est plus uniforme dans ses mouvements. La végétation y est continue ; elle y montre une puissance et un luxe tout à fait inconnus dans nos climats tempérés.

## TRANSPIRATION.

Arrivée dans les parties aériennes et vertes, surtout dans les feuilles, la séve éprouve, au contact de l'air, d'importantes modifications.

Et d'abord, elle s'y dépouille, nous l'avons déjà dit, d'une portion notable de l'eau dont elle est essentiellement formée, laquelle s'exhale au sein de l'atmosphère, sous la forme d'une vapeur plus ou moins abondante. Or, cette exhalation, que nous avons reconnue comme une des causes les plus puissantes du mouvement ascensionnel de la séve, reçoit le nom de *transpiration,* par suite de sa comparaison avec la transpiration cutanée des animaux.

La transpiration, dans les plantes, a lieu par tous les points de la superficie, mais principalement par les parties formées d'un tissu mou et délicat ; c'est assez dire que les feuilles en sont les agents les plus actifs. La présence des stomates favorise l'activité de la transpiration ; cependant ce serait une erreur de croire que la quantité d'eau transpirée est, toutes choses égales d'ailleurs, proportionnelle au nombre de ces petites ouvertures. Des expériences récentes ont montré qu'il n'en est rien; ainsi, dans le Tilleul, la face supérieure des feuilles dépourvue de stomates exhale une quantité de liquide égale aux 2/3 de ce que fait la face inférieure, où ils sont très-abondants. La face inférieure des feuilles de la Capucine, bien que portant huit fois plus de stomates que la supérieure, ne transpire que le double de celle-ci. Ces faits prouvent que, si la fonction se montre plus active à la faveur des stomates, elle s'exécute aussi avec une intensité remarquable à la surface des organes qui en sont privés, et où il n'y a par conséquent que des pores invisibles.

La transpiration atteint son maximum sous l'influence des rayons solaires; plus faible à la lumière diffuse, elle diminue, dans l'obscurité, au point de devenir à peu près nulle. C'est pour cette raison que, lorsqu'on veut, par exemple, conserver longtemps les fleurs d'un bouquet, il faut les placer dans un lieu frais et sombre, ou tout au moins les abriter contre la lumière solaire, par un moyen quelconque.

La lumière exerce sur le phénomène une influence beaucoup plus marquée que la température; M. Dehérain a constaté qu'à éclairage égal, la quantité d'eau exhalée ne varie pas sensiblement entre zéro et 30 degrés du thermomètre.

Les végétaux augmentent de poids pendant la nuit, ce qui ne doit pas étonner, puisque leurs déperditions sont alors presque entièrement suspendues; tandis qu'ils font sans cesse, par leurs racines, de nouvelles acquisitions.

Aux premiers rayons du soleil levant, les feuilles commencent à laisser échapper avec abondance le liquide qui s'est accumulé dans leur tissu pendant la nuit. Et ce liquide, au lieu de se perdre en vapeur dans

l'air, reste à leur surface, condensé par le froid qui règne encore à cette heure du jour; il concourt ainsi à
former ces gouttes d'eau limpides qu'on trouve, le matin, à la surface des feuilles de la plupart des plantes.
Ces gouttes d'eau sont bien, du moins en partie, le produit de la transpiration, et non, comme on l'a souvent
avancé, le résultat exclusif de la condensation de la vapeur aqueuse répandue naturellement dans l'air, car on
les voit se former même sur les végétaux qu'on a mis à
l'abri du contact de l'atmosphère en les couvrant d'une
cloche en verre, comme le fit Muschenbroeck, il y a
déjà longtemps.

La fraîcheur du matin se dissipe bientôt; la chaleur s'élève graduellement en même temps que la lumière acquiert plus d'intensité, et la transpiration, de
plus en plus abondante, ne fournit plus qu'une vapeur
invisible.

A température et à clarté égales, cette fonction varie
dans son intensité, suivant l'âge de la plante, ou plutôt
suivant la période à laquelle est arrivée la végétation.
Elle est moins active en été qu'au printemps, et moins
active encore en automne. Le rapport qui existe entre
la quantité de liquide absorbé par une plante et celle
qu'elle perd par exhalation, dans le même espace de
temps, peut être facilement déterminé d'une manière
approximative.

On met dans un vase un peu d'eau que l'on pèse exactement; on la couvre d'une couche d'huile pour l'empêcher d'éprouver la moindre diminution en s'évaporant
au contact de l'air. Puis on y plonge, par la racine, un
végétal dont le poids est également connu....; et, au
bout d'un certain temps, on pèse de nouveau le liquide
et la plante. La perte que l'on constate dans le premier
indique la quantité absorbée; l'augmentation de poids
de la seconde représente la portion d'eau retenue
dans les organes; et la différence entre ces deux quan-

tités exprime enfin celle qui s'est échappée par exhalation.

Si l'on couvre d'une cloche la plante en expérience, le produit de la transpiration ne tarde point à se condenser sur les parois de ce vase, et l'on peut alors s'assurer qu'il consiste en eau presque pure, chargée seulement d'une très-petite proportion de quelques matières provenant du tissu végétal.

On a fait sur la transpiration des végétaux un grand nombre d'observations dont les résultats ont fourni, en moyenne, la donnée suivante : la quantité d'eau puisée dans la terre par la racine est à celle qui se dissipe par voie d'exhalation comme 3 est à 2. D'où il suit que les plantes, en général, s'approprient ou décomposent dans leurs tissus un tiers seulement du liquide absorbé.

Mais ce rapport, le plus favorable à la végétation, est susceptible d'être troublé par des circonstances diverses.

En effet, la transpiration, presque nulle pendant la nuit, se ralentit notablement en plein jour, quand l'atmosphère est sombre et gorgée d'humidité, ce qui rend bientôt la séve à la fois trop abondante et trop aqueuse. Dans un air chaud et sec, inondé de lumière, la transpiration se montre, au contraire, extrêmement active. Cependant, si la racine trouve alors dans la terre une grande quantité de liquide, les acquisitions compensent les pertes, l'équilibre subsiste, et la végétation précipite son cours ; elle apparaît dans toute sa puissance, avec tout le luxe dont elle est susceptible.

Les choses ont lieu bien différemment lorsque le sol est lui-même aride en même temps que l'atmosphère.

La transpiration, dans ce cas, l'emporte sur l'absorption ; les feuilles, qui fournissent trop et ne reçoivent pas assez, se flétrissent, tombent...., et la végétation devient languissante. C'est ce qui arrive fréquemment,

pendant la saison des fortes chaleurs, à une foule de
végétaux herbacés. Si les arbres résistent beaucoup
plus longtemps à la sécheresse, c'est que leurs longues
racines vont chercher à une profondeur considérable
l'humidité nécessaire à leur entretien ; et si quelques
plantes herbacées, comme la Luzerne, par exemple,
jouissent jusqu'à un certain point du même avantage,
c'est à leur racine pivotante et très-allongée qu'elles le
doivent.

On s'explique facilement, d'après ce qui précède, les
bienfaits d'une pluie qui tombe pendant le cours d'un
été brûlant ; on conçoit aisément comment une irriga-
tion artificielle, en humectant sans cesse la surface
d'une prairie, peut en augmenter les produits à un degré vraiment prodigieux.

Les plantes grasses, telles que les *Cactus*, restent
gorgées de sucs, même durant les sécheresses les
plus prolongées, parce que, munies seulement de quelques rares stomates et possédant un épiderme très-
épais, elles perdent fort peu par exhalation. Il en est
tout autrement des feuilles submergées, de celles des
Potamogetons, par exemple, lorsqu'elles se trouvent
hors de l'eau. L'épiderme, dans ces feuilles, se trouvant
réduit à une simple cuticule, leur parenchyme se dessèche très-promptement au contact de l'atmosphère.

Les plantes, en même temps qu'elles se débarrassent du superflu de leur humidité, puisent au sein de
l'air des principes indispensables à la végétation : de
même que les animaux, elles *respirent*, et le moment est
venu d'étudier, avec quelques détails, les phénomènes
qui se rattachent à cette fonction.


**RESPIRATION.**

La respiration, chez les plantes  comme chez les animaux, consiste essentiellement dans le contact de l'air avec le liquide nourricier, contact pendant lequel les deux fluides en rapport agissent l'un sur l'autre, s'impriment des modifications réciproques de la plus haute importance.

C'est à la surface des parties vertes, et surtout dans les feuilles, espèces de poumons, que s'effectue la respiration des végétaux. Introduit dans les feuilles par la voie des stomates, l'air s'y répand dans leurs nombreux méats intercellulaires, et se trouve en présence de la séve qui remplit les cellules de leur parenchyme ; aussitôt la réaction commence.

Voyons d'abord quels sont les changements qu'elle produit dans la composition de l'air.

MODIFICATIONS QUE LA RESPIRATION DES PLANTES FAIT ÉPROUVER À L'AIR.

On peut arriver à la connaissance de ces modifications par deux modes d'expérimentation. On fait germer une graine dans du sable pur que l'on arrose avec de l'eau distillée, pendant toute la germination, et aussi pendant la végétation de la plante qui en résulte. On connaissait le poids et la composition de la graine ; on sait, en outre, quelle est la quantité d'eau pure dont on a fait usage, et par conséquent ce qu'elle a dû fournir au végétal. Il suffit donc d'analyser celui-ci pour déterminer la nature et la proportion des éléments que l'atmosphère seule a pu lui communiquer. Ou bien on se contente de laisser végéter une plante sous une cloche remplie d'air atmosphérique, et au bout d'un certain temps on procède à l'analyse de cet air.

Par des expériences de ce genre faites en grand nombre et variées de mille manières, on s'est assuré que les plantes n'impriment pas à l'atmosphère les mêmes différences le jour et la nuit. En plein jour, et sous l'action directe du soleil, elles enlèvent continuellement à l'air une partie de son acide carbonique, en même temps qu'elles y versent une quantité notable d'oxygène.

Or, l'oxygène exhalé dans ces conditions compense presque entièrement, du moins en volume, l'acide carbonique qui disparaît; en d'autres termes, le premier de ces gaz représente à peu de chose près l'oxygène qui entrait dans la composition du second. D'où l'on conclut que les végétaux, après avoir absorbé, par leurs parties vertes, l'acide carbonique de l'atmosphère, le décomposent, s'approprient tout son carbone, ainsi qu'une petite quantité de son oxygène, et rejettent la plus grande partie de ce dernier.

Il suffit, en effet, d'augmenter la proportion d'acide carbonique contenue naturellement dans l'air, pour voir aussitôt s'élever dans le même rapport la quantité d'oxygène exhalée par les plantes qui y respirent. Et lorsqu'on place un végétal aquatique dans une eau plus ou moins aérée, l'on constate aussi qu'il expire des bulles gazeuses d'oxygène dont la proportion est toujours relative à celle de l'acide carbonique de l'air en solution dans le liquide. Cette production d'oxygène serait moins abondante dans l'eau de rivière que dans l'eau de source, parce que l'air dissous dans celle-ci contient beaucoup plus d'acide carbonique. Elle serait nulle dans l'eau distillée, privée d'air et par conséquent d'acide carbonique.

Tels sont les changements remarquables que les plantes font subir à l'air libre ou dissous dans l'eau, quand leur action est secondée par la puissante influence du soleil.

Ce n'est pas tout à coup, mais par une série d'efforts et de recherches, qu'on est arrivé à la connaissance de ces faits importants.

Le célèbre Bonnet observa que les feuilles exhalaient

de leur surface une certaine quantité de gaz ; **Priestley** reconnut que ce gaz était de l'oxygène ; **Ingenhousz** prouva que l'influence de la lumière était indispensable à la réalisation du phénomène ; Sénebier démontra que l'oxygène exhalé résultait de la décomposition de l'acide carbonique ; et de Saussure constata qu'une petite quantité de l'oxygène provenant de cette décomposition était incorporée au tissu végétal.

Ajoutons que M. Boussingault a tout récemment rendu compte d'un certain nombre d'expériences qu'il a faites dans le but de vérifier les résultats dont nous venons de parler, et que ces expériences l'ont conduit à la constatation d'un fait tout nouveau : il s'est assuré que l'oxygène fourni par les feuilles d'une plante respirant dans l'eau et sous l'action directe du soleil n'est point pur, mais mêlé à une très-faible proportion d'oxyde de carbone et d'hydrogène protocarboné, deux gaz très-délétères pour l'homme et les animaux, surtout le premier.

Mais ces expériences n'ayant porté que sur des végétaux plongés dans l'eau, le fait dont il s'agit ne saurait être appliqué, du moins jusqu'à nouvel ordre, qu'aux plantes aquatiques, et l'on pourrait se demander, avec M. Boussingault, si ce dégagement d'oxyde de carbone et d'hydrogène carboné n'est pas pour quelque chose dans le développement des maladies qui frappent si souvent les hommes et les animaux qui fréquentent les lieux marécageux où végètent tant de plantes aquatiques.

La science aura un jour à répondre à cette question.

En attendant, voyons quels sont les phénomènes qui accompagnent la respiration des végétaux en l'absence de la lumière.

Dans l'obscurité, la respiration des végétaux fait subir à l'air des modifications bien différentes et en quelque sorte inverses de celles qu'elle lui imprime sous l'influence du soleil.

Pendant la nuit, par exemple, ce n'est pas de l'acide carbonique, mais de l'oxygène, que les plantes puisent au sein de l'air. L'acide carbonique est, au contraire, le gaz qu'elles rejettent. On admet que l'oxygène alors absorbé par les feuilles se combine avec leur carbone pour former l'acide carbonique expiré. Mais il paraît qu'il s'échappe aussi de ces organes une partie de l'acide carbonique introduit par la racine.

M. Boussingault est l'auteur d'une expérience qui démontre d'une manière bien évidente la différence des changements produits dans la composition de l'air par la respiration des plantes, suivant que cette fonction s'effectue sous l'action du soleil ou en l'absence de la lumière. Ayant fait pénétrer dans un appareil convenablement disposé une branche de vigne en pleine végétation et sur laquelle passaient douze litres d'air par heure, il s'est assuré que cet air perd les trois quarts de son acide carbonique quand la branche est éclairée par la lumière solaire, tandis qu'il se charge d'une très-forte proportion de cet acide lorsque l'appareil fonctionne pendant la nuit.

Les plantes qui se développent dans un lieu continuellement sombre sont en général *étiolées*, c'est-à-dire pâles, sans consistance, débiles ; et cela doit être, puisqu'elles y font sans cesse des pertes en carbone, élément qui entre pour une forte proportion dans la composition du ligneux et de la chlorophylle, et qui concourt conséquemment à donner aux tissus végétaux leur densité et leur couleur naturelles. C'est, du reste, sur ce fait connu de tout le monde qu'est fondée l'habitude qu'ont les jardiniers de soustraire à l'influence de la lumière certains végétaux comestibles, le Céleri, les Laitues, les Chicorées, etc., dans le but de les rendre plus tendres, plus délicats, plus agréables au goût.

Il est pourtant des plantes qui végètent avec vigueur sans le secours d'une abondante lumière, et qui semblent même se plaire dans les lieux ombragés; car tout varie dans les végétaux, leurs besoins.... j'allais dire leurs habitudes, comme leur aspect et leur structure.

Une chose importante à noter, et que nous avons jusqu'à présent passée sous silence, c'est l'action particulière des organes végétaux pourvus d'une couleur autre que la verte. Ces organes, en effet, tels que les racines, beaucoup de fruits et surtout les pétales, expirent sans cesse, même en plein jour, de l'acide carbonique, tandis que sans cesse ils absorbent du gaz oxygène. On sait que des fleurs déposées en grande quantité dans un appartement bien clos sont susceptibles d'y altérer l'air d'une manière très-fâcheuse pour la santé des personnes qui le respirent.

Les plantes parasites non vertes, comme les Orobanches, les Cuscutes, entre autres, dégagent de l'acide carbonique nuit et jour.

A part ces exceptions, les végétaux, nous venons de le voir, exercent sur l'atmosphère deux actions différentes et même inverses : ils lui enlèvent le jour, et par leurs parties vertes, une certaine quantité d'acide carbonique, en y versant de l'oxygène ; tandis qu'ils y puisent de l'oxygène la nuit, par ces mêmes parties, et nuit et jour par leurs organes colorés autrement qu'en vert.

Telle est, du moins, l'idée qu'on se fait généralement de la respiration des plantes.

Mais il résulte d'une série d'expériences faites, dans ces derniers temps, par M. Garreau, que les parties vertes des végétaux exhalent de l'acide carbonique, même en plein jour, et que si ce gaz a jusqu'ici échappé à l'observation, c'est qu'il est repris et décomposé au fur et à mesure de son exhalation. Les plantes seraient donc incessamment le siége de deux actions physiologiques inverses, l'une comburante, l'autre réductrice, et ce serait la prédominance de l'une sur l'autre qui amènerait l'accumulation du carbone à l'intérieur des tissus. Le double fait d'absorption d'oxygène et d'exhalation d'acide carbonique serait général, et aurait lieu sans interruption. Or, il est de nos jours des physiologistes qui croient devoir le considérer comme constituant la véritable respiration des végétaux, et qui regardent comme se rattachant à une autre fonction, à la fonction de nutrition, l'action par laquelle les feuilles absorbent et décomposent, pendant le jour, l'acide carbonique de l'air.

Cette manière de voir ne paraît certainement point dénuée de fondement. En effet, pour faire mourir une plante en peu de temps et comme asphyxiée, il suffit de la priver d'oxygène, en la plaçant, par exemple, dans du gaz azote, dans du gaz hydrogène, ou dans le vide d'une machine pneumatique : tandis qu'elle continuerait à vivre au sein de l'atmosphère, dans un lieu sombre, et où pourtant, ainsi privée de lumière, elle cesserait de s'approprier et de décomposer l'acide carbonique de l'air. Nous savons que, dans ce dernier cas, on la verrait seulement devenir peu à peu languissante, et s'étioler, comme s'étiole tout individu qui souffre par suite d'un défaut de nourriture.

Quelle que soit, du reste, l'opinion que l'on adopte au sujet de la respiration des plantes, ce qu'il importe surtout de noter, c'est que, en définitive, les végétaux déposent dans l'atmosphère, pendant le jour, et par leurs parties vertes, du gaz oxygène en remplacement de l'acide carbonique dont ils s'emparent.

La respiration des animaux, comme celle de l'homme lui-même, produit constamment dans l'air des modifications tout à fait opposées à celles que nous venons de présenter comme résultant de la respiration des plantes. L'oxygène est, en effet, le principe vivifiant que nous inspirons, et l'acide carbonique le gaz que nous rejetons, comme irrespirable et délétère.

C'est un fait capital dans l'économie du globe que cette opposition, ou plutôt ce rapport physiologique entre les animaux et les plantes : l'atmosphère, indispensable à la vie de tous les êtres organisés, cède aux animaux l'excès d'oxygène qu'elle reçoit des plantes, et aux plantes l'acide carbonique fourni par les animaux.

Ainsi se balancent les mutations chimiques et inverses dont elle est partout et sans cesse le théâtre ; ainsi sa composition, toujours sur le point de se modifier, reste éternellement la même. Il faut, pour que l'équilibre subsiste, que l'action exercée par les végétaux pendant le jour neutralise les effets contraires qu'ils produisent la nuit, en même temps que ceux dont la respiration des animaux est la source intarissable.

Partout où des plantes végètent en grand nombre, l'oxygène tend à s'accumuler en quantité considérable; comme l'acide carbonique, partout où respirent beaucoup d'animaux réunis. Mais les vents dispersent continuellement au loin ces produits en excès, et conservent de la sorte à l'atmosphère son homogénéité constante.

On conçoit aisément, d'après tout ce qui précède,

l'utilité des plantations d'arbres dans les lieux marécageux, où des eaux croupissantes, chargées de matières
organiques en putréfaction, souillent l'atmosphère de
principes irrespirables pour l'homme et les animaux.
Une puissante végétation aérienne, en versant dans
cette atmosphère altérée des flots d'oxygène, et en la
dépouillant d'une grande partie de son acide carbonique, la ramène à une constitution meilleure, et rend
ainsi la localité plus salubre.

Il est bon d'ajouter, à ce propos, que, d'après les observations de MM. Scoutetten et de Luca, l'oxygène
que les plantes exhalent sous l'action de la lumière est
électrisé, c'est-à-dire constitué à l'état d'ozone, et que
l'ozone, d'après les expériences de M. Schœnbein, a la
faculté de détruire très-promptement, en les brûlant,
les divers gaz qui s'élèvent de toute matière en putréfaction. Ces données viennent, comme on le voit, compléter d'une manière très-satisfaisante l'explication de
l'heureuse influence exercée par les plantations dans
les lieux dont il s'agit.

L'ACTION DE L'AIR N'EST PAS LIMITÉE AUX FEUILLES.

C'est d'abord dans le parenchyme des feuilles que
l'air pénètre avec tous ses éléments constitutifs, et c'est
là qu'il est, comme nous venons de le voir, diversement
utilisé, suivant que la plante est éclairée par le soleil
ou maintenue dans l'obscurité. Bornée à ces organes,
la respiration des végétaux aériens répond à celle des
animaux pourvus d'un poumon, tels que les Mammi-
fères, les Oiseaux, les Reptiles, etc. Dans les végétaux
submergés, elle est plutôt analogue à celle des Pois-
sons, les feuilles opérant alors, comme les branchies de
ces vertébrés, en séparant du liquide l'air qui y est
tenu en dissolution.

Là ne se borne pas l'action de l'air inspiré. Du parenchyme où il a d'abord pénétré, il ne tarde pas à arriver, sans doute par endosmose, dans les vaisseaux spiraux qui entrent dans la composition des nervures. Ces vaisseaux, que nous avons vus, au début de la végétation, pleins de liquides, se vident pour le recevoir, et le distribuent insensiblement partout, dans les rameaux, dans la tige, et jusque dans la racine. Ainsi le fluide atmosphérique s'avance au-devant de la séve qui baigne tous les tissus de la plante, il se comporte alors comme dans les insectes, où l'appareil respiratoire est exclusivement formé de *trachées*, vaisseaux aériens qui se ramifient à l'infini dans les interstices de tous les organes.

En pénétrant peu à peu dans le tissu des végétaux, l'air, sans cesse en contact médiat ou immédiat avec la séve, subit des altérations de plus en plus marquées ; il perd surtout une grande quantité de son oxygène, au point de n'en présenter parfois que 8 ou 10 centièmes après son arrivée dans la racine, au lieu de 21, proportion normale.

MODIFICATIONS QU'ÉPROUVE LA SÉVE PAR LE FAIT<br>DE LA RESPIRATION.

Quant à la séve, elle éprouve à son tour, dans son contact avec l'air et à mesure qu'elle se concentre en se dépouillant, par la transpiration, de sa partie la plus fluide, des modifications fort importantes. Elle acquiert, sous cette influence, des qualités nouvelles qui la rendent plus apte à nourrir les organes, de même que, chez nous, le sang veineux devient artériel et nutritif en traversant notre poumon.

Sa composition chimique ne saurait être la même que celle de la séve ascendante ; mais la science n'a

point encore dit en quoi consiste la différence qui
doit exister, sous ce rapport, entre les deux fluides
dont il s'agit.

## SÉVE ÉLABORÉE.

Une fois modifiée par la double influence de la transpiration et de la respiration, la séve, que nous avons
vue s'élever peu à peu de la racine aux feuilles, est
capable de fournir aux besoins de la nutrition, et c'est
surtout alors qu'elle dépose au sein des tissus leurs
matériaux d'entretien et d'accroissement.

On a beaucoup discuté, et l'on discute encore sur la
question de savoir quelle est la marche des liquides
élaborés dans les plantes. Lorsqu'on enlève un lambeau circulaire d'écorce sur la tige d'un arbre en végétation, ou sur une de ses branches, on voit la lèvre
supérieure de la plaie s'humecter d'un liquide abondant, et s'épaissir en un bourrelet plus ou moins considérable dans lequel de nouveaux tissus s'organisent,
tandis que la lèvre inférieure reste en général mince
et se dessèche plus ou moins. On a conclu de là que la
séve élaborée suit une marche régulièrement descendante, et cela à travers les seuls tissus corticaux(1). Mais
il est certain qu'une telle proposition est beaucoup trop
exclusive. Des expériences non moins précises prouvent
que le phénomène est moins simple qu'on ne pourrait le croire au premier abord, et présente dans
ses phases diverses une complication dont les détails
sont encore incomplétement connus. M. Sachs distingue trois cas principaux dans la marche des sucs
nourriciers ; d'après cet observateur, ces liquides vont :

(1) C'est par suite de cette opinion qu'on voit, dans la plupart des
ouvrages de Botanique, les fluides nourriciers désignés sous le nom
de *séve descendante*. Nous emploierons cette expression dans un
sens beaucoup plus général.

1° du lieu de leur formation à celui où ils seront immédiatement utilisés; 2° du point où ils se sont produits, à celui où ils formeront des dépôts temporaires de matières nutritives; 3° du lieu de ces dépôts, au point où celles-ci seront consommées. Ce dernier cas est en particulier rendu évident par une foule de pratiques journalières. Tout le monde sait, par exemple, qu'un tubercule de pomme de terre ou de dahlia s'épuise pour nourrir les rameaux auxquels il donne naissance.

Des observations multipliées ont été faites, dans ces derniers temps, pour savoir s'il est des éléments anatomiques spécialement chargés du transport de la séve élaborée. Il semble en résulter que les fibres libériennes ne prennent point part au phénomène, et qu'il s'opère surtout à la faveur de ces tubes à parois minces et munies d'aréoles réticulées que nous avons indiqués sous le nom de *tubes cribreux* ou *tubes grillagés* (voy. p. 103), qui s'observent si abondamment dans les couches corticales et aussi dans presque tous les faisceaux fibro-vasculaires de la plupart des végétaux.

De cette façon, la séve élaborée pénètre dans l'épaisseur du système ligneux dont les diverses couches y puisent les principes nécessaires à leur complet développement. Il est probable qu'une partie de cette séve élaborée se mêle alors à la séve ascendante, et qu'elle remonte avec celle-ci vers les feuilles, pour y subir de nouveau l'action vivifiante de l'atmosphère, ce qui constituerait, dans les végétaux, une véritable circulation, comparable jusqu'à un certain point à celle du sang dans les animaux supérieurs.

En même temps qu'elle se dépouille de ses principes nutritifs au profit de tous les organes, de tous les tissus, la séve descendante est soumise, dans sa longue route, à de profondes élaborations qui la convertissent en des produits très-divers. Telle est, par exemple, l'origine du liquide que renferment les vaisseaux laticifères dont sont pourvues, nous le savons, un grand nombre de plantes.

## DU LATEX.

Le latex, produit par la séve élaboré, est aussi désigné sous le nom de *suc propre*. Il remplit les vaisseaux laticifères, abonde surtout dans l'épaisseur de l'écorce, et varie par son aspect suivant les espèces. Rarement incolore, il est jaune dans la Chélidoine, blanc laiteux dans les Euphorbes, les Figuiers, les Asclépias, la Laitue vireuse, etc. Presque toujours il est âcre, souvent caustique, vénéneux ; et, sous ce rapport, il peut différer du tout au tout de la séve ascendante, ainsi que l'Euphorbe des Canaries nous en offre un exemple frappant. Le système cortical, dans cette espèce exotique, est gorgé d'un suc laiteux, poison très-actif ; tandis que son corps ligneux contient une grande quantité de séve limpide, non élaborée, dont les gens du pays s'abreuvent en la suçant pour étancher leur soif, après avoir enlevé l'écorce.

Quelles que soient, du reste, ses propriétés et ses apparences, le latex a pour base un liquide aqueux, gommo-albumineux, se coagulant promptement au contact d'une substance astringente, et dans lequel nagent un grand nombre de globules très-petits, inégaux, généralement colorés. Ces globules sont huileux ou résineux, quelquefois de nature amylacée. Dans plusieurs espèces exotiques, comme le Figuier élastique, entre autres, le caoutchouc est l'élément prédominant du latex.

Pour certains auteurs, le latex ne serait pas différent de la séve élaborée, et constituerait un liquide essentiellement nourricier, comparable au sang artériel des animaux. Au contraire, M. Trécul, à la suite de ses beaux travaux sur la question, ayant pu constater que les tubes ou cellules à sucs propres sont beaucoup plus répandus qu'on ne le pensait, que souvent ils communiquent avec les vaisseaux, et que ceux-ci contiennent parfois du latex, considère ce liquide comme un produit désoxygéné, analogue au sang veineux. La composition générale du latex, sa disparition constante dans les parties vieilles des plantes, et des expériences nombreuses, parmi lesquelles nous citerons celles de M. Faivre, de Lyon, permettent de croire que, si ce liquide n'est pas un aliment éminemment plastique, comme la séve élaborée proprement dite, il constitue du moins une sorte de réserve dans laquelle le végétal puise, à un moment donné, des matériaux utiles à son entretien.

## EXCRÉTIONS.

La séve élaborée est aussi la source commune où les organes des plantes trouvent les matériaux de divers produits qui sont rejetés au dehors par la voie des *excrétions*.

Parmi les produits excrémentitiels dont il s'agit, il en est qui se répandent à la surface des organes, où ils forment une espèce de vernis imperméable à l'eau. Ces produits, de nature résineuse ou analogues à la cire, ont pour destination de garantir les parties contre le froid et l'humidité de l'hiver, ou de modérer l'activité de la transpiration pendant les fortes chaleurs de l'été. Nous avons dit, et nous rappelons comme exemple, que les bourgeons des Peupliers, du Marronnier d'Inde et d'un grand nombre d'autres arbres ont pour enduit protecteur une exsudation résineuse abondante.

Beaucoup de feuilles épaisses, molles, notamment celles des Choux, se couvrent d'une poussière glauque, surtout à leur face inférieure, espèce d'efflorescence de nature cireuse que l'on remarque aussi à la surface de plusieurs fruits, tels que les prunes, les raisins, etc. L'évaporation est très-ralentie dans les organes, feuilles ou fruits, revêtus de cette substance excrémentitielle. Aussi restent-ils gorgés d'une grande quantité de sucs aqueux; ils peuvent, en outre, subir le contact de l'eau sans se mouiller.

Quant aux plantes aquatiques, elles sont défendues contre l'action destructive du liquide au milieu duquel elles vivent par une matière glaireuse particulière, exsudée de toute leur surface.

Dans certains arbres, la séve élaborée fournit les matériaux d'un liquide excrémentitiel qui s'extravase entre les fibres et les cellules de l'écorce, s'y accumule en grande quantité, puis s'écoule au dehors par les fissures qui se forment tôt ou tard dans les couches corticales extérieures. Ce liquide surabondant et rejeté comme inutile s'épaissit plus ou moins pour l'ordinaire au contact de l'air; il varie beaucoup, suivant les espèces, par sa nature et ses propriétés.

Telle est, par exemple, la gomme qui transsude et se concrète à la surface du Cerisier, du Prunier, de l'Amandier, du Pommier et autres arbres appartenant à la famille des Rosacées; tel est aussi le suc résineux que l'on retire des Pins et des Sapins; telle est la manne, substance sucrée fournie par plusieurs espèces de Frênes qui végètent en Calabre. Pour obtenir en grande quantité, soit la manne, soit la résine, on pratique dans l'écorce des entailles profondes qui en facilitent la sortie.

La plupart des produits excrémentitiels des végétaux sont élaborés par de petites glandes ou par des poils glanduleux. Il en est de gluants, comme on le voit dans l'Acacia visqueux, le Silène penché, etc. D'autres sont irritants, caustiques, ainsi qu'on en trouve un exemple dans les poils du Pois-chiche et surtout dans ceux des Orties. Le liquide qui se dépose au fond des corolles, sous le nom de *nectar*, est au contraire doux et sucré comme du miel. Beaucoup de plantes laissent échapper de leur surface des principes volatils qui leur donnent une odeur aromatique plus ou moins suave.

Puisque c'est la séve élaborée qui fournit les éléments de tous ces produits excrémentitiels, en même temps qu'elle nourrit tous les organes, tous les tissus, elle doit être profondément modifiée lorsqu'elle arrive au bout de sa route, c'est-à-dire dans la racine. Réduit alors en quelque sorte à l'état de résidu, ce liquide se mêle-t-il à la séve ascendante pour aller concourir de rechef aux phénomènes de la végétation? Ou bien est-il rejeté par la racine comme inutile ou nuisible à la vie?

On trouve sur beaucoup de racines, à l'extrémité de leurs divisions, de petits grumeaux d'une matière onctueuse qui s'attache facilement à la terre et en retient toujours un peu quand on arrache la plante. On sait, en outre, que partout où un arbre a végété longtemps, le sol se montre plus gras et plus coloré qu'ailleurs.

Plusieurs physiologistes, parmi lesquels il faut surtout citer de Candolle, ont attribué ces faits à une véritable excrétion dont la racine serait le siége. D'après eux, les divisions radicellaires, en même temps qu'elles pompent dans le terreau des principes nutritifs, y déposent une matière excrémentitielle désormais impropre à l'entretien du végétal.

S'il en était ainsi, l'on concevrait bien que les extrémités de la racine doivent s'étendre sans cesse pour aller chercher leur nourriture dans une région non encore souillée par leurs excréments. On expliquerait aussi par là pourquoi un arbre languit à la place où un autre de même nature l'a précédé ; comment la terre, après avoir produit une récolte, a besoin de se reposer pour en fournir une seconde de même espèce : comment, par exemple, le Blé vient mal lorsqu'on le sème plusieurs années de suite dans le même lieu.

Les matières excrétées par les racines d'une espèce peuvent ne pas convenir aux végétaux d'une espèce différente, ce qui expliquerait comment, par exemple, la Vergerette âcre nuit au Froment, le Chardon hémorrhoïdal à l'Avoine, la Scabieuse au Lin, etc.

Par contre, on a avancé que certaines plantes rejettent, par leur racine, des substances favorables à certaines autres; tel serait le cas notamment des Légumineuses pour les Céréales.

Il est vrai que les Céréales fournissent, en général, d'abondantes récoltes dans les terrains où les Légumineuses les ont précédées; et le grand art, en agriculture, consiste précisément à faire succéder, dans le même sol, des espèces différentes qui disposent ainsi la terre les unes pour les autres. C'est l'art des *assolements*, lequel, bien entendu, permet au sol de produire toujours sans jamais s'épuiser.

Mais la plupart des auteurs nient aujourd'hui que les racines soient le siége d'aucune espèce d'excrétion. Nous verrons bientôt comment ils expliquent les faits qui se rattachent aux assolements.

## NUTRITION.

Nous avons vu la séve, introduite par la racine, s'élever jusqu'aux feuilles, y subir le contact de l'atmosphère, et devenir propre à nourrir tous les organes; nous l'avons reconnue comme véhicule de toutes les substances venues du dehors. soit de la terre, soit de l'air.

C'est ici que devrait se placer naturellement l'exposé des phénomènes en vertu desquels les éléments empruntés au sol ou à l'atmosphère se combinent ou se dissocient pour donner naissance aux composés si variés que l'analyse retrouve dans l'intérieur des tissus. Malheureusement nos connaissances à ce sujet sont encore presque nulles, et c'est avec raison qu'on a pu dire qu'il n'existe pas même de théorie de l'assimilation dans les végétaux. Cette partie de la botanique est sous la dépendance absolue de la chimie organique, dont les progrès sont seuls capables de jeter du jour sur ces difficiles questions.

Notre rôle doit donc se borner, pour le moment, à indiquer le point de départ et le résultat, c'est-à-dire la source des corps élémentaires dont les végétaux sont formés, et les principaux composés qu'on en peut extraire, laissant dans l'ombre les phénomènes intermédiaires qui séparent l'introduction des premiers dans l'organisme, de la formation des seconds.

ORIGINE DU CARBONE, DE L'OXYGÈNE, DE L'HYDROGÈNE
ET DE L'AZOTE CONTENUS DANS LES PLANTES.

Les végétaux fournissent à l'analyse chimique quatre corps principaux qui sont le carbone, l'oxygène, l'hydrogène et l'azote. Nous allons rechercher quelle est la source où ces éléments sont puisés, et sous quel état les plantes parviennent à se les approprier.

**Origine du carbone.** — Le carbone constitue la base du tissu végétal. Il existe en grande quantité surtout dans les plantes ligneuses ; le charbon qu'on obtient par la combustion incomplète du bois en est presque entièrement formé. Il ne reste guère aussi que du carbone impur dans ces amas si considérables de détritus végétaux enfouis au sein de la terre par les révolutions du globe, et désignés sous les noms de *tourbe*, de *houille*, d'*anthracite*, etc.

Une portion du carbone dont les plantes se nourrissent est puisée dans le sol. Elle provient d'une substance particulière, fortement carbonée, à laquelle la terre doit en grande partie sa couleur plus ou moins brune, et qu'on est convenu d'appeler *humus* ou *terreau*.

Produit par les substances organiques, par les débris végétaux en décomposition dans toute terre fertile, cultivée ou non, l'humus ne pénètre point lui-même dans le tissu végétal, car il est insoluble dans l'eau, ce qui suffit pour s'opposer à son absorption. Mais il subit, dans son contact avec l'oxygène de l'air qui pénètre au sein de la terre, une espèce de combustion lente dont le résultat est une quantité plus ou moins considérable d'acide carbonique. On sait, en effet, d'après des expériences faites par MM. Boussingault et Lewy, que l'air confiné dans une terre riche en humus contient beaucoup plus d'acide carbonique que celui au sein duquel nous respirons.

Or, l'acide carbonique est très-soluble. A mesure qu'il se forme aux dépens de l'humus, il se dissout dans l'eau qui humecte le sol, s'introduit avec elle dans la racine, et va, de la sorte, offrir à tous les organes le carbone et l'oxygène dont il est composé.

L'humus, pendant l'action dont nous venons de parler, subit d'importantes modifications ; il se transforme peu à peu, au contact de l'air et de l'humidité, surtout en présence de la chaux ou de la potasse, en un produit particulier, noirâtre, inodore, insipide, insoluble ou presque insoluble dans l'eau, mais soluble dans les alcalis, et appelé *humine, ulmine, acide humique* ou *ulmique.* Ce produit, une fois formé, peut s'unir aux bases alcalines, constituer ainsi des ulmates de chaux, de potasse ou d'ammoniaque, sels solubles et par conséquent susceptibles d'être absorbés.

Si l'oxygène vient à manquer dans la terre, la combustion de l'humus s'arrête ; elle recommence aussitôt qu'une quantité nouvelle de ce principe y est apportée par l'air.

On comprend, d'après ce qui précède, combien l'humus est nécessaire à la végétation. Peu abondant dans toute terre médiocre, il existe, au contraire, en grande quantité dans les plus fertiles ; il abonde dans le sol des forêts, où tombent chaque année, pour s'y décomposer, les dépouilles des arbres sans nombre qui y vivent, qui y prospèrent sans le secours de l'homme.

Mais l'humus ou terreau n'est pas la seule source où les plantes prennent le carbone nécessaire à leur développement. L'eau qui imbibe le sol contient toujours, en effet, une certaine dose d'acide carbonique dont elle s'empare dans son contact avec l'air et qu'elle cède sans doute peu à peu à la racine.

Nous savons, d'un autre côté, que les végétaux puisent une grande partie de leur carbone directement au sein de l'atmosphère. Ils y trouvent, avons-nous dit ailleurs, ce principe à l'état de gaz acide carbonique, et c'est pendant leur respiration diurne, et au moyen de leurs feuilles, qu'ils se l'approprient.

Ajoutons que la plupart des plantes enlèvent même à l'air une partie notable de son carbone sans amoindrir la proportion de celui qui est renfermé dans le sol. C'est, en effet, ce qui se passe dans nos prairies artificielles. Elles fournissent tous les ans plusieurs récoltes de fourrage dont chacune emporte avec elle une grande quantité de carbone, et le sol néanmoins ne s'y appauvrit pas en humus, alors même qu'il reste sans engrais.

On peut citer aussi les Pins et les Sapins qu'on établit dans les landes, terrains sablonneux, à peu près dépourvus d'humus. Ces arbres y acquièrent une taille remarquable. Lorsqu'ils tombent sous la cognée du bûcheron, leur tige, leurs branches renferment une énorme quantité de carbone, et cependant la terre qui les a portés se montre alors plus productive, plus riche en humus qu'au moment de la plantation.

Dans ces dernières années, M. Cailletet, par des expériences aussi bien conçues qu'élégamment exécutées, a fait voir que, si le sol fournit aux plantes une partie du carbone dont elles ont besoin, l'acide carbonique de l'air est absolument indispensable à l'entretien de leur existence. En disposant diverses plantes dans un appareil particulier où les tiges pénétraient seules, et où l'on pouvait faire arriver à volonté de l'air ordinaire ou de l'air débarrassé de son gaz acide, l'auteur a constaté que, dans le premier cas, les plantes continuaient à vivre comme à l'air libre, tandis que, dans le second, la végétation se ralentissait très-rapidement, et la mort survenait bientôt, si l'expérience était continuée. Il suffisait, avant que ce moment fût arrivé, de rendre aux végétaux l'acide carbonique, pour les voir reprendre en très-peu de temps toutes les apparences de la santé. On peut, de cette façon, faire passer les plantes par des alternatives d'étiolement et de vigueur qui rendent évidente l'action de l'acide carbonique de l'air sur la végétation.

Il suffira maintenant d'un peu de réflexion pour voir que l'atmosphère est, en définitive, la source première de tout le carbone qui s'assimile aux plantes. En effet, celui que le végétal reçoit de l'humus n'a pas lui-même d'autre origine, puisqu'il est fourni par les débris de plantes qui le tenaient de l'air, ou par les engrais que produisent les animaux, c'est-à-dire par des matières excrémentitielles provenant en définitive d'une alimentation végétale.

Au premier abord, il est vrai, on a de la peine à se représenter l'atmosphère comme une source capable de fournir tout le carbone consommé par les végétaux qui couvrent la surface de la terre. L'acide carbonique n'existe au sein de l'air que dans la proportion de quelques dix-millièmes, et il ne renferme environ que 3 parties de carbone sur 8 d'oxygène. Cependant le calcul vient en aide à l'esprit, et démontre que la masse énorme de l'atmosphère ne contient pas moins de 14 à 1500 billions de kilogrammes de carbone, quantité évidemment plus que suffisante pour les besoins de toutes les plantes qui végètent à la surface de notre globe.

Un mot à présent sur l'origine de l'oxygène.

**Origine de l'oxygène.** — L'oxygène, que nous venons de voir accompagnant toujours le carbone dans son introduction au sein des tissus, pénètre avec lui sous diverses formes ; il s'introduit notamment, par les feuilles ou par la racine, à l'état d'acide carbonique, soit gazeux, soit dissous dans l'eau.

Cet acide est ensuite répandu par la séve dans tous les organes, où bientôt il se décompose, et son oxygène, devenu libre, s'échappe en partie comme inutile, tandis qu'une certaine portion se fixe, en même temps que le carbone, aux tissus de la plante.

Les végétaux prennent aussi dans l'air une certaine quantité d'oxygène libre, dont une portion seulement se combine avec leur carbone pour être rejetée sous la forme d'acide carbonique.

Enfin, une autre source de l'oxygène qu'ils incorporent à leurs organes est la décomposition de l'eau dont ils s'abreuvent continuellement, et qui échappe à la transpiration opérée par les feuilles. On sait qu'ils trouvent l'eau sous forme liquide au sein de la terre, et à l'état de vapeur dans l'air.

**Origine de l'hydrogène.** — L'hydrogène qui entre dans la composition des végétaux leur vient, à son tour, en partie de la décomposition qu'éprouve l'eau dans leurs organes, car il est, de même que l'oxygène, un des éléments de ce liquide. Il émane, en outre, des matières organiques en putréfaction dans le sol, et sans doute aussi des vapeurs ammoniacales qui existent dans l'atmosphère.

**Origine de l'azote.** — L'azote joue un rôle fort important dans les phénomènes de la végétation. Il est d'autant plus abondant dans un tissu végétal, que ce tissu est plus jeune et doué d'une plus grande activité vitale; il existe en quantité notable dans les organes naissants, dans les graines, dans les bourgeons, au sommet des jeunes pousses, etc.

La composition de l'air si riche en azote fit, dès l'origine, naître cette idée que les plantes puisent dans l'atmosphère ce gaz en nature. Cette opinion, reprise et défendue avec ardeur par M. Ville, n'a plus guère aujourd'hui d'autre partisan que lui-même, et les expériences les plus précises exécutées notamment en France et en Angleterre démontrent que les végétaux sont impuissants à s'approprier directement l'azote libre de l'air.

C'est donc au sein de la terre, et sous forme de combinaisons variées, que les plantes trouvent l'azote dont elles ont besoin. Les fumiers enfouis dans le sol fournissent une partie de ce principe; ils le tiennent euxmêmes principalement de l'urine qui les imbibe, les excréments solides des animaux n'en contenant qu'une faible proportion.

Pendant la putréfaction des engrais, leurs éléments constitutifs se séparent pour s'engager dans des combinaisons nouvelles, d'où résultent de l'eau, de l'acide carbonique et de l'ammoniaque. Une portion de cette dernière substance se dissout dans l'eau qui humecte la terre; elle pénètre avec elle, et par la racine, dans tous les organes de la plante, où elle se décompose en cédant à la force assimilatrice l'azote et l'hydrogène qui la constituent. Ou bien, se trouvant en présence de l'acide carbonique produit comme elle par la putréfaction des engrais, elle se combine avec lui pour former un carbonate d'ammoniaque qui se dissout aussi pour être à son tour absorbé par la plante. Nous avons déjà dit, à propos de l'humus, que l'ammoniaque pouvait s'unir à l'acide ulmique, et pénétrer ainsi dans la racine à l'état d'ulmate.

Il faut ajouter qu'une autre portion de l'ammoniaque fournie par les engrais en fermentation dans la terre se décompose au contact de l'oxygène qui se dégage de ces engrais : oxygène qui, se trouvant à l'état d'ozone, s'unit à l'hydrogène et à l'azote devenus libres par le fait de cette décomposition, et donne ainsi naissance à de l'eau et à de l'acide azotique. Or, l'acide azotique ou nitrique provenant de cette source se combine aussitôt avec les diverses bases alcalines ou terreuses qui font partie du sol, d'où résultent des nitrates de potasse, de chaux, de magnésie, etc. : nitrates qui, ajoutant leur action à celle de l'ammoniaque, du carbonate et de l'ulmate d'ammoniaque, exercent sur la végétation une influence des plus favorables.

Les engrais ne sont pas, il s'en faut de beaucoup, la source unique de l'azote assimilé par les plantes. Les travaux de M. Boussingault ont démontré expérimentalement qu'un sol fumé fournit aux végétaux beaucoup plus d'azote qu'il n'en a reçu de ce fait, et que par conséquent l'azote de l'air intervient dans les réactions qui président à l'assimilation. Tout le monde sait d'ailleurs que les forêts et nombre de prairies ne reçoivent jamais d'engrais et cèdent néanmoins aux récoltes des quantités considérables d'azote. On savait déjà, surtout par les travaux de M. Cloëz, que l'azote et l'oxygène de l'air peuvent se combiner dans les profondeurs du sol arable qui agit à la façon d'un corps poreux, et donner ainsi naissance à de l'acide nitrique et à des nitrates.

Un nouvel élément vient d'être introduit dans la question. D'après des expériences récentes dues à M. Dehérain, l'azote aurait la propriété de se combiner aux diverses substances organiques hydrocarbonées sous l'influence des alcalis, et cela avec d'autant plus d'activité que l'atmosphère ambiante serait plus pauvre en oxygène. Or, cette condition se trouve précisément remplie pour l'atmosphère emprisonnée dans les couches superficielles du sol, comme l'a reconnu M. P. Thénard. Il paraît donc probable que c'est en ce point que prennent naissance des combinaisons azotées insolubles d'abord, mais capables de devenir solubles et par conséquent assimilables, dès que la charrue les aura amenées au contact de l'air ordinaire chargé de leur faire éprouver une combustion partielle.

Il serait dificile de dire, dans l'état actuel de la science, si les azotates sont absorbés en nature, ou s'ils se décomposent pour offrir aux plantes les produits de leur décomposition. M. Kuhlmann pense que l'acide azotique existant dans le sol s'y transforme en ammoniaque, sous l'action réductrice de l'hydrogène dégagé par les engrais en putréfaction, et que c'est sous cette forme que son azote est pris par les plantes.

Il est probable aussi qu'une certaine quantité de l'ammoniaque produite par la décomposition des matières organiques doit se volatiliser et s'élever au sein de l'atmosphère, où, en présence de l'acide carbonique qui s'y trouve, elle passe, du moins en partie, à l'état de carbonate d'ammoniaque. Il va sans dire aussi que du carbonate d'ammoniaque tout formé s'élève de la surface du sol pour se répandre à son tour dans la masse atmosphérique.

Ajoutons enfin que l'ammoniaque et par suite le carbonate de cette base qui existent en proportion extrêmement minime dans l'air peuvent provenir aussi de certaines réactions qui s'effectuent entre les éléments constitutifs de l'atmosphère, sous l'influence des décharges électriques dont elle est si souvent le théâtre ; qu'il s'y produit même quelquefois, sous cette influence,

une très-petite quantité d'acide azotique, et conséquemment un peu d'azotate d'ammoniaque.

Telle est, dans l'état actuel de la science, la théorie de
l'assimilation de l'azote par les végétaux. La connaissance de ces détails intéresse à la fois la physiologie
végétale et l'agriculture ; elle fournit l'explication de
plusieurs faits importants.

### DE QUELQUES EXPLICATIONS FOURNIES PAR LES NOTIONS QUI PRÉCÈDENT.

L'humus et les engrais azotés fertilisent la terre en
cédant aux végétaux, entre autres principes, l'un du
carbone et les autres de l'azote. La valeur des engrais
les plus communs dépend en grande partie de leur te-
neur en azote.

L'enfouissement des fumiers, que l'expérience nous
montre comme très-favorable dans beaucoup de circonstances, n'a pas seulement pour effet de procurer directement aux végétaux des composés azotés assimilables. Il agit probablement avec avantage en mettant
les matières organiques dans une situation qui leur
permet de fournir de l'hydrogène à l'azote de l'air par
leur décomposition, et d'amener, par leur oxydation,
cet appauvrissement de l'atmosphère du sol que nous
venons de voir si favorable à la production de l'ammoniaque.

Toutes les opérations agricoles qui ameublissent le
sol favorisent le développement des plantes, en facili-
tant l'accès de l'air, dont l'oxygène est nécessaire
à la combustion de l'humus et à la putréfaction des
fumiers.

L'eau contenue dans la terre est indispensable non-
seulement à l'accomplissement de ces phénomènes, mais
aussi comme dissolvant des principes nutritifs absorbés

par la racine, et comme source d'hydrogène et d'oxygène. Elle est d'autant plus favorable à la végétation
qu'elle est plus aérée, plus riche en oxygène libre et
en acide carbonique. La plupart des plantes meurent
quand leurs racines sont submergées par une eau stagnante ; elles résistent davantage dans une eau cou-
rante, toujours plus aérée.

Une partie du carbonate d'ammoniaque qui se forme
dans un sol où se trouvent des engrais en voie de décomposition se volatilise et tend à se perdre en s'élevant au sein de l'atmosphère. Or, il suffit de répandre
à la surface de ce sol et sur les plantes qui y végètent
un peu de plâtre, pour ralentir, pour diminuer notablement cette déperdition. Le plâtre, qui est formé
de sulfate de chaux, se trouve mis en présence du
carbonate d'ammoniaque, avec lequel il fait un échange
de base, d'où résultent du carbonate de chaux et un
sulfate d'ammoniaque qui, étant fixe, non volatil,
reste à la surface des feuilles et surtout dans le sol
jusqu'à ce que les plantes l'aient complétement absorbé. C'est du moins ainsi que Liebig a expliqué
l'heureuse influence de ce précieux amendement, dont
on fait, comme on le sait, un si grand usage dans la
culture des prairies à base de Légumineuses.

## ASSIMILATION DU CARBONE, DE L'OXYGÈNE, DE L'HYDROGÈNE ET DE L'AZOTE CONTENUS DANS LES VÉGÉTAUX.

Au moment de leur absorption, les principes élémentaires que nous venons de voir s'introduire dans la
plante, soit par la racine, soit par les feuilles, se sont
montrés à nous diversement associés : le carbone avec
l'oxygène, l'oxygène avec l'hydrogène, l'hydrogène
avec l'azote ; c'est-à-dire principalement à l'état d'acide
carbonique, d'eau ou d'ammoniaque.

Ils arrivent ainsi combinés dans la profondeur des tissus où des affinités nouvelles les séparent pour les grouper de mille autres façons. C'est alors qu'ils *s'assimilent* aux organes, qu'ils *s'organisent*, comme on dit. Il faut le répéter, nous ne savons rien, ou presque rien, des phénomènes en vertu desquels s'opèrent les transformations dont les parties intimes des plantes sont le théâtre ; nous devons nous borner à en étudier sommairement les résultats.

## PRINCIPES IMMÉDIATS.

On nomme *principes immédiats* les composés organiques nombreux provenant des combinaisons variées qui s'opèrent à l'intérieur des végétaux vivants. La plupart, formés exclusivement de carbone, d'oxygène et d'hydrogène, reçoivent l'épithète de *ternaires*. Ceux qui renferment en outre de l'azote sont dits *quaternaires* (1).

Tous ces composés varient beaucoup entre eux quant à la proportion de leurs éléments constitutifs. Il en est même qui jouissent de propriétés différentes, bien que leur composition soit identique ; on les distingue par la qualification d'*isomères*. Les mêmes éléments se réunissent dans les mêmes proportions pour les constituer, et cependant ils n'ont pas les mêmes caractères. On admet que leurs atomes se groupent d'une façon particulière à chacun d'eux.

Laissons à la chimie organique le soin d'étudier avec détail tous les principes immédiats renfermés dans les plantes. Contentons-nous de passer rapide-

______

(1) Le soufre et le phosphore entrent souvent, bien qu'en proportion très-faible, dans la composition des substances dites *quaternaires*.

ment en revue les plus répandus et les plus importants.

Parmi ces principes, il en est qui, donnant aux
organes des végétaux leurs teintes si diverses et souvent
si vives, reçoivent le nom de *principes colorants*. Nous
en dirons quelques mots après avoir fait très-succinc-
tement l'histoire des autres que, d'après leur composition chimique, nous diviserons en deux groupes,
pour faciliter l'étude.

## PRINCIPES IMMÉDIATS TERNAIRES.

Les principes immédiats ternaires, ainsi nommés
parce que trois corps simples concourent seuls à leur
constitution, diffèrent entre eux par leurs propriétés
chimiques générales, suivant que l'un ou l'autre des
composants prédomine sur les autres. Il en est de
*neutres*, de *fortement hydrogénés* et d'*acides*.

### PRINCIPES IMMÉDIATS TERNAIRES NEUTRES.

On désigne sous ce nom ceux dont la composition
peut être représentée par du carbone et de l'eau,
l'oxygène et l'hydrogène s'y trouvant, en effet, dans les
mêmes proportions que dans l'eau. Tels sont la *cellulose*, l'*amidon*, la *dextrine*, le *sucre*, les *gommes* et le
*mucilage*.

**Cellulose.** — La cellulose forme la base, la charpente des végétaux, la trame de leurs organes, les
parois de leurs vaisseaux, de leurs fibres, de leurs cellules. Elle soutient des matières diverses qui s'attachent
à sa surface ou s'infiltrent dans sa substance, et font
ainsi varier son aspect.

A l'état de pureté, la cellulose est blanche, diaphane,

insipide, insoluble dans l'eau, l'alcool, l'éther, les acides affaiblis, les essences et les huiles; elle est soluble dans la liqueur cupro-ammoniacale de Schweizer, liqueur que l'on prépare de diverses manières, et particulièrement en faisant macérer du cuivre métallique dans de l'ammoniaque liquide, au contact de l'air.

Un autre caractère distinctif de la cellulose est la faculté qu'elle a de se colorer en bleu lorsqu'on la touche successivement avec l'acide sulfurique et la teinture d'iode. Sa composition comprend 12 molécules de carbone pour 10 d'hydrogène et autant d'oxygène, ce qui peut être exprimé par la formule $C^{12} H^{10} O^{10}$.

M. Frémy admet qu'il existe dans les végétaux, et notamment dans le bois, plusieurs sortes de celluloses qu'il a proposé de nommer *cellulose*, *paracellulose*, *vasculose* et *fibrose*. Ces substances ne seraient pas seulement isomériques; elles présenteraient chacune quelques caractères particuliers, et constitueraient des corps différents.

Cependant la plupart des chimistes croient devoir expliquer ces différences par la présence des matières qui incrustent naturellement la cellulose, et dont il est souvent fort difficile de la dépouiller entièrement.

**Amidon.** — L'amidon, ou *fécule*, dont nous avons dit ailleurs (voy. page 25) les caractères distinctifs, existe aussi d'une manière très-générale dans les plantes, et possède absolument la même composition que la cellulose.

Formé de granules solides, blancs, se desagrégeant dans l'eau bouillante, mais insolubles dans l'eau froide, et caractérisés surtout par la belle couleur bleue qu'ils prennent au contact de l'iode, l'amidon s'accumule de préférence, pendant la végétation, dans certaines parties, notamment dans les graines, la racine, les tubercules, au voisinage des bourgeons. Il y reste en repos durant toute la période où la vie de la plante est comme suspendue ; mais aussitôt que la végétation se ranime, il se modifie pour servir au premier développement des organes.

Un principe particulier, la *diastase*, se forme aux dépens des matières azotées, et sans qu'on sache comment, dans les graines, dans les tubercules, à la base des bourgeons, partout où de nouvelles parties doivent s'organiser. Sous l'influence de ce principe, la fécule, tout en conservant sa composition, change de caractères, devient soluble dans l'eau froide ; elle passe à l'état de *dextrine*.

**Dextrine.** — La dextrine diffère aussi de l'amidon en ce qu'elle ne se colore point en bleu comme lui par l'action de l'iode. Elle est blanche, transparente et amorphe.

A mesure qu'elle est produite, la dextrine se dissout dans la séve, et dès lors, entraînée par le mouvement circulatoire, elle aborde, elle pénètre les organes, qui l'utilisent pour leur nutrition. La dextrine n'a qu'à se condenser en lames plus ou moins minces pour doubler les parois des vaisseaux, des fibres, des cellules, pour composer même d'autres cellules, d'autres fibres, d'autres vaisseaux ; elle n'a qu'à se condenser pour se transformer en cellulose, et devenir ainsi la base de nouveaux tissus, de nouveaux organes.

Telles sont les relations importantes qui existent entre l'amidon, la dextrine et la cellulose, trois principes isomériques, ou plutôt trois formes, trois manières d'être d'un seul et même principe.

La diastase ne se borne pas toujours à métamorphoser la fécule en dextrine ; elle peut, en prolongeant son action, convertir la dextrine en une substance particulière, désignée sous le nom de *glucose*.

**Glucose.** — Le glucose, matière sucrée très-répandue dans les végétaux, reçoit communément le nom de *sucre de raisin*, parce que c'est dans ce fruit que sa présence a d'abord été constatée.

Soluble et formant dans la séve une espèce de sirop, comme la dextrine d'où il dérive, le glucose se distingue par sa composition, qui est la suivante : $C^{12}H^{14}O^{14}$. Il contient donc, de plus que la dextrine, la fécule et la cellulose, 4 molécules d'hydrogène et autant d'oxygène ; c'est-à-dire 4 équivalents d'eau.

En perdant 3 molécules d'eau, le sucre de raisin passe à l'état de sucre proprement dit, encore appelé *sucre de canne* ou *de betterave*, pour indiquer la source d'où on le retire ordinairement.

**Sucre de canne.** — Le sucre de canne, soluble et cristallisable, est représenté par la formule $C^{12}H^{11}O^{11}$. On le trouve dans beaucoup de plantes ; il succède souvent au sucre de raisin dans la même partie, comme s'il constituait un produit d'élaboration plus avancée.

Examinée sur un même végétal, la séve présente quelquefois du glucose en un point et du sucre de canne dans les parties plus élevées.

**Gommes.** — Les gommes, résultat d'une élaboration particulière de la séve dans les tissus de certaines plantes, sont des principes immédiats solides, translucides, blancs ou jaunâtres, inodores, d'une saveur douce et fade, insolubles dans l'alcool et dans l'éther, mais plus ou moins solubles dans l'eau, qu'elles rendent épaisse, gluante, mucilagineuse. Leur principal caractère distinctif est de se transformer en acide mucique sous l'action de l'acide azotique.

On connaît plusieurs sortes de gommes : l'*arabine* ou gomme arabique ; la *cérasme* ou gomme du pays ; et la *bassorine* ou gomme adragante.

L'*arabine* est soluble en toutes proportions dans l'eau. Desséchée à 100°, elle offre la même composition que le sucre de canne ; à 120°, elle perd un équivalent d'eau et présente conséquemment la composition de l'amidon. Une ébullition prolongée avec l'acide sulfurique la transforme en glucose.

La *cérasine* se distingue de l'arabine en ce qu'elle n'est qu'incomplétement soluble dans l'eau. Elle est considérée comme un mélange de deux substances isomériques avec l'arabine et pouvant se métamorphoser en cette dernière.

Quant à la *bassorine*, elle a aussi les plus grands rapports avec l'arabine. Il suffit, en effet, d'une longue ébullition dans l'eau pour la transformer en arabine, comme il suffit de chauffer celle-ci à 150° pour la faire passer à l'état de bassorine.

**Mucilage.** — Le mucilage existe en abondance dans un grand nombre de végétaux, dissous dans leur séve, y formant une espèce d'émulsion visqueuse, douce et fade. Sa composition est la même que celle des gommes. Souvent même il contient en solution une certaine proportion de ces dernières.

Si on le traite par l'acide azotique, il fournit aussi de l'acide mucique.

Les parois de certaines cellules ont la propriété de se transformer instantanément en mucilage sous la seule influence de l'eau. Il est très-facile d'assister, sous le microscope, à cette transformation, en examinant les cellules du spermoderme de la graine de Lin, par exemple.

PRINCIPES IMMÉDIATS TERNAIRES FORTEMENT HYDROGÉNÉS.

Les principes immédiats qui reçoivent ce titre sont caractérisés par leur composition où l'hydrogène prédomine sur l'oxygène, au lieu de s'y trouver, avec ce dernier, en proportion convenable pour former de l'eau, comme cela a lieu dans les neutres. Ces principes, ainsi pourvus d'un excès d'hydrogène, se montrent aussi très-riches en carbone, et, pour cette double rai-

son, ils sont très-combustibles. Tel est, par exemple,
le *ligneux*.

**Ligneux.** — Le ligneux est une substance particulière, très-dure, cassante, incrustant, dans le bois, les
parois des vaisseaux, des fibres, des cellules, dont il
est très-difficile de la séparer, ce qui l'a fait longtemps
confondre avec la cellulose.

Cette substance, encore appelée *célulase*, *xylogine*,
ou simplement *matière incrustante*, est insoluble dans
l'eau, comme la cellulose. Elle diffère de celle-ci par sa
solubilité dans le chlore et la potasse caustique, et par
la couleur noire qu'elle prend sous l'action de l'acide
sulfurique.

Sa proportion relative est très-variable suivant les
végétaux. C'est ainsi, par exemple, que le bois de Hêtre
renferme à peu près parties égales de cellulose et de
matière incrustante; tandis que cette dernière entre
pour les $\frac{2}{3}$ dans le Chêne, pour les $\frac{9}{10}$ dans le bois
d'Ébène. Il va sans dire que les bois les plus riches en
ligneux, et par conséquent en carbone, sont aussi les
plus consistants, les plus durables et les plus avantageux
pour le chauffage.

La matière incrustante des végétaux ne présente pas
toujours exactement la même composition. Aussi plusieurs chimistes la regardent-ils comme un mélange
en proportions variables de différentes substances. En
la traitant successivement par l'eau, l'alcool, l'éther,
l'ammoniaque et les alcalis fixes, ils prétendent la séparer en *lignose*, *lignone*, *lignin*, *lignireose*. C'est assez
dire que la matière incrustante est une substance encore incomplétement connue.

La plupart des autres principes immédiats très-riches
en hydrogène et en carbone existent dans l'écorce,
près de la surface, où se fait sentir la puissante influence de la lumière; telles sont la *chlorophylle*, les
*résines*, les *huiles essentielles*, etc. Mais la chlorophylle

est azotée, et nous devons, du reste, la retrouver parmi les principes colorants; nous n'en dirons donc rien ici.

**Résines. — Huiles essentielles.** — C'est sous l'action de la lumière que se forment ces substances, en s'appropriant sans cesse du carbone, et en abandonnant leur oxygène, soit en partie, soit en totalité. A l'abri de la lumière, les résines, les huiles volatiles diminuent, la chlorophylle disparaît, et le végétal perd en grande partie son odeur, sa saveur naturelles, en même temps qu'il devient pâle et débile.

Les résines et les huiles essentielles comprennent de nombreuses espèces : elles n'ont pas toutes la même composition. Il est des huiles essentielles formées seulement de carbone et d'hydrogène; quelques-unes contiennent du soufre; presque toutes sont une réunion de plusieurs principes immédiats. Les *baumes* ne sont autre chose que des résines associées à une certaine quantité d'acide benzoïque ou cinnamique. Le *camphre* peut être considéré comme une huile volatile concrète. Toutes ces substances sont insolubles dans l'eau, solubles dans l'alcool, dans l'éther, et très-inflammables.

**Huiles grasses.** — D'autres produits végétaux où l'hydrogène et le carbone dominent sont les *huiles grasses* ou *fixes*. On les trouve en grande quantité dans le péricarpe de l'Olivier et dans les graines de beaucoup d'autres plantes. Comme les huiles volatiles, elles sont très-combustibles, insolubles dans l'eau et solubles dans l'éther; entièrement solubles dans les huiles volatiles elles-mêmes, elles ne le sont que peu dans l'alcool. Elles résultent de la réunion de plusieurs principes immédiats : l'*oléine*, la *margarine*, la *stéarine*, etc.


PRINCIPES IMMÉDIATS TERNAIRES ACIDES.


Au lieu de l'hydrogène, c'est l'oxygène qui prédomine dans les principes immédiats acides. Ces produits, très-nombreux et très répandus, existent généralement à l'état de sels, combinés avec des bases végétales ou minérales.

C'est surtout dans les organes soustraits à l'action de la lumière, comme la racine, ou non colorés en vert, comme la plupart des fruits, que les acides se développent; et cela ne doit point nous étonner, puisque ces organes absorbent continuellement de l'oxygène, au lieu de le rejeter à la manière des feuilles pendant le jour.

Les acides oxalique, acétique, malique, citrique, tartrique, gallique, tannique et pectique sont de tous les acides végétaux les plus répandus. Un des plus remarquables est l'acide oxalique; il se distingue par sa composition, qui présente, lorsqu'il est associé à une base, 2 parties de carbone, 3 d'oxygène, et le rapproche ainsi de l'acide carbonique.

Certains acides végétaux, formés non-seulement de carbone, d'oxygène et d'hydrogène, mais encore d'azote, prennent place parmi les principes immédiats quaternaires; tel est, par exemple, l'acide spartique.

Les acides végétaux, de même que les minéraux, sont susceptibles de convertir, à la manière de la diastase, mais plus faiblement et plus lentement, la fécule en dextrine et celle-ci en glucose; et cette action nous permet de comprendre comment ils peuvent intervenir, au sein du végétal, dans la formation des diverses matières organiques dérivées de la fécule.


## PRINCIPES IMMÉDIATS QUATERNAIRES.


Les principes immédiats quaternaires, principes dans lesquels l'azote se trouve associé aux éléments carbone, oxygène et hydrogène, sont nombreux et divers.

Il en est qui, ayant pour type l'*albumine* et se montrant essentiellement formés d'une substance particulière appelée *protéine*, reçoivent la dénomination de *principes albuminoïdes* ou *protéiques*.

**Principes albuminoïdes ou protéiques.** — Ces principes, dont les plus répandus sont l'*albumine*, la *fibrine*, la *glutine*, la *caséine*, la *légumine* et l'*amandine*, se rapprochent tellement de leurs analogues dans les animaux, qu'ils ont été souvent décrits sous le nom de *substances végéto-animales*. On les rencontre dans la plupart des plantes, surtout dans leurs graines, particulièrement dans les graines des Céréales, des Légumineuses et des Rosacées; ils s'y trouvent diversement associés entre eux et avec des principes féculents, gommeux, sucrés.

Les principes protéiques ont des caractères qui leur sont communs. Ils se colorent en jaune au contact de l'acide azotique, en rouge sous l'action d'un mélange d'azotate et d'azotite de mercure, et ils prennent une teinte bleue lorsqu'on les traite, à l'ébullition, par l'acide chlorhydrique concentré. Tous se dissolvent dans la potasse ou la soude caustique, et, si l'on neutralise la dissolution par de l'acide acétique, on voit la *protéine* se séparer sous forme de flocons grisâtres. Il se dégage en même temps de l'acide sulfhydrique, et on trouve dans la liqueur un peu d'acide phosphorique.

On considère généralement la protéine comme formée de 36 molécules de carbone, de 25 d'hydrogène, de 10 d'oxygène et de 4 d'azote; sa composition peut donc être exprimée par la formule $C^{36}H^{25}O^{10}Az^4$. On admet que cette espèce de base se combine avec de faibles proportions de soufre et de phosphore pour constituer les diverses substances protéiques. D'après Mülder, 10 molécules de protéine unies à 1 de soufre donneraient la caséine; à 1 de soufre et à 1 de phosphore, la fibrine; à 2 de soufre et à 1 de phosphore, l'albumine.

Les matières protéiques contenues dans les végétaux, presque identiques par leur composition chimique, diffèrent entre elles par quelques particularités. L'albumine, la légumine et l'amandine sont solubles dans l'eau; la glutine dans l'alcool froid; la caséine dans l'alcool bouillant; tandis que la fibrine se montre insoluble dans tous ces liquides. L'albumine se coagule sous l'influence de la chaleur; la caséine sous l'action de l'acide acétique; et la légumine forme avec le sulfate de chaux une combinaison complétement insoluble, ce qui explique pourquoi les pois et les haricots durcissent lorsqu'on les fait bouillir dans une eau séléniteuse.

Ces diverses matières protéiques, en rapport, dans la trame des végétaux, avec des substances acides ou alcalines, s'y montrent solubles ou insolubles, liquides ou coagulées, selon la nature et les proportions de ces substances, ce qui leur permet de se mobiliser ou de se fixer suivant les besoins du végétal. Elles concourent puissamment à nourrir la jeune plante qui sort de la graine et s'accroît pendant la germination.

Il existe encore dans les végétaux d'autres principes immédiats quaternaires azotés, et qui, se combinant, à la manière des alcalis, avec des acides pour former des sels, reçoivent le nom de *principes alcaloïdes.*

**Principes alcaloïdes.** — Le nombre des alcaloïdes découverts par les chimistes dans les plantes est très-considérable et s'accroît tous les jours. C'est ordinairement à la présence d'un ou de plusieurs de ces principes que les médicaments les plus actifs, parmi ceux tirés du règne végétal, doivent leurs propriétés : la Belladone à l'*atropine*, la Noix vomique à la *strychnine*, l'opium à la *morphine* et plusieurs autres, etc.

Il y a souvent un rapport de composition fort remarquable entre les principes alcaloïdes contenus dans le même végétal, ainsi que le Quinquina peut en offrir un exemple. L'écorce de Quinquina renferme de la *cincho-*

*nine*, de la *quinine* et de la *cusconine*. Chacune de ces substances alcaloïdes fournit à l'analyse chimique 20 molécules de carbone, 24 d'hydrogène, 2 d'azote, et l'on trouve, en outre, 1 molécule d'oxygène dans la cinchonine, 2 dans la quinine, 3 dans la cusconine. De telle sorte que les trois premiers de ces éléments semblent réunis pour jouer le rôle d'un *radical*, qui formerait les trois substances en question en s'oxydant à trois degrés.

## PRINCIPES COLORANTS.

Les principes colorants contenus dans les tissus végétaux diffèrent beaucoup entre eux : les uns se montrent formés seulement de carbone, d'oxygène et d'hydrogène; les autres renferment, en outre, de l'azote. Le plus répandu de ces principes est la *chlorophylle*, nommée aussi *matière verte*.

On lui attribue la formule $C^{18}H^{10}AzO^8$. Mais il est difficile de l'obtenir à l'état de pureté parfaite; elle contient un peu de fer, et s'accompagne toujours d'une certaine quantité de cire ou de matière grasse. On l'a même considérée comme une transformation de celle-ci, qui se formerait, à son tour, aux dépens de la fécule. Cette opinion doit sans doute être rejetée, puisqu'on sait que la chlorophylle se développe souvent dans des points où la fécule manque.

La chlorophylle, dont nous avons fait connaître ailleurs les caractères distinctifs (voy. page 24), apparaît, avons-nous dit, dans les parties qui, sous l'action de la lumière, décomposent l'acide carbonique de l'air, s'approprient son carbone et rejettent, du moins pendant le jour, une grande partie de son oxygène. La chlorophylle disparaît et le végétal *s'étiole* sous l'influence d'une obscurité prolongée.

Répandue dans les plantes avec la plus grande pro-

fusion, la chlorophylle, comme son nom l'indique, se
forme principalement dans les feuilles ; elle existe aussi
dans l'écorce des jeunes tiges, des jeunes rameaux, dans
la plupart des calices, dans les fruits encore incomplétement développés. C'est elle qui donne à nos paysages
la belle couleur verte qui les anime pendant une grande
partie de l'année, et surtout au printemps.

En automne, la chlorophylle éprouve, en général, de
profondes modifications, ce qui amène des changements remarquables dans la nuance des feuilles et par
suite dans l'aspect de nos campagnes. Il est, en effet,
des plantes dont les feuilles perdent alors leur couleur
verte pour devenir rouges ou rougeâtres, comme on le
voit, par exemple, dans la Vigne-vierge, dans le Cornouiller sanguin, les Viornes, etc. On sait que, dans la
plupart des espèces, les feuilles jaunissent avant de se
détacher du rameau qui les porte ; on admet que la
chlorophylle passe alors à l'état de *xanthophylle*.

Quant aux autres principes colorants des végétaux,
ils se montrent très-divers par leur nuance, bleue, rose,
rouge, jaune, etc.; ils ne sont jamais noirs. On les
trouve dans la racine, comme celui de la Garance et de
l'Orcanette ; ou dans la tige et les branches, comme
celui du Santal et du Campêche ; dans les fruits, dans
les graines, dans les fleurs, surtout dans leur corolle.

Les uns consistent en liquides limpides et colorés ;
les autres sont formés par des corpuscules solides na-
geant dans une liqueur incolore.

Ces principes sont rarement isolés dans les organes
qui les contiennent. Dans la plupart des cas, au contraire, ils s'y trouvent unis entre eux, en même temps
qu'avec d'autres principes immédiats, ce qui rend leur
extraction souvent fort difficile.

On a pourtant fait, dans ces dernières années, de bien
nombreuses tentatives pour isoler ces substances, afin
de les étudier dans leur état de pureté, afin surtout d'ar-

river aux meilleurs procédés pour les fixer, à titre de *principes tinctoriaux,* sur nos diverses étoffes. La science, en s'engageant dans cette voie, a déjà fourni à l'art du teinturier d'importantes applications; elle est appelée à lui rendre chaque jour de nouveaux services.

Il est à noter que les couleurs les plus vives et les plus brillantes, celles des parties exposées à l'action de la lumière, et notamment celles des fleurs, sont les moins stables, les plus difficiles à obtenir. Les principes colorants des fleurs sont, en général, si peu abondants et si fugaces, qu'ils disparaissent en grande partie quand on cherche à les isoler.

Toutes les nuances dont les fleurs sont susceptibles doivent être rapportées, d'après MM. Frémy et Cloëz, à trois principes seulement qui sont : la *cyanine,* la *xanthine* et la *xanthéine.* La cyanine, matière bleue ou rose, deviendrait violette en présence des sucs acides; elle communiquerait aux fleurs leurs teintes orangées ou rouges par son mélange, en proportions diverses, avec la xanthine. Celle-ci et la xanthéine sont deux matières jaunes, la première insoluble et la seconde soluble dans l'eau. Elles donneraient aux fleurs leurs diverses nuances de jaune.

Ajoutons que les principes colorants des végétaux subissent de nombreuses modifications au contact de l'air, sous l'influence de l'oxygène. Parmi les substances tinctoriales tirées du règne végétal, il en est même qui n'acquièrent leur couleur particulière que sous cette influence : par exemple, l'indigo, l'orseille, le principe colorant de la Garance, etc.

On sait combien la chair des pommes, des poires et des Champignons est prompte à brunir au contact de l'air. Les nuances brunes, dans les végétaux, paraissent résulter d'une altération du jaune ou du vert.

Tels sont les quelques détails que nous avons cru devoir présenter sur les principes immédiats si variés qui naissent des mille combinaisons du carbone, de l'oxygène, de l'hydrogène et de l'azote au sein de l'organisme végétal.

Ces substances ne sont pas les seuls éléments constitutifs des plantes; celles-ci s'approprient encore des corps minéraux, métalliques ou non, qui sont, quoique à un moindre degré, également indispensables à leur développement, et qu'il ne nous est pas permis de passer sous silence.

## SUBSTANCES MINÉRALES CONTENUES DANS LES VÉGÉTAUX.

Les substances minérales qu'on trouve le plus communément dans les végétaux sont la potasse, la soude, la chaux, la magnésie et la silice; on y rencontre aussi du soufre, du phosphore, une petite quantité de fer, quelquefois un peu de manganèse, rarement de l'alumine.

Ces substances ne peuvent être prises par les plantes qu'au sein de la terre. Parties constituantes des sols arables où elles se trouvent diversement associées, elles s'y désagrégent peu à peu, sous l'influence de l'atmosphère, pour servir aux besoins de la végétation.

Au moment de leur absorption par la plante, la potasse, la soude, la chaux et la magnésie sont libres ou en combinaison avec différents acides, c'est-à-dire à l'état de sels : carbonates, ulmates, azotates, silicates, sulfates, phosphates, etc. Ces substances peuvent aussi se trouver alors à l'état de chlorures ou d'iodures. Le fer et le manganèse ne se présentent à la racine qu'à l'état d'oxydes ou de sels.

Parmi ces diverses substances, il en est qui sont naturellement solubles dans l'eau, et dont l'absorption par la racine est par cela même facile à comprendre. Mais il en est autrement pour celles qui sont insolubles ou à peine solubles : par exemple, le carbonate et le phosphate de chaux, les oxydes de fer et de manganèse. Comment, en effet, ces substances parviennent-elles à s'introduire dans le tissu de la racine ? L'observation a démontré qu'elles deviennent solubles à la faveur d'un excès d'acide carbonique ; nous savons, d'un autre côté, que l'eau du sol contient toujours une notable quantité de cet acide, et ainsi s'explique le problème dont il s'agit.

Les sels alcalins et terreux sont tout à fait indispensables à la constitution des plantes. La potasse, beaucoup moins abondante que la soude dans l'organisme des animaux, existe, au contraire, en quantité beaucoup plus considérable dans les végétaux, du moins dans ceux qui vivent loin de la mer et des eaux salées.

Parmi les substances les plus favorables au développement des plantes, il faut citer les phosphates, particulièrement ceux de chaux et de magnésie. On trouve une forte proportion de ces sels dans les graines de diverses espèces, et notamment dans celles des Céréales. Il résulte d'observations faites par MM. Boussingault, Isidore Pierre et autres agronomes, qu'une récolte de Blé (paille et grain), prise sur un hectare de terrain, enlève en moyenne, à ce terrain, 19 kilogrammes d'acide phosphorique. La proportion est de 22 kilogrammes pour les Fèves, de 15 pour les Haricots, et de 11 pour le Sarrasin. La formation des substances albuminoïdes contenues dans les graines paraît intimement liée à la présence des phosphates. La chimie démontre, en effet, que la proportion de ces matières azotées augmente ou diminue, en général, avec celle de l'acide phosphorique.

Quand on fait l'analyse d'un engrais, on prend surtout pour base de sa valeur vénale la proportion de l'azote et des phosphates qu'il renferme.

On sait, grâce à de nombreux travaux dont la science agricole est redevable à M. Boussingault, que les sels alcalins ou terreux et le phosphate de chaux lui-même n'exercent une action efficace sur la végétation qu'autant qu'ils sont associés à des matières capables de fournir de l'azote assimilable; et que, réciproquement, une substance riche en azote assimilable ne fonctionne réellement comme engrais qu'avec le secours des phosphates et des sels alcalins et terreux. Les azotates, associés au phosphate de chaux et au silicate de potasse, agissent comme des engrais complets. Ils cèdent aux végétaux l'azote qui fait partie de leur acide, comme les sels ammoniacaux leur abandonnent celui qui entre dans la composition de leur base.

La chaux favorise le développement des plantes non-seulement à titre d'aliment, mais encore en provoquant la décomposition des substances organiques contenues dans le sol, en accélérant la formation de l'acide ulmique, et d'une certaine quantité d'ammoniaque ou de sels ammoniacaux dont l'azote, sans elle, serait resté plus ou moins longtemps non assimilable, c'est-à-dire, comme on le dit en agriculture, à l'état de *capital dormant*. La chaux, en augmentant ainsi, au moment de son action, la fertilité des terres, les épuise promptement pour l'avenir, à moins qu'on n'y entretienne une quantité d'engrais suffisante pour fournir aux besoins des récoltes qui s'y succèdent sous l'influence de ce puissant excitant. On comprend dès lors qu'on ait pu dire de la chaux qu'elle appauvrit les enfants après avoir enrichi leurs pères.

Quant aux oxydes et aux sels de fer, ils ne sont absorbés qu'en très-petite quantité, et ils exercent néanmoins, à leur tour, une action très-favorable à la végétation. On a constaté, par exemple, que le protosulfate de fer, pris à faible dose, tend, d'une manière remarquable, à reconstituer la chlorophylle épuisée dans les plantes étiolées ; et l'on se rappelle sans doute que nous avons eu, en effet, l'occasion de signaler la présence du fer dans la matière verte des végétaux.

Les diverses substances minérales dont nous venons de parler doivent, du reste, éprouver bien des modifications au sein du végétal qui s'en nourrit. Une fois arrivées dans la séve, elles ne tardent point à se répandre avec elle dans tous les organes. Les unes restent liquides et mobiles, tandis que les autres, prenant la forme solide, se déposent et se fixent dans la trame des tissus dont elles doivent désormais faire partie.

C'est principalement dans le système cortical et dans son voisinage qu'abondent les matières nutritives dont il est question. Elles s'y condensent par l'effet de l'évaporation de l'eau qui les tenait en dissolution, ou bien lorsque, se combinant avec certains acides végétaux, elles passent à l'état de sels insolubles.

On peut donner le nom de *substances végéto-minérales* aux sels ainsi composés d'un acide végétal et d'une base inorganique. Les plus communs sont formés par la chaux et la potasse unies aux acides oxalique, malique, citrique, etc.

La combustion fournit un moyen fort simple de trouver le rapport quantitatif entre les principes organiques d'un végétal et ses matières inorganiques. Elle détruit, en effet, tous les premiers, en réduisant les secondes à l'état de *cendres;* de sorte qu'il suffit de comparer le poids de ces cendres au poids total de la plante avant l'incinération, pour avoir le rapport cherché. Il va sans dire qu'il faut tenir compte, dans cette évaluation, de l'acide carbonique qui a pu se substituer, pendant la combustion, aux acides végétaux pour former des carbonates.

La proportion des substances minérales renfermées dans les végétaux est extrêmement variable suivant les espèces. Leur nature est nécessairement subordonnée à la composition du sol qui les a fournies ; elle est aussi généralement en relation avec la structure de la plante.

Ainsi la plupart des végétaux qui habitent les bords de la mer contiennent une quantité considérable de soude provenant du sel marin ou chlorure de sodium, et ne croissent point ailleurs, si ce n'est dans le voisinage des salines, où se trouve de même du chlorure de sodium (1). Ainsi la Luzerne et le Trèfle demandent, pour prospérer, l'influence du plâtre ; la Vigne, la Betterave et le Topinambour ne croissent avec activité que dans les sols riches en potasse, comme le Grand Soleil, la Bourrache, la Pariétaire et les Orties dans les terres salpétrées.

Les plantes réunies dans une famille naturelle ne se ressemblent pas, en général, seulement par leurs caractères extérieurs et par la structure de leurs organes, mais aussi par les substances minérales qui concourent à les former ; ce qui indique évidemment un rapport intime entre leur organisation et leur composition chimique. Dans les Graminées céréales, par exemple, les grains parvenus à la maturité renferment toujours une quantité notable de phosphate de magnésie et d'ammoniaque, tandis que de la silice encroûte constamment les nœuds et l'épiderme de leur tige.

Il est cependant beaucoup de végétaux chez lesquels la composition paraît, jusqu'à un certain point, indépendante de la structure, car ils offrent à l'analyse des sels différents selon qu'ils se sont développés sur tel ou tel terrain. Ce sont alors diverses bases qui, suscep-

(1) Il semble résulter d'observations récentes que la plupart des plantes n'absorbent pas la soude par leurs racines, mais que cette substance se trouve surtout à l'extérieur de leurs organes où elle est déposée par l'eau salée transportée par le vent à l'état pulvérulent.

tibles d'entrer en combinaison avec les mêmes acides végétaux, se suppléent l'une l'autre ; ainsi une même plante, susceptible de végéter sur les bords de la mer et au milieu des continents, contient de la soude dans la première de ces stations, et de la potasse dans la seconde. M. Liebig pense même que, la proportion des acides organiques dans les végétaux étant soumise à une certaine fixité, les bases chargées de les saturer sont à peu près équivalentes, bien que variables suivant la nature du sol d'où elles proviennent.

Quoi qu'il en soit, pour qu'une plante prospère dans un terrain quelconque, il faut nécessairement qu'elle y trouve tous les principes en rapport avec ses besoins particuliers. Or, parmi ces principes, il en est qui ne tardent point à manquer si la plante est cultivée plusieurs fois de suite dans le même sol ; je veux parler précisément de ceux que la terre peut seule fournir et que nous appellons *minéraux*.

**Jachère.** — Aussi la plupart des agriculteurs d'autrefois croyaient-ils devoir laisser de temps en temps en repos leurs champs épuisés par les récoltes plus ou moins abondantes qu'ils en avaient obtenues. Ces champs, dits en *jachère*, recevant alors plusieurs labours qui les exposaient plus directement aux influences atmosphériques, éprouvaient d'importantes modifications : leurs principes constitutifs se désagrégeaient pour se transformer en matières solubles capables de fournir au développement de nouvelles récoltes, et ainsi le repos rendait sans cesse à la terre sa fécondité primitive.

Mais la jachère a le grave inconvénient d'entraîner une perte considérable de temps, par conséquent de produits, et le secret qui domine aujourd'hui l'agriculture consiste, avant tout, à l'éviter. Or, l'on peut arriver à ce but, c'est-à-dire entretenir constamment le sol en état de rapport, soit par l'emploi des fumiers et engrais, soit au moyen des *assolements*.

**Emploi des fumiers.** — Ce sont les résidus des substances végétales, ou du moins d'origine végétale, qui servent à la nourriture des animaux et de l'homme (la chair dont font usage les carnivores et les omnivores provenant elle-même, en définitive, d'aliments végétaux). Ces diverses substances ne font partie que peu de temps des êtres dont elles concourent à soutenir l'existence. Leurs principes organiques, étant combustibles, sont en partie versés à l'état gazeux dans l'atmosphère par les organes respiratoires, siége d'une véritable combustion. Quant à leurs éléments inorganiques, ils sont incombustibles et rejetés sous forme d'excréments solides ou liquides.

On retrouve dans les urines les éléments inorganiques solubles, tandis que les excréments proprement dits contiennent tous les principes minéraux insolubles. D'où il suit que l'on peut considérer ces matières excrémentitielles solides et liquides comme le résultat de la combustion, comme les *cendres* des aliments d'où elles proviennent. Les appliquer sur le terrain qui a fourni ces aliments, c'est donc lui restituer les substances minérales qu'il avait perdues; c'est lui rendre immédiatement sa fertilité première.

**Assolements.** — La quantité des engrais dont on dispose dans une ferme ne constituant jamais qu'une ressource insuffisante, l'agriculteur, pour éviter complétement la jachère, est obligé d'avoir recours à certaines rotations de cultures fondées sur la différence des aliments dont se nourrissent les plantes cultivées, rotations qui reçoivent le nom d'*assolements*. Puisque, en effet, des plantes différant entre elles par leur structure ne puisent pas généralement les mêmes principes nutritifs dans le même terrain, on conçoit que l'une peut venir dans ce terrain sans l'épuiser pour une seconde, comme celle-ci pour une troisième, et ainsi de suite. Il importe au plus haut degré de choisir convenablement et de confier tour à tour au sol ces espèces susceptibles de se succéder sans se nuire. La terre alors reprend sa fécondité pour une récolte pendant qu'une autre s'échappe de son sein. Elle produit sans repos, sans interruption ; elle devient un trésor à jamais inépuisable.

Tel est, en principe, l'art des assolements ; telle est, par exemple, la raison qui permet au même sol de nous donner successivement, et sans s'affaiblir, une récolte de Trèfle, de Froment, de Pommes de terre, etc. (1) :

> Sic quoque mutatis requiescunt fœtibus arva (2).
>
> *(Géorgiques*, l. 1.)

INFLUENCE DU SOL CONSIDÉRÉ COMME CONDUCTEUR DE L'EAU, DE L'AIR ET DU CALORIQUE NÉCESSAIRES AUX PLANTES.

Ajoutons enfin que le sol, support de la plupart des plantes, ne leur cède pas seulement une partie de ses principes constituants, mais qu'il est en outre chargé de transmettre à la racine l'eau, l'air et la chaleur indispensables à toute végétation. Essentiellement formé d'argile, de silice et de calcaire, il faut, pour qu'il remplisse convenablement son rôle de soutien et de conducteur, que ces éléments s'y trouvent en proportions à peu près égales.

En effet, un sol où l'argile prédomine est trop compacte, peu perméable à l'air et à l'eau qui, dès lors, reste stagnante à sa surface. Celui où la silice surabonde se montre, au contraire, trop léger, trop perméable à l'eau, qui le traverse sans s'y arrêt r ; il est par suite

(1) Nous avons à peine besoin de faire rem rquer que la Chimie prête à l'agriculture un concours indispensable en montrant par l'analyse quelles sont les substances assimilées par telle ou telle plante, et celles que le sol peut fournir aux récoltes.

(2) La terre ainsi repose en changeant de richesses.

(DELILLE.)

ordinairement sec, aride et peu fertile. Le calcaire ou carbonate de chaux unit le sable à l'argile (1); il retient dans une bonne mesure l'eau de la pluie; il permet au sol de recevoir et de conserver pendant un certain temps la chaleur qui lui vient de l'atmosphère.

Beaucoup de terrains s'éloignent plus ou moins des conditions que nous venons de présenter comme nécessaires à une bonne végétation. On peut les y amener par l'emploi de divers amendements, en y ajoutant, par exemple, des marnes argileuses ou calcaires, suivant qu'ils contiennent trop de silice ou trop d'argile; en y introduisant du plâtre et même de la chaux s'ils manquent de calcaire.

On modifie, du reste, leur composition d'après les produits que l'on désire obtenir.

## ACCROISSEMENT.

Rien ne demeure stationnaire dans un végétal où s'accomplit l'acte important de l'assimilation : les cellules, les fibres et les vaisseaux s'y multipliant sans cesse, tous les tissus y augmentent peu à peu de volume; de nouveaux organes s'y forment successivement qui s'accroissent à leur tour; la plante elle-même, en un mot, grandit, se développe, en même temps qu'elle s'approprie sa nourriture.

L'accroissement est une conséquence nécessaire, immédiate, de l'assimilation. Il est donc naturel d'en placer l'étude ici. Disons d'abord, en quelques mots, ce que l'on croit savoir sur le développement du tissu cellulaire, c'est-à-dire sur la génération, sur la multiplication des cellules, élément fondamental de toute organisation végétale.

(1) Le mélange à parties égales d'argile, de silice et de calcaire, constitue ce qu'on appelle une *terre franche*.

## DÉVELOPPEMENT DU TISSU CELLULAIRE.

Le développement du tissu cellulaire résulte de la multiplication des cellules, et cette multiplication paraît s'effectuer d'après deux modes différents.

**Multiplication par division.** — Il est des plantes où les cellules se multiplient en se divisant chacune en deux, et voici par quel procédé : à un moment donné, la surface de la paroi interne de la cellule produit une sorte de bourrelet circulaire qui grandit peu à peu et s'avance ainsi de toutes parts vers le centre, jusqu'à ce qu'il ait constitué un diaphragme complet qui sépare en deux la cavité primitive. Il en résulte deux cellules au lieu d'une, et chacune d'elles pourra donner lieu aux mêmes phénomènes. Ajoutons que les divisions successives peuvent s'opérer en long comme en travers, ce qui permet aux parties de se développer dans tous les sens.

La cloison ainsi formée est au début d'une minceur extrême, et se distingue facilement par cela même des parois plus anciennes qui sont plus épaisses. Ce n'est qu'en vieillissant qu'elle acquerra plus de consistance, et que l'on verra apparaître des méats intercellulaires aux points où elle s'unit aux parois préexistantes.

On suit facilement ce mode de génération des cellules dans les Conferves, dans les Charas et autres végétaux à structure très-simple. On a pu l'observer aussi dans les plantes prises parmi les plus richement organisées.

**Multiplication par formation libre.** — Dans quelques cas particuliers, la multiplication s'opère par le développement libre de jeunes cellules dans l'intérieur de cellules déjà existantes. Celles-ci sont remplies d'un liquide particulier riche en substances azotées, nommé *protoplasma*. Très-facilement organisable, celui-ci se condense, à certaines époques, en petites masses d'abord à contour vague, mais qui ne tardent pas à s'entourer d'une membrane propre, et constituent dès lors autant de jeunes cellules qui pourront devenir libres par la résorption de la cellule mère. La membrane cellulosique extérieure grandit rapidement, et s'éloigne ainsi du protoplasma qui la remplissait complétement au début. Cette petite masse protoplasmatique constituera désormais ce que nous avons désigné précédemment (voy. page 22) sous le nom de *nucléus*. Nous avons dit, en son lieu, que le nucléus paraît remplir dans les phénomènes de nutrition de la cellule un rôle de premier ordre; aussi sa constitution a-t-elle donné lieu à des recherches multipliées et à des opinions diverses. Pour certains auteurs, c'est une masse demi-solide maintenue dans sa forme habituelle par sa consistance; pour d'autres, il est entouré d'une membrane très-délicate; c'est donc une vésicule. Cette dernière opinion nous paraît la plus probable.

Schleiden, considérant ces noyaux comme de véritables germes de cellules, leur a donné le nom de *cytoblastes*.

D'après cet auteur, les cytoblastes donneraient naissance à autant de cellules, d'abord très petites et emprisonnées dans la cavité où elles se sont formées, mais grossissant insensiblement et devenant libres un jour, la cellule mère étant condamnée à disparaître par résorption. Le protoplasma contenu dans les cellules récemment formées se partagerait à son tour en plusieurs cytoblastes d'où naîtraient de nouvelles cellules, et ainsi de suite...; l'emboîtement n'aurait pas de terme.

Mirbel expliquait autrement le développement du tissu cellulaire. Dans toute partie qui s'accroît, ce serait, suivant lui, le liquide mucilagineux, nommé *cambium*, qui s'épaissirait insensiblement, puis se creuserait d'une multitude de petites cavités. Or, ces cavités ne seraient autre chose que des cellules naissantes, d'abord plus ou moins éloignées les unes des autres, mais se rapprochant peu à peu, à mesure qu'elles grandissent. Ainsi creusées au sein d'une substance amorphe, elles se trouveraient nécessairement séparées par des cloisons communes; mais ces cloisons ne tarderaient pas à se dédoubler, soit en partie, soit en totalité, ce qui expliquerait, du moins jusqu'à un certain point, la forme que nous avons reconnue au tissu cellulaire.

Il serait inutile, du reste, de reproduire ici toutes les hypothèses qui ont été émises sur ce point, un des plus difficiles de la physiologie végétale. Ce qu'il y a de certain, c'est que, dans une plante ou dans une partie de plante qui se développe, les cellules s'accroissent en nombre en même temps qu'en volume, et cela avec une rapidité quelquefois prodigieuse.

Pour avoir une idée de la promptitude avec laquelle peut s'effectuer la multiplication des cellules, il suffit de se rappeler l'exemple des Champignons, végétaux composés seulement de tissu cellulaire, et dont une espèce, le *Lycoperdon giganteum*, est susceptible d'acquérir, en trois ou quatre jours, la forme d'une boule ayant plus d'un pied de diamètre. On peut citer aussi l'exemple des Agaves que nous entretenons dans nos serres, et dont la tige, au moment de la floraison, s'allonge de plus de 2 décimètres dans le court espace de vingt-quatre heures.

Mais le tissu cellulaire, dans les végétaux, n'est pas seul à se développer; il s'y forme aussi, et avec la même rapidité, des fibres et des vaisseaux. Nous savons, du reste, que les fibres ne sont autre chose que des cellules allongées, et que les vaisseaux eux-mêmes se composent chacun d'une série de cellules ou de fibres soudées bout à bout.

Nous avons dit aussi que les parois de ces divers organes élémentaires ne restent pas généralement simples, mais se compliquent ordinairement de nouvelles membranes qui se forment successivement à leur face interne, où elles se montrent diversement percées et comme brodées à jour.

Voyons maintenant comment se fait, dans les plantes, l'accroissement des organes composés, tels que la tige, la racine et les rameaux.

### ACCROISSEMENT DE LA TIGE.

C'est surtout des Dicotylédonées que se sont occupés les auteurs des théories sur l'accroissement; et cela devait être, parce que les plantes de cet embranchement sont beaucoup plus importantes dans nos pays que les autres, et que d'ailleurs leur structure est la plus compliquée.

Une tige de plante dicotylédone ligneuse et adulte se compose, comme nous l'avons dit précédemment (voy. p. 84 et suiv.), de plusieurs cônes creux emboîtés les uns dans les autres, lesquels, sur une section horizontale, se traduisent en autant de couches concentriques, peu distinctes dans l'écorce, mais bien marquées dans le système central.

Les couches comprises dans ce système sont d'autant plus jeunes qu'elles se trouvent plus éloignées du centre, et, chacune d'elles étant le produit de la végétation d'un an, il suffit de les compter à la base de la tige pour déterminer exactement l'âge de la plante.

Pendant qu'une couche nouvelle s'organise à l'extérieur du système central, une autre se forme qui s'applique à la face interne du système cortical pour en faire désormais partie. De sorte que, tous les ans, deux couches différentes, l'une d'aubier et l'autre de liber, naissent entre l'écorce et le bois.

C'est de l'accumulation de ces diverses formations

que résulte l'accroissement en diamètre de la tige. Chaque année, les deux couches formées (c'est-à-dire la plus externe du bois et la plus intérieure de l'écorce) s'allongent d'une quantité plus ou moins considérable, au-dessus des formations antérieures, ce qui amène l'accroissement en longueur.

Un an suffit à ces couches pour accomplir leur développement, soit en épaisseur, soit en longueur. Quant à leur structure, nous avons vu qu'elle éprouve, ultérieurement, des modifications importantes à la suite desquelles les couches d'aubier finissent par se convertir en bois parfait.

Cela posé, on comprend que, si une tige dicotylédone s'accroît par tous ses points, en longueur comme en épaisseur, pendant la première année de son existence, plus tard, tout en grossissant dans toute son étendue, elle ne peut s'allonger que par son extrémité supérieure; car, au-dessous, les cônes qui la composent ont eux-mêmes cessé de s'allonger. Voilà donc pourquoi le tronc de nos arbres, une fois couronné de branches, ne gagne plus rien en hauteur, tandis que son diamètre augmente, chaque année, d'une quantité notable.

Comment se forment ces cônes emboîtés, ces couches superposées dans la tige des plantes dicotylédones? D'où proviennent ces couches? Quel en est l'organe ou le liquide générateur? On a émis sur ces questions difficiles les opinions, les théories les plus diverses; mais ces théories peuvent se ranger sous deux chefs principaux, suivant que leurs auteurs admettent que les tissus nouveaux sont la réunion de formations distinctes se produisant de haut en bas, ou qu'ils pensent que toutes les nouvelles formations naissent et se développent sur le lieu même où on les observe. Nous adopterons cette division pour faciliter l'étude.

THÉORIE DE L'ACCROISSEMENT PAR FORMATIONS DESCENDANTES.

Pour certains auteurs, ce sont les bourgeons qui jouent le rôle principal dans le développement des végétaux.

Cette opinion, émise vaguement par Lahire, au commencement du dix-huitième siècle, était complétement tombée dans l'oubli, lorsque, à peu près un siècle plus tard, Dupetit-Thouars, l'ayant sans doute à son tour conçue d'après ses propres observations, la reproduisit comme nouvelle en l'appuyant d'un grand nombre de faits. La théorie dont elle constitue la base est connue de nos jours sous le nom de *théorie de Dupetit-Thouars*. Nous devons la faire connaître avec quelques détails, non pas qu'elle compte aujourd'hui de nombreux partisans, mais parce qu'elle occupe une place importante dans l'histoire de la physiologie végétale, et qu'elle a été le point de départ de travaux remarquables, destinés soit à l'appuyer, soit à la combattre.

Nous avons vu qu'il existe des bourgeons particuliers qui, à un moment donné, se détachent de la plante mère et peuvent fournir à la fois une tige et des racines, c'est-à-dire un végétal nouveau, comme le fait l'embryon que renferment les graines. Tels sont les *caïeux* et certaines *bulbilles*.

Or, Dupetit-Thouars admet que les bourgeons fixes ou ordinaires donnent aussi naissance non-seulement à un rameau, répétition de la tige, mais à des racines qui se glissent entre le bois et l'écorce. Il leur donne le nom d'*embryons fixes*, pour les distinguer des véritables embryons.

Un bourgeon, de même qu'un embryon-graine, serait composé d'un système ascendant, qui se développe dans l'air, à la lumière ; et d'une partie descendante, espèce de racine qui recherche l'ombre et l'humidité.

Ces conditions se trouvent constamment réalisées. En effet, les bourgeons, nés dans le courant de la belle saison, restent stationnaires pendant tout l'hiver. Mais au printemps ils s'animent d'une vie nouvelle; et, à mesure que leur partie ascendante s'accroît, leur *racine*, ou plutôt leurs *fibres radiculaires* s'allongent, descendent insensiblement entre l'écorce et le bois; elles arrivent bientôt jusqu'aux extrémités de la véritable racine.

Dans ce long trajet, les fibres radiculaires des bourgeons se trouvent constamment à l'ombre, inondées par le cambium, source des matériaux de leur rapide accroissement. Descendant de tous les points de la tige, elles se rencontrent en chemin, s'unissent parallèlement, s'anastomosent de diverses manières, et constituent en définitive, par leur ensemble, une enveloppe d'aubier, en même temps qu'un feuillet de liber, l'une et l'autre formés de faisceaux fibro-vasculaires.

Émanés des bourgeons, les faisceaux fibro-vasculaires de l'écorce et ceux de l'aubier, d'abord accolés les uns aux autres, ne tardent point à se séparer en deux couches distinctes. Et ces phénomènes ayant lieu tous les ans, tous les ans les bourgeons fournissent à la tige une couche de liber et une couche d'aubier.

Pendant ce temps, les rayons médullaires s'allongeraient transversalement par la multiplication de leurs cellules. Ils s'entre-croiseraient avec les faisceaux fibro-vasculaires; les uns formeraient en quelque sorte la chaîne des nouvelles couches, tandis que les autres en constitueraient pour ainsi dire la trame.

Telle est, en peu de mots, la théorie dite de Dupetit-Thouars.

Admise pendant longtemps par un grand nombre de botanistes, elle a été défendue avec ardeur, surtout par Gaudichaud qui lui a donné une extension nouvelle

en reculant jusqu'à la feuille elle-même la délimitation
de l'individu végétal.

Pour cet auteur, en effet, la feuille constitue le type
de l'individu végétal, qu'il nomme *phyton*. Un phyton
comprend deux ordres de vaisseaux, les uns trachéens
et à marche ascendante, les autres tubuleux et fibreux
qui se développent toujours de haut en bas. Les premiers,
en s'élevant, constitueront l'étui médullaire du mérithalle qui surmontera la feuille et que terminera un
nouveau phyton ; les seconds donneront naissance au
bois et à l'écorce destinés à augmenter le mérithalle
inférieur. La tige se compose donc d'une succession de
tigelles soudées bout à bout et enveloppées chacune
par les faisceaux radiculaires de toutes celles qui se
trouvent au-dessus.

Il suit de là que l'embryon monocotylédone serait le
type du phyton, tandis que deux de ces individus
végétaux se réuniraient pour former l'embryon dicotylédone.

Ainsi étendue, la théorie de Dupetit-Thouars semble
devoir suffire à l'explication du développement de
toutes les plantes vasculaires, même des arbres monocotylédones.

Dans un Palmier, par exemple, les feuilles du bourgeon terminal donnent naissance par leur base à des
faisceaux fibro-vasculaires qui s'allongent en se dirigeant de haut en bas, et en suivant la marche que nous
avons indiquée plus haut (voy. page 112).

On conçoit que les faisceaux nouvellement formés
doivent, en descendant, presser du centre à la circonférence les faisceaux qui existaient déjà, et qu'ainsi le
stipe doit s'accroître successivement en diamètre. Mais
tous ces faisceaux augmentent peu à peu de consistance, en même temps que la substance médullaire au
sein de laquelle ils sont plongés ; et partout où l'en-
durcissement est devenu complet, la tige cesse de faire

des progrès en diamètre, son extension étant dès lors impossible. Aussi le stipe reste-t-il toujours mince, même dans les Palmiers, dont la hauteur égale quelquefois soixante et quelques mètres. Quant aux feuilles des Palmiers, elles deviennent aussi peu à peu ligneuses et finissent par se détacher un jour.

Cette théorie est certainement très-ingénieuse, et voici quelques-unes des expériences qui ont le plus servi à son établissement.

Quand on applique une forte ligature circulaire sur la tige d'un arbre dicotylédone, l'on observe que cette tige continue de s'accroître au-dessus, tandis qu'elle reste stationnaire au-dessous, à moins qu'elle n'y soit pourvue de rameaux, de feuilles ou de bourgeons. On voit aussi bientôt se former, immédiatement au-dessus de la ligature, un renflement, une espèce de bourrelet plus ou moins considérable.

On peut supposer que les fibres radiculaires fournies par les bourgeons qui se développent sur les parties supérieures de l'arbre ne descendent plus que jusqu'à la ligature, et que, dans leur effort pour surmonter cet obstacle invincible, elles deviennent flexueuses, s'accumulent au-dessus, d'où résulte, en ce point, plus d'épaisseur dans leurs couches successives.

Des phénomènes analogues se manifestent lorsqu'on enlève circulairement sur la tige un large lambeau d'écorce ; car la plaie produite alors, pas plus que la ligature dont nous parlions tout à l'heure, ne peut être franchie par les fibres radiculaires des bourgeons supérieurs. Dans le cas où la solution de continuité faite sur la tige ne comprend qu'une partie de sa circonférence, les fibres venues d'en haut se dévient de leur marche verticale, et parviennent dans les régions inférieures en passant du côté par où l'écorce est restée intacte.

Si l'on couvre exactement cette plaie au moyen d'une

lame de plomb, et qu'on l'examine au bout de dix à
quinze jours, elle se montrera en partie comblée par
des fibres verticales, parallèles et appliquées les unes
contre les autres. On peut admettre que ce sont les
fibres des bourgeons supérieurs qui, trouvant sous la
lame de plomb de l'ombre et de l'humidité, s'y développent, n'étant plus obligées de se dévier, comme tout à
l'heure, de leur route habituelle.

Si, au lieu d'une lame de plomb, on adapte à la
plaie un fragment d'écorce pourvu d'un bourgeon et
pris sur un autre arbre de même espèce ou de même
genre, on pourra voir ce bourgeon se comporter absolument comme s'il fût resté sur le végétal qui lui
donna naissance : pendant que sa partie ascendante se
déroule dans l'air, ses fibres radiculaires, descendant
entre l'écorce et le bois de la tige qui le supporte,
s'abreuvent d'un cambium qui ne leur avait pas été
destiné.

C'est ainsi qu'on ente un végétal sur un autre, ainsi
que l'on pratique l'opération connue sous le nom de
*greffe*, opération dont nous aurons à parler plus tard.

Lorsque, après avoir mis le bois à nu sur un point
de la tige d'un arbre jeune encore, on y grave une inscription quelconque, les couches formées les années
suivantes par les bourgeons ne tarderont pas à la recouvrir. Veut-on, longtemps après, savoir la date de
cette inscription? On n'a pour cela qu'à compter les
couches qui la séparent de l'écorce. Il va sans dire
que des lettres gravées seulement sur le système cortical se déformeraient peu à peu et finiraient par disparaître.

A côté de ces faits que la théorie de Dupetit-Thouars
suffit à expliquer, il en est d'autres qui lui échappent
absolument, et qu'on n'a pas manqué de lui opposer.

Puisque les faisceaux radiculaires des bourgeons
s'allongent de haut en bas, on devrait, en regardant

attentivement sous l'écorce au moment où se forme une couche nouvelle, en observer sur ce point à tous les degrés de développement. Or, c'est ce qu'il n'est jamais possible de faire. Il est vrai que l'auteur de la théorie a cru sans doute échapper à cette objection capitale par cette réponse que nous reproduisons textuellement : « Ces fibres se produisent et s'accroissent avec une force organisatrice qui, comme l'électricité et la lumière, semble ne point connaître de distance ; chacune d'elles trouve dans l'humeur visqueuse interposée au bois et à l'écorce un aliment tout préparé et se l'assimile presque en même temps du sommet de l'arbre aux racines. » Il suffit de cette citation pour montrer que l'auteur, afin d'appuyer une première hypothèse, en admet sans hésiter une seconde tout à fait gratuite, car elle suppose une rapidité d'organisation dont rien, dans les êtres vivants, n'est encore venu démontrer l'existence.

Lorsqu'on greffe sur un arbre à bois blanc un bourgeon pris sur un arbre à bois coloré, la couche qui se forme au-dessous n'est point colorée, mais blanche comme les autres. On peut dire, il est vrai, que les fibres radiculaires fournies par ce bourgeon reçoivent alors leur teinte blanche du cambium étranger dont elles s'abreuvent.

On voit quelquefois un tronc de Sapin coupé près de terre, privé par conséquent de bourgeons, végéter encore et s'augmenter chaque année de couches nouvelles très-minces. En cherchant alors avec soin dans le sol, on découvre quelquefois que certaines racines de ce tronc se sont greffées avec celles d'un Sapin resté intact dans le voisinage, et l'on conclut que le premier tirait sa nourriture du second.

Mais qui oserait avancer que les fibres produites par les bourgeons du Sapin en pleine végétation parviennent, à la faveur des racines réunies, jusque dans le tronc mutilé, pour s'y disposer en couches? Il est bien plus naturel d'admettre que l'un reçoit tout bonnement les sucs nutritifs élaborés par l'autre.

Nous allons voir que l'observation attentive des faits conduit à une autre théorie beaucoup plus rationnelle.

THÉORIE DE L'ACCROISSEMENT PAR FORMATION SUR PLACE.

Les botanistes anciens admettaient que le cambium qui existe entre l'écorce et le bois consiste d'abord en un liquide qui va sans cesse en s'épaississant et s'organise finalement en cellules. Ce tissu, très-délicat, très-mou, et désigné plus généralement sous le nom de *couche génératrice*, fait des progrès continuels et devient de plus en plus dense. Bientôt il se partage en deux couches dont l'une, en rapport avec le bois, acquiert insensiblement l'organisation de l'aubier, tandis que l'autre, en contact avec l'écorce, se convertit en liber.

Chaque année ces phénomènes reparaissent avec le printemps, et ne cessent, en général, qu'au retour de l'hiver. Le plus souvent ils se ralentissent d'une manière notable en été, pour prendre une activité nou·velle vers l'automne, à l'époque de la séve d'août.

Telle est à peu près et en peu de mots la manière dont Mirbel, et avec lui beaucoup d'autres physiologistes, expliquent l'accroissement de la tige dans les plantes dicotylédones, c'est-à-dire l'origine, la formation des couches qui, tous les ans, viennent la compliquer. Les faisceaux fibro-vasculaires de ces couches, au lieu de se développer de haut en bas, en descendant des bourgeons, comme on l'admet dans la théorie de Dupetit-Thouars, se formeraient tout bonnement sur place, aux dépens du cambium, comme les cellules des rayons médullaires elles-mêmes.

C'est à M. Trécul que l'on doit les plus récents travaux comme aussi les plus précis sur ce sujet délicat. Réunissant l'observation anatomique à l'expérimentation, ce savant est arrivé à des résultats décisifs qui paraissent définitivement acquis à la science. D'après lui, les formations nouvelles ne sont liquides à aucune époque, mais dès le début formées de cellules à aspect gélatineux, comme toutes les cellules naissantes. C'est par division successive que se forment les tissus nouveaux, aux dépens des cellules qui restent constamment à la surface du bois ou de l'écorce dans toutes les expériences dont nous avons parlé, quelque précaution que l'on prenne pour les enlever. L'auteur a de plus constaté qu'après ces dénudations artificielles, les éléments superficiels des tissus mis à jour (fibres ligneuses, rayons médullaires, etc.) peuvent se métamorphoser eux-mêmes en cellules qui ne tardent pas à se diviser. Cette production de tissu cellulaire peut encore s'opérer à la partie interne de la dernière couche ligneuse produite. Le liber et l'aubier que l'on a séparés peuvent ainsi donner naissance à une couche de tissu semblable à chacun d'eux; quand ils restent en place, c'est la couche génératrice unissante qui est le siége des transformations dont il s'agit.

Cette théorie, beaucoup plus simple que celle de Dupetit-Thouars, et qui a en outre l'avantage de s'appuyer uniquement sur l'observation, rend très-bien compte des faits relatifs au développement des végétaux.

On comprend ainsi facilement ce qui se passe dans les vieux Sapins mutilés dont nous parlions tout à l'heure. On s'explique aussi comment les couches ligneuses qui s'ajoutent chaque année aux plantes dicotylédones se développent simultanément, ou à peu près, dans tous leurs points.

Le bourrelet qui se forme sur la tige, au-dessus d'une ligature ou d'une plaie circulaire, se conçoit tout

aussi bien par l'accumulation des sucs élaborés que par
la théorie de Dupetit-Thouars.

Nous comprenons facilement aussi la greffe elle-
même, en admettant que l'organe greffé se nourrit de
cambium sur la plante qui le porte, absolument comme
il l'eût fait sur celle dont il provient.

On sait que, partout où les fluides élaborés, arrêtés
dans leur cours, viennent à s'accumuler, il y a tendance à la formation de nouveaux organes. Or, ces
organes seront des racines adventives, si la partie se
trouve plongée dans une terre humide; ce qui nous
permettra d'expliquer, sans le secours de la théorie de
Dupetit-Thouars, les phénomènes qui se passent dans
les *marcottes* et les *boutures*, si souvent employées,
comme la greffe, pour propager certaines espèces qui
ne sauraient se multiplier par la voie des semis.

## ACCROISSEMENT DE LA RACINE.

Le développement en diamètre se fait dans la racine
comme dans la tige, la structure de ces deux parties
étant à peu près la même, les tissus de l'une se continuant sans interruption dans l'autre.

Quant à l'accroissement en longueur, nous avons
vu (page 59) qu'il a lieu, dans les racines, non par
tous leurs points, mais seulement par ceux qui avoisinent leur extrémité, et celle de leurs divisions. Les
faisceaux fibro-vasculaires s'y allongent continuellement sans jamais atteindre tout à fait ces extrémités,
dont nous connaissons la structure (voy. page 117).

Si, opérant sur le corps d'une racine en végétation,
on y trace, de distance en distance, des signes quel-
conques, on pourra constater, au bout d'un certain
temps, que les intervalles situés entre ces signes n'ont
point augmenté d'étendue; tandis que la partie située

au-dessous du signe le plus bas, c'est-à-dire l'extrémité de l'organe, s'est allongée d'une quantité plus ou moins notable.

Il en serait autrement si l'on opérait sur une tige au début de son existence. On verrait alors, en effet, les signes en question s'éloigner peu à peu les uns des autres, ce qui suffirait pour démontrer que la tige, du moins à cet âge, s'accroît en longueur par tous ses points, ainsi que nous avons eu, du reste, l'occasion de le dire en traitant de la formation de cet organe.

Les racines ont besoin d'une certaine quantité d'air pour se développer et pour remplir leurs fonctions d'absorption. Lorsque, par suite d'une circonstance quelconque, elles se trouvent situées trop profondément dans la terre, elles deviennent inactives; elles s'altèrent et finissent même par périr. C'est ce qui arrive, par exemple, au pivot de la racine de nos grands arbres; il se détruit ordinairement après quatre ou cinq ans de végétation. Des branches radicales naissent alors au-dessous du collet, et elles deviennent d'autant plus grosses qu'elles se trouvent plus rapprochées de la surface du sol.

Le volume de la racine est généralement en rapport avec celui du système aérien. Dans un arbre où la racine s'est plus développée d'un côté que de l'autre, il est rare que la cime n'offre pas la même particularité; une grosse branche correspond ordinairement à une grosse division radicale.


## ACCROISSEMENT DES RAMEAUX.


Les rameaux n'étant pour ainsi dire que des répétitions de la tige, leur développement, soit en diamètre, soit en longueur, se fait absolument de la même manière. Ce que nous avons dit de l'accroissement de la

tige s'applique donc mot à mot à celui de ces organes
secondaires.

Pendant leur première année, ils s'accroissent en longueur par tous les points ; mais plus tard ils ne s'allongent que par leur sommet. Dans les arbres dicotylédones
ils grossissent chaque année de deux couches nouvelles,
l'une d'aubier, l'autre de liber, etc., etc.

## LONGÉVITÉ ET DEGRÉ DE DÉVELOPPEMENT DONT
### LES VÉGÉTAUX SONT SUSCEPTIBLES.

Variables à l'infini par la durée de leur existence,
les végétaux diffèrent tout autant par le degré de développement dont ils sont susceptibles. Pendant qu'une
foule d'espèces ne font que passer et restent microscopiques, beaucoup d'autres, vivant durant des siècles,
arrivent à des dimensions vraiment colossales ; et ces
extrêmes renferment toutes les nuances imaginables.

### DE QUELQUES ARBRES CÉLÈBRES PAR LEUR GRAND AGE
#### ET PAR LEURS DIMENSIONS.

Il est, en divers pays, des arbres qui, par leur grand
âge et leur taille gigantesque, se sont acquis une sorte
de réputation historique. Nous nous contenterons de
citer quelques-uns des plus célèbres.

Les Cèdres du Liban, rendus fameux par les sou-
venirs bibliques qu'ils rappellent, ont été mesurés par
Rauwolf, en 1574 ; leur tige présentait alors 12 yards (1)
6 pouces de circonférence. Ils furent observés de nouveau, en 1787, par Labillardière.

De Candolle, après avoir étudié avec soin l'accroissement de cette espèce d'arbre sur plusieurs individus, et

(1) Le *yard* vaut environ 0$^m$,91.

ou notamment sur celui du Jardin des Plantes de Paris, où il fut importé en 1734, estime que les Cèdres du Liban pouvaient avoir 800 ans en 1787.

Mais depuis cette époque ils ont été coupés, et il ne reste plus aujourd'hui, sur le mont Liban, que des Cèdres beaucoup plus jeunes.

On assure qu'il existe encore dans le Jardin des Oliviers, près de la montagne de ce nom, huit de ces arbres, rendus célèbres par la Bible. Ces Oliviers ont, dit-on, 9 à 10 mètres de hauteur, et leur tige en a 6 de circonférence. Les chrétiens, les considérant généralement comme étant les mêmes que ceux qui furent témoins des prières de Jésus-Christ, les entretiennent avec le plus grand soin.

Tout le monde sait combien est lente la croissance de l'Olivier. En admettant que chacune de ses couches ligneuses ait un demi-millimètre d'épaisseur, on arrive à penser que les arbres dont il s'agit n'ont pas moins de 2,000 ans, et remontent ainsi à la haute antiquité qui leur est attribuée.

Les Baobabs sont surtout remarquables par leur grosseur ; il en est dont le tronc présente jusqu'à 29 mètres de circonférence, et dont la taille s'élève à 23 ou à 24 mètres.

Un de ces arbres, observé par Adanson, en 1749, aux îles de la Madeleine, près du Cap-Vert, offrait ces dimensions, et portait dans son énorme tige une inscription recouverte de trois cents couches de bois, inscription que deux voyageurs anglais avaient gravée trois siècles auparavant. Adanson estime que cet arbre devait être âgé de 6,000 ans.

Il existe au Mexique un Cyprès chauve à l'ombre duquel, suivant une tradition, Fernand Cortez se serait abrité avec toute sa petite armée. Il a 32 mètres de hauteur ; son tronc en a 12 de circonférence. M. Alphonse

De Candolle a calculé que l'âge de ce patriarche ligneux pouvait être d'environ 4,000 ans.

M. Lobb a trouvé en Californie, il n'y a que quelques années, le *Sequoia gigantea*, appartenant, comme les Cyprès, à la vaste famille des Conifères. Un de ces géants ayant été abattu, il a pu constater qu'il avait 91 mètres de longueur ; son tronc, mesuré à 1 mètre 50 centim. au-dessus du collet, présentait un diamètre de 8 mètres 66 centim.

Ainsi, comme le dit Lindley, « voilà un arbre dont l'enfance remonte à l'époque où Samson assommait les Philistins, où Pâris courait les mers avec la belle Hélène, et où le pieux Énée emportait le père Anchise sur ses filiales épaules. »

Le Dragonnier des Canaries est aussi l'un des plus anciens monuments du monde. Sa taille est aujourd'hui de 20 mètres; sa tige en a 5 de tour. Et ces dimensions étaient à peu près les mêmes en 1402, lors de la découverte de l'île de Ténériffe ! Ce colosse a perdu une grande partie de sa cime en 1819.

Les voyageurs assurent que l'on voit encore au Japon, près du hameau de Ninosa, le fameux Camphrier dont Kæmpfer parla en 1691. Mesuré depuis par M. Siebold, son tronc a présenté 17 mètres de circonférence.

Les voyageurs rapportent aussi que les habitants du Congo font, en creusant le tronc des Ceibas, des pirogues assez grandes pour porter deux cents hommes.

On n'a que des données incertaines sur l'âge que peuvent atteindre les Palmiers, dont le stipe, avons-nous dit ailleurs, est susceptible d'acquérir jusqu'à 60 ou 70 mètres de hauteur.

Il existe aussi, plus près de nous, en Europe même, beaucoup d'arbres remarquables à la fois par leur longévité et par leurs dimensions. On y connaît des Orangers, des Oliviers, des Ifs, des Chênes, des Platanes, des Tilleuls, des Châtaigniers qui ont de 400 à 1,000 ans.

Parmi les Orangers de Versailles, il en est un qui porte le nom de *Grand Bourbon* ou de *François I*er. Il fut acheté, en 1523, à la vente des biens du connétable de Bourbon ; on le suppose âgé de 400 à 500 ans.

On parle d'un Oranger qui existait à Nice, en 1789, et dont la taille s'élevait à plus de 16 mètres. Ses branches ombrageaient une table de 40 couverts. Il produisait chaque année de 4,000 à 6,000 oranges. On ne connaissait point son âge. Il succomba sous les gelées de la même année.

M. Berthelot a observé, près de Nice, en 1832, un Olivier dont le tronc, mesuré à la base, présentait 12 mètres 42 centimètres de tour. Cet Olivier avait donné, en 1828, 100 kilogrammes d'huile. Il en fournissait jadis jusqu'à 150. On le croyait âgé de plus de 1,000 ans.

On voit à Neustadt, dans le Wurtemberg, un Tilleul qui passe pour avoir cet âge. Son tronc a près de 12 mètres de circonférence, et sa cime, soutenue par 106 colonnes en pierre, couvre un espace d'environ 400 pieds.

Il existait, en 1822, dans le département de la Seine-Inférieure, au milieu du cimetière d'Allonville, à une lieue d'Yvetot, un Chêne qu'on croyait âgé au moins de 800 ans. Son tronc était creux. On y avait construit, en 1696, une petite chapelle dédiée à Notre-Dame de la Paix, et, au-dessus, le logement du desservant, logement où l'on arrivait par un escalier qui tournait autour du tronc.

Le sommet de ce Chêne ayant été abattu par un coup de vent, il y a plus d'un siècle, on l'avait remplacé, quelques années après, par un petit clocher qui, s'élevant du milieu du feuillage et couronné par une croix de fer, produisait un effet très-pittoresque.

Un autre arbre européen célèbre par sa taille est le Châtaignier du mont Etna. D'après les voyageurs qui l'ont visité, il n'aurait pas moins de 58 mètres de circonférence dans le bas de sa tige; il serait ainsi le plus gros des arbres décrits jusqu'à ce jour. Mais il paraît que son tronc est formé de plusieurs tiges partant d'une même souche et réunies en une seule.

On raconte que la reine Jeanne d'Aragon, surprise par un orage, trouva sous cet arbre fameux un abri pour elle et pour cent cavaliers qui composaient sa suite; d'où vient qu'on le nomme vulgairement, dans le pays, *Châtaignier des cent chevaux*.

## DEGRÉ DE RAPIDITÉ DANS L'ACCROISSEMENT DES ARBRES. QUALITÉS DE LEUR BOIS.

Les arbres qui se distinguent par leur longévité ne s'accroissent qu'avec beaucoup de lenteur, et leur bois, généralement lourd, compacte, dur, est susceptible d'une conservation très-prolongée; on le recherche à la fois comme bois de construction et comme bois de chauffage. Tel est, par exemple, parmi les plus communs, celui du Chêne.

Au contraire, les arbres dont la végétation est très-rapide, comme les Saules et les Peupliers, n'ont jamais qu'une existence limitée, et leur bois est plus tendre, plus léger, moins durable.

Il est cependant des exceptions à cette règle. C'est ainsi que le bois des Pins et des Sapins, quoique peu compacte et léger, se conserve assez longtemps, grâce aux principes résineux qu'il renferme; c'est ainsi, d'autre part, que le Tilleul et les Baobabs, dont la venue est toujours fort lente, ne fournissent qu'un bois peu consistant.

Les Acacias, qui se font remarquer par la rapidité de leur développement, ont pourtant un bois assez dur; mais, leurs branches étant très-fragiles, ils sont fréquemment mutilés par les vents, ce qui les empêche d'acquérir une grande taille et d'arriver à un âge très-avancé.

Au reste, un arbre quelconque végète plus promptement et donne un bois moins dur dans un lieu bas et humide que sur un terrain plus élevé, plus sec. Toutes choses égales d'ailleurs, le bois qui provient des montagnes vaut mieux, sous tous les rapports, que celui des vallées et des plaines.

L'aubier, dans tous les bois, est la partie la moins dense, la plus riche en liquides, celle qui éprouve le plus de changements par la dessiccation, celle surtout qui attire les insectes destructeurs. Il compose à lui seul, nous l'avons dit ailleurs, les jeunes tiges, les jeunes branches. Plus tard, sa proportion, relativement à celle du bois parfait, diminue avec l'âge; elle est minime dans les vieux troncs.

## MOYENS EMPLOYÉS POUR PROLONGER LA CONSERVATION DES BOIS.

Le docteur Boucherie a proposé, dans ces dernières années, un moyen très-ingénieux de communiquer aux bois de construction la faculté de se conserver presque indéfiniment. Ce moyen consiste à faire pénétrer et à fixer dans le tissu des arbres certaines substances chimiques dont les effets sont très-souvent remarquables.

L'arbre étant encore debout et couvert de feuilles, on fait dans la région du collet deux incisions profondes, ne laissant entre elles qu'un intervalle de quelques centimètres. Après quoi l'on entoure cette région d'une bande en toile imperméable, formant ainsi une espèce de réservoir dans lequel est introduite la solution dont on veut imprégner la plante. Les vaisseaux divisés par la double section s'emparent dès lors du liquide, qui les parcourt ensuite peu à peu jusqu'au sommet de la tige, sous l'influence de la capillarité, de l'endosmose et de l'aspiration exercée par les feuilles.

On peut aussi opérer sur un arbre récemment abattu, privé de ses feuilles, de ses branches, et réduit ainsi à son tronc. Après l'avoir placé dans une position presque horizontale, on adapte à sa base un sac en toile imperméable, et communiquant, à l'aide d'un tube, avec un tonneau établi à proximité, à une certaine hauteur. Le liquide, versé dans le tonneau, descend d'abord dans le sac, puis s'introduit insensiblement dans les vaisseaux de l'arbre, en chassant devant lui les fluides séveux.

Ce procédé est appliqué aux traverses des chemins de fer, mais avec des modifications notables.

On prend une pièce de bois ayant deux fois la longueur de ces traverses. Après l'avoir placée horizontalement sur le sol, on pratique dans son milieu, à l'aide d'une scie, une section transversale qui la divise presque en entier. On glisse ensuite, au-dessous de la section, une cale sur laquelle la pièce de bois se fléchit; par suite, les bords de la section s'écartent l'un de l'autre. On y engage une corde goudronnée qui se trouve fortement comprimée dès que, la cale étant enlevée, la pièce de bois tend à se redresser. On perce alors obliquement, avec une tarière, un trou qui aboutit dans l'espace resté vide entre les bords de la section et la corde, espace où l'on fait ensuite arriver, à l'aide d'un tube, et sous une certaine pression, le liquide conservateur. Ce liquide, ainsi mis en contact avec les canaux ouverts de la pièce de bois, imprègne peu à peu celle-ci dans toute son étendue, jusqu'à ses deux extrémités.

Les liquides appliqués par ces divers moyens pénètrent facilement dans l'aubier, mais n'arrivent qu'en petite quantité dans le bois parfait, plus dur, moins poreux. Pour obtenir une imprégnation plus profonde, plus complète, on opère dans de grands vases clos, où les pièces de bois à préparer sont successivement soumises à l'action de la chaleur, du vide et d'une forte pression. Mais ce procédé est d'un usage beaucoup plus difficile, plus dispendieux et bien moins répandu.

C'est surtout le pyrolignite de fer que le docteur Boucherie a conseillé d'employer pour imprégner le bois dans le but d'en assurer la conservation. Ce liquide, dont le prix est fort minime, a de plus l'avantage d'augmenter notablement la dureté du bois.

Cependant on lui préfère généralement aujourd'hui le sulfate de cuivre, le bichlorure de mercure ou le chlorure de zinc. Ces substances, préalablement dissoutes dans l'eau, arrivent au sein des tissus, et se combinent directement avec leurs principes azotés, qui deviennent dès lors imputrescibles. Elles en éloignent les insectes xylophages ; elles rendent le bois moins inflammable, plus lent à brûler, qualité dont on devine l'importance en cas d'incendie.

On se sert aussi du tannin et du goudron pour prolonger la conservation des bois. Il suffit pour cela de les tenir plongés pendant un certain temps dans un de ces liquides, après les avoir fortement chauffés. Un bois imprégné de goudron par ce procédé résiste très-longtemps à l'action de l'air et de l'humidité ; il est, en outre, à l'abri de l'attaque des insectes destructeurs.

MOYEN DE COLORER LES BOIS EMPLOYÉS PAR L'ÉBÉNISTERIE.

Les injections dont nous venons de parler fournissent aussi d'utiles applications à l'ébénisterie, car elles permettent de communiquer aux bois les couleurs les plus variées, de donner même aux plus communs un aspect très-agréable. C'est ainsi, par exemple, que le Platane, imprégné de pyrolignite de fer, offre des teintes brunes très-recherchées des ébénistes.

La solution d'un sel de fer quelconque, employée immédiatement après une décoction de noix de galle, fournit une couleur noire; tandis que, injectée après une solution de prussiate de potasse, elle donne une belle nuance bleue. Une solution d'acétate de cuivre produit des teintes vertes. L'injection n'est pas toujours nécessaire pour communiquer aux bois des couleurs particulières. Tout le monde sait que le Chêne prend sous l'influence des vapeurs ammoniacales une teinte brune foncée, ce qui permet de donner en quelques heures l'apparence de la vieillesse aux objets nouvellement fabriqués.

Il est probable que ces applications prendront tôt ou tard plus d'extension. Il suffira d'employer des substances capables de fournir un précipité coloré en réagissant l'une sur l'autre, et de varier le choix de ces substances pour obtenir toutes sortes de teintes.

## FÉCONDATION.

La plupart des nombreux phénomènes qui ont fait jusqu'ici l'objet de nos études physiologiques se rattachent plus ou moins directement à la nutrition des plantes, fonction, ou plutôt ensemble de fonctions ayant pour but commun l'entretien et le développement de l'individu au sein duquel elles s'accomplissent.

Nous n'avons presque rien dit encore de la fonction par laquelle se perpétuent les espèces, c'est-à-dire par laquelle les individus donnent naissance, avant de mourir, à d'autres individus appelés à les remplacer et leur ressemblant sous tous les rapports. On désigne sous le nom de *génération* ou de *fécondation* cette grande fonction de l'espèce.

Le moment est venu de l'étudier avec quelques détails.

## FÉCONDATION DANS LES PLANTES PHANÉROGAMES.

Considérée chez les plantes phanérogames, la fécondation peut être définie : l'action exercée par l'androcée sur le gynécée, action qui provoque le développement d'un embryon dans les ovules, et par suite de laquelle ceux-ci se transforment en graines susceptibles de germer, de produire de nouveaux individus, et conséquemment de perpétuer l'espèce.

Les anciens n'eurent, sur l'existence des sexes chez les végétaux, que des idées confuses, nées de quelques observations vagues et populaires. Ce fut seulement vers la fin du dix-septième siècle que divers observateurs parmi lesquels il faut citer Grew et Camerarius, reconnurent nettement l'importance du rôle des étamines dans la production des graines.

A partir de ce moment, de nombreuses théories que nous n'avons pas à rapporter ici se succédèrent pour expliquer l'action des étamines, mais c'est en réalité depuis 1826 seulement que la science possède à cet égard des données précises, grâce aux belles recherches de M. Brongniart sur la formation du boyau pollinique.

### OBJECTIONS CONTRE LA FÉCONDATION DANS LES PLANTES.

Plusieurs naturalistes, à la tête desquels se trouvait Tournefort, persistaient à ne voir dans les étamines que de simples organes excréteurs, lorsque Linné vint lever à peu près tous les doutes ; l'illustre botaniste publia même, en 1735, un système de classification basé précisément sur les organes sexuels des plantes.

Certains auteurs ont pourtant fait, depuis les travaux de Linné, des objections contre la doctrine des sexes dans les plantes. Tel est, par exemple, Spallanzani.

Ayant isolé des individus femelles de Chanvre, ce célèbre naturaliste en obtint des graines qui germèrent. D'où il tira la conclusion que ces graines avaient pu se développer et devenir parfaites sans le secours des étamines. Et, comme on lui fit observer que leur fécondation avait pu s'effectuer par le pollen de quelques pieds mâles de Chanvre cultivés, sans doute à son insu, dans le voisinage, il eut recours à une seconde expérience.

Dans une serre chaude, il éleva, en hiver, plusieurs pieds de Melon d'eau, plante monoïque. Et, malgré la précaution qu'il eut, dit-il, de supprimer sur chaque pied les fleurs mâles, il recueillit, cette fois encore, des semences fertiles.

Mais cette expérience, répétée fort souvent depuis lors, a conduit à un résultat opposé toutes les fois qu'on a eu le soin de ne laisser aucune des fleurs mâles mêlées avec les femelles. Quelques-unes de ces fleurs mâles avaient sans doute échappé à Spallanzani.

Au reste, voici des faits qui prouvent d'une manière incontestable la réalité de la fécondation dans les végétaux. Je les prends parmi beaucoup d'autres.

FAITS QUI PROUVENT LA RÉALITÉ DE LA FÉCONDATION
DANS LES VÉGÉTAUX.

Si l'on supprime, dans une fleur hermaphrodite, avant l'époque où les anthères s'ouvrent, toutes les étamines qui s'y trouvaient réunies, cette fleur ne donne aucune semence capable de germer.

Dans la culture du Maïs, on a l'habitude d'enlever, après la fécondation, les fleurs mâles qui surmontent la tige; et l'expérience apprend qu'il suffit de pratiquer trop tôt cette mutilation pour faire avorter les fleurs femelles.

On sait aussi ce qui arrive lorsque les fleurs d'une plante s'épanouissent par un temps de pluies excessives ou de brouillards épais : sous l'influence d'une humidité surabondante, les granules de pollen se gonflent et éclatent avant d'avoir été projetés sur les stigmates, et les fleurs, par suite, restent stériles, ce qu'on exprime en disant qu'elles ont *coulé*.

Depuis la plus haute antiquité, les habitants du Levant fécondent les Dattiers femelles en secouant, au-dessus de leurs fleurs épanouies, des fleurs de Dattier mâle. Or, la guerre que les Musulmans eurent à soutenir, en 1800, contre les Français, ayant empêché les cultivateurs de la basse Egypte d'aller dans le désert chercher des fleurs de Dattiers mâles, leurs Dattiers femelles, cette année-là, restèrent stériles.

Tous les auteurs citent l'exemple d'un Palmier femelle qui se trouvait à Berlin, et que Gleditsch féconda en répandant sur les fleurs du pollen venu, par la poste, du jardin de Carlsruhe.

A Pise, on féconda artificiellement une des branches d'un Saule femelle parfaitement isolé ; et cette branche donna seule des graines susceptibles de lever.

Lorsque l'on dépose le pollen d'un végétal sur les organes femelles d'un autre appartenant à une espèce différente, il arrive assez souvent qu'on obtient des graines capables de produire des individus participant à la fois du père et de la mère.

On donne le nom d'*hybrides* aux plantes provenant ainsi d'une fécondation croisée ; elles sont, parmi les végétaux, ce que sont les mulets dans le règne animal.

Les plantes hybrides, comme les mulets, sont généralement stériles ; si elles produisent parfois quelques semences fécondes, ce n'est que par exception.

Il est facile d'obtenir des hybrides en croisant des variétés d'une même espèce. On a moins de chance de réussir quand on opère sur deux espèces, et, à plus forte raison, sur deux genres différents.

De tous les faits invoqués en faveur de la fécondation dans les végétaux, l'existence des hybrides est sans contredit le plus concluant ; ce fait seul suffirait pour faire tomber toute objection.

Le fait de la fécondation étant admis, voyons rapidement quels sont les phénomènes qui préparent et assurent l'accomplissement de cette fonction.

PHÉNOMÈNES QUI PRÉPARENT LA FÉCONDATION DANS LES PLANTES. — MOYENS QUE LA NATURE EMPLOIE POUR ASSURER LE SUCCÈS DE CETTE FONCTION.

La fécondation s'opère, en général, aussitôt après l'épanouissement de la fleur. Elle n'a lieu plus tôt, c'est-à-dire dans la fleur encore à l'état de bouton, que chez quelques espèces.

Il est des fleurs dont la température s'élève d'une manière sensible au moment de la fécondation. On a constaté ce phénomène de caloricité principalement sur les plantes de la famille des Aroïdées. La chaleur qui se dégage alors d'un spadice d'*Arum* est quelquefois appréciable à la main.

Dans beaucoup de végétaux, les organes sexuels exécutent des mouvements spontanés dont le but est de faciliter la fécondation.

On voit les huit ou les dix étamines que renferment les fleurs de la Rue se dresser alternativement pour verser tour à tour leur pollen sur le stigmate, et reprendre ensuite leur position presque horizontale.

Les étamines de l'Épine-Vinette offrent aussi l'exemple de mouvements très-remarquables ; il suffit même

de les irriter avec une épingle pour les voir se dresser
et s'appliquer aussitôt contre l'organe femelle.

Chez les Passiflores, les Onagres, les Nigelles et
plusieurs *Cactus*, ce sont les styles qui, d'abord rapprochés les uns des autres, s'écartent, s'infléchissent vers
les étamines, et reviennent à leur première position
dès que le pollen est sorti des anthères.

Certaines fleurs sont pourvues d'un pistil beaucoup
plus long que les étamines. Au lieu de se maintenir
dressées, elles s'inclinent au moment de la fécondation,
et le pollen, en tombant, rencontre le stigmate, placé
dès lors au-dessous des anthères.

L'inclinaison des fleurs vers le sol a souvent aussi
pour but de garantir la matière fécondante contre l'action destructive des pluies et de la rosée. On voit,
en effet, beaucoup de fleurs prendre cette position ou
même fermer leur corolle à l'approche de la nuit ou
d'un temps orageux, ce qui leur a valu le nom de *fleurs
météoriques*.

Dans les végétaux aquatiques, la tige ou les pédoncules s'allongent, en général, jusqu'à ce que leurs fleurs
soient arrivées à la surface de l'eau ; de sorte que leur
fécondation s'effectue en plein air, au lieu de se faire
au sein d'un liquide dont le contact gâterait le pollen.
On peut citer la Vallisnérie spirale comme offrant un
des cas les plus curieux de ce genre.

La Vallisnérie spirale est une plante dioïque. Ses
pieds femelles portent leurs fleurs sur des pédoncules
très-minces, extrêmement longs, et d'abord roulés en
hélice au fond de l'eau. Mais, au moment où la fécondation doit avoir lieu, ces pédoncules se déroulent, et
la petite fleur qui termine chacun d'eux vient alors s'é-
panouir à la surface du liquide.

Quant aux pieds mâles, entremêlés avec les pieds femelles, ils ont leurs fleurs réunies en certain nombre
dans une spathe commune, au sommet d'un pédoncule

très-court et toujours droit. Ces fleurs mâles, l'époque de la fécondation arrivée, se gonflent, brisent l'enveloppe qui les emprisonnait, se détachent de leur pédoncule pour s'élever à la surface de l'eau, pour s'y ouvrir et verser leur pollen sur les fleurs femelles qui les ont devancées.

Celles-ci, dès lors, sont ramenées au fond du liquide par leur pédoncule, qui s'enroule de nouveau. C'est là que leur fruit se développe, atteint sa maturité, puis germe et fournit une plante nouvelle.

La fécondation est généralement facile dans les plantes hermaphrodites, où chaque fleur réunit les deux sexes. Il lui faut, pour se réaliser, des précautions, des moyens particuliers, chez les espèces dont les fleurs, au contraire, sont unisexuelles.

Dans les végétaux monoïques, les fleurs mâles occupent habituellement les parties supérieures de la tige, des rameaux, et le pollen, en tombant, rencontre les fleurs femelles situées plus bas.

Mais les difficultés à surmonter sont bien plus grandes chez les espèces dioïques, où les sexes, comme on le sait, se trouvent séparés sur des pieds distincts et souvent très-éloignés l'un de l'autre.

Les individus mâles, dans toutes ces espèces, sont beaucoup plus nombreux que les femelles, et leur pollen est extrêmement abondant. On voit fréquemment la terre se couvrir de celui que fournissent, par exemple, les Peupliers et les Saules.

C'est à la fin de l'hiver que fleurissent la plupart de nos arbres dioïques. Or, à cette époque, le vent souffle souvent avec violence: il s'empare de leur poussière pollinique, la transporte au loin, et la répand en partie sur les individus femelles.

Cependant, beaucoup de plantes dioïques fleurissent dans les temps les plus calmes de l'année. Mais la chaleur est alors très-intense, et, sous son influence, naissent des myriades d'insectes qui passent leur vie à butiner de fleur en fleur, portant de l'une à l'autre, et à leur insu, la matière fécondante. Attirés par la présence du nectar, ils pénètrent jusqu'au fond de la corolle, s'y agitent au milieu des étamines, déterminent l'ouverture des anthères, se couvrent de pollen ; puis ils quittent la fleur pour s'introduire dans une autre, et ainsi de suite.

Il n'est pas douteux que les insectes, en faisant tomber la matière fécondante des anthères sur les stigmates, en la transportant d'une fleur dans une autre, d'une fleur mâle dans une fleur femelle, par exemple, ne concourent puissamment à la fécondation des végétaux, soit hermaphrodites, soit dioïques ou monoïques.

Ces quelques détails suffisent pour montrer combien sont nombreux et variés les moyens qui favorisent la fécondation dans les plantes.

Il nous reste maintenant à voir en quoi consiste l'action du pollen sur les ovules.

ACTION DU POLLEN SUR L'ORGANE FEMELLE.

On a d'abord avancé que le pollen agissait, du stigmate sur l'ovaire, par une espèce d'*aura seminalis*. Certains ont dit par sympathie. D'autres ont supposé que les granules du pollen arrivaient entiers jusqu'aux ovules, en parcourant de prétendus *conduits pistillaires*. Comme nous le disions tout à l'heure, c'est M. Brongniart qui a reconnu le premier l'importance du tube pollinique dans la fécondation. Cependant il ne put le suivre dans toute la longueur du style, et admit que la fovilla était versée dans le tissu conducteur, d'où elle s'avançait jusqu'à l'ovule. Un peu plus tard les observations d'Amici, Schleiden, Mohl, Tulasne, Schacht,

Hofmeister, etc., vinrent compléter celles du savant professeur du Muséum, et amenèrent la science au point où elle est aujourd'hui. C'est à ce point de vue que nous allons la résumer le plus brièvement possible.

Humide et visqueux, surtout au moment où la fécondation va s'opérer, le stigmate retient les grains de pollen parvenus à sa surface par un des moyens variés dont nous avons parlé. Sous l'influence de son humidité qu'ils absorbent par endosmose, ces granules se gonflent et donnent naissance à un ou plusieurs boyaux (voy. page 279) qui s'enfoncent dans la substance du stigmate, en écartant les grosses cellules dont il est habituellement formé, ou même en pénétrant dans leur intérieur après en avoir percé la membrane.

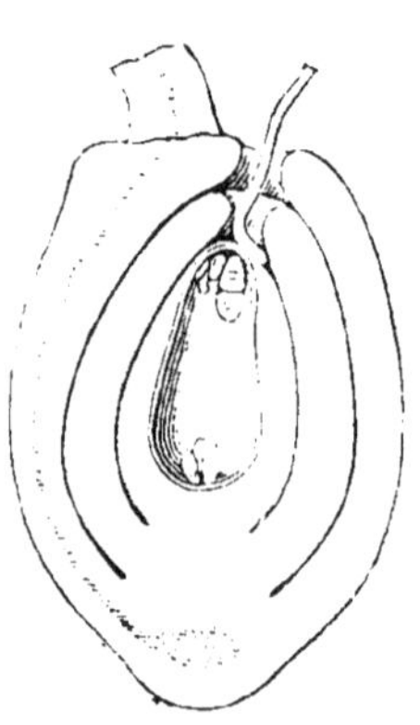

Fig. 332. — Coupe longitudinale d'un ovule de Violette au moment où la fécondation vient de s'opérer. L'extrémité du boyau pollinique est encore au contact du sac embryonnaire. Une des vésicules s'est déjà divisée en deux petites cellules. On voit au fond du sac trois cellules antipodes.

Chaque tube s'allongeant de plus en plus, en vertu de l'élasticité de l'intine qui le forme, et aussi par une nutrition propre dont les éléments lui sont fournis par les parties qu'il parcourt, traverse d'abord le stigmate ; puis il se glisse entre les cellules du tissu conducteur placé dans l'axe du style, descend ainsi, avec plus ou moins de lenteur, jusque dans la cavité de l'ovaire. Pendant cette migration, la fovilla s'accumule incessamment vers son extrémité, et celle-ci en est constamment remplie au moment de son arrivée dans l'ovaire. Cette extrémité du boyau ne tarde pas à se mettre en rapport avec le canal micropylaire d'un ovule ; elle le traverse et arrive sur le sommet du nucelle (fig. 332) où se trouve, comme nous l'avons dit précédemment (page 301), le sac embryonnaire (1). La petite couche de tissu nucellaire qui recouvre habituellement ce dernier est elle-même perforée, et un contact intime s'établit entre lui et l'extrémité du tube pollinique. C'est à partir de ce moment, et alors seulement, que la fécondation va s'opérer. Par quels moyens? C'est ce qu'il est important d'examiner.

Pendant que le tube pollinique s'allongeait pour gagner l'ovaire, le liquide protoplasmatique dont le sac embryonnaire est rempli à son origine s'organisait de manière à fournir deux formations importantes. Vers la partie inférieure prenaient naissance un certain nombre de cellules très-délicates (fig. 332) dont le rôle physiologique est absolument inconnu, dont la durée est généralement très-courte, et qui sont désignées sous le nom de *cellules antipodes*. A l'extrémité opposée du sac, c'est-à-dire vers son sommet, se rassemblaient aussi de petits amas demi-solides de protoplasma (généralement au nombre de deux) et qu'on nomme *vésicules embryonnaires*. C'est l'une d'elles qui va devenir un embryon (2).

Peu de temps en effet après l'arrivée du boyau pollinique, on voit une de ces vésicules se recouvrir d'une membrane propre de cellulose. Bientôt commence la division de cette cellule par la formation de cloisons successives, et avec elle l'ébauche du futur embryon. Celui-ci prend de très-bonne heure des caractères dif-

(1) Dans quelques plantes, le sac embryonnaire, avant la fécondation, vient faire hernie en dehors du micropyle, et le contact avec le boyau pollinique se trouve ainsi facilité.

(2) Nous avons dit précédemment que quelques graines renferment plusieurs embryons. Il est inutile d'ajouter que, dans ce cas, plusieurs vésicules embryonnaires ont été simultanément fécondées.

férents, suivant qu'il doit présenter un ou deux cotylédons, mais ce sont là des détails qui ne sauraient trouver place dans ce cours élémentaire. Disons seulement que tantôt l'embryon prend un assez grand développement pour remplir tout l'intérieur de l'ovule, en refoulant devant lui et absorbant à son profit les substances qui y sont contenues ; que tantôt, au contraire, une certaine quantité de ces substances persistent à côté de lui pour former le plus souvent un, quelquefois deux albumens.

De ce qui précède il résulte que, pour que la fécondation s'opère, il faut et il suffit que l'extrémité libre du boyau pollinique arrive au contact du sac embryonnaire. C'est donc au travers de la double paroi du tube et du sac que s'exerce l'action fécondante, action dont la nature est d'ailleurs encore inconnue. Tout ce que l'on sait, c'est que les corpuscules solides de la fovilla se dissolvent, à ce moment, dans le liquide qui leur sert de véhicule.

Quelle peut être la nature de l'action exercée par le pollen pour provoquer les phénomènes si importants qui nous occupent ? Se fait-il quelque échange, se produit-il quelques faits d'endosmose entre le liquide contenu dans le tube pollinique et le protoplasma du sac embryonnaire ? Les corpuscules de la fovilla servent-ils simplement à la nutrition du germe naissant, ou bien communiquent-ils à la vésicule embryonnaire une impulsion spéciale dont elle avait besoin pour se diviser, pour se multiplier, pour fournir les éléments constitutifs d'un embryon ? Ce sont là autant de questions auxquelles l'observation directe n'a jusqu'à ce jour pu faire aucune réponse.

Une autre théorie, qui a pendant quelque temps joui d'une grande faveur, surtout en Allemagne, a été proposée par Schleiden et défendue avec ardeur par son auteur et par divers micrographes. Nous devons en dire quelques mots.

D'après ces observateurs, le sommet du tube pollinique traversant la paroi du sac embryonnaire, ou la refoulant devant lui, à la manière d'un doigt de gant, pénétrait dans la cavité, et, se séparant bientôt du reste du tube, devenait lui-même l'embryon, par une série de phénomènes ultérieurs.

Il résulterait de ces faits, s'ils étaient exacts, que l'étamine, loin d'être un organe mâle, comme on l'avait cru jusqu'ici, remplirait, au contraire, les fonctions d'organe femelle : son anthère serait une espèce d'ovaire contenant, sous le nom de pollen, de petits germes qui, introduits dans les ovules, se convertiraient d'abord en embryons pour devenir plus tard autant de plantes adultes.

Quant aux ovules, ils seraient chargés de recevoir, de loger et de nourrir chacun un de ces germes; peut-être aussi d'exercer sur eux une impression excitante, indispensable à leur développement. En ce cas, leur rôle les rapprocherait des organes mâles.

Cette doctrine n'a jamais eu cours en France.

Ses partisans ont surtout invoqué les observations de M. Deecke. Celui-ci, opérant sur un ovule de Pédiculaire des bois, était parvenu, disait-on, à mettre hors de doute, par une dissection extrêmement heureuse, que le tube pollinique s'introduit en réalité dans le sac embryonnaire, et que c'est bien dans son sommet que l'embryon prend ensuite naissance.

Mais il faut ajouter que la plupart des observateurs les plus compétents en matière d'embryogénie végétale n'en ont pas moins continué à repousser, comme erronée, la théorie de M. Schleiden. M. Hugo Mohl, entre autres, ayant eu l'occasion de vérifier les travaux de M. Deecke, n'a point hésité à refuser à ses pièces anatomiques, et par suite à ses observations, la valeur qu'on s'était plu à leur accorder. D'un autre côté, M. Tulasne a démontré, par des observations nombreuses et très-délicates, que ce qu'on prenait pour le sommet d'un tube pollinique n'était autre chose qu'une partie accessoire de l'embryon que les botanistes ont nommée le *suspenseur*. Disons enfin que le dernier défenseur de cette théorie, M. Schacht, l'a lui-même abandonnée.

Il est d'ailleurs certain qu'on a pu maintes fois constater l'existence des vésicules embryonnaires au sein de l'ovule avant l'imprégnation, c'est-à-dire avant l'arrivée des tubes polliniques dans l'ovaire.

Or, ce fait suffit à lui seul pour renverser à jamais la théorie allemande; il suffira sans doute pour ramener tout le monde aux idées que nous venons d'exposer sur les fonctions des étamines et des pistils.

## PARTHÉNOGENÈSE.

Malgré la certitude de l'existence de la fécondation dans les végétaux, quelques auteurs ont admis jusqu'à ces dernières années la possibilité, pour certaines espèces, de produire des graines bien conformées, sans le secours du pollen. Ce phénomène fut désigné sous le nom de *parthénogenèse*, mot emprunté à Siebold et par lequel ce savant naturaliste a distingué la faculté que possèdent certains animaux de se reproduire sans le concours des sexes.

Nous avons déjà cité les expériences de Spallanzani sur ce sujet. Plus récemment, MM. Casparrini, Lecoq, Thuret, Naudin, ont conclu d'après leurs observations à l'existence de la parthénogenèse dans quelques espèces végétales. Enfin une Euphorbiacée de la Nouvelle-Hollande, le *Cœlebogyne ilicifolia* parut fournir en faveur de cette théorie une preuve irréfutable. La plante en effet est dioïque et les seuls pieds existant dans les serres d'Europe, quoique femelles, donnèrent des grai-

nes capables de germer. En 1857, M. Baillon annonça
que les fleurs femelles du *Cœlebogyne* sont souvent pourvues d'étamines fertiles. Vivement combattue par divers
botanistes, cette assertion ne tarda pas à être confirmée
par des observations concordantes. La théorie de la parthénogenèse avait dès lors perdu son dernier rempart.

Il est d'ailleurs hors de toute contestation que, chez
presque toutes les plantes unisexuées, les fleurs femelles
peuvent produire accidentellement des étamines, et
ainsi se trouvent expliquées les expériences qui semblaient militer en faveur de la possibilité de production
de graines sans fécondation.

## DÉVELOPPEMENT ET MATURATION DES FRUITS.

Tout change dans les fleurs après la fécondation ; bientôt la corolle, souvent si brillante, se fane et tombe ;
les étamines, devenues inutiles, se flétrissent et disparaissent à leur tour ; le stigmate et le style éprouvent
le même sort, ainsi que le calice dans la plupart des
espèces.

Quant à l'ovaire, il vient de se transformer en un
fruit naissant, il a *noué*, comme disent les jardiniers, et
grossit peu à peu, jusqu'à ce que ses graines, s'échappant de son sein, subissent les phénomènes de la germination. Nous sommes ainsi amenés à dire quelques
mots de son développement et de sa maturation.

Beaucoup de fruits, arrivés au terme de leur développement, se dessèchent à la manière des feuilles ;
nous les avons désignés sous le nom de *fruits secs*. La
plupart offrent alors les nuances des feuilles mortes ; il
en est qui prennent une teinte plus foncée. Pour tous
ceux dont le péricarpe doit s'ouvrir, c'est le moment
de la déhiscence.

Quant aux fruits charnus, ils restent généralement

verts jusqu'à leur développement complet. Mais la plupart prennent, en mûrissant, une couleur plus ou moins vive, jaune, rouge, violette, etc. C'est surtout par le développement de leur tissu cellulaire que ces fruits grossissent, leurs vaisseaux ne se multipliant que peu ou même point.

La séve que reçoivent les fruits, d'abord très-abondante, diminue de quantité et devient moins aqueuse à mesure qu'ils approchent de leur parfaite maturité. L'évaporation qui s'opère à leur surface décroît aussi graduellement. Tant qu'ils conservent leur couleur verte, ils exhalent, comme les feuilles, de l'oxygène pendant le jour et de l'acide carbonique pendant la nuit ; plus tard, ils n'expirent que de l'acide carbonique.

Pendant que les fruits parcourent les diverses phases de leur développement, ils éprouvent, en général, de profondes modifications dans leur composition chimique. Il en est où du ligneux s'accumule peu à peu et en grande quantité dans les cellules de l'endocarpe pour constituer les parois d'un ou de plusieurs noyaux. Le même phénomène s'accomplit également dans certaines parties du sarcocarpe ; les *pierres* des poires ne sont autre chose que de petits amas de cellules fortement incrustées.

Dans la chair des fruits succulents, il se forme un grand nombre de principes immédiats.

On y trouve de la gomme, de la fécule ou de la dextrine, du sucre, divers acides, notamment des acides malique, citrique ou tartrique ; on y trouve, en outre, des bases inorganiques, de la potasse et de la chaux, des principes gélatineux, de l'albumine, et enfin une substance aromatique, propre à chaque espèce. Ces principes y sont associés en proportions très-diverses.

La proportion du sucre s'accroît ordinairement d'une manière très-notable à l'époque de la maturité ; elle peut se montrer alors deux fois, dix et même quinze fois plus considérable que dans le fruit encore vert. On explique la formation de ce principe par la conversion de la fécule, qui, d'abord plus ou moins abondante, diminue insensiblement et finit même par disparaître ; conversion qui serait déterminée par l'action des acides, aidée de l'influence de la chaleur. On sait, en effet, combien la chaleur est favorable à la maturation des fruits.

Du reste, si la saveur d'un fruit qui mûrit devient de plus en plus sucrée, ce n'est pas seulement parce que la proportion de sucre s'y accroît graduellement, mais aussi parce que les acides s'y neutralisent peu à peu en se combinant avec les bases alcalines que la séve y apporte à chaque instant. C'est ainsi, par exemple, que le raisin, d'abord si aigre par la présence de l'acide tartrique, prend une saveur de plus en plus sucrée, à mesure que cet acide se combine avec la potasse pour former un tartrate.

On sait que les sucs de certains fruits, comme les groseilles, les coings, les pommes, etc., sont susceptibles de former des gelées. Ils doivent cette faculté à la présence de leurs principes gélatineux, lesquels paraissent dériver d'une substance particulière, appelée *pectose*. Cette substance, que l'on trouve dans les fruits verts, est insoluble dans l'eau et encore mal déterminée.

Il se développe, à côté de la pectose, une espèce de ferment qui reçoit le nom de *pectase*, et qui, par un mode d'action peu connu, la transforme en *pectine*. Celle-ci, neutre et soluble dans l'eau, se transforme, à son tour et successivement, en *parapectine*, *métapectine*, acides *pectosique*, *pectique*, *parapectique* et *métapectique*, produits qui, avec des propriétés différentes, présentent presque la même composition chimique.

C'est à la période où le fruit *tourne* que la pectine apparaît ; c'est-à-dire au moment où, perdant une partie

de son acidité, il devient mou et gommeux. La parapectine et la métapectine se forment pendant que la maturation s'accomplit. Quant à l'acide métapectique, il ne
se montre que plus tard, au moment où le fruit, complétement mûr, passe à l'état blet (1).

La substance du péricarpe, alors tout à fait privée de
vie, ne tarde pas à se décomposer par voie de putréfaction ; tandis que les graines, restant intactes et devenant libres, n'attendent plus, pour germer, qu'un concours de circonstances favorables.

Ainsi s'accomplit la vie végétale, ayant pour point de
départ la germination, et pour terme la maturation des
fruits, le développement complet des graines.

Le péricarpe des fruits charnus peut être considéré
comme un amas de cellules chargées d'imprimer à la
séve qu'elles reçoivent une élaboration profonde, différente selon les espèces et les variétés. En effet, tous
les fruits d'une même variété se distinguent des autres
par leurs diverses qualités, notamment par leur saveur,
toujours identique, ou du moins toujours de même nature. Si cette saveur se montre plus ou moins prononcée
suivant les individus, cela dépend de la part d'influence
qu'ont exercée sur ces individus la chaleur, la lumière,
l'humidité et la nature du sol.

Un arbre inondé de lumière produit des fruits bien
plus sucrés que lorsqu'il végète dans l'ombre ; et un
fruit dont la maturité s'est effectuée au soleil se montre
bien plus sapide du côté frappé directement par la lumière que du côté opposé. On comprend aussi qu'un
arbre donnera des fruits plus savoureux dans un terrain
sec, plus ou moins élevé, que dans un sol bas et humide.

(1) Telle est du moins l'interprétation des faits proposée par
M. Frémy. Beaucoup d'autres chimistes pensent que la question
appelle de nouvelles études.

Le lecteur consultera avec avantage un important travail publié
par M. Buignet sur ce sujet difficile.

Dans ce dernier cas, sa séve est à la fois abondante et très-aqueuse ; ses fruits, par suite, deviennent volumineux, mais restent peu sucrés. Il en est de même des fruits venus sur un arbre trop jeune, quelles que soient, du reste, les conditions du terrain dans lequel il végète.

Le temps que les fruits emploient pour arriver à leur maturité parfaite varie beaucoup suivant les espèces : deux mois suffisent aux cerises ; il en faut à peu près six aux pêches, aux poires et aux pommes ; les fruits du Genévrier commun ne mûrissent que dans la seconde année de leur existence ; ceux des Pins ne sont complétement développés qu'au commencement de leur troisième année.

Il est un moyen tout particulier d'accélérer le développement et la maturation des fruits. Ce moyen doit être employé pendant la floraison. Il consiste à enlever à la base de la branche qui porte les fleurs, un petit anneau d'écorce, à l'aide de deux incisions circulaires. L'anneau enlevé doit être assez étroit pour que la séve puisse, au bout de peu de temps, reprendre son cours en franchissant la plaie qu'il a laissée après lui, sans quoi la branche opérée pourrait souffrir et même périr.

Après cette opération, la séve, arrêtée momentanément dans sa marche, s'accumule en quantité plus qu'ordinaire, d'abord dans les fleurs, puis dans les fruits ; et ceux-ci, se développant par cela même plus vite, arrivent plus tôt à leur maturité.

On sait aussi que les fruits *véreux*, c'est-à-dire piqués par un insecte qui a déposé ses œufs dans leur tissu, mûrissent plus vite que les autres. On a quelquefois piqué des fruits avec une épingle, dans le but de hâter leur maturation ; mais l'expérience a appris que ces fruits perdaient, par ce fait, une partie de leurs qualités.

## FÉCONDATION DANS LES VÉGÉTAUX CRYPTOGAMES
## OU ACOTYLÉDONÉS.

Certains auteurs, méconnaissant l'existence des sexes
dans les végétaux acotylédonés, ont proposé de leur
donner l'épithète d'*Agames*, au lieu de celle de *Cryptogames*, qui exprime l'idée d'organes sexuels cachés ou
difficiles à apercevoir.

On avait pourtant reconnu depuis longtemps, dans
quelques-uns de ces végétaux, de tout petits corps d'a-
bord enfermés dans des cavités particulières, mais s'en
échappant à une certaine époque, pour se développer à
part, à la manière des véritables graines, en autant d'individus nouveaux et tout à fait semblables à ceux qui
les avaient produits.

On admet généralement aujourd'hui que les végétaux inférieurs peuvent, suivant les circonstances, présenter plusieurs modes de reproduction : l'un qui s'opère
à la faveur de véritables organes sexuels, les autres pouvant s'accomplir en dehors de ces organes. Il est d'ailleurs probable que la reproduction sexuelle est aussi générale dans ces plantes que dans les végétaux supérieurs
en organisation, et que, s'il est encore quelques-unes
d'entre elles où cette fonction est inconnue, cela tient en
grande partie, d'une part au polymorphisme de certaines espèces, qui a fait prendre pour des espèces particulières des formes du même individu considéré à
différents âges, et d'autre part à la petitesse des parties
qui en rend l'observation très-difficile. Quoi qu'il en
soit, les organes qui dans les Acotylédonées jouent le
rôle de mâles sont désignés sous le nom général d'*anthéridies*, ceux de *sporanges*, d'*archégones* étant réservés
aux organes femelles.

Voyons en quoi consistent essentiellement ces deux sortes d'appareils.

**Anthéridies.** — Les anthéridies se présentent chacune sous la forme d'un petit sac d'abord parfaitement clos, mais s'ouvrant plus tôt ou plus tard, dans un point de sa surface, pour laisser échapper son contenu, c'est-à-dire un amas de corpuscules ordinairement liés entre eux par un liquide mucilagineux.

Ces espèces d'anthères se montrent tantôt en relief à la surface du végétal qui les porte, tantôt enfoncées ou même cachées dans l'épaisseur du tissu où elles se sont développées. Dans les végétaux les plus simples, comme les *Fucus*, par exemple, leur sac est constitué par une seule vésicule ; dans les autres, il est membraneux, à parois composées d'un plus ou moins grand nombre de cellules. Ce sac, du reste, variable aussi par sa forme, est globuleux, ovoïde, en figure de massue ou de bouteille.

Les anthéridies diffèrent, en outre, par la matière qu'elles renferment, et qui correspond au pollen des véritables anthères dans les plantes phanérogames. Cette matière, dans les anthéridies réduites à l'état de simple vésicule, consiste en un grand nombre de petits corps globuleux, ovoïdes ou amincis à l'une de leurs extrémités et marqués d'un point coloré. Dans les autres, elle est formée d'une foule de petites utricules diversement agencées, et dans chacune desquelles prend naissance un petit corps allongé en forme de ruban d'abord courbé sur lui-même, soit en cercle, soit en spirale, puis déroulé et présentant une extrémité amincie ou *tête* et une autre renflée plus ou moins qu'on appelle la *queue*.

Tous ces petits corps se montrent animés de mouvements très-remarquables, du moins pendant un certain temps de leur vie. On les a comparés aux animalcules dits *infusoires*, et ils reçoivent eux-mêmes le nom de *phytozoaires* ou d'*anthérozoïdes*.

On s'est assuré que les corps singuliers dont il s'agit exécutent leurs mouvements à l'aide de fils extrèmement déliés. Ces fils, sans cesse agités dans un sens ou dans un autre, sont appelés *cils vibratiles*. Quelquefois très-multipliés et réunis en sortes de houppes, ils se montrent le plus souvent réduits au nombre de deux. Dans les anthérozoïdes vermiformes, ces deux cils sont placés près de l'extrémité la plus mince.

**Archégones.** — C'est surtout dans les Hépaticées et dans les Mousses que les archégones offrent une certaine analogie de forme avec les organes femelles des plantes cotylédonées ou phanérogames.

Les Hépatiques membraneuses, comme les *Riccia* et les *Marchantia*, portent leurs archégones dans l'épaisseur ou à la surface de leur fronde. Dans les Mousses, ces organes existent à l'extrémité de la tige, des rameaux, ou bien à l'aisselle des feuilles.

Chaque archégone, dans les plantes dont il s'agit, consiste en un petit corps celluleux, ayant la forme d'une bouteille dont le goulot, d'abord fermé, se montre plus tard béant. Dans ces organes, que l'on a comparés aux véritables pistils, et que certains auteurs désignent même quelquefois sous ce nom, la partie inférieure, plus ou moins dilatée, rappelle, en effet, l'ovaire; le goulot simule un style, tandis que le sommet un peu évasé de ce goulot correspondrait au stigmate. Disons toutefois que ces ressemblances ne sont qu'extérieures.

Le renflement inférieur de l'archégone n'est point creux au début, et se montre formé d'un tissu cellulaire continu. A un moment donné, une des cellules centrales de cette petite masse prend un plus grand développement que toutes les autres, et se transforme en une vaste utricule libre qui ne tarde pas à se diviser en deux, puis en quatre, etc., après qu'elle a subi le contact des anthérozoïdes. Les cellules résultant de ces divisions successives sont remplies d'un protoplasma granuleux qui se partage en quatre petites masses bientôt recouvertes d'une membrane propre.

Ces petites masses, devenant libres plus tard, par suite de la résorption des utricules au sein desquelles elles sont nées, prennent alors le nom de *spores;* elles sont capables de germer et de reproduire un végétal nouveau. Ce sont donc les analogues des ovules et des graines, bien que leur structure soit très-différente. Elles sont, en effet, formées d'une ou deux membranes superposées contenant un liquide granuleux.

Un mode de reproduction extrêmement remarquable s'observe dans les végétaux acotylédonés les plus élevés en organisation, notamment dans les Fougères, les Equisétacés. Ici l'individu adulte ne produit jamais d'organes sexuels. Il donne naissance, dans certains points déterminés de son tissu et sans fécondation préalable, à des corps cellulaires libres, espèces de spores, capables de germer sur la terre humide. Le produit de cette germination particulière n'est point une plante semblable à la plante mère; c'est habituellement une petite expansion membraneuse sur laquelle se développeront des anthéridies et des archégones. Parmi ces dernières, une seule sera fécondée et se développera directement en un végétal pareil à celui qui a produit la spore, tandis que l'expansion membraneuse initiale, ou *proembryon*, se flétrira. Ce nouveau végétal produira de nouvelles spores qui se comporteront de la même façon, et ainsi de suite.

On comprend, d'après les quelques mots qui précèdent, que ces végétaux présentent dans leur reproduction quelque chose de tout à fait comparable à ce que les zoologistes ont observé chez certaines espèces animales, et qu'ils ont nommé *génération alternante.* Individu asexué produisant un individu sexué, à existence transitoire, duquel sortira par fécondation un végétal semblable au premier, tel est l'ensemble des êtres dont la succession constitue le phénomène de la génération alternante. On a donc pu dire avec raison, pour donner à ces faits une forme plus frappante, que, dans ce mode de reproduction, ce sont les petits-fils qui ressemblent à leur grand-père, tandis que le père ne ressemble qu'à ses arrière-petits-fils.

Ne pouvant, dans un cours aussi restreint, exposer toutes les particularités qui signalent la reproduction dans les divers groupes d'Acotylédonés, nous citerons seulement avec quelques développements les principaux phénomènes qui ont été observés dans les Algues, et qui nous fourniront des exemples suffisants pour que le lecteur y trouve une sorte d'introduction à l'étude de la Cryptogamie, étude que la lecture des ouvrages spéciaux pourra seule compléter.

## REPRODUCTION DANS LES ALGUES.

Les Algues sont les végétaux cellulaires les plus simples en organisation, et vivent dans l'eau ou tout au moins dans les lieux très-humides. Les phénomènes relatifs à leur reproduction ont été, dans ces dernières années, l'objet de travaux du plus haut intérêt, et vont nous présenter une grande variété.

**Reproduction sexuelle.** — Voyons d'abord comment elle s'opère dans les *Vauchéries*, petites algues filamenteuses formées de tubes simples ou rameaux, et vivant dans l'eau douce.

A l'époque où la fécondation va avoir lieu, chacune des cellules tubuleuses constituant la Vauchérie produit sur ses côtés de petits appendices creux, qui se contournent en crochet, et qui ont reçu le nom de *cornicules* (fig. 333 et 334, *a*). Presque au même moment, bien qu'un peu plus tard, il naît au voisinage de ces appendices de petites protubérances ovoïdes (fig. 333 et 334, *s*)

p qui vont s'allonger d'un côté en un bec obtus et de-
v venir des *sporanges*. Cornicules et sporanges sont rem-
q plis de matière verte et communiquent librement avec

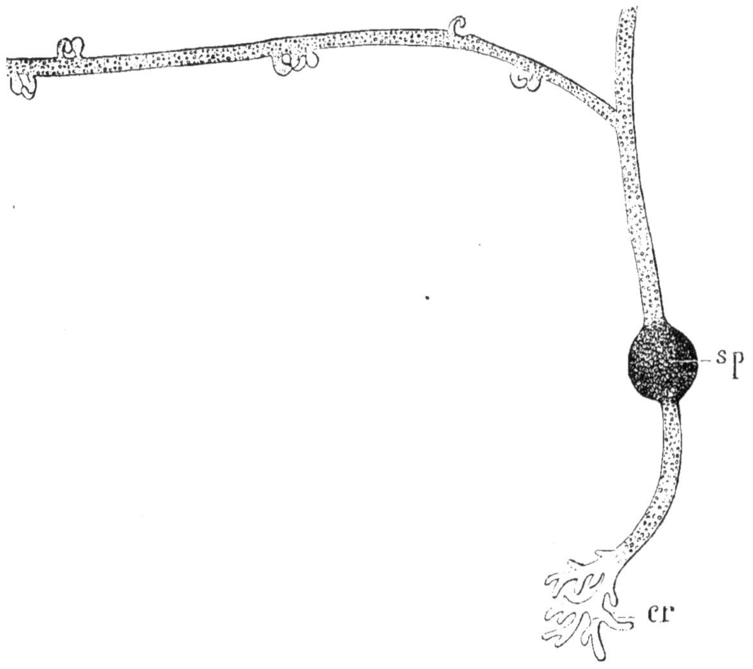



Fig. 333. — Jeune pied de *Vaucheria sessilis*. *sp* est la spore dont il est
issu. Des organes reproducteurs se sont développés sur divers points.

la cavité de la cellule-mère ; mais bientôt naît une cloison qui les en sépare. Leur développement va désormais
suivre une marche très-différente. L'*endochrome* (1) disparaît rapidement dans le cornicule, où il est remplacé
par une foule de corpuscules mobiles qu'un grossisse-
ment suffisant (ils mesurent environ $0^{mm},0125$) montre
sous la forme d'ellipsoïdes munis de deux cils vibratiles (fig. 335). Ce sont des anthérozoïdes, et par conséquent le cornicule n'est autre chose qu'une *anthéridie*.
Pendant ce temps, la matière verte du sporange a per-

(1) C'est ainsi qu'on désigne souvent la substance qui colore les
Algues.

sisté et s'accompagne d'une masse mucilagineuse spéciale qui vient bientôt sortir en partie par le bec entr'ouvert (fig. 336, *m*). Il en résulte un vide partiel dans le sporange, et un certain nombre d'anthérozoï-

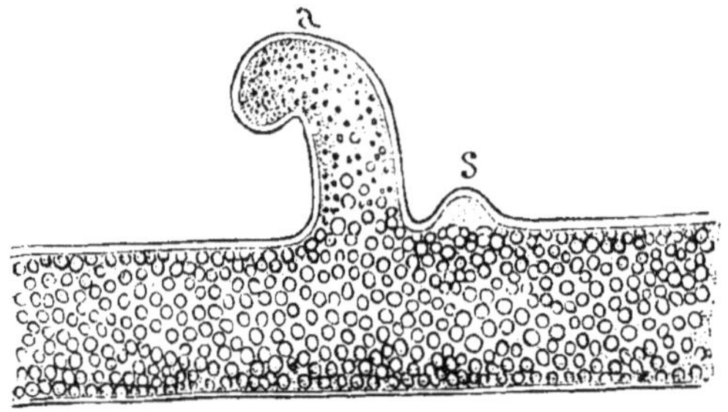

Fig. 334. — Une portion plus grossie de la plante précédente ; *a* est l'anthéridie déjà contournée en crochet. Le sporange *s* commence à se développer.

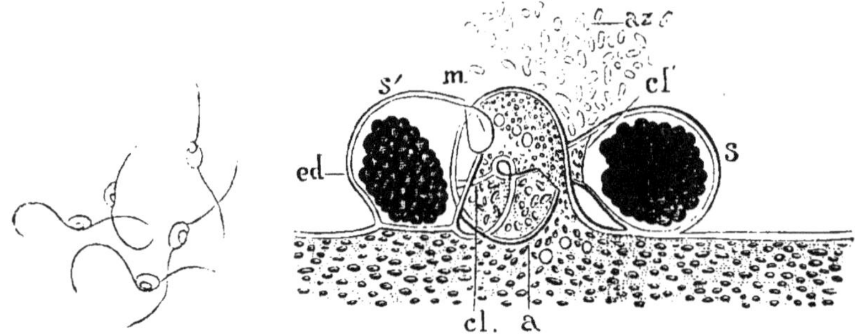

Fig. 335. — Anthérozoïdes du *Vaucheria sessilis* très-grossis.

Fig. 336. — Fragment de *Vaucheria sessilis* au moment de la fécondation. Les sporanges et l'anthéridie sont séparés par une cloison du tube qui les a produits.

des, devenus libres par rupture de leur enveloppe, s'y engagent bientôt et viennent se mettre au contact de la masse verte intérieure. A partir de ce moment la fécondation est opérée ; on voit cette masse s'entourer d'une membrane propre (fig. 337, *cl*), et devenir une véritable spore qui se détachera de la plante mère pour aller germer de son côté et donner naissance à un individu semblable.

Les phénomènes de la fécondation sont plus compliqués dans les *Œdogonium*, autres petites Algues d'eau douce formées de cellules disposées bout à bout, mais non plus toutes semblables entre elles, comme dans les Vauchéries. Ces cellules sont, en effet, de trois sortes : 1° cellules allongées, formant la base de chaque

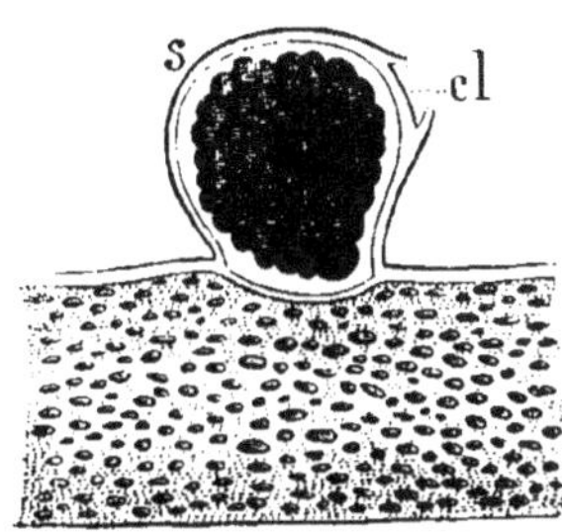

Fig. 337. — Sporange du *Vaucheria* après la fécondation. La spore s'est entourée d'une membrane propre *cl* qui clôt l'ouverture du sporange.

individu (fig. 338, *a*); 2° cellules très-grosses, ovoïdes, venant à la suite et remplies de matière verte (fig. 338, *s*); 3° cellules de même diamètre que les premières, mais de moitié plus courtes environ. Chaque pied d'*Œdogonium* se termine enfin par une très-longue cellule filiforme, amincie en pointe dont l'usage est inconnu et qu'on appelle la *soie* (fig. 338, *st*). Nous n'avons, pour le moment, à nous occuper que des cellules de la deuxième et de la troisième sorte.

Les grosses cellules ovoïdes (ou de la deuxième sorte) sont des sporanges; quant aux autres, chacune d'elles forme dans son intérieur (fig. 339, *z*) un corpuscule cilié mobile qui, une fois devenu libre, nage rapidement dans l'eau et vient se fixer en quelque point d'un des sporanges. M. Pringsheim, à qui sont dues ces belles observations, lui a imposé le nom d'*androspore*, nom parfaitement justifié par sa fonction. En effet, ce corpuscule donne bientôt naissance par son extrémité libre à une ou deux cellules superposées (fig. 340, *a*) qui

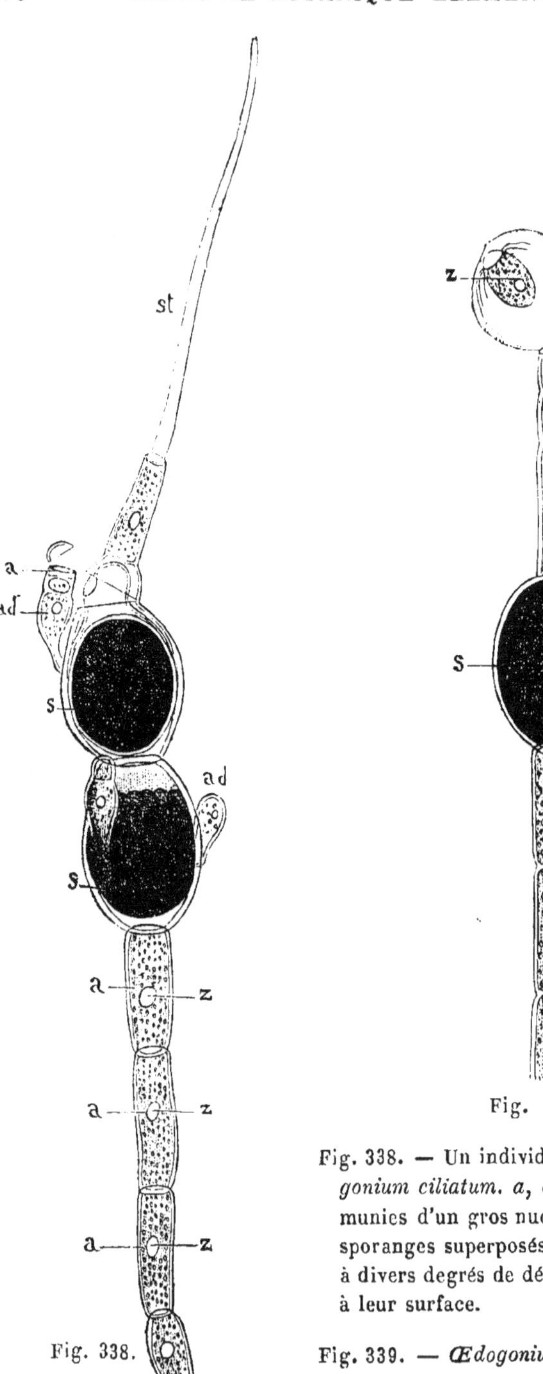


Fig. 338. — Un individu complet de l'*Œdogonium ciliatum*. *a, a,* cellules végétatives munies d'un gros nucléus, *z. s, s* sont deux sporanges superposés. Des androspores *ad* à divers degrés de développement sont fixés à leur surface.

Fig. 339. — *Œdogonium* au moment où une des cellules supérieures laisse échapper l'androspore cilié *z* qui y a pris naissance.

il livreront passage, en se rompant, chacune à un gros anthérozoïde chargé de féconder le sporange.

Pendant que l'androspore développait ses corpuscules
fécondateurs, la masse verte du sporange a été le siége
de modifications très-analogues à celles que nous avons
exposées à propos du *Vauche-
ria*. Le mucilage qui entoure
la chlorophylle se gonfle, amène
la rupture du sporange, et par
l'ouverture béante un anthérozoïde (fig. 340, *az*) pénètre jusqu'au contact du rudiment de
spore. Celle-ci s'entoure bientôt
d'une membrane propre et devient libre. Elle reproduira par
germination un individu semblable à la plante mère.

Chez les *Fucus* ou *Varechs*,
Algues si communes sur nos
côtes, les organes sexuels se développent généralement sur des
pieds séparés. Ils prennent naissance dans des cavités particulières nommées *conceptacles*, et

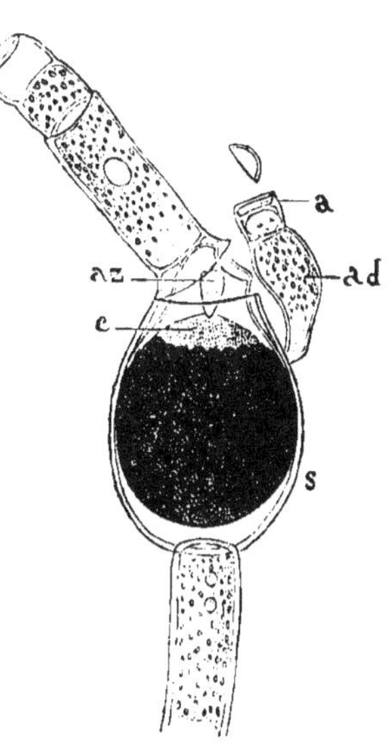


Fig. 340. — Sporange d'*Œdogonium* au moment de la fécondation. L'anthérozoïde *az*
se met en contact avec le
contenu du sporange.

qui sont, par conséquent, mâles ou femelles, suivant
qu'elles renferment des sporanges ou des anthéridies.
Ces dernières produisent en grand nombre des anthérozoïdes qui sortent par l'ouverture ou *ostiole* du conceptacle pour aller à la recherche des spores qui se sont
également échappées de leur cavité productrice. Aussitôt que la rencontre a eu lieu, la fécondation s'opère,
chaque spore s'entoure d'une membrane de cellulose et
devient apte à germer, ce qu'elle ne fait jamais tant
qu'elle n'a pas subi le contact des anthérozoïdes.

Ajoutons enfin que dans les Algues les plus parfaites,
Algues membraneuses qu'on appelle Floridées à cause des

belles couleurs dont elles se montrent souvent parées, les sexes sont également séparés. Mais ici, comme l'ont montré MM. Thuret et Bornet, les corpuscules féconda- teurs sont immobiles : ils doivent être amenés par les courants d'eau au voisinage des individus femelles. Ils se fixent sur un appendice transitoire des sporanges, et ne se mettent jamais en rapport direct avec les jeunes spores. La fécondation s'opère donc ici d'une manière médiate.

**Reproduction non sexuelle.** — Beaucoup d'Algues peuvent se reproduire sans le secours des sexes. Dans les Vauchéries, par exemple, les cellules ne produisent pas toujours les organes que nous avons étudiés. Cer- taines d'entre elles renferment de la matière verte qui, à un moment donné, se rassemble en masses vo- lumineuses, lesquelles se recouvrent d'une membrane propre (sans que rien, dans cette évolution, rappelle un phénomène de fécondation) et deviennent libres par rupture de la cellule mère. Ces corpuscules, nommés *zoospores*, se meuvent quelque temps dans l'eau à la faveur d'innombrables cils vibratiles dont leur enveloppe est couverte, jusqu'au moment où ils se fixent à quel- que corps étranger. Les cils disparaissent alors, et la cellule, s'allongeant peu à peu, devient un végétal sem- blable au premier.

Des corpuscules reproducteurs analogues prennent naissance, chez les *OEdogonium*, dans les cellules basi- laires de chaque individu, celles que nous avons rangées dans la première sorte (voy. page 486 et fig. 338, *a*).

Il existe dans les Floridées des corps, nommés *té- traspores*, qui se développent également sans féconda- tion. Ce nom leur vient de ce qu'ils sont habituelle- ment disposés quatre par quatre dans chaque cellule- mère.

**Reproduction par conjugaison.** — On connaît de- puis longtemps un mode particulier de reproduction

dont le type nous est offert par quelques Algues d'eau
douce formées de cellules placées bout à bout, telles
que les *Spirogyra*, et aussi par les Algues microscopiques connues sous le nom de *Diatomées*.

Un *Spirogyra* est constiué par des cellules renfermant
un endochromeré parti le long des parois sous forme d'un
ruban contourné en hé-
lice (d'où le nom imposé
à ces plantes (fig. 341,
*ed*). Lorsque la reproduction va avoir lieu, deux
filaments se placent pa-
rallèlement en face l'un
de l'autre, et chacune des
cellules qui les compo-
sent produit un renfle-
ment latéral (*t*) qui s'a-
vance dans l'intervalle des
deux individus. Ces renflements continuant à gran-
dir, se rencontrent bien-
tôt et se soudent l'un à
l'autre par leur extrémité
libre (*t'*). Pendant ce
temps l'endochrome de
chaque cellule s'est ra-
massé en un corps arron-
di, et le corpuscule d'une
des cellules ne tarde pas
à s'engager dans le tube
de communication qui
s'est ouvert par la résorp·
tion des deux membra-

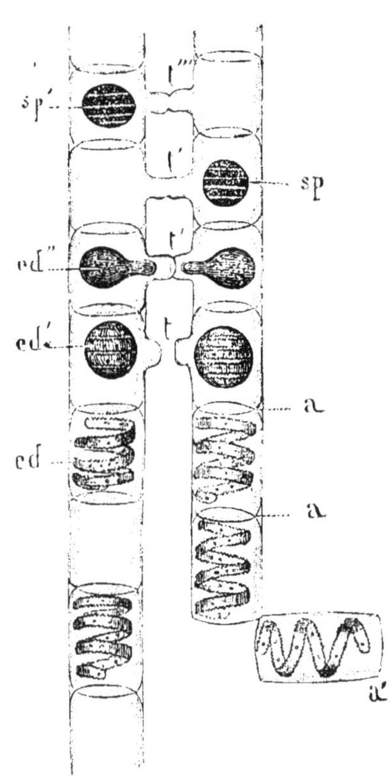

Fig. 341. — Deux filaments de *Spirogyra* en conjugaison. La figure
montre les transitions qui séparent
l'endochrome rubané normal *ed*
de la spore définitivement constituée, *sp*.

nes de séparation (*t''*, *t'''*). Arrivé dans la cellule voisine, il
s'unit au corpuscule qui y existait déjà, et de cette fusion résulte une spore capable de germer (*sp*, *sp'*).

Ces phénomènes représentent-ils une véritable fécondation? Il faudrait pour cela que l'un des corpuscules fût mâle et l'autre femelle; or, rien jusqu'à présent n'autorise à admettre cette distinction, car à toute époque ils sont parfaitement identiques. C'est donc là un mode de reproduction ambigu dont la véritable nature nous est encore inconnue.

**Reproduction par scissiparité.** — Quelques Algues jouissent de cette propriété que certaines de leurs cellules peuvent s'isoler sans phénomène antérieur et végéter ensuite pour leur propre compte en produisant un individu semblable au pied mère. On voit en *a′* de la figure 341 une cellule végétative au moment de sa séparation. On donne le nom de *scissiparité* à ce mode de reproduction dont on connaît aussi des exemples chez les animaux inférieurs.


# DE DIVERS PROCÉDÉS USITÉS DANS LA CULTURE.


### MARCOTTAGE. — BOUTURAGE. — GREFFE.


Nous venons de voir les plantes perpétuer leur espèce par voie de semis, c'est-à-dire par leurs graines ou leurs spores, résultat de la fécondation. Bon nombre de végétaux sont également susceptibles de se multiplier par des moyens artificiels basés sur la propriété qu'ils possèdent de produire plus ou moins facilement des racines et des bourgeons adventifs (voy. page 68), et aussi sur la possibilité, pour les bourgeons, de vivre hors de la place où ils sont nés. Ces procédés, connus sous les noms de *marcottage, bouturage, greffe*, doivent nous arrêter un instant.

## MARCOTTAGE.

Le marcottage est une opération qui consiste le plus souvent à faire développer des racines adventives sur une branche que l'on coupe ensuite pour en faire un végétal à part. Il consiste quelquefois aussi à faire développer une tige sur une racine que l'on coupe à son tour pour avoir une plante nouvelle et distincte. On appelle *marcotte* l'individu obtenu par l'un ou l'autre de ces moyens.

Il est des plantes qui se multiplient par une espèce de marcottage naturel ; ce sont celles qu'on dit rampantes ou *stolonifères*, comme la Renoncule et la Potentille rampantes, le Fraisier, etc. Leurs rameaux, couchés sur le sol, s'y enracinent de distance en distance; puis, développant dans chacun de ces points une touffe de feuilles, une tige et des fleurs, pendant qu'ils se détruisent dans les points intermédiaires, il en résulte un certain nombre d'individus nouveaux et séparés, lesquels peuvent être considérés comme autant de marcottes naturelles.

Or, ce qui se passe naturellement dans ces espèces, on peut le provoquer artificiellement dans beaucoup d'autres dont les branches, au lieu de s'étaler sur le sol, sont ascendantes ou plus ou moins dressées.

Si ces branches, partant du bas de la tige, ne sont que peu éloignées de la terre, on les y plonge jusqu'à une certaine profondeur, en les courbant de manière que leur extrémité reste au-dessus; on les *couche*, comme disent les jardiniers. Dans cette situation tout à fait anormale, la partie enfouie ne tarde pas à fournir, sous l'influence de l'ombre et de l'humidité, un plus ou moins grand nombre de racines adventives. De sorte qu'il suffira, après un certain temps écoulé, au bout

d'un an par exemple, de séparer ces branches de la
plante mère, en les coupant à leur base, pour en faire
autant de marcottes, c'est-à-dire autant d'individus
distincts, susceptibles de vivre à part, et de leur vie
particulière.

On a recours à ce procédé pour multiplier un grand
nombre de plantes herbacées ou ligneuses, notamment
beaucoup de variétés d'OEillets. On s'en sert souvent
pour remplacer, dans un champ de Vigne, les ceps qui
ont refusé de s'y enraciner, ou qui ont péri après y avoir
végété pendant un certain temps. On a assez généralement l'habitude de pratiquer, sur la partie la plus dé-
clive de la branche enterrée, une légère incision dont le
but est de favoriser la production des racines adventives à l'aide desquelles la marcotte doit puiser dans le
sol les substances nécessaires à son entretien et à son
développement.

Il est des arbrisseaux, tels que le Lilas et les Rosiers,
dont le collet donne naissance à des bourgeons d'où
sortent des rameaux qui, d'abord souterrains et presque
horizontaux, ne tardent pas à devenir ascendants et à
s'élever dans l'air. Ces rameaux sont appelés *drageons*.
Si l'on coupe, en été, leur extrémité aérienne, cette
mutilation provoque le développement à leur base de
nombreuses racines adventives, et l'on peut, au printemps suivant, en faire autant de marcottes en les séparant de la plante mère. L'opération est fort simple ;
elle porte le nom de *marcottage par drageons*.

Lorsqu'on désire multiplier de la même façon un végétal ligneux, arbre ou arbrisseau élevé, il faut recourir
à un moyen particulier. Les branches étant trop hautes
ou trop fragiles pour être recourbées jusqu'au sol,
c'est celui-ci qu'on élève jusqu'à elles. Dans ce but,
on se sert d'un vase pourvu, sur un de ses côtés, d'une
fente qui permet d'y introduire, sans la séparer de la
tige, la branche à transformer en marcotte. On fixe ce

vase en l'attachant aux branches de l'arbre, ou en le plaçant sur un support qui prend lui-même son point d'appui sur le sol, et on achève de le remplir avec de la terre humide. La branche sur laquelle on a opéré s'enracine bientôt ; et si, au bout d'un an ou au moins de quelques mois, on la coupe immédiatement au-dessous du vase, on a une marcotte que l'on peut placer ensuite dans un vase plus grand, si l'on a affaire à une plante de serre, ou en pleine terre, si l'espèce est plus rustique. Dans tous les cas, l'opération que nous venons de décrire est appelée *marcottage en l'air.*

Certains arbres, comme le Faux-Acacia, le Vernis du Japon, l'Orme, etc., possèdent des racines longues, horizontales, peu profondes, qui, lorsqu'elles viennent à être blessées par la charrue, ou de toute autre façon, produisent facilement des bourgeons adventifs. Ces bourgeons se développent en rameaux aériens que nous avons désignés précédemment sous le nom de *surgeons* (voy. page 168), et qui deviennent de véritables marcottes aussitôt qu'on les sèvre, en quelque sorte, en les séparant de la plante mère. Les praticiens appellent *marcottage par racines* ce procédé de multiplication des végétaux.

Les divers modes de marcottage dont nous venons de parler sont souvent usités dans le but de se procurer des individus plus prompts à fleurir et à fournir des fruits que ceux qu'on obtiendrait à l'aide des graines. On y a recours aussi pour propager certaines espèces exotiques incapables de se multiplier, dans nos contrées, par la voie des semis, ou encore des variétés qui, créées à la longue et en quelque sorte artificiellement, perdraient, par la voie des semis, leurs caractères particuliers, les qualités qui les font rechercher.

## BOUTURAGE.

Il n'est pas toujours indispensable qu'un rameau soit attenant à sa plante mère pour être capable de produire des racines adventives ; il en est beaucoup qui peuvent accomplir ce phénomène après avoir été isolés. C'est cette propriété qui est mise à profit dans le bouturage.

On désigne sous le nom de *bouture* une branche coupée sur un arbre ou sur une plante herbacée, et qui, plongée immédiatement ou peu de temps après, par son extrémité mutilée, dans un sol humide, y développe des racines adventives, et se transforme ainsi en un végétal distinct.

Ce mode de multiplication est très-prompt ; mais il n'est facilement applicable qu'aux végétaux dont le bois est tendre et dont les rameaux s'enracinent facilement. C'est par ce procédé qu'on multiplie généralement les Saules, les Peupliers, les Platanes, la Vigne, et une foule de plantes d'ornement.

Les boutures portent quelquefois le nom de *plançons*.

Nous ne saurions ici décrire longuement les diverses opérations qui peuvent assurer le succès de cette pratique importante. Disons seulement qu'on favorise beaucoup la reprise, en diminuant le plus possible l'évaporation des rameaux par la suppression d'une grande partie de leurs feuilles, s'ils en sont munis, et en maintenant humide, au moyen de cloches en verre, l'atmosphère où ils sont plongés ; en entretenant autour d'eux une température élevée et uniforme, en employant un sol perméable et léger, tel que la terre de bruyère, etc.


## GREFFE.

Nous avons vu que les bourgeons, nés sur la tige et sur les rameaux, y puisent la nourriture dont ils ont besoin pour se développer en branches. Il en résulte que, si l'on parvient artificiellement à fournir à un bourgeon les moyens de se nourrir par l'intermédiaire d'une autre plante, on pourra, sans compromettre son existence, le séparer de sa plante mère pour le transporter sur l'autre. C'est, en effet, ce que l'on pratique dans la *greffe en écusson*, nommée aussi *greffe par gemmes*.

La greffe en écusson, laquelle s'exécute avec succès surtout chez les Rosiers, consiste à détacher d'un Rosier cultivé que l'on veut multiplier, un bourgeon, et à le transporter sur un individu sauvage. Si l'opération a été bien faite, le bourgeon transplanté s'assimile les sucs nourriciers de son nouveau support, et continue à croître comme s'il n'avait pas bougé de place.

Pour les végétaux arborescents, tels que les Poiriers, Pommiers, Cerisiers, etc., ce n'est pas seulement sur un bourgeon, mais sur un fragment de rameau muni de bourgeons, que cette sorte de transplantation s'exécute, ce qui a fait donner à ce mode de reproduction le nom de *greffe par scions*.

La partie ainsi enlevée à sa plante mère s'appelle *greffe* ; on nomme *sujet* le végétal avec lequel elle doit s'identifier.

Une autre espèce de greffe est appelée *greffe par approche*, parce qu'elle consiste, en effet, à rapprocher deux arbres ou deux arbustes voisins, et à les unir par un point de leur tige, après y avoir fait une plaie plus ou moins profonde. Ces deux arbres, maintenus ainsi en contact par une ligature, se soudent l'un à l'autre. Ils font un échange continuel de séve ; chacun d'eux est à la fois greffe et sujet.

On greffe quelquefois aussi, et de la même manière, un rameau sur la branche qui le porte, ou celle-ci sur sa propre tige. On peut remplir ainsi un vide qui se serait formé dans la cime d'un arbre ou d'un arbrisseau.

Les procédés employés dans la pratique de la greffe

sont nombreux et très-divers. Dans la greffe par scions, la plus usitée, on opère ordinairement comme il suit.

Après avoir coupé transversalement, et à une certaine hauteur, la tige du sujet, on pratique sur son sommet mutilé, et en agissant de haut en bas, une fente plus ou moins profonde. D'autre part, on taille en biseau la base de la greffe, c'est-à-dire du rameau à greffer, après quoi on l'enfonce, par la partie ainsi préparée, dans l'incision du sujet, et on l'y fixe au moyen d'une ligature plus ou moins serrée. Il ne reste plus, dès lors, qu'à couvrir les plaies d'un peu de mastic, afin de les mettre à l'abri du contact de l'air.

Quand l'opération dont il s'agit est bien faite, les vaisseaux séveux de la greffe se mettent en continuité avec ceux du sujet, condition indispensable à la réussite.

Quelle que soit, du reste, la manière dont elle est effectuée, l'opération de la greffe ne saurait réussir qu'autant qu'elle porte sur deux individus ayant entre eux une grande analogie de structure. On greffe avec succès une variété sur une autre de même espèce, une espèce sur une autre de même genre; on greffe, par exemple, l'un sur l'autre, deux Rosiers de variétés ou d'espèces différentes, deux Pommiers, deux Pêchers, deux Cerisiers, un Abricotier sur un Prunier, etc. Mais ce serait en vain qu'on essayerait de greffer un Lilas sur un Saule, un Platane sur un Orme, un Marronnier sur un Chêne, etc.

L'opération de la greffe, de même que le marcottage, est surtout employée pour propager des variétés incapables de se multiplier par la voie des semis, ou qui perdraient, en se multipliant par cette voie, les caractères, les qualités qui les distinguent.

Il est bon de savoir que les individus greffés vivent, en général, un peu moins longtemps que ceux qui sont restés *francs de pied*.

## PRATIQUES BASÉES SUR LES PROPRIÉTÉS DES BOURGEONS.

### RECÉPAGE.

Un grand nombre de végétaux sont aptes à produire des *bourgeons adventifs* (voy. page 168). Cette propriété est mise à profit pour faire développer sur quelques-uns d'entre eux des branches nombreuses de même âge. Que dans un bois, par exemple, au lieu de laisser les arbres croître naturellement, on coupe leur tronc à ras de terre, les plaies ne tarderont pas à se couvrir de bourgeons adventifs dont chacun se développera en branche. On aura fait un *taillis*. L'opération qui sert à préparer un taillis s'appelle *recépage*.

Que si l'on pratique la section de la tige, non plus à ras de terre, mais au niveau des premières grosses branches, on obtiendra un *tétard*. Beaucoup d'arbres, notamment les saules, se cultivent de cette façon.

### ÉMONDAGE.

C'est encore la production de bourgeons adventifs que l'on cherche à provoquer par l'*émondage* des Peupliers, par exemple, opération qui consiste à couper la plupart des branches développées le long du tronc. Il en résulte une foule de plaies qui produisent chacune plusieurs bourgeons adventifs, c'est-à-dire des branches de même âge que l'on exploite régulièrement en attendant que le tronc ait acquis un volume suffisant pour être abattu.

### BOUTURES DE RACINES ET DE FEUILLES.

De même qu'il existe un marcottage par racines, de même on peut, dans quelques plantes, faire avec succès des *boutures de racines.* Certaines Araliacées, par exemple, jouissent de cette propriété que des fragments séparés de leurs racines peuvent produire des bourgeons adventifs, et offrent par là un procédé particulier de multiplication.

D'autres fois les feuilles elles-mêmes, placées sur la terre humide, donnent naissance à des bourgeons adventifs qui s'enracinent facilement et reproduisent la plante mère. C'est particulièrement chez les *Begonias* que réussissent les *boutures de feuilles*.

### TAILLE DES ARBRES.

La taille des arbres fruitiers est basée sur ce fait physiologique que si on enlève à un végétal une partie de ses bourgeons, la séve venant à se répartir sur un moins grand nombre de points, les bourgeons épargnés prendront plus de développement et seront partant plus productifs. Sans pouvoir entrer dans aucun détail sur ce sujet, nous dirons seulement que la *taille* consiste d'une manière générale à couper, chaque année, les branches près de leur point d'insertion, de manière que les quelques bourgeons nés sur le tronçon qui persiste puissent profiter de toute la nourriture qui, sans cette mutilation, se serait répartie à tous les autres bourgeons situés plus haut.

Les horticulteurs pratiquent dans le même but ce qu'ils appellent l'*ébourgeonnement* et l'*éborgnage*. L'ébourgeonnement consiste à enlever, au printemps, un certain nombre de bourgeons épanouis, en choisissant ceux qui offrent le moins de chances de production. Quant à l'éborgnage, on l'exécute à l'automne, par conséquent bien avant l'épanouissement. Cette pratique est, il faut le dire, assez aléatoire, parce qu'il est souvent impossible de prévoir quel sera le sort des bourgeons restés en place.

ENFOUISSEMENT.

C'est un fait d'observation constante que, dans la
plupart des plantes abandonnées à elles-mêmes, les sucs
nourriciers se portent principalement vers les extrémités, ce qui fait que les bourgeons inférieurs avortent
presque toujours. Or, il est des cas où l'on a un grand
intérêt au contraire à provoquer le développement de
ces bourgeons. On y parvient habituellement par l'*enfouissement*. Pour cela, on soulève la terre jusqu'à une
certaine hauteur autour de la base de la tige. Il en résulte la naissance de nombreuses racines adventives
qui, apportant directement aux bourgeons inférieurs
la nourriture dont ils ont besoin, en déterminent l'allongement. Le procédé inverse consiste à coucher sur le
sol les tiges jeunes encore et à les recouvrir d'un peu
de terre; il réussit très-bien, en particulier pour les Céréales, qui *tallent* alors, comme disent les agriculteurs.

Ici s'arrête ce que nous avions à dire sur diverses
pratiques usitées dans la culture des végétaux. Il ne
pouvait entrer dans notre plan d'en donner une description détaillée, mais nous devions indiquer sommairement la théorie sur laquelle elles reposent, et montrer
au lecteur la source où l'on pourra trouver de nouveaux
perfectionnements.

## DE QUELQUES MOUVEMENTS DANS
## LES PLANTES.

C'est sous l'influence de la lumière, avons-nous dit
ailleurs, que les végétaux décomposent l'acide carbonique dont ils s'approprient le carbone, principe qui concourt pour une si large part à leur développement.

Aussi les arbres situés sur la lisière d'une forêt développent-ils leurs branches principalement du côté externe, par où ils reçoivent librement la lumière du soleil. Ces arbres deviennent généralement gros et très-rameux ; tandis que ceux de l'intérieur de la forêt, ne recevant la lumière que d'en haut, ne se montrent ramifiés qu'à leur sommet, et n'ont presque jamais une grosseur proportionnée à leur élévation.

Nous avons indiqué (voy. page 82) quelques expériences qui, jointes à l'observation des faits naturels, mettent hors de doute l'influence de la lumière sur la direction des tiges.

La lumière détermine sur certains végétaux des phénomènes beaucoup plus prompts à se manifester. C'est ainsi que, sous son influence, les feuilles d'un grand nombre de Légumineuses et d'Oxalidées exécutent des mouvements tout particuliers et très-remarquables.

Dans les Acacias, par exemple, les folioles de chaque feuille, étendues horizontalement le matin, au lever du soleil, se redressent de plus en plus à mesure que cet astre s'avance vers le zénith ; puis elles s'abaissent insensiblement, pour reprendre, le soir, leur position horizontale, pour devenir et rester pendantes durant toute la nuit.

Linné, considérant le végétal comme étant alors en repos, donnait au phénomène le nom de *sommeil des plantes*. De Candolle est parvenu à changer, pour ainsi dire, les heures de sommeil et de veille d'un certain nombre de plantes, en les plongeant, le jour, dans une obscurité complète, et en les éclairant, la nuit, au moyen d'une lumière artificielle.

La *Sensitive*, petite plante exotique du groupe des Légumineuses, est depuis longtemps cultivée dans les serres pour la particularité des mouvements dont ses feuilles sont le siége habituel.

Les feuilles de la Sensitive sont bipennées, à deux

paires de pennules presque digitées, à pétiole commun et à pétioles secondaires renflés à la base et comme articulés, de même que les folioles.

Si on observe la plante pendant le jour, on voit que ses folioles sont étalées dans un même plan, de chaque côté de leur pétiole commun; que les pétioles secondaires sont écartés en éventail et que les primaires sont relevés au-dessus de l'horizon. Quelque temps après le coucher du soleil, les folioles se sont rapprochées jusqu'au contact, les pétioles secondaires se sont resserrés de manière à se placer dans le prolongement du pétiole primaire, lequel s'est fortement incliné vers la terre. Si l'observation se continue, on constate que les pétioles principaux, quelque temps après leur abaissement crépusculaire, se relèvent fortement pendant la nuit, se rapprochant peu à peu de leur position diurne pour la dépasser beaucoup, et recommencer leur mouvement de descente un peu avant le lever du soleil (1).

Les mouvements diurne et nocturne ne sont pas les seuls que la Sensitive puisse exécuter. Elle en possède d'autres que l'on désigne sous le nom de *mouvements provoqués*. Voici en quoi ils consistent.

Si l'on imprime à la plante une secousse un peu forte, on voit ses feuilles se déplacer plus ou moins rapidement suivant la vigueur du sujet, et présenter à peu près les phénomènes qui caractérisent l'état crépusculaire. Si la cause de ce trouble ne se renouvelle pas, l'impression ne tarde pas à se dissiper, et tout rentre peu à peu dans l'état naturel.

L'excitation dont il s'agit est susceptible de se transmettre à distance; il suffit, en effet, pour provoquer ces phénomènes dans une feuille de Sensitive, de toucher avec les doigts ou avec un corps étranger

(1) On doit à M. Bert deux beaux mémoires sur les mouvements de la Sensitive. Nous y renvoyons le lecteur désireux de plus amples détails.

quelconque une de ces nombreuses folioles. On arrive aussi au même résultat en versant sur une foliole une goutte d'un acide concentré, ou bien en y faisant tomber les rayons du soleil rapprochés au foyer d'une loupe. Ajoutons que ces deux sortes de mouvements ne sont certainement pas dus à la même cause. La faculté d'exécuter les mouvements provoqués se perd facilement sous l'influence des anesthésiques, tels que l'éther et le chloroforme, tandis que les mouvements spontanés n'en sont nullement entravés.

Après la Sensitive, nous devons citer le *Dionœa muscipula*, plante originaire de l'Amérique septentrionale, et offrant à l'extrémité de ses feuilles deux lobes réunis par une espèce de charnière médiane. Le contact d'une mouche ou de tout autre insecte qui vient se reposer à la surface de ces lobes suffit pour les irriter. Ils se redressent alors subitement, saisissent l'insecte, le compriment d'autant plus qu'il se débat davantage pour s'échapper... Ils ne reprennent qu'après sa mort leur position habituelle. Ces singuliers phénomènes ont fait donner à la plante le nom vulgaire d'*Attrape-mouche*.

On peut constater un phénomène analogue sur une petite plante commune dans nos contrées, et appartenant, comme la précédente, à la famille des Dr/oséra/cées ; je veux parler du Rossolis à feuilles rondes ou *Drosera rotundifolia*. Ses feuilles sont très-petites, arrondies, concaves, hérissées, en dessus et sur les bords, de longs poils rouges et glanduleux. Or, ces poils jouissent d'une irritabilité fort remarquable : qu'un insecte, un moucheron par exemple, vienne se poser sur la feuille qui les porte, on les voit bientôt se mouvoir, s'incliner en divers sens, s'entre-croiser au-dessus du petit animal, qui reste prisonnier, malgré les efforts qu'il fait pour se dégager.

Du reste, les exemples de mouvements procédant de

l'irritabilité des organes, ou s'effectuant même d'une manière spontanée, ne sont pas rares dans le règne végétal. En faisant l'histoire de la fécondation, nous avons eu l'occasion de citer, parmi les plus curieux, ceux des pédoncules de la Vallisnérie spirale, ceux des étamines dans l'Épine-Vinette et dans la Rue, ceux des styles et des stigmates dans les Nigelles et les Onagres. Nous avons aussi signalé les mouvements si singuliers dont sont animés les anthérozoïdes des végétaux cryptogames, et ceux non moins remarquables qu'exécutent les zoospores des Conferves aussitôt après leur sortie de la cavité qui les contenait.

On a beaucoup discuté sur l'explication de ces phénomènes de motilité. Mais, il faut bien le dire, la science n'a pas encore fourni la solution définitive de ce problème compliqué. C'est sans doute à la physiologie qu'est réservé cet honneur.

Quelques auteurs, songeant à l'influence que doivent exercer sur le cours de la séve les alternatives de chaleur et de refroidissement auxquelles les plantes sont soumises en passant de la nuit au jour et du jour à la nuit, ont cru devoir attribuer à cette cause les phénomènes de réveil et de sommeil que nous avons signalés tout à l'heure dans certains végétaux. S'il est vrai, comme tout porte à le croire, que tous les végétaux présentent, quoique à des degrés très-divers, de semblables mouvements, il faut avouer que c'est là une explication bien vague et insuffisante.

Plusieurs physiologistes ont admis que le tissu cellulaire et les vaisseaux compris dans les feuilles des plantes douées d'irritabilité, comme la Sensitive, par exemple, sont eux-mêmes irritables et contractiles. Au moindre attouchement subi par une foliole, la séve de cette foliole, dans leur hypothèse, serait refoulée dans le pétiole secondaire correspondant, puis dans le pétiole commun, d'où résulteraient les mouvements et les changements d'attitude que nous avons signalés. Mais personne n'a vu le tissu cellulaire ni les vaisseaux de ces feuilles se contracter pour déterminer ce prétendu afflux de séve.

D'autres, acceptant l'opinion de de Lamarck sur ce sujet, ont cru pouvoir expliquer les mouvements dont sont susceptibles les feuilles de la Sensitive par la présence d'un gaz qui s'échapperait de ces feuilles aussitôt qu'on les agite ou qu'on les touche. Mais ils n'ont point fourni de preuves de l'existence de ce gaz.

Dutrochet a démontré, par des expériences très-ingénieuses, que les mouvements dont il s'agit ont pour point de départ le renflement qui existe à la base de chaque foliole et des pétioles eux-mêmes: En effet, si on enlève un de ces renflements, en laissant subsister l'axe qu'il entourait, on condamne au repos l'organe dont il faisait partie. Si, en agissant, par exemple, sur une foliole, on enlève la moitié inférieure de son renflement basilaire, cette foliole s'abaisse aussitôt, et devient incapable de se redresser. Elle se redresse, au contraire, lorsqu'on la prive de la moitié supérieure de son renflement.

On peut donc, à l'exemple de Dutrochet, considérer, dans les feuilles de la Sensitive, chaque renflement comme représentant deux ressorts opposés : l'un inférieur, provoquant les mouvements de bas en haut ; l'autre supérieur, déterminant ceux de haut en bas.

Mais comment concevoir l'irritabilité et la contractilité dont ces mouvements font supposer l'existence dans les tissus des organes qui les exécutent?

En présence de ce problème, l'un des plus difficiles de la physiologie végétale, certains auteurs ont été entraînés à admettre dans les plantes, comme dans les animaux les plus simples, les éléments d'un système nerveux à l'état rudimentaire, hypothèse que l'observation ne justifie pas.

Dans l'état actuel de la science, il est vraisemblable que les mouvements provoqués de la Sensitive sont
sous la dépendance d'une propriété spéciale des tissus dont la nature reste à déterminer. Cette manière
de voir est rendue fort probable par l'action des anesthésiques dont nous avons parlé.

Pour les mouvements spontanés, il paraît hors de
doute qu'ils tiennent à des variations périodiques
dans la quantité de liquide remplissant les cellules du
renflement ; car on peut, sur la plante vivante et sur la
plante morte, obtenir sur place des mouvements du
même ordre en déposant des liquides de densités
différentes sur de petites entailles pratiquées sur les
renflements. Il reste à savoir quelles sont les causes de
ces variations.

Quant aux mouvements que nous avons signalés
dans les corps reproducteurs des Cryptogames, ils paraissent du même ordre que ceux des animaux infusoires auxquels on les compare.

# GÉOGRAPHIE BOTANIQUE

La *Géographie botanique* est une des principales branches de la science. Elle a pour but la connaissance des lois qui président à la distribution des végétaux sur la surface du globe, aux modifications que subit la végétation sous l'influence des climats et des localités.

Ses problèmes sont nombreux et la plupart fort importants. On les trouve traités avec beaucoup d'extension dans plusieurs ouvrages spéciaux. Nous devons, dans celui-ci, nous contenter d'en donner une idée générale.

## INFLUENCE DES CLIMATS ET DES LOCALITÉS.

Pendant le cours de nos études physiologiques, nous avons souvent eu l'ocasion de reconnaître comme favorable, ou plutôt comme indispensable à la vie, au développement des végétaux, l'influence complexe de la chaleur, de la lumière et de l'humidité. Or, cette influence, en variant par son intensité, avec les climats, et, dans chaque climat, avec la topographie des lieux, produit une extrême diversité dans la végétation des différents pays.

Dans les régions équatoriales, où le soleil verse à grands flots et suivant une direction perpendiculaire son calorique et sa lumière, où l'humidité abonde sous

sl la forme de rosées ou de pluies, la végétation est au
lq plus haut point riche, puissante et variée.

Mais, à mesure qu'on s'éloigne de ces régions, les
rayons du soleil devenant plus obliques, la température
s'abaisse, la lumière s'affaiblit, l'humidité diminue, et
la végétation conséquemment se montre peu à peu
moins riche et plus simple; elle disparaît tout à fait vers
les pôles, où la rigueur du froid s'oppose au développement de tous les êtres organisés.

C'est à la fois par le nombre et par les dimensions
que les espèces végétales répandues à la surface de la
terre décroissent graduellement de l'équateur aux pôles.
Très-multipliés et la plupart d'une taille gigantesque
dans les climats inter-tropicaux, les arbres sont beaucoup moins nombreux et moins grands dans les régions
tempérées; ils manquent dans les régions voisines du
pôle, où l'on ne trouve d'abord que des plantes herbacées plus ou moins rabougries qui font bientôt place
aux glaces éternelles.

La végétation, sous une même latitude, varie considérablement suivant l'altitude des lieux. Quelle différence, en effet, entre la végétation d'une montagne et
celle de la plaine qui s'étend à sa base !

Si l'on fait l'ascension d'une haute montagne, soit
dans nos régions tempérées, soit en des climats plus
chauds, on observe que sa végétation, d'abord puissante et variée, s'appauvrit à mesure qu'on s'élève,
absolument comme nous avons vu la végétation d'un
hémisphère tout entier s'appauvrir de l'équateur au
pôle. De grands arbres, nombreux et divers, en recouvrent la base; à une certaine hauteur, on ne trouve plus
que des Sapins et des Pins ; au-dessus, des arbustes
seulement; puis de simples herbes ; et tout à fait au
sommet plus rien, que les glaces ou la neige.

Ainsi, de même que certaines espèces ne viennent
qu'à telle ou telle distance de l'équateur, de même il

en est qui ne végètent sur les montagnes qu'à telle ou telle hauteur, variable suivant la latitude. C'est que la température décroît insensiblement du pied à la cime des montagnes, comme de la ligne aux régions polaires. On pourrait, à l'exemple de Mirbel, comparer le globe terrestre à deux immenses montagnes réunies base à base vers l'équateur, et dont les pôles seraient les sommets opposés.

La température varie donc, dans chaque climat, suivant la hauteur des lieux.

Ajoutons qu'elle varie beaucoup aussi suivant l'exposition des terrains. Toutes choses égales d'ailleurs, elle est, en effet, bien plus élevée sur une pente exposée directement à l'action du soleil, que sur celles qui, inclinées en sens contraire, sont constamment plongées dans l'ombre, ou ne reçoivent que peu de temps, et d'une manière très-oblique, les rayons de l'astre vivifiant. C'est ainsi que la végétation d'une montagne peut montrer les plus grandes différences quand on l'examine sur deux versants opposés.

Du reste, un lieu quelconque reçoit, dans le cours d'une année, une certaine somme de calorique que l'on peut déterminer d'une manière au moins approximative en se basant sur les indications fournies chaque jour par le thermomètre. En comparant entre elles les quantités de chaleur que ce lieu reçoit pendant une longue suite d'années, on obtient sa température moyenne.

Toute ligne passant par une série de lieux ayant la même température moyenne est dite *isotherme*.

Les lignes isothermes qui ont été constatées par les observateurs sont loin d'être parallèles entre elles. Elles décrivent des courbes fort inégales qui les rapprochent ou les éloignent les unes des autres ; on devine qu'elles se rapprochent ou s'éloignent de l'équateur suivant que les lieux qu'elles réunissent sont plus ou moins élevés.

On pourrait supposer que tous les lieux qui ont la même température moyenne et se trouvent, par conséquent, placés sur la même ligne isotherme, doivent offrir une végétation identique. Il s'en faut pourtant qu'il en soit toujours ainsi.

En effet, la somme de chaleur qu'une localité reçoit chaque année peut se répartir avec une certaine uniformité, ou, au contraire, d'une manière très-inégale entre les mois, entre les saisons qui s'y succèdent. Dans le premier cas, les extrêmes de la température y étant peu différents, l'hiver et l'été s'y montreront tempérés ; tandis que, dans le second, l'hiver y sera très-froid et l'été très-chaud. Or, les extrêmes de la température exercent sur la végétation bien plus d'influence que la température moyenne.

On désigne sous le nom de *ligne isochimène* toute ligne passant par une série de lieux où l'hiver descend au même degré de froid ; et l'on appelle *ligne isothère* celle qui réunit une suite de lieux où l'été s'élève au même degré de chaleur. Ces deux sortes de lignes ne traversent pas les mêmes localités ; elles sont loin surtout de concorder avec les lignes isothermes.

La température est moins variable à la surface des grandes masses d'eau que sur les continents. On sait qu'elle se montre bien moins différente, à la surface des mers, d'une latitude à l'autre, et que, dans une même latitude, les saisons extrêmes, l'hiver et l'été, y sont beaucoup moins prononcées. Or, cette tendance à une certaine uniformité de température s'étend, jusqu'à un certain point, aux terres adjacentes, aux îles et aux plages maritimes.

Sous une même latitude, la température des îles est d'autant plus uniforme que ces îles sont plus petites et plus écartées au sein des eaux. Celle des continents se montre d'autant plus inégale qu'on s'éloigne davantage des mers. Aussi est-il un grand nombre de plantes qui végètent beaucoup plus au nord dans les îles ou sur le bord des continents que vers le milieu des grandes terres. On sait, par exemple, que les Myrtes et les Lauriers-roses sont cultivés en Angleterre, plus au nord qu'en France. Ces plantes végètent en pleine terre, chez nos voisins d'Outre-Manche, à trois ou quatre degrés au delà de la limite où, dans l'intérieur de notre pays, leur végétation est arrêtée par le froid des hivers.

La manière dont la chaleur se répartit, dans une contrée, entre les différents mois de l'année exerce, comme on le voit, une grande influence sur la végétation. Beaucoup de végétaux qui prospèrent dans des localités où règne une température douce, plus ou moins uniforme, où les saisons sont peu marquées, ne peuvent venir dans d'autres dont la température moyenne est pourtant la même, mais dont les hivers sont trop froids ou les étés trop chauds.

Il est, par contre, des plantes qui, ayant besoin d'une certaine température pour mûrir leurs semences, ne se multiplient que dans les contrées où la chaleur des étés s'élève jusqu'à ce degré. Ainsi, tout le monde sait que, sous le climat de Londres, le raisin ne mûrit pas, tandis que le contraire a lieu à Dantzig. C'est que dans le second de ces pays, bien que la température moyenne soit moins élevée que dans le premier, la vigne reçoit la quantité de chaleur nécessaire, à un moment donné, pour mûrir ses fruits; circonstance qui n'est jamais réalisée à Londres.

Ajoutons qu'il faut aussi tenir compte de la durée que présente, dans une contrée, la saison la plus favorable à la végétation. En effet, si parmi les espèces qui manquent aux régions septentrionales il en est beaucoup dont l'absence s'explique par la rigueur des hivers, il en est aussi qui n'y viennent pas parce que les étés y sont trop courts pour leur permettre de parcourir toutes les phases de leur développement.

Telles sont les quelques données que nous avons cru devoir tout d'abord établir. On les trouvera sans doute fort incomplètes. Elles peuvent fournir cependant la solution de bien des problèmes, la raison d'être de bien des faits relatifs à la distribution des végétaux à la surface du globe.

On nomme *patrie* d'un végétal le pays où il croît d'une manière spontanée. Ce peut être la France, l'Europe, l'Asie, l'Afrique, etc. Et l'on appelle *stations* d'une plante les localités plus ou moins restreintes où se trouvent réunies les conditions de climat et de sol, nécessaires à sa croissance. Les mers, les eaux douces, les marais, les plaines, les montagnes, les champs cultivés, les sables, les rochers sont, par exemple, autant de stations distinctes, ayant chacune leurs espèces végétales appropriées. On ne doit pas confondre la *station* avec l'*habitation*, c'est-à-dire le lieu géographique où une espèce végète naturellement (1).

Quant à la surface géographique occupée par tous les individus appartenant à une même espèce, elle constitue l'*aire* de cette espèce.

Chaque pays, chaque latitude a ses espèces dominantes, ou même des espèces qui lui appartiennent exclusivement, ce qui imprime à sa végétation, à ses paysages, un cachet particulier. Les plantes communes du midi ne viennent pas, en général, dans le nord, et *vice versâ*. Il en est pourtant qu'on pourrait appeler *cosmopolites*, car elles végètent partout, sous les climats les plus divers; elles ont par conséquent une aire très-étendue.

C'est ainsi, pour ne citer qu'un exemple, que la Stellaire moyenne, on *Alsine media* de Linné, très-com-

_______

(1) Dire, par exemple, qu'une plante croît dans les prairies humides, c'est indiquer sa station. Dire qu'on la rencontre aux environs de Toulouse, c'est mentionner une de ses habitations.

L'habitation s'appelle souvent *habitat*, dans les ouvrages spéciaux.

mune dans toute l'Europe, vient aussi en Laponie, au Kamtschatka et dans toute la Sibérie, à Dehra dans l'Himalaya, dans le Caucase et l'Altaï, en Égypte, en Algérie, aux Canaries, aux Açores, au Cap de Bonne-Espérance, aux États-Unis d'Amérique, en Californie, au Chili, à Rio-Janeiro et à Porto-Allegre, aux îles Malouines, à la Nouvelle-Zélande, etc. (1).

On appelle *Flore* d'un pays l'ensemble des espèces qui y vivent naturellement. La flore est *riche* ou *pauvre* suivant que le nombre de ces espèces est plus ou moins grand (2).

La marche que la terre exécute autour du soleil, et qui ramène, chaque année, dans nos climats, les extrêmes de température d'où résultent nos étés et nos hivers, laisse dans des conditions de température beaucoup plus uniformes les régions équatoriales, la zone torride ou intertropicale, où les jours et les nuits restent à peu près égaux, où règne en quelque sorte un été perpétuel. Presque partout, dans ces contrées brûlantes, une abondante humidité ajoute son influence à celle de la chaleur. La végétation n'y est jamais interrompue; elle y présente un degré de puissance, un luxe et une diversité de formes dont il serait difficile de se faire une idée lorsqu'on n'a sous les yeux que celle de nos contrées.

Une grande partie du sol, dans les pays lointains dont nous parlons, se montre couverte de vastes et magnifiques forêts. Des arbres gigantesques et innombrables composent ces forêts, et parmi ceux qui, par leur port et leurs formes, concourent pour la plus large part à

---

(1) Si les aires des principales espèces varient beaucoup en étendue, elles diffèrent moins quant à la forme de leur contour ; l'observation montre qu'elles représentent en général un ellipsoïde dont le grand axe est dirigé de l'est à l'ouest.

(2) On applique encore le nom de *Flores* aux ouvrages où ces espèces sont décrites. On dit dans ce sens : *la flore de France, par Grenier et Godron.*

leur donner leur physionomie particulière, nous pouvons citer plusieurs Monocotylédonées, entre autres les Palmiers, les *Pandanus*, les Dragonniers, les Bananiers, etc. La classe des végétaux acotylédonés y est surtout représentée par les Fougères en arbre.

Du reste, ce n'est pas seulement par les grands arbres dont elles sont peuplées que ces forêts, la plupart encore vierges, se font remarquer; c'est aussi par des espèces plus humbles, ligneuses ou herbacées, et végétant à l'abri des cimes élevées; c'est par la présence d'un grand nombre de plantes parasites qui couvrent en partie les gros troncs; c'est surtout par une multitude de Lianes qui courent de l'un à l'autre, s'élèvent jusqu'à leur sommet, d'où elles retombent pour monter encore, s'enroulent autour d'eux, les enlacent de mille manières, et les lient, pour me servir d'une comparaison d'Adrien de Jussieu, comme des agrès lient entre eux les mâts d'un navire.

Parmi les familles qu'on pourrait dire *intertropicales*, soit parce qu'elles se trouvent confinées entre les deux tropiques, soit parce qu'elles y présentent le plus grand nombre de leurs espèces, nous citerons, comme exemples : les Broméliacées, les Aroïdacées, les Dioscoréacées, les Pipéracées, les Lauracées, une partie des Malvacées (Bombacées et Byttnériées), les Méliacées, les Myrtacées, les Cactacées, les Ébénacées, les Verbénacées, les Acanthacées, etc.

Deux tribus des Légumineuses, les Mimosées et les Cæsalpiniées, appartiennent aussi à ces régions. Il en est de même d'une partie des Rubiacées, d'un grand nombre d'Euphorbiacées, des Orchidées épiphytes, de certaines Graminées arborescentes, telles que les Bambous, etc. Quant aux Lianes, que nous avons présentées tout à l'heure comme un des traits caractéristiques de la végétation intertropicale, elles appartiennent, comme nous l'avons dit ailleurs (voy. page 107) à diverses familles : aux Malpighiacées, aux Sapindacées, aux Ménispermacées, aux Bignoniacées, aux Apocynacées, aux Asclépiadacées, etc.

Il va sans dire, du reste, que la végétation se modifie profondément, dans ces contrées comme ailleurs, sous l'influence de l'altitude des lieux. On peut s'en assurer en faisant l'ascension d'une haute montagne située sous la ligne, et couronnée de glaces éternelles, comme l'est, par exemple, le Chimborazo, dans la grande Cordillère des Andes.

La vaste zone qui s'étend, sur chaque hémisphère, du tropique au cercle polaire, comprend les climats qui ont reçu l'épithète de *tempérés*. La température, nous l'avons dit, y décroît rapidement à mesure qu'on s'éloigne de l'équateur ; les saisons y deviennent de plus en plus marquées, les lignes isothermes de plus en plus indépendantes des parallèles ; la végétation, suspendue chaque année par le froid de l'hiver, s'y amoindrit peu à peu..., les espèces végétales s'y montrent graduellement moins nombreuses et moins développées.

Dans les régions qui avoisinent les tropiques, la zone dont il s'agit offre encore, mêlés à des espèces de notre pays, un assez grand nombre d'arbres que nous avons présentés tout à l'heure comme appartenant plus particulièrement à la zone torride. Les Myrtacées et les Lauracées, par exemple, y sont nombreuses ; on y trouve aussi des Fougères en arbre et des Palmiers ; les Magnoliacées y acquièrent leur plus grand développement. Végétation mixte ou de transition ; contrées privilégiées où la plupart des plantes utiles ou agréables à l'homme trouvent les conditions les plus favorables à leur existence, où sont situées ces îles qui méritèrent des anciens le titre de *Fortunées*.

C'est entre le tropique et le 34$^e$ ou 36$^e$ degré de latitude que la végétation présente le caractère de transition que nous venons de signaler. Au delà de cette limite, elle se modifie d'une manière plus tranchée.

Cependant, dans le midi de l'Europe, en Espagne, en Italie et même dans le midi de la France, dans la région qu'on peut appeler méditerranéenne, on trouve encore, mais en petit nombre, des espèces appartenant à des familles intertropicales. Les Palmiers, par exemple, y sont représentés par le Dattier et le *Chamærops humilis;* les Lauracées, par le Laurier d'Apollon; les Myrtacées, par le Myrte; les Granatées, par le Grenadier; les Anacardiacées, par le Pistachier et le Lentisque; les Apocynacées arborescentes, par le Laurier-Rose.

D'un autre côté, plusieurs familles qui jusque-là n'avaient été représentées que dans une faible proportion y multiplient en grand nombre leurs espèces. Telles sont les Labiées, les Cistacées, les Caryophyllées, etc. Les Crucifères et les Ombellifères commencent à s'y montrer. On y trouve, parmi les Conifères, des Cyprès, des Pins, le Pin Pignon, celui d'Alep, de Corse; parmi les Quercinées, le Chêne vert, le Chêne-Liége. On y cultive des Platanes, la Vigne, le Citronnier, l'Oranger, l'Olivier, le Mûrier, le Figuier, le Jujubier, etc.

Quelques-unes des familles que nous venons de nommer, celles des Palmiers, des Myrtacées, des Granatées, par exemple, disparaissent complétement au centre et au nord de la France. Les Labiées et les Caryophyllées s'y maintiennent, mais dans une proportion décroissante. Les Crucifères et les Ombellifères s'y montrent, au contraire, de plus en plus nombreuses. Les Conifères y sont représentées par d'autres espèces, par le Pin sylvestre, les Sapins, le Mélèze, etc.; les Chênes à fleurs sessiles ou pédonculées, le Hêtre, le Bouleau, les Aunes, les Saules, etc., y deviennent abondants. La plupart de ces arbres, pourvus de feuilles caduques, s'en dépouillent en automne, pour en pousser de nouvelles au printemps, ce qui imprime chaque année à l'aspect de nos paysages les modifications les plus profondes, en leur donnant, l'hiver, un cachet de tristesse inconnu dans les climats méridionaux.

Les hivers qui règnent au centre et au nord de la France empêchent, on le sait, d'y cultiver, du moins en pleine terre, le Citronnier, l'Oranger, l'Olivier, le Figuier, etc. La culture du Mûrier et celle de la Vigne elle-même s'arrêtent vers le 47ᵉ ou 50ᵉ degré de latitude, suivant une ligne oblique de l'ouest à l'est et du midi au nord. Au delà de cette limite, la culture de la Vigne est remplacée par celle du Pommier et du Poirier, dont les fruits sont employés à la préparation d'une liqueur fermentée connue sous le nom de *cidre* ou de *poiré*.

Nous savons, du reste, que la végétation, ici comme partout, se modifie profondément sous l'influence de la localité, suivant la nature et la configuration des terrains, suivant surtout l'altitude des lieux. En y faisant l'ascension d'une haute montagne, sur un point de la grande chaîne des Alpes, par exemple, on assiste à un spectacle aussi varié que grandiose, aussi instructif que ravissant.

A la base de la montagne, on ne trouve d'abord que des plantes identiques avec celles de nos champs. Mais bientôt, et sur les premières pentes, on voit apparaître des espèces moins communes et dites *alpestres*. Ce sont, par exemple, des Aconits, des Astrances, certaines Armoises, etc. Après avoir passé sous un certain nombre de Noyers, on traverse des bois de Châtaigniers, qui font bientôt place à des bois de Chênes, de Hêtres et de Bouleaux. Les Chênes, à leur tour, s'y arrêtent à peu près à la hauteur de 800 mètres; les Hêtres à celle de 1,000 mètres environ. Puis viendront, à des étages supérieurs, des Sapins, des Mélèzes et le Pin commun, qui y croît à peu près jusqu'à la hauteur de 1,800 mètres. Au-dessus de ces arbres, on ne trouve plus que d'humbles taillis formés de simples arbrisseaux, parmi lesquels se font souvent remarquer des groupes de Rhododendrons dont l'élégance et l'éclat contrastent d'une manière très-gracieuse avec le caractère imposant et sévère que présente la nature dans ces hautes régions.

Enfin, c'est au-dessus de cette zone qu'apparaissent les véritables *plantes alpines*, espèces particulières, n'arrivant jamais qu'à une très-petite taille, végétant jusqu'à la limite des neiges éternelles, et appartenant à diverses familles, aux Crucifères, aux Caryophyllées, aux Renonculacées, aux Rosacées, aux Légumineuses, aux Composées, aux Saxifragacées, aux Gentianacées, aux Graminées, aux Cypéracées, etc. Plus on s'élève, plus les plantes dont il s'agit se montrent rares et chétives. Ajoutons qu'il se développe aussi, parmi ces plantes, des espèces cryptogames, notamment une foule de Lichens qui s'attachent, sous la forme de croûtes plus ou moins minces, à la surface des rochers, et qui s'offrent à l'observateur comme le dernier produit d'une végétation qui s'éteint.

Si maintenant, partant du nord de la France, nous nous avançons peu à peu jusqu'au cercle polaire, nous verrons la végétation subir graduellement des modifications analogues, jusqu'à un certain point, à celles que nous avons constatées tout à l'heure sur la pente des Alpes. Les Labiées, les Ombellifères, les Rubiacées, etc., y deviennent de moins en moins nombreuses. Les Malvacées, les Cistacées, les Euphorbiacées, etc., ne tardent pas à y disparaître complétement. Le Hêtre lui-même s'y arrête à peu près au 60ᵉ degré de latitude; le Chêne au 61ᵉ; le Sapin au 68ᵉ; le Pin au 70ᵉ; et le Bouleau commun un peu plus loin.

Nous voilà arrivés dans la zone polaire.

La végétation, dans cette nouvelle zone, ne nous présente guère tout d'abord que des arbrisseaux plus ou moins rabougris. Plus loin, elle ne nous offre même que des plantes sous-frutescentes, humbles et chétives, clair-semées, mêlées à diverses Cryptogames, et condamnées comme elles à végéter sous la neige pendant une grande partie de l'année. Tel est, par exemple, l'état de dégradation où se trouve réduite la végétation de la Laponie, de la Sibérie, du Groënland, etc.

On voit combien est frappante l'analogie qui existe entre cette végétation si débile et celle qui, dans notre pays, se développe à la base des neiges dont sont couronnées les hautes montagnes : analogie que nous avions, du reste, annoncée dès le début de ces quelques considérations sur la géographie botanique.

Dans le rapide coup d'œil que nous venons de jeter sur la surface du globe, nous avons vu la végétation y subir, de l'équateur au pôle et de la base au sommet des montagnes, les modifications les plus profondes et les plus variées. Ajoutons maintenant qu'elle présente aussi, suivant les climats et les localités, des différences bien remarquables dans la proportion de ses espèces acotylédones, monocotylédones et dicotylédones.

LES PROPORTIONS QUI EXISTENT ENTRE LES ESPÈCES ACOTYLÉDONES, MONOCOTYLÉDONES ET DICOTYLÉDONES VARIENT SUIVANT LES CLIMATS ET LES LIEUX.

En comparant entre elles les flores des divers pays, c'est-à-dire les ouvrages où ont été décrites avec plus ou moins de soin les plantes qui viennent dans chacun de ces pays, on s'assure que le nombre des espèces acotylédonées ou cryptogames augmente proportionnellement à celui des cotylédonées ou phanérogames, à mesure qu'on s'éloigne de l'équateur. En effet, d'après les tableaux dressés par de Humboldt, à ce sujet, pour la partie moyenne de chacune des trois grandes zones terrestres, les espèces cryptogames, à peu près en même nombre que les phanérogames dans la zone glaciale, seraient moitié moins nombreuses qu'elles dans la zone tempérée, et huit fois moins dans la zone équatoriale.

Disons, en outre, que le rapport, dans celle-ci, serait d'un quinzième pour les plaines, et seulement d'un cinquième pour les montagnes ; car la proportion varie avec l'altitude des lieux comme avec les latitudes, ainsi qu'on peut s'en convaincre en explorant une de nos montagnes européennes.

Quant au rapport qui existe entre le nombre des végétaux monocotylédonés et celui des dicotylédonés, il varie aussi à mesure qu'on s'éloigne de l'équateur. Jusqu'au 10° degré, les monocotylédonés ne représentent guère que le cinquième ou le sixième de l'ensemble des phanérogames. Les dicotylédonés y sont donc cinq ou six fois plus nombreux.

La proportion change graduellement dans la zone tempérée : elle est, pour les monocotylédonés, à peu près d'un quart au milieu de cette zone, et d'un tiers vers ses dernières limites ; elle redescend un peu dans les régions glaciales.

## DE QUELQUES PARTICULARITÉS QUE PRÉSENTE LA VÉGÉTATION DES ILES.

Ces données, en quelque sorte arithmétiques, ne sont applicables qu'à la végétation des continents. Dans les îles, et grâce au voisinage des eaux de la mer, la végétation, sous l'influence d'une température plus uniforme et d'une humidité plus abondante, nous offre une particularité qui mérite d'être signalée. Les espèces acotylédonées ou cryptogames, et surtout les Fougères, y sont généralement très-nombreuses. Leur proportion, relativement à celle des autres végétaux, s'y montre, du reste, d'autant plus considérable que l'île est moins grande et située dans un climat plus chaud. Ainsi le nombre des Fougères, comparé à celui des espèces phanérogames, représente à peu près 1/10 dans la grande île de la Jamaïque ; 1/8 dans les îles de France et de la Réunion ; 1/6 dans la Nouvelle-Zélande ; 1/4 à Otaïti ; 1/3 à l'île Norfolk et 1/2 à celle de Tristan-d'Acunha.

Par contre, les arbres, à mesure qu'on s'éloigne des tropiques, se montrent moins nombreux, toutes choses égales d'ailleurs, dans les îles que sur les continents ; ce qui est dû sans doute à la fréquence et à la violence des vents qui soufflent sur ces portions de terre isolées au sein des eaux. C'est ainsi, par exemple, que l'on ne trouve, en Islande, que quelques arbres épars, plus ou moins rabougris et situés dans des endroits abrités ; tandis qu'il existe, sur les côtes de Norwége, sous la même latitude ou même un peu plus au nord, de véritables forêts composées d'arbres qui y végètent avec vigueur.

Une autre différence de la végétation des îles comparée à celle des grandes terres consiste en ce que le nombre total des espèces végétales, sur une même étendue, y est moins élevé, et d'autant moindre que l'île où on le considère est plus petite et plus éloignée des continents. On devine facilement la raison d'être de cette différence. En effet, une foule d'espèces primitivement étrangères à une localité prise sur un continent ont pu venir, par suite du transport de leurs semences, s'y établir peu à peu de tous les points circonvoisins ; tandis que l'interposition des mers a dû s'opposer à la réalisation de cet état de choses pour les îles, dont la végétation est conséquemment restée réduite à peu près à ses espèces primitives.

Nous sommes ainsi conduits à une grande question de géographie botanique, question sur laquelle on a beaucoup écrit, mais dont nous devons nous contenter de dire quelques mots ; je veux parler des *centres primitifs de végétation*.

HYPOTHÈSE DES CENTRES PRIMITIFS DE VÉGÉTATION.

Linné pensait que toutes les plantes avaient eu un seul et même point d'origine : nées sur une des montagnes qui existent sous l'équateur, elles se seraient répandues, de là, et de proche en proche, dans les diverses contrées du globe, en se modifiant peu à peu sous l'influence des climats et des localités. D'après Buffon, au contraire, la végétation aurait eu pour point de départ les régions polaires, d'où elle se serait étendue successivement jusqu'à l'équateur.

S'il était vrai que toutes les espèces végétales eussent eu le même berceau ; si elles étaient sorties d'une même contrée, et quelle que fût, du reste, cette contrée, la végétation devrait se montrer absolument la même sur tous les points du globe qui sont identiques entre eux par leurs conditions de climat, d'altitude, de chaleur, d'humidité, etc. Or, il s'en faut qu'il en soit toujours ainsi.

Deux contrées éloignées l'une de l'autre, situées sous la même latitude ou sous deux latitudes analogues prises sur les deux hémisphères, peuvent, tout en réunissant les mêmes conditions de topographie et de météorologie, différer essentiellement par leur végétation. Et cette différence se montre surtout prononcée quand les points où les pays que l'on compare sont largement séparés par les eaux de la mer, comme nous l'avons vu tout à l'heure pour les îles comparées aux continents, et comme cela a lieu aussi pour les continents eux-mêmes. On sait, en effet, que l'ancien continent, que celui d'Amérique et celui de la Nouvelle-Hollande ont chacun une foule d'espèces végétales qui leur sont particulières, ce qui imprime à leur végétation des différences notables, absolues, indépendantes des climats et de l'altitude des lieux. Il suffit même souvent que deux points pris sur le même continent, dans des conditions identiques de climat et de topographie, soient séparés par une chaîne de montagnes, pour qu'ils diffèrent notablement entre eux par leur végétation. Chacun de ces points a sans doute reçu, dans le principe, ses espèces végétales particulières, lesquelles, arrêtées par la chaîne de montagnes, n'ont pu se répandre de l'un à l'autre.

On a été conduit ainsi à admettre plusieurs centres primitifs de végétation. Ces centres, ou ces espaces, plus ou moins étendus, caractérisés par la présence d'un certain nombre d'espèces, de genres ou de familles qui leur appartiennent en propre ou y prédominent d'une manière plus ou moins prononcée, ont été désignés aussi sous le nom de *régions botaniques*. Leur nombre, dans l'état actuel de la science, ne saurait être fixé d'une manière rigoureuse. De Candolle père en comptait vingt principaux. Son fils, Alphonse De Candolle, en reconnaît quarante-cinq. Leurs limites, quelquefois très-nettes, sont souvent arbitraires, difficiles à déterminer.

Ajoutons à ces considérations une dernière réflexion. Deux régions botaniques plus ou moins éloignées l'une de l'autre, et quoique réunissant, nous le supposons, des conditions climatériques identiques, présentent, avons-nous dit, deux végétations différentes. Néanmoins, à côté des différences qui les distinguent, ces végétations offrent généralement aussi des analogies frappantes. On y observe ordinairement, en effet, les mêmes genres représentés par des espèces différentes, les mêmes familles représentées par des genres différents ou par des familles voisines. C'est ainsi, par exemple, que les grands arbres de l'Europe tempérée sont représentés par d'autres espèces des mêmes genres dans la même zone de l'Amérique du Nord ; les Conifères de cette dernière par d'autres genres dans celle de l'Amérique méridionale ; c'est ainsi que deux espèces de *Chamærops* marquent la limite septentrionale des Palmiers, l'*humilis* en Europe, le *Palmetto* en

Amérique; que les Bruyères, si communes au Cap, sont remplacées en Australie par les Epacris, plantes très-voisines des premières par leur organisation.

Quoi qu'il en soit, l'hypothèse des centres primitifs de végétation, généralement admise, est loin de pouvoir donner une explication satisfaisante de tous les faits révélés par l'observation directe ; mais ce sont là des détails qui excèdent les limites qui nous sont imposées.

### INFLUENCE DE LA CONCURRENCE VITALE.

Nous avons vu dans un chapitre précédent que diverses causes tendent à disséminer au loin les fruits ou les graines d'un grand nombre de végétaux, ce qui peut contribuer dans une certaine mesure à modifier plus ou moins profondément la végétation d'une contrée en y apportant des espèces jusqu'alors étrangères. Nous avons eu l'occasion de citer comme exemple remarquable de ce fait l'introduction en Europe de la Vergerette du Canada. Nous pourrions multiplier beaucoup les faits de ce genre.

Or, un grand fait physiologique, commun aux deux règnes animal et végétal, domine l'extension et la durée de chaque espèce dans un lieu déterminé ; c'est ce qu'un illustre naturaliste anglais a nommé la *concurrence vitale*. Parmi les espèces vivant dans une localité, il est évident que les plus robustes, celles qui s'accommodent le mieux du climat, du sol, en un mot, des conditions extérieures qui leur sont offertes, tendent constamment à prendre une prédominance marquée ; et la lutte engagée entre toutes doit nécessairement se terminer en faveur de ces dernières appelées à demeurer tôt ou tard maîtresses du terrain. C'est ce que l'on voit en un grand nombre de lieux où la végétation, très-riche en individus, est, au contraire, très-pauvre sous le rapport des espèces qu'on y peut distinguer.

Nous avons à peine besoin d'ajouter que l'homme compte au premier rang parmi les modificateurs de la végétation, par le soin incessant qu'il apporte à multiplier les espèces utiles ou agréables, au détriment des plantes inutiles ou nuisibles.

Il est des espèces qui restent confinées dans une localité plus ou moins restreinte ; tandis que d'autres, plus répandues, se montrent sur de vastes espaces, ou même dans des contrées différentes, dans des pays très-éloignés les uns des autres. Les premières reçoivent l'épithète d'*endémiques*, et les secondes celle de *sporadiques*. Les Cactus, concentrés dans l'Amérique intertropicale, qu'ils ne dépassent que peu au nord, peuvent être cités comme exemple de plantes endémiques. La Stellaire moyenne, que nous avons signalée tout à l'heure comme végétant sur les points du globe les plus divers, est une espèce sporadique. Enfin, on appelle *sociales* les espèces qui vivent naturellément en grand nombre dans le même lieu. La plante nommée *Alfa* (1), qui couvre de si grandes étendues sur le sol algérien, est une plante sociale ; il en est de même de nos Bruyères, etc.

Ces détails, quoique très-abrégés, suffiront, je l'espère, pour faire comprendre l'importance que les notions fournies par la géographie botanique peuvent avoir dans les questions relatives à la culture, à l'acclimatation des espèces végétales importées ou devant être importées comme utiles ou agréables. Nous regrettons que les limites dans lesquelles nous sommes obligé de nous restreindre ne nous permettent pas de donner plus de développement à cette étude, si intéressante, du reste, en elle-même, indépendamment des applications dont elle est susceptible.

_______________

(1) L'*Alfa*, *Stipa tenacissima*, appartient à la famille des Graminées.

# PATHOLOGIE VÉGÉTALE

La *pathologie végétale* est cette partie de la science qui a pour objet l'étude des maladies dont les végétaux peuvent être affectés. Elle s'en occupe tour à tour au point de vue de leur nature, de leurs caractères distinctifs, de leurs causes et de leur traitement.

Plus simples que les animaux dans leur structure et dans leur mode d'existence, les plantes opposent, en général, plus de résistance à l'action des causes pathogéniques. Cependant, exposées directement, sans abri et sans défense, à une foule d'influences perturbatrices, elles sont souvent lésées dans leurs tissus, souvent troublées dans le jeu de leurs organes, d'où résulte un grand nombre de maladies très-diverses et plus ou moins graves.

Il s'en faut que ces maladies, du moins pour la plupart, soient aussi exactement connues que celles des animaux ; il s'en faut que la pathologie végétale, malgré l'importance de ses applications à l'agriculture, soit aussi avancée que les autres parties de la botanique. Il serait même difficile, dans l'état actuel de la science, de tracer d'une manière satisfaisante l'histoire de la plupart des maladies qui affectent les végétaux.

Nous devons, du reste, dans un ouvrage aussi élémentaire que celui-ci, nous contenter de passer rapidement en revue celles qui, sévissant sur nos espèces les plus utiles, compromettent le plus gravement les intérêts de l'agriculture.

Parmi ces maladies, il en est qui se caractérisent par la présence de Cryptogames microscopiques, se développant sous l'influence de causes imparfaitement connues ; on pourrait les appeler *maladies cryptogamiques*.

D'autres sont inhérentes au végétal lui-même et reconnaissent sans doute pour cause des altérations survenues dans les qualités de ses sucs nourriciers sous l'influence des circonstances climatériques ou autres. Les causes de ces maladies sont à peu près indéterminées dans l'état actuel de la science, et nous ne les citons que pour mémoire, réservant quelques détails à l'histoire des maladies cryptogamiques mieux connues.


## MALADIES CRYPTOGAMIQUES.

Les maladies que nous désignons sous ce nom s'accompagnent du développement de petits Champignons sur une ou sur plusieurs parties de la plante malade. On peut citer, parmi les plus communes et les plus graves, la *maladie de la Vigne*, celle des *Pommes de terre*, la *rouille* des Graminées, le *charbon*, la *carie*, l'*ergot* des Céréales, etc.


### MALADIE DE LA VIGNE.

La *maladie de la Vigne*, essentiellement caractérisée par la présence d'un petit Champignon parasite, appartenant au groupe des Mucédinées et au genre *Érysiphe*, reçoit généralement elle-même le nom d'*Oïdium* (1). On l'appelle aussi *lèpre*, *blanc* ou *meunier* de la Vigne.

Cette affection est de date récente. Elle fut observée

---

(1) Les *Oïdium*, genre anciennement établi, ont été reconnus depuis peu comme constituant, dans beaucoup de cas, un état particulier du genre *Érysiphe*. Ainsi s'explique le nom vulgaire de la maladie de la Vigne.

pour la première fois, en 1845, en Angleterre, par Tucker, jardinier à Margate, d'où le nom d'*Érysiphe Tuckeri* donné par Berkeley au petit Champignon qui la caractérise. En 1849, elle se montra sur plusieurs points des environs de Paris, et depuis quelques années elle exerce les plus grands ravages sur la plupart des vignes de l'Europe. Elle apparut d'abord dans les serres ; puis elle frappa les treilles des jardins ; elle s'étendit enfin sur les ceps des vignobles.

La maladie de la Vigne débute par une efflorescence d'un blanc grisâtre, se montrant d'abord sur les feuilles, les bourgeons et les jeunes rameaux, puis sur les grappes elles-mêmes. Celles-ci, atteintes dans leurs divisions pédonculaires, dans leurs fleurs ou dans leurs baies, cessent dès lors de s'accroître ou ne se développent que très-incomplétement. Les baies malades prennent une teinte fauve; leur épiderme se durcit; elles se fendent, acquièrent une odeur désagréable, une saveur amère ; elles se corrompent avant de mûrir. Les feuilles atteintes se couvrent de taches brunes et ne tardent pas à se détacher. Les bourgeons et les jeunes rameaux sont à leur tour gravement affectés. De sorte que la maladie compromet non-seulement la récolte de l'année, mais encore la suivante. Lorsqu'elle frappe un cep avec intensité et plusieurs fois de suite, elle finit par le faire périr.

L'efflorescence qui signale l'invasion de la maladie n'est autre chose que le *blanc* ou *mycelium* de l'*Érysiphe* qui va se développer. Examinée au microscope, elle se montre composée de filaments très-déliés, rameux, cloisonnés, rampants sur la surface qui les porte, et attachés à cette surface par de petits crampons.

De ce mycélium s'élève bientôt une multitude de tiges microscopiques, dressées, perpendiculaires, transparentes, cloisonnées à leur tour, mais simples, représentant chacune un *Érysiphe Tuckeri*, et portant à leur sommet 3, 4 ou 5 corps reproducteurs (1) ellipsoïdes, articulés bout à bout comme les grains d'un collier, et remplis de granulations extrêmement ténues et animées d'un mouvement continuel. Ces corpuscules se détachent au moindre attouchement. Emportés au loin par les vents, ils peuvent germer sur d'autres ceps, et concourir ainsi à la propagation de la maladie.

On ne sait rien de précis sur l'étiologie de la maladie de la Vigne. L'*Erysiphe Tuckeri* a été considéré tour à tour comme cause et comme effet de l'affection. D'aucuns ont prétendu que cette maladie était produite par certains animaux du genre *Acarus;* tandis que d'autres l'attribuent à des influences atmosphériques, notamment à l'irrégularité qui se fait remarquer depuis quelque temps dans le cours de nos saisons. Nous pensons que la Vigne, sous l'influence de causes atmosphériques encore indéterminées, peut subir un commencement de maladie qui favorise le développement de l'Érysiphe de Tucker, et que ce parasite, une fois développé, est susceptible de propager l'affection en répandant au loin ses innombrables sporules.

L'Oïdium est pour l'agriculture un véritable fléau. On a fait de toutes parts les plus nombreuses tentatives pour s'opposer à ses ravages, et, après avoir présenté, comme capable de le prévenir ou de le combattre, les moyens les plus divers, on s'est définitivement arrêté à l'emploi de la fleur de soufre comme étant le remède le plus sûrement efficace, l'expérience s'étant partout prononcée, en effet, en faveur de cette substance.

La fleur de soufre, pour procurer tous les bienfaits qu'on lui demande, doit être employée en temps opportun, d'une manière convenable et avec certaines précautions. Il importe, par exemple, de choisir, pour

_______________

(1) Ces corps, organes de reproduction asexuelle, sont connus des botanistes sous le nom de *conidies.*

en faire usage, un beau jour, surtout un temps calme, afin qu'elle ne soit point emportée par le vent ; et si, peu de temps après son application, elle se trouvait entraînée par une pluie abondante, il y aurait lieu à recommencer l'opération le plus tôt possible.

Il est nécessaire d'avoir recours à plusieurs soufrages ; on en fait ordinairement trois. Le premier doit être pratiqué tout à fait au début de la maladie, ou même avant son apparition ; on effectue le second à l'époque de la floraison, et le troisième au moment où les baies ont acquis à peu près le tiers de leur développement. Dans les deux premiers, on répand uniformément la substance sur toutes les parties vertes, feuilles, bourgeons, jeunes rameaux et grappes ; dans le dernier, il suffit de l'appliquer sur les fruits.

On a inventé divers instruments ayant pour but de rendre plus prompte et plus économique l'opération du soufrage de la Vigne. Celui dont on se sert le plus généralement n'est autre chose qu'un soufflet ordinaire auquel est adaptée, près de la tuyère, une boîte en fer-blanc, assez compliquée, et dans laquelle on introduit la fleur de soufre à répandre. Celle-ci, soumise dès lors au courant qui s'établit dans l'appareil aussitôt qu'il entre en jeu, est expulsée, projetée au loin, et sous forme de nuage, avec l'air qui l'entraîne ; elle va, de la sorte, se déposer en couche mince, mais suffisante, sur les surfaces auxquelles on l'adresse, et, si le temps est calme, il n'y a à peu près rien de perdu.

L'efficacité de la fleur de soufre trouve une explication vraisemblable dans la formation d'une petite quantité de gaz acide sulfureux, lequel prend naissance sous l'influence simultanée de l'oxygène de l'air et de la chaleur solaire.

Cette opération, employée sur une vaste échelle par un grand nombre de propriétaires de vignobles, a donné des résultats très-satisfaisants. Du reste, la maladie à laquelle on l'oppose a pris, dans ces dernières années, une marche sensiblement décroissante, et tout permet d'espérer qu'elle s'en ira comme elle est venue, c'est-à-dire sans qu'on sache pourquoi (1).

## MALADIE DES POMMES DE TERRE.

La *maladie des Pommes de terre* s'accompagne ordinairement, comme celle de la Vigne, du développement d'un Champignon microscopique, appartenant au groupe des Mucédinées. Mais ce petit parasite n'est point un Érysiphe. Il fait partie du genre *Peronospora ;* c'est le *Peronospora infestans* Casp.

Connue depuis longtemps en Amérique, et notamment au Canada, la maladie des Pommes de terre n'exerce ses ravages dans notre pays que depuis un petit nombre d'années. Elle se montra d'abord en Belgique, vers 1842 ; mais elle ne fixa sérieusement l'attention qu'à partir de 1845. On la vit se répandre successivement en Hollande, en France, en Angleterre, en Allemagne, dans la plupart des contrées de l'Europe. En frappant ainsi, presque partout et avec une persistance inouïe, la Solanée dont le produit joue un rôle si important dans l'alimentation de l'homme et des animaux, elle prit les proportions d'une véritable calamité. Heureusement elle a perdu de nos jours une grande partie de son intensité, et tout semble annoncer qu'elle approche de sa fin.

C'est généralement en juillet et août que l'affection dont il s'agit éclate. Les pieds qu'elle atteint changent tout à coup d'aspect. Leur feuillage pâlit d'abord, puis il jaunit et se couvre de taches brunes qui s'élargissent

(1) Depuis quelques années, les vignobles de France ont été attaqués par un ennemi bien plus redoutable que l'*Oïdium*. C'est le *Phylloxera*, animal du groupe des Aphidiens, dont l'histoire est du domaine de l'entomologie.

peu à peu. De semblables taches apparaissent aussi sur la tige, et bientôt tout le système aérien de la plante se flétrit, se dessèche, en prenant une teinte noirâtre.

Les tubercules eux-mêmes participent à l'affection. C'est ordinairement près de leur point d'attache qu'ils commencent à s'altérer. De petites macules rougeâtres y apparaissent sous l'épiderme. Elles se multiplient rapidement, envahissent bientôt toute la surface de l'organe, dont le tissu se montre dès lors altéré, jaunâtre ou brunâtre, jusqu'à une certaine profondeur. L'altération s'étend ensuite peu à peu de la périphérie vers plusieurs points du centre. Il est plus rare de la voir s'établir d'abord au centre pour s'étendre de là vers la périphérie.

Peu de jours après avoir été arrachés du sol, les tubercules malades éprouvent de nouvelles modifications. Chez les uns, les parties affectées deviennent très-dures et prennent une teinte plus foncée, à côté des voisines qui restent à l'état normal. Les autres, au contraire, se ramollissent d'abord dans les parties altérées ; puis leur parenchyme tout entier se décompose et se transforme en une espèce de matière pultacée noirâtre, répandant une odeur nauséeuse.

En examinant au microscope la substance d'un tubercule ainsi altéré, on s'assure que les grains de fécule sont restés intacts ou n'ont éprouvé que de légères modifications ; tandis que les parois des cellules qui les contenaient ont disparu, remplacées par une multitude de granulations brunes et très-ténues.

Les tubercules qui n'ont subi qu'un commencement d'altération ne sont pas complétement perdus. Donnés aux bœufs, aux vaches et aux cochons, surtout à l'état cuit, ils n'occasionnent aucun accident. L'homme lui-même peut les manger sans inconvénient, après avoir enlevé toutefois les parties altérées. La fécule des portions restées saines a conservé toute son intégrité ; on peut la convertir en pâte, en dextrine, en glucose, en alcool. Quant aux parties altérées, elles ne fournissent qu'une fécule grisâtre, mêlée à une certaine proportion de parenchyme, et de qualité inférieure.

Voici, d'après les observations les plus récentes publiées par divers auteurs, notamment par de Bary, quelle est la marche de la maladie.

Lorsque les corps reproducteurs du *Peronospora infestans* se trouvent au contact des parties aériennes de la Pomme de terre, ils germent et produisent un filament cellulaire qui ne tarde pas à percer l'épiderme de la plante et à pénétrer dans l'intérieur de ses tissus. Dès ce moment, la partie extérieure du filament se flétrit et meurt, tandis que sa portion pénétrante se multiplie en se ramifiant beaucoup de manière à produire ce qu'on nomme un *mycelium*. Les parties de celui-ci les plus voisines de l'épiderme sortent à un certain moment par l'ouverture des stomates et produisent dans l'air de nouvelles ramifications habituellement plus grosses que les intérieures, et sur lesquelles vont se développer des corps reproducteurs. Ceux-ci, se détachant lors de leur maturité, tombent sur les feuilles de la Pomme de terre, ou arrivent au contact de ses tubercules, germent et propagent le mal indéfiniment.

Le *Peronospora* est-il cause ou effet dans le cas qui nous occupe ? Il est difficile, dans l'état de la science, de donner à cette question une réponse positive.

La plus grande obscurité règne sur l'étiologie de la maladie des Pommes de terre. On a accusé tour à tour la dégénérescence des races, une culture négligée, un excès de fumure, l'humidité d'un sol trop argileux, les pluies surabondantes, un refroidissement subit survenant au printemps, les chaleurs excessives de l'été, etc. Ce qu'il y a de certain, c'est que l'affection dont il s'agit est susceptible de se développer dans des conditions très-diverses, et que, lorsqu'elle sévit dans une localité, elle n'atteint pas toujours tous les tubercules qui s'y trouvent soumis aux mêmes influences d'atmosphère, de sol et de culture.

On ne connaît pas mieux les moyens de prévenir ou de combattre la maladie des Pommes de terre que les causes qui président à son développement. Les cultivateurs qui ont attribué l'affection à la dégénérescence des races ont cru devoir les renouveler par voie de semis ; mais ils l'ont fait sans succès. Dans le but d'empêcher la transmission de la maladie des feuilles aux tubercules, on a conseillé de faucher de bonne heure les parties aériennes de la plante et de ne confier les tubercules à la terre, lors de la plantation, qu'après les avoir chaulés, comme on chaule les grains de Froment, au moment de les semer. Ces opérations n'ont pas donné non plus les résultats qu'on espérait. Ce qu'il y a de mieux à faire, quand on le peut, c'est de cultiver de préférence des variétés hâtives qui, parcourant avec rapidité toutes les phases de leur végétation, restent moins longtemps exposées à l'influence des intempéries, et arrivent à leur maturité avant l'époque où la maladie commence à sévir avec violence.

Au reste, nous l'avons dit, la maladie des Pommes de terre a perdu, dans ces dernières années, une grande partie de son intensité. Il est même beaucoup de localités où elle a complétement disparu, et il faut espérer qu'il en sera bientôt de même partout.

## DE LA ROUILLE.

La maladie des Graminées, connue sous le nom de *rouille*, est occasionnée par divers Champignons microscopiques appartenant au groupe des Urédinées. Cette affection est commune sur les Céréales, notamment le Froment, l'Orge, l'Avoine.

Les parasites qui constituent la rouille appartiennent

au genre *Puccinia*, qui renferme les anciens genres *Uredo* et *Æcidium*, que les observations récentes font regarder comme des états différents du même végétal, portant des corpuscules reproducteurs propres à chacun d'eux. C'est ainsi, par exemple, que la *rouille vraie* des Céréales, nommée par De Candolle *Uredo Rubigo vera*, a été reconnue pour une forme particulière du *Puccinia coronata* Cord., se multipliant au moyen de corps particuliers appelés *stylospores*. Les Puccinies peuvent présenter aussi la forme désignée par les anciens auteurs sous le nom d'*Æcidium*, forme pourvue de corps reproducteurs spéciaux ; et il est à remarquer que cette dernière ne vit jamais sur les Céréales. C'est là, au point de vue pratique, aussi bien que pour la science pure, un point capital dans l'histoire de ces parasites.

Le Champignon qui caractérise la rouille se développe sur les feuilles, sur leur gaîne, sur le chaume lui-même, souvent aussi sur le rachis de l'épi et sur les organes foliacés des fleurs. Il apparaît sous la forme de taches ovales, très-nombreuses et très-petites, éparses ou rangées en séries linéaires, dans la direction des fibres, et très-rapprochées les unes des autres ; petites taches d'abord blanchâtres, mais sur lesquelles l'épiderme ne tarde pas à se détruire pour mettre à découvert une poussière jaunâtre, puis rousse, couleur de rouille, laquelle se détache facilement et couvre bientôt toute la surface des feuilles et des autres organes. Cette poussière, très-légère, est dispersée par le moindre courant d'air. Elle est quelquefois si abondante qu'elle jaunit les vêtements des personnes qui traversent un champ de Blé atteint de la maladie. Vue au microscope, elle se montre composée d'une multitude de petits globules arrondis ou ovoïdes.

La rouille peut ne consister qu'en un petit nombre de taches ; elle est alors sans gravité. Mais elle se montre souvent avec beaucoup plus d'intensité, et ses conséquences, dans ce cas, sont très-fâcheuses. La plante malade, couverte d'une multitude de parasites, s'épuise ; les feuilles ne tardent pas à se flétrir ; le chaume ne se développe qu'incomplétement ; l'épi reste maigre ; il ne fournit que des grains légers et rabougris.

Quant aux pailles rouillées, elles ne constituent qu'un très-mauvais fourrage, susceptible d'occasionner chez les animaux qui le consomment des accidents divers, des indigestions, des coliques, et même, à la longue, des maladies avec altération du sang. On sait aussi que ces pailles, employées comme litière, ne fournissent qu'un fumier de mauvaise qualité.

Tant qu'on a regardé l'*Uredo Rubigo vera* comme une espèce particulière, on a proposé un grand nombre de procédés destinés à prévenir ou à enrayer son développement. La connaissance de la vraie nature du parasite a montré pourquoi ils restaient impuissants.

Les différentes formes de la rouille des Graminées sont, en effet, produites par la germination de spores nées sur des *Æcidium* vivant eux-mêmes sur d'autres plantes. Supprimer ces dernières est donc le moyen le plus efficace pour faire disparaître la maladie. Malheureusement la chose est souvent fort difficile, d'abord parce que les plantes qui entretiennent les *Æcidium* sont presque toujours abondantes, et aussi parce que toutes les phases de cette génération alternante des Pucciniées n'ont pas encore été déterminées, pour chaque espèce, d'une manière complète.

Toutes les fois qu'on ne pourra pas supprimer la plante qui détermine l'infection, on devra surtout chercher à modifier les conditions qui paraissent les plus favorables au développement du parasite. Ainsi, les terrains ombragés, gras et humides, sont les plus fortement attaqués, et le drainage y produit quelquefois de bons effets.

Il est juste d'ailleurs d'ajouter que toutes les variétés de rouille ne sont pas redoutables au même degré.

## DU CHARBON.

Le *charbon* des Céréales reçoit aussi la dénomination de *nielle*. C'est une maladie qui attaque l'Avoine, l'Orge, le Froment, le Maïs, le Millet, le Sorgho, et qui est caractérisée par la présence de Champignons parasites dont les sporules forment une poussière abondante, inodore, noire ou noirâtre. Les espèces qui constituent le charbon, désignées autrefois sous le nom d'*Uredo Carbo*, ont été dernièrement rattachées au genre *Ustilago;* les deux principales sont l'*Ustilago segetum*, et l'*Ustilago Maydis* Cord.

C'est au moment de la germination des Céréales que l'*Ustilago*, dont les spores germent au voisinage, s'introduit dans la jeune plante. Le parasite grandit en même temps qu'elle et à l'intérieur de ses tissus; mais ce n'est que dans le parenchyme des organes floraux qu'il développe ses corps reproducteurs.

Un pied de Froment atteint de charbon se fait remarquer par sa tige grêle, par son épi noirâtre, et, avant la sortie de l'épi, par sa feuille supérieure, tachée de jaune, desséchée à son sommet. Dans un champ d'Avoine, on distingue les pieds malades à leur moindre stature, à leur couleur terne, à leur inflorescence noirâtre, incomplétement épanouie.

Quant aux grains affectés de charbon, ils se montrent très-légers ; ils éclatent au moindre attouchement, laissant alors échapper une grande quantité de poussière noire, d'abord un peu visqueuse, mais bientôt sèche, et noircissant toutes les parties sur lesquelles elle tombe.

Dans le Maïs, les grains malades se boursouflent, deviennent noirâtres, acquièrent parfois une grosseur variant du volume d'une noisette à celui du poing.

La poussière fournie par les diverses parties affectées de charbon est facilement transportée au loin par les vents, et les sporules qui la composent deviennent ainsi, pour la maladie, un puissant moyen de propagation. Elle n'a, du reste, rien de malfaisant, soit pour l'homme, soit pour les animaux.

On devine combien peuvent être graves les dégâts occasionnés par le charbon. Cette maladie frappe quelquefois, en effet, un grand nombre d'épis; on a vu des champs dont la récolte en grain s'est trouvée réduite de moitié ou même des deux tiers par suite de ses ravages.

Toutes les variétés d'Avoine, d'Orge et de Blé sont susceptibles d'être attaquées par le charbon. Les Blés de mars y sont plus exposés que ceux d'hiver; les Blés sans barbes plus que les barbus.

Le charbon peut se montrer partout, dans tous les climats, sur tous les terrains, à toutes les expositions. L'influence de l'humidité et de la chaleur réunies paraît être la condition la plus favorable à son développement.

On a conseillé, comme moyen préservatif du charbon, le chaulage des grains employés à titre de semence (1). Mais on comprend que ce moyen, dans un

(1) Le chaulage des grains se fait de diverses manières. Voici quelques-uns des procédés les plus généralement usités.

On met dans un baquet un kilogramme de chaux vive que l'on éteint en y ajoutant de dix à douze litres d'eau. On obtient ainsi un lait de chaux que l'on verse sur un hectolitre de Blé, en remuant celui-ci dans tous les sens, de façon à humecter tous les grains. On peut semer au bout de 12 à 24 heures.

On remplace quelquefois la chaux par du sulfate de soude que l'on fait tout bonnement dissoudre dans l'eau. L'opération prend alors le nom de *sulfatage des grains*.

Ou bien on a recours au sulfate de cuivre, nommé vulgairement *vitriol bleu* ou *couperose bleue*. Après avoir fait dissoudre un kilogramme de ce sel dans cent litres d'eau, on plonge dans la solution un panier contenant un hectolitre de grains. On retire presque

terrain infesté des germes de la maladie par une récolte récente, peut rester tout à fait impuissant. Il est
rationnel, dans ce cas, de remplacer la Graminée par
une espèce différente, réfractaire à la contagion,
comme, par exemple, le Colza, la Betterave, etc.,
sauf à revenir aux Céréales quand le danger sera passé.

### DE LA CARIE DU BLÉ.

La *carie*, encore appelée *cloche*, *cloque*, *bosso*, *blé
bouté*, est une maladie qui, parmi toutes nos Céréales,
paraît attaquer exclusivement le Froment. Elle consiste
dans le développement d'un Champignon microscopique successivement nommé *Uredo Caries*, *Ustilago
Caries*, et que M. Tulasne a définitivement rangé dans
le genre *Tilletia*, sous la dénomination de *T. Caries*.

Le mode d'introduction du parasite et son développement sont, d'après Kühn, les mêmes que pour l'*Ustilago
Carbo*, à cette différence près que c'est uniquement
dans l'ovule du Blé que se forment les corpuscules reproducteurs. La carie n'entraîne jamais la rupture du
grain affecté, ce qui rend au premier abord la recon-
naissance de la maladie assez difficile. Cependant on
remarque que les pieds attaqués ont un épi plus court,
moins serré que leurs voisins, et jamais penché, ce qui
tient à sa légèreté.

Les grains cariés sont ternes, d'un jaune grisâtre,
obtus et plus courts qu'à l'état normal. Dès leur naissance, ils contiennent, au lieu d'une substance blanche,
farineuse, une masse compacte, grisâtre, représentant
le Champignon qui s'est développé au sein de l'ovaire.

aussitôt ce panier; on le fait égoutter. Puis on remplace le grain
par une autre quantité que l'on humecte à son tour; et ainsi de
suite. On sème 12 ou 24 heures après cette préparation, appelée
communément *vitriolage des grains*.

A mesure que le grain grossit, cette substance éprouve de notables changements; elle finit par se transformer en une poussière noirâtre, très-fine, douce au toucher, onctueuse, sans saveur, mais répandant, quand on la presse entre les doigts, une odeur infecte, rappelant celle de la marée. Examinée au microscope, cette poussière se montre formée d'une infinité de globules arrondis, réticulés, constituant chacun une sporule. Les sporules ne s'échappent ordinairement que lorsque le péricarpe est brisé par un accident quelconque, à l'occasion du battage, par exemple.

Il est des cas où la carie, ne se développant, dans un champ de Blé, que sur un petit nombre de pieds, passe à peu près inaperçue. Mais la maladie se montre quelquefois beaucoup plus intense. Frappant le tiers, la moitié ou même les deux tiers des épis, elle prend alors les proportions d'un véritable fléau. Non-seulement la perte qu'elle occasionne est très-considérable; mais la poussière qui s'élève des épis, pendant le battage, détermine, chez les personnes chargées de l'opération, une irritation plus ou moins vive des yeux et surtout une toux fatigante. Ajoutons que la poussière de la carie mêlée, même en petite quantité, à la farine des grains restés sains, suffit pour communiquer au pain que l'on prépare avec cette farine une couleur grise ou noirâtre et une odeur repoussante.

Les Blés communs, avec ou sans barbes, les Blés renflés et ceux de Pologne sont les plus exposés à la carie. Les Blés du Nord y sont plus sujets que les Blés durs du Midi ; ceux d'Afrique n'en sont presque jamais atteints. Les Blés de mars la contractent plus souvent que ceux d'automne.

On a attribué la carie à l'influence de l'ombre et de l'humidité. L'observation démontre cependant qu'elle se développe aussi souvent dans les années sèches que dans les années pluvieuses, dans les terrains maigres et découverts que dans les lieux humides et ombragés. Sa cause la plus évidente est la contagion, c'est-à-dire l'action des sporules composant la poussière noirâtre qui la caractérise. Cette poussière, qui se répand sur les grains sains, s'attache à leur surface et exerce la plus fâcheuse influence sur les plantes qui en proviennent. Une seule sporule suffit pour infecter un grain.

Lorsqu'on a récolté un Blé atteint de carie, on doit jeter les grains dans des baquets pleins d'eau, afin de séparer les malades des sains. Les premiers étant plus légers que les autres, on enlève ceux qui surnagent, et l'on fait sécher au soleil ceux qui se sont précipités au fond du vase. Si l'on veut employer ces derniers comme semence, il reste à les chauler ou à les vitrioler.

Dans le cas où le terrain qui doit être emblavé aurait été récemment infesté de carie, il faudrait y répandre, comme dans le cas de charbon, de la chaux ou du sel marin.

## DE L'ERGOT.

L'*ergot* est une maladie qui affecte les grains de plusieurs Graminées, céréales ou fourragères, et qui est produite par un Champignon parasite, le *Claviceps purpurea* Tul.

Le *Claviceps* est un de ces végétaux inférieurs polymorphes dont nous avons déjà cité quelques exemples ; aussi ne doit-on pas s'étonner que ses formes successives aient été prises pour des espèces et même des genres différents, alors que son histoire était encore mal connue. Voici, d'après les plus récentes observations, quels sont les phénomènes qui caractérisent la formation de l'*ergot de seigle*, qui est le plus important à connaître.

C'est un peu avant la fécondation que la maladie débute. Si à ce moment une spore de *Claviceps* tombe sur la fleur, elle germe et produit un mycélium filamenteux qui occupe le sommet de l'ovaire. Ce mycélium donne naissance à des corps reproducteurs particuliers (*conidies*)(1), lesquels germent à leur tour et produisent un second mycélium solide, dur, qui végète à la place de l'ovaire du Seigle, et qui constitue l'ergot proprement dit (2). C'est un corps mince, cylindracé, long de 1 à 3 centimètres, plus ou moins arqué, creusé, sur un de ses côtés d'un sillon longitudinal. Sa couleur est brune violacée en dehors, blanche ou grisâtre en dedans ; son odeur est nauséeuse, sa texture compacte. Il n'offre dans sa composition ni amidon ni gluten; il se montre formé de cellules assez variables dans leur forme, mais faciles à reconnaître. On en a retiré une substance azotée, une matière grasse et un principe résineux, nommé *ergotine* par Wiggers.

L'ergot, séparé de la plante où il s'est développé, et maintenu dans des conditions de chaleur et d'humidité convenables, produit à sa surface de petits Champignons pédiculés, assez semblables à des clous ou à de grosses épingles, et qui constituent la forme définitive du *Claviceps purpurea*. C'est, en effet, sur leur partie terminale épaissie que naissent les spores proprement dites, lesquelles, déposées sur les fleurs du Seigle, donneront lieu à une nouvelle série des phénomènes énumérés.

On observe quelquefois l'ergot sur le Froment, le Maïs, la Flouve, l'Ivraie vivace, etc. ; il est très-commun sur le Seigle. Son nom lui vient de ce que les grains malades prennent, jusqu'à un certain point, la forme d'un ergot de coq.

(1) Ce premier état du *Claviceps* a été autrefois nommé *Sphacelia segetum* par Léveillé qui l'avait pris pour une espèce particulière.

(1) La seconde forme du *Claviceps* a reçu de De Candolle le nom de *Sclerotium Clavus*.

C'est surtout pendant les années pluvieuses et dans les lieux bas, humides et ombragés, que l'ergot se montre commun. Il se développe fréquemment aussi dans les terrains maigres et sablonneux, ordinairement avec plus d'intensité sur les plantes de la lisière d'un champ que sur celles du milieu. Il occasionne parfois des pertes considérables; on l'a vu, dans certaines contrées, comme la Sologne et la Bresse, réduire dans la proportion d'un cinquième la récolte du Seigle.

L'ergot de Seigle, employé à dose fractionnée, constitue un médicament très-important. Les médecins et les vétérinaires y ont souvent recours pour provoquer les contractions de la matrice dans certains cas d'accouchements difficiles, ou pour faire cesser les hémorrhagies trop abondantes qui suivent quelquefois les parts laborieux.

Mais, à dose élevée, le Seigle ergoté est une substance fort dangereuse. Mêlé en quantité notable à du grain dont la farine est employée à faire du pain, il peut occasionner, chez les personnes qui consomment ce pain, un empoisonnement particulier, souvent mortel, et désigné sous le nom d'*ergotisme* ; empoisonnement qui s'accompagne de vertiges, de crampes, de coliques, de vomissements, d'avortements, et qui amène enfin la gangrène et la chute des parties extrêmes du corps, telles que les pieds, les mains, etc. On a vu ces accidents se produire sous la forme d'épidémies terribles dans plusieurs points de la France, en Sologne, dans l'Artois, le Gâtinais, la Lorraine, la Bresse, le Forez, dans des années où, à la suite de pluies surabondantes, l'ergot s'était montré très-commun.

Il va sans dire que le Seigle ergoté détermine sur les animaux les mêmes effets que chez l'homme. On a eu l'occasion de les constater sur le porc, sur des poules, des canards et des dindons.

Avant de faire usage d'un grain qui contient de l'ergot, il importe de le purifier par le criblage, ou même par un triage à la main. Et si ce grain ainsi trié devait être employé comme semence, il faudrait préalablement le chauler, afin de détruire autant que possible les corps reproducteurs que le parasite a pu laisser à sa surface.

# TAXONOMIE

On désigne sous le nom de *taxonomie végétale* cette partie de la botanique qui a pour objet la classification des plantes. Elle les compare entre elles pour en saisir les rapports. Elle les rapproche; elle les groupe; elle les coordonne d'après leurs affinités naturelles.

La nécessité de classer les végétaux, pour en rendre l'étude plus méthodique et plus facile, est née des progrès mêmes de la science; elle s'est accrue à mesure que le nombre des espèces connues est devenu plus considérable. L'histoire des diverses classifications qui ont été proposées par les botanistes se confond avec celle de la botanique elle-même, ce qui nous conduit naturellement à dire tout d'abord quelques mots de cette dernière.

### QUELQUES MOTS SUR L'HISTOIRE DE LA BOTANIQUE.

Assiégé de tout temps par de nombreuses maladies, l'homme chercha de bonne heure un remède à ses douleurs dans les végétaux, qui viennent partout et comme à dessein autour de lui; la botanique prit ainsi naissance avec la médecine, dont l'origine se perd dans la nuit des siècles.

Mais la botanique n'occupa pas seulement les médecins; elle fit aussi l'objet des études des agriculteurs, des naturalistes et même des poëtes de l'antiquité. Elle eut pourtant une bien longue enfance.

D'après Sprengel, les livres des Hébreux ne mentionnent que soixante-dix plantes dont les noms peuvent être rapportés à des espèces connues de nos jours. On en compte moins encore dans les poëmes d'Homère. Les ouvrages de médecine attribués à Hippocrate en signalent à peu près cent cinquante espèces. Aristote, dont le vaste génie embrassa toutes les parties des connaissances humaines, écrivit sur les végétaux deux livres qui malheureusement sont perdus. C'est à Théophraste, un de ses élèves, qu'on doit les premiers ouvrages de botanique parvenus jusqu'à nous; Théophraste décrivit environ trois cents espèces de plantes venant en Grèce.

Les Romains, doués d'un esprit essentiellement positif qui les portait à faire d'utiles applications des sciences plutôt qu'à chercher à augmenter les richesses scientifiques par de nouvelles découvertes, s'occupèrent beaucoup plus d'agriculture que de botanique proprement dite. Virgile lui-même ne fit point exception; c'est au point de vue de l'art agricole qu'il a chanté, en vers pleins d'harmonie, les arbres et la Vigne. Cependant Pline écrivit longuement sur toutes les parties de l'histoire naturelle; mais son livre, immense compilation dont il puisa les matériaux dans plus de deux mille volumes grecs ou latins, renferme des erreurs nombreuses, et ne contribua que fort peu aux progrès de la botanique.

Dioscoride, né en Cilicie et médecin des armées romaines sous Néron, reprit avec ardeur l'étude de la botanique proprement dite, négligée depuis Aristote et Théophraste. Dans les voyages qu'il fit, sans doute comme militaire, en Asie, en Grèce et en Italie, il découvrit beaucoup d'espèces nouvelles dont il donna la description dans un ouvrage qui a joui d'une grande célébrité, malgré les nombreuses inexactitudes qu'il contient.

La botanique, encore bien imparfaite, comme nous venons de le voir, resta stationnaire, ou plutôt elle tomba presque partout dans un profond oubli pendant le moyen âge, époque de barbarie et de ténèbres où les Arabes furent longtemps les seuls dépositaires de la science.

A la renaissance des lettres, l'histoire naturelle suivit l'impulsion générale qui devait bientôt changer la face du monde ; la botanique devint, en Europe, l'occupation favorite de plusieurs savants. Mais on se borna, pendant plus d'un siècle, à commenter les anciens auteurs, surtout Dioscoride et Pline ; à chercher les plantes qu'ils avaient signalées ; et comme les noms employés par ces auteurs furent souvent appliqués à des espèces différentes de celles qu'ils avaient eues en vue, l'on tomba dans une grande confusion.

Cependant l'observation montrait partout des espèces non décrites encore ; bientôt on publia des ouvrages sur les plantes de la France, de la Suisse, de l'Allemagne. Les croisades avaient inspiré le goût des voyages ; plusieurs botanistes quittaient l'Europe pour aller explorer la Grèce, l'Asie, l'Égypte, berceau de l'ancienne civilisation. D'un autre côté, les Portugais avaient doublé le Cap ; et Christophe Colomb, en découvrant l'Amérique, venait d'offrir aux observateurs étonnés une végétation toute nouvelle.

Que de plantes jusqu'alors inconnues furent apportées de ces contrées lointaines ! Et parmi ces plantes, que d'espèces utiles ! L'importation du Tabac, celle de la Pomme de terre datent de cette époque mémorable.

Jusque-là les auteurs qui avaient écrit sur les végétaux ne les avaient groupés que d'une manière plus ou moins empirique, en se basant, par exemple, soit sur

leur taille, soit sur les usages qu'on en faisait en médecine, en économie domestique ou dans les arts. Certains s'étaient contentés de suivre l'ordre alphabétique.
Plusieurs même n'avaient admis aucune espèce de
méthode.

L'extension rapide que la botanique venait de prendre; le nombre toujours croissant des espèces à nommer et à distinguer de celles déjà connues, fit bientôt
sentir la nécessité d'une classification capable de servir de guide au milieu de tant d'objets divers; et l'on
comprit qu'une telle classification devait reposer sur la
nature même des plantes, c'est-à-dire sur les caractères
tirés à la fois de la structure et de la forme de leurs
organes.

Le XVI<sup>e</sup> siècle vit paraître le résultat des premiers
essais tentés dans ce but. Mais c'est surtout vers la fin
du XVII° et au commencement du XVIII° que la botanique
fit d'importants progrès sous tous les rapports. Réduite
à peu près jusque-là aux conditions d'une simple nomenclature, elle prit alors un caractère plus philosophique; elle devint une véritable science...; une ère
nouvelle s'ouvrait aux botanistes.

Grew et Malpighi, armés du microscope, récemment
inventé, arrachaient à l'organisation des végétaux ses
secrets les plus intimes, et jetaient ainsi les bases de
l'anatomie végétale. D'un autre côté, d'habiles expéri-
mentateurs, physiciens ou chimistes, cherchant l'explication des divers phénomènes de la vie des plantes,
fondaient la physiologie végétale; tandis que Tournefort et Linné publiaient leurs systèmes de classification,
incomparablement supérieurs à ceux de tous leurs devanciers.

Nous aurons bientôt à faire connaître ces systèmes de
classification. Mais auparavant il est nécessaire de revenir sur quelques points fondamentaux que nous avons
dû nous contenter de signaler dans les préliminaires de

ce cours ; il importe que nous ayons des notions plus
complètes et plus précises sur ce qu'on appelle, en botanique, *espèces, variétés, races, hybrides, genres, ordres*
ou *familles, classes* et *embranchements.*

## ESPÈCES, VARIÉTÉS, RACES, HYBRIDES, GENRES, ORDRES
## OU FAMILLES, CLASSES, EMBRANCHEMENTS.

**Espèces.** — Les végétaux, de même que tous les autres êtres organisés, ne font que passer. Mais, avant de
mourir, ils donnent naissance, comme les animaux,
à d'autres individus qui leur ressemblent sous tous les
rapports. Ainsi leurs générations se succèdent ; ainsi se
perpétuent leurs innombrables espèces.

On donne le nom d'*espèce* à chacune de ces séries de
générations naissant les unes des autres.

De Candolle définit l'espèce : « La collection de tous
les individus qui se ressemblent plus entre eux qu'ils
ne ressemblent à d'autres ; qui peuvent, par une fécondation réciproque, produire des individus fertiles,
et qui se reproduisent par la génération, de telle sorte
qu'on peut, par analogie, les supposer tous sortis origi-
nairement d'un seul individu. »

Nous préférons de beaucoup la définition plus courte
et plus précise proposée par Cuvier : « L'espèce est la
réunion des individus descendus l'un de l'autre ou de
parents communs, et de ceux qui leur ressemblent
autant qu'ils se ressemblent entre eux. »

Un exemple fera mieux comprendre ces définitions.

Si l'on jette les yeux sur un champ de Maïs, on y observe une foule d'individus ayant entre eux tant de rapports, qu'il serait difficile de les distinguer. Ils sont nés
de semences fournies par des pieds de Maïs qui offraient
absolument les mêmes caractères ; et il sortira de leurs

graines d'autres pieds à leur tour fertiles et absolument semblables.

Tous les pieds de Maïs venus et à venir ne forment qu'une seule et même espèce.

Il en est ainsi de tous les Hêtres qui peuplent nos forêts, de tous les Marronniers d'Inde qui ombragent nos parcs, de tous les Coquelicots qui souillent nos moissons, etc., etc.

L'ensemble des ressemblances offertes par les individus constituant une espèce est ce qu'on a appelé le *type spécifique*, ou le *type de l'espèce*.

On s'est demandé, on se demande encore si le type spécifique est constant, immuable. ou s'il est susceptible de varier sous l'influence de causes diverses. En présence de cette grave question, les auteurs se sont séparés en deux camps opposés qui comptent chacun bon nombre de champions pleins d'ardeur et de talent.

Les uns, ayant à leur tête Linné, Laurent de Jussieu, Cuvier, De Candolle, etc., considèrent les espèces comme des types permanents, immuables, du moins dans leurs caractères essentiels. Pour eux, les végétaux que nous observons aujourd'hui présenteraient absolument les mêmes formes et la même structure que ceux dont ils descendent par voie de génération depuis l'origine des êtres ; leurs espèces auraient traversé les siècles sans changer, en conservant toute leur fixité ; la succession constante des individus par voie de génération et la fixité des formes constitueraient les caractères de l'espèce. « L'histoire naturelle, dit M. Flourens, n'a pas de faits mieux démontrés que celui de la fixité des espèces ; et, pour qui sait voir la beauté de ce fait, elle n'en a pas de plus beau. »

Les autres, avec le célèbre Lamarck, pensent que les individus composant une espèce ont subi et subissent encore de nos jours, sous l'influence des causes extérieures, des modifications profondes, même dans leurs principaux attributs, et forment à la longue des types nouveaux qui pourront à leur tour en produire d'autres.

Cette théorie a été développée avec un grand talent dans un ouvrage récent dû à la plume de l'illustre naturaliste anglais Ch. Darwin, lequel a apporté à l'appui de son opinion une multitude de faits qui paraissent autrement à peu près inexplicables. S'il est vrai de dire qu'on soit encore bien loin de la démonstration positive de la théorie de la mutabilité de l'espèce, il n'en est pas moins juste de reconnaître que les recherches modernes, et en particulier l'étude de la Paléontologie, l'ont rendue beaucoup moins invraisemblable qu'elle a pu le paraître au premier abord.

La discussion approfondie de ces hautes questions de philosophie de la science serait évidemment déplacée dans un cours élémentaire, et comme, d'un autre côté, elle ne saurait fournir à la taxonomie aucune application pratique, nous nous en tiendrons pour le moment aux définitions de l'espèce rapportées ci-dessus.

**Variétés.** — Il arrive souvent qu'une plante, en changeant de climat, ou seulement de localité, de station, ou bien en subissant la puissante influence de la culture, s'éloigne plus ou moins du type ordinaire ; elle forme alors dans l'espèce une *variété*.

Les modifications qui distinguent les variétés sont accidentelles ; elles ne portent que sur des caractères peu importants : sur la taille, la consistance des tissus, la figure des feuilles, la nuance des fleurs, la présence ou l'absence de poils, etc. Leur caractère le plus important consiste en ce que les individus qui les présentent ne peuvent être maintenus tels que par les moyens artificiels de multiplication que nous avons énumérés (bouture, greffe, marcotte). Aussitôt qu'on essaye de les reproduire par graines, ils reprennent leurs caractères originaires ; ils reviennent, comme on dit, au type de l'espèce. Tel est le cas de nos arbres fruitiers, de nos plantes d'ornement.

**Races.** — On cultive cependant un grand nombre de variétés dont les caractères distinctifs, plus profondément empreints, plus fixes, sont devenus héréditaires. Elles se perpétuent par la voie des semis ; on les désigne généralement sous le nom de *races*.

Telles sont, par exemple, les diverses variétés de Carottes que nous cultivons pour leur racine, devenue épaisse, charnue et plus ou moins sucrée ; elles descendent de la Carotte sauvage, qui en diffère par sa racine grêle, dure, non sucrée, à peu près insipide. Telles sont aussi nos nombreuses variétés de Betteraves, de Choux, de Céréales, etc. ; l'espèce du Froment cultivé comprend à elle seule plusieurs centaines de ces variétés se propageant par leurs semences.

Créées par la culture, toutes ces variétés ou plutôt toutes ces *races* ne sauraient subsister que sous la main de l'homme. Il suffit de les abandonner à elles-mêmes pour les voir perdre peu à peu leurs caractères particuliers, et revenir à ceux de l'espèce dont elles s'étaient momentanément éloignées.

C'est, en effet, ce qui se passe pour les races produites par la culture, et s'il est vrai qu'elles dégénèrent rapidemen tquand les soins de l'homme viennent à leur manquer, ce fait ne saurait être un argument bien puissant en faveur de l'hypothèse de l'immuable stabilité de l'espèce. On comprend sans peine que les caractères nouveaux, pour devenir définitifs, demandent un temps considérable, et si l'on songe à la brièveté de l'action humaine par rapport au nombre incalculable de siècles qui nous séparent de l'apparition de la vie sur le globe, il ne paraît pas invraisemblable que l'action incessamment continuée des agents modificateurs naturels puisse amener à la longue le changement définitif des espèces.

**Hybrides**. — On prend souvent pour des variétés des *mulets végétaux*, ou plantes *hybrides*, produites par le concours de deux espèces voisines dont le pollen de l'une a fécondé les ovules de l'autre. Les plantes résultant de ces fécondations croisées participent des caractères des deux espèces dont elles proviennent; mais elles sont presque toujours frappées de stérilité. Elles peuvent cependant fournir quelques semences fécondes; leur fécondité s'étend même quelquefois à plusieurs générations. Mais il paraît que, dans ce cas, elles perdent peu à peu leurs caractères mixtes pour revenir à ceux du type paternel ou à ceux de la souche maternelle.

Au moyen des croisements dont nous parlons, l'horticulture, secondée par le hasard, a produit une grande partie des fruits si divers qui figurent sur nos tables, comme aussi une foule de ces fleurs si élégantes et si variées qui font l'ornement de nos jardins et de nos parterres. Beaucoup d'arbres à fruits, une infinité de Rosiers, de Dahlias, de Géraniums, de Calcéolaires, etc., sont, en effet, des végétaux hybrides. Créés par l'art, ils ne peuvent se multiplier avec leurs caractères distinctifs que par des procédés plus ou moins artificiels.

**Genres**. — Pour faciliter, pour rendre possible l'étude des espèces végétales, dont le nombre, on le sait, est si considérable (1) et la diversité si prodigieuse, on a eu recours à des moyens aussi ingénieux que puissants. Et d'abord, en rapprochant les espèces qui ont entre elles le plus de ressemblance, on a formé une foule de groupes qui se présentent comme autant d'unités d'un ordre supérieur, et auxquels on est convenu de donner le nom de *genres*. Un genre est donc la réu-

(1) On estime à 200 000 environ le nombre des espèces phanérogames existant à la surface du globe : quant à celui des cryptogames, il est plus incertain, mais ne paraît pas devoir être inférieur au précédent.

nion des espèces les plus voisines, comme l'espèce est la collection d'individus semblables entre eux.

On a souvent agité la question de savoir si les genres sont des groupes naturels. Il est évident que, parmi les genres généralement admis de nos jours, il en est beaucoup qui peuvent être considérés, jusqu'à un certain point, comme des unités de convention, leurs limites étant plus ou moins arbitraires.

Les espèces qui composent un genre se font remarquer par des caractères qui leur sont communs, et que l'on tire principalement des organes de la fructification. Ces caractères sont ceux qui distinguent le genre lui-même; aussi les nomme-t-on *caractères génériques*. Quant à ceux par lesquels les espèces d'un genre se distinguent entre elles, ils sont dits *spécifiques*.

C'est Tournefort qui, le premier, a établi les genres sur des bases rationnelles. Il n'admit dans chacun de ces groupes que des espèces ayant des traits d'organisation communs et constants, des rapports de ressemblance susceptibles de frapper tous les yeux.

Linné perfectionna cette grande institution. Elle fut surtout pour lui l'occasion d'une réforme de langage qui eut la plus heureuse influence sur l'avenir de la botanique.

Avant Linné, chaque espèce ne portait qu'un seul nom, celui du genre dont elle faisait partie. Pour distinguer entre elles celles d'un même genre, on avait recours à autant de phrases contenant l'énumération de leurs caractères particuliers. Ces phrases se multipliaient, se compliquaient à mesure que le nombre des plantes connues devenait plus considérable. Toutes les fois qu'on citait une espèce, il fallait prononcer sa phrase caractéristique. On devine quel embarras cela devait jeter dans le discours, et quelle fatigue devait en résulter pour la mémoire.

Or, à la place des phrases en question, Linné mit un

simple adjectif caractérisant nettement l'espèce dans son genre. Dès lors l'appellation de toute plante se composa de deux noms : l'un *générique*, comparable à notre nom de famille ; l'autre *spécifique*, représentant notre nom de baptême. De là, par exemple, les dénominations suivantes : *Ranunculus aquatilis*, *Ranunculus bulbosus*, *Ranunculus repens*, etc., appliquées à plusieurs espèces qui font partie du genre *Ranunculus* (1).

**Ordres ou Familles.** — Il ne suffisait pas d'avoir créé les genres. Ceux-ci étant extrêmement nombreux, on a dû les rapprocher à leur tour, d'après leurs affinités naturelles, en composer ainsi des groupes nécessairement plus considérables et moins nombreux ; et ces groupes ont reçu le nom d'*ordres* ou de *familles*.

**Classes et embranchements.** — Ajoutons que les ordres ont ensuite formé eux-mêmes des *classes*, et celles-ci des *embranchements*.

En définitive, il est résulté de ce travail, dont on devine sans doute l'importance et les dificultés, une sorte d'échafaudage dans lequel le règne végétal se trouve d'abord divisé en embranchements, puis subdivisé successivement en classes, en ordres ou familles, en genres et en espèces.

Or, c'est à l'ensemble de ces divisions et subdivisions ; c'est à cette disposition méthodique, rendue indispensable par la multiplicité des objets à étudier, et où chaque plante occupe la place qui lui est assignée par ses propres caractères ; c'est à cet arrangement que l'on donne le nom de *classification*.

Un tel arrangement étant établi, si l'on se trouve en présence d'une plante qu'on n'avait jamais vue, on se demandera, en consultant ses caractères, à quel embranchement elle appartient, puis à quelle classe, à

(1) Ce procédé de dénomination est connu dans les sciences naturelles sous le nom de *nomenclature binaire*.

quelle famille, à quel genre, et l'on arrivera ainsi à son espèce, c'est-à-dire à son nom. Et notons bien qu'on aura acquis, dans cet examen, d'autres notions que celle de son nom, car l'énumération des caractères qu'on a été obligé de passer en revue équivaut à sa description, du moins à une description succincte.

Avant d'insister sur ces avantages, nous devons faire connaître, parmi les classifications qui ont été proposées en botanique, quelques-unes de celles qui ont été le plus en faveur, celles surtout qui sont le plus généralement suivies de nos jours.

## CLASSIFICATIONS.

On distingue en botanique deux sortes de classifications. Les unes, fondées sur des considérations tirées d'un seul organe ou d'un petit nombre d'organes, ont été appelées *systèmes*, *systèmes artificiels*. Les autres, plus récentes, plus philosophiques, reposent sur l'ensemble des caractères fournis par les plantes, et consistent, par cela même, en des rapprochements plus naturels ; elles ont reçu le nom de *méthodes naturelles*, ou simplement celui de *méthodes*.

## SYSTÈMES.

Le premier système vraiment scientifique qui ait été proposé en botanique est dû à Césalpin, célèbre botaniste florentin.

Ce système, fondé sur des considérations tirées du fruit et de la graine, parut en 1583. Frappé au coin d'une grande sagacité et d'un excellent esprit d'observation, il renfermait bien des aperçus nouveaux ; mais il reposait sur des caractères souvent difficiles à vérifier, surtout à cette époque, où la structure du fruit et de la graine était encore peu connue. Aussi n'exerça-t-il que peu d'influence sur la marche des travaux dont il fut suivi.

Pour rencontrer un autre essai de ce genre digne d'attention, il faut franchir près d'un siècle, et arriver jusqu'à Robert Morison, botaniste anglais, qui, dans un ouvrage publié en 1680, groupa les végétaux d'après un nouveau système, en s'appuyant sur des caractères tirés le plus souvent du fruit, quelquefois de la fleur ou de l'inflorescence.

A partir de cette époque, les systèmes ayant pour but la classification des plantes se multiplièrent avec une véritable profusion ; mais la plupart, suivis seulement par leurs propres auteurs, restèrent sans action sur les progrès de la botanique.

Quelques-uns cependant se firent remarquer par leur importance, et reçurent un accueil beaucoup plus favorable. Tels furent, par exemple, celui de Ray, en Angleterre ; de Rivin, en Allemagne, et de Tournefort, en France. Ces trois systèmes parurent dans les dernières années du xvii⁰ siècle. Nous nous contenterons de faire connaître celui de Tournefort.

## SYSTÈME DE TOURNEFORT.

Pitton de Tournefort, né à Aix, en 1656, fit ses études à l'École de médecine de Montpellier, et devint un des botanistes les plus célèbres. Il fut professeur au Jardin-Royal de Paris. Il fit de nombreuses herborisations. Il parcourut la France, l'Angleterre, le Portugal, l'Espagne ; et explora, par ordre de Louis XIV, plusieurs contrées du Levant. Il récolta dans ses voyages d'importantes richesses pour le jardin dont la direction lui était confiée ; il en rapporta les matériaux d'un herbier considérable.

En 1694, Tournefort publia, sous le titre d'*Éléments de botanique*, un ouvrage très-remarquable dans lequel il groupa les plantes d'après un nouveau système qui fut généralement appelé *Méthode de Tournefort*. Quelques années plus tard, en 1700, il traduisit cet ouvrage en latin, en lui donnant de nouveaux développements ; cette édition reçut le titre de *Institutiones rei herbariæ*.

Tournefort appliqua son système à plus de dix mille espèces, comprises à peu près dans sept cents genres qu'il rangea en vingt-deux classes.

A l'exemple de la plupart de ses devanciers, il fit d'abord une grande coupe, en séparant les herbes et les sous-arbrisseaux des arbres et des arbrisseaux.

Quant à ses classes, il les établit sur des bases peu variées. Il prit d'abord en considération les fleurs, qui peuvent être, comme on le sait, simples, composées ou nulles. Il s'appuya ensuite et principalement sur des caractères tirés de la corolle ; sur la présence ou l'absence de cet organe ; sur son état monopétale ou polypétale ; sur la disposition régulière ou irrégulière des parties qui la composent ; et enfin sur les formes particulières dont elle est susceptible.

Il est bon de savoir que, pour Tournefort, tout périanthe simple, mais coloré autrement qu'en vert, comme celui du Lis et de la Tulipe, par exemple, était une corolle.

Les plantes herbacées et les sous-arbrisseaux sont compris dans les dix-sept premières classes de son système. Les arbres et les arbrisseaux composent les cinq dernières.

Voici, du reste, un tableau qui donnera une idée plus complète de ce système. On y trouvera, en regard de chaque classe, le nom d'une des espèces, d'un des genres, ou d'une des familles qui en font partie.

| | | | | | CLASSES. | EXEMPLES. |
|---|---|---|---|---|---|---|
| Herbes et Sous-Arbrisseaux | pétalés... | à fleurs simples... | monopétales... | régulières ... | 1. *Campaniformes* | Campanules. |
| | | | | | 2. *Infundibuliformes* | Tabac. |
| | | | | irrégulières.. | 3. *Personées* | Linaires. |
| | | | | | 4. *Labiées* | Sauges. |
| | | | polypétales.... | régulières ... | 5. *Cruciformes* | Giroflée. |
| | | | | | 6. *Rosacées* | Églantier. |
| | | | | | 7. *En ombelle* | Carotte. |
| | | | | | 8. *Caryophyllées* | OEillets. |
| | | | | | 9. *Liliacées* | Lis. |
| | | | | irrégulières.. | 10. *Papilionacées* | Pois. |
| | | | | | 11. *Anomales* | Pensée. |
| | | à fleurs composées | | | 12. *Flosculeuses* | Chardons. |
| | | | | | 13. *Semi flosculeuses* | Pissenlit. |
| | | | | | 14. *Radiées* | Marguerites. |
| | apétalés | | | | 15. *Apétales proprement dits* | Graminées. |
| | | | | | 16. *Sans fleurs* | Fougères. |
| | | | | | 17. *Sans fleurs ni fruits* | Champignons. |
| Arbres et Arbrisseaux | apétalés | | | | 18. *Apétales proprement dits* | Conifères. |
| | | | | | 19. *Amentacés* | Noyer. |
| | pétales... | monopétales | | | 20. *Monopétales* | Lilas. |
| | | polypétales | | réguliers.... | 21. *Rosacés* | Amandier. |
| | | | | irréguliers... | 22. *Papilionacés* | Cytise. |

On a surtout reproché à Tournefort d'avoir séparé,
comme la plupart de ses prédécesseurs, les plantes herbacées de celles qui sont ligneuses. On sait, en effet, que
ces plantes ont souvent entre elles la plus grande affinité de structure; on sait même qu'une espèce donnée
peut être, suivant les climats, un arbre, un arbrisseau
ou simplement une herbe.

D'un autre côté, le système de Tournefort, malgré sa
grande simplicité et l'avantage qu'il a de porter principalement sur un organe aussi évident que la corolle,
présente souvent, dans ses applications, de sérieuses
difficultés. Il n'est pas toujours possible, en effet, de
déterminer rigoureusement la forme des corolles, et de
décider, par suite, d'une manière précise, à quelles
classes elles doivent être rapportées.

Cependant, appliqué par Tournefort au Jardin de Paris, où il fut conservé jusqu'en 1774, ce système fut
également introduit dans la plupart des autres jardins
botaniques, et adopté par un grand nombre d'auteurs.

Néanmoins il devait céder le pas à un autre système
qui parut un peu plus tard, et qui fut reçu avec le plus
grand enthousiasme. Nous voulons parler du système
sexuel de Linné.


## SYSTÈME DE LINNÉ.


Linné, l'un des plus puissants génies qui se soient
voués au culte des siences, naquit en Suède, l'an 1707,
à Roëshult. Il fut la gloire de son pays et de son époque. Nul autre n'a concouru pour une plus grande part
au perfectionnement de l'histoire naturelle, et particulièrement aux progrès de la botanique.

C'est en 1735 qu'il publia son système appelé par lui
*Méthode sexuelle*, parce qu'il repose, en effet, sur diverses considérations tirées des organes sexuels, étamines

et pistils, dont l'existence était alors admise depuis peu, non par tout le monde, mais par la plupart des bons esprits.

**Classes Linnéennes.** — Linné sépare d'abord en deux grandes sections tous les végétaux connus : les uns sont *phanérogames*, c'est-à-dire pourvus de fleurs, d'organes sexuels visibles ; les autres sont *cryptogames*, munis d'organes sexuels cachés.

Les végétaux phanérogames se distinguent en ceux qui portent des fleurs hermaphrodites ou monoclines, et en ceux dont les fleurs sont, au contraire, unisexuelles ou diclines.

Parmi les végétaux à fleurs hermaphrodites, il en est dans lesquels les étamines sont unies avec le pistil ; chez la plupart, les étamines n'ont aucune adhérence avec cet organe.

Dans ce dernier cas, les étamines peuvent être soudées ou libres entre elles.

Quand elles restent libres, elles se montrent, dans la même fleur, également longues, ou bien les unes plus longues, les autres plus courtes.

Et lorsqu'elles sont égales en longueur, leur nombre est déterminé ou indéterminé.

Les plantes chez lesquelles les étamines sont également longues et en nombre déterminé composent les dix premières classes du système de Linné ; c'est-à-dire la *monandrie*, la *diandrie*, la *triandrie*, la *tétrandrie*, la *pentandrie*, l'*hexandrie*, l'*heptandrie*, l'*octandrie*, l'*ennéandrie* et la *décandrie*.

Viennent ensuite la *dodécandrie*, l'*icosandrie* et la *polyandrie*, où sont comprises les espèces dont les étamines se trouvent en nombre indéterminé. Il y en a de onze à dix-neuf, le plus souvent douze, dans la dodécandrie ; vingt ou davantage, toujours adhérentes au calice (1),

---

(1) Nous avons vu (page 297) ce qu'il faut penser de cette prétendue adhérence du calice avec l'androcée et le gynécée.

dans l'icosandrie ; et de vingt à cent, insérées sous l'ovaire, non adhérentes au calice, dans la polyandrie.

Les végétaux à étamines inégales sont renfermés dans la quatorzième et dans la quinzième classe, appelées *didynamie* et *tétradynamie.* Quatre étamines, dont deux grandes et deux petites, caractérisent la première ;  on en compte  six, dont  quatre  grandes et deux petites, dans la seconde.

Chez beaucoup de plantes, les étamines sont soudées entre elles, soit par leurs anthères, soit par leurs filets. Dans ce dernier cas, elles peuvent être rassemblées en une, en deux ou en un plus grand nombre d'adelphies ; d'où résultent la *monadelphie,* la *diadelphie* et la *polyadelphie,* qui constituent la seizième, la dix-septième et la dix-huitième classe de Linné. La dix-neuvième ou *syngénésie,* comprend les espèces dont les étamines sont unies par les anthères.

Dans la vingtième, nommée *gynandrie,* se placent tous les végétaux chez lesquels les étamines sont (ou paraissent) soudées avec le pistil.

Telles sont les vingt classes qui, dans le système de Linné, renferment toutes les plantes à fleurs hermaphrodites ou monoclines.

Les végétaux à fleurs unisexuelles ou diclines forment la vingt-unième ou *monœcie;* la vingt-deuxième, ou *diœcie;* et la vingt-troisième, ou *polygamie.*

Nous avons donné précédemment sur la sexualité des plantes des détails qui nous dispensent de répéter ici la définition de ces expressions (Voy. page 237).

Quant aux plantes cryptogames, Linné les a groupées en une seule classe, la *cryptogamie,* qui est sa vingt-quatrième et dernière.

Le tableau qui suit montre dans son ensemble le système Linnéen et permet d'en saisir facilement l'esprit.

|  |  |  |  |  |  |  | CLASSES. | EXEMPLES. |
|---|---|---|---|---|---|---|---|---|
| PLANTES | à fleurs visibles | à étamines hermaphr. | libres ou distinctes | égales ou irrégulièrement inégales | en nombre déterminé | 1 étamine | 1. *Monandrie....* | Valériane rouge. |
|  |  |  |  |  |  | 2 étamines | 2. *Diandrie......* | Véroniques. |
|  |  |  |  |  |  | 3 étamines | 3. *Triandrie.....* | Iris. |
|  |  |  |  |  |  | 4 étamines | 4. *Tétrandrie....* | Garance. |
|  |  |  |  |  |  | 5 étamines | 5. *Pentandrie...* | Bourrache. |
|  |  |  |  |  |  | 6 étamines | 6. *Hexandrie....* | Lis. |
|  |  |  |  |  |  | 7 étamines | 7. *Heptandrie...* | Marronnier d'Inde. |
|  |  |  |  |  |  | 8 étamines | 8. *Octandrie.....* | Patience. |
|  |  |  |  |  |  | 9 étamines | 9. *Ennéandrie...* | Lauriers. |
|  |  |  |  |  |  | 10 étamines | 10. *Décandrie.....* | OEillets. |
|  |  |  |  |  | en nombre indéterm. | de 12 à 19 étamines | 11. *Dodécandrie..* | Réséda. |
|  |  |  |  |  |  | étam. nombr.. périgynes.. | 12. *Icosandrie....* | Rosiers. |
|  |  |  |  |  |  | étam. nombr., hypogynes. | 13. *Polyandrie...* | Pavots. |
|  |  |  |  | régulièrement inégales |  | 4 étamines didynames | 14. *Didynamie....* | Lavande. |
|  |  |  |  |  |  | 6 étamines tétradynames | 15. *Tétradynamie.* | Choux. |
|  |  |  | soudées | entre elles | par les filets | en 1 faisceau | 16. *Monadelphie..* | Mauve. |
|  |  |  |  |  |  | en 2 faisceaux | 17. *Diadelphie....* | Pois. |
|  |  |  |  |  |  | en plusieurs faisceaux.... | 18. *Polyadelphie..* | Oranger. |
|  |  |  |  |  | par les anthères | 19. *Syngénésie....* | Chicorée. |
|  |  |  |  | avec le pistil | 20. *Gynandrie...* | Orchis. |
|  |  | unisexuées ou mélangées d'hermaph. | mâles et femelles sur chaque pied | 21. *Monœcie......* | Melon. |
|  |  |  | mâles et femelles sur des pieds séparés | 22. *Diœcie........* | Chanvre. |
|  |  |  | mâles, femelles et hermaphrodites sur chaque pied..... | 23. *Polygamie...* | Érables. |
|  | sans fleurs visibles.......... | 24. *Cryptogamie..* | Fougères. |

**Ordres Linnéens.** — Après avoir établi ces vingt-quatre classes renfermant tout le règne végétal, Linné admit dans chacune d'elles un certain nombre *d'ordres*, en se basant sur divers caractères dont les plus importants sont empruntés au pistil ou au fruit.

Les ordres compris dans les treize premières classes ont été fondés sur le nombre des styles ou des stigmates distincts dans chaque fleur. Ils reçoivent les noms de *monogynie, digynie, trigynie*, etc., suivant qu'ils sont caractérisés par un, deux, trois... ou par un plus grand nombre de styles ou de stigmates. Ainsi la Bourrache appartient à la *pentandrie monogynie*, parce qu'elle présente cinq étamines distinctes et un seul style; de même l'Anémone Sylvie rentre dans l'ordre de la *poligynie* faisant lui-même partie de la *polyandrie*, parce que sa fleur a des étamines hypogynes et des styles distincts en nombre indéfini.

Linné a divisé la didynamie en deux ordres qu'il appelle *gymnospermie* et *angiospermie:* distinction qui repose sur une erreur d'observation. En effet, les plantes réunies dans la gymnospermie sont toutes celles dont le style est gynobasique (Labiées, etc.); leur fruit se compose de quatre akènes libres que le naturaliste suédois regardait à tort comme autant de graines nues, prenant pour le spermoderme le péricarpe adhérent. Dans les espèces formant l'ordre de l'angiospermie, le fruit est capsulaire et renferme un grand nombre de semences. Tels sont les Linaires, les Mufliers, etc.

La tétradynamie se divise à son tour en *siliqueuse* et *siliculeuse*, suivant que les plantes qui la composent ont pour fruit une silique, comme la Giroflée et les Choux, ou une silicule, comme la Bourse-à-pasteur.

C'est par le nombre des étamines que se caractérisent les ordres établis dans les seizième, dix-septième et dix-huitième classes, et c'est aux treize premières qu'ils empruntent leurs noms; ainsi, par exemple, les Lins appartiennent à la *monadelphie décandrie*, parce qu'ils ont dix étamines réunies en un seul groupe ; les *Diclytra* font partie de la *diadelphie hexandrie*, parce qu'ils présentent, au moins en apparence, six étamines réunies en deux faisceaux (1).

La même considération a permis de diviser en quatre ordres la gynandrie, ou vingtième classe.

Quant à la dix-neuvième, ou syngénésie, elle se compose d'un très-grand nombre d'espèces dans lesquelles on trouve souvent, en même temps que des fleurs hermaphrodites, des fleurs mâles et des fleurs femelles. Or, dans ce mélange, qu'il désigne sous le nom de *polygamie*, Linné a distingué six cas dont il a fait les six ordres suivants :

1° La *polygamie égale*, où les fleurs, réunies en capitules, sont toutes hermaphrodites et fécondes, comme dans les Chardons.

2° La *polygamie superflue*, dans laquelle un même capitule porte, au centre, des fleurs hermaphrodites, et, à la circonférence, des fleurs femelles et fertiles, mais en quelque sorte superflues, car les premières sont fécondes aussi. Les Camomilles nous offrent un exemple de ce cas.

3° La *polygamie frustranée*, où les fleurs, disposées comme dans l'ordre précédent, offrent cette différence que les femelles sont stériles, et par conséquent inutiles. Tel est le cas des Centaurées, du Grand Soleil.

4° La *polygamie nécessaire*, caractérisée par des capitules dont les fleurs hermaphrodites, placées au centre, sont stériles et ne servent qu'à féconder les fleurs

_________

(1) L'organogénie montre que les *Diclytra* n'ont en réalité que quatre étamines. Deux de celles-ci, opposées entre elles, se dédoublent de façon que chacune de leurs loges va se réunir à l'étamine voisine qui est restée entière. Il en résulte deux groupes formés d'une étamine à anthère biloculaire escortée de chaque côté par une demi-étamine, uniloculaire par conséquent.

femelles, nécessaires, indispensables à la reproduction de l'espèce. C'est ce qu'on observe dans les Soucis.

5° La *polygamie séparée*, où les fleurs, toutes hermaphrodites, sont rassemblées en tête, mais contenues chacune dans un petit involucre, et séparées ainsi les unes des autres ; disposition dont on trouve un exemple dans les *Echinops*.

6° La *polygamie monogamie*, renfermant les plantes dont les fleurs, quoique simples, sont pourvues d'étamines adhérentes entre elles, comme on le voit dans la Violette.

Toutefois cette adhérence n'est d'ordinaire que très-faible, et l'ordre dont nous parlons n'a pas été généralement adopté, de sorte que la *syngénésie* de Linné, telle qu'on l'a admise après lui, correspond exactement à la famille actuelle des *Composées*.

La monœcie et la diœcie, vingt-unième et vingt-deuxième classes, présentent la plupart des modifications que nous avons reconnues dans les classes précédentes. Les espèces monoïques ou dioïques ont, en effet, des fleurs qui peuvent être monandres, diandres, etc. ; monogynes, digynes, etc. ; monadelphes, diadelphes, etc. Et c'est d'après ces diverses considérations qu'elles ont été groupées en ordres.

Trois ordres composent la vingt-troisième classe, ou *polygamie*. Ce sont la *polygamie monœcie*, dans laquelle le même individu offre des fleurs hermaphrodites et des fleurs unisexuelles ; la *polygamie diœcie*, réunion d'espèces dont les individus portent, les uns des fleurs hermaphrodites, les autres des fleurs unisexuelles ; et la *polygamie triœcie*, où l'on trouve, dans la même espèce, trois sortes d'individus, munis, ceux-ci de fleurs hermaphrodites, ceux-là de fleurs mâles, et les derniers de fleurs femelles.

Reste la cryptogamie, comprenant quatre ordres

bien distincts : les Fougères, les Mousses, les Algues et les Champignons.

Tels sont, en quelques mots, les ordres nombreux établis par Linné dans les vingt-quatre classes de son ingénieux système.

Linné diminua de beaucoup le nombre des variétés, des espèces douteuses, et même des genres admis par ses prédécesseurs ; il réduisit à sept mille le total des espèces connues de son temps. Nous avons déjà fait connaître l'importante réforme qu'il apporta dans la dénomination des espèces. Il s'attacha, en outre, à déterminer d'une manière rigoureuse la signification des termes employés pour exprimer les diverses modifications des organes ; il fit entrer dans ses descriptions des caractères nouveaux, tirés des étamines et des pistils.... Partout son style fut admirable de pureté et de précision.

De toutes parts, on s'empressa d'accueillir les réformes proposées par Linné. Son système lui-même fut adopté avec un enthousiame difficile à décrire ; il détrôna tous les autres, et régna presque sans contestation jusqu'à la fin du XVIIIᵉ siècle. Toutefois, on ne tarda pas à reconnaître qu'il présentait de notables imperfections.

En effet, le nombre des étamines, sur lequel reposent les treize premières classes, est susceptible de varier dans une même espèce, qui appartient dès lors tantôt à une classe et tantôt à une autre (1). Il est sou-

(1) Bien plus, le nombre des étamines peut varier dans les différentes fleurs d'une même inflorescence. Ainsi dans le Marronnier d'Inde, que nous avons cité comme exemple de l'Heptandrie, il y a en réalité, au début, deux verticilles de cinq étamines chacun ; l'un de ces verticilles avorte toujours en partie, mais le nombre des étamines qui continuent de croître est très-variable ; et s'il est habituellement de deux, on trouve aussi dans beaucoup de fleurs un androcée formé de six, huit ou neuf organes.

vent bien difficile, du moins dans la pratique, de distinguer entre eux la plupart des ordres qui composent la syngénésie.

D'un autre côté, les plantes sont distribuées d'une manière fort inégale dans le système de Linné. La monandrie ne renferme que très-peu d'espèces ; on en compte moins encore dans l'heptandrie ; tandis que la pentandrie en contient un trop grand nombre.

Enfin les affinités naturelles des plantes sont souvent méconnues dans ce système, et c'est là son plus grave inconvénient. Beaucoup d'espèces ayant entre elles la plus grande analogie s'y trouvent cependant séparées. Beaucoup d'autres, au contraire, y sont réunies, quoique fort disparates. C'est ainsi que les Graminées, dont la parenté est manifeste même pour l'œil le moins exercé, s'y montrent dispersées dans la monandrie, la diandrie, la triandrie, l'hexandrie et la monœcie ; tandis que les Violettes s'y trouvent rapprochées des Chardons, dans la syngénésie ; les Joncs de l'Épine-Vinette, dans l'hexandrie monogynie ; les Pervenches de la Vigne, dans la pentandrie monogynie ; la Carotte des Groseilliers, dans la pentandrie digynie, etc.

Il faut cependant convenir que le système de Linné est fort commode pour arriver au nom des plantes ; malheureusement cette facilité est bien souvent obtenue aux dépens de notions précises sur leur véritable organisation. Quoi qu'il en soit, il a été adopté dans beaucoup d'ouvrages dont quelques-uns sont encore consultés avec fruit. C'est pourquoi nous devions le faire connaître au moins dans ses principaux détails.


## MÉTHODES.


On désigne sous le nom de *méthodes*, ou de *méthodes naturelles*, des classifications dans lesquelles les végétaux, comparés entre eux sous toutes les faces, sont groupés non pas d'après quelques-uns de leurs rapports, comme dans les systèmes, mais d'après l'ensemble de leurs caractères. Les divisions qui, dans les méthodes, correspondent aux ordres des systèmes, sont appelées *familles naturelles* ou simplement *familles*.

**Magnol.** — Magnol, ancien professeur de botanique à l'École de Montpellier, est le premier qui ait tenté de réunir les végétaux en familles. « J'ai cru, dit-il, dans la préface d'un livre publié en 1709, sous le titre de *Prodromus historæ generalis plantarum*, j'ai cru qu'on pouvait établir, parmi les plantes, des *familles* comme il en existe parmi les animaux. Les caractères de ces familles ne doivent pas être tirés uniquement des organes de la fructification, mais aussi de toutes les autres parties des végétaux. » Et, conformément à ces idées fort justes, Magnol établit soixante-seize familles. Mais il se contenta de les présenter sous forme de tableaux ; il n'en donna point les caractères distinctifs.

**Linné.** — Linné lui-même, doué de si vastes connaissances et d'un esprit si philosophique, reconnut de bonne heure combien la méthode devait l'emporter sur les systèmes, quelque ingénieux qu'ils pussent être. « Il est constant, écrivait-il peu de temps après la publication de sa *Méthode sexuelle*, que la méthode artificielle n'est que secondaire à la méthode naturelle, et lui cédera le pas, si celle-ci vient à se découvrir. » C'était un travail à entreprendre. Linné l'ébaucha dans ses *Classes plantarum* (1738), sous le titre de *Fragments de la méthode naturelle* où il groupa en soixante-cinq ordres naturels une grande partie des genres admis de son temps. Mais, de même que Magnol, il ne publia point les caractères de ses ordres ; il avouait d'ailleurs dans l'intimité qu'il était incapable de les donner, ayant été guidé dans ce classement des genres par le tact mer-

veilleux dont il était doué, plutôt que par des considérations définitivement arrêtées.

**Bernard de Jussieu.** — En 1759, Bernard de Jussieu,
chargé d'établir un jardin botanique à Trianon, y dis-
tribua les genres d'après les principes de la méthode
naturelle. Il avait longtemps étudié les végétaux dans
leurs rapports, dans leurs affinités réciproques. Les familles qu'il institua étaient bien plus naturelles que
celles de Magnol et de Linné. Mais il n'en donna pas
même la liste; pour en prendre connaissance, il fallait
se rendre à Trianon. Nous ne les connaissons que par
le catalogue qui en a été publié par A. L. de Jussieu
dans son *Genera plantarum*.

**Adanson.** — Quatre années après, en 1763, Adanson
fit paraître un livre de premier ordre, dans lequel tous
les végétaux connus alors se trouvaient réunis en cin-
quante-huit groupes naturels et qu'il intitula : *Familles
des plantes*. Doué d'une activité prodigieuse, Adanson con-
sacra une partie de sa jeunesse à de lointains voyages, d'où
il rapporta un grand nombre d'espèces. Pour arriver à
établir ses familles, il eut recours à un procédé qui de-
mandait des travaux énormes. Il créa d'abord soixante-
cinq systèmes artificiels, en se basant non-seulement
sur tous les organes des plantes envisagés tour à tour
et sous tous les points de vue possibles, mais encore
sur des caractères généraux tels que la taille des végétaux, leur durée, leur station, leurs produits, leurs qualités organoleptiques, etc. Ensuite, prenant deux genres,
il ne les admit dans une même famille qu'autant qu'ils
se trouvaient rapprochés dans un grand nombre de ses
systèmes, ce qui indiquait nécessairement entre eux de
nombreux rapports.

Sans doute, Adanson fut conduit à des rapprochements que les études ultérieures n'ont pas tous justifiés ;
mais doit-on s'étonner de ces erreurs (erreurs beaucoup
moins nombreuses d'ailleurs qu'on pourrait croire au

premier abord), quand on songe à l'imperfection relative où était alors l'étude de l'organisation végétale? Il n'en a pas moins laissé un livre où brillent une érudition immense, une sagacité admirable, un esprit scientifique de la plus haute portée, et il serait injuste de méconnaître qu'il ait posé irrévocablement les fondements de la méthode naturelle.

## MÉTHODE DE DE JUSSIEU.

**A.-L. de Jussieu.**—Vers la même époque, Antoine-Laurent de Jussieu débutait dans la carrière de la botanique. Il puisait dans le commerce intime et aux savantes leçons de son oncle Bernard des principes que son puissant esprit d'observation et ses méditations allaient bientôt féconder. Le livre qu'il publia en 1789, sous le titre de *Genera plantarum* (1), exerça sur la botanique une influence qui s'est étendue aux autres branches de l'histoire naturelle; cette influence a amené, suivant la remarque de Cuvier, la même révolution dans les sciences d'observation, que la Chimie de Lavoisier dans les sciences d'expérience.

A.-L. de Jussieu établit cent familles dans lesquelles il fit entrer tous les genres connus de son temps (2); il donna la description détaillée des unes et des autres. L'importance de cet ouvrage nous fait un devoir d'exposer avec quelques détails les principes qui ont guidé son auteur.

Tout en admettant, comme Adanson, que l'ensemble, les caractères fournis par les divers organes des plantes

(1) *Genera plantarum secundum ordines naturales disposita, juxta methodum in horto regio parisiensi exaratam, anno* 1774; in-8; Paris, 1789.
(2) Ces genres étaient alors au nombre de 1754.

doit entrer en ligne de compte pour l'établissement de la méthode naturelle, A.-L. de Jussieu leur attribua une importance différente suivant leur degré de généralité ; de sorte que, pour lui, un seul caractère constant équivaut ou même est supérieur à plusieurs autres variables. Il fut ainsi conduit à diviser les caractères en trois ordres : les caractères *primaires, uniformes,* les *secondaires, presque uniformes,* et les *tertiaires, semi-uniformes.* Tel est le principe connu dans la science sous le nom de *subordination des caractères.*

Pour bien faire comprendre l'esprit du principe dont nous parlons, nous ne saurions mieux trouver que de citer textuellement ce qu'en a dit Adrien de Jussieu :

« Un caractère d'un ordre supérieur en entraîne à sa suite un certain nombre d'un ordre différent, et en exclut, au contraire, un certain nombre d'autres ; de sorte que l'énonciation pure et simple du premier suffit pour faire préjuger la coexistence ou l'absence de ces autres, et qu'une partie de l'organisation d'une plante est annoncée d'avance par un seul point qu'on a su constater, ce qui abrége et simplifie merveilleusement les recherches et le langage. Ainsi, par exemple, lorsque nous disons qu'une plante est monocotylédonée ou dicotylédonée, ce n'est pas ce simple fait que nous énonçons, mais un ensemble de faits ; nous avons une idée de l'agencement général des organes élémentaires dans ses tissus, de la manière dont elle germe et se ramifie, de la structure et de la nervation de ses feuilles, de la symétrie de ses fleurs, etc., etc. De tel caractère secondaire, nous pouvons de même en déduire plusieurs autres d'un ordre supérieur, égal ou inférieur : dire que la corolle est monopétale, c'est dire que la plante qui en est pourvue est dicotylédonée ; que les étamines sont insérées sur la corolle en nombre défini, égal ou inférieur à celui de ses divisions. La connaissance de tous ces rapports constants entre les différentes parties, qui permet de conclure de la partie au tout, comme du tout à la partie, est la base de la méthode naturelle ; et, si cette connaissance était parfaite, on pourrait dire que la méthode est la science elle-même, puisque la place qu'elle assignerait à chaque plante résumerait son organisation, et que de son organisation dépend toute sa manière de vivre. Aussi voyons-nous qu'en général, dans une famille vraiment naturelle, règne un grand accord de ses propriétés économiques ou médicales entre les plantes qui la composent ; ce qui doit peu étonner, puisque la similitude des organes doit y entraîner celle des produits. Cette vérité donne à la méthode naturelle un grand avantage sous le point de vue d'utilité pratique (1). »

Après avoir réuni les espèces en genres et les genres en familles, A.-L. de Jussieu groupa celles-ci en quinze classes, en se basant toujours sur la valeur relative des caractères. Il rapprocha dans la même classe les familles qui se ressemblent par un certain nombre de caractères de premier ordre ; il sépara celles qui n'offrent entre elles que des contrastes, ou qui n'ont guère de commun que des traits plus ou moins secondaires. Quant aux classes, elles furent, d'après le même principe, rassemblées en plusieurs embranchements.

Voici, du reste, dans son ensemble, la méthode de Jussieu considérée d'un autre point de vue.

Et d'abord, les plantes s'y trouvent séparées en trois embranchements principaux, suivant qu'elles sont acotylédones, monocotylédones ou dicotylédones.

Les plantes acotylédones composent une seule classe, qui est la première, ou l'*acotylédonie* (2).

Plus importantes et mieux connues, les monocotylé-

---

(1) *Cours élémentaire d'histoire naturelle, Botanique*, par Adrien de Jussieu, dernière édition.

(2) Les quinze classes établies par de Jussieu ne portent dans le *Genera* que des numéros d'ordre. C'est plus tard que l'auteur leur donna les noms que nous reproduisons ici.

dones sont rangées, d'après le mode d'insertion des étamines, en trois classes qui portent les noms de *mono-hypogynie, monopérigynie* et *monoépigynie*.

Les dicotylédones étant beaucoup plus nombreuses, il importait de les diviser davantage. Elles ont d'abord été distinguées, d'après l'absence ou l'état de la corolle, en apétales, monopétales et polypétales. Et c'est ensuite, en se basant sur l'insertion des étamines, qu'on les a séparées en classes.

Ainsi les plantes dicotylédones apétales forment l'*hypostaminie*, la *péristaminie* et l'*épistaminie*.

Dans les monopétales, la corolle porte à sa base les étamines; c'est elle qui est hypogyne, périgyne ou épigyne. De là l'*hypocorollie*, la *péricorollie* et l'*épicorollie*. Mais, dans l'épicorollie, les étamines sont tantôt soudées par leurs anthères, ce qui constitue la *synanthérie*; et tantôt libres entre elles, caractère distinctif de la *corysanthérie*.

Quant aux plantes dicotylédones polypétales, elles sont comprises dans trois classes, nommées *épipétalie, hypopétalie* et *péripétalie*.

Enfin, dans une dernière classe, qui porte le nom de *diclinie*, se trouvent rassemblées toutes les espèces à fleurs unisexuelles, monoïques ou dioïques.

Tels sont les embranchements et les classes fondés par Antoine-Laurent de Jussieu. Le tableau qui suit en donnera une idée plus complète.

| | | CLASSES. | EXEMPLES. |
|---|---|---|---|
| VÉGÉTAUX | acotylédonés.......... | 1. *Acotylédonie* ... | Champignons. |
| monocotylédonés | hypogynes.......... | 2. *Monohypogynie.* | Graminées. |
| | périgynes.......... | 3. *Monopérigynie.* | Amaryllidées. |
| | épigynes.......... | 4. *Monoépigynie..* | Orchidées. |
| dicotylédonés. — apétales, à étamines......... | épigynes.......... | 5. *Épistaminie....* | Aristoloches. |
| | périgynes.......... | 6. *Péristaminie...* | Polygonées. |
| | hypogynes.......... | 7. *Hypostaminie..* | Plantaginées. |
| monopétales, à corolle........ | hypogyne.......... | 8. *Hypocorollie...* | Labiées. |
| | périgyne.......... | 9. *Péricorollie....* | Campanules. |
| | épigyne (*épicorollie*) — anthères réunies... | 10. *Synanthérie....* | Composées. |
| | anthères distinctes. | 11. *Corysanthérie..* | Rubiacées. |
| polypétales; à fleurs — hermaphrodites ; étamines | épigynes.......... | 12. *Épipétalie .....* | Ombellifères. |
| | hypogynes.......... | 13. *Hypopétalie....* | Renonculacées. |
| | périgynes.......... | 14. *Péripétalie ....* | Rosacées. |
| unisexuées.......... | | 15. *Diclinie .......* | Cucurbitacées. |

Telle est la base de la méthode la plus généralement suivie de nos jours, et que l'on désigne sous le nom de *méthode naturelle*. Mérite-t-elle ce titre à tous égards, et d'ailleurs existe-t-il vraiment une méthode naturelle dans le sens rigoureux du mot? Ce sont là des questions difficiles dont la discussion nous entraînerait beaucoup trop loin. Contentons-nous d'indiquer en quelques mots pourquoi la classification de de Jussieu n'est point à l'abri de tout reproche.

Rien, dans l'organisation des êtres vivants comparés entre eux n'est absolu; et si certains caractères nous paraissent quelquefois tels, cela tient à l'imperfection même de nos connaissances. A mesure que les observations se multiplient en prenant plus de précision, on reconnaît que les différences ne sont jamais absolument tranchées, mais passent, d'un être à l'autre, par des transitions insensibles. Or, si l'on jette les yeux sur le tableau ci-dessus, il est facile de voir (en laissant de côté les caractères les plus généraux qui différencient les trois embranchements du règne végétal) que la caractéristique des classes repose sur un fait supposé absolu, l'*insertion des étamines*, et auquel il est, pour cette raison, attribué une importance capitale. Un seul exemple, pris parmi des plantes connues ou faciles à se procurer, suffira pour nous assurer que cette manière de voir n'est pas toujours justifiée par les faits.

Le Pied-de-griffon, ou Ellébore fétide, est une plante de la famille des Renonculacées qui fait elle-même partie de la treizième classe, ou *hypopétalie*. Cette classe ne doit (d'après la méthode) renfermer que des plantes dicotylédones, à fleurs hermaphrodites, polypétales, et à étamines *hypogynes*. C'est en effet ce que l'on observe dans les Ellébores. Mais, en même temps que ce genre, tout le monde (et de Jussieu lui-même) est d'accord pour placer dans la même famille les Pivoines, genre dont plusieurs espèces sont cultivées pour la beauté de leurs fleurs. En étudiant la fleur des Pivoines, on s'assure facilement que leur réceptacle est creusé en coupe, et que sur les bords de l'excavation s'insèrent le périanthe et l'androcée, tandis que le gynécée en occupe le fond. L'insertion est donc ici *périgyne* (plus ou moins selon les espèces). Les autres caractères généraux sont d'ailleurs les mêmes, et toutes ces plantes ont, comme on dit, un tel air de parenté, qu'on ne saurait raisonnablement les éloigner les unes des autres, ce qu'il faudrait faire cependant, si l'on s'en rapportait au seul caractère de l'insertion des étamines.

Le lecteur comprendra par cet exemple, auquel il serait facile d'en ajouter une foule d'autres, que les classes de de Jussieu n'ont point en réalité la rigueur qu'on s'est si souvent plu à leur attribuer, rigueur qu'on ne retrouve pas dans les faits, et que l'auteur ne regardait pas comme prouvée, puisque nous le voyons violer lui-même sans hésitation la loi qu'il avait formulée.

C'est qu'en effet le point vraiment important n'est pas de rechercher un ou plusieurs caractères absolus qui n'existent pas, mais de réunir l'ensemble de tous les caractères dont la connaissance et la comparaison constituent la meilleure méthode qu'il nous soit donné d'établir dans nos classifications condamnées à rester, quoi qu'on fasse, artificielles par quelque côté.

Nous devons ajouter que la partie la plus importante, à notre avis, et la plus utile de l'ouvrage de de Jussieu réside bien plutôt dans l'établissement et la description de ses familles, que dans la création de ses quinze classes dont il semble avoir fait lui-même assez bon marché.

Le domaine de la botanique a pris une bien grande extension depuis l'époque où A.-L. de Jussieu fonda sa méthode. On ne connaissait alors, en effet, qu'environ vingt mille espèces de plantes, tandis qu'on en compte aujourd'hui beaucoup plus de cent mille.

Ces progrès, à la fois si rapides et si considérables, ont nécessairement amené l'obligation de créer sans cesse de nouvelles familles, de modifier celles qui existaient déjà, de les scinder à mesure qu'elles sont devenues trop vastes ; on a même apporté diverses modifications dans les classes... ; enfin, plusieurs auteurs ont proposé des méthodes nouvelles.

Mais la plupart de ces méthodes, calquées sur celle de Jussieu, ou plus compliquées et d'une application moins facile, sont loin d'avoir été adoptées d'une manière aussi générale. Quelques-unes pourtant commandent l'attention par l'autorité même de leurs auteurs. Telles sont celles de De Candolle, de Lindley, d'Endlicher et de M. Brongniart. Nous nous contenterons de faire connaître celle de De Candolle, parce qu'elle a été adoptée dans bon nombre d'ouvrages descriptifs qui sont entre les mains de tout le monde.

**De Candolle.** — P. De Candolle, botaniste éminent, dont la vaste intelligence embrassa presque toutes les parties de la science, a laissé des ouvrages importants sur l'organographie, la physiologie, l'histoire des familles, la description des genres et des espèces. Il est l'auteur d'une théorie célèbre de la morphologie du gynécée, théorie assurément fort ingénieuse, mais qui tend à disparaître par suite des progrès que fait de jour en jour l'observation positive et rigoureuse des faits, et notamment l'étude du développement des organes, science presque neuve à laquelle la publication de l'admirable *Traité d'organogénie de la fleur* de Payer est venue donner une nouvelle et salutaire impulsion.

Dans la Flore française, qu'il a publiée de concert avec de Lamarck, et dans le *Prodromus*, dont la publication se continue sous la savante direction de son fils, M. Alph. De Candolle, il disposa les familles d'après une méthode particulière que la plupart des auteurs se sont empressés de suivre, et qu'on a de même adoptée dans la plupart des jardins botaniques.

En se fondant sur leur organisation générale, De Candolle distingue d'abord les plantes en *vasculaires* et en *cellulaires*. Il divise ensuite les premières en *exogènes* et en *endogènes* (1). D'où trois grandes classes.

La classe des exogènes correspond aux dicotylédones de Jussieu ; la classe des endogènes répond en grande partie aux monocotylédones, et celle des cellulaires, aux acotylédones.

De Candolle subdivise ensuite la classe des exogènes en *thalamiflores, caliciflores, corolliflores* et *monochlamydées*, dont il fait quatre sous-classes.

Les thalamiflores ont pour caractère distinctif une corolle polypétale, à pièces libres et insérées sur le réceptacle ; ce sont les hypopétalées de de Jussieu. Les caliciflores sont pourvues d'une corolle polypétale, quelquefois monopétale, toujours attachée au calice (2) ; elles répondent, à quelques exceptions près, aux péripétalées. Les corolliflores, munies d'une corolle gamopétale qui porte les étamines, représentent les monopétales de de Jussieu. Les monochlamydées, enfin, se distinguent par leur périanthe simple, et correspondent aux apétales.

Vient ensuite la classe des endogènes. De Candolle la divise en deux sous-classes : 1° celle des *endogènes phanérogames*, comprenant tous les végétaux monocotylédonés ; 2° celle des *endogènes cryptogames*, composée de plantes acotylédonées, quoique vasculaires (3).

Quant aux végétaux cellulaires, tous acotylédonés,

(1) Nous avons vu (page 112) ce qu'il faut penser de la valeur de ces expressions.

(2) Nous avons montré précédemment (page 297) que l'insertion de la corolle et de l'androcée sur le calice n'est qu'apparente, ainsi que l'adhérence de celui-ci à l'ovaire.

(3) Nous avons à peine besoin de faire observer que la réunion

ils ont été distingués, à leur tour, en ceux qui sont munis de feuilles et en ceux qui en sont dépourvus.

Il suffira de jeter un coup d'œil sur le tableau suivant pour saisir l'ensemble de ces divisions et subdivisions. On peut, sans inconvénient, considérer comme des classes les sous-classes établies par De Candolle. C'est ce que nous ferons dans ce tableau.

|  |  |  | CLASSES. | EXEMPLES. |
|---|---|---|---|---|
| VÉGÉTAUX | vasculaires | exogènes — à périanthe double. | 1. *Thalamiflores* | Renonculacées. |
|  |  |  | 2. *Caliciflores* | Rosacées. |
|  |  |  | 3. *Corolliflores* | Labiées. |
|  |  | exogènes — à périanthe simple. | 4. *Monochlamydées* | Chénopodées. |
|  |  | endogènes | 5. *End. phanérogames.* | Liliacées. |
|  |  |  | 6. *End. cryptogames.* | Fougères. |
|  | cellulaires |  | 7. *Foliacés* | Mousses. |
|  |  |  | 8. *Aphylles* | Champignons. |

On voit facilement en quoi cette classification se rapproche ou s'écarte de celle de de Jussieu. Elle présente, il est vrai, dans l'application une simplicité plus grande, mais cette simplicité ne s'acquiert malheureusement qu'aux dépens de l'exactitude et de la précision, un bon nombre de ses divisions étant basées sur des caractères imaginaires ou mal interprétés.


## MARCHE A SUIVRE DANS L'ÉTUDE DES FAMILLES.


La connaissance de l'ensemble des groupes naturels montre que chacun d'eux présente toujours de nombreux rapports avec plusieurs autres, rapports plus ou moins prochains, plus ou moins éloignés. Comme l'a très-bien dit Robert Brown, le lien qui réunit les êtres organisés n'est point une chaîne, mais un réseau.

des Cryptogames vasculaires aux Monocotylédons n'est justifiée ni par leur structure, ni par leur mode de reproduction.

Il en résulte que la façon la plus rationnelle de se représenter le règne végétal, c'est de le comparer à une carte géographique dans laquelle chaque province affine à plusieurs autres ou en est peu éloignée.

Malheureusement cette représentation est impossible dans les ouvrages descriptifs, et l'auteur se trouve dans la nécessité de mentionner les familles les unes à la suite des autres, c'est-à-dire dans une série unique où chacune d'elles est placée autant que possible entre les deux dont l'organisation générale offre le plus de rapports avec la sienne. Cette série peut s'établir de deux façons.

Dans l'étude particulière des familles, de Jussieu commence par les plantes les plus simples, par les acotylédones, et s'élève insensiblement à celles dont la structure offre le plus de complication. Il passe du simple au composé ; il suit une *marche ascendante*.

De Candolle, au contraire, à l'exemple des zoologistes, suit une *marche descendante*. Il commence, en effet, par les espèces les plus compliquées, par ses thalamiflores, où toutes les parties sont libres et bien évidentes. Descendant ensuite et peu à peu jusqu'aux végétaux cellulaires, il voit la plupart de ces parties se réunir, se confondre et disparaître tour à tour. Il passe ainsi du facile au difficile, car les plantes les plus simples sont précisément celles dont l'étude offre le plus de difficulté.

Cette manière de procéder est sans contredit la plus rationnelle. Nous croyons toutefois que, dans la pratique, ces distinctions ont moins d'importance qu'on pourrait croire au premier abord. En effet, l'organisation des plantes cotylédonées est si différente de celle des acotylédonées, et surtout des végétaux cellulaires, que l'étude de ces deux grands groupes constitue pour ainsi dire deux sciences distinctes, dont l'une est presque toujours cultivée ou négligée de préférence à l'autre, suivant les aptitudes et les goûts de chacun.

Quel que soit d'ailleurs l'ordre adopté, l'auteur doit, au moins lorsqu'il s'agit d'un ouvrage général, s'efforcer de suppléer à l'imperfection inhérente au procédé d'exposition. On y parvient dans une assez large mesure, en faisant suivre la description de chaque famille par l'indication aussi complète que possible des affinités qu'elle possède tant avec les groupes les plus voisins qu'avec les plus éloignés. Mais c'est là, il faut en convenir, une tâche difficile dont l'exécution exige de vastes connaissances et un coup d'œil exercé (1).

## ANALYSE DICHOTOMIQUE.

Il nous reste maintenant à dire quelques mots de ce qu'on a appelé la *méthode dichotomique*, mot généralement adopté, bien qu'éminemment impropre, car il s'agit d'un procédé empirique destiné à faciliter aux commençants la détermination des plantes.

Si nous rencontrons une plante qui nous est inconnue, et que nous voulions en trouver le nom, nous y arriverons en déterminant successivement, par l'étude de ses caractères, l'embranchement, la classe, la famille et le genre auxquels elle appartient. Reste ensuite à chercher, parmi les descriptions des espèces comprises dans son genre, celle qui lui convient le mieux.

Mais cette marche, la plus savante, la plus naturelle, exige des connaissances botaniques déjà étendues; elle n'est pas à la portée des débutants. C'est pour obvier à cette difficulté qu'on a imaginé la méthode dichotomique, procédé commode qui présente sans aucun doute de grands avantages, mais aussi cet inconvénient de dispenser le lecteur de recherches plus méthodiques,

(1) Le lecteur trouvera à cet égard les renseignements les plus complets dans le grand et bel ouvrage dont M. H. Baillon poursuit actuellement la publication sous le titre d'*Histoire des plantes*.

de le porter à se contenter du nom auquel il est arrivé, et à croire que la Botanique consiste uniquement dans la détermination des espèces.

Quoi qu'il en soit, appliqué pour la première fois par Lamarck (1), dans la Flore française, ce procédé s'est généralisé, et les auteurs de presque toutes les Flores locales en font suivre ou précéder leurs ouvrages. Un seul exemple suffira pour faire comprendre en quoi il consiste et quel usage on en peut faire.

Supposons que, dans une herborisation, nous trouvions pour la première fois un Coquelicot, et que nous désirions en savoir le nom botanique. Ouvrons le cinquième volume de la Flore française publiée par De Candolle. Nous y remarquons une longue série d'accolades ayant chacune un numéro d'ordre et plusieurs numéros de renvoi.

La première est celle-ci :

1 { Fleurs distinctes.......................... 2
  { Fleurs nulles ou non distinctes........... 899

La plante que nous avons sous les yeux a des fleurs distinctes. Passons donc au n° 2.

2 { Fleurs disjointes, ayant les anthères libres.. 3
  { Fleurs conjointes, c'est-à-dire réunies ensemble dans une enveloppe générale et ayant les anthères soudées...... ...... 796

Notre plante n'offre que des fleurs disjointes, ce qui renvoie au n° 3.

3 { Fleurs hermaphrodites.................... 4
  { Fleurs unisexuelles...................... 695

_________

(1) C'est pour cela que le procédé est fréquemment désigné sous le nom de *méthode de Lamarck*. On l'appelle aussi plus justement *clef de Lamarck*, *clef analytique* ou *dichotomique*.

Ses fleurs sont hermaphrodites.

4 { Fleurs complètes, c'est-à-dire munies à la fois d'un calice et d'une corolle distincts.. 5
Fleurs incomplètes, c'est-à-dire munies d'un calice ou d'une corolle seulement, ou dépourvues de l'un et de l'autre.......... 509

Les fleurs sont complètes.

5 { Corolle monopétale...................... 6
Corolle polypétale..................... 211

La corolle est polypétale.

211 { Ovaire libre ou dans la corolle............ 212
Ovaire adhérent au calice ou sous la corolle. 421

L'ovaire est libre.

212 { Un seul ovaire........................... 213
Plusieurs ovaires........................ 390

L'ovaire est unique.

213 { Corolle régulière........................ 214
Corolle irrégulière....................... 335

La corolle est régulière.

214 { Dix étamines ou moins................... 215
Onze étamines ou plus................... 319

J'aperçois dans chaque fleur beaucoup plus de onze étamines.

319 { Calice à deux folioles ou à deux lobes profonds............................... 320
Calice à plus de deux folioles ou de deux lobes................................ 322

Le calice est à deux folioles.

320 { Cinq pétales; calice persistant....*Pourpier* (DCXXIV).
Quatre pétales; calice caduc.............. 321

La corolle se compose de quatre pétales, et le calice est caduc.

321 {
Cinq à dix stigmates; ovaire globuleux ou ovoïde................*Pavot* (DCCXXI).
Un à trois stigmates, ovaire grêle, cylindrique..............*Chélidoine* (DCCXXII).

La plante que nous étudions est un Pavot, car elle porte dix stigmates sur un ovaire ovoïde. Nous sommes conduits à l'analyse des espèces, où nous trouvons, à l'article DCCXXI :

Pavot.————*Papaver.*

1 {
Capsule ou ovaire hérissé................ 4
Capsule ou ovaire glabre................ 2

Notre Pavot est pourvu d'un ovaire glabre.

2 {
Fleurs rouges ou blanches.............. 5
Fleurs jaunes............. *Pavot du pays de Galles*.................. (4092).

Ses fleurs sont rouges.

5 {
Feuilles velues au moins en dessous et pinnatifides............................ 6
Feuilles glabres, incisées ou dentées.......
......*Pavot somnifère.*.............(4091).

Ses feuilles sont velues et pinnatifides.

6 {
Dix stigmates ou, si l'on veut, un stigmate à dix rayons..*Pavot Coquelicot*...(4089).
Stigmates à six ou sept rayons.......*Pavot douteux*.....................(4090).

La plante qui nous occupe est bien un *Pavot Coquelicot*, car son stigmate est à dix rayons. Voulez-vous en être plus sûr? Cherchez, toujours dans la Flore française, le numéro de renvoi 4089. Il est compris dans le quatrième volume; voici les renseignements que vous y trouverez :

PAVOT COQUELICOT. — *Papaver Rhœas*, Linné.

«Sa tige est droite, rameuse, chargée de poils un peu distants et ouverts, et s'élève jusqu'à 5 décimètres; ses feuilles sont presque ailées et découpées profondément en lanières assez longues, velues, pointues et dentées ou pinnatifides; ses fleurs sont grandes, terminales, et d'un rouge éclatant; leurs pétales ont une tache noirâtre à leur base; les étamines sont au nombre de 150 au moins, etc., etc.»

Or, cette description convient parfaitement au végétal dont il s'agit.

Ainsi, dans la recherche du nom d'une plante par la méthode analytique, on sépare d'abord le règne végétal en deux groupes, ce qui réduit la difficulté du choix à moitié; on divise ensuite de même chacun de ces groupes en deux parties, puis chacune de ces parties en deux autres, et ainsi de suite jusqu'à ce qu'on n'ait plus à comparer que deux plantes qu'on sépare par un caractère distinctif. Et, dans cette suite de bifurcations, on tâche de ne mettre en présence que des caractères saillants et contradictoires, afin que l'élève le moins exercé éprouve le moins d'embarras possible.

FIN

# TABLE MÉTHODIQUE DES MATIÈRES

FIN DE LA TABLE DES MATIÈRES.

# TABLE ALPHABÉTIQUE DES FIGURES

N. B. — Dans les indications de cette table, le premier nombre représente les numéros d'ordre des figures, et le deuxième, la page que l'on doit chercher.

FIN DE LA TABLE ALPHABÉTIQUE DES FIGURES.

# ERRATA.

Page 221, légende de la figure 191, au lieu de : *Symphytum majus*, lisez : *Symphytum officinale*.

Page 312, légende de la figure 296, *au lieu de :* Plantai, *lisez :* Plantain.

CORBEIL. — Typ. et stér. de CRÉTÉ FILS.

# VOCABULAIRE

DES

## MOTS TECHNIQUES

LE PLUS GÉNÉRALEMENT USITÉS DANS LA DESCRIPTION DES PLANTES.

---

*N. B.* On a fait suivre d'un renvoi tous les mots au sujet desquels le lecteur pourra trouver dans le corps de l'ouvrage des explications plus détaillées. Ces renvois indiquent les pages où il convient de se reporter.

---

## A

**Abortif, ve**, adj. (*ab* indiquant suppression, *ortus*, né). Se dit de tout organe arrêté dans son développement.

**Acaule**, adj. (α priv., καυλός, tige). Se dit des plantes dont la tige très-courte semble faire défaut. C'est une mauvaise expression, parce que, prise à la lettre, elle implique une idée inexacte (voy. p. 71).

**Accombant**, adj. (*accumbere*, se coucher). Certains embryons sont courbés de façon que la radicule vienne s'appliquer sur les bords des cotylédons : ceux-ci sont alors dits *accombants*.

**Accrescent**, adj. (*accrescere*, s'accroître). Toute partie de la fleur, autre que l'ovaire, qui continue de croître après la fécondation, est ainsi désignée.

**Accrescible**, adj. (*accrescere*, s'accroître). Susceptible de croître.

**Acéré**, adj. (*acies*, de ἀκη, pointe). Terminé en pointe dure et aiguë.

**Achaine**, s. m. Voy. Akène.

**Aciculaire**, adj. (*acicularis*, de *acus*, aiguille). Mince et pointu comme une aiguille.

**Acotylé**, adj. Synon. de

**Acotylédoné** ou **Acotylédon**, adj. (α priv., κοτυληδών, cotylédon). Se dit des plantes dont l'embryon est dépourvu de cotylédons, et de l'embryon lui-même (voy. p. 9, 478).

**Acotylédonie**, s. f. (α. priv. κοτυληδών, cotylédon). Nom d'une classe, dans la méthode de de Jussieu (voy. p. 574).

**Acuminé**, adj. (*acuminatus*, de *acumen*, pointe). Allongé et brusquement terminé en pointe.

**Adelphie**, s. f. (ἀδελφός, frère). Groupe d'étamines réunies par leurs filets (voy. p. 273).

**Adhérent**, adj. (*adhærens*). Se dit de toute partie réunie d'une manière plus ou moins intime aux parties voisines. — Beaucoup d'auteurs emploient cette expression comme synonyme de *infère*, en parlant de l'ovaire, ce qui repose sur une interprétation inexacte des faits (voy. p. 297).

**Adné**, adj. (*ad*, sur, *natus*, né). Qui est immédiatement attaché à une partie quelconque et semble faire corps avec elle.

**Adventif, ve**, adj. (*adventitius*, de *advena*, étranger). Se dit de tout organe né en dehors du lieu de son développement normal (voy. p. 68, 168)

**Aérien**, adj. *'aer*, air). Se dit de toutes les parties des plantes qui croissent au-dessus de la surface du sol (voy. p. 68).

**Agame**, adj. (α priv., γάμος, mariage). Dépourvu d'organes sexuels, ou muni d'organes trop petits pour être visibles à l'œil nu (voy. p. 478).

**Aggloméré**, adj. (*ad*, à, ensemble, *glomerare*, mettre en pelote). Se dit des organes entassés sur le même point, qu'ils soient ou non adhérents entre eux.

**Agglutiné**, adj. (*agglutinare*, coller ensemble). Désigne les organes réunis comme par de la glu, mais pouvant se détacher sans déchirure.

**Agrégé**, adj. (*aggregare*, rassembler). Se dit des organes réunis en grand nombre sur un espace restreint, et n'adhérant pas entre eux. Le terme *fruits agrégés* s'emploie quelquefois à tort comme synonyme de *fruits composés* ou de *fruits multiples* (voy. p. 329).

**Aigrette**, s. f. Assemblage de poils simples ou rameux qui surmontent le fruit ou la graine de certaines plantes (voy. p. 249, 333).

**Aigu**, adj. (*acutus*, pointu). Se dit de tout organe terminé en pointe (voy. p. 131).

**Aiguillon**, s. m. (*aculeus*, pointe, dard). Organe plus ou moins ténu, dur et piquant qu'il ne faut pas confondre avec les *épines* dont la nature est différente (voy. p. 56, 193).

**Aiguillonné**, adj. Pourvu d'aiguillons.

**Aile**, s. f. (*ala*). Expansion membraneuse résultant de l'amincissement d'un organe sur une partie de sa surface. — On donne aussi ce nom aux deux pétales latéraux des corolles papilionacées, et aux deux sépales latéraux des *Polygala* (voy. p. 125, 258).

**Ailé**, adj. (*alatus*). Pourvu d'une aile. Une tige, un fruit, une graine peuvent être ailés (voy. p. 125, 325, 333). — Quelques auteurs appliquent la dénomination d'*ailées* aux feuilles composées-pennées (voy. p. 138).

**Aire**, s. f. (*area*, surface). Circonscription géographique où croît spontanément une espèce ou un groupe d'espèces (voy. p. 511).

**Aisselle**, s. f. (*axilla*). C'est l'angle formé par une feuille avec la partie supérieure de l'axe sur lequel elle s'insère. C'est aussi l'angle qui surmonte l'insertion de deux axes l'un sur l'autre.

**Akène**, s. m. (α priv., χαίνειν, s'ouvrir). Sorte de fruit sec indéhiscent (voy. p. 325).

**Albumen**, s. m. (*albumen*, blanc d'œuf, de *albus*, blanc). Tissu de composition variable qui accompagne l'embryon dans la graine d'un grand nombre de plantes. Ce mot doit être préféré à ceux de *périsperme* et *endosperme* qui lui sont souvent substitués (voy. p. 338).

**Albuminé**, adj. Se dit des graines pourvues d'un albumen.

**Alterne**, adj. (*alternus*, de *alter*, autre). Sert à désigner les organes disposés de telle sorte que chacun d'eux correspond à l'intervalle qui en sépare deux autres situés dans des plans différents (voy. p. 150). Se dit aussi de deux ensembles d'organes disposés suivant la même loi l'un par rapport à l'autre (voy. p. 236).

**Alterni-penné**, adj. (*alternus*, alterne, *penna*, plume). Se dit des feuilles composées-pennées, dont les folioles sont alternes.

**Alvéole**, s. f. (*alveolus*, dimin. de *alveus*, loge). Cavités plus ou moins régulières, séparées par des parois minces, dont peut être creusée la surface de certains organes.

**Alvéolé**, adj. Dont la surface est pourvue d'alvéoles (graine, réceptacle commun, etc.).

**Amande**, s. f. (*amygdala*). S'emploie quelquefois pour désigner la graine dont on a enlevé les enveloppes (voy. p. 332).

**Amphitrope**, adj. (ἀμφί, des deux côtés, τρέπειν, tourner). Sert à désigner certains ovules courbés; est à peu près synonyme de *campylotrope* (voy. ce mot).

**Amplexicaule**, adj. (*amplexus*, qui embrasse, *caulis*, tige). Qui embrasse la tige ou un rameau par sa base élargie (voy. p. 124).

**Amylacé**, adj. (*amylum*, amidon). Qui est de la nature de la fécule; qui contient de la fécule (voy. p. 25, 339).

**Anastomose**, s. f. (ἀνά, avec, στόμα, bouche). Lieu où deux nervures se rencontrent pour s'unir en une seule. Se dit aussi des vaisseaux (voy. p. 42, 128).

**Anastomosé**, adj. Formant des anastomoses.

**Anatrope**, adj. (ἀνατρέπειν, retourner). Sert à désigner une sorte d'ovules courbés (voy. p. 303).

**Ancipité**, adj. (*anceps*, double). Se dit de tout organe plus épais au milieu que vers les bords qui sont amincis et comme tranchants.

**Androcée**, s. m. (ἀνήρ, ἀνδρός, homme, οἰκία, habitation). Mot mal composé, mais consacré par l'usage pour désigner l'ensemble des étamines ou organes mâles existant dans une fleur (voy. p. 264).

**Androgyne**, adj. (ἀνήρ, homme, γυνή, femme). Se dit des plantes monoïques chez lesquelles les fleurs des deux sexes sont réunies dans la même inflorescence.

**Androphore**, s. m. (ἀνήρ, homme, φέρειν, porter). Nom donné à l'ensemble des filets staminaux qui sont soudés entre eux, dans certains androcées monadelphes.

**Angiosperme**, adj. (ἀγγεῖον, vase, σπέρμα, graine). Dont la graine est renfermée dans un péricarpe.

**Angiospermie**, s. f. (ἀγγεῖον, vase, σπέρμα, graine). Nom d'un Ordre, dans le système de Linné (voy. p. 563).

**Angle**, s. m. (*angulus*). Toute partie à bord aminci faisant une saillie allongée à la surface d'un organe. — Dans les ovaires multiloculaires, on appelle *angle interne* la partie de chaque loge la plus voisine du centre de l'ovaire (voy. p. 287). — L'*angle de divergence* de deux feuilles alternes voisines mesure l'espace qui les sépare (voy. p. 150 et suiv.).

**Anguleux**, adj. Dont la surface est relevée d'angles.

**Animalcule**, s. m. (*animal*, dimin.). Synonyme d'*anthérozoïde* (voy. p. 479).

**Annuel**, adj. (*annuus*, année). Dont la durée ne dépasse pas une année (voy. p. 5).

**Anomal**, adj. (a priv. νόμος, règle). Se dit de tout organe qui n'a pas obéi aux lois habituelles de son développement. Anomal est généralement employé comme synonyme de *anormal*.

**Antérieur**, adj. (*anterior*, de *ante*, en avant.) On appelle *parties antérieures* d'une fleur, celles qui sont tournées vers la bractée mère (voy. p. 238).

**Anthère**, s. f. (ἀνθηρός, fleuri). Partie essentielle de l'étamine, renfermant le pollen (voy. p. 267).

**Anthéridie**, s. f. (dimin. de *anthère*). Organe considéré comme jouant dans la reproduction sexuelle des végétaux acotylédonés, le même rôle que l'anthère dans les cotylédonés (voy. p. 479 et suiv.)

**Anthérozoïde**, s. m. (ἀνθηρός, fleuri, ζῶον, animal, εἶδος, apparence). Corpuscules fécondateurs, généralement mobiles, propres aux végétaux inférieurs (voy. p. 484).

**Anthèse**, s. f. (ἄνθησις, floraison). Souvent employé comme synonyme de *floraison* ou d'*épanouissement*.

**Anthode**, s. m. (ἄνθος, fleur). Désigne dans certains ouvrages descriptifs le capitule des Composées (voy. p. 212).

**Antipode**, adj. (ἀντί, à l'inverse, πούς, pied). Se dit de certaines vésicules contenues dans le sac embryonnaire (voy. p. 469).

**Apérianthé**, adj. (a, priv., περί, autour, ἄνθος, fleur). Qui n'a pas de périanthe.

**Apétale**, adj. (a priv., πέταλον, petite feuille). Se dit des fleurs dépourvues de corolle, et aussi des plantes qui produisent de telles fleurs (voy. p. 558).

**Aphylle**, adj. (a priv., φύλλον, feuille). Dépourvu de feuilles, ou dont les feuilles avortées ne présentent pas l'aspect ordinaire.

**Apical**, adj. (*apex*, sommet). Qui occupe le sommet d'un organe.

**Apicilaire**, adj. (*apex*, sommet). Qui appartient au sommet.

**Apiculé**, adj. (*apex*, sommet). Terminé en pointe courte, non résistante.

**Appendice**, s. m. (*ad*, a, *pendere*, être suspendu). Nom donné à diverses parties accessoires plus ou moins saillantes qui accompagnent certains organes.

**Appendiculaire**, adj. De la nature des appendices. — On appelle *organes appendiculaires* tous ceux qui ne font pas partie intégrante de la tige, ni de la racine.

**Appendiculé**, adj. Muni d'appendices.

**Apprimé**, adj. *(ad, sur, premere, presser).* Se dit de tout organe étroitement serré contre son support. C'est le contraire d'*étalé*.

**Aquatique**, adj. *(aqua, eau).* Se dit principalement des plantes qui vivent dans l'eau douce.

**Arachnoïde**, adj. (ἀράχνη, toile d'araignée, εἶδος, apparence). Se dit des organes dont la surface est couverte de poils *aranéeux* (voy. ce mot).

**Aranéeux**, adj. *(aranea, araignée).* Sert à désigner les poils longs, flexueux et lâchement entre-croisés, de façon à imiter une toile d'araignée.

**Arborescent**, adj. *(arbor, arbre).* Qui a la taille d'un arbre.

**Arbre**, s. m. *(arbor).* Se dit de certaines plantes ligneuses (voy. p. 72,114).

**Arbrisseau** ou **Arbuste**, s. m. Désigne certaines plantes ligneuses autres que les arbres (voy. p. 72).

**Archégone**, s. m. (ἀρχή, commencement, γόνος, naissance). Nom donné à l'organe femelle de certaines plantes acotylédones (voy. p. 480 et suiv.).

**Aréolé**, adj. *(areolatus, de area, surface).* Dont la surface est marquée d'inégalités ou de rides peu saillantes.

**Arête**, s. f. *(arista, pointe roide).* Prolongement ou appendice filiforme, droit et roide de certains organes (voy. p. 204, fig.). Les épines sont quelquefois désignées à tort sous cette dénomination.

**Arille**, s. m. *(arillus, grain de raisin sec).* Production accessoire de la graine, dont la nature est variable (voy. p. 334).

**Arillé**, adj. Se dit des graines qui portent un arille.

**Arillode**, s. m. Variété d'arille (voy. p. 334).

**Aristé**, adj. *(arista, pointe roide).* Muni d'une ou plusieurs arêtes.

**Arqué**, adj. *(arcus, arc).* Courbé en arc. S'appliquant surtout à certains embryons (voy. p. 336).

**Article**, s. m. *(articulus, jointure).* Parties superposées et séparées par des étranglements au niveau desquels la séparation se fait plus ou moins facilement.

**Articulé**, adj. *(articulus, jointure).* Attaché par une articulation. — Se dit aussi des organes formés d'articles (tige, fruits, etc.).

**Ascendant**, adj. *(ascendere, monter).* Se dit des organes qui, courbés horizontalement à leur base, se relèvent ensuite verticalement (voy. p. 300).

**Ascidie**, s. f. (ἀσκίδιον, petite outre). Nom donné aux feuilles qui se façonnent en outre, en coupe, en cornet, etc. (voy. p. 126).

**Asexué**, adj. *(a priv., sexus, sexe).* Privé de sexe; qui se fait sans le concours des sexes.

**Aspergilliforme**, adj. *aspergillus,* goupillon, *forma,* forme). Formé de poils ou parties amincies, réunis en goupillon.

**Atrope**, adj. *(a priv., τρέπειν, tourner).* Employé comme synonyme de *orthotrope.* Voy. ce mot.

**Atrophie**, s. f. *(a priv., τροφή, nourriture).* Phénomène en vertu duquel un organe s'arrête dans son développement, ou diminue de volume par suite de cet arrêt, au point de devenir souvent méconnaissable.

**Atrophié**, adj. Qui est le siége d'une atraphie (voy. p. 142).

**Atténué**, adj. *(attenuare, diminuer).* Se dit de tout organe qui diminue insensiblement de largeur ou d'épaisseur, soit de la base au sommet, soit du sommet vers la base.

**Aubier**, s. m. *(albus, blanc).* On désigne sous ce nom les couches extérieures du bois des arbres dicotylédonés (voy. p. 91 et suiv.).

**Auriule**, s. f. *(auricula, dimin. d'auris, oreille).* Syn. de OREILLETTE (Voy. ce mot).

**Auriculé**, adj. Se dit de tout organe pourvu d'oreillettes.

**Avorté**, adj. Qui a subi l'avortement.

**Avortement**, s. m. *(abortus)*

S'emploie fréquemment comme synonyme d'ATROPHIE (voy. ce mot). L'avortement d'un organe peut être *accidentel* ou *normal*. Dans ce dernier cas, le même organe avorte constamment et à la même époque chez tous les individus de la même espèce (voy. p. 142, 270, 320, etc.).

**Axe**, s. m. (*axis*). Ligne droite idéale qui est censée passer par le centre d'un organe et autour de laquelle les parties se disposent plus ou moins symétriquement. — On donne en botanique la dénomination générale d'*axe* à la tige et à la racine ainsi qu'à leurs divisions, par opposition aux autres organes, tels que feuilles, bractées, pétales, etc., qui sont désignés sous le nom d'*appendices*.

**Axile**, adj. (*axis*, axe). Se dit des organes qui sont de la nature des axes. Ainsi le pédoncule d'une fleur, son réceptacle, sont des *organes axiles* (voy. p. 53, 71, 179, 208, 281).

**Axillaire**, adj. (*axilla*, aisselle). Qui est né dans l'aisselle d'une feuille.

**Axillant**, adj. Se dit des feuilles ou bractées dans l'aisselle desquelles s'est développé un axe (voy. p. 163, 205).

# B

**Baccifère**, adj. (*bacca*. baie, *ferre*, porter). Se dit des plantes dont le fruit est une baie.

**Bacciforme**, adj. (*bacca*, baie, *forma*, forme). Qui a la forme ou l'apparence d'une baie.

**Baie**, s. f. (*bacca*). Sorte de fruit charnu, indéhiscent (voy. p. 324).

**Balle** ou **Bale**, s. f. Mot employé, surtout en agriculture, pour désigner les parties du périanthe qui restent plus ou moins adhérentes au fruit, après la maturité, dans la famille des Graminées (voy. GLUME, GLUMELLE).

**Bandelette**, s. f. (Dimin. de *bandel*, vieux français de *bandeau*. Canaux remplis d'un suc résineux, et situés dans les angles rentrants qui séparent les côtes dont le fruit des Ombellifères est muni dans le sens de sa longueur. On les appelle souvent *canaux résinifères*.

**Barbe**, s. f. (*barba*). Poils longs et droits disposés dans un ordre régulier. — Ce mot sert à désigner plus spécialement des prolongements filiformes et pointus dont sont munies certaines pièces du périanthe des Graminées.

**Barbu**, adj. (*barba*, barbe). Se dit de tout organe muni de barbes. S'applique aussi au végétal tout entier dont certaines parties portent des barbes. On dit *blé barbu*.

**Base**, s. f. (*basis*). La *base* d'un organe est la partie par laquelle il est fixé à son support naturel.

**Basifixe**, adj. (*basis*, base, *fixus*, fiché). Se dit généralement des anthères qui s'attachent au filet par leur partie inférieure (voy. p. 268).

**Basilaire**, adj. Qui appartient à la base d'un organe.

**Bec**, s. m. Prolongement pointu d'un organe, surtout d'un fruit (voy. p. 343, fig.).

**Bicaréné**, adj. (*bis*, deux, *carina*, carène). Muni de deux angles saillants en forme de carène.

**Bicorne**, adj. (*bis*, deux, *cornu*, corne). Muni de deux prolongements en forme de corne.

**Bicuspidé**, adj. (*bis*, deux, *cuspis*, pointe). Terminé par deux pointes aiguës.

**Bifide**, adj. (*bifidus*, divisé en deux parties). Se dit de tout organe partagé en deux parties jusque vers le milieu de sa longueur.

**Biflore**, adj. (*bis*, deux, *flos*, fleur). Qui porte deux fleurs.

**Bifolié**, adj. (*bis*, deux, *folium*, feuille). Qui porte deux feuilles.

**Bifoliolé**, adj. Diminutif de *bifolié*.

**Bifurqué**, adj. (*bis*, deux, *furca*, fourche). Partagé en deux branches terminales, comme une fourche.

**Bijugué**, adj. (*bis*, deux, *jugum*, joug). Se dit des feuilles pennées composées de deux paires de folioles.

**Bilabié**, adj. (*bis*, deux, *labium*, lèvre). Se dit des corolles gamopétales divisées en deux lèvres. On dit plus généralement et plus simplement *corolle labiée*.

**Bilobé**, adj. (*bis*, deux, *lobus*, lobe). Partagé en deux lobes (voy. p. 133).

**Biloculaire**, adj. (*bis*, deux, *loculus*, petite cavité). Se dit de toute cavité divisée en deux compartiments par une cloison (voy. p. 267, 286).

**Biparti** ou **tit**, adj. (*bis*, deux fois, *partitus*, divisé). Fendu jusque vers sa base en deux parties.

**Bipennatifide**, adj. Se dit des feuilles pennatifides dont les divisions sont elles-mêmes pennatifides.

**Bipenné**, adj. (*bis*, deux fois, *penna*, plume). Sert à désigner les feuilles composées doublement pennées (voy. p. 139).

**Bisannuel**, adj. (*bis*, deux, *annuus* année). Qui vit deux ans (voy. p. 5).

**Biterné**, adj. (*bis*, deux fois, *ternus*, triple). Se dit des feuilles composées dont le rachis porte trois pétioles secondaires munis chacun de trois folioles.

**Bivalve**, adj. (*bis*, deux, *valva*, porte). Composé de deux valves ; qui s'ouvre en deux valves.

**Bois**, s. m. On désigne sous ce nom la partie consistante des tiges et des racines dans les plantes arborescentes. Elle est comprise entre l'écorce et la moelle, et caractérisée par les tissus qui la composent (voy. p. 84, 91, 109).

**Bourgeon**, s. m. Premier état d'une branche (voy. p. 163 et suiv.).

**Bourse**, s. f. On désigne assez souvent sous cette dénomination, en horti-culture, les bourgeons à fleurs des arbres fruitiers.

**Bouton**, s. m. Désigne la fleur avant son épanouissement (voy. p. 229).

**Boyau**, s. m. (*botulus*, boudin). On dit le *boyau pollinique* (voy. p. 279).

**Bractéal**, adj. (*bractea*, lame ou feuille). Se dit des feuilles qui avoisinent les bractées et leur ressemblent un peu.

**Bractée**, s. f. (*bractea*, lame ou feuille). Feuilles modifiées qui avoisinent les fleurs (voy. p. 198 et suiv.).

**Branche**, s. f. On appelle ainsi les divisions principales de la tige (voy. p. 179).

**Bryologie**, s. f. (βρύον, mousse, λόγος, traité). Partie de la botanique qui traite de la classe des Muscinées, c'est-à-dire des Mousses et des Hépatiques.

**Bulbe**, s. m. (*bulbus*, de βολβός, oignon). Sorte de tige souterraine (voy. p. 78).

**Bulbeux**, adj. (*bulbus*, oignon). Qui est pourvu d'un bulbe, ou qui forme bulbe.

**Bulbifère**, adj. (*bulbus*, oignon, *ferre*, porter). Qui porte des bulbes ou des bulbilles.

**Bulbille**, s. m. (dimin. de *bulbus*, oignon). Petit bulbe. Ce nom s'applique à des organes de nature assez diverse (voy. p. 171, 192).

**Bursicule**, s. m. (*Bursiculus*, dimin. de *bursa*, bourse). Petite poche qui existe à la base de l'anthère dans certaines Orchidées, et qui contient l'extrémité gluante des masses polliniques.

# C

**Caduc, uque**, adj. (*cadere*, tomber). Se dit de tout organe qui se détache spontanément par suite d'une sorte de désarticulation (voy. p. 122, 250, 263, etc.).

**Calathide**, s. f. (καλάθη, corbeille). Synonyme de *capitule* (voy. ce mot).

**Calendrier de Flore**, s. m. Tableau indiquant les époques de floraison d'un grand nombre de plantes (voy. p. 232).

**Calice**, s. m. (*calix*, coupe). Nom donné à l'ensemble des pièces les plus extérieures de la fleur (voy. p. 240 et suiv.). On désigne quelquefois sous le nom de *calice commun* l'involucre du capitule des Composées (voy. p. 201).

**Caliciflores**, adj. (*calix*, coupe, *flos*, fleur). Nom donné par de Candolle à une classe de plantes dicotylédones (voy. p. 578).

**Caliciforme**, adj. (*calix*, coupe, *forma*, forme). En forme de calice.

**Calicinal**, adj. (*calix*, coupe). Qui

appartient au calice, qui est de la nature du calice.

**Calicule**, s. m. (dimin. de *calix*, coupe). Nom donné à un calice accessoire, de nature variable, qui s'observe dans quelques plantes (voy. p. 201).

**Caliculé**, adj. Se dit des fleurs munies d'un calicule.

**Callosité**, s. f. (*callus*, durillon). Nom donné à une excroissance qui se développe sur les sépales accrescents de certaines espèces de *Rumex*.

**Cambium**, s. m. Tissu qui se forme entre l'écorce et le bois, et qui fournit les matériaux de l'accroissement (voy. p. 84). S'emploie comme synonyme de *couche génératrice*.

**Campaniforme**, adj. (*campana*, cloche, *forma*, forme). Se dit des corolles gamopétales qui s'évasent insensiblement de la base au sommet, comme une cloche (voy. p. 259).

**Campanulé**, adj. (*campana*, cloche, dimin.). Qui a la forme d'une petite cloche. Employé comme synonyme du précédent.

**Campulitrope**, adj. Mot mal fait. Voy. *Campylotrope*.

**Campylosperme**, adj. (καμπύλος, courbé, σπέρμα, graine). Se dit des plantes dont la graine est courbée.

**Campylotrope**, adj. (καμπύλος, courbé, τρέπειν, tourner). Sert à désigner une sorte d'ovules courbés (voy. p. 304).

**Canaliculé**, adj. (*canaliculus*, dimin. de *canalis*, canal). Se dit de tout organe présentant à sa surface une dépression en forme de gouttière.

**Cannelé**, adj. Dont la surface est marquée de cannelures, c'est-à-dire munie de sillons longitudinaux rapprochés, laissant entre eux des côtes régulièrement saillantes.

**Capillaire**, adj. (*capillus*, cheveu). Se dit de tout organe dont la ténuité et la souplesse rappellent celles d'un cheveu.

**Capité**, adj. (*caput, itis*, tête). Terminé brusquement par un renflement ovale ou arrondi. Se dit aussi des organes rassemblés en touffe serrée et arrondie.

**Capitule**, s. m. (*capitulum*, dimin. de *caput*, tête). Sorte d'inflorescence indéfinie à deux degrés de végétation (voy. p. 212).

**Capsulaire**, adj. (*capsula*, dimin. de *capsa*, boîte). Qui est de la nature des capsules.

**Capsule**, s. f. (*capsula*, dimin. de *capsa*, boîte). Sorte de fruit sec déhiscent (voy. p. 329).

**Carcérule**, s. m. (*carcerulus*, dimin. de *carcer*, prison). Nom appliqué par quelques auteurs à certaines capsules pluriloculaires, comme celle du Tilleul.

**Carénal**, adj. (*carina*, quille de vaisseau). Qui appartient à la carène.

**Carène**, s. f. (*carina*, quille de vaisseau). Arête saillante qui parcourt longitudinalement la face inférieure d'un organe. — Se dit aussi de la portion antérieure des corolles papilionacées (voy. p. 258).

**Caréné**, adj. (*carina*, carène). Qui est muni d'une carène, ou qui en a la forme.

**Caroncule**, s. f. (*caruncula*, dimin. de *caro*, chair). Épaississement charnu qui s'observe sur certaines graines (voy. *Arille*).

**Carpellaire**, adj. (καρπός, fruit). Se dit des feuilles modifiées qui entrent dans la composition des carpelles.

**Carpelle**, s. m. (καρπός, fruit). Partie du gynécée (voy. p. 394).

**Carpophore**, s. m. (καρπός, fruit, φέρειν, porter). Nom donné au prolongement du réceptacle qui soulève, dans quelques fleurs, le gynécée au-dessus des autres verticilles. Ce mot est synonyme de *Gynophore* (voy. p. 283).

**Cartacé**, adj. (*charta*, papier). Qui a la consistance et l'aspect du parchemin.

**Caryopse**, s. m. (κάρυον, noix, ὄψις, apparence). Sorte de fruit sec, indéhiscent (voy. p. 325). S'écrit souvent *cariopse*.

**Casque**, s. m. (*cassis*). Nom donné à la partie supérieure du périanthe de plusieurs Orchidées, ainsi qu'au sépale postérieur des Aconits (voy. p. 243).

**Caudicule**, s. m. (dimin. de *cauda*, queue). Partie amincie des masses polliniques des Orchidées (voy. p. 275).

**Caulescent**, adj. (*caulis*, tige). Se dit des plantes munies d'une tige aérienne bien visible, par opposition avec celles qu'on est convenu d'appeler *acaules* (voy. ce mot).

**Caulinaire**, adj. (*caulis*, tige). Qui appartient à la tige. Se dit surtout des feuilles portées par une tige bien développée (voy. p. 149).

**Cellulaire**, adj. (*cellula*, dimin. de *cella*, loge). Qui est formé de cellules.

**Cellule**, s. f. (*cellula*, dimin. de *cella*, loge). Sorte d'élément anatomique dont dérivent tous les autres (voy. p. 14 et suiv.).

**Cellulose**, s. f. Principe immédiat qui parait former la trame solide de tous les tissus végétaux (voy. p. 415).

**Central**, adj. (*centrum*, centre). Qui occupe le centre. Se dit particulièrement d'une sorte de placentation (voy. p. 287).

**Céracé**, adj. (*cera*, cire). Qui a la consistance et l'aspect de la cire. Sert surtout à qualifier certains pollens solides.

**Cespiteux**, adj. (*cespes*, gazon). Se dit des plantes herbacées qui forment en croissant une touffe serrée.

**Chair**, s. f. (*caro*). Partie succulente de certains fruits, formée principalement de tissu cellulaire (voy. *Sarcocarpe*).

**Chalaze**, s. f. (χάλαζα, grêle). Une des régions de l'ovule (voy. p. 300).

**Chapeau**, s. m. (*cappa*, de *capere*, contenir. Désigne le réceptacle des Champignons les plus élevés en organisation. — S'applique également a un prolongement du placenta qui surmonte l'ovule, dans les Euphorbiacées.

**Charnu**, adj. Se dit des organes de consistance ferme et de nature succulente.

**Chaton**, s. m. (dimin. de *chat*, par analogie avec la queue de cet animal). Sorte d'épi unisexué (voy. p. 210).

**Chaume**, s. m. (*culmus*, paille). Nom donné à la tige noueuse des Graminées.

**Chevelu**, s. m. (*capillus*, cheveu). On désigne ainsi l'ensemble des ramifications ultimes de la racine (voy. p. 63).

**Chiffonné**, adj. Plissé irrégulièrement dans différents sens. Se dit surtout des pétales dans la préfloraison.

**Chloranthie**, s. f. (χλωρός, verdâtre, ἄνθος, fleur). Nom donné à un état anormal dans lequel les différentes parties de la fleur revêtent plus ou moins l'apparence de feuilles.

**Chlorophylle**, s. f. (χλωρός, verdâtre, φύλλον, feuille). Matière verte qui colore les feuilles (voy. p. 24, 425).

**Chorisanthérie**, s. f. (χωρίσειν, séparer, ἀνθηρός, fleuri). Nom d'une classe dans la méthode de de Jussieu (v. p. 574).

**Chromule**, s. f. (χρῶμα, couleur). Employé souvent comme synonyme de *chlorophylle*, ou pour désigner d'autres matières colorantes des plantes.

**Cicatrice**, s. f. (*cicatrix*). On désigne ainsi la marque plus ou moins apparente que laisse à la surface d'un organe axile la chute spontanée d'un appendice (voy. p. 122).

**Cil**, s. m. (*cilium*). Poil droit, plus ou moins roide, fixé au bord d'un organe.

**Cilié**, adj. (*cilium*, cil). Qui est muni de cils.

**Circiné**, adj. (*circinus*, cercle). Se dit surtout des feuilles roulées en crosse dans la préfoliation (voy. p. 176).

**Cirre**, s. m. (*cirrus*, boucle de cheveux). Synon. de *vrille* (voy. ce mot).

**Cirriforme**, adj. (*cirrus*, boucle de cheveux, *forma*, forme). Qui ressemble à une vrille.

**Cladode**, s. m. (κλάδος, branche). Nom donné aux rameaux qui affectent une forme aplatie qui les fait ressembler, au premier aspect, à des feuilles (voy. p. 195).

**Claviforme**, adj. (*clavis*, massue, *forma*, forme). Qui ressemble à une massue.

**Clinanthe**, s. m. (κλίνη, lit, ἄνθος, fleur). Nom donné par quelques auteurs au réceptacle commun des Composées.

**Cloison**, s. f. On donne ce nom à toute lame qui sépare une cavité en deux ou plusieurs compartiments. Il importe de distinguer les *vraies* et les *fausses cloisons* (voy. p. 267, 293, 437).

**Clostre**, s. m. (*clostrum*, verrou). Nom sous lequel on désigne parfois les fibres-cellules (voy. p. 29).

**Cochléaire**, adj. (*cochlea*, limaçon). En forme de coquille ou de cuiller. Sert à désigner une sorte de préfloraison (voy. p. 108).

**Coiffe**, s. f. Sorte de membrane en forme d'éteignoir qui recouvre le sommet de la fructification, dans les Mousses.

**Coléorrhize**, s. f. (κολεός, étui, ῥίζα, racine). Membrane cellulaire qui enveloppe la radicule de certaines plantes dans les premiers temps de la germination.

**Collecteur**, adj. (*colligere*, recueillir.) On nomme *poils collecteurs*, des poils courts et droits qui existent sur le style de diverses plantes et servent à retenir le pollen.

**Collenchyme**, s. m. (κόλλα, colle, ἔγχυμα, injection). Nom donné par divers auteurs au tissu formé de cellules à parois très-épaisses (voy. p. 20).

**Collerette**, s. f. On donne souvent ce nom à l'involucre des Ombellifères (voy. p. 200).

**Collet**, s. m. (*collum*, cou). C'est l'endroit où se réunissent la tige et la racine (voy. p. 57).

**Coloré**, adj. (*color*, couleur). On est convenu d'appeler *organes colorés* tous ceux qui ont une autre couleur que le vert.

**Columelle**, s. f. (*columella*, dimin. de *columna*, colonne). Axe de forme variable qui persiste dans certains fruits après la chute des autres parties (voy. p. 323).

**Colonne**, s. f. (*columna*). Divers auteurs emploient ce mot comme synonyme de *Gynosthème* (voy. ce mot).

**Commissural**, adj. (*committere*, joindre). Qui appartient à la commissure, ou en est voisin.

**Commissure**, s. f. (*committere*, joindre). On nomme ainsi le bord double qui résulte de l'accollement de deux organes aplatis et de même dimension.

**Composé**, adj. (*cum*, avec, *positus*, placé). On dit une *feuille composée* (voy. p. 137) ; une *fleur*, un *fruit composé* (voy. p. 212, 329).

**Conceptacle**, s. m. (*concipere*, contenir). Désigne, chez les Cryptogames, certaines cavités particulières renfermant des corps reproducteurs.

**Concolore**, adj. (*cum*, ensemble, *color*, couleur). Se dit de deux ou plusieurs objets offrant la même couleur.

**Condupliqué**, adj. (*cum*, avec, *duplicare*, plier). Se dit d'une sorte de préfoliation (voy. p. 176).

**Cône**, s. m. (*conus*). On désigne ainsi certains fruits composés (voy. p. 329).

**Confluent**, adj. (*cum*, avec, *fluere*, couler). Se dit de deux organes qui se réunissent pour n'en former qu'un seul.

**Conforme**, adj. (*cum*, avec, *forma*, forme). Se dit des organes qui ont la même forme que certains autres de même nature.

**Conidie**, s. f. (κόνις, poussière). Sert à désigner, chez les Cryptogames, certains corps reproducteurs nés sans le concours des sexes.

**Conjugation** ou **conjugaison**, s. f. (*cum*, avec, *jugum*, joug). Mode de reproduction particulier à certaines plantes acotylédonées (voy. p. 488).

**Conjugué**, adj. (*cum*, avec, *jugum*, joug). Disposé par paires.

**Conné**, adj. (*cum*, avec, *natus*, né). Se dit en général des organes intimement unis, et en particulier des feuilles opposées soudées par leurs bases (voy. p. 125).

**Connectif**, s. m. (*cum*, avec, *nectere*, nouer). Partie constituante de l'anthère (voy. p. 268).

**Connivent**, adj. (*connivere*, fermer à demi). Se dit des organes qui ont tendance à se rapprocher sans cependant contracter d'adhérence complète.

**Contracté**, adj. (*cum*, avec, *trahere*, tirer). Se dit des organes ou groupes d'organes resserrés. — S'applique particulièrement à certaines inflorescences (voy. p. 222).

**Convoluté**, adj. (*cum*, avec, *volvere*, rouler). Roulé sur soi-même. — Se dit d'une sorte de préfoliation (voy. p. 176).

**Coque**, s. f. Quelques auteurs désignent ainsi des fruits capsulaires dont les loges se séparent spontanément à la maturité (Ex. Euphorbes).

**Cordé**, adj. (*cor*, cœur). En forme de cœur renversé. Beaucoup de feuilles ont le limbe cordé.

**Cordiforme**, adj. (*cor*, cœur, *forma*, forme). Qui ressemble à un cœur.

**Cordon**, s. m. (dimin. de *corde*). On dit quelquefois *cordon ombilical* au lieu de *funicule* (voy. ce mot). — On appelle *cordon suspenseur*, la partie supérieure de la vésicule embryonnaire fécondée.

**Corné**, adj. (*cornu*, corne). Qui a la consistance de la corne. — Se dit particulièrement de certains albumens (voy. p. 338).

**Corniculé**, adj. (dimin. de *cornu*, cornet). Qui a la forme d'un cornet.

**Corolle**, s. f. (dimin. de *coronx*, couronne). Un des verticilles du périanthe (voy. p. 251 et suiv.).

**Corolliflores**, adj. Nom d'une classe dans la classification de de Candolle (voy. p. 579).

**Cortical**, adj. (*cortex*, écorce). Qui appartient à l'écorce.

**Corymbe**, s. m. (κόρυμβος, sommet de tige). Sorte d'inflorescence indéfinie à deux degrés de végétation (voy. p. 209).

**Corymbifère**, adj. (*corymbus*, corymbe, *ferre*, porter). Dont les fleurs sont disposées en corymbes. — On trouve désignée, dans plusieurs ouvrages, sous le nom de *Corymbifères*, une des divisions de la famille des Composées. Elle comprend des plantes qui ont les capitules disposés en cymes et dont l'ensemble ressemble, **au premier abord**, à un corymbe.

**Côte**, s. f. (*costa*). On nomme ainsi les saillies longitudinales et mousses qui parcourent certains organes (fruits, tiges). — La nervure principale des feuilles est quelquefois désignée sous ce nom.

**Cotonneux**, adj. Se dit des organes munis de poils abondants et enchevêtrés, de manière à imiter le coton. On emploie plus fréquemment l'adjectif *Tomenteux* (voy. ce mot).

**Cotylédon**, s. m. (κοτυληδών, articulation). Organe de nature foliaire qui fait partie de l'embryon de certaines plantes (voy. p. 335, 337).

**Cotylédonaire**, adj. Qui appartient aux cotylédons; qui est de la nature des cotylédons. On appelle souvent *corps cotylédonaire* la partie de l'embryon qui comprend le ou les cotylédons (voy. p. 337).

**Cotylédoné**, adj. Se dit des embryons qui portent un ou deux cotylédons; et aussi, par extension, des plantes dont l'embryon est cotylédoné.

**Couché**, adj. Se dit des tiges et des rameaux étalés à la surface du sol sans s'y attacher par des racines adventives (voy. p. 75).

**Couche**, s. m. Se dit fréquemment des tissus formant par leur ensemble une ou plusieurs lames continues dans la structure d'un organe. Ainsi on dit la *couche épidermique*, pour désigner l'épiderme; les *couches corticales* forment par leur superposition l'écorce; le bois est composé de *couches ligneuses*, etc. (voy. p. 83, 99, 109).

**Coulant**, s. m. Sorte de rameau appliqué sur le sol et émettant de distance en distance des feuilles et des racines adventives (voy. p. 189). Ce mot est synonyme de *stolon*.

**Couronne**, s. f. (*corona*). On désigne ainsi l'ensemble d'appendices pétaloïdes qui semblent nés à la base du limbe des pièces du périanthe dans certaines fleurs, par exemple chez les *Lychnis*, les *Narcisses*, etc. L'organogénie montre que ces organes sont souvent de même nature que le *Disque* (voy. ce mot).

**Couronné**, adj. (*corona*, couronne). Se dit des organes surmontés par des parties disposées en couronne. Ainsi le fruit du Pommier est *couronné* par le calice persistant.

**Coussinet**, s. m. Petite éminence qui existe sur la tige et les rameaux d'un grand nombre de plantes au niveau où les feuilles viennent s'articuler (voy. p. 123).

**Crampon**, s. m. On désigne souvent ainsi certaines racines adventives qui servent à fixer les tiges ou les rameaux le long des corps où elles s'attachent, par exemple dans le Lierre. Ce sont de véritables racines (voy. p. 69).

**Cratériforme**, adj. (*crater*, coupe, *forma*, forme). En forme de tasse hémisphérique.

**Crénelé**, adj. (*crena*, échancrure). Qui est muni de crénelures.

**Crénelure**, s. f. (*crena*, échancrure). Divisions arrondies du bord des feuilles (voy. p. 133).

**Crispé**, adj. (*crispare*, rider). Se dit des feuilles présentant des plis irréguliers et nombreux.

**Cruciforme**, adj. (*crux*, croix, *forma*, forme). Désigne particulièrement une sorte de corolle polypétale régulière (voy. p. 257).

**Crustacé**, adj. (*crusta*, croûte). Se dit des membranes qui sont à la fois minces, dures et fragiles.

**Cryptogame**, adj. (κρυπτός, caché, γάμος, mariage). Se dit des plantes dont les organes sexuels sont invisibles à l'œil nu (voy. p. 478).

**Cryptogamie**, s. f. (κρυπτός, caché, γάμος, mariage). Nom donné par Linné à une classe de son système, qui renferme toutes les plantes cryptogames, c'est-à-dire *acotylédonées* (voy. p. 562).

**Cuculliforme**, adj. (*cucullus*, capuchon). Qui est contourné en cornet ou en capuchon.

**Cunéiforme**, adj. (*cuneus*, coin, *forma*, forme). Se dit de tous les organes qui affectent la forme d'un triangle à sommet dirigé en bas.

**Cupule**, s. f. (dimin. de *cupa*, coupe). Organe en forme de coupe, résultant souvent de l'élargissement du pédoncule, couvert de bractées, et qui entoure plus ou moins certains fruits (voy. p. 202).

**Cupulifère**, adj. (*cupula*, cupule, *ferre*, porter). Qui est muni d'une cupule.

**Cupuliforme**, adj. (*cupula*, cupule, *forma*, forme). Qui a la forme d'une petite coupe.

**Curvinervié**, adj. (*curvus*, courbé, *nervus*, nervure). Se dit des feuilles dont les nervures sont régulièrement courbées (voy. p. 129).

**Cuspidé**, adj. (*cuspis*, pointe). Se dit des organes terminés en une pointe longue, aiguë et roide.

**Cuticule**, s. f. (dimin. de *cutis*, peau). Membrane externe qui revêt l'épiderme (voy. p. 44).

**Cyathiforme**, adj. (*cyathus*, coupe profonde, *forma*, forme). Creusé en forme de gobelet.

**Cycle**, s. m. (κύκλος, cercle). Réunion d'un nombre déterminé de feuilles considérées dans leur arrangement sur la tige (voy. p. 151).

**Cylindracé**, adj. (κύλινδρος, cylindre). Dont la forme rappelle celle d'un cylindre.

**Cymbiforme**, adj. (*cymba*, bateau, *forma*, forme). En forme de nacelle.

**Cyme**, s. f. (κῦμα, jeune pousse de plante). On désigne sous ce nom diverses inflorescences (voy. p. 219 et suiv.).

**Cystolithe**, s. m. (κύστη, vessie, λίθος, pierre). Assemblage de petits cristaux qui s'observent à l'intérieur de certaines cellules (voy. p. 27).

**Cytoblaste**, s. m. (κύτος, cavité, βλαστός, bourgeon). Nom donné par Schleiden au *nucléus* des cellules (voy. p. 22).

# D

**Débile**, adj. (*debilis*, faible). Se dit particulièrement des tiges trop grêles pour se maintenir sans appui dans la direction verticale.

**Décandre**, adj. (δέκα, dix, ἀνήρ, mâle). Se dit des fleurs qui ont dix étamines.

**Décandrie**, s. f. Nom donné par Linné à une des classes de son système (voy. p. 562).

**Décliné**, adj. (*declinare*, tomber). Se dit de tout organe qui retombe en se courbant en arc.

**Décombant**, adj. (*decumbere*, retomber). Se dit des tiges et rameaux qui, après s'être élevés verticalement, s'inclinent ensuite vers le sol. Le saule pleureur a ses rameaux *décombants*.

**Décomposé**, adj. Se dit plus spécialement des feuilles composées à divisions plusieurs fois répétées (voy. p. 137).

**Dcoup**, adj. Se dit des organes foliacés dont le bord semble avoir été diversement rogné.

**Décurrence**, s. f. (*decurrere*, courir en descendant). Désigne les expansions membraneuses des organes décurrents.

**Décurrent**, adj. (*decurrere*, courir en descendant). Se dit de toute partie prolongée inférieurement en lames ou languettes qui semblent naitre au-dessous du point d'attache (voy. p. 125).

**Décussé**, adj. (*decussare*, diviser en forme d'X). Se dit des feuilles opposées dont les paires se croisent à angle droit voy. p. 150.

**Dédoublement**, s. m. Phénomène par suite duquel un organe, primitivement unique, parait s'être postérieurement divisé en deux ou plusieurs parties. C'est par suite de dédoublement, par exemple, que la fleur adulte du chou a six étamines au lieu de quatre, qui est le nombre initial (voy. p. 170). L'organogénie peut seule rendre compte de ces phénomènes.

**Défini**, adj. (*definitus*, limité). Se dit des parties dont le nombre est fixé à l'avance. On dit que l'*androcée* de la Giroflée est *défini;* on dit aussi, *inflorescence définie* (voy. p. 216 et suiv.).

**Déhiscence**, s. f. (*dehiscere*, s'entr'ouvrir). Se dit du phénomène par lequel un organe primitivement creux s'ouvre spontanément (voy. p. 269, 321).

**Déhiscent**, adj. (*dehiscere*, s'entr'ouvrir). Se dit de tout organe creux qui s'ouvre spontanément à une époque déterminée (voy. p. 326).

**Deltoïde**, adj. (de la lettre grecque Δ (delta), εἶδος, apparence). En forme de triangle équilatéral.

**Demi-fleuron**, s. m. On désigne ainsi les fleurs dont la corolle gamopétale est fendue latéralement d'un seul côté (voy. p. 262).

**Dent**, s. f. (*dens*). On appelle *dents*, les petites divisions triangulaires qui s'observent au bord du limbe d'un grand nombre d'organes foliacés, de fruits, etc.

**Denté**, adj. (*dens*, dent). Se dit de tout organe pourvu de dents.

**Dentelé**, adj. (*dens*, dent). Muni de dents fines et serrées.

**Dentelure**, s. f. (*dens*, dent). Se dit des dents fines et serrées.

**Denticulé**, adj. (dimin. de *dens*, dent). Bordé de dents extrêmement réduites.

**Déprimé**, adj. (*deprimere*, aplatir). Se dit des organes globuleux qui paraissent avoir été aplatis par une pression de haut en bas.

**Descendant**, adj. (*descendere*, descendre). Se dit des organes qui croissent verticalement de haut en bas (voy. p. 58).

**Déterminé**, adj. S'emploie souvent comme synonyme de *défini* (voy. ce mot).

**Dextrine**, s. f. (*dextra*, main droite, parce que cette substance dévie à droite le plan de polarisation de la lumière). Produit de transformation de la fécule (voy. p. 417).

**Diadelphe**, adj. (δἱς, deux, ἀδελφός, frère). Se dit des étamines réunies en deux faisceaux par leurs filets (voy. p. 273). On dit aussi *androcée diadelphe, fleur diadelphe.*

**Diadelphie**, s. f. (δἱς, deux, ἀδελφός, frère). Nom donné par Linné, dans son Système, à la classe qui renferme les plantes à étamines diadelphes (voy. p. 562).

**Diagnose**, s. f. (διάγνωσις, discernement). Phrase concise indiquant les principaux caractères d'un genre ou d'une espèce.

**Diakène**, s. m. (δἱς, deux, α priv. χαίνειν, s'ouvrir). Se dit quelquefois des fruits formés de deux akènes qui se séparent à la maturité. Ex. : Ombellifères.

**Dialycarpellé**, adj. (διά, indiquant disjonction, λύειν, séparer, χαρπός, fruit). Se dit des ovaires dont les carpelles ne sont pas soudés entre eux.

**Dialypétale**, adj. (διά, indiquant disjonction, λύειν, séparer, πίταλον, feuille). Synonyme de *polypétale* (voy. ce mot).

**Dialysépale**, adj. Synon. de *polysépale* (voy. ce mot).

**Diandre**, adj. (δἱς, deux, ἀνήρ, mari). Muni de deux étamines.

**Diandrie**, s. f. (δὶς, deux, ἀνήρ, mari). Nom donné par Linné, dans son Système, à la classe qui renferme les plantes à fleurs diandres (voy. p. 562).

**Dichotome**, adj. (δίχα, en 2 parties, τομή, division). Se dit des tiges d'abord simples qui se divisent en deux rameaux égaux, dont chacun se divise lui-même en deux, et ainsi de suite.

**Dichotomie**, s. f. (δίχα, en 2 parties, τομή, division). Mode de division des tiges dichotomes (voy. p. 184).

**Dichotomique** (ANALYSE), adj. On désigne sous ce nom un procédé de détermination des plantes (voy. p. 581).

**Dicline**, adj. (δὶς, deux, κλίνη, lit). Se dit des plantes à fleurs unisexuées.

**Diclinie**, s. f. (δὶς, deux, κλίνη, lit.). Linné embrassait dans cette dénomination générale toutes les plantes à fleurs unisexuées.

**Dicotylédoné, Dicotylédon,** ou **Dicotylé**, adj. (δὶς, deux, κοτυληδών, cotylédon). Se dit des embryons pourvus de deux cotylédons. Se dit aussi, par extension, des plantes qui proviennent de tels embryons (voy. p. 8).

**Didyme**, adj. (δίδυμος, double). Se dit des organes formés de deux moitiés globuleuses réunies par un point de leur circonférence.

**Didyname**, adj. (δὶς, deux, δύναμις, puissance). Se dit des étamines présentant une inégalité particulière (voy. p. 271).

**Didynamie**, s. f. (δὶς, deux, δύναμις, puissance). Linné appelle ainsi, dans son Système, la classe qui renferme les plantes à étamines didynames.

**Diffus**, adj. (*diffusus*). S'applique surtout aux tiges qui présentent une ramification lâche et sans ordre.

**Digité**, adj. (*digitus*, doigt). S'emploie comme synonyme de *palmé* (voy. ce mot).

**Digitinerve**, adj. (*digitus*, doigt, *nervus*, nervure). Synonyme de *palminerve* (voy. ce mot).

**Digyne**, adj. (δὶς, deux, γυνή, femme). Se dit des fleurs pourvues de deux styles.

**Digynie**, s. f. (δὶς, deux, γυνή, femme). Linné appelle ainsi, dans son Système, l'ordre qui comprend les plantes à deux styles (voy. p. 563).

**Dimère**, adj. (δὶς, deux, μέρος, partie). Qui est composé de deux parties.

**Diœcie**, s. f. (δὶς, deux, οἰκία, maison). Une des classes du Système de Linné (voy. p. 562).

**Dioïque**, adj. (δὶς, deux, οἰκία, maison). Se dit des plantes à fleurs unisexuées et séparées (voy. p. 237).

**Dipétale**, adj. (δὶς, deux, πέταλον, pétale). Muni de deux pétales.

**Diplostémone**, adj. (διπλόος, double, στῆμα, fil). Se dit des fleurs dont les étamines sont en nombre double des pétales.

**Diptère**, adj. (δὶς, deux, πτερόν, aile). Muni de deux prolongements membraneux en forme d'aile.

**Discoïde**, adj. (δίσκος, disque, εἶδος, apparence). En forme de disque.

**Discolore**, adj. (*discolor*, de deux couleurs). S'applique surtout aux feuilles dont les deux faces sont de teinte différente.

**Disépale**, adj. Muni de deux sépales.

**Disperme**, adj. (δὶς, deux, σπέρμα, graine). Se dit des fruits ou loges renfermant deux graines.

**Disque**, s. m. (*discus*). Ensemble d'organes de consistance diverse que l'on observe dans certaines fleurs (voy. p. 305). On désigne aussi sous ce nom la réunion des fleurons dans les Composées-Radiées.

**Dissémination**, s. f. (*dis*, indiquant séparation, *seminare*, semer). Phénomène en vertu duquel les plantes répandent leurs graines au moment de la maturité. — Par extension, on appelle dissémination les procédés naturels qui concourent à disperser les fruits ou les graines à la surface du sol (voy. p. 341 et suiv.).

**Distinct**, adj. (*distinctus*). S'emploie à tort dans deux sens très-différents : 1º comme synonyme de *visible*; 2º pour désigner des organes séparés les uns des autres.

**Distique**, adj. (δὶς, deux, στίχος, rangée). Se dit des organes disposés de chaque côté d'un axe commun et dans le même plan (voy. p. 151).

**Divariqué**, adj. (*divaricatus*). Se dit des organes écartés dans tous les sens de leur support commun, et sous des angles à peu près droits. — Par extension, cet adjectif s'applique à l'ensemble des organes divariqués. Ex. *inflorescence divariquée*.

**Divergent**, adj. (*dis*, indiquant séparation, *vergere*, se tourner). Qui s'éloigne d'un centre commun.

**Dodécandre**, adj. (δώδεκα, douze, ἀνήρ, mari). Qui est muni de douze étamines.

**Dodécandrie**, s. f. (δώδεκα, douze, ἀνήρ, mari). Nom d'une des classes du Système de Linné (voy. p. 562).

**Dorsal**, adj. (*dorsum*, dos). Qui est sur le dos, qui appartient au dos. — La radicule est dite *dorsale*, quand elle se replie sur le dos d'un des cotylédons.

**Dos**, s. m. (*dorsum*). Se dit généralement de la face externe d'un organe.

**Double**, adj. (*duplex*). On appelle *fleurs doubles*, celles qui, par suite de phémonènes divers, présentent plus de pétales qu'elles n'en ont naturellement. — On dit aussi *périanthe double* (voy. p. 240).

**Drageon**, s. m. On désigne ainsi de jeunes rameaux nés sous terre, qui s'élèvent peu à peu dans l'atmosphère, s'enracinent à leur base, et peuvent alors être séparés de la plante mère (voy. p. 492).

**Dressé**, adj. Se dit de tout organe dont la direction est sensiblement verticale. Ex. : *tige dressée; ovule dressé*, etc. (voy. p. 73, 300).

**Droit**, adj. Qui ne présente aucune courbure dans sa longueur. Un organe peut être *droit* sans être *dressé*.

**Drupacé**, adj. (*drupa*, olive mûre). Se dit des fruits qui se rapprochent des drupes par la consistance et la structure.

**Drupe**, s. f. (*drupa*, olive mûre). Sorte de fruit charnu, indéhiscent (voy. p. 324).

# E

**Écaille**, s. f. On désigne sous ce nom des organes divers, habituellement triangulaires, minces, transparents, ou épais et charnus, provenant presque toujours de feuilles ou de bractées modifiées (voy. p. 80, 142, etc.). — Ce mot est quelquefois employé comme synon. de *glumelle* et de *glumellule* (voy. ces mots).

**Écailleux**, adj. Garni d'écailles. — On dit plus souvent *squameux*.

**Écorce**, s. f. (*cortex*). Ensemble des tissus extérieurs au corps ligneux (voy. p. 99 et suiv.).

**Écusson**, s. m. Employé comme synon. d'*apothécie* (voy. ce mot). Une espèce de greffe est appelée *greffe en écusson* (voy. p. 494). — On appelle encore *écusson* une des parties de l'embryon des Graminées.

**Effilé**, adj. (*filum*, fil). Se dit des organes dont le sommet se termine insensiblement en pointe fine.

**Élatère**, s. m. (*elaterium*, ressort). Sorte de filaments élastiques qui accompagnent les spores de certains végétaux acotylédonés.

**Élément**, s. m. (*elementum*). On appelle *éléments anatomiques* les plus petites parties (de forme déterminée et constante) auxquelles on puisse ramener les tissus par l'analyse anatomique (voy. p. 14 et suiv.).

**Émarginé**, adj. (*emarginare*, rogner les bords). Synon. de *échancré*.

**Embrassant**, adj. (*amplectens*). Se dit des feuilles dont la base entoure l'axe qui les porte.

**Embryogénie**, s. f. (ἔμβρυον, embryon, γένος, naissance). Étude du développement de l'embryon.

**Embryon**, s. m. (ἐν, dedans, βρύων, qui croît). Nom donné à la plante rudimentaire encore enfermée dans la graine (voy. p. 335 et suiv.).

**Embryonnaire**, adj. (ἔμβρυον, embryon). Qui est relatif à l'embryon, qui contient l'embryon. On dit : *vésicules embryonnaires; sac embryonnaire* (voy. p. 301, 468).

**Embryonné**, adj. (ἔμβρυον, embryon). Qui est pourvu d'un embryon. On dit : *végétaux embryonnés*, au lieu de *V. cotylédonés*.

**Emondage**, s. m. (*mundare*, nettoyer). Suppression de certaines branches sur le tronc des arbres (voy. p. 497).

**Endhyménine**, s. f. (ἔνδον, dedans, ὑμήν, membrane). Synon. de *intine* (voy. ce mot).

**Endocarpe**, s. m. (ἔνδον, dedans, καρπός, fruit). Partie constituante du fruit (voy. p. 318).

**Endochrome**, s. m. (ἔνδον, dedans, χρῶμα, couleur). Matière colorante des végétaux cellulaires inférieurs.

**Endoderme**, s. m. (ἔνδον, dedans, δέρμα, peau). Nom donné à une couche de cellules particulières qui se trouve dans la partie superficielle des racines aériennes des Orchidées (voy. p. 119).

**Endogène**, adj. (ἔνδον, dedans, γένος, naissance). Synonyme de *monocotylédoné* (voy. p. 112).

**Endorrhize**, adj. (ἔνδον, dedans, ῥίζα, racine). Se dit quelquefois des radicules munies d'une coléorrhize.

**Endosmose**, s. f. (ἔνδον, dedans, ὠσμός, impulsion). Ce mot a désigné d'abord le phénomène général en vertu duquel les liquides tendent à traverser les membranes organisées. Il a maintenant une acception plus restreinte (voy. p. 375).

**Endosperme**, s. m. (ἔνδον, dedans, σπέρμα, graine). Synon. de *albumen*.

**Endostome**, s. m. (ἔνδον, dedans, στόμα, ouverture). Ouverture de la secondine (voy. p. 301).

**Engaînant**, adj. Qui forme une gaine.

**Ennéandre**, adj. (ἐννέα, neuf, ἀνήρ, mari). Qui a neuf étamines.

**Ennéandrie**, s. f. (ἐννέα, neuf, ἀνήρ, mari). Nom d'une des classes du Système de Linné (voy. p. 562).

**Ensiforme**, adj. (*ensis*, épée, *forma*, forme). En forme de lame d'épée.

**Entier**, adj. (*integer*). Se dit des organes dont le bord n'offre aucune découpure.

**Entophyte**, adj. (ἐντός, dedans, φυτόν, plante). Se dit des plantes parasites qui se développent dans les tissus des autres végétaux.

**Entre-nœud**, s. m. (*internodium*). On appelle ainsi l'espace qui sépare deux feuilles ou deux verticilles de feuilles voisins.

**Enveloppes**, s. f. On dit souvent les *enveloppes florales*, pour désigner le périanthe ; *enveloppes de la graine* au lieu de spermoderme.

**Épars**, adj. (*sparsus*). Disposé sans ordre apparent. — *Feuilles éparses* est quelquefois employé comme synon. de *f. alternes* en général (voy. p. 150).

**Éperon**, s. m. On donne ce nom à un prolongement creux et mince qui existe à la base de certaines pièces du périanthe (voy. p. 243, 248, 252).

**Éperonné**, adj. Muni d'un éperon.

**Épi**, s. m. (*spica*). Sorte d'inflorescence indéfinie (voy. p. 209).

**Épiblaste**, s. m. (ἐπὶ, sur, βλαστός, germe). Écaille située du côté opposé au cotylédon, dans l'embryon de certaines Graminées.

**Épicarpe**, s. m. (ἐπὶ, sur, καρπός, fruit). Partie constituante du fruit (voy. p. 317).

**Épicorollie**, s. f. (ἐπὶ, sur, *corolla*, corolle). Groupe contenant deux classes, dans la méthode de de Jussieu (voy. p. 574).

**Épiderme**, s. m. (ἐπὶ, sur, δέρμα, peau). Couche extérieure des divers organes (voy. p. 44).

**Épigé**, adj. (ἐπὶ, sur, γῆ, terre). Qui est situé au-dessus de la surface du sol (voy. p. 362).

**Épigyne**, adj. (ἐπὶ, sur, γυνή, femme). Qui est situé au-dessus de l'ovaire (voy. p. 281 et suiv.).

**Épillet**, s. m. (dimin. de *épi*). Petits épis qui entrent dans la composition de l'inflorescence des Graminées et des Cypéracées.

**Épine**. s. f. (*spina*). Nom donné à divers organes métamorphosés en une pointe dure (voy. p. 141, 190).

**Épipétalie**, s. f. (ἐπὶ, sur, πέταλον, pétale). Nom d'une des classes de la classification de de Jussieu (voy. p. 574)

**Épiphylle**, adj. (ἐπὶ, sur, φύλλον,

feuille). Se dit des organes qni paraissent insérés sur une feuille (voy. p. 191, 224).

**Épiphyte**, adj. (ἐπί, sur, φυτόν, plante). Se dit des fausses parasites qui vivent sur d'autres plantes sans y puiser leur nourriture.

**Épisperme**, s. m. (ἐπί, sur, σπέρμα, graine). Nom donné aux enveloppes de la graine. Ce mot est synon. de *spermoderme*.

**Épispermique**, adj. (ἐπί, sur, σπέρμα, graine). Qui appartient à l'épisperme.

**Épistaminie**, s. f. (ἐπί, sur, *stamen*, étamine). Nom d'une classe de la méthode de de Jussieu (voy. p. 574).

**Équitant**, adj. (*equitare*, monter à cheval). Sert à désigner une sorte de préfoliation (voy. p. 177).

**Espèce**, s. f. (*species*). Réunion d'individus issus les uns des autres (voy. p. 548).

**Essence**, s. f. (*esse*, être). On appelle ainsi en sylviculture les espèces arborescentes.

**Étalé**, adj. Se dit des organes qui s'écartent de leur support à angle droit.

**Étamine**, s. f. (*stamen*, de στάω, je me tiens droit). Organe mâle des plantes cotylédonées (voy. p. 264).

**Étendard**, s. m. (*tendere*, tendre, étaler). Un des pétales de la corolle papilionacée (voy. p. 258).

**Étoilé**, adj. (*stella*, étoile). Se dit des organes dont les divisions, disposées dans un même plan, divergent comme les rayons d'une étoile.

**Étui**, s. m. On appelle *étui médullaire* la partie du bois qui entoure directement la moelle (voy. p. 90).

**Exalbuminé**, adj. (*ex*, indiquant absence, *albumen*). Se dit des graines dépourvues d'albumen.

**Excréteur**, adj. (*excernere*, séparer). Se dit des poils terminés par une glande (voy. p. 53).

**Exhyménine**, s. f. (ἐξ, hors, ὑμήν, membrane). Synon. de *extine* (voy. ce mot).

**Exogène**, adj. (ἔξω, dehors, γίνος, naissance). Synon. de *dicotylédoné* (voy. p. 112).

**Exostome**, s. m. (ἔξω, dehors, στόμα, ouverture). Ouverture de la primine (voy. p. 301).

**Exsert**, adj. (*exsertus*, sorti). Se dit des étamines et des styles qui dépassent beaucoup le périanthe.

**Extine**, s. f. (ἐκτός, dehors). Membrane extérieure du pollen (voy. p. 277).

**Extra-axillaire**, adj. (*extrà*, hors, *axilla*, aisselle). Se dit des bourgeons qui ne sont pas situés exactement dans l'aisselle des feuilles.

**Extrorse**, adj. (*extrorsus*, tourné en dehors). Désigne le mode d'orientation de l'anthère, dans certains cas (voy. p. 269).

# F

**Face**, s. f. (*facies*, visage). Désigne une des surfaces de certains organes (voy. p. 269).

**Faciès**, s. m. (mot latin francisé). Se dit de l'aspect général d'une plante.

**Faisceau**, s. m. (*fascis*). On appelle *faisceaux fibro-vasculaires* les agglomérations de fibres et de vaisseaux qui forment le bois (voy. p. 85, 110, 114).

**Falciforme**, adj. (*falx*, faux, *forma*, forme). Qui ressemble à la lame d'une faux.

**Famille**, s. f. (*familia*). Groupe de plantes formé par la réunion d'un certain nombre de genres (voy. p. 548).

**Farineux**, adj. (*farina*, farine). Se dit des parties qui renferment beaucoup de fécule (voy. p. 338).

**Fasciation**, s. f. (*fascia*, bande). État tératologique de la tige et des rameaux, en vertu duquel ces organes affectent une forme aplatie, au lieu de la forme cylindrique ou conique qui leur est propre.

**Fasciculé**, adj. (*dimin.* de *fascis*, faisceau). Se dit des organes réunis comme en faisceau.

**Fascié**, adj. (*fascia*, bande). Désigne les organes soumis au phénomène de la fasciation.

**Fastigié**, adj. (*fastigium*, faîte). Se dit surtout des rameaux dressés et serrés contre la tige.

**Fécondation**, s. f. (*fecundatio*). Phénomène par suite duquel les germes deviennent aptes à se développer en individus semblables aux parents (voy. p. 460, 478).

**Fécule**, s. f. (*fœcula*, dimin. de *fæx*, dépôt)· Substance organisée particulière qui se rencontre dans la plupart des végétaux (voy· p. 25, 416).

**Femelle**, adj. (*fœmineus*). Se dit des fleurs dépourvues d'androcée (voy. p. 237).

**Fendu**, adj. (*findere*, fendre). Se dit généralement de tout organe divisé en deux parties au-dessous de son milieu.

**Feuille**, s. f. (*folium*). Organes appendiculaires de forme variable qui naissent sur les tiges et les rameaux (voy. p. 120 et suiv.).

**Feuillé**, adj. (*folium*, feuille). Qui est pourvu de feuilles.

**Fibre**, s. f. (*fibra*). Sorte d'élément anatomique (voy. p. 28). — On dit aussi *fibres radicales* pour désigner les divisions les plus ténues des racines. — Les gaînes des feuilles en se desséchant donnent souvent naissance à des filaments plus ou moins serrés qu'on appelle aussi des *fibres*.

**Fibreux**, adj. (*fibra*, fibre). Qui est composé de tissu fibreux ou qui porte des fibres.

**Fibro-vasculaire**, adj. (voy. *Faisceau*).

**Filet**, s. m. (*filum*, fil). Partie de l'étamine (voy. p. 266).

**Filiforme**, adj. (*filum*, , *forma*, forme). Ténu comme un fil.

**Fistuleux**, adj. (*fistula*, chalumeau). Se dit des tiges creuses (voy. p. 89).

**Fleur**, s. f. (*flos*). Ensemble des organes de la reproduction, dans les Phanérogames (voy. p. 233).

**Fleuron**, s. m. (*flosculus*, dimin. de *flos*). Fleurs régulières qui entrent dans la constitution des fleurs composées (voy. p. 262).

**Floconneux**, adj. (*floccus*, flocon de laine). Se dit des organes couverts d'un duvet abondant qui s'enlève par flocons.

**Floraison**, s. f. (*flos*, fleur). Durée de l'épanouissement, ou l'épanouissement lui-même. On dit aussi *fleuraison* (voy. p. 231).

**Floral**, adj. (*flos*, fleur). Qui est relatif à la fleur. Qui accompagne la fleur. On dit dans ce sens *feuilles florales*.

**Flore**, s. f. (*flos*, fleur). Ensemble des plantes qui croissent spontanément dans une contrée. — Ouvrage où ces plantes sont décrites ( voy. p. 512).

**Florifère**, adj. (*flos*, fleur, *ferre*, porter). Qui produit des fleurs.

**Florule**, s. f. (dimin. de *flore*). Flore d'une contrée très-restreinte.

**Flosculeux**, adj. (*flosculus*, dimin. de *flos*). Se dit des fleurs composées de fleurons (voy. p. 263).

**Foliacé**, adj. (*folium*, feuille). Qui ressemble à une feuille.

**Foliaire**, adj. (*folium*, feuille). Qui appartient à la feuille.

**Foliole**, s. f. (dimin. de *folium*, feuille). On désigne ainsi les divisions des feuilles composées (voy. p. 137). — Par extension, ce mot s'applique souvent aux pièces du périanthe : on dit *folioles calicinales*, pour *sépales*.

**Foliolé**, adj. Qui se compose de folioles.

**Follicule**, s. m. (*folliculus*, dimin. de *folium*, feuille). Sorte de fruit sec déhiscent (voy p. 326).

**Fovilla**, s. f. ou **Favilla** (*favilla*, poussière). On désigne ainsi le contenu des grains de pollen (voy. p. 277).

**Frangé**, adj. Déchiqueté sur les bords en petites lanières. — On dit aussi *fimbrié* (*fimbria*, frange).

**Fronde**, s. f. (*frons*, feuillage). Nom donné aux feuilles des Fougères, ainsi qu'aux expansions foliacées de certaines Lycopodiacées et Hépatiques.

**Fructifère**, adj. (*fructus*, fruit, *ferre*, porter). Qui porte un ou plusieurs fruits.

**Fructification**, s. f. (*fructus*, fruit, *facere*, produire). Ensemble de phénomènes desquels résulte le développement d'un fruit. — On désigne encore sous ce nom le fruit lui-même, surtout dans les végétaux acotylédonés.

**Fruit**, s. m. (*fructus*). Ovaire fécondé et parvenu à maturité (voy. p. 313 et suiv.).

**Frutescent**, adj. (*frutex*, arbrisseau). Qui est de la nature des arbrisseaux. *Plante frutescente* est synonyme d'*arbrisseau* (voy. p. 73).

**Frutiqueux**, adj. (*frutex*, arbrisseau). Se dit des plantes herbacées qui tendent à devenir frutescentes.

**Fugace**. adj. (*fugere*, fuir). Qui se détruit rapidement presque sans laisser de traces.

**Funicule**, s. m. (dimin. de *funis*, corde). Nom donné au support de l'ovule (voy. p. 299).

**Funiforme**, adj. (*funis*, corde, *forma*, forme). Cylindrique et très-allongé, comme une corde.

**Fusiforme**, adj. (*fusus*, fuseau, *forma*, forme). Ventru et terminé en pointe, comme un fuseau.

# G

**Gaine**, s. f. Partie inférieure élargie du pétiole (voy. p. 124).

**Gamopétale**, adj. (γάμος, mariage, πέταλον, pétale). Synon. de *monopétale* (voy. ce mot).

**Gamophylle**, adj. (γάμος, mariage, φύλλον, feuille). Nom donné aux involucres dont les pièces sont plus ou moins soudées entre elles.

**Gamosépale**, adj. Synon. de *monosépale* (voy. ce mot).

**Géminé**, adj. (*geminus*, jumeau). Se dit des organes rapprochés deux par deux.

**Gemme**, s. m. (*gemma*, bourgeon). synon. de *bourgeon* (voy. ce mot).

**Gemmule**, s. f. (dimin. de *gemma*, bourgeon). Partie constituante de l'embryon cotylédoné (voy. p. 338).

**Genera**, s. m. (mot latin francisé, de *genus*, genre). Ouvrage où sont décrits méthodiquement les caractères des genres (voy. p. 570).

**Génération alternante** (voy. p. 481).

**Géniculé**, adj. (dimin. de *genu*, genou). Syn. de *genouillé*.

**Genou**, s. m. (*genu*). Pli anguleux que présentent certaines tiges ou rameaux.

**Genouillé**, adj. (*genu*, genou). Plié en genou.

**Genre**, s. m. (*genus*). Groupe naturel d'espèces (voy. p. 552).

**Géographie botanique**. On désigne ainsi l'étude des lois qui président à la distribution naturelle des plantes à la surface du globe (voy. p. 506 et suiv.).

**Germination**, s. f. (*germen*, germe). Premier état de la végétation d'une plante (voy. p. 350 et suiv.).

**Gibbeux**, adj. (*gibbus*, bosse). Synon. de *bossu*.

**Gibbosité**, s. f. (*gibbus*, bosse). Synon. de *bosse*.

**Glabre**, adj. (*glaber*, sans poils). Se dit de tout organe dont la surface est dépourvue de poils.

**Glabrescent**, adj. (*glaber*, sans poils). Qui tend à devenir glabre par suite de la chute des poils ou par leur très-faible développement.

**Gland**, s. m. (*glans*). Sorte d'akène muni d'un involucre cupuliforme.

**Glande**, s. f. (*glans*, gland). Organe particulier de sécrétion (voy. p. 53 et suiv.).

**Glanduleux**, adj. (*glandula*, dimin. de *glans*). Muni de glandes, ou de la nature des glandes.

**Glaucescent**, adj. (γλαυκός, vert). Dont la couleur tire sur le vert grisâtre.

**Glauque**, adj. (γλαυκός, vert). De couleur vert grisâtre.

**Globuleux**, adj. (*globus*, sphère). De forme sphérique.

**Gl:oméré**, adj. (*glomerare*, mettre en paquets). Se dit des organes courts rapprochés en masse serrée.

**Glomérule**, s. m. (*glomerare*, mettre en paquets). On désigne sous ce nom des inflorescences différentes (voy. p. 222).

**Glumacé,** adj. (*gluma*, petite peau). De la nature des glumes.

**Glume,** s. f. (*gluma*, petite peau). Bractées qui accompagnent les fleurs des Graminées (voy. p. 204).

**Glumelle,** s. f. (dimin. de *gluma*). Pièces extérieures du périanthe des Graminées (voy. p. 204).

**Glumellule,** s. f. (dimin. de *gluma*). Pièces intérieures du périanthe des Graminées (voy. p. 204).

**Gluten,** s. m. (*gluten*). Matière azotée qui accompagne la fécule des Céréales (voy. p. 423).

**Glutineux,** adj. (*gluten*). Visqueux, gluant.

**Gomme,** s. f. (*gummi*). Substance ternaire qui existe dans beaucoup de plantes (voy. p. 418).

**Gorge,** s. f. Entrée du tube dans les calices monosépales et les corolles monopétales.

**Gousse,** s. f. Sorte de fruit sec déhiscent (voy. p. 327).

**Graine,** s. f. (*granum*). Ovule fécondé et mûr (voy. p. 332 et suiv.).

**Granuleux,** adj. (dimin. de *granum*, graine). Dont la surface est parsemée de granulations.

**Grappe,** s. f. Sorte d'inflorescence indéfinie (voy. p. 208).

**Greffe,** s. f. (γραφίον, poinçon). Opération par laquelle on multiplie certains végétaux. — Par extension, le même mot désigne la portion de plante sur laquelle porte l'opération en question (voy. p. 494).

**Grêle,** adj. (*gracilis*). Se dit de tout organe menu et allongé.

**Grimpant,** adj. Se dit des tiges qui cherchent un appui sur les corps voisins (voy. p. 74).

**Gueule** (*fleur en*). On désigne souvent ainsi les fleurs dont la corolle est personnée (voy. p. 261).

**Gymnosperme,** adj. (γυμνός, nu, σπέρμα, graine). Dont la graine est ou paraît nue. — On a désigné sous le nom de *gymnospermes* tout un groupe de plantes dans lesquelles on supposait que la graine n'était pas enfermée dans un péricarpe (Conifères, Cycadées, Labiées).

**Gymnospermie,** s. f. (γυμνός, nu, σπέρμα, graine). Nom d'un des ordres de la Didynamie, dans le système de Linné (voy. p. 563).

**Gynandre,** adj. (γυνή, femme, ἀνήρ, mari). Se dit des fleurs où les étamines et les pistils sont ou paraissent soudés.

**Gynandrie,** s. f. (γυνή, femme, ἀνήρ, mari). Nom d'une classe dans le système de Linné (voy. p. 562).

**Gynécée,** s. m. (γυνή, femme). Ensemble des organes femelles, dans les Phanérogames (voy. p. 285).

**Gynobasique,** adj. (γυνή, femme, βάσις, base). Se dit de la disposition du style dans certaines plantes (voy. p. 290).

**Gynophore,** s. m. (γυνή, femme, φέρειν, porter). Prolongement de l'axe floral qui élève le gynécée au-dessus des autres parties (voy. p. 283).

**Gynostème,** s. m. (γυνή, femme). Corps résultant du rapprochement des étamines et du stigmate dans les fleurs gynandres.

# H

**Habitat,** s. m. (*habitare*, habiter). Employé comme synon. de *habitation* (voy. p. 511).

**Habitus,** s. m. (mot latin francisé). Employé comme synon. de *faciès* (voy. ce mot).

**Hampe,** s. f. Sorte de pédoncule très-allongé et nu qui s'élève de certaines tiges très-courtes.

**Hasté,** adj. (*hasta*, pique). En forme de fer de hallebarde.

**Héliotrope,** adj. (ἥλιος, soleil, τρέπειν, tourner). Se dit de certaines plantes dont la fleur se tourne toujours vers le soleil.

**Heptandre,** adj. (ἑπτά, sept, ἀνήρ, mari). Qui est pourvu de sept étamines.

**Heptandrie,** s. f. (ἑπτά, sept, ἀνήρ, mari). Nom d'une classe du Système de Linné (voy. p. 562).

**Herbacé,** adj. (*herba*, herbe). Qui a la consistance et la couleur des feuilles. — On dit **plantes herbacées** par opposition à *plantes ligneuses*.

**Herbe**, s. f. (*herba*). *Herbe* et *plante herbacée* sont synonymes.

**Herbier**, s. m. (*herba*, herbe). Collection de plantes desséchées et disposées pour l'étude.

**Hérissé**, adj. (*hirtus*). Dont la surface est couverte de poils droits et roides.

**Hermaphrodite**, adj. ('Ερμῆς, Mercure, 'Αφροδίτη, Vénus). Se dit des fleurs qui possèdent les deux sexes, ou des plantes qui produisent de telles fleurs (voy. p. 237).

**Hétérophylle**, adj. (ἕτερος, autre, φύλλον, feuille). S'applique aux plantes qui portent des feuilles de plusieurs formes.

**Hexandre**, adj. (ἕξ, six, ἀνήρ, mari). Se dit des fleurs qui ont six étamines.

**Hexandrie**, s. f. (ἕξ, six, ἀνήρ, mari). Nom d'une classe du Système de Linné (voy. p. 562).

**Hibernacle**, s. m. (*hibernare*, hiverner). Linné appelait ainsi les écailles coriaces de certains bourgeons.

**Hile**, s. m. (*hilum*). Point où s'insère le funicule sur l'ovule. — On appelle encore *hile* la cicatrice laissée sur le spermoderme par la chute de la graine (voy. p. 299). On désigne aussi sous ce nom une région obscure qui s'observe sur certains grains de fécule (voy. p. 26).

**Hispide**, adj. (*hispidus*). Dont la surface est parsemée de poils rares, longs et piquants.

**Homotrope**, adj. (ὅμος, pareil, τρέπειν, tourner). Synon. de *orthotrope* (voy. ce mot).

**Horloge de Flore** (voy. p. 231).

**Humifuse**, adj. (*humus*, terre, *fundere*, répandre). Employé comme synon. de *couché* (voy. ce mot).

**Hyalin**, adj. (ὕαλος, verre). Se dit des organes minces, blanchâtres et transparents.

**Hybridation**, s. f. (ὕβρις, viol). Phénomène de la fécondation d'une espèce par une autre.

**Hybride**, adj. (ὕβρις, viol). Plante provenant de la fécondation d'une espèce par une autre (voy. p. 552).

**Hybridité**, s. f. (ὕβρις, viol). Conditions d'une plante qui est le produit de l'hybridation.

**Hypertrophie**, s. f. (ὑπέρ, avec excès, τροφή, nutrition). Phénomène en vertu duquel un organe subit un excès de développement.

**Hypertrophié**, adj. (ὑπέρ, avec excès, τροφή, nutrition). Qui est le siége d'une hypertrophie.

**Hypocorollie**, s. f. (ὑπό, sous, *corolla*, corolle). Nom d'une classe, dans la méthode de de Jussieu (voy. p. 574).

**Hypocratériforme**. Mot mal composé. On doit dire :

**Hypocratérimorphe**, adj. (ὑπό, sous, κρατήρ, coupe, μορφή, forme). En forme de coupe peu profonde et très-évasée. Se dit surtout des corolles.

**Hypogé**, adj. (ὑπό, sous, γῆ, la terre). Qui est situé au-dessous de la surface du sol. S'oppose à *épigé* (voy. ce mot).

**Hypogyne**, adj. (ὑπό, sous, γυνή, femme). Qui est inséré au-dessous du gynécée (voy. p. 283).

**Hypopétalie**, s. f. (ὑπό, sous, πέταλον, feuille). Nom d'une classe, dans la méthode de de Jussieu (voy. p. 574).

**Hypostaminie**, s. f. (ὑπό, sous, *stamen*, étamine). Nom d'une classe, dans la méthode de de Jussieu (voy. p. 574).

# I

**Icosandre**, adj. (εἴκοσι, vingt, ἀνήρ, mari). Qui est pourvu de vingt étamines ou à peu près.

**Icosandrie**, s. f. (εἴκοσι, vingt, ἀνήρ, mari). Nom d'une classe dans le système de Linné (voy. p. 562).

**Imbrication**, s. f. (*imbrex*, tuile). Disposition des parties qui se recouvrent partiellement les unes les autres, comme les tuiles d'un toit (voy. p. 201).

**Imbriqué**, adj. (*imbrex*, tuile). Disposé en imbrication. Désigne particulièrement une sorte de préfoliation et de préfloraison (voy. p. 176, 309).

**Imparipenné**, ou **Imparipinné**, adj. (*impar.* inégal, *penna*, plume). Se dit des feuilles composées pennées munies d'une foliole terminale impaire (voy. p. 139).

**Incise**, adj. (*incisus*, coupé). Muni de découpures qui ne dépassent pas la partie moyenne.

**Inclus**, adj. (*includere*, enfermer). Se dit des étamines qui ne dépassent pas le périanthe, par opposition à *exsert*.

**Incombant**, adj. (*incumbere*, se coucher sur). Se dit de la radicule quand elle est courbée de manière à s'appliquer sur le dos d'un des cotylédons.

**Incurvé**, adj. (*incurvus*). Se dit des organes dont la partie supérieure seule est courbée. — Les étamines sont dites *incurvées* quand leur filet décrit un arc à concavité intérieure.

**Indéfini**, adj. (*in* priv., *definitus*, terminé). Qui n'est pas en nombre constant ; dont on ne peut pas prévoir la terminaison. Désigne particulièrement une classe d'inflorescences (voy. p. 206).

**Indéhiscent**, adj. (*in* priv., *dehiscere*, s'ouvrir). Se dit des fruits qui ne s'ouvrent pas (voy. p. 321).

**Indéterminé**, adj. (*in* priv., *determinare*, limiter). Synon. de *indéfini*.

**Induplicatif**, adj. (*in*, en dedans, *duplicare*, plier). Désigne une forme de la préfloraison valvaire dans laquelle les organes ont leurs bords pliés en dedans.

**Induplication**, s. f. (*in*, en dedans, *duplicare*, plier). État d'un organe indupliqué.

**Indupliqué**, adj. (*in*, en dedans, *duplicare*, plier). Se dit des organes dont les bords sont pliés en dedans.

**Indusie**, s. f. (*induere*, couvrir). Membrane qui recouvre la fructification de beaucoup de Fougères.

**Induvié**, adv. (*induviæ*, vêtement). Se dit des fruits qu'accompagnent certaines parties accrues de la fleur (voy. p. 323).

**Inembryonné**, adj. (*in*, priv., *embryo*, embryon). S'emploie comme synonyme de *acotylédoné* (voy. ce mot).

**Inerme**, adj. (*inermis*, sans armes). Se dit de tous les organes dépourvus d'aiguillons ou d'épines.

**Infère**, adj. (*inferus*, inférieur). Se dit de tout organe qui est situé au-dessous d'un autre. Désigne surtout une disposition de l'ovaire (voy. p. 288, 297).

**Infléchi**, adj. (*inflexus*, penché en avant). Se dit de tout organe fléchi de dehors en dedans.

**Inflorescence**, s. f. (*inflorescere*, fleurir). Disposition générale des fleurs sur la plante (voy. p. 205 et suiv.).

**Infrutescence**, s. f. (*frutescere*, être en fruit). Employé par quelques auteurs pour désigner la disposition générale des fruits. Ce mot paraît inutile, puisque l'arrangement des fruits est forcément une conséquence de celui des fleurs.

**Infundibuliforme**, adj. (*infundibulum*, entonnoir, *forma*, forme). Qui ressemble à un entonnoir (voy. p. 260).

**Inséré**, adj. (*insertus*). Qui a un point d'attache.

**Insertion**, s. f. (*in*, en, *serere*, ajuster). Attache d'un organe sur un autre (voy. p. 124, 242, 251, 283).

**Interrompu**, adj. (*inter*, entre, *rumpere*, rompre). Se dit des organes ou ensembles d'organes qui ne se continuent pas régulièrement dans toute leur longueur.

**Introrse**, adj. (*introrsus*, tourné en dedans). Désigne un mode d'orientation de l'anthère (voy. p. 269).

**Involucelle**, s. m. (dimin. de *involucre*). Involucre secondaire (voy. p. 200).

**Involucellé**, adj. Muni d'un involucelle.

**Involucre**, s. m. (*involucrum*, enveloppe). Réunion de bractées à la base de certaines fleurs ou inflorescences (voy. p. 200).

**Involucré**, adj. Qui est pourvu d'un involucre.

**Involuté**, adj. (*in*, en dedans, *volvere*, rouler). Désigne une sorte de préfoliation (voy. p. 175).

**Involutif**, adj. (*in*, en dedans, *vol-*

*vre*, rouler.) Se dit des feuilles arrangées en préfoliation involutée.

**Irrégulier**, adj. (*irregularis*). Se dit des organes ou réunions d'organes qui ne remplissent pas certaines conditions de régularité (voy. p. 247, 258, 311).

**Isostémone**, adj. (ἴσος, égal, στῆμα, fil). Désigne les fleurs où les pétales et les étamines sont en nombre égal.

**Isotherme** (LIGNE), adj. (ἴσος, égal, θερμός, chaud). Terme de géographie botanique (voy. p. 508).

# L

**Labelle**, s. m. (*labellum*, dimin. de *labium*, lèvre). Pièce antérieure du périanthe interne, dans les Orchidées.

**Labié**, adj. (*labiatus*, qui a des lèvres). Se dit de certaines corolles monopétales irrégulières (voy. p. 261).

**Lacéré**, adj. (*lacerare*, déchirer). Irrégulièrement découpé.

**Lâche**, adj. Se dit des ensembles d'organes écartés les uns des autres.

**Lacinié**, adj. (*laciniatus*). Découpé en longues lanières irrégulières.

**Lactescent**, adj. (*lac*, lait). Qui contient un suc blanc comme du lait.

**Lacune**, s. f. (*lacuna*). Espace vide situé entre les éléments anatomiques (voy. p. 145).

**Lacuneux**, adj. (*lacuna*). Se dit des tissus qui présentent des lacunes.

**Laineux**, adj. (*lana*, laine). Couvert de poils longs, un peu rudes et peu enchevêtrés.

**Lame**, s. f. (*lamina*). S'emploie comme synonyme de *limbe* (voy. ce mot).

**Lancéolé**, adj. (*lanceola*, petite lance). Qui a la forme d'un fer de lance.

**Languette**, s. f. Employé comme synon. de *ligule* (voy. ce mot).

**Lappacé**, adj. (*lappa*, bardane). Couvert de pointes courbées en crochet à leur extrémité.

**Latex**, s. m. (*latex*, source). Suc propre des végétaux (voy. p. 42, 399).

**Laticifères** (VAISSEAUX), adj. (*latex*, source, *ferre*, porter). Sorte d'éléments anatomiques (voy. p. 42).

**Légume**, s. m. (*legumen*). Synon. de *gousse* (voy. ce mot).

**Lenticelle**, s. f. (dimin. de *lens*, lentille). Organe qui s'observe sur l'écorce (voy. p. 55).

**Lenticulaire**, adj. (*lens*, lentille). En forme de disque ou de lentille.

**Lépicène**, s. f. (λεπίς, écaille, κενός, vide). Richard désigne ainsi la *glume* des Graminées (voy. *Glume*).

**Lèvre**, s. f. (*labrum*). On appelle ainsi les deux lobes principaux des corolles labiées et personnées (voy. p. 261).

**Liber**, s. m. (*liber*, écorce). Partie constituante de l'écorce (voy. p. 100).

**Libérien**, adj. (*liber*, écorce). Qui appartient au liber ; qui est de la nature du liber.

**Libre**, adj. (*liber*). Sans adhérence avec les parties voisines.

**Ligneux**, s. m. (*lignum*, bois). Matière ternaire que l'on trouve dans le bois (voy. p. 420).

**Ligneux**, adj. (*lignum*, bois). Qui a la consistance du bois ; qui constitue le bois (voy. p. 91 et suiv.).

**Ligule**, s. f. (*ligula*, lanière). Appendice particulier de la feuille des Graminées (voy. p. 161).

**Ligulé**, adj. (*ligula*, lanière). En forme de languette. Se dit de la corolle de certaines Composées (voy. p. 261).

**Limbe**, s. m. (*limbus*, bande terminale). Se dit de la partie aplatie et membraneuse des feuilles (voy. p. 121, 251).

**Linéaire**, adj. (*linearis*). Se dit des organes allongés, étroits et à bords parallèles.

**Linguiforme**, adj. (*lingua*, langue, *forma*, forme). En forme de langue.

**Lobe**, s. m. (*lobus*). Sorte de découpure des organes (voy. p. 133, 291).

**Lobé**, adj. divisé en lobes.

**Lobule**, s. m. (dimin. de *lobus*,

lobe). Subdivision d'un lobe qui est lui-même lobé.

**Loculaire**, adj. (*loculus*, case). Qui appartient aux loges.

**Loculicide**, adj. (*loculus*, case, *cædere*, fendre). Sorte de déhiscence du fruit (voy. p. 321).

**Loge**, s. f. (*loculus*, case). Compartiment d'une cavité munie de cloisons intérieures (voy. p. 267, 286).

**Lomentacé**, adj. (*lomentum*, fragment). Se dit des fruits qui sont divi-sés en une série longitudinale de compartiments qui se séparent spontanément à la maturité. *Ex.* : fruit du Sainfoin.

**Lymphatique**, adj. (*lympha*, lymphe). Qui contient de la lymphe.

**Lymphe**, s. f. (νύμφη, eau). Employé comme synonyme de *latex* (voy. ce mot).

**Lyré**, adj. (*lyra*, lyre). Désigne une forme du limbe de la feuille (voy. p. 134).

# M

**Macropode**, adj. (μακρός, gros, πούς, pied). Se dit des embryons dont la radicule est relativement volumineuse.

**Maculé**, adj. (*macula*, tache). Parsemé de taches.

**Mâle**, adj. (*masculus*). Se dit des fleurs qui ne portent que des étamines, et, par extension, des plantes qui produisent de telles fleurs (voy. p. 237).

**Malpighiacé**, adj. Se dit des poils en forme de navette, insérés par leur partie moyenne.

**Marcescent**, adj. (*marcescere*, se flétrir). S'applique aux organes qui, bien que flétris, restent en place. Ce mot est à peu près synon. de *persistant* (voy. ce mot) (voy. p. 250).

**Marcottage**, s. m. Opération par laquelle on obtient des marcottes.

**Marcotte**, s. f. (*mergus*, provin). Rameau qui reproduit la plante mère, dans certaines conditions (voy. p. 491).

**Marge**, s. f. (*margo*, bord). Synon. de *bord*.

**Marginal**, adj. (*margo*, bord). Qui est situé au bord, qui constitue un rebord.

**Marginé**, adj. (*margo*, bord). Entouré d'un rebord.

**Méat**, s. m. (*meare*, couler). Espace vide très-étroit. On dit *méats intercellulaires* (voy. p. 15).

**Médullaire** (CANAL) adj. (*medulla*, moelle). Cavité qui renferme la moelle (voy. p. 90).

**Membraneux**, adj. (*membrana*, membrane). Qui a la consistance et l'aspect d'une membrane.

**Méricarpe**, s. m. (μέρος, partie, καρπός, fruit). Nom donné à chacun des akènes qui constituent le fruit des Ombellifères.

**Mérithalle**, s. m. (μέρος, partie, θαλλός, rameau). Synon. de *entre-nœud* (voy. ce mot).

**Mésocarpe**, s. m. (μέσος, milieu, καρπός, fruit). Tissu moyen du péricarpe. Ce mot est synon. de *sarcocarpe* (voy. p. 317).

**Métamorphose**, s. f. (μετά, indiquant changement, μορφή, forme). Changement d'un organe en un autre (voy. p. 141, 172, etc.).

**Météorique**, adj. (μετέωρον, météore). On a appelé fleurs météoriques celles dont l'épanouissement est vivement influencé par l'état de l'atmosphère (voy. p. 232).

**Méthode**, s. f. (μετά, par, ὁδός, chemin). Manière d'agir suivant des principes déterminés (voy. p. 567).

**Micropyle**, s. m. (μικρός, petit, πύλη, porte). Ouverture des enveloppes de l'ovule (voy. p. 301).

**Mixte**, adj. (*mixtus*, mêlé). Se dit de certaines inflorescences (voy. p. 222).

**Moelle**, s. f. (*medulla*). Tissu cellulaire médian de la tige des plantes dicotylédonées (voy. p. 88).

**Monadelphe**, adj. (μόνος, seul, ἀδελφός, frère). Se dit des étamines réunies par leurs filets en un seul faisceau (voy. p. 273). Les fleurs prennent par extension la même épithète.

**Monadelphie**, s. f. (μόνος, seul, ἀδελφός, frère). Nom d'une classe dans le Système de Linné (voy. p. 562).

**Monandre**, adj. (μόνος, seul, ἀνήρ, mari). Se dit des fleurs qui n'ont qu'une étamine.

**Monandrie**, s. f. (μόνος, seul, ἀνήρ, mari). Nom d'une classe dans le Système de Linné (voy. p. 562).

**Moniliforme**, adj. (*monile*, collier, *forma*, forme). Se dit de tout organe formé de petites masses arrondies disposées par files, comme les grains d'un chapelet.

**Monocarpien**, adj. (μόνος, seul, καρπός, fruit). Qui ne produit qu'une fois des fruits (voy. p. 6).

**Monocarpique**, adj. (μόνος, seul, καρπός, fruit). Synon. de *monocarpien*.

**Monochlamydé**, adj. (μόνος, seul, χλαμύς, vêtement). Nom donné par de Candolle aux plantes à périanthe simple (voy. p. 579).

**Monocotylé**, adj. Synon. de

**Monocotylédoné** ou **Monocotylédon**, adj. (μόνος, seul, κοτυληδών, cotylédon). Se dit des embryons qui n'ont qu'un cotylédon, et, par extension, des plantes qui présentent un embryon ainsi conformé (voy. p. 8; 337).

**Monœcie**, s. f. (μόνος, seul, οἰκία, maison). Nom d'une classe dans le Système de Linné (voy. p. 562).

**Monoépigynie**, s. f. (μόνος, seul, ἐπί, sur, γυνή, femme). Nom d'une classe de la méthode de de Jussieu (voy. p. 574).

**Monogame**, adj. (μόνος, seul, γάμος, mariage). Synon. de *unisexué* (voy. ce mot).

**Monogamie**, s. f. (μόνος, seul, γάμος, mariage). Nom d'un ordre dans le Système de Linné (voy. p. 565).

**Monogyne**, adj. (μόνος, seul, γυνή, femme). Se dit des fleurs qui n'ont qu'un pistil.

**Monogynie**, s. f. (μόνος, seul, γυνή, femme). Nom donné par Linné, dans son Système, à tous les ordres qui renferment des fleurs monogynes.

**Monohypogynie**, s. f. (μόνος, seul, ὑπό, sous, γυνή, femme). Nom d'une classe de la méthode de de Jussieu (voy. p. 574).

**Monoïque**, adj. (μόνος, seul, οἰκία, maison). Se dit des plantes dont le même pied porte des fleurs mâles et des fleurs femelles (voy. p. 237).

**Monopérigynie**, s. f. (μόνος, seul, περί, autour, γυνή, femme). Nom d'une classe dans la méthode de de Jussieu (voy. p. 574).

**Monopétale**, adj. (μόνος, seul, πέταλον, pétale). Se dit des fleurs dont les pétales sont unis. Ce mot est synonyme de *gamopétale* (voy. p. 259).

**Monophylle**, adj. (μόνος, seul, φύλλον, feuille). Qui est formé d'une seule feuille ou de plusieurs feuilles unies. On dit *calice monophylle*, pour *calice monosépale*.

**Monosépale**, adj. (μόνος, seul, et sépale). Se dit du calice dont les pièces sont soudées. Ce mot est synonyme de *gamosépale* (voy. ce mot).

**Monosperme**, adj. (μόνος, seul, σπέρμα, graine). Qui ne renferme qu'une graine.

**Morphologie**, s. f. (μορφή, forme, λόγος, discours). Traité de la forme extérieure des êtres vivants.

**Mucron**, s. m. (*mucro*, pointe). Très-petite pointe droite, aiguë et roide terminant brusquement un organe.

**Mucroné**, adj. (*mucro*, pointe). Qui est pourvu d'un mucron.

**Multicaule**, adj. (*multus*, nombreux, *caulis*, tige). Se dit des souches qui émettent de nombreux rameaux aériens.

**Multifide**, adj. (*multum*, beaucoup, *findere*, fendre). Se dit des feuilles dont les découpures atteignent en grand nombre la moitié environ du limbe.

**Multiflore**, adj. (*multus*, nombreux, *flos*, fleur). Qui porte des fleurs en grand nombre.

**Multilobé**, adj. (*multus*, nombreux, *lobus*, lobe). Qui est divisé en plusieurs lobes.

**Multiloculaire**, adj. (*multus*, nombreux, *loculus*, compartiment). Qui a plusieurs loges (voy. p. 286, 320).

**Multiovulé**, adj. (*multus*, nombreux, *ovum*, œuf, dimin.). Qui renferme plusieurs ovules.

**Multiparti** ou **tit**, adj. (*multum*,

beaucoup, *partitus*, divisé). Qui présente des partitions en grand nombre (voy. *partition*).

**Multiple**, adj. (*multiplex*). On dit *fruit multiple* (voy. p. 330).

**Multivalve**, adj. (*multus*, nombreux, *valva*, porte). Se dit des péricarpes qui s'ouvrent en plusieurs valves.

**Muriforme**, adj. (*murus*, mur, *forma*, forme). Épithète appliquée à certains tissus (voy. p. 97).

**Muriqué**, adj. (*murex*, chausse-trape). Se dit des organes garnis de pointes droites et solides.

**Mutique**, adj. (*muticus*, tronqué). Se dit des organes qui ne portent aucune pointe ni arête. S'emploie par opposition à *aristé*.

**Mycelium**, s. m. (μύκης, champignon). Partie végétative des Champignons, sur laquelle se développe le *réceptacle* ou partie fructifère. — Dans les genres supérieurs, le mycelium porte le nom vulgaire de *blanc de champignon*.

# N

**Napiforme**, adj. (*napus*, navet). Se dit des racines charnues et coniques qui ont la forme d'un navet.

**Naviculaire**, adj. (*navicula*, petite barque). Qui est creusé en forme de nacelle, et caréné en dessous.

**Nectaire**, s. m. (*nectar*). Organe glanduleux à sécrétion sucrée (voy. p. 305).

**Nectar**, s. m. (*nectar*, liquide sucré des fleurs). Produit de sécrétion des nectaires.

**Nectarifère**, adj. (*nectar*, *ferre*, porter). Se dit des organes pourvus de nectaires.

**Nervation**, s. f. (*nervus*, nerf). Disposition des nervures des feuilles (voy. p. 127 et suiv.).

**Nervé** ou **Nervié**, adj. (*nervus*, nerf). Qui est muni de nervures.

**Nervure**, s. f. (*nervus*, nerf). Divisions fibro-vasculaires du pétiole qui se ramifient dans le limbe (voy. p. 127, 143).

**Neutre**, adj. (*neuter*, ni l'un ni l'autre). Se dit des fleurs dont les organes sexuels ont avorté ou se sont métamorphosés.

**Nœud**, s. m. (*nodus*). Lieu où la tige s'épaissit par entre-croisement de fibres (voy. p. 81). — On dit souvent *nœuds vitaux*, pour *bourgeons* (voy. p. 60).

**Noix**, s. f. (*nux*). Nom donné à certaines drupes.

**Noueux**, adj. (*nodus*, nœud). Se dit des tiges pourvues de nœuds.

**Noyau**, s. m. (*nucleus*). Partie dure du péricarpe de certains fruits (voy. p. 324). — On appelle aussi *noyau* ou *nucléus*, un organe particulier existant dans les cellules (voy. p. 22).

**Nu**, adj. (*nudus*). Qui est dépourvu d'enveloppes. On dit *fleur nue* (voy. p. 237). — Quelques auteurs considèrent la graine des Conifères et des Cycadées comme une *graine nue*. — Linné attribuait à la graine des Labiées la même organisation, d'où son ordre de la *Gymnospermie* (voy. ce mot).

**Nucelle**, s. m. (dimin. de *nux*, noix). Partie de l'ovule (voy. p. 300).

**Nuculaine**, s. m. (dimin. de *nux*, noix). Nom donné à certaines drupes multiloculaires.

**Nucule**, s. f. (dimin. de *nux*, noix). On désigne ainsi chacune des loges du nuculaine.

**Nutant**, adj. (*nutare*, pencher). Se dit des organes dont le sommet est penché vers la terre.

# O

**Obconique**, adj. (*ob*, abrév. de *obverse*, inversement, *conus*, cône). En forme de cône renversé.

**Obcordé**, adj. (*ob*, *cor*, cœur). En forme de cœur de carte à jouer.

**Oblong**, adj. (*oblongus*). Qui est

deux ou trois fois plus long que large.

**Obovale**, adj. (*ob, ovalis*, ovale). De forme ovale, et fixé par la partie la plus étroite.

**Obové**, adj. (*ob, ovum*, œuf). En forme d'œuf à petite extrémité dirigée en bas.

**Obtus**, adj. (*obtusus*). Terminé par une partie arrondie. S'emploie par opposition à *aigu*, et à *tranchant*.

**Ocréa**, s. f. (*ocrea*, guêtre). Gaîne stipulaire de certaines feuilles (voy. p. 159).

**Octandre**, adj. (ὀκτώ, huit, ἀνήρ, homme). Se dit des fleurs qui ont huit étamines.

**Octandrie**, s. f. (ὀκτώ, huit, ἀνήρ, homme). Nom d'une classe dans le système de Linné (voy. p. 562).

**Œil**, s. m. (*oculus*). Employé en horticulture comme synon. de *bourgeon*. — On appelle aussi *œil* les débris marcescents de la fleur qui couronnent certains fruits, tels que la pomme (voy. p. 315).

**Ognon** ou **Oignon**, s. m. Employé comme synon. de *bulbe* (voy. ce mot).

**Oligosperme**, adj. (ὀλίγος, peu nombreux, σπέρμα, graine). Qui contient peu de graines.

**Ombelle**, s. f. (*umbella*, parasol). Sorte d'inflorescence indéfinie à deux degrés de végétation (voy. p. 209).

**Ombellé**, adj. (*umbella*, parasol). Qui est disposé en ombelle.

**Ombellifère**, adj. (*umbella*, parasol, *ferre*, porter). Dont l'inflorescence consiste en ombelles.

**Ombellule**, s. f. (dimin. de *umbella*). Se dit des ombelles partielles qui forment l'ombelle composée (voy. p. 215).

**Ombilic**, s. m. (*umbilicus*, nombril). Synon. de *Hile* (voy. ce mot).

**Ombiliqué**, adj. (*umbilicus*, nombril). Marqué à son centre d'une dépression.

**Ondulé**, adj. (*unda*, onde). Se dit des organes plats dont la surface présente des plis alternatifs et arrondis.

**Onglet**, s. m. (dimin. de *unguis*, ongle). Partie rétrécie de certains pétales (voy. p. 251).

**Onguiculé**, adj. (dimin. de *unguis*, ongle). Muni d'un onglet.

**Opercule**, s. m. (*operculum*, couvercle). Pièce circulaire qui se détache du sommet de certains fruits au moment de la déhiscence (voy. p. 328).

**Operculé**, adj. (*operculum*, couvercle). Muni d'un opercule.

**Opposé**, adj. (*opponere*, placer en face). Se dit des parties placées par paires dans un même plan et en face l'une de l'autre. — On le substitue souvent, mais à tort, à *superposé* (voy. ce mot). (Voy. p. 150).

**Oppositifolié**, adj. (*oppositus*, opposé, *folium*, feuille). Se dit des plantes à feuilles opposées.

**Oppositipenné**, adj. (*oppositus*, opposé, *penna*, plume). Se dit des feuilles composées pennées, dont les folioles sont opposées.

**Orbiculaire**, adj. (*orbis*, cercle). Se dit des organes plats et en forme de cercle.

**Oreillette**, s. f. (dimin. de *auris*, oreille). Expansion membraneuse qui se prolonge au-dessous du point d'insertion de certaines feuilles qui sont alors dites *auriculées*.

**Organogénie**, s. f. (ὄργανον, organe, γένος, naissance). Étude du développement des organes (voy. p. 11).

**Organographie**, s. f. (ὄργανον, organe, γράφειν, écrire). Description des organes (voy. p. 11).

**Orthotrope**, adj. (ὀρθός, droit, τρέπειν, tourner). Se dit des ovules non courbés (voy. p. 303). Se dit aussi des embryons dont la radicule est dirigée vers le hile.

**Oscillant**, adj. Se dit de certaines anthères très-mobiles sur leur filet. Ex. : Graminées.

**Osseux**, adj. (*ossum*, os). Qui est compacte et dur comme un os.

**Ouvert**, adj. (*apertus*). Souvent employé comme synon. d'*écarté*. Ex. : plante à *rameaux ouverts*.

**Ovaire**, s. m. (*ovum*, œuf). Partie inférieure du pistil (voy. p. 286 et suiv).

**Ovale**, adj. (*ovalis*). En forme d'œuf, la partie la plus grosse étant dirigée en bas. S'applique surtout aux organes plats.

**Ovoïde**, adj. (ὠόν, œuf, εἶδος, apparence). Qui ressemble à un œuf. S'applique surtout aux organes épais.

**Ovule**, s. m. (dimin. de *ovum*, œuf).

État rudimentaire de la graine (voy. p. 298 et suiv.).

**Ovulé**, adj. (dimin. de *ovum*, œuf). Qui renferme un ou plusieurs ovules. — Entre surtout dans des mots composés : Ex. : *uniovulé, multiovulé*, etc.

# P

**Paillette**, s. f. (*palea*, paille). Nom donné aux bractées scarieuses qui accompagnent les fleurs dans beaucoup de Composées. — S'emploie quelquefois comme synon. de *glumelle* (voy. ce mot).

**Palais**, s. m. (*palatum*). Désigne le renflement de la lèvre inférieure dans les corolles personnées (voy. p. 261).

**Paléacé**, adj. (*palea*, paille). Se dit des réceptacles garnis de paillettes.

**Paléole**, s. f. (dimin. de *palea*). Synon. de *glumellule* (voy. ce mot).

**Paléontologie**, s. f. (παλαιός, ancien, ὄντα, êtres vivants, λόγος, traité). Histoire des fossiles. On dit *paléontologie végétale*.

**Palmatifide**, adj. (*palma*, paume de la main, *findere*, fendre). Montrant des divisions disposées comme les doigts de la main (voy. p. 133).

**Palmatilobé**, adj. (*palma*, paume, *lobus*, lobe). Dont les lobes présentent la disposition palmée (voy. p. 135).

**Palmatiparti** ou **tit**, adj. (*palma*, paume, *partitus*, divisé). Dont les partitions sont palmées (voy. p. 136).

**Palmatiséqué**, adj. (*palma*, paume, *secare*, couper). Dont les divisions très-profondes sont palmées (voy. p. 136).

**Palmé**, adj. (*palma*, paume de la main). Se dit des feuilles dont les nervures ou les divisions s'écartent en divergeant, comme les doigts de la main (voy. p. 129, 139).

**Palminerve** ou **vié**, adj. (*palma*, paume, *nervus*, nervure). Se dit des feuilles dont les nervures sont palmées (voy. p. 129).

**Panaché**, adj. Orné de couleurs différentes tranchant les unes sur les autres.

**Panicule**, s. f. (dimin. de *panus*, épi). Nom impropre donné à des inflorescences très-différentes (voy. p. 224).

**Paniculé**, adj. (dimin. de *panus*, épi). Muni d'une panicule.

**Papilionacé**, adj. (*papilio*, papillon). Désigne une sorte de corolle polypétale irrégulière (voy. p. 258).

**Papille**, s. f. (*papilla*, mamelon). Organe cellulaire qui existe à la surface de presque tous les stigmates (voy. p. 298).

**Papilleux**, adj. (*papilla*, mamelon). Muni de papilles.

**Pappiforme**, adj. (*pappus*, aigrette, *forma*, forme). Qui ressemble à une aigrette.

**Papyracé**, adj. (*papyrus*, papier). Qui a la consistance du papier.

**Parasite**, adj. (παρά, auprès, σῖτος, nourriture). Se dit des plantes qui vivent implantées sur des plantes vivantes dont elles utilisent les sucs. Il ne faut pas confondre les plantes parasites avec les plantes *épiphytes* (voy. ce mot).

**Parenchymateux**, adj. (παρά, auprès, ἔγχυμα, effusion). Qui est de la nature du parenchyme.

**Parenchyme**, s. m. (παρά, auprès, ἔγχυμα, effusion). Désigne le tissu cellulaire d'une manière générale. On dit *parenchyme de la feuille* (voy. p. 144); *parenchyme d'un fruit*, pour désigner sa partie charnue.

**Pariétal**, adj. (*paries*, muraille). Qui est fixé aux parois (voy. p. 287).

**Paripenné** ou **pinné**, adj. (*par*, égal, *penna*, plume). Se dit des feuilles composées pennées sans foliole impaire (voy. p. 139).

**Parthénogénèse**, s. f. (παρθένος, vierge, γένεσις, naissance). Phénomène en vertu duquel certaines plantes auraient la faculté de produire des graines fécondes sans le concours des deux sexes (voy. p. 472).

**Parti** ou **partit**, adj. (*partitus*,

divisé). Se dit des feuilles découpées d'une certaine manière (voy. p. 135).

**Partition,** s. f. (*partitus,* divisé). Divisions d'une feuille partite.

**Pathologie** (*végétale*), s. f. (πάθος, maladie, λόγος, traité). Partie de la botanique qui a pour objet l'étude des maladies des plantes (voy. p. 525 et suiv.).

**Pauciflore,** adj. (*pauci,* peu nombreux, *flos,* fleur). Se dit des inflorescences qui portent un petit nombre de fleurs.

**Pectiné,** adj. (*pecten,* peigne). Dont les divisions régulières sont disposées parallèlement, comme les dents d'un peigne.

**Pédalé,** adj. (*pes,* pied). En forme de pédale ou de pied.

**Pédicelle,** s. m. (dimin. de *pes,* pied). Support direct de chaque fleur dans l'inflorescence (voy. p. 196).

**Pédicellé,** adj. (dimin. de *pes,* pied). Muni d'un pédicelle.

**Pédoncule,** s. m. (dimin. de *pes,* pied). Axe florifère portant un nombre variable de fleurs (voy. p. 195).

**Pédonculé,** adj. (dimin. de *pes,* pied). Se dit des fleurs ou inflorescences portées par un pédoncule.

**Pélorie,** s. f. (πέλωρ, monstre). Désigne une anomalie dans laquelle une fleur, habituellement irrégulière, devient régulière.

**Pelté,** adj. (*pelta,* bouclier). Se dit de tout organe orbiculaire et fixé par sa partie centrale (voy. p. 129).

**Peltinerve** ou **vié,** adj. (*pelta,* bouclier, *nervus,* nervure). Se dit des feuilles dont les nervures rayonnent horizontalement.

**Pennatifide** ou **pinnatifide,** adj. (*penna,* plume, *findere,* fendre). Se dit des feuilles découpées d'une certaine façon (voy. p. 134).

**Pennatilobé,** adj. (*penna,* plume, *lobus,* lobe). Divisé en lobes pennés.

**Pennatiparti** ou **tit,** adj. (*penna,* plume, *partitus,* divisé). Qui porte des partitions pennées (voy. p. 134).

**Pennatiséqué,** adj. (*penna,* plume, *secare,* couper). Se dit des feuilles séquées dont les divisions sont pennées.

**Penné** ou **pinné,** adj. (*penna,* plu-

me). Désigne une forme de nervation des feuilles (voy. p. 128). — Se dit aussi de certaines feuilles composées (voy. p. 138).

**Penninerve,** adj. (*penna,* plume, *nervus,* nervure). Se dit des feuilles à nervation pennée (voy. p. 129).

**Pentadelphe,** adj. (πέντε, cinq, ἀδελφός, frère). Dont les étamines sont réunies en cinq faisceaux.

**Pentagyne,** adj. (πέντε, cinq, γυνή, femme). Qui porte cinq pistils ou cinq styles.

**Pentagynie,** s. f. (πέντε, cinq, γυνή, femme). Nom donné par Linné à plusieurs ordres de son système (voy. p. 563).

**Pentandre,** adj. (πέντε, cinq, ἀνήρ, homme). Qui est pourvu de cinq étamines.

**Pentandrie,** s. f. (πέντε, cinq, ἀνήρ, homme). Nom d'une classe, dans le système de Linné (voy. p. 562).

**Péponide,** s. f. (*Pepo,* melon). Nom donné par quelques auteurs à la baie des Cucurbitacées.

**Perfolié,** adj. (*per,* à travers, *folium,* feuille). Se dit des feuilles alternes dont la base entoure la tige complétement (voy. p. 124). — Se dit aussi, par extension, de la tige qui porte de telles feuilles.

**Périanthe,** s. m. (περὶ, autour, ἄνθος, fleur). Désigne l'ensemble des enveloppes florales (voy. p. 240).

**Périanthé,** adj. (περὶ, autour, ἄνθος, fleur). Se dit des fleurs qui ont un périanthe.

**Péricarpe,** s. m. (περὶ, autour, καρπός, fruit). Partie du fruit qui enveloppe la graine (voy. p. 316).

**Périchèse,** s. f. (περὶ, autour, χαίτη, chevelure). Nom donné à l'involucre des fleurs femelles, dans les Mousses.

**Périchétial,** adj. (περὶ, autour, χαίτη, chevelure). S'applique aux folioles qui composent la périchèse.

**Péricline,** s. m. (περὶ, autour, κλίνη, lit). Quelques auteurs désignent ainsi l'involucre des Composées.

**Péricorollie,** s. f. (περὶ, autour, *corolla,* corolle). Nom d'une classe dans la méthode de Jussieu (voy. p. 574).

**Périderme,** s. m. (περὶ, autour,

δέρμα, peau). Couche cellulaire de l'écorce (voy. p. 104).

**Périgone**, s. m. (περὶ, autour, γονή, génération). Synon. de périanthe. S'applique plus particulièrement aux Monocotylédones. — L'involucre de la fleur mâle des Mousses porte le même nom.

**Périgonial**, adj. (περὶ, autour, γονή, génération). Qui appartient au périgone.

**Périgyne**, adj. (περὶ, autour, γυνή, femme). Se dit des organes insérés autour de l'ovaire (voy. p. 283).

**Périgynique**, adj. (περὶ, autour, γυνή, femme). Se dit de l'insertion des organes périgynes.

**Péripétalie**, s. f. (περὶ, autour, πέταλον, feuille). Nom d'une classe dans la méthode de de Jussieu (voy. p. 574).

**Périsperme**, s. m. (περὶ, autour, σπέρμα, semence). Synon. d'*albumen* (voy. ce mot).

**Péristaminie**, s. f. (περὶ, autour, *tamen*, étamine). Nom d'une classe dans la méthode de de Jussieu (voyez p. 574).

**Péristome**, s. m. (περὶ, autour, στόμα, bouche). Rangée simple ou double de lanières qui bordent l'ouverture du fruit, chez les Mousses.

**Périthèce**, s. m. (περὶ, autour, θήκη, loge). Nom donné, chez certains Cryptogames, aux cavités qui renferment les spores.

**Péritrope**, adj. (περὶ, autour, τρέπειν, tourner). S'emploie comme synon. de *courbé*, en parlant des ovules et des graines (voy. *Anatrope* et *Campylotrope*).

**Persistant**, adj. (*persistere*, rester). Se dit de tout organe dont la durée est plus grande que celle d'autres organes analogues. S'oppose à *caduc* (voy. ce mot).

**Personné**, adj. (*persona*, masque). Se dit de certaines corolles monopétales irrégulières (voy. p. 261).

**Pétale**, s. m. (πέταλον, feuille). Chacune des pièces qui composent la corolle (voy. p. 251).

**Pétaloïde**, adj. (πέταλον, feuille, εἶδος, apparence). Qui ressemble aux pétales.

**Pétiolaire**, adj. (dimin. de *pes*, pied). Qui appartient au pétiole (voy. p. 158).

**Pétiole**, s. m. (dimin. de *pes*, pied). Partie de la feuille (voy. p. 121).

**Pétiolé**, adj. (dimin. de *pes*, pied). Se dit des feuilles munies d'un pétiole (voy. p. 121). S'oppose à *sessile*.

**Pétiolule**, s. m. (dimin. de *pétiole*). Pétiole de chaque foliole dans les feuilles composées (voy. p. 137).

**Pétiolulé**, adj. (dimin. de *pétiolé*). Se dit des folioles munies d'un pétiolule (voy. p. 137).

**Phanérogame**, adj. (φανερός, évident, γάμος, mariage). Synon. de *cotylédoné* (voy. ce mot).

**Phycologie**, s. f. (φῦκος, algue, λόγος, traité). Partie de la botanique qui a pour sujet l'étude des Algues.

**Phyllode**, s. m. (φύλλον, feuille). Nom donné aux pétioles aplatis et dépourvus de limbe (voy. p. 142).

**Phyllotaxie**, s. f. (φύλλον, feuille, τάσσειν, ranger). Arrangement des feuilles sur la tige et les rameaux (voy. p. 148).

**Physiologie**, s. f. (φύσις, nature, λόγος, traité). La *physiologie végétale* étudie les fonctions vitales des plantes (voy. p. 11, 340 et suiv.).

**Phytographie**, s. f. (φυτόν, plante, γράφειν, décrire). Partie de la botanique qui comprend la description des plantes.

**Phytologie**, s. f. (φυτόν, plante, λόγος, traité). Synon. de *Botanique*.

**Phyton**, s. m. (φυτόν, plante). C'est l'individu végétal théorique, d'après Gaudichaud (voy. p. 443).

**Phytotomie**, s. f. (φυτόν, plante, τομή, dissection). Synon. de *Anatomie végétale* (voy. p. 11).

**Pinnule**, s. f. (dimin. de *penna*, plume). Nom donné aux dernières divisions des feuilles, dans les Fougères.

**Pistil**, s. m. (*pistillum*, pilon). Organe femelle des plantes cotylédonées (voy. p. 285).

**Pistillaire**, adj. (*pistillum*, pilon). Qui appartient au pistil.

**Pivot**, s. m. Axe principal de la racine pivotante.

**Pivotant**, adj. Certaines racines sont dites *pivotantes* (voy. p. 60).

**Placenta** ou **Placentaire**, s. m. (*placenta*, gâteau). Partie de l'ovaire à laquelle sont fixés les ovules (voy. p. 257).

**Placentation**, s. f. (*placenta*, gâteau). Disposition des placentas dans l'ovaire.

**Plantule**, s. f. (dimin. de *planta*, plante). L'embryon, moins les cotylédons. — On désigne aussi sous ce nom toute plante qui sort de la graine en germination.

**Plateau**, s. m. Nom donné à la tige en forme de disque qui entre dans la composition des bulbes (voy. p. 79).

**Plein**, adj. (*plenus*). Se dit des tiges dont le tissu est continu dans toute leur épaisseur. S'oppose à *fistuleux*.

**Plumeux**, adj (*pluma*, plume). Garni de poils disposés comme les barbes d'une plume. — On dit, par extension, que l'*aigrette* est *plumeuse* quand elle est formée de soies plumeuses.

**Plumule**, s. f. (dimin. de *pluma*, plume). Partie de l'embryon supérieure à l'insertion cotylédonaire.

**Pluriloculaire**, adj. (*plures*, plusieurs, *loculus*, loge). Se dit des ovaires ou des fruits à plusieurs loges.

**Podogyne**, s. m. (πούς, pied, γυνή, femme). Synon. de *gynophore* (voy. ce mot).

**Podosperme**, s. m. (πούς, pied, σπέρμα, graine). Synon. de *funicule* (voy. ce mot).

**Poil**, s. m. (*pilus*). Organe cellulaire dépendant de l'épiderme (voy. p. 49).

**Poilu**, adj. (*pilus*, poil). Parsemé de poils longs et mous. — L'aigrette est dite poilue, quand ses soies sont simples, non plumeuses.

**Pollen**, s. m. (*pollen*, farine). Poussière fécondante, dans les plantes cotylédonées (voy. p. 275 et suiv.).

**Pollinique**, adj. (*pollen*, farine). Qui appartient au pollen (voy. p. 279).

**Polyadelphe**, adj. (πολύς, beaucoup, ἀδελφός, frère). Dont les étamines sont réunies en plusieurs faisceaux.

**Polyadelphie**, s. f. (πολύς, beaucoup, ἀδελφός, frère). Nom d'une classe, dans le Système de Linné (voy. p. 562).

**Polyandre**, adj. (πολύς, beaucoup, ἀνήρ, mari). Se dit des fleurs qui ont un grand nombre d'étamines.

**Polyandrie**, s. f. (πολύς, beaucoup, ἀνήρ, mari). Nom d'une classe, dans le Système de Linné (voy. p. 562).

**Polycarpien**, adj. (πολύς, beaucoup, καρπός, fruit). De Candolle désigne ainsi les plantes qui fleurissent plusieurs années de suite (voy. p. 6). — On dit aussi *polycarpique*.

**Polygame**, adj. (πολύς, beaucoup, γάμος, mariage). Se dit des plantes qui présentent à la fois, et sur le même pied, toutes les combinaisons possibles de sexualité (voy. p. 237).

**Polygamie**, s. f. Nom d'une classe, dans le Système de Linné (voy. p. 562).

**Polypétale**, adj. (πολύς, beaucoup, πέταλον, feuille). Se dit des corolles à pétales distincts (voy. p. 256).

**Polyphylle**, adj. (πολύς, beaucoup, φύλλον, feuille). Qui a beaucoup de feuilles. Se dit particulièrement des involucres.

**Polysépale**, adj. (πολύς, beaucoup). Se dit des calices à sépales distincts (voy. p. 246).

**Polysperme**, adj. (πολύς, beaucoup, σπέρμα, graine). Qui contient beaucoup de graines.

**Ponctué**, adj. (*punctum*, point). Dont la surface est munie de petites marques saillantes ou déprimées, ou couverte de petites taches.

**Pore**, s. m. (πόρος, passage). Très-petite ouverture, en général arrondie (voy. p. 269).

**Port**, s. m. On dit le *port d'une plante* pour indiquer son aspect général. Ce mot est synon. de *Facies*.

**Préfloraison**, s. f. (*præ*, avant, *flos*, fleur). Disposition des parties de la fleur dans le bouton (voy. p. 306).

**Préfoliation** ou **Préfoliaison**, s. f. (*præ*, avant, *folium*, feuille). Disposition des feuilles dans le bourgeon (voy. p. 174).

**Primine**, s. f. (*primus*, premier). Une des enveloppes de l'ovule (voy. p. 301).

**Prolifère**, adj. (*proles*, rejeton, *ferre*, porter). Qui présente le phénomène de la prolification.

**Prolification**, s. f. (*proles*, rejeton, *ferre*, porter). Phénomène en vertu duquel il y a développement anormal d'organes les uns sur les autres.

**Prosenchyme**, s. m. (πρός, à, ἔγχυμα, effusion). Nom donné au tissu fibreux à éléments allongés (voy. p. 28).

**Pubescence**, s. f. (*pubes*, poils). Présence de poils sur une surface quelconque.

**Pubescent**, adj. (*pubes*, poils).

Qui est couvert de poils peu serrés, courts et mous, imitant un duvet.

**Pulpe**, s. f. (*pulpa*). Partie molle et charnue de certains fruits.

**Pulpeux**, adj. (*pulpa*, pulpe). Qui est de consistance molle et charnue.

**Pulvérulent**, adj. (*pulvis*, poussière). Dont la surface est couverte d'une poudre fine comme de la poussière.

**Pyxide**, s. f. (πυξίδιον, petite boîte). Sorte de fruit sec déhiscent (voy. p. 328).

# Q

**Quadrifide**, adj. (*quadri*, indiquant une proportion quadruple, *findere*, fendre). A quatre divisions (voy. p. 133).

**Quadrilobé**, adj. (*quadri*, *lobus*, lobe). Muni de quatre lobes (voy. p. 134).

**Quadriparti** ou **partit**, adj. (*quadri*, *partitus*, divisé). A quatre partitions (voy. p. 135).

**Quaterné**, adj. (*quaternatus*). Se dit des feuilles verticillées par quatre.

**Queue**, s. f. (*cauda*). On désigne

quelquefois sous ce nom certains appendices étroits et allongés situés à la base d'un organe. Ex. : *queues de l'anthère* des Composées.

**Quinconcial**, adj. (*quincuncialis*). Désigne une sorte de préfloraison (voy. p. 308).

**Quiné**, adj. (*quinus*). Se dit des organes rapprochés par cinq au même niveau.

**Quintine**, s. f. (*quintus*, cinquième). Nom donné par Mirbel au sac embryonnaire (voy. p. 301).

# R

**Racémiforme**, adj. (*racemus*, grappe, *forma*, forme). Qui ressemble à une grappe.

**Rachis**, s. m. (ῥάχις, colonne vertébrale). Nom donné au pétiole commun des feuilles composées (voy. p. 137).

**Racine**, s. f. (*radix*). Partie de l'axe végétal qui croît de haut en bas (voy. p. 58).

**Radical**, adj. (*radix*, racine). Qui appartient à la racine. — On dit à tort feuilles radicales (voy. p. 149).

**Radicant**, adj. (*radix*, racine). Se dit des axes qui émettent des racines adventives.

**Radicelle**, s. f. (dimin. de *radix*, racine). Désigne les divisions de la racine.

**Radicule**, s. f. (dimin. de *radix*, racine). Une des parties de l'embryon (voy. p. 336).

**Radié**, adj. (*radius*, rayon). Dont les parties sont disposées comme les rayons d'une roue. — Se dit particulièrement du capitule de certaines Composées (voy. p. 263).

**Raméal**, adj. (*ramus*, branche). Qui appartient aux rameaux.

**Rameau**, s. m. (*ramus*). Division de la tige. Ce mot est synon. de *branche* (voy. p. 179).

**Rameux**, adj. (*ramus*, branche). Se dit des tiges très-divisées.

**Rampant**, adj. (*repere*, ramper). Se dit des tiges et branches couchées et munies de racines adventives (voy. p. 76.

**Raphé**, s. m. (ῥαφή, couture). Partie de l'ovule anatrope (voy. p. 304).

**Raphide**, s. f. (ῥαφίς, aiguille). Sorte de cristaux microscopiques (voy. p. 27).

**Rayon**, s. m. (*radius*). On appelle

ainsi les rameaux de l'ombelle (voy. ce mot). — L'ensemble des fleurs extérieures des capitules radiés portent également le nom de *rayon*. — Enfin on dit encore *rayons médullaires* (voy. p. 96).

**Réceptacle**, s. m. (*receptaculum*). Partie du pédoncule qui porte une ou plusieurs fleurs (voy. p. 281).

**Récliné**, adj. (*reclinatus*, rabattu). Se dit d'une forme de préfoliation (voy. p. 175).

**Rectinerve**, adj. (*rectus*, droit, *nervus*, nervure). Se dit des feuilles à nervures parallèles (voy. p. 130).

**Réfléchi**, adj. (*reflexus*). Se dit des organes qui retombent le long de leur support. — S'emploie aussi comme synon. d'*anatrope* (voy. ce mot).

**Régulier**, adj. (*regularis*). Se dit de tout organe ou ensemble d'organes dont les parties sont disposées d'après une loi déterminée (voy. p. 311).

**Rejet**, s. m. On désigne souvent sous ce nom les rameaux aériens nés d'une souche souterraine.

**Réniforme**, adj. (*ren*, rein, *forma*, forme). Qui a la forme d'un rein ou d'un haricot.

**Renversé**, adj. Se dit de certains ovules considérés par rapport à la loge ovarienne (voy. p. 300).

**Réticulé**, adj. (*reticulum*, réseau). Dont la surface présente des lignes saillantes ou déprimées, anastomosées. — Se dit aussi des feuilles dont les nervures sont finement anastomosées.

**Révoluté**, adj. (*revolvere*, retourner). Se dit d'une forme de préfoliation (voy. p. 175).

**Rhizome**, s. m. (ῥίζα, racine). Désigne une sorte de tige souterraine (voy. p. 76).

**Rhizotaxie**, s. f. (ῥίζα, racine, τάσσειν, ranger). Arrangement des racines secondaires sur le pivot.

**Ronciné**, adj. (*runcinatus*). Se dit des feuilles pinnatifides dont les divisions se dirigent de haut en bas (voy. p. 135).

**Rosette**, s. f. (dimin. de *rosa*, rose). On dit que les feuilles radicales sont en rosette quand elles sont nombreuses et étalées horizontalement.

**Rotacé**, adj. (*rota*, roue). Se dit de certaines corolles monopétales régulières (voy. p. 260).

**Rudéral**, adj. (*rudera*, décombres). Se dit des plantes qui croissent de préférence sur les décombres.

**Rupicole**, adj. (*rupes*, rochers, *colere*, habiter). Se dit des plantes qui vivent sur les rochers.

**Ruptile**, adj. (*rumpere*, rompre). Qui est susceptible de se rompre. — Se dit de certains fruits (voy. p. 321).

## S

**Sac** (*embryonnaire*), s. m. (*saccus*). Cavité dans laquelle se développe l'embryon après la fécondation (voy. p. 302, 468).

**Sagitté**, adj. (*sagitta*, flèche). Qui a la forme d'un fer de flèche.

**Samare**, s. f. Sorte de fruit sec indéhiscent (voy. p. 325).

**Sarcocarpe**, s. m. (σάρξ, chair, καρπός, fruit). Partie charnue du péricarpe (voy. p. 317). Ce mot est employé comme synon. de *mésocarpe*.

**Sarmenteux**, adj. (*sarmentum*, rameau de vigne). Se dit des tiges ligneuses très-longues par rapport à leur diamètre, et qui ne se soutiennent qu'à l'aide des corps voisins.

**Scabre**, adj. (*scabrum*, âpreté). Se dit des organes dont la surface est rude au toucher comme une lime.

**Scalariforme**, adjectif (*scala*, échelle, *forma*, forme). Se dit de certains vaisseaux (voy. p. 36).

**Scape**, s. m. (*scapus*, tige). On désigne ainsi les pédoncules émanant d'une tige souterraine. Synon. de *hampe*.

**Scarieux**, adj. Qui est mince, sec et translucide.

**Scion**, s. m. Se dit des jeunes branches feuillues, de consistance encore herbacée.

**Scissipare**, adj. (*scissus*, fendu, *parere*, engendrer). Qui se produit par scissiparité.

**Scissiparité**, s. f. (*scissus*, fendu, *parere*, engendrer). Mode de reproduction asexuée (voy. p. 490).

**Scorpioïde**, adj. (σχορπίος, scorpion, εἶδος, apparence). Recourbé comme la queue d'un scorpion. Se dit surtout de certaines inflorescences (voy. p. 221).

**Secondine**, s. f. (*secundus*, second). Une des membranes de l'ovule (voy. p. 302).

**Semi**, préf. (*semis*, demi). Placé devant un mot, signifie à *moitié*. Ex. : *ovule semi-anatrope*, pour *ovule à moitié anatrope*.

**Séminal**, adj. (*semen*, graine). Qui appartient à la graine. Les cotylédons sont souvent appelés *feuilles séminales*, quand ils apparaissent au dehors, pendant la germination.

**Sépale**, s. m. (*sepalum*). Désigne chacune des pièces du calice (voy. p. 242).

**Septicide**, adj. (*septum*, cloison, *cædere*, couper). Se dit d'un mode de déhiscence du péricarpe (voy. p. 322).

**Septifrage**, adj. (*septum*, cloison, *frangere*, briser). Se dit d'un mode de déhiscence du péricarpe (voy. p. 322).

**Sérié**, adj. (*series*, série). Se dit des organes disposés régulièrement sur une même ligne. — On dit aussi, *bisérié*,... *plurisérié*, pour disposé sur deux,... plusieurs lignes.

**Serrulé**, adj. (dimin. de *serra*, scie). Synon. de *denticulé* (voy. ce mot).

**Sertule**, s. m. (*sertulum*). Ce mot a été appliqué à des inflorescences de nature très-différente et n'ayant en réalité, pour caractère commun, que de présenter des pédoncules uniflores partant d'un même point. Doit être abandonné comme ne représentant pas une idée précise.

**Sessile**, adj. (*sedere*, s'asseoir). Se dit de tout organe qui n'est pas relié par une partie amincie à son support naturel. Ex. : *feuille sessile*, signifie feuille sans pétiole (voy. p. 121, 252, 291, etc.).

**Sétacé**, adj. (*seta*, soie). Menu, allongé et raide comme un crin.

**Sétifère**, adj. (*seta*, soie, *ferre*, porter). Qui est muni de soies.

**Séve**, s. f. Désigne l'ensemble des liquides nourriciers de la plante (voy. p. 364 et suiv.).

**Sexualité**, s. f. (*sexus*, sexe). Mode de répartition des sexes sur les individus.

**Sexué**, adj. (*sexus*). Pourvu de sexe. — S'oppose à *asexué*.

**Sexuel**, adj. (*sexus*, sexe). Qui a rapport aux sexes ; qui constitue les sexes.

**Signe**, s. m. (*signum*). Figures de convention destinées à abréger les descriptions. Les plus usités sont les suivants :

| | |
|---|---|
| ☉ ou ⊙ | signifie : plante annuelle en général. |
| ♁ | — Plante bisannuelle. |
| ♃ | — Plante vivace par un rhizome. |
| ♄ | — Plante à tige ligneuse. |
| △ | — Plante à feuillage persistant. |
| ♂ | — Plante à fleurs mâles. |
| ♀ | — Plante à fleurs femelles. |
| ☿ | — Plante à fleurs hermaphrodites. |

**Silicule**, s. f. (dimin. de *siliqua*, silique). Désigne la silique quand elle est à peu près aussi large que longue.

**Silique**, s. f. (*siliqua*, cosse de fruit. Sorte de fruit sec déhiscent (voy. p. 327).

**Simple**, adj. (*simplex*). Se dit de tout organe non divisé.

**Sinué**, adj. (*sinus*, pli). Dont les bords sont flexueux. — Entre souvent dans des mots composés. Ex. : *feuille sinuée-dentée*, pour feuille dont les bords sont à la fois flexueux et dentés.

**Sinus**, s. m. (*sinus*, pli). Désigne les angles rentrants qui séparent les divisions (d'une feuille par ex.).

**Soie**, s. f. (*seta*). Poil raide. — On donne aussi ce nom au support de l'urne, dans les Mousses.

**Sommeil des plantes**. — Expression employée par Linné pour désigner le faciès des plantes pendant la nuit (voy. p. 499).

**Souche**, s. f. (*caudex*, tige). On désigne ainsi la tige souterraine des plantes vivaces.

**Soudure**, s. f. Phénomène en vertu duquel deux organes d'abord distincts s'unissent intimement. Ce phénomène est certainement beaucoup moins fréquent dans les plantes qu'on ne l'a supposé. Presque tous les faits qu'on lui attribue, sont dus à des inégalités survenues dans le développement, à des soulèvements d'organes, etc.

**Sous**, prép. (*sub*). Placé devant un mot, indique un degré inférieur. Ex. : *sous-arbrisseau; sous-genre*, etc.

**Soyeux**, adj. (*sericeus*). Dont la surface est couverte de poils fins et brillants, ressemblant à de la soie.

**Spadice**, s. m. (*spadix*). Sorte d'inflorescence indéfinie (voy. p. 211).

**Spathe**, s. f. (σπάθη, sorte d'épée). Nom donné à une sorte d'involucre (voy. p. 202).

**Spathelle**, s. f. (dimin. de *spathe*). Synon. de *glumelle* (voy. ce mot).

**Spathellule**, s. f. (dimin. de *spathelle*). Synon. de *glumellule* (voy. ce mot).

**Spatulé**, adj. (σπάθη, sorte d'épée, dimin.). Qui a la forme d'une spatule, c'est-à-dire, aplati, étroit à la base, avec le sommet large et arrondi.

**Spécifique**, adj. (*species*, espèce). Qui a rapport à l'espèce. On dit dans ce sens, *caractères spécifiques*.

**Spermoderme**, s. m. (σπέρμα, graine, δέρμα, peau). Désigne les enveloppes de la graine (voy. p. 333).

**Spiciforme**, adj. (*spica*, épi, *formá*, forme). Qui ressemble à un épi.

**Spinescent**, adj. (*spina*, épine). En forme d'épine ; terminé en épine.

**Spiral**, adj. (*spiralis*). Contourné en spirale. On dit : *vaisseaux spiraux* (voy. p. 37).

**Spire**, s. f. (σπεῖρα). Ligne qui rejoint les points d'insertion d'organes disposés en spirale.

**Spongiole**, s. f. (dimin. de *spongia*, éponge). On appelait autrefois de ce nom les extrémités des **racines** (voy. p. 117).

**Spontané**, adj. (*spontaneus*, volontaire). Se dit des plantes qui croissent sans être cultivées.

**Sporange**, s. m. (σπορά, semence ἀγγεῖον, vase). Nom général de l'organe femelle dans les végétaux acotylédonés (voy. p. 78).

**Spore**, s. f. (σπορά, semence). Corps reproducteur, chez les acotylédonés, qui représente jusqu'à un certain point la graine des plantes phanérogames (voy. p. 481).

**Squame**, s. f. (*squama*, écaille). Synon. de *écaille* (voy. ce mot).

**Squameux**, adj. (*squama*, écaille). Dont la surface est couverte d'écailles.

**Squamiforme**, adj. (*squama*, écaille, *forma*, forme). En forme d'écaille.

**Squamule**, s. f. (dimin. de *squame*). Écaille très-réduite. — S'emploie quelquefois comme synon. de *glumellule* (voy. ce mot).

**Squarreux**, adj. (*squarrosus*, rude au toucher). Se dit des parties sèches et rudes au toucher.

**Staminé**, adj. (*stamen*, étamine). Se dit des fleurs mâles.

**Staminode**, s. m. (στάω, je me tiens droit (étamine), εἶδος, apparence). Désigne les étamines métamorphosées ou stériles (voy. p. 270).

**Station**, s. f. (*stare*, se tenir arrêté). Lieu où se trouvent réunies les conditions géologiques et climatériques nécessaires au développement spontané d'une plante (voy. p. 511).

**Stigmate**, s. m. (στίζειν, marquer de points). Partie du pistil (voy. p. 291).

**Stigmatique**, adj. (*stigma*, stigmate). Qui appartient au stigmate.

**Stipe**, s. m. (*stipes*, tige). Nom donné à la tige des Palmiers et des Fougères en arbre.

**Stipelle**, s. f. (dimin. de *stipule*). Désigne les stipules secondaires qui accompagnent les folioles de certaines feuilles composées (voy. p. 162).

**Stipité**, adj. (*stipes*, tige). Muni d'un support aminci et assez élevé.

**Stipulaire**, adj. (*stipula*, stipule). Qui appartient aux stipules ; qui est de la nature des stipules.

**Stipule**, s. f. (*stipula*, dim. de *stipes*). Organe appendiculaire qui accompagne certaines feuilles (voy. p. 157).

**Stipulé**, adj. (*stipula*). Muni de stipules.

**Stolon**, s. m. (*stolo*, rejeton). Sorte

de rameau couché à terre, et capable de s'enraciner (voy. p. 491).

**Stolonifère**, adj. (*stolo*, rejeton, *ferre*, porter). Qui produit des stolons.

**Stomate**, s. m. (στόμα, bouche). Organes perforés dont est parsemé l'épiderme (voy. p. 47).

**Strobile**, s. m. (στρόβιλος, toupie). Synon. de *cône* (voy. ce mot).

**Strophiole**, s. f. (dimin. de *strophus*, bandelette). Nom donné quelquefois à l'arille quand il est peu étendu.

**Style**, s. m. (στῦλος, poinçon). Partie du pistil (voy. p. 289).

**Stylopode**, s. m. (στῦλος, poinçon, πούς, pied). Nom donné par quelques auteurs à la base épaissie du style.

**Sub**, prép. Devant un mot, signifie presque. Ex. : *sub-caréné*, presque caréné, à carène peu développée.

**Subéreux**, adj. (*suber*, liége). Qui est de la nature du liége, qui en a la consistance. On dit : *couche subéreuse* (voy. p. 104).

**Subulé**, adj. (*subula*, alène). En forme d'alène ou d'aiguille courbe.

**Suçoir**, s. m. Nom donné aux organes par lesquels les parasites puisent les sucs de la plante nourrice.

**Suc propre**, s. m. Synon. de *latex* (voy. ce mot).

**Sujet**, s. m. Désigne la plante sur laquelle on applique une greffe (voy. p. 494).

**Supère**, adj. (*superus*, placé en haut). Se dit surtout de l'ovaire quand il est visible tout entier au centre de la fleur (voy. p. 294). S'oppose à *infère*.

**Superposé**, adj. (*super*, au-dessus, *positus*, placé). Deux organes sont superposés quand ils sont disposés sur la même ligne, mais dans des plans différents (voy. p. 236). On emploie souvent, mais bien à tort, le mot *opposé*, comme synonyme.

**Sur-décomposé**, adj. (*supra*, au-dessus, *compositus*, composé). Mot mal fait employé pour désigner les feuilles plusieurs fois composées.

**Surgeon**, s. m. (*surgere*, se lever). Rameau provenant d'un bourgeon adventif né sur la racine (voy. p. 168).

**Suspendu**, adj. (*suspensus*). Se dit particulièrement de certains ovules (voy. p. 300).

**Sutural**, adj. (*sutura*, couture). Qui appartient à une suture.

**Suture**, s. f. (*sutura*, couture). On donne ce nom à la ligne de réunion des feuilles carpellaires.

**Sycone**, s. m. (σῦκον, figue). Mirbel appelait ainsi le fruit du figuier.

**Symétrie**, s. f. (σὺν, avec, μέτρον, mesure). Disposition particulière des parties d'un organe ou d'un ensemble d'organes (voy. p. 311).

**Synanthéré**, adj. (σὺν, avec, ἀνθηρός, fleuri). Se dit des fleurs dont les étamines sont réunies par leurs anthères.

**Synanthérie**, s. f. (σὺν, avec, ἀνθηρός, fleuri). Synon. de *syngénésie* (voy. ce mot).

**Syngénésie**, s. f. (σὺν, avec, γένεσις, naissance). Nom donné par Linné à une des classes de son système (voy. p. 562).

**Système**, s. m. (σὺν, avec, ἵστημι, je place). Mode particulier de classification (voy. p. 555).

# T

**Taxonomie** ou **Taxinomie**, s. f. (τάξις, arrangement, νόμος, loi). Partie de la science qui a la classification pour objet (voy. p. 544 et suiv.).

**Tegmen**, s. m. Mot latin (*vêtement*) francisé qui sert à désigner une des enveloppes de la graine (voy. p. 333).

**Tégument**, s. m. (*tegere*, couvrir). Organe qui en recouvre un autre. Se dit particulièrement des enveloppes de l'ovule et de la graine (voy. p. 333).

**Tératologie**, s. f. (τέρας, monstre, λόγος, traité). Partie de la science qui a pour objet l'étude des monstruosités (voy. p. 12).

**Tercine**, s. f. (*tertius*, troisième). Employé quelquefois comme synon. de *nucelle* (voy. ce mot).

**Terminé**, adj. (*terminatus*). Se dit des tiges et des rameaux terminés par une fleur.

**Terné**, adj. (*ternatus*, triple). Se

dit des organes (et en particulier des feuilles) qui sont rapprochés par trois au même niveau.

**Test** ou **Testa**, s. m. (*testa*, coquille). Une des enveloppes de la graine (voy. p. 333).

**Testacé**, adj. (*testa*, coquille). S'applique à toute membrane dure et fragile.

**Tête**, s. f. Quand des organes (fleurs, fruits) sont rapprochés en paquet arrondi et terminal, on dit qu'ils sont *en tête*.

**Tétradyname**, adj. (τέσσαρις, quatre, δύναμις, puissance). Se dit des étamines présentant certaines particularités dans leur inégalité (voy. p. 272).

**Tétradynamie**, s. f. (τέσσαρις, quatre, δύναμις, puissance). Nom d'une classe, dans le système de Linné (voy. p. 562).

**Tétragone**, adj. (τέσσαρις, quatre, γωνία, angle). Qui a quatre pans.

**Tétragyne**, adj. (τέσσαρις, quatre, γυνή, femme). Se dit des fleurs qui présentent quatre pistils ou quatre styles.

**Tétragynie**, s. f. (τέσσαρις, quatre, γυνή, femme). Nom donné par Linné à plusieurs ordres, dans son Système (voy. p 563).

**Tétrandre**, adj. (τέσσαρις, quatre, ἀνήρ. homme). Qui a quatre étamines.

**Tétrandrie**, s. f. (τέσσαρις, quatre, ἀνήρ, homme). Nom d'une classe, dans le système de Linné (voy. p. 562).

**Tétrasperme**, adj. (τέσσαρις, quatre, σπέρμα, semence). Qui contient quatre graines.

**Thalamiflores**, adj. (*thalamus*, lit, *flos*, fleur). Nom d'une division de la classification de de Candolle (voy. p. 579).

**Thalamus**, s. m. Mot latin (*lit*) francisé et employé comme synon. de *réceptacle* (voy. ce mot).

**Thalle**, s. m. (θαλλός, jeune pousse). Nom donné à la partie **végétative des** Lichens.

**Thyrse**, s. m. (θύρσος, bâton des bacchantes). Nom donné à des inflorescences diverses dont la nature était mal connue. Doit être abandonné.

**Tige**, s. f. Partie de la plante qui pousse en sens inverse de la racine (voy. p. 72 et suiv.). Ne s'applique qu'aux plantes élevées en organisation.

**Tigelle**, s. f. (dimin. de *tige*). Partie constituante de l'embryon cotylédoné (voy. p. 337).

**Tissu**, s. m. (*textus*). Assemblage d'éléments anatomiques (voy. p. 11 et suiv.).

**Tombant**, adj. Employé souvent comme synon. de *penché vers le sol*.

**Tomenteux**, adj. (*tomentum*, duvet). Dont la surface est couverte de poils assez longs, souples et serrés, de manière à ressembler à peu près à du velours.

**Tordu**, adj. (*tortus*). Se dit d'une sorte de préfloraison (voy. p. 307).

**Toruleux**, adj. (*torulus*, cordon). Qui ressemble à une corde nouée de distance en distance. Se dit surtout de certains fruits.

**Torus**, s. m. Mot latin francisé (*lit*) employé comme synon. de *réceptacle* (voy. ce mot).

**Traçant**, adj. Se dit des tiges qui émettent des stolons.

**Trachée**, s. f. (τραχύς. âpre). Sorte de vaisseaux spiraux (voy. p. 37).

**Tri**, préf. Devant un mot, signifie trois ou trois fois.

**Triadelphe**, adj. (τρεῖς, trois, ἀδελφός, frère). Dont les étamines sont réunies en trois groupes.

**Triandre**, adj. (τρεῖς, trois, ἀνήρ, homme). Se dit de toute fleur qui possède trois étamines.

**Triandrie**, s. f. (τρεῖς, trois, ἀνήρ, homme). Nom d'une classe, dans le Système de Linné (voy. p. 562).

**Trichotome**, adj. (τρίχα, par trois, τομή, section). Dont toutes les parties sont successivement divisées par trois.

**Trigone**, adj. (τρεῖς, trois, γωνία, angle). Qui a trois pans.

**Trigyne**, adj. (τρεῖς, trois, γυνή, femme). Se dit des fleurs qui ont trois pistils ou trois styles.

**Trigynie**, s. f. (τρεῖς, trois, γυνη, femme). Nom de plusieurs ordres, dans le Système de Linné (voy. p. 563).

**Trijugué**, adj. (*tres*, trois, *jugum*, joug). Se dit des feuilles composées présentant trois paires de folioles.

**Triphylle**, adj. (τρεῖς, trois, φύλλον,

feuille). Qui porte trois feuilles, ou qui est formé de trois pièces foliacées. **Ex. :** *calice triphylle.*

**Triquètre,** adj. (*triqueter*). Qui a la forme d'un prisme ou d'une pyramide triangulaire.

**Trisperme,** adj. (τρεῖς, trois, σπέρμα, graine). Qui renferme trois graines.

**Trivalve,** adj. (*tres*, trois, *valva,* battant de porte). Qui est formé de trois valves ; qui s'ouvre en trois valves.

**Tronc,** s. m. (*truncus*). Partie de la tige des arbres ou végétaux ligneux de grande taille, qui ne porte pas de branches.

**Tronqué,** adj. (*truncare*, couper). Qui se termine subitement par une ligne ou par une surface perpendiculaire à la longueur.

**Tubercule,** s. m. (dimin. de *tuber,* tumeur). Nom donné à des organes souterrains de nature très-différente, et ayant pour caractères communs une consistance plus ou moins charnue, et la présence dans leur intérieur de gran-des quantités de matières nutritives.

**Tubéreux,** adj. (*tuber*, tumeur). Se dit des parties de la plante qui revêtent la forme d'un tubercule.

**Tunique,** s. f. (*tunica*, sorte de vêtement). Se dit spécialement des feuilles qui entrent dans la composition de certains bulbes.

**Tuniqué,** adj. (*tunica*, sorte de vêtement). Se dit de certains bulbes (voy. p. 80).

**Turbiné,** adj. (*turbo*, toupie). En forme de toupie.

**Turion,** s. m. (*turio*, jeune branche). Nom donné à certains bourgeons souterrains (voy. p. 169).

**Type,** s. m. (τύπος, empreinte). On appelle ainsi l'individu qui présente au plus haut degré tous les caractères de la division que l'on considère. On dit, dans ce sens, *type spécifique, type générique.*

**Typique,** adj. (τύπος, empreinte). Qui appartient au type, qui a rapport au type.

# U

**Unciné,** adj. (*uncus*, crochet). Terminé par une pointe recourbée.

**Unicellulaire,** adj. (*unus*, un seul, *cellula*, petite cavité). Se dit des organes et des plantes qui consistent en une seule cellule (voy. p. 49).

**Unicolore,** adj. (*unus,* un seul, *color*, couleur). Qui est d'une seule couleur.

**Uniflore,** adj. (*unus*, un seul, *flos*, fleur). Qui ne porte qu'une fleur.

**Unifoliolé,** adj. (*unus*, un seul, *foliolum*, dimin. de *folium*, feuille). Se dit des feuilles composées qui ne portent qu'une foliole. **Ex. :** *Oranger.*

**Unijugué,** adj. (*unus,* un seul, *jugum*, joug). Désigne les feuilles composées qui n'ont qu'une paire de folioles.

**Uniloculaire,** adj. (*unus*, un seul, *loculus,* compartiment). Se dit des cavités non divisées par des cloisons.

**Unisexué,** adj. (*unus*, un seul, *sexus*, sexe). Se dit des fleurs qui n'ont qu'un seul sexe, et par extension, des plantes qui produisent de telles fleurs.

**Urcéole,** adj. (*urceola*, petite bourse). Qui a la forme d'un grelot. — Se dit surtout de certaines corolles monopétales (voy. p. 261).

**Urne,** s. f. S'applique, dans le langage descriptif, au sporange des Mousses, à la maturité.

**Utriculaire,** adj. (dimin. de *uter,* outre). Qui est formé d'utricules.

**Utricule,** s. m. (dimin. de *uter,* outre). Synon. de *cellule* (voy. ce mot), mais s'appliquant plus particulièrement aux cellules dont le diamètre est à peu près égal dans tous les sens. — On désigne aussi sous ce nom l'enveloppe du fruit des *Carex.*

## V

**Vaisseau, s. m.** (*vas*, vase). Sorte d'éléments anatomiques (voy. p. 32 et suiv.).

**Vallécule, s. f.** (dimin. de *vallis*, vallée). On appelle ainsi les sillons qui séparent les côtes saillantes du fruit des Ombellifères.

**Valvaire, adj.** (*valva*, battant de porte). Se dit d'un mode de préfloraison (voy. p. 307).

**Valve, s. f.** (*valva*, battant de porte). Nom donné aux pièces de certains péricarpes déhiscents (voy. p. 321). — On désigne encore sous ce nom les pièces de la *glume* (voy. ce mot).

**Valvule, s. f.** (dimin. de *valva*, valve). Petite valve. — Employé aussi comme synonyme de *glumelle* (voy. ce mot).

**Variété, s. f.** (*varietas*). Individu ou collection d'individus différant de l'espèce proprement dite par des caractères transitoires et peu importants (voy. p. 550).

**Vasculaire, adj.** (*vasculum*, petit vase). Se dit des tissus formés de vaisseaux. — S'applique, par extension, aux végétaux dont les tissus renferment des vaisseaux. *Végétaux vasculaires* s'oppose à *végétaux cellulaires*.

**Veine, s. f.** (*vena*). Désigne les nervures secondaires des feuilles, quand elles sont peu apparentes.

**Velu, adj.** (*villus*, poil). Couvert de poils mous, longs et couchés.

**Ventre, s. m.** (*venter*). On dit le *ventre* ou le *côté ventral* d'un carpelle, d'une anthère, etc., pour désigner le côté tourné vers le centre de la fleur.

**Ventru, adj.** (*venter*, ventre). Qui est gonflé comme un ballon.

**Vernation, s. f.** (*vernus*, printanier). Synon. de *préfoliation* (voy. ce mot).

**Verticille, s. m.** (*verticillus*, sorte de couronne en métal). Ensemble d'organes disposés en cercle dans le même plan (voy. p. 150, 244).

**Verticillé, adj.** (*verticillus*, sorte de couronne en métal). Disposé en verticille.

**Vésicule, s. f.** (*vesicula*). Petite cavité ; petit sac. On dit les *vésicules embryonnaires* (voy. p. 469).

**Vésiculeux, adj.** En forme de vésicule.

**Vexillaire, adj.** (*vexillum*, étendard). Se dit quelquefois de la préfloraison de la corolle papilionacée. Synon. de *cochléaire*.

**Vivace, adj.** (*vivax*). Se dit des plantes qui vivent plus d'une année.

**Volubile, adj.** (*volvere*, enrouler). Se dit des tiges qui s'enroulent autour des corps étrangers (voy. p. 74).

**Vrille, s. f.** On désigne sous ce nom des organes de nature diverse qui ont la propriété de s'enrouler en spirale autour des corps étrangers, et soutiennent ainsi la plante à laquelle ils appartiennent (voy. p. 141, 160, 193).

---

## ERRATA.

Page 221, légende de la figure 191, *au lieu de* : *Symphytum majus*, lisez : *Symphytum officinale*.

Page 312, légende de la figure 296, *au lieu de* : Plantai, *lisez* : Plantain.

---

CORBEIL. — Typ. et stér. de CRÉTÉ FILS.

# TRAITÉ PRATIQUE ET RAISONNÉ

### DES

# PLANTES MÉDICINALES INDIGÈNES

Ouvrage couronné par l'Académie de médecine et par la Société de médecine de Marseille

## Par CAZIN

CHEVALIER DE LA LÉGION D'HONNEUR, LAURÉAT DE L'ACADÉMIE DE MÉDECINE
ET DE LA SOCIÉTÉ DE MÉDECINE DE MARSEILLE, MEMBRE ET LAURÉAT D'UN GRAND NOMBRE
D'AUTRES SOCIÉTÉS SAVANTES

**Troisième édition, revue, corrigée et considerablement augmentée**

## Par le Dr Henri CAZIN

Ancien interne des Hôpitaux de Paris, medecin consultant aux Bains de mer de Boulogne

**1 fort vol. grand in-8 de 1,100 pages, avec un atlas
de 200 plantes du même format. 1868. Prix : figures noires, 20 fr. ;
figures coloriées, 27 fr.**

La première édition de cet ouvrage ne traitait que de l'emploi thérapeutique des plantes ; celle-ci, plus complète et conçue d'après un plan plus vaste, renferme :

1º La désignation des familles suivant la classification naturelle et artificielle ;
2º Leur synonymie latine et française;
3º Leur description ;
4º Leur culture;
5º Leur récolte et leur conservation ;
6º Des notions sur leurs propriétés chimiques et leurs usages dans les arts et dans l'économie domestique ;
7º Leurs préparations pharmaceutiques et leurs doses ;
8º Leur action physiologique et toxique sur les animaux et sur l'homme ;
9º Leurs propriétés médicinales, avec de nombreux faits, dont la plupart ont été recueillis dans la pratique de l'auteur;
10º Leurs applications à la médecine vétérinaire ;
11º Un calendrier floral indiquant la récolte des plantes, mois par mois ;
12º La classification des plantes d'après leurs propriétés médicinales ;
13º Une table des matières pathologiques et thérapeutiques (mémorial) ;
14º Une table alphabétique des plantes, contenant leurs noms scientifiques et vulgaires, leurs produits naturels et pharmaceutiques.

Ainsi refondu, cet ouvrage, consacré à une partie de la science généralement négligée dans les auteurs classiques, et pouvant être considéré comme le complément nécessaire de tous les traités de thérapeutique et de matière médicale, a été écrit avec une conviction sérieuse, résultat de vingt-cinq années de recherches et d'expérimentations spéciales.